Bruno Andreotti, Yoël Forterre
et Olivier Pouliquen

Les milieux granulaires : entre fluide et solide

SAVOIRS ACTUELS
EDP Sciences/CNRS Éditions

Illustration de couverture : Ligne de crête d'une dune Étoile du Grand Erg Oriental.

Imprimé en France.

ISBN EDP Sciences 978-2-7598-0097-1

ISBN CNRS Éditions 978-2-271-07089-0

Préface

La science des milieux granulaires a une longue histoire que justifient l'omniprésence des matériaux divisés sur Terre ainsi que les nombreuses applications qui en font usage. Plusieurs ouvrages récents ont rendu compte de cette réalité et témoignent de l'importance actuelle des recherches sur ces systèmes hétérogènes et désordonnés. Ce livre n'est cependant pas juste une nouvelle contribution à cette histoire qu'il ne fait qu'évoquer au cours de son développement. C'est bien plus une mise au point approfondie des recherches récentes, fruit du travail d'une large communauté de recherche qui s'est structurée dans les dernières décennies en France et à l'étranger, de leurs enseignements avancés à l'Université et dans des Écoles d'été. Cet ouvrage sera sans doute, et pour longtemps je pense, la référence scientifique de base pour la recherche et les enseignements à l'Université dans les divers domaines où l'on rencontre de tels matériaux.

Ce qui a justifié le renouvellement du sujet depuis les années 80 a été la prise en compte du désordre multi-échelles – omniprésent dans ces milieux – qui rend vaine l'idée que l'on puisse remonter directement des propriétés du grain ou de petits ensembles de grains, décrits dans les premiers chapitres, à celles d'un tas. L'utilisation des résultats de la mécanique statistique qui avait été très développée dans les décennies précédentes ainsi que de la physique des solides et, plus généralement, des milieux condensés, ont été les outils de base de cette ouverture. Comme le suggérait Pierre-Gilles de Gennes qui fut un pionnier dans ce nouveau départ : « *disorder at small scale is a well tamed animal; disorder at larger scale needs new explorers* ».

Cet ouvrage accueille trois de ces explorateurs qui rendent compte en particulier de leurs travaux et font un point actuel des recherches. La question fondamentale à laquelle ce livre entend répondre est la même que celle que posent les enfants devant ces expériences de coin de table souvent bien proches de travaux originaux des physiciens . S'agit-il d'un solide, d'un gaz ou d'un liquide ? La réponse à ces questions fait l'objet des trois chapitres centraux de l'ouvrage pour finalement conclure qu'il s'agit d'un nouvel état de la matière. D'ailleurs, tout au long des présentations qui accompagnent cette question, nous rencontrons les divers paradoxes qui justifient cette conclusion.

Si ces chapitres considèrent un milieu de grains secs où les interactions de contact sont dominantes, le livre s'ouvre vers les milieux humides ou immergés dont l'étude doit prendre en compte les forces capillaires et de viscosité qui n'ont pas fait encore l'objet d'autant d'études fondamentales avec des problèmes ouverts (la compréhension des sables mouvants par exemple).

La dernière partie concerne quelques applications qui portent ici essentiellement sur les sciences de la terre, objets de programmes de recherche qu'ont conduit les auteurs avec des géophysiciens et qui illustrent bien les études de base précédentes. Ainsi sont abordés les formations naturelles de reliefs telles que dunes ou rides résultats de couplage hydro ou aérodynamiques, les écoulements sous gravité (glissements de terrains, avalanches...), l'érosion des sols ou la formation des méandres...

L'ouvrage est impressionnant par les analyses en profondeur et les traitements mathématiques qui complètent une présentation détaillée des observations et des expériences et qu'accompagnent les simulations sur ordinateur.

Ce livre princeps sera, à coup sur, à la base d'autres ouvrages issus d'autres communautés. La recherche actuelle a suivi une démarche centripète, en s'efforçant de décrire de façon unifiée les propriétés communes des systèmes matériels de la matière en grains à partir d'un modèle aussi simple et pauvre en paramètres ajustables (un sac de billes dures de même diamètre ne fait intervenir aucun paramètre dimensionnel). Il importe aujourd'hui d'utiliser ces descriptions au service des autres communautés. Ainsi, les opérations du génie civil qui ont fait l'objet de nombreux travaux communs ; la révolution technologique des bétons actuels qui a bénéficié de ces études de base, mais il reste beaucoup à faire sur le broyage et, plus généralement, la préparation et le tri de milieux granulaires. La pédologie – la science des sols – ou le génie alimentaire par exemple, commencent à donner lieu à des études en commun...

Ce riche ouvrage de référence sera sans doute à l'avenir un outil de travail pour tous les autres domaines d'application des milieux granulaires

Étienne GUYON.

Table des matières

Avant-propos

Sable, gravier, riz, sucre... La matière en grains nous est familière et abonde autour de nous. Pourtant, la physique des milieux granulaires reste mal comprise et continue de fasciner scientifiques et profanes, plus de trois siècles après les travaux fondateurs de Coulomb sur la stabilité des talus. Les milieux granulaires présentent en effet une variété de comportements et de propriétés exceptionnelles. Assez solides pour soutenir le poids d'un immeuble, ils peuvent couler comme de l'eau dans un sablier ou être transportés par le vent pour sculpter les dunes et les déserts. Pendant longtemps, l'étude de la matière en grains est restée l'apanage des ingénieurs et des géologues. Des concepts importants sont ainsi nés de la nécessité de bâtir des ouvrages sur un sol solide, de stocker des grains dans un silo ou de prédire l'histoire d'un sédiment. Depuis une vingtaine d'années, l'étude des milieux granulaires a investi le champ de la physique, à la croisée de la physique statique, de la mécanique et de l'étude des milieux désordonnés. L'alliance entre expériences de laboratoire sur des matériaux modèles, simulations numériques discrètes et approches théoriques issues d'autres domaines de la physique a ainsi contribué à enrichir et renouveler notre compréhension des matériaux granulaires.

C'est dans ce contexte que nous avons écrit cet ouvrage. Notre objectif est d'offrir une introduction à la physique des milieux granulaires qui tienne compte des avancées récentes dans ce domaine, tout en décrivant les outils et concepts de base utiles dans de nombreuses applications industrielles et géophysiques. Ce livre s'adresse essentiellement aux étudiants, aux chercheurs et aux ingénieurs désireux de se familiariser avec les propriétés fondamentales de la matière en grains. Ce faisant, nous privilégierons autant que possible l'approche physique des phénomènes et les raisonnements basés sur l'analyse dimensionnelle plutôt que les longs développements mathématiques. Des encadrés permettront tout au long de l'ouvrage d'ouvrir certaines perspectives et de détailler les calculs les plus compliqués. En ce sens, l'étude des milieux granulaires participe d'une certaine école de la Physique, chère au regretté Pierre-Gilles de Gennes, qui fut un pionnier et un passeur en ce domaine. Armé d'un seau, d'un peu de sable et de quelques observations soigneuses, nous croiserons des domaines aussi variés que l'élasticité, la plasticité, la théorie cinétique, la mécanique des fluides, la rhéologie, les instabilités ou la physique non-linéaire. Souvent aussi, nous nous heurterons à des questions encore ouvertes à la frontière de nos connaissances actuelles... Là réside certainement, au-delà des nombreuses applications, l'attrait profond qu'exerce la physique des milieux granulaires.

Ce livre est issu de cours sur les milieux granulaires que nous avons donné pendant plusieurs années à des étudiants de Master et d'école d'ingénieur à l'ENSTA (Paris), à Polytech' Marseille (Université de Provence), à l'ENS (Paris) et à l'Université Paris-Diderot. Il a ainsi bénéficié des nombreuses questions et suggestions des étudiants, ainsi que des innombrables discussions avec nos collègues français ou étrangers de passage dans nos laboratoires. Nous tenons tout particulièrement à remercier l'ensemble de la communauté du GDR MiDi qui, à travers de nombreuses rencontres à Paris, Carry-Le-Rouet ou Porquerolles, a joué un rôle essentiel dans cette aventure des milieux granulaires. Cet ouvrage leur doit beaucoup.

Chapitre 1

Introduction

1.1 Définition et exemples de milieux granulaires

On appelle généralement milieu granulaire une collection de particules solides[1] macroscopiques, typiquement de taille supérieure à 100 µm (Brown & Richards, 1970 ; Nedderman, 1992 ; Guyon & Troadec, 1994 ; Duran, 1997 ; Rao & Nott, 2008). Comme nous le verrons dans le chapitre 2, cette limite basse sur la taille des particules correspond en fait au type d'interaction existant entre les grains : nous nous intéresserons à des assemblées de grains non browniens qui interagissent essentiellement par contact. Pour des particules plus fines, typiquement entre 1 µm et 100 µm, on parle plutôt de poudre. Dans ce cas, les interactions de van der Waals, les effets d'humidité et le rôle de l'air sont souvent prépondérants. Enfin, pour des particules encore plus petites (entre 1 nm et 1 µm), on entre dans le monde des colloïdes où l'agitation thermique n'est plus négligeable (Russel *et al.*, 1989) (figure 1.1). Notons que la dénomination « milieu granulaire » et « poudre » s'applique en général aux grains *secs*, c'est-à-dire sans fluide environnant, ou pour lesquels l'effet du fluide qui environne les grains peut être négligé (c'est souvent le cas des grosses particules dans l'air). Pour des particules plongées dans un liquide, on parle de milieux granulaires « mouillés », ou plus généralement de « suspensions » dès que les interactions hydrodynamiques sont importantes.

Sable au bord d'une plage, céréales dans un bol, éboulements rocheux, troncs d'arbre transportés le long des fleuves... Les milieux granulaires

1. Nous considèrerons essentiellement le cas de particules solides « rigides » ou très peu déformables, au sens où la pression de confinement sera toujours faible par rapport au module d'Young élastique ou à la résistance mécanique des grains. Notre définition exclut donc les particules très molles ou celles qui se fragmentent lors d'un écoulement. *A contrario*, une assemblée de gouttes liquides ou de bulles pourra parfois être assimilée à un milieu granulaire, si la pression de confinement est suffisamment faible devant la pression capillaire pour ne pas les déformer.

forment une famille extrêmement vaste, dont les échelles de taille peuvent s'étendre sur plusieurs ordres de grandeur, avec des grains de forme et de matière variées, le tout baignant dans un liquide ou situé à l'air libre (figure 1.2). Pourtant, malgré ces différences, nous verrons qu'il émerge de ces milieux un certain nombre de propriétés communes fondamentales qui justifient leur regroupement au sein d'une même classe de matériaux (désordre des contacts et des forces, existence d'une friction macroscopique, avalanches, phénomène de ségrégation...).

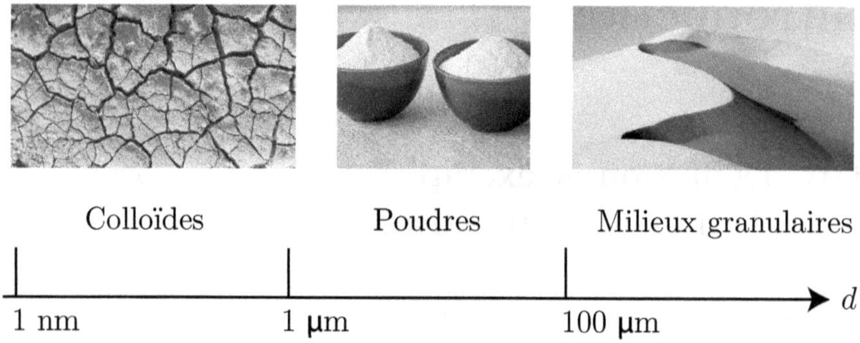

FIG. 1.1 – Une classification physique des milieux divisés en fonction du diamètre des particules : colloïdes (ex. : boue), poudres (ex. : farine), milieux granulaires.

L'une des principales motivations de l'étude des milieux granulaires est leur présence dans de nombreux secteurs industriels ou phénomènes naturels en géophysique. Il suffit d'observer, sur le bord d'une route, une carrière à ciel ouvert pour se convaincre de l'importance des milieux granulaires dans l'industrie : plans inclinés, tapis roulant et conduites se conjuguent pour extraire et transporter les granulats vers les sites de transformation (sable, graviers, charbon, minerais). De façon générale, on estime que plus de 50 % des produits vendus dans le monde mettent en jeu des matériaux granulaires, soit dans leur élaboration soit dans leur forme finale (Bates, 2006). La matière en grains représente ainsi le deuxième matériau le plus utilisé dans l'industrie après l'eau (Duran, 1997). Parmi les principaux secteurs manipulant des granulats, on peut citer l'activité minière (extraction des minerais, transport, broyage), le bâtiment et le génie civil (béton, bitume, asphalte, remblais, ballast de train, stabilité des sols), l'industrie chimique (les combustibles et catalyseurs sont souvent sous forme de grains pour maximiser les surfaces d'échange), l'industrie pharmaceutique (manipulation des poudres pour la fabrication des médicaments, manipulation des médicaments), l'industrie agroalimentaire (céréales, aliments pour animaux), l'élaboration du verre (dont le sable est la matière première), etc. Dans tous ces secteurs se posent des problèmes de stockage (figure 1.3*a*), de transport, d'écoulement, de mélange et

FIG. 1.2 – Les milieux granulaires forment une famille extrêmement vaste.

de transformation, auxquels les industriels ont répondu par des procédés astucieux mais souvent empiriques.

L'autre grand domaine où les matériaux granulaires sont omniprésents est la géophysique, le sol étant principalement formé de grains. La nature offre ainsi les exemples les plus spectaculaires de phénomènes et de structures où interviennent les milieux granulaires : dunes de sable, plages s'étirant le long des côtes, éboulis, écoulements pyroclastiques (figure 1.3*b*), avalanches de neige (nous verrons que la neige est un milieu granulaire particulier, qui peut de plus subir des changements de phase), figures d'érosion, banquise en fragmentation, etc. Ces exemples ne se limitent d'ailleurs pas à la terre. Les dunes Martiennes, les astéroïdes – véritables boules de grains compacts – ou les anneaux de Saturne constitués de blocs et de poussières de glace illustrent l'ampleur des situations faisant intervenir la matière en grains (figure 1.2). Notons que la compréhension de tous ces phénomènes naturels est d'autant plus importante qu'ils interagissent souvent avec l'activité humaine. Une part importante des efforts consacrés aux milieux granulaires est ainsi motivée par la nécessité de prévenir les risques d'avalanche, de glissements de terrain, d'endiguement ou d'avancée du désert.

FIG. 1.3 – Les milieux granulaires sont présents dans de nombreuses activités industrielles ainsi qu'en géophysique. (*a*) Effondrement d'un silo. (*b*) Écoulement pyroclastique (volcan de la Soufrière, Montserrat, Antilles Anglaises) (photographie de Steve O'Meara, Volcano Watch International).

1.2 Entre fluide et solide : les spécificités de la matière en grains

Malgré leurs nombreuses applications industrielles et géophysiques, les milieux granulaires résistent encore sur bien des points à notre compréhension, et leur description fait l'objet d'intenses recherches. Ainsi, nous ne possédons pas à l'heure actuelle de théorie qui permette de décrire l'ensemble des comportements observés avec ces matériaux, même dans le cas idéal d'un milieu constitué de particules sphériques toutes identiques interagissant uniquement par contact solide. Cette situation peut sembler surprenante, à l'époque des nano-technologies et des ordinateurs quantiques, et plus d'un siècle après les grandes révolutions de la physique moderne ! Après tout, les lois de la mécanique régissant le comportement individuel d'un grain n'ont pas beaucoup changé depuis les travaux de Newton et Coulomb. Pourquoi la physique d'un tas de sable est-elle donc si complexe ? Nous pouvons tenter de dresser une liste (non exhaustive) des difficultés que pose la description d'un tel milieu.

- *Le grand nombre de particules.* Considérons une simple cuillère à café remplie de sucre. Pour des grains de diamètre 100 µm et un volume de l'ordre du centimètre cube, on peut estimer le nombre de grains de sucre dans la cuillère à $(10^{-2}\ \text{m})^3/(10^{-4}\ \text{m})^3$, soit environ un million de particules[2] ! Ce nombre n'est pas très éloigné du nombre maximal de particules que l'on est capable de simuler aujourd'hui sur un supercalculateur, et encore, dans le cas de particules sphériques idéales. Il semble donc irréaliste d'espérer suivre le mouvement individuel de chaque grain pour un événement de taille importante, comme la vidange d'un silo ou une avalanche de roche. Notre objectif sera plutôt de décrire des quantités moyennes et de tenter de modéliser l'ensemble des grains comme un milieu continu.

- *Les fluctuations thermiques sont négligeables.* Au premier abord, le nombre élevé de particules ne devrait pas être un obstacle insurmontable, si l'on se réfère au nombre bien plus élevé de molécules présentes dans un verre d'eau ou une bonbonne de gaz, et qui sont en moyenne très bien décrites par des équations de type Navier-Stokes. Cependant, dans le cas d'un liquide ou d'un gaz, c'est la présence de fluctuations thermiques qui permet en physique statistique de passer de l'échelle microscopique des molécules à l'échelle macroscopique. Ces fluctuations permettent au système d'explorer différentes configurations, sur lesquelles on moyenne pour trouver les quantités macroscopiques. Pour un milieu granulaire, les fluctuations thermiques sont négligeables : les grains sont trop gros pour présenter un mouvement brownien significatif. En l'absence de forçage extérieur, les grains restent donc piégés dans une multitude d'états métastables et n'atteignent pas l'état d'énergie minimale. C'est ce qui explique en particulier la stabilité d'un tas. Pour s'en convaincre, on peut comparer les énergies mises en jeu pour une bille de verre de densité $\rho_p = 2500$ kg m^{-3} et de diamètre $d = 1$ mm, placée dans le champ de pesanteur et à la température $T = 300$ K. Dans ce cas, l'énergie thermique est $E_{\text{th}} \sim k_B T = 4.10^{-21}$ J. L'énergie potentielle typique donnée par un déplacement vertical de l'ordre de la taille de la particule est $E_p \sim mgd = 8.10^{-10}$ J. L'énergie thermique est bien complètement négligeable devant l'énergie potentielle de pesanteur. En ce sens, les milieux granulaires font partie de la classe des systèmes dits *athermiques*, c'est-à-dire des milieux désordonnés contenant un grand nombre de particules et pour lesquels les sources de fluctuation sont purement géométriques et mécaniques[3]. Il est intéressant d'estimer la taille d_c en dessous de laquelle les fluctuations thermiques jouent un rôle. En prenant une température $T = 300$ K, on trouve

2. Pour calculer cet ordre de grandeur, on estime le volume d'un grain à d^3, où d est son diamètre, et on assimile le volume total de l'empilement au volume réel occupé par les grains (en réalité, nous verrons au chapitre 3 que les grains dans un empilement occupent un volume plus faible, de l'ordre de 60 %, du volume total de l'empilement).

3. Cela ne veut pas dire que la température thermodynamique ne joue strictement aucun rôle pour une assemblée granulaire. Au niveau des contacts entre grains, des phénomènes de vieillissement activés par la température peuvent avoir lieu (fluage, condensation capillaire, oxydation, etc.), qui dans certains cas affectent les propriétés globales de l'empilement (angle d'avalanche, propriétés électriques, etc.).

$d_c \sim (k_B T/\rho_p g)^{1/4} \simeq 1$ µm, ce qui correspond bien à la frontière avec le monde colloïdal que nous avions donnée auparavant.

- *La granularité est observable.* En comparaison avec les gaz ou les liquides moléculaires, la séparation entre l'échelle microscopique et l'échelle macroscopique est assez floue pour un milieu granulaire. Par exemple, sur un tas de sable, les écoulements ont lieu généralement sur des épaisseurs de l'ordre de la dizaine de grains. De même, la rupture d'un sol granulaire se localise souvent au sein de failles, ou bandes de cisaillement, de quelques dizaines de tailles de grains. Cette mince séparation d'échelle pose des questions sur la validité du passage au milieu continu pour les milieux granulaires et sur la définition d'un volume élémentaire représentatif.

- *Les interactions entre grains sont complexes.* Au niveau du grain, les lois du contact solide entre deux particules mettent en jeu des phénomènes non triviaux et fortement non-linéaires comme la friction solide ou l'inélasticité lors des chocs. Lorsque les grains sont plongés dans un fluide visqueux, il faut également tenir compte des forces hydrodynamiques sur les grains, qui présentent elles aussi des singularités (divergence des forces de lubrification au niveau du contact, interaction à longue portée).

- *Le milieu est fortement dissipatif.* Un milieu granulaire est un milieu qui dissipe très facilement l'énergie. Une boule de pétanque lâchée dans un bac de sable ne rebondit pas : toute l'énergie cinétique est dissipée quasiment instantanément par collision et friction entre tous les grains de sable. La présence de processus dissipatifs à l'échelle du grain est une difficulté supplémentaire dans la description macroscopique.

- *Les milieux granulaires existent sous plusieurs états.* Un milieu granulaire se comporte de façon très différente selon le mode de sollicitation (Jaeger *et al.*, 1996) (figure 1.4). Un ensemble de grains posés sur une table peut former un tas statique. Malgré des contraintes de cisaillement présentes dans le tas, le milieu reste sans mouvement et se comporte donc comme un solide. Dans ce régime, le système est dominé par les interactions de contact permanent entre les grains. À l'autre extrême, si on secoue énergiquement un tas de billes, on obtient un milieu très agité avec des particules bougeant dans tous les sens et interagissant par collisions binaires. Dans ce régime dilué et collisionnel, le milieu ressemble à un gaz. Enfin, entre ces deux régimes, on observe des écoulements denses, où les particules interagissent à la fois par collisions et contacts frictionnels de longue durée, comme par exemple dans un sablier. Ces différents régimes peuvent d'ailleurs coexister au sein d'un même écoulement comme le montre la figure 1.4, qui représente un écoulement granulaire obtenu en versant des billes sur un tas. On y distingue clairement trois régions : une région solide sous le tas dans laquelle les

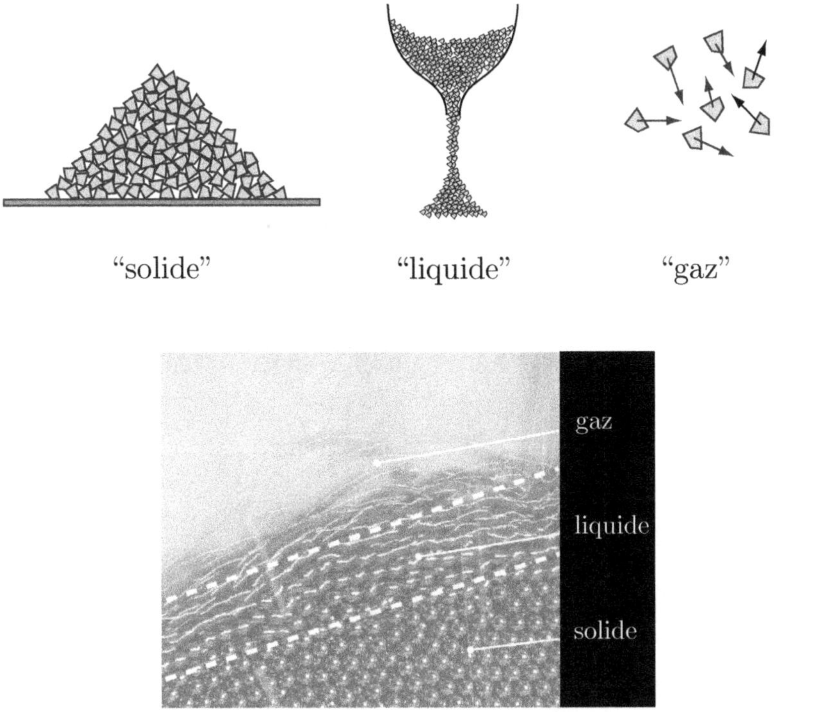

FIG. 1.4 – Les milieux granulaires peuvent se comporter comme un solide, un liquide ou un gaz selon le mode de sollicitation. Ces trois « états » peuvent également coexister dans une même configuration comme lors de l'écoulement de grains sur un tas (photographie).

grains ne bougent pas, une région liquide dans laquelle un milieu dense s'écoule, et une région gazeuse dans laquelle les billes rebondissent dans toutes les directions formant un milieu dilué et agité.

Cette dualité solide/liquide est une caractéristique fondamentale des milieux granulaires. Elle est également partagée par d'autres milieux divisés comme les mousses, les émulsions, les suspensions colloïdales très concentrées ou les pâtes (Coussot & Ancey, 1999 ; Larson, 1999). Comme les milieux granulaires, ces matériaux sont composés d'éléments *mésoscopiques* en contact – bulles, gouttes, particules – de telle sorte que la température n'arrive pas à agiter suffisamment le milieu par rapport au confinement géométrique. On dit que ces systèmes sont dans un état bloqué – « *jammed state* » en anglais – par analogie avec des voitures coincées dans un embouteillage. Pour faire couler ces systèmes, il faut soit leur appliquer une contrainte seuil, soit diminuer leur densité. Ces points communs ont motivé récemment un grand nombre de recherches à la frontière entre la physique statistique, la mécanique, la physique

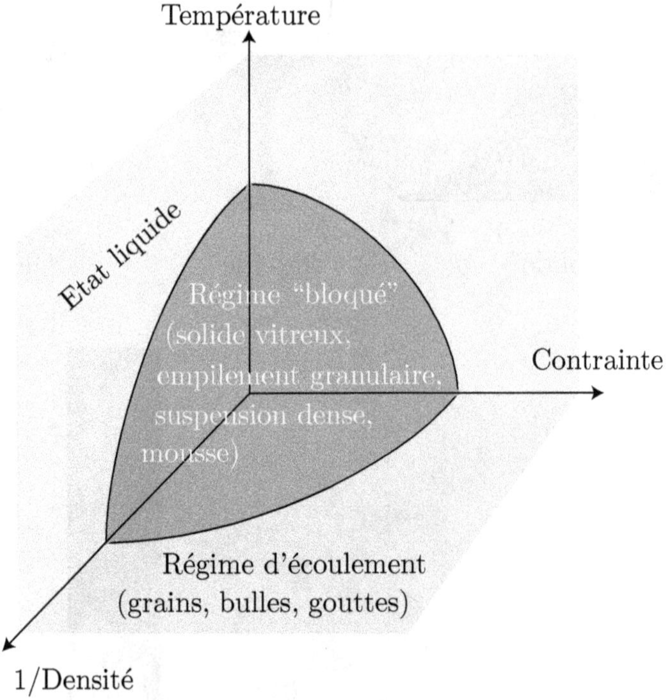

FIG. 1.5 – Diagramme de phase hypothétique pour la transition de « *jamming* » dans différents systèmes désordonnés (d'après Liu & Nagel, 1998). Le régime « solide » ou « bloqué » apparaît à basses températures (cas des verres moléculaires), à faibles contraintes extérieures (cas des mousses, pâtes) ou à fortes densités (cas des milieux granulaires, émulsions).

des matériaux et la rhéologie, dans l'espoir de bâtir une physique unifiée de cette matière molle désordonnée. Certains auteurs vont encore plus loin et remarquent qu'il existe une similarité entre certaines propriétés de ces milieux divisés denses et les solides moléculaires dits « vitreux » ou amorphes (Liu & Nagel, 1998) (figure 1.5). Par définition, les solides amorphes, comme les verres ou les élastomères, ne présentent pas d'ordre translationnel à longue distance, ce qui les distingue des composés cristallisés. Lorsque la température diminue, ces systèmes ne cristallisent pas mais restent figés dans un état désordonné hors équilibre qui ne correspond pas à l'état d'énergie le plus bas. On parle alors d'état vitreux et on nomme transition vitreuse cette augmentation brutale du temps de retour à l'équilibre et de la viscosité. Ce ralentissement de la dynamique peut s'interpréter en termes de paysage énergétique. Pour un système amorphe, ce paysage est aléatoire et possède de nombreux minima locaux. À mesure que la température diminue, les sauts activés par la température entre les différents puits d'énergie sont de plus en plus difficiles et le système met de plus en plus de temps à changer de configuration. Il peut se retrouver alors dans un état « bloqué », un peu comme un milieu granulaire ou une émulsion dense. La pertinence de cette analogie séduisante entre milieux divisés et solides vitreux fait l'objet d'une intense activité de recherche (Berthier & Biroli, 2009) ; elle reste cependant encore une question ouverte qui sort du cadre de ce livre.

1.3 Objectif et plan de l'ouvrage

L'objectif de cet ouvrage est d'offrir une introduction à la physique des milieux granulaires qui couvre les différentes facettes du comportement de ces matériaux. Ce faisant, nous ne pouvons détailler tous les aspects de chaque problème, ce qui implique une certaine part de subjectivité dans nos choix. Dans le cas des matériaux granulaires, ceci est d'autant plus vrai qu'il n'existe pas de description qui fasse consensus, et que la recherche dans ce domaine est toujours très active. Les nombreuses références bibliographiques données tout au long de l'ouvrage devraient permettre au lecteur intéressé de se familiariser avec les travaux les plus récents et d'approfondir tel sujet en particulier.

Dans cet ouvrage, nous nous intéressons essentiellement aux milieux granulaires dits *secs*, c'est-à-dire pour lesquels les interactions entre grains sont dominées par les forces de contact et non par le fluide interstitiel – typiquement du sable dans l'air. Nous n'aborderons donc pas le vaste domaine des suspensions diluées ou semi-diluées, pour lequel les interactions entre particules se font principalement à travers les forces hydrodynamiques (voir par exemple le livre de Jackson, 2000). L'influence d'un fluide environnant sur les grains sera toutefois discutée dans les derniers chapitres du livre, notamment en lien avec les milieux naturels et la géomorphologie (sols saturés en eau, écoulements granulaires immergés, érosion et transport de sédiments).

L'organisation de l'ouvrage est la suivante. Nous commençons par une présentation des forces d'interaction à l'échelle du grain, en rappelant quelques notions sur la physique et la mécanique du contact, et sur les forces hydrodynamiques qui s'appliquent sur un grain plongé dans un fluide (chapitre 2). Nous abordons ensuite le régime solide des milieux granulaires. Le chapitre 3 décrit les aspects statiques du régime solide (empilements, chaînes de forces, contraintes) et le régime élastique des petites déformations réversibles (modules élastiques, acoustique). Le chapitre 4 est consacré à la plasticité des milieux granulaires, c'est-à-dire à l'étude des déformations irréversibles. Domaine historiquement lié à la mécanique des sols, la plasticité des milieux granulaires est également au cœur de la problématique de la transition solide/liquide dans les matériaux divisés. Nous abordons ensuite la description des milieux granulaires en écoulement. Nous débutons par le cas des écoulements granulaires rapides et dilués (régime gazeux), pour lesquels la description est la plus avancée avec la théorie cinétique des milieux granulaires (chapitre 5). Nous présentons ensuite le régime des écoulements denses, ou régime liquide de la matière en grains (chapitre 6). Ce régime est celui que l'on rencontre le plus souvent dans les applications industrielles et géophysiques. Il reste cependant encore mal compris et sa description est encore largement phénoménologique, malgré des avancées importantes ces dix dernières années. Le chapitre suivant discute le rôle de la présence d'un fluide interstitiel entre les grains et s'intéresse aux milieux granulaires immergés, ou suspensions concentrées (chapitre 7). Ces milieux interviennent dans de nombreuses situations, en particulier en géotechnique et géophysique, car les sols sont souvent partiellement ou totalement saturés en eau. La dernière partie de cet ouvrage s'intéresse aux applications géophysiques de la physique des milieux granulaires. Le chapitre 8 présente le problème de l'érosion et du transport sédimentaire à travers l'étude de l'interaction entre un lit granulaire et un écoulement fluide. Le chapitre 9 constitue une introduction physique à la géomorphologie dynamique, et plus précisément aux écoulements gravitaires et à la formation des dunes et des rivières.

Encadré 1.1

Granulométrie d'un matériau granulaire

Dans cet ouvrage, on utilisera souvent comme matériau granulaire modèle un ensemble de particules sphériques, toutes de même taille à une dizaine de pourcents près. Cependant, les matériaux que l'on rencontre dans l'industrie ou en géophysique sont rarement composés de grains ronds tous identiques. Un matériau granulaire qui contient des particules de tailles et/ou de formes différentes est dit *polydisperse*, par opposition à un milieu *monodisperse* composé d'un seul type de grain. Caractériser précisément la forme et la taille d'un grand ensemble de particules fait l'objet de la granulométrie (Allen, 1996).

Taille et forme d'une particule

Pour une particule de géométrie simple comme une bille de verre, la taille est parfaitement bien définie et peut être représentée par un seul paramètre : le diamètre d de la sphère. Pour des particules de formes plus compliquées (typiquement un grain de sable), la notion de taille est en revanche plus floue. On raisonne alors souvent en définissant un diamètre équivalent de l'objet, qui correspond au diamètre d'un objet idéal fictif ayant les mêmes propriétés géométriques (volume, surface, etc.) que l'objet réel. De même, il est possible d'introduire des paramètres supplémentaires pour décrire la forme de la particule : rapport entre la largeur et la longueur, facteur de sphéricité, facteur de forme, etc. En pratique, le choix de ces paramètres dépend beaucoup des méthodes de mesure utilisées.

Caractérisation d'une distribution de particules

On caractérise en général la distribution en taille d'une assemblée de N_{tot} grains en triant les diamètres d mesurés par classe de largeur Δd et en donnant le nombre de particules ΔN dans chaque classe. La probabilité qu'une particule ait son diamètre compris entre d et $d + \Delta d$ est alors simplement $\Delta N/N_{\text{tot}} = f(d)\Delta d$, où $f(d) = (1/N_{\text{tot}})(\Delta N/\Delta d)$ est appelée *fréquence en nombre normalisée.* Une autre représentation souvent utilisée en granulométrie est la courbe des fréquences cumulées normalisée, $F(d) = \sum_{d'<d} f(d')\Delta d'$, qui donne simplement la probabilité d'avoir une particule de diamètre inférieur à d. La figure E1.1 montre ces deux types de représentation dans le cas d'un sable de plage tamisé. À partir de la loi de distribution, il est possible de définir différentes grandeurs comme le diamètre le plus probable, le diamètre moyen, la variance, etc.

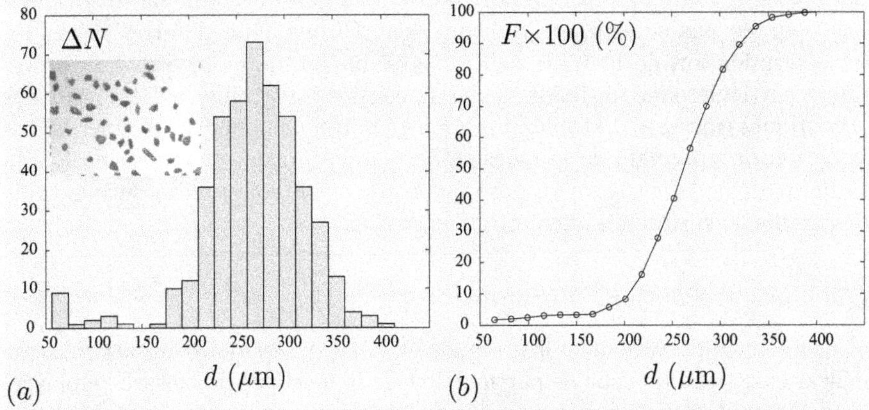

FIG. E1.1 – Distribution en taille obtenue par analyse d'image (photo) d'un sable de plage (Marseille) tamisé entre 200 µm et 280 µm. Le diamètre équivalent est défini par $d = \sqrt{4A/\pi}$, où A est l'aire projetée mesurée par seuillage de l'image. (a) Histogramme brut non normalisé, $N_{\text{tot}} = 460$. (b) Fréquence cumulée normalisée, en pourcentage.

Méthodes de mesure

La plus ancienne technique (encore en pratique aujourd'hui !) pour trier des grains est certainement celle du tamisage. En pesant la masse de grains retenus par un empilement de tamis, on obtient une distribution massique ou volumique du milieu. L'inconvénient de la méthode des tamis est qu'elle n'est pas très précise (des petites grains peuvent rester coincés par l'empilement au-dessus d'un tamis plus large qu'eux) et qu'elle dépend du mode de tamisage (fréquence et amplitude de vibration, temps de tamisage, etc.). Il existe aujourd'hui des techniques plus sophistiquées pour déterminer la distribution en taille d'un matériau granulaire. La plus utilisée est certainement la diffusion de la lumière. En faisant passer les grains dans un faisceau laser et en mesurant l'intensité diffusée, on peut remonter à une taille effective des particules moyennant certaines hypothèses (par exemple, pour des particules grandes devant la longueur d'onde, la lumière est diffusée essentiellement selon un angle inversement proportionnel à la taille des particules et avec une intensité proportionnelle à leur surface). Cette technique est aujourd'hui couramment implémentée dans des appareils commerciaux (granulomètre laser) et présente l'avantage d'être applicable à une large gamme de tailles (inférieure au µm jusqu'au mm) et de fraction volumique (jusqu'à 40 %). Elle n'est cependant pas valable pour des milieux trop denses quand la diffusion multiple n'est pas négligeable. Une autre méthode de mesure est l'analyse d'image obtenue avec une binoculaire ou un microscope (figure E1.1*a*). Cette technique est facile d'utilisation et présente l'avantage de renseigner également sur la forme des particules. Il faut toutefois prendre garde à ce que les grains ne se touchent pas pour ne pas surestimer l'aire projetée. Citons enfin d'autres méthodes de détermination de la taille comme la sédimentation (la vitesse de chute d'une particule dans un fluide visqueux est liée à sa taille) ou les méthodes acoustiques (mesures d'atténuation). En géophysique, pour déterminer la distribution de granulats de grandes tailles sur le terrain, on utilise parfois la technique « de la corde » : on pose une corde sur le sol et on mesure la taille des grains de surface qu'intersecte la corde.

Quelques précautions à prendre

Caractériser précisément la granulométrie d'une assemblée de particules est délicat et dépend du type de particules et de la méthode de mesure employée. Tout d'abord, il faut s'assurer de la bonne représentativité de l'échantillon prélevé sur le milieu (rares sont les situations où la caractérisation peut se faire « en ligne » comme dans certains procédés industriels). Par exemple, dans le cas de la mesure par analyse d'image et binoculaire, il est difficile d'obtenir une distribution sur une très large gamme de tailles car le dépôt des particules sur la lame du microscope, tout comme le grossissement limité de l'objectif, ont tendance à éliminer les très petites particules. Une autre difficulté est que, suivant la méthode de mesure, on accédera non pas directement à la distribution en nombre, mais à la distribution en masse, en volume, en surface ou en longueur des grains. Il faut prendre garde à ne pas confondre ces différents types de distributions, qui donnent plus ou moins de poids aux grosses particules (il suffit de penser que le volume d'une sphère de 1 mm est 1000 fois plus important que celui d'une sphère de 100 µm). Par exemple, dans le cas d'une granulométrie par tamisage, on obtient directement la masse ΔM contenue dans chaque classe de largeur Δd. On mesure donc en fait une fréquence en masse normalisée définie par $f_M(d) = (1/M_{\rm tot})(\Delta M/\Delta d)$, où M_{tot} est la masse totale. Le lien avec la fréquence en nombre normalisée $f(d)$

nécessite une hypothèse sur la forme et la densité des particules. En supposant que la masse des grains m s'écrit $m = \alpha \rho_p d^3$, avec un facteur de forme α et une densité ρ_p indépendants de la taille des grains, on montre facilement que $f_M(d) = K d^3 f(d)$. Le facteur de proportionnalité $K = 1/\sum_{d'} d'^3 f(d') \Delta d'$ est fixé par la condition de normalisation. De la même manière, les fréquences normalisées en longueur $f_L(d)$, ou en surface $f_S(d)$, sont reliées à la fréquence en nombre par $f_L(d) \propto d\, f(d)$ et $f_S(d) \propto d^2 f(d)$ si la forme des particules est indépendante de leur taille.

Encadré 1.2

Une brève histoire de grains

L'histoire de la matière en grains s'enracine profondément dans celle des Sciences et des Techniques, l'homme ayant de tous temps manipulé des granulats pour bâtir des maisons, construire des digues ou stocker des céréales. Un des plus anciens et remarquables exemples de l'utilisation de matériaux granulaires pour l'architecture et la construction nous provient de l'Égypte Antique. On pense en effet que les égyptiens érigeaient leurs plus lourdes obélisques et statues grâce à la vidange d'un silo de sable placé en dessous (figure E1.2, Golvin & Goyon, 1987). Cette technique très ingénieuse, qui ne nécessite pas l'utilisation de poulie et de palans, est rendue possible grâce à la nature à la fois fluide et solide des matériaux granulaires. C'est également en Égypte que se retrouvent les premières traces d'utilisation de liant ou de mortier, améliorés ensuite par les grecs et les romains qui y ajoutèrent du sable pour fabriquer les premiers bétons.

On suppose généralement que les milieux granulaires font leur entrée dans l'histoire moderne des Sciences avec les travaux de Coulomb sur le frottement statique et la stabilité des sols (figure E1.3*a*). Dans un article célèbre datant de 1773 et intitulé *Sur une application des règles de maximis et minimis à quelques problèmes de Statique, relatif à l'Architecture*, le père de l'électrostatique établit les équations permettant de prédire la stabilité d'un édifice granulaire sec ou cohésif (méthode dites des coins de Coulomb). Par la suite, plusieurs scientifiques se sont intéressés au comportement de la matière en grains au cours de leurs recherches. Citons par exemples les travaux de E. Chladni (1756–1827) ou de M. Faraday (1791–1867) sur les poudres vibrées, les observations de G. Hagen (1793–1884) décrivant la saturation de la pression dans un silo et la loi de vidange des sabliers, la loi de Darcy (1803–1858) sur l'écoulement d'un fluide dans un milieu poreux, les travaux de W. Rankine (1820–1872) sur les états actifs et passifs des sols, le phénomène de dilatance mis en évidence par O.B. Reynolds (1842–1912) ou l'œuvre de K. Terzaghi

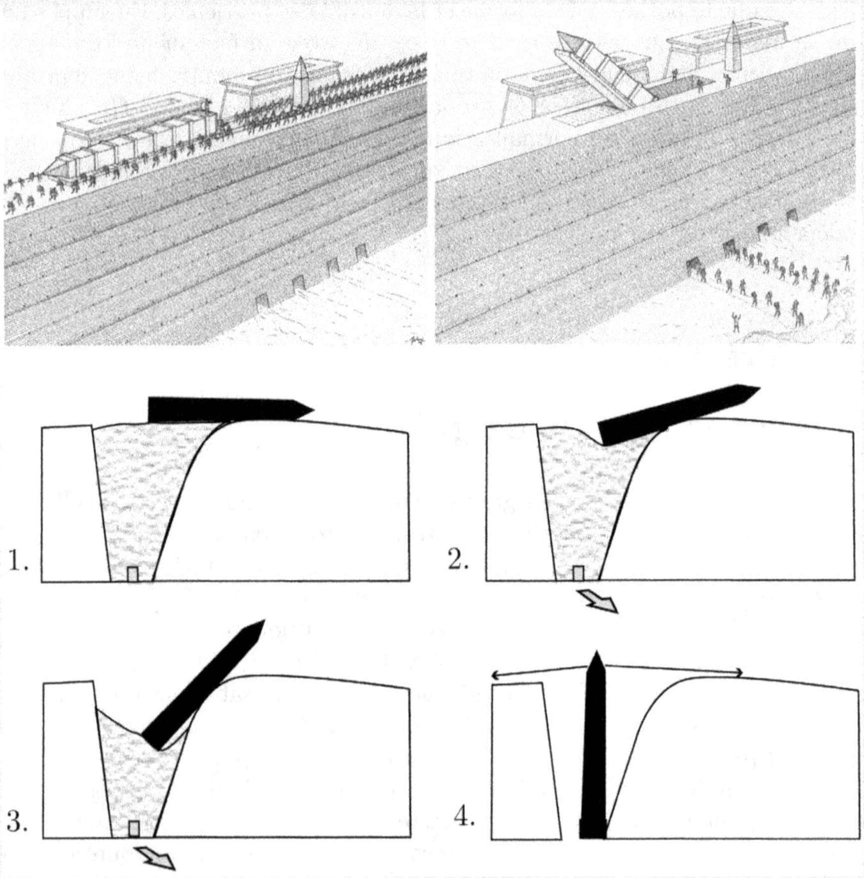

FIG. E1.2 – Principe de la technique de redressement d'un obélisque par vidange d'un silo rempli de sable (Égypte, IIe millénaire avant J.C, d'après Golvin & Goyon, 1987). L'obélisque est d'abord tiré à l'horizontal le long d'une rampe faiblement inclinée, puis placé au-dessus d'un silo rempli de sable. Ce dernier est ensuite vidé progressivement à l'aide d'ouvertures aménagées à sa base. Cette méthode est rendue possible par plusieurs propriétés remarquables de la matière en grains. D'une part, le milieu est assez solide pour soutenir l'obélisque, tout en pouvant s'écouler à chaque retrait de sable en dessous. De plus, la pression dans un silo de grains n'est pas proportionnelle à sa hauteur, contrairement à un liquide, mais sature rapidement à cause du frottement des grains sur les parois. Les efforts latéraux à la base du silo ne sont donc pas très importants, ce qui permet d'évacuer le sable facilement et ne nécessite pas l'utilisation de parois très épaisses (nous verrons cette propriété des silos au chapitre 3 avec le modèle de Janssen). Dessins du haut tirés de Golvin & Goyon (1987).

(1883–1963), l'un des pères de la mécanique des sols, sur le comportement d'un milieu granulaire saturé en eau. Parmi les savants qui ont marqué la science des milieux granulaires, l'ingénieur anglais R.A. Bagnold (1896–1990, figure E1.3*b*) tient une place particulière. Ce passionné de voyages et de déserts, ancien officier de l'armée britannique durant la seconde guerre mondiale, établit les fondements scientifiques du transport éolien et sédimentaire dans son livre *The Physics of Blown Sand and Desert Dunes* publié en 1941 (Bagnold, 1941). On lui doit également des expériences sur le comportement rhéologique des suspensions concentrées à l'origine d'un nombre sans dimension et d'une loi qui porte son nom.

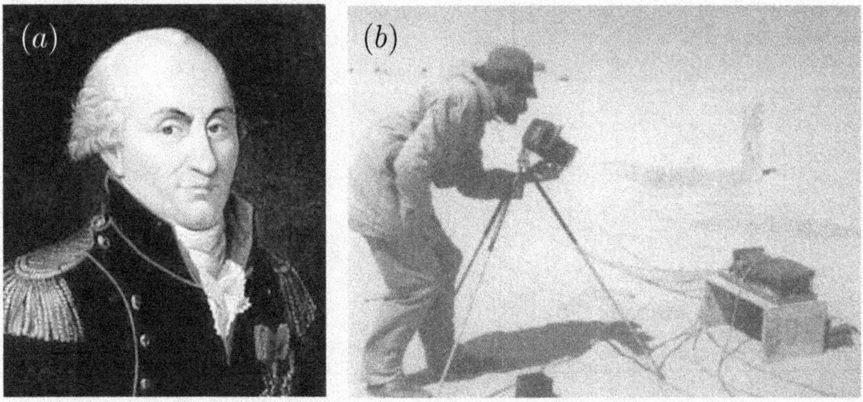

FIG. E1.3 – (*a*) Charles–Augustin de Coulomb (1736–1806) peint par Hippolyte Lecomte. (*b*) Ralph A. Bagnold en pleine action dans le désert (photo de Ronald Peel tirée du livre de Bagnold *Sand Wind & War*, The University of Arizona Press, 1990).

Après la seconde guerre mondiale, l'étude des milieux granulaires s'est développée conjointement avec l'essor de la mécanique des sols, en particulier autour de l'école anglaise de Cambridge (théorie de l'état critique). Cette recherche a également été stimulée par la nécessité de mieux comprendre les écoulements granulaires en lien avec la prédiction des risques naturels (avalanches rocheuses, glissements de terrain). La notion de température granulaire, initialement introduite dans les années 1970 pour décrire les anneaux de Saturne, a donné lieu à partir des années 1980 au développement d'une théorie cinétique pour les écoulements de grains rapides et dilués. Dans le même temps, des équations de type couche mince ou « *shallow water* » sont introduites par Savage et Hutter pour décrire l'écoulement de masses granulaires en géophysique.

Depuis une vingtaine d'années, l'étude des milieux granulaires est en pleine expansion, comme en témoigne la multiplication des articles scientifiques ou revues dans ce domaine. Il existe aujourd'hui des équipes travaillant sur la matière en grains dans de nombreux laboratoires à travers le monde, à la croisée de différentes disciplines : géophysique, mécanique, physique statistique, physique non-linéaire, rhéologie, etc. En France, cette recherche s'est notamment structurée autour d'actions collectives comme les MIAMs (pour milieux aléatoires macroscopiques) dans les années 1980–1990 ou les groupes de recherche (GDR) PMHC (physique des milieux hétérogènes et complexes) et MiDi (milieux divisés) dans les années 2000.

Chapitre 2

Interactions à l'échelle du grain

Le comportement d'un matériau granulaire est intimement lié aux interactions entre les particules qui le constituent. Dans ce chapitre, nous nous intéressons aux forces à l'échelle du grain. Nous discutons tout d'abord des interactions de contact solide-solide, qui sont prépondérantes dans le cas de particules macroscopiques non browniennes (§2.1). Les notions de base concernant le contact de Hertz élastique, les lois du frottement sec, ainsi que les règles de collisions inélastiques entre grains sont présentées. Nous discutons ensuite le cas d'autres types d'interactions, qui peuvent induire de la cohésion ou de la répulsion entre les grains : interactions électrostatiques, force d'adhésion à courte portée, cohésion capillaire et ponts solides (§2.2). Enfin, nous abordons dans la dernière section le problème des forces hydrodynamiques qui s'exercent sur une particule plongée dans un fluide (§2.3). L'objectif de ce chapitre est d'introduire quelques notions élémentaires de physique du contact et d'hydrodynamique qui nous seront utiles pour la suite de notre étude des milieux granulaires. Nous renvoyons le lecteur souhaitant approfondir certains points aux ouvrages de référence dans ces domaines, cités dans le texte.

2.1 Forces de contact solide

Considérons deux grains secs en contact ; de façon générale, la force de réaction d'un grain sur l'autre se décompose en une réaction normale et une réaction tangentielle. L'origine physique de ces forces à l'échelle microscopique est complexe et met en jeu de nombreux phénomènes, comme la géométrie des surfaces en contact à petite échelle, leurs états physico-chimique (charge électrique, oxydation, température, présence d'un film lubrifiant), ou encore les propriétés mécaniques locales des matériaux (élasticité, plasticité, fluage, etc.). Nous n'entrerons pas ici dans la description de tous ces mécanismes microscopiques. Nous nous intéressons plutôt aux lois macroscopiques du contact solide à l'échelle du grain. Pour des particules suffisamment grosses, celles-ci sont dominées par la répulsion élastique (contact de Hertz) et le frottement (lois de Coulomb).

2.1.1 Contact élastique de Hertz

Considérons tout d'abord la force de réaction normale qui existe entre deux grains sphériques pressés l'un contre l'autre par une force F_N (figure 2.1). En première approximation, cette force provient de la répulsion élastique lors de la déformation des grains au niveau de la zone de contact. On se demande quelle est la relation entre la force exercée F_N et l'écrasement δ. Sous l'hypothèse que les deux sphères sont élastiques et parfaitement lisses (sans frottement), il est possible de calculer exactement l'état de contraintes (voir les ouvrages de Johnson, 1985 ou Landau & Lifchitz, 1990). Ce calcul a été réalisé pour la première fois par Heinrich Hertz pendant les vacances de Noël 1880, à l'âge de 23 ans, à partir de la résolution des équations complètes de l'élasticité linéaire (Hertz, 1896). Nous nous contentons ici d'un raisonnement approché pour trouver la relation entre F_N et δ.

Au niveau du contact, nous connaissons la relation contrainte-déformation[1] donnée par la loi de Hooke

$$\text{contrainte} = E \times \text{déformation}, \tag{2.1}$$

où E est le module d'Young du matériau (voir encadré 3.4). La contrainte est de l'ordre de F_N/a^2, où a est le rayon de la surface de contact (figure 2.1). Pour estimer les déformations, nous avons besoin de connaître la taille de la zone affectée par l'écrasement. On admet ici que la déformation s'étend autour du contact dans une région de rayon a (figure 2.1)[2]. L'ordre de grandeur de la déformation est donc δ/a. On trouve donc $F_N \sim E\, a\, \delta$. Or, en considérant le triangle rectangle OAB, on montre que pour de petites déformations $a \sim \sqrt{2\delta R}$. On trouve donc que

$$F_N \sim E\sqrt{R}\, \delta^{3/2}. \tag{2.2}$$

Notons que le calcul exact de Hertz pour un contact sphère-sphère donne

$$F_N = \frac{E\sqrt{2R}}{3(1-\nu_p^2)}\, \delta^{3/2}, \tag{2.3}$$

où ν_p est le coefficient de Poisson du matériau (voir encadré 3.4).

On remarque que bien que nous ayons considéré des matériaux élastiques, la force ne dépend pas linéairement de l'écrasement : plus on appuie, plus le

1. Pour un rappel de la définition des contraintes et des déformations, le lecteur pourra se reporter à l'encadré 3.4.

2. Ce résultat, peu évident, se justifie à partir de la résolution des équations de l'élasticité. Lorsqu'un solide soumis à des forces de surface est à l'équilibre, le vecteur déformation vérifie une équation biharmonique (bilaplacienne). Dès lors, l'échelle caractéristique sur laquelle varie la déformation est la même dans toutes les directions.

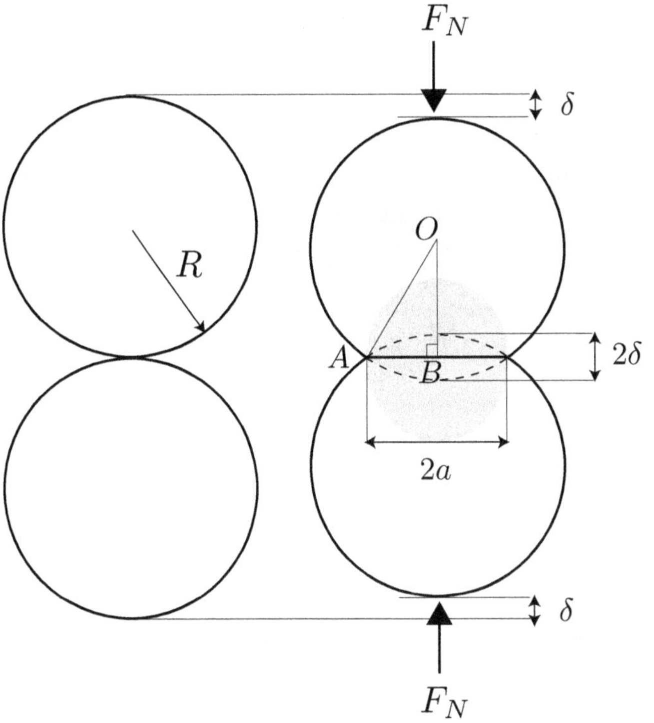

FIG. 2.1 – Contact élastique entre deux sphères. Les déformations sont localisées dans la zone grisée de taille a.

milieu est dur (la « raideur » F_N/δ augmente). Cela provient du fait que la surface de contact évolue au cours de l'écrasement. Typiquement, pour des billes d'acier ($E = 10^{11}$ Pa) de 3 mm de diamètre, on a $E\sqrt{R} \simeq 4.10^9$ kg m$^{-1/2}$ s^{-2}. Cela signifie qu'une masse de 1 kg appuyant sur les billes correspond à un écrasement $\delta \simeq 2$ µm, donc très faible devant le diamètre.

L'approximation des petites déformations est donc largement vérifiée avec des grains rigides. En revanche, l'hypothèse selon laquelle les déformations restent dans le domaine élastique est plus discutable. En effet, la contrainte moyenne au niveau du contact est dans l'exemple précédent de l'ordre de $F_N/a^2 \simeq 2.10^9$ Pa, ce qui est du même ordre de grandeur que la limite élastique de l'acier. Pour des forces plus grandes, la zone de contact est déformée plastiquement et la loi de Hertz n'est plus valable. En supposant que la pression au niveau de la zone de contact est égale à la limite plastique du matériau, on a $F_N/a^2H =$ constante, où H est la dureté (*hardness* en anglais). En utilisant l'approximation des petites déformations, on trouve

$$F_N^{\text{plastique}} \sim HR\delta. \tag{2.4}$$

Contrairement au cas du contact de Hertz élastique, la force dépend ici linéairement du déplacement.

2.1.2 Friction solide

En plus de la force normale, il peut exister une force tangentielle entre deux grains en contact qui provient du frottement entre les surfaces en contact. La physique du frottement solide est un vieux sujet qui connaît à l'heure actuelle un regain d'intérêt (Persson, 2000 ; Baumberger & Caroli, 2006). Pour un milieu granulaire, la friction est une notion fondamentale que l'on retrouvera tout au long de cet ouvrage, que ce soit à l'échelle du grain ou à celle de l'empilement.

Lois d'Amontons-Coulomb

Les lois macroscopiques empiriques régissant la friction entre deux solides ont été établies à l'aide d'expériences de patins glissants sur un solide. Une première expérience réalisée par Léonard de Vinci est présentée à la figure 2.2*a*. Trois observations peuvent être faites sur ce dispositif :

1. La force F_{Ts} nécessaire pour mettre en mouvement les blocs est identique, que les blocs soient posés l'un à coté de l'autre ou l'un sur l'autre (figure 2.2*a*) : F_{Ts} est indépendante de la surface de contact.

2. La force F_{Ts} dépend linéairement de la force normale (ici le poids total des blocs).

3. La force de friction F_{Td} mesurée une fois que le patin glisse est inférieure à la force F_{Ts} nécessaire pour initier le mouvement.

Ces observations conduisent à la formulation suivante pour la friction entre deux solides, établies par Amontons en 1699 et Coulomb en 1785. Considérons un patin posé sur un autre solide et sur lequel on applique une force normale et tangentielle. On note $\mathbf{R_N}$ (resp. $\mathbf{R_T}$) la réaction normale (resp. tangentielle) du plan sur le patin (figure 2.2b). Les lois d'Amontons-Coulomb sont :

- Partant du repos, il faut que la norme de la réaction tangentielle atteigne $|\mathbf{R_T}_s| = \mu_s|\mathbf{R_N}|$ pour mettre en mouvement le patin. Le facteur μ_s est le coefficient de friction statique entre les deux solides en contact. Tant qu'il n'y a pas mouvement, la réaction tangentielle $\mathbf{R_T}$, appelée aussi force de frottement, est *a priori* indéterminée. On a seulement l'inégalité $|\mathbf{R_T}| \leq \mu_s|\mathbf{R_N}|$ qui est vérifiée.

- Une fois le patin en mouvement, la norme de la force de frottement est égale à $|\mathbf{R_T}_d| = \mu_d|\mathbf{R_N}|$, où μ_d est le coefficient de friction dynamique. La force de frottement est alors dirigée dans le sens opposé à la vitesse du patin.

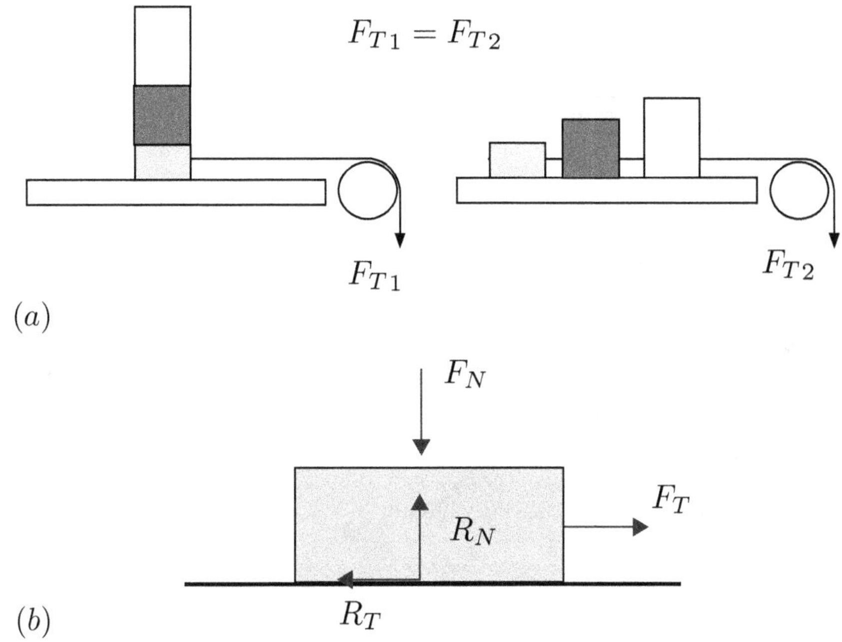

FIG. 2.2 – (a) Expérience de Léonard de Vinci. La force nécessaire pour faire glisser les masses est identique dans les deux situations. Elle est indépendante de la surface de contact. (b) Notation pour la formulation des lois d'Amontons-Coulomb.

- Les coefficients μ_s et μ_d sont des constantes ne dépendant que de la nature des matériaux en contact, avec typiquement $1 > \mu_s > \mu_d > 0{,}1$.

Cette description phénoménologique du frottement solide est particulièrement robuste et encore largement utilisée pour décrire de nombreux phénomènes. L'origine microscopique de ces lois est cependant non triviale et il a fallu attendre les années 1950, avec les travaux de Bowden & Tabor (1950), pour voir apparaître une interprétation du frottement solide qui prenne en compte les propriétés physiques des matériaux en contact.

Interprétation microscopique

Bowden et Tabor insistent sur le fait que la plupart des surfaces solides ne sont pas lisses mais présentent une certaine rugosité à l'échelle microscopique. Ainsi, lorsque deux solides sont placés l'un contre l'autre, le contact effectif a lieu uniquement au niveau des aspérités les plus hautes. La surface de contact réelle S_r entre les deux solides est donc beaucoup plus petite que la surface de contact apparente S_a (figure 2.3).

La conséquence de cette observation est que la contrainte normale moyenne $\sigma = F_N/S_r$ supportée par les aspérités en contact est beaucoup plus grande

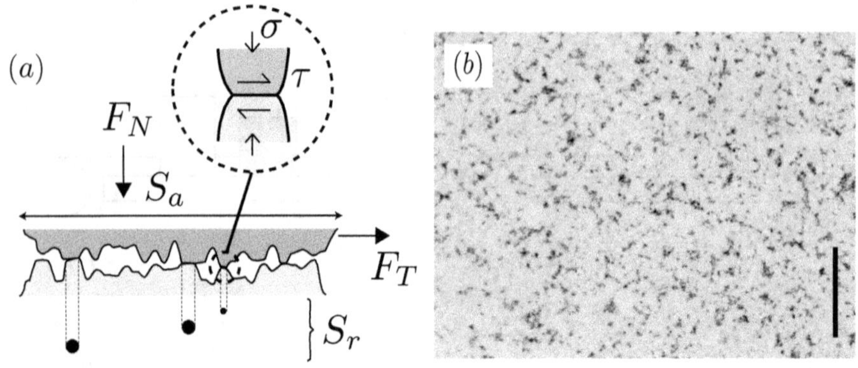

FIG. 2.3 – (*a*) Schéma d'un contact entre deux surfaces rugueuses (dessin d'après Bureau, 2002). (*b*) Image en microscopie optique par transmission de l'interface entre deux blocs de resine epoxy transparente (photo Olivier Ronsin). Les contacts apparaissent en noir. Barre d'échelle : 100 µm.

que si le contact était uniformément réparti[3]. Bowden et Tabor font alors l'hypothèse que cette contrainte normale est suffisamment grande pour déformer plastiquement les aspérités en contact. On a alors σ = constante = H, où H est la limite de plasticité en indentation du matériau. Cette hypothèse implique donc que la surface réelle de contact est directement proportionnelle à la charge normale[4]

$$S_r = \frac{F_N}{H}. \tag{2.5}$$

Bowden et Tabor supposent ensuite que les aspérités en contact ainsi écrasées sont « soudées » et forment un « joint » solide. Pour faire glisser les deux surfaces l'une par rapport à l'autre, il faut donc appliquer une contrainte tangentielle au niveau des contacts F_T/S_r égale à la limite élastique en cisaillement τ_c du matériau, soit

$$F_T = \tau_c S_r. \tag{2.6}$$

En combinant les deux expressions précédentes, on trouve finalement que la force de frottement est

$$F_T = \frac{\tau_c}{H} F_N. \tag{2.7}$$

3. Pour s'en faire une idée plus précise, considérons deux blocs de Plexiglas, de surface 16 mm × 16 mm, pressés l'un contre l'autre par une force normale de 1000 N (Dieterich & Kilgore, 1994). Dans ce cas, une observation précise de l'aire réelle de contact montre que $S_r \simeq 10^{-2} S_a$. La contrainte normale sur les aspérités a donc pour valeur $\sigma \simeq 400$ MPa, ce qui est de l'ordre de grandeur de la contrainte seuil de déformation plastique du Plexiglas.

4. Dans le cas de surfaces rugueuses, on peut montrer que ce résultat est en fait général et ne dépend quasiment pas du mode de déformation élastique ou plastique des aspérités en contact (Greenwood & Williamson, 1966). Pour une déformation purement élastique, on a par exemple $S_r \sim \sqrt{rs}/(Es)F_N \sim F_N/E$, où r est le rayon des aspérités et s leur hauteur.

Ce modèle simple permet d'expliquer la principale propriété de la force de frottement solide, à savoir la proportionnalité entre la force normale et la force tangentielle. Il permet également de relier le coefficient de friction μ aux propriétés mécaniques des matériaux en contact : $\mu = \tau_c/H \sim 1$. En revanche, le modèle de Bowden et Tabor ne renseigne pas sur les phénomènes d'hystérésis observés, ni ne décrit dans le détail la distribution du nombre de contacts et de l'aire de chaque contact. Il ne donne pas non plus de renseignement sur les phénomènes physiques responsables du « soudage » τ_c à l'échelle du contact.

Remarquons pour finir que les lois du frottement solide, bien que vérifiant en première approximation les lois de Coulomb, sont en réalité plus complexes (Persson, 2000). Tout d'abord, la proportionnalité entre la force de frottement et la charge normale n'est plus vérifiée pour des très fortes charges et/ou pour des matériaux très mous. Dans ce cas, la force de friction sature vers une constante. Ce phénomène, bien connu des pilotes de Formule 1, provient du fait que la rugosité des surfaces est alors totalement écrasée. L'aire réelle de contact est donc égale à l'aire apparente et ne dépend plus de la charge. L'autre approximation concerne l'hypothèse des coefficients de friction μ_s et μ_d constants. Des phénomènes comme le vieillissement statique (augmentation de μ_s avec l'âge du contact) ou l'affaiblissement cinétique (diminution de μ_d avec la vitesse de glissement) sont observés. La décomposition (2.6) de la force de frottement comme le produit d'une contrainte seuil et de l'aire de contact réelle est le point de départ de nombreux travaux qui prennent en compte ces phénomènes (Baumberger, 1997 ; Persson, 2000 ; Bureau, 2002).

Collé-glissé ou « *stick slip* »

En restant dans le cadre de l'approximation de coefficients de friction constants, il est possible de décrire succinctement un phénomène connu de tous ceux qui ont déjà entendu un grincement de porte ou un crissement de craie sur le tableau : le phénomène de collé-glissé (« *stick slip* » en anglais) (Baumberger *et al.*, 1994).

Pour cela, considérons un patin solide posé sur un substrat relié à un ressort de raideur κ (figure 2.4*a*). À l'instant $t = 0$, le ressort est au repos (allongement nul) et le patin à la position $X = 0$. On commence alors à tirer l'extrémité du ressort à la vitesse constante V. L'allongement du ressort est alors $\epsilon = Vt - X(t)$. On appelle F_T la tension du ressort, R_T la force de friction, et $F_N = mg$ la force normale, où m est la masse du patin. La dynamique du patin s'établit en deux temps :

1. Le patin est à l'arrêt et ne glissera pas tant que la tension F_T n'atteint pas la force critique $F_{Tc} = \mu_s F_N$. On a alors $\epsilon = Vt$.

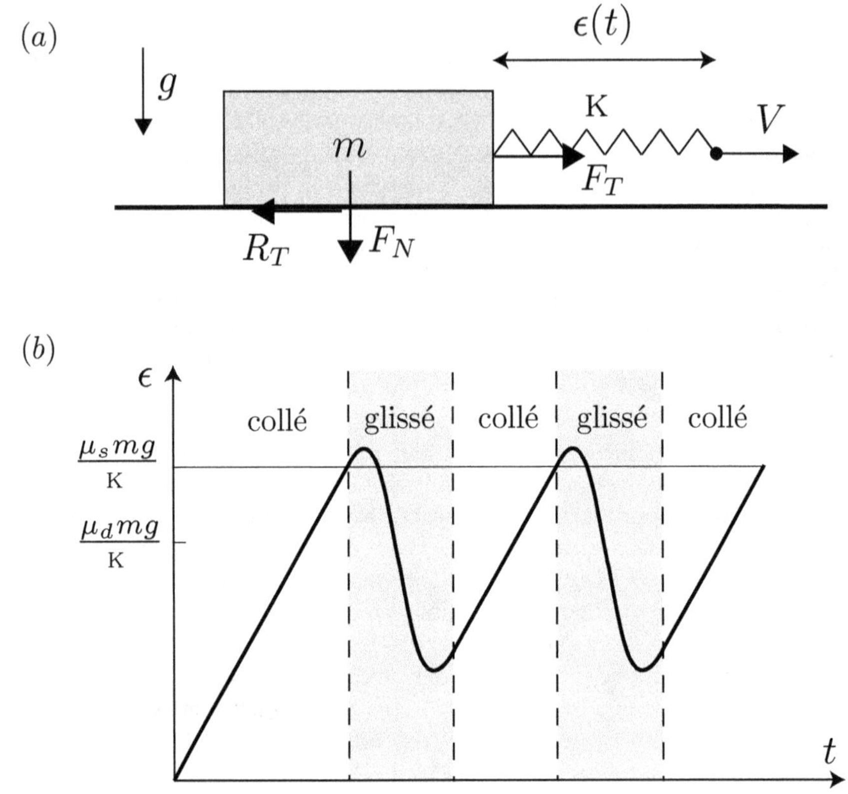

FIG. 2.4 – (*a*) Expérience typique de collé-glissé. (*b*) Évolution de l'allongement du ressort au cours du temps.

2. Ensuite le patin glisse et la force de friction est égale à $R_T = \mu_d F_N$. L'équation de la dynamique s'écrit alors

$$m\ddot{X} = \text{K}\epsilon - \mu_d F_N, \tag{2.8}$$

ce qui s'écrit en terme d'allongement

$$\ddot{\epsilon} + \frac{\text{K}}{m}\epsilon = \frac{\mu_d}{m} F_N. \tag{2.9}$$

L'allongement ϵ oscille donc à la fréquence $\sqrt{\text{K}/m}$ autour de la valeur $\mu_d mg/\text{K}$. Lors de cette oscillation le patin va repasser par la vitesse nulle (lorsque $\dot{\epsilon} = V$), et le système est alors renvoyé à l'étape 1.

Le mouvement résultant est donc une succession d'étapes « collées » où le patin est à l'arrêt et où le ressort s'allonge, et d'étapes « glissées » où le patin avance (figure 2.4*b*). On a là un exemple typique de phénomène non-linéaire, puisque une oscillation (de surcroît non harmonique) apparaît alors que le forçage est constant dans le temps. Cette non-linéarité provient de la non-linéarité de la loi de Coulomb.

Le mouvement périodique de « *stick slip* » est à l'origine des grincements de portes, mais aussi des sons harmonieux générés par les instruments à cordes frottées comme le violon. À une échelle beaucoup plus grande, le phénomène de « *stick slip* » fournit un modèle très simplifié pour expliquer les tremblements de terre (Nataf & Sommeria, 2000). L'équivalent de l'interface patin/plan correspond au contact entre deux plaques tectoniques le long d'une faille. L'analogue du forçage à vitesse constante est la lente dérive des continents. Tant que la contrainte tangentielle entre les plaques n'atteint pas le seuil de friction statique, les deux lèvres de la faille restent plaquées l'une contre l'autre et de l'énergie élastique s'accumule dans la croûte terrestre, qui joue le rôle du ressort. Lorsque le seuil de frottement statique est atteint, l'énergie est brutalement relâchée sous forme d'ondes sismiques car le coefficient de friction dynamique est plus faible que le frottement statique.

Problème d'indétermination

Lorsqu'il n'y a pas de mouvement relatif entre deux solides, nous avons vu que la force de friction n'est pas connue *a priori*. Nous connaissons uniquement une borne supérieure pour son module : $|\mathbf{R_T}| \leq \mu_s |\mathbf{R_N}|$. Dans certaines situations, il est possible de calculer la force de friction simplement à partir de l'équilibre des forces. Cependant, il existe des situations où les relations d'équilibre ne suffisent pas à déterminer les forces de friction. Il existe alors une indétermination qui ne peut être levée que si l'on connaît l'historique du système.

Pour illustrer cette difficulté, considérons l'empilement bidimensionnel de la figure 2.5 composé d'un disque (α) de masse m reposant sur deux autres disques (β) et (γ). L'équilibre du disque (α) implique l'équilibre des forces et des moments

$$\begin{aligned} m\mathbf{g} + \mathbf{f}^{\alpha\beta} + \mathbf{f}^{\alpha\gamma} &= \mathbf{0}, \\ \mathbf{f}^{\alpha\beta} \times \mathbf{n}^{\alpha\beta} + \mathbf{f}^{\alpha\gamma} \times \mathbf{n}^{\alpha\gamma} &= \mathbf{0}, \end{aligned} \tag{2.10}$$

où $\mathbf{f}^{\alpha\beta}$ est la force qu'applique la particule (β) sur la particule (α) et $\mathbf{n}^{\alpha\beta}$ (resp. $\mathbf{n}^{\alpha\gamma}$) est la normale au contact entre (β) et (α) (resp. (α) et (γ)).

La condition de non-glissement au contact impose que les forces tangentielles sont inférieures ou égales aux forces normales multipliées par le coefficient de friction inter-particules μ_p

$$\begin{aligned} |\mathbf{f}^{\alpha\beta} \cdot \mathbf{t}^{\alpha\beta}| &\leqslant \mu_p |\mathbf{f}^{\alpha\beta} \cdot \mathbf{n}^{\alpha\beta}|, \\ |\mathbf{f}^{\alpha\gamma} \cdot \mathbf{t}^{\alpha\gamma}| &\leqslant \mu_p |\mathbf{f}^{\alpha\gamma} \cdot \mathbf{n}^{\alpha\gamma}|, \end{aligned} \tag{2.11}$$

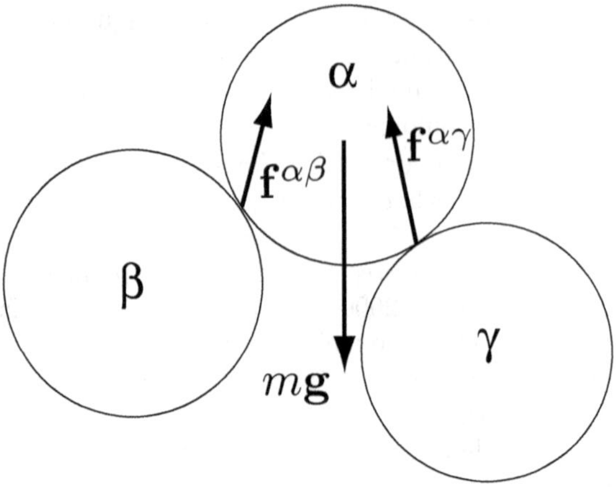

FIG. 2.5 – L'écriture de l'équilibre d'une bille sur deux voisines ne permet pas de déterminer les forces normales et tangentielles aux contacts.

où $\mathbf{t}^{\alpha\beta}$ (resp. $\mathbf{t}^{\alpha\gamma}$) est le vecteur unité tangent au contact entre (β) et (α) (resp. (α) et (γ)).

Faisons le compte des inconnues et des équations. Les deux composantes de chaque force sont nos quatre inconnues, alors que nous n'avons que trois équations (2.10). Malgré les deux inégalités supplémentaires, le système est donc sous-déterminé. Pour la même configuration, il existe un ensemble continu de solutions. Pour connaître la répartition des forces sur le disque (α), il faudrait donc savoir comment celui-ci a été posé sur les deux autres. Par exemple, si le disque (α) est emmené en glissant le long du disque (β), la force de friction tangentielle est totalement mobilisée ; l'inégalité (2.11) se change en égalité et permet de connaître la répartition des forces. Les forces peuvent aussi être déterminées dans le cas de grains non frottants, pour lesquels les forces sont dirigées selon les normales au contact. Il n'y a alors que deux inconnues et deux équations d'équilibre, l'équilibre des moments étant trivialement vérifié.

Cet exemple simple illustre un message important : la présence de friction dans les interactions engendre une indétermination des forces de contact. Ce problème qui se pose avec une bille va naturellement se poser pour un milieu granulaire. La répartition des forces entre les grains dans un tas de sable, par exemple, dépend de la façon dont le tas a été construit. Nous discuterons les implications de ce résultat plus en détail au chapitre 3, consacré à la statique des empilements granulaires.

Encadré 2.1

Contact électrique entre grains et effet Branly

Le comportement électrique d'un milieu granulaire conducteur est un bon exemple du rôle que peuvent avoir des effets physiques à l'échelle du contact sur le comportement global d'une assemblée de grains (Holm, 2000). Lorsqu'une poudre métallique est placée entre deux électrodes, on constate généralement que sa résistance est très élevée, de l'ordre de plusieurs mégaohms, ce qui est bien supérieur à la résistance attendue pour des particules métalliques. Cette résistance élevée provient des couches d'oxyde présentes au niveau des contacts qui, bien que d'épaisseur nanométrique, suffisent à limiter fortement le passage du courant. Cependant, quand une tension suffisamment grande est appliquée entre les électrodes, ou quand une onde électromagnétique est émise au voisinage de la poudre, on observe une chute spectaculaire de la résistance du milieu qui peut descendre à quelques centaines d'ohms. Cet effet est d'autant plus spectaculaire qu'un simple choc mécanique sur les grains suffit pour retrouver l'état isolant initial.

La transition de conduction dans une poudre métallique soumise a une onde électromagnétique a été découverte et analysée par Édouard Branly en 1890 (Branly, 1890). Ce phénomène, appelé depuis « effet Branly », fût à l'origine des premières transmissions électriques sans fil. L'effet Branly reste cependant encore mal compris, malgré plusieurs tentatives d'explications (claquage diélectrique, soudage par fusion, seuil de percolation, etc.). Récemment, l'étude de la relation courant-tension d'un système granulaire modèle, une chaîne de billes 1D, a montré que la réponse électrique d'un contact entre deux grains est complexe et résulte d'un couplage entre la rugosité de l'interface, la couche d'oxyde et l'échauffement par effet Joule (Falcon *et al.*, 2004a). À faible courant, la couche d'oxyde est intacte mais les aspérités croissent en taille à cause de l'échauffement, ce qui entraîne une variation réversible de la résistance. Ce régime est sensible à la force appliquée sur les grains ainsi qu'aux détails physico-chimiques des interfaces en contact. Au-delà d'un certain courant, l'échauffement crée de véritables jonctions métalliques au niveau des aspérités et la résistance chute brutalement tandis que la tension sature ; c'est l'analogue de l'effet Branly. Cette diminution de résistance s'accompagne d'une importante hystérésis : la résistance du système est alors dominée par le comportement électrothermique des jonctions métalliques et dépend peu de la force appliquée ou de la nature des surfaces. On retrouve le même type de réponse électrique non-linéaire avec hystérésis pour un empilement granulaire réel (poudre métallique). Les phénomènes sont cependant plus riches. En particulier, la résistance électrique de la poudre évolue au cours du temps (phénomène de vieillissement) et présente de fortes fluctuations temporelles, qui rappellent certains phénomènes d'intermittance observés sur les signaux turbulents (Falcon *et al.*, 2004b).

2.1.3 Collisions entre deux particules

La description des forces de contact que nous avons développée jusqu'ici s'applique à des contacts permanents, tels qu'ils existent par exemple dans un empilement granulaire. Cependant, dans le cas d'écoulements de grains, il existe également des collisions entre les particules. Nous nous intéressons dans cette section aux phénomènes physiques mis en jeu lors de l'impact entre deux particules.

Temps de collision

Considérons deux particules sphériques identiques de masse m, de rayon R et de vitesse v qui entrent en collision frontale. En première approximation, on peut supposer que l'énergie cinétique initiale des grains $E_c = 2 \times (1/2)mv^2$ est convertie lors de l'impact sous forme d'énergie élastique au niveau du contact, $E_{\mathrm{el}} \sim 2F\delta$, où F est la force de contact élastique et δ l'enfoncement typique lors du choc. La durée de collision t_c est de l'ordre de δ/v. En appliquant la loi de Hertz, $F \sim E\sqrt{R}\,\delta^{3/2}$ (§2.1.1), on trouve pour cette durée de collision

$$t_c \sim \left(\frac{m^2}{RE^2 v}\right)^{1/5} \sim \frac{R}{c}\left(\frac{c}{v}\right)^{1/5}, \tag{2.12}$$

où $c \sim \sqrt{E/\rho_p}$ est la vitesse typique de propagation des ondes élastiques dans le solide (ρ_p est la densité de la particule). La durée de collision est essentiellement donnée par le temps de parcours des ondes élastiques dans la bille, avec une dépendance faible vis-à-vis de la vitesse de collision. Par exemple, pour un choc entre deux billes de verre (densité $\rho_p = 2500$ kg m^{-3}, module d'Young $E = 10^{10}$ Pa) de rayon 1 mm avec une vitesse d'impact de 1 cm s^{-1}, on a $(c/v)^{1/5} \simeq 10$ et on trouve $t_c \simeq 10$ µs.

Le calcul précédent suppose que la loi de Hertz, établie pour un contact statique, reste valable lors d'un choc. Cette hypothèse est en fait justifiée si la solution statique des équations de l'élasticité reste valable localement au niveau du contact, c'est-à-dire si l'on se situe dans la zone de champ proche du rayonnement des ondes élastiques. Cette condition se traduit par $\lambda \gg a$, où λ est la longueur d'onde typique des ondes rayonnées lors de l'impact et a la taille typique de la zone de contact. Or $\lambda \sim c\,t_c$ et $a \sim \sqrt{\delta R} \sim \sqrt{v\,t_c R}$. En utilisant l'expression (2.12) du temps d'impact, on en déduit que la loi de Hertz reste valable pour un contact dynamique tant que

$$\frac{a}{\lambda} \sim \left(\frac{v}{c}\right)^{3/5} \ll 1, \tag{2.13}$$

c'est-à-dire tant que la vitesse d'impact est petite devant la vitesse de propagation des ondes élastiques (Johnson, 1985).

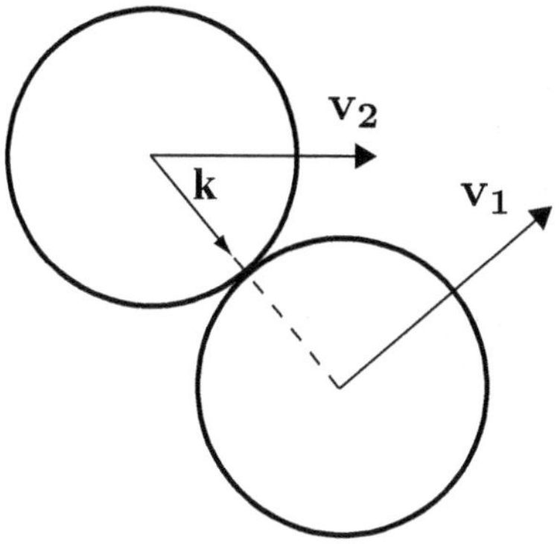

FIG. 2.6 – Collision quelconque entre deux sphères.

Coefficient d'inélasticité

Même dans le cas d'une vitesse d'impact faible devant la vitesse du son, l'expérience montre que lorsqu'on lâche une bille sur un plan d'une certaine hauteur, elle ne remonte pas à sa hauteur initiale. L'impact s'accompagne donc inévitablement d'une perte d'énergie cinétique et la vitesse de la bille après le rebond v' est toujours inférieure à sa vitesse d'impact avant rebond v

$$v' = -e\,v, \tag{2.14}$$

où $0 \leq e < 1$ est appelé coefficient d'inélasticité ou coefficient de restitution de l'énergie.

L'origine de cette perte d'énergie est multiple : déformation plastique, rayonnement en ondes de surface, en modes de vibration propres de la bille, viscoélasticité, élévation de température locale, fracture, etc. Le coefficient de restitution est typiquement égal à 0,9 pour un contact entre deux billes d'acier, 0,8 pour des billes de verre et 0,6 pour des billes d'aluminium. Comme pour le coefficient de friction, la propriété d'un coefficient d'inélasticité constant n'est qu'une approximation. Le coefficient d'inélasticité dépend non seulement des propriétés des matériaux en contact mais également de la dimension des corps qui entrent en collision ainsi que de leur vitesse d'impact. On s'attend par exemple à ce que le coefficient de restitution tende vers 1 quand la vitesse d'impact tend vers zéro, les processus de dissipation devenant alors négligeables[5]. Différentes lois d'échelle ont été proposées pour la dépendance en vitesse du coefficient de restitution en fonction de l'origine physique de la dissipation (voir encadré 2.1). Cependant l'approximation $e =$ constante est souvent suffisante pour décrire de nombreux phénomènes.

5. Ce raisonnement n'est valable que dans le cas de forces répulsives entre les particules. En présence de forces d'attraction à courte distance, les particules peuvent être capturées l'une par l'autre à très faible vitesse. Le coefficient de restitution effectif tend alors vers zéro. Le même phénomène a lieu lorsqu'une bille rebondit sur un plan par gravité (Falcon, 1997).

La définition du coefficient de restitution (2.14) peut se généraliser au cas d'une collision quelconque entre deux particules de vitesses initiales $(\mathbf{v_1}, \mathbf{v_2})$ et de vitesses après le choc $(\mathbf{v'_1}, \mathbf{v'_2})$, selon

$$(\mathbf{v'_2} - \mathbf{v'_1}) \cdot \mathbf{k} = -e\,(\mathbf{v_2} - \mathbf{v_1}) \cdot \mathbf{k}, \tag{2.15}$$

où $\mathbf{k}$ est le vecteur unitaire reliant les centres des billes lors de l'impact (figure 2.6). Cette définition permet en particulier de trouver les vitesses post-impact en fonction des vitesses initiales. Introduisons pour cela l'impulsion subie par la particule $\alpha = 1{,}2$ pendant le choc : $\mathbf{J}^\alpha = \int_{\text{contact}} \mathbf{F}_\alpha \mathrm{d}t = m(\mathbf{v}'_\alpha - \mathbf{v}_\alpha)$ (on suppose pour simplifier les particules de même masse m), où $\mathbf{F}_\alpha$ est la force instantanée sur la particule α. D'après la conservation de la quantité de mouvement, on a $\mathbf{J_2} = -\mathbf{J_1} \equiv \mathbf{J}$. Si on suppose de plus les surfaces parfaitement lisses[6], c'est-à-dire sans frottement lors du contact, on sait que la force de contact est parallèle à $\mathbf{k}$, soit $\mathbf{J} = J\,\mathbf{k}$. La valeur de J s'obtient facilement en projetant la variation de quantité de mouvement de chaque bille sur $\mathbf{k}$ et en utilisant la définition du coefficient d'inélasticité donnée plus haut. On trouve : $J = \frac{1}{2}m(1+e)(\mathbf{v_1} - \mathbf{v_2}) \cdot \mathbf{k}$. Ainsi, les vitesses post-impact s'écrivent dans le cas d'une collision quelconque de sphères lisses

$$\mathbf{v'}_1 = \mathbf{v}_1 + \frac{1+e}{2}[(\mathbf{v}_2 - \mathbf{v}_1) \cdot \mathbf{k}]\mathbf{k}, \tag{2.16}$$

$$\mathbf{v'}_2 = \mathbf{v}_2 - \frac{1+e}{2}[(\mathbf{v}_2 - \mathbf{v}_1) \cdot \mathbf{k}]\mathbf{k}. \tag{2.17}$$

La variation d'énergie cinétique lors de la collision s'écrit alors

$$\Delta E_c = \frac{1}{2}m\left(\mathbf{v'_1}^2 + \mathbf{v'_2}^2 - \mathbf{v_1}^2 - \mathbf{v_2}^2\right) = -\frac{m}{4}\left(1 - e^2\right)\left[(\mathbf{v_2} - \mathbf{v_1}) \cdot \mathbf{k}\right]^2. \tag{2.18}$$

On constate qu'il y a bien perte d'énergie cinétique lors de la collision (le terme de droite est toujours négatif), quelles que soient les vitesses initiales d'impact. Cette dissipation lors des collisions sera au cœur des propriétés des gaz granulaires présentés au chapitre 5.

Encadré 2.2

Origine physique du coefficient d'inélasticité et lois d'échelle

Nous avons vu qu'une collision frontale entre deux particules macroscopiques de vitesse v entraîne une perte d'énergie cinétique $|\Delta E_c| = m(1-e^2)v^2$,

6. Dans le cas de sphères rugueuses, c'est-à-dire avec une force de frottement tangentielle, la vitesse relative tangentielle entre les particules ainsi que leurs vitesses de rotation ne sont pas conservées lors de la collision. Il faut alors introduire un deuxième coefficient de restitution qui décrit la variation de vitesse tangentielle lors de l'impact (Rao & Nott, 2008).

où m est la masse des particules et e le coefficient d'inélasticité (2.18). Si l'on note $\mathcal{P}$ la puissance dissipée lors du choc, cette variation d'énergie peut aussi s'écrire $|\Delta E_c| \sim \mathcal{P}\, t_c$, où t_c est le temps de la collision. On en déduit une expression du coefficient d'inélasticité sous la forme

$$e^2 \simeq 1 - \frac{\mathcal{P}\, t_c}{m\, v^2}. \tag{2.19}$$

Le rapport $\mathcal{P}\, t_c/m\, v^2$ peut être vu comme le rapport entre le temps d'impact t_c et le temps qu'il faudrait pour dissiper toute l'énergie cinétique initiale, $m\, v^2/\mathcal{P}$. Les pertes sont faibles lorsque ce rapport est très petit. Dans cet encadré, nous donnons différentes expressions du coefficient d'inélasticité selon le mécanisme physique à l'origine de la dissipation $\mathcal{P}$.

Pertes viscoélastiques

Considérons tout d'abord le cas de pertes de type viscoélastique. On suppose que le solide possède une certaine viscosité intrinsèque η qui s'ajoute à la contrainte élastique. La puissance dissipée $\mathcal{P}$ est alors égale à la puissance des pertes visqueuses lors de l'impact, $\mathcal{P} \sim \iiint \eta$ (taux de déformation)^2. On a $\mathcal{P} \sim a^3 \eta (v/a)^2$, où a est la taille de la zone déformée : $a \sim \sqrt{\delta R} \sim \sqrt{v\, t_c R}$. En introduisant cette expression dans (2.19) et en utilisant l'expression (2.12) du temps d'impact valable pour un choc élastique ($e \simeq 1$), on obtient

$$e^2 \simeq 1 - \frac{\eta}{\rho_p R c}\left(\frac{v}{c}\right)^{1/5}, \quad \text{soit} \quad 1 - e \propto v^{1/5}. \tag{2.20}$$

Pour des pertes viscoélastiques, on trouve donc que le coefficient d'inélasticité dépend faiblement de la vitesse d'impact et tend vers 1 à basse vitesse. Cette relation est assez bien vérifiée pour des solides de polymères, tant que les vitesses d'impact sont assez faibles pour ne pas endommager plastiquement le matériau (Johnson, 1985).

Pertes plastiques

Lorsque la vitesse d'impact est plus grande et que les matériaux sont ductiles, on peut supposer que l'énergie cinétique initiale est essentiellement dissipée sous forme de déformations plastiques. On a donc $mv^2 \sim F_N^{\text{plastique}} \delta$, où $F_N^{\text{plastique}} \sim HR\delta$ est la force de contact dans le régime plastique (2.4). En utilisant la relation géométrique $a \sim \sqrt{\delta R}$, on trouve donc que la taille de la zone de contact lors de l'impact est $a \sim R(\rho_p v^2/H)^{1/4}$. Une fois cette première phase de la collision achevée, il reste disponible pour le rebond la partie élastique des déformations stockée dans la zone de volume a^3. Ces déformations élastiques ϵ_{el} sont déterminées en égalant la contrainte élastique à la limite plastique selon $\epsilon_{el}E \sim H$. L'énergie élastique stockée disponible pour le rebond est donc $E_{el} \sim \iiint E(\text{déformation})^2 \sim a^3 E\epsilon_{el}^2 \sim R^3(H^2/E)(\rho_p v^2/H)^{3/4}$. L'énergie cinétique initiale n'est donc pas entièrement dissipée et s'écrit $m v^2 = \mathcal{P}t_c + E_{el}$. D'après l'expression (2.19) du coefficient de restitution, on en déduit la loi d'échelle suivante dans le cas de pertes plastiques (Johnson, 1985)

$$e \sim \left(\frac{H}{E}\right)^{1/2}\left(\frac{\rho_p v^2}{H}\right)^{-1/8} \propto v^{-1/4}. \tag{2.21}$$

Cette loi est vérifiée approximativement dans le cas d'impact de billes métalliques, à vitesse modérée (Johnson, 1985).

Pertes par rayonnement élastique

Le cas des pertes par rayonnement élastique est le plus délicat à calculer et différentes lois d'échelle ont été proposées. Nous pouvons cependant raisonner dimensionnellement en remarquant que pour un impact purement élastique, les grandeurs qui interviennent sont le rayon R des billes, le module d'Young E, la densité ρ_p et la vitesse d'impact v. Le seul nombre sans dimension que l'on peut construire est donc le rapport v/c entre la vitesse d'impact et la vitesse du son $c \sim \sqrt{E/\rho_p}$. On en déduit que le coefficient d'inélasticité due aux pertes par rayonnement d'ondes élastiques est de la forme

$$e^2 \simeq 1 - f(v/c), \tag{2.22}$$

où f est une fonction qui tend vers zéro avec la vitesse d'impact.

2.2 Autres interactions

Pour des grains macroscopiques, les forces de contact élastique et de frottement sont les plus importantes. Cependant, d'autres formes d'interactions existent. Par exemple, des forces électrostatiques peuvent se rencontrer si les particules sont chargées, ce qui est souvent le cas lorsqu'on les manipule en atmosphère sèche. À l'inverse, en atmosphère humide, il peut se produire une condensation d'eau au niveau des contacts entre grains qui induit une force de cohésion capillaire. De plus, pour des particules suffisamment petites, les forces intermoléculaires de type van der Waals entre surfaces solides peuvent induire une attraction non négligeable. Enfin, il peut dans certaines conditions se former entre les grains des ponts solides qui participent à la cohésion de l'édifice granulaire. Dans cette section, nous discutons ces différentes interactions, en commençant par les interactions électrostatiques.

2.2.1 Interaction électrostatique

Il est bien connu que l'on peut charger deux objets en les frottant l'un contre l'autre ; l'exemple le plus fameux étant donné par la pierre d'ambre des grecs anciens. Il peut ainsi arriver que des grains acquièrent une charge électrique durant l'écoulement par frottement et les collisions des grains entre eux et avec les parois. Ce phénomène d'électricité statique (ou triboélectricité) est difficile à modéliser et dépend de nombreux paramètres comme la nature des matériaux, la température et l'humidité ambiante. Il semble ainsi plus marqué en présence de matériaux peu conducteurs et en atmosphère sèche.

On rappelle que la loi d'interaction électrostatique entre deux particules chargées est (loi de Coulomb)[7]

$$F_{\text{elec}} = \frac{1}{4\pi\varepsilon}\frac{q_1 q_2}{r^2}, \tag{2.23}$$

où q_1 et q_2 sont les charges (C) des particules, r la distance entre leurs centres et ε la permitivité du fluide interstitiel (dans l'air $1/4\pi\varepsilon \simeq 9.10^9$ N m^2 C^{-2}). Il est délicat d'estimer la charge électrique portée par les grains et donc l'ordre de grandeur de cette force. On constate cependant qu'en l'absence de précaution particulière (mise à la masse des particules, utilisation de parois métalliques ou, au moins, en verre), les forces éléctrostatiques sont suffisantes pour mettre en « lévitation » des grains de sable d'un diamètre de l'ordre de 0,5 mm (ce qui donne une charge de l'ordre de 10^{-11} C). Il faut donc être vigilant sur l'influence de ces forces lorsque l'on manipule des petites particules. L'accumulation de charges électriques dans les milieux granulaires peut avoir également des conséquences dangereuses lors de la manufacture et le stockage de poudres ou de grains dans l'industrie (silos à grain). Les poussières chargées générées par les écoulements sont en effet susceptibles de s'enflammer et d'exploser au contact de l'air, le déclenchement de la réaction de combustion étant bien souvent initié par un arc électrique entre les particules.

2.2.2 Adhésion

Même lorsqu'ils ne sont pas chargés, deux objets identiques exercent l'un sur l'autre une force attractive due aux interactions entre leurs atomes (interactions de van der Waals, interactions dipolaires, liaison covalente ou hydrogène, etc.) (Israelachvili, 1992). Ces forces, *in fine* d'origine électrostatique,

7. L'interaction électrostatique entre deux charges est fortement modifiée quand les particules sont plongées dans un liquide polaire comme l'eau. Dans ce cas, les particules se chargent en général spontanément par réaction avec le liquide ou les ions de la solution. L'interaction électrostatique entre les particules est alors écrantée par les contre-ions présents dans la solution et décroît beaucoup plus vite (exponentiellement) que la loi de Coulomb (2.23). Elle dépend également de la température, la distribution des contre-ions étant donnée par l'équilibre entre les forces éléctrostatiques et l'agitation thermique (équation de Debye, voir Israelachvili, 1992).

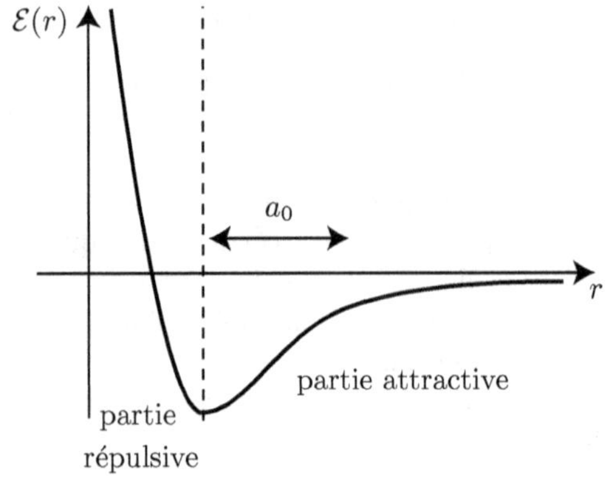

FIG. 2.7 – Allure typique de l'énergie d'interaction entre deux molécules en fonction de leur distance de séparation r. La portée du potentiel d'interaction est de l'ordre de la taille des molécules a_0.

correspondent à la partie attractive du potentiel d'interaction entre deux molécules dont l'allure typique est donnée à la figure 2.7. Le point important est que ces interactions ont une portée de l'ordre de la taille des atomes et décroissent toutes rapidement avec la distance. Pour des objets macroscopiques, l'attraction n'est donc importante que lorsque les surfaces sont très proches, c'est-à-dire quand il y a contact[8]. On parle alors de force d'*adhésion*[9].

Le calcul de la force d'attraction entre objets macroscopiques nécessite en toute rigueur une description quantique et statistique du champ électromagnétique (Lifchitz, 1956), et plusieurs approches alternatives ont été proposées (Bradley, 1932 ; Hamaker, 1937 ; Deryaguin, 1975). Nous donnons ici une méthode très simplifiée basée sur un bilan d'énergie (Johnson *et al.*, 1971). Bien que non rigoureuse, cette approche présente l'avantage de tenir compte de l'ensemble des forces intermoléculaires à courte portée à travers une seule grandeur macroscopique : la tension de surface des solides.

Considérons pour cela deux sphères élastiques de rayon R, placées dans le vide et mises en contact par une force extérieure F_{ext} (figure 2.8a). On note

8. Dans le cas de forces de van der Waals (énergie potentielle d'interaction en $-C/r^6$ où r est la distance entre atomes ou molécules), on peut montrer que la force d'attraction entre deux sphères macroscopiques de rayon R, placées dans le vide, et dont les surfaces sont séparées par une distance s s'écrit (Israelachvili, 1992)

$$F_{\text{vdW}} = \frac{\mathcal{A}R}{12s^2}, \tag{2.24}$$

où $\mathcal{A} = \pi^2 n^2 C$ est la constante de Hamaker et n est le nombre d'atomes ou molécules par unité de volume. Une valeurs typique de la constante de Hamaker entre objets solides dans le vide est $\mathcal{A} \simeq 10^{-19}$ J. Deux sphères de verre de 1 mm séparées de 10 µm subissent donc une force d'attraction de seulement $F_{\text{vdW}} \simeq 10^{-13}$ N (à comparer à leurs poids $mg \simeq 10^{-5}$ N).

9. En toute rigueur, la force d'adhésion est la force maximale qu'il faut appliquer pour séparer deux objets qui ont été mis au contact.

comme précédemment δ l'enfoncement des sphères et a le rayon de la zone de contact (voir §2.1.1). À l'équilibre, la force qu'exerce une sphère sur l'autre peut se décomposer en deux parties. D'une part, il existe une force de répulsion F_{el} au niveau de la zone de contact en compression, qui correspond à la partie répulsive du potentiel d'interaction entre les molécules. En l'absence de force attractive, cette force s'identifierait à la force élastique de Hertz calculée en §2.1.1. D'autre part, il existe une force d'attraction due à l'attraction entre les molécules des solides, que l'on identifiera avec la force d'adhésion F_{adh}. Cette attraction entraîne une déformation de la zone de contact et l'existence d'une zone *en tension* sur les bords du contact (figure 2.8*b*). Elle agit également à distance en dehors de la zone de contact.

Imaginons maintenant un petit déplacement vertical $\mathrm{d}\delta$ des sphères. Ce déplacement entraîne une variation $\mathrm{d}S = \mathrm{d}(\pi a^2)$ de la surface de contact. Il est donc associé à une variation d'énergie de surface du système donnée par $\mathrm{d}E_{\text{surf}} = 2 \times \gamma_S \mathrm{d}(\pi a^2)$ (il se crée deux interfaces), où γ_S est la tension de surface des solides dans le vide. Comme pour un liquide, la tension de surface γ_S est définie comme la moitié du travail nécessaire pour séparer dans le vide deux surfaces planes d'aire unité du contact jusqu'à l'infini. Si on néglige les interactions attractives en dehors de la zone de contact, cette variation d'énergie est précisément égale au travail de la force d'adhésion $2 \times F_{\text{adh}} \mathrm{d}\delta = \mathrm{d}E_{\text{surf}}$. En utilisant la relation géométrique $a^2 \sim 2\delta R$ valable pour des déformation faibles (§2.1.1), on en déduit une estimation de la force d'adhésion

$$F_{\text{adh}} \sim \gamma_S R. \qquad (2.25)$$

La force d'adhésion est donc proportionnelle au rayon des sphères et à la tension de surface des solides. Les valeurs typiques de tension de surface pour les solides sont de l'ordre de 1–10 $\mathrm{J\,m^{-2}}$ pour des surfaces de haute énergie (mica, métaux, verre) et de l'ordre de 30 $\mathrm{mJ\,m^{-2}}$ pour des surfaces de faible énergie (interaction de van der Waals[10]). Lorsque les solides sont entourés de vapeur ou plongés dans un liquide, la tension de surface chute et il faut remplacer γ_S par la tension de surface solide/vapeur γ_{SV} ou solide/liquide γ_{SL}.

Il est remarquable que l'expression (2.25) de la force d'adhésion ne dépende pas du module d'Young des sphères, bien que l'on ait supposé les sphères élastiques. En réalité, notre approche simple ne tient pas compte des interactions à distance en dehors de la zone de contact ni de la modification de la contribution « élastique » par les forces d'attraction. Le calcul complet

10. Dans le cas d'interaction de van der Waals, il existe un lien entre la tension de surface γ_S et la constante de Hamaker $\mathcal{A}$. En effet, la force d'adhésion peut être interprétée comme la force d'attraction de van der Waals (2.24) pour des sphères en contact, c'est-à-dire séparées par une distance atomique a_0, $F_{\text{adh}} = F_{\text{vdW}}(s = a_0) = \mathcal{A}R/(12a_0^2)$. En identifiant cette expression avec la relation $F_{\text{adh}} = 2\pi\gamma_S R$ valable pour des sphères rigides, on trouve $\gamma_S \sim \mathcal{A}/(24\pi a_0^2)$. En pratique, la valeur $a_0 \simeq 0{,}165$ nm permet de calculer la tension de surface d'une grande variété de solides, à l'exception de ceux mettant en jeu des liaisons hydrogènes (Israelachvili, 1992).

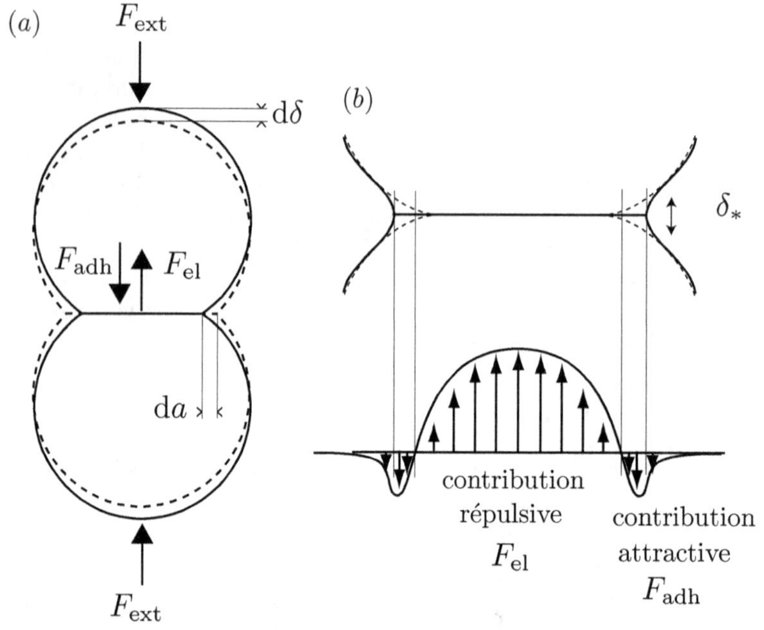

FIG. 2.8 – (*a*) Contact entre deux sphères élastiques en présence de force d'adhésion. (*b*) Répartition des forces répulsives et adhésives au niveau de la zone de contact. Les forces attractives déforment la zone de contact sur une hauteur δ^* en créant un joint adhésif en tension aux bords de la zone.

montre que la force d'adhésion est en fait comprise entre deux limites (Tabor, 1977 ; Greenwood, 1997 ; Johnson & Greenwood, 1997 ; Yao *et al.*, 2007), données par

$$\frac{3}{2}\pi\gamma_S\, R < F_{\text{adh}} < 2\pi\gamma_S\, R. \tag{2.26}$$

La limite basse (dite JKR, pour Johnson, Kendall & Roberts, 1971) est obtenue pour des sphères « molles » tandis que la limite supérieure (dite DMT, pour Derjaguin, Muller & Toporov, 1975) est obtenue pour des sphères « rigides ». Le paramètre qui contrôle la transition entre les deux régimes est le rapport δ_*/a_0, où δ^* est la hauteur du « joint » adhésif sur les bords de la zone de contact (figure 2.8*b*) et a_0 est la portée des interactions intermoléculaires (Tabor, 1977). On peut estimer la hauteur δ^* en équilibrant la force d'adhésion $\sim \gamma_S R$ et la force élastique de Hertz $\sim E\sqrt{R}\delta^{*3/2}$, soit $\delta_* \sim \gamma_S^{2/3}R^{1/3}/E^{2/3}$. La limite JKR $F_{\text{adh}} = (3/2)\pi\gamma_S\, R$ correspond à $\delta_*/a_0 \gg 1$ (faible module d'Young, grande énergie de surface, interaction à très courte portée). Dans ce cas, la force d'adhésion provient essentiellement du joint adhésif aux bords de la zone de contact. La limite DMT $F_{\text{adh}} = 2\pi\gamma_S\, R$ correspond à $\delta_*/a_0 \ll 1$

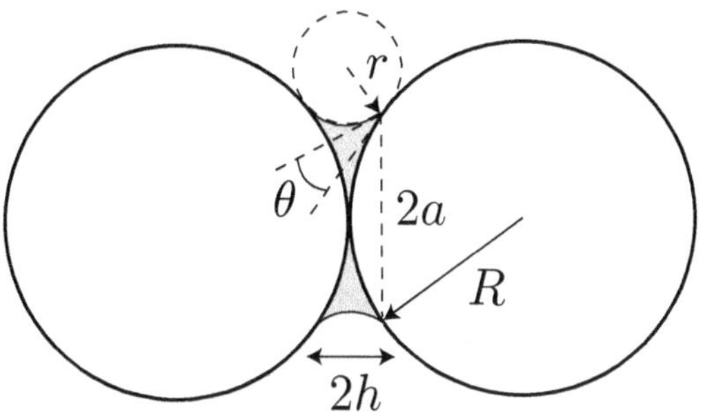

FIG. 2.9 – Pont capillaire entre deux sphères lisses en contact.

(grand module d'Young, faible énergie de surface, interactions à plus longue portée). Dans ce cas, la force d'adhésion provient surtout des interactions à distance en dehors de la zone de contact. Notons que bien que l'ordre de grandeur de la force d'adhésion soit le même dans les deux cas, la courbe de charge-décharge n'est pas du tout la même selon que l'on considère des sphères rigides ou molles. Pour des sphères molles, on observe une hystérésis avec un décollement brutal lors de la décharge (Johnson *et al.*, 1971).

2.2.3 Cohésion capillaire

Quiconque ayant un jour construit des châteaux de sable au bord de la mer sait que l'ajout d'une faible quantité d'eau change de façon spectaculaire les propriétés mécaniques d'une assemblée de grains. Ce comportement cohésif d'un tas granulaire humide provient des forces de capillarité au niveau des ponts liquides entre grains (Bocquet *et al.*, 2002). Pour estimer cette force, considérons deux grains sphériques de rayon R en contact et supposons qu'il existe entre les grains un pont liquide d'épaisseur $2h \ll R$, de largeur $2a$ et de rayon de courbure r (figure 2.9)[11]. D'après la loi de Laplace (de Gennes *et al.*, 2005), il existe une dépression à l'intérieur du pont capillaire $\Delta P = \gamma_{LV}(r^{-1} - a^{-1}) \sim \gamma_{LV}/r$ $(a \gg r)$, où γ_{LV} est la tension de surface entre le liquide et l'air. Cette dépression est responsable d'une force de cohésion entre les grains $F_{\text{cap}} \sim (\gamma_{LV}/r)\pi a^2$. Sous l'hypothèse $h \ll R$, on a de plus $r \sim h/\cos\theta$, où θ est l'angle de contact entre le liquide et le solide (figure 2.9)

11. Le mécanisme physique qui fixe la hauteur du ménisque dépend des situations. Par exemple, dans le cas d'un fluide non-volatil (huile), h est contrôlé par le volume de liquide introduit. Au contraire, dans le cas d'une atmosphère condensable, on peut montrer que la vapeur condense spontanément lorsque la distance entre les surfaces est inférieure à $2h = 2(\gamma_{SV} - \gamma_{SL})/\Delta P$, où $\Delta P = n_f k_B T \ln P_{\text{sat}}/P_V$ est la différence de pression entre la phase vapeur et la phase liquide qui se condense, n_f est le nombre de molécules par unité de volume dans la phase liquide, P_{sat} est la pression de vapeur saturante et P_V la pression de la phase vapeur. En utilisant la loi de Laplace, on en déduit le rayon du ménisque condensé $r \sim (\gamma_{LV}/n_f k_B T)/(\ln P_{\text{sat}}/P_V)$, appelé *rayon de Kelvin*.

et $a^2 \sim 2hR$. La force de cohésion due à la capillarité entre les deux sphères a donc pour ordre de grandeur[12]

$$F_{\text{cap}} \sim 2\pi\gamma_{LV} R \cos\theta. \tag{2.27}$$

Cette force devient comparable au poids d'une bille pour un rayon de l'ordre de $R_c \sim \sqrt{\gamma_{LV}/\rho_p g}$, où ρ_p est la densité de la bille. Pour une bille de verre ($\rho_p = 2500$ kg m^3) en présence d'un pont liquide d'eau ($\gamma_{LV} = 0{,}07$ J m^{-2}), on trouve $R_c \simeq 1$ mm. Notons enfin qu'il est possible d'étendre le calcul de la force capillaire à des sphères séparées d'une distance s ou à des ménisques quelconques (Orr *et al.*, 1975).

2.2.4 Cas des surfaces réelles, rôle de la rugosité

L'expression de la force capillaire (2.27) trouvée précédemment soulève deux interrogations. D'une part, celle-ci est indépendante de la quantité de liquide dans le pont capillaire (h disparaît). Ce résultat surprenant semble en contradiction avec le sens commun qui nous indique qu'il faut un minimum d'eau pour rendre cohésif un tas de sable. D'autre part, le calcul précédent ne tient pas compte de la force d'adhésion due aux interactions intermoléculaires entre sphères que nous avons calculée dans le premier paragraphe. La force totale de cohésion en présence d'un pont capillaire devrait s'écrire (pour des sphères rigides) $F_{\text{coh}} = F_{\text{cap}} + F_{\text{adh}} = 2\pi\gamma_{LV}\cos\theta + 2\pi\gamma_{SL}R$, ou encore, en utilisant la relation d'Young $\gamma_{LV}R\cos\theta + \gamma_{SL} = \gamma_{SV}$ (de Gennes *et al.*, 2005) : $F_{\text{coh}} = 2\pi\gamma_{SV}R$. On trouve donc le résultat surprenant que la force totale de cohésion est la même qu'il existe un ménisque ou non ! Ce résultat est entièrement contraire à l'observation courante qui montre que l'ajout d'un peu d'eau augmente fortement la cohésion entre grains. De plus, la tension de surface solide-vapeur γ_{SV} étant beaucoup plus grande que la tension de surface liquide-vapeur (pour le verre $\gamma_{SV} \sim 1$ J m^{-2}), on trouve que les forces de van der Waals devraient être suffisantes pour faire tenir, sans eau, des billes de verre de 10 centimètres de diamètre !

Force d'adhésion entre sphères rugueuses

La résolution de ces paradoxes provient du fait que les résultats précédents sont valables uniquement pour des sphères parfaitement lisses. Les surfaces réelles possèdent toujours une rugosité non négligeable. Les forces intermoléculaires de type van der Waals ayant une portée atomique, des aspérités même nanométriques sont suffisantes pour écranter complètement ces forces et réduire fortement la force d'adhésion.

---

12. Notre calcul ne tient pas compte de la force capillaire qui agit sur les sphères au niveau de la ligne triple le long du périmètre du pont liquide. Cette approximation est justifiée pour un ménisque mince car la projection de la force de ligne sur la verticale est $\sim 2\pi a\gamma_{LV}\sin\theta \sim 2\pi\gamma_{LV}R\sin\theta\sqrt{h/R} \ll F_{\text{cap}}$ (sauf pour $\theta \sim \pi/2$).

Le calcul exact de la force d'adhésion en présence de surfaces rugueuses est complexe et dépend de la nature du matériau (mou ou rigide, fragile ou ductile ; Persson, 2000). Dans le cas de billes de verre, des expériences ont montré une dépendance à la charge normale maximale F_N appliquée sur les sphères, $F_{\text{adh}}^{\text{rugueux}} \propto {F_N}^{1/3}$ (Restagno *et al.*, 2002). Une façon d'interpréter ce résultat est de reprendre le calcul énergétique de la section 2.2.1, en remplaçant la surface apparente de contact πa^2 par la surface réelle $S_r \ll \pi a^2$. La variation d'énergie de surface s'écrit alors $\mathrm{d}E_{\text{surf}} = -2\gamma_S \mathrm{d}S_r \sim -2\gamma_{\text{eff}}\mathrm{d}(\pi a^2)$, où $\gamma_{\text{eff}} = (S_r/\pi a^2)\gamma_S$ est une tension de surface effective en présence de rugosité. La force d'adhésion s'écrit alors $F_{\text{adh}}^{\text{rugueux}} \sim 2\pi\gamma_{\text{eff}}R$. Pour finir le calcul, il reste à estimer le rapport entre la surface réelle de contact et la surface apparente. En supposant que le volume de la bille se déforme élastiquement selon la loi de Hertz, on a $a^2 \sim (F_N R/E)^{2/3}$. De plus, si on suppose les aspérités déformées plastiquement, on a $S_r = F_N/H$, où H est la limite plastique en indentation du matériau (hypothèse de Bowden et Tabor, voir §2.5). En rassemblant ces relations, on trouve pour la force d'adhésion entre deux sphères rugueuses

$$F_{\text{adh}}^{\text{rugueux}} \sim 2\gamma_S R \left(\frac{E}{H}\right)^{2/3} \left(\frac{F_N}{R^2 H}\right)^{1/3}. \tag{2.28}$$

Dans le cas de billes de verre de rayon 1 mm pressées l'une contre l'autre avec une force de 10 N (1 kg) et en prenant $\gamma_S = 1\ \mathrm{J\,m^{-2}}$, $E = 6.10^{10}$ Pa, $H = 6.10^9$ Pa, on trouve $F_{\text{adh}}^{\text{rugueux}} \simeq 8.10^{-4}\ \mathrm{N} \simeq F_{\text{adh}}^{\text{lisse}}/10$. Il faut toutefois garder à l'esprit que la relation (2.28) n'est valable que lorsque le nombre d'aspérités en contact est grand, c'est-à-dire pour une charge suffisamment élevée (l'enfoncement de Hertz doit au moins être supérieur à la taille des aspérités). Dans le cas contraire, la force d'adhésion est de l'ordre de $F_{\text{adh}}^{\text{rugueux}} \sim \gamma_S\, r$, où r est la taille typique des aspérités.

Force capillaire entre sphères rugueuses

Le calcul précédent montre que les forces d'adhésion de type van der Waals sont fortement diminuées par la présence d'une rugosité, même très faible. La situation est en revanche très différente pour la force capillaire. En effet, cette dernière a une portée fixée non par la taille des atomes mais par la hauteur h du ménisque, qui dépend de la quantité de liquide injectée ou du taux d'humidité de l'atmosphère. Pour des valeurs de h inférieures à la rugosité moyenne, il se forme des micro-ponts capillaires uniquement entre les aspérités les plus proches (figure 2.10). La force capillaire est alors dépendante de la quantité de liquide et s'annule bien quand h tend vers zéro. En revanche pour des valeurs de h supérieures à la rugosité moyenne, le ménisque lisse la rugosité et on retrouve l'expression (2.27) de la force capillaire, qui est bien indépendante du volume de liquide (figure 2.10) (Halsey & Levine, 1998). Notons que dans le cas d'une vapeur condensable, la nucléation d'un ménisque est un phénomène métastable nécessitant de franchir une barrière d'énergie. On observe alors une

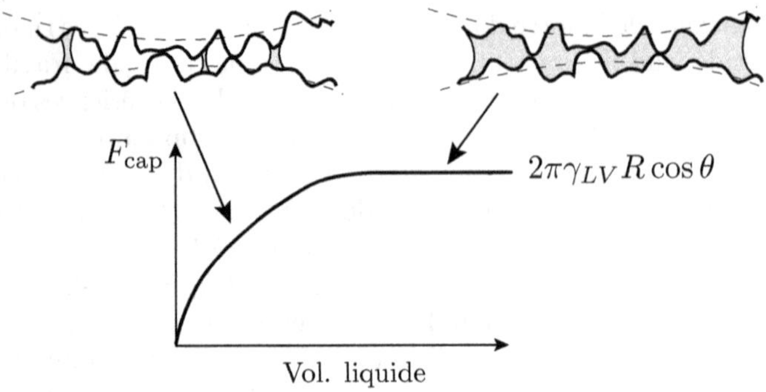

FIG. 2.10 – Allure de la force capillaire entre surfaces rugueuses (d'après Halsey & Levine, 1998). En fonction de la quantité de liquide, les aspérités sont comblées ou non, ce qui entraîne une dépendance de la force au volume de liquide.

évolution logarithmique dans le temps de la force capillaire (vieillissement), d'autant plus rapide que la pression de vapeur est proche de la pression de vapeur saturante (Bocquet *et al.*, 2002 ; encadré 4.4).

2.2.5 Ponts solides

Un dernier type d'interaction qui peut entraîner de la cohésion entre grains est la formation de ponts solides au niveau du contact (Bernache-Assollant, 1993 ; Bouvard, 2002). On peut distinguer deux grands types de mécanismes pour la formation de ces ponts. Le premier est purement mécanique et apparaît quand deux grains sont écrasés l'un contre l'autre par une force telle que la limite élastique du matériau soit largement dépassée (on parle parfois de compression « à froid » et de tenue « à cru » dans le domaine des procédés des poudres). Dans ce cas, on peut supposer que les aspérités entre surfaces au niveau du contact sont complètement lissées et que les surfaces arrivent au contact atomique (la surface réelle de contact est égale à la surface apparente). Pour séparer les solides en contact, il faut donc vaincre une force de cohésion provenant des interactions entre atomes de l'ordre de $F_{\text{joint}} \sim \gamma_S \pi a^2/a_0$, où γ_S est la tension de surface des solides, a est le rayon de la zone de contact et a_0 une distance atomique[13]. Pour des déformations plastiques, la taille de la zone de contact est donnée par la relation $F_N \sim H\pi a^2$, où F_N est la force normale sur les grains et H la limite plastique du matériau en indentation. La force d'adhésion du joint solide est donc $F_{\text{joint}} \sim \gamma_S/(Ha_0)F_N \propto F_N$.

13. Pour calculer la force de cohésion du pont solide, on a tenu compte de la surface *totale* du contact car on sépare ici deux surfaces rendues planes à cause des déformations plastiques irréversibles. Ce cas est différent des calculs précédents de la force d'adhésion qui concernaient des déformations élastiques en volume (§2.2.2, §2.2.4). Dans ce cas, seuls les bords de la zone de contact se déplacent lors du décollement entre les sphères.

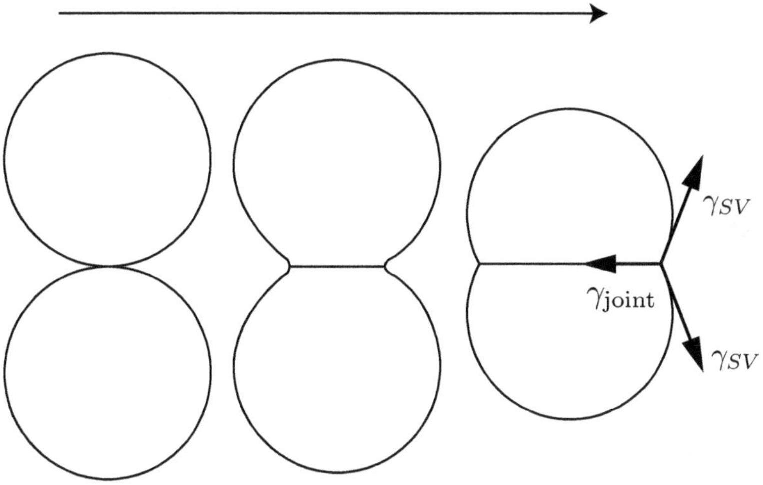

FIG. 2.11 – Formation d'un pont solide entre deux grains activée par la température (phénomène de coalescence ou frittage en phase solide). L'état final correspond à une minimisation de l'énergie de surface, c'est-à-dire à un équilibre des tensions de surface au niveau de la ligne triple du contact.

On trouve une force d'adhésion proportionnelle à la force normale, comme pour la friction solide. Pour un métal, en prenant $\gamma_S = 1$ J m^{-2}, $H = 10^9$ GPa et $a_0 = 10^{-10}$ m, on trouve $F_{\text{joint}}/F_N \sim 10$.

L'autre grand mode de formation de ponts solides, ou joints de grains, n'est pas mécanique mais est activé par la température (on parle aussi de frittage en phase solide[14]). Il est lié à la diffusion des atomes des solides au voisinage de la zone de contact par des procédés subtils d'évaporation/condensation et de transport dans le solide. L'origine physique de ce phénomène est la minimisation de l'énergie de surface des solides. Il est analogue à la coalescence de deux gouttes liquides, sauf qu'ici les processus sont beaucoup plus lents ! De plus, contrairement à un liquide, l'interface solide/solide est rarement homogène et est associée elle aussi à une énergie de surface γ_{joint} (en l'absence de cette énergie de surface, l'état stable final correspondrait à un seul grain). Le joint de grain se forme alors de manière à assurer l'équilibre local au niveau de la ligne de contact comme pour la loi d'Young (figure 2.11).

Pour finir, signalons que l'existence d'un pont liquide entre deux grains peut également conduire à l'apparition d'un pont solide. C'est le cas lorsque le ménisque se solidifie par baisse de la température (on peut penser aux ponts de glace entre flocons de neige). Un pont liquide peut également dissoudre

14. Par opposition au frittage en phase liquide qui est obtenu en augmentant la température au-delà du point de fusion des solides.

des espèces en solution qui recristallisent ensuite lors de l'évaporation, comme pour le sel de cuisine qui forme une « croute » entre les grains après avoir été laissé dans une atmosphère humide. Notons que tous ces mécanismes thermiquement activés sont généralement très lents et donnent lieu à une dépendance complexe à la température ou la pression appliquée sur les grains.

Encadré 2.3

Méthodes de simulations numériques discrètes des milieux granulaires

Les méthodes de simulations numériques discrètes calculant le mouvement individuel de chaque grain sont devenues un outil important dans l'étude du comportement des milieux granulaires (Hermann & Luding, 1998 ; Roux & Chevoir, 2005 ; Radjai & Dubois, 2008). Elles permettent d'avoir accès à des variables difficilement accessibles expérimentalement, comme les forces entre grains ou la distribution des contacts. Elles permettent également de passer à une description continue (tenseur des contraintes, tenseur des déformations) grâce aux procédés de moyennage ou d'homogénéisation que nous verrons à la section 3.3. En revanche, et malgré la puissance croissante des ordinateurs, ces méthodes discrètes restent très coûteuses en temps de calcul et sont limitées en nombre de particules. Il existe principalement trois grandes familles de méthodes de simulation discrètes que nous présentons ici.

Méthode de collision (« event driven »)

Cette méthode est limitée au régime collisionnel dilué pour lequel les grains sont très agités et interagissent par collisions binaires et instantanées (voir chapitre 5). Supposons connues les vitesses et positions des particules au temps t. Alors, il est possible pour tout couple de particules de déterminer si elles vont se rencontrer et à quel instant. Le principe de la simulation par la méthode de collision consiste à calculer quand se produira la prochaine collision et quelles particules α et β sont impliquées, et ensuite à incrémenter le temps et la position des particules jusqu'à cet instant. Les règles de collision instantanée données par les équations (2.16) et (2.17) sont alors appliquées aux deux particules α et β, et on recommence à chercher quand et où aura lieu la prochaine collision. L'incrément de temps dans la simulation n'est donc pas constant, la simulation avançant de collision en collision. Cette méthode a été beaucoup utilisée pour étudier les problèmes de refroidissement de gaz granulaires dissipatifs (voir section 5.4.5). Notons que lorsque le milieu devient très dense, des problèmes de collisions de plus en plus fréquentes peuvent apparaître, ce qui diminue l'incrément de temps et peut rendre impossible le déroulement de la simulation.

Méthode de sphères molles ou dynamique moléculaire

Cette méthode est la plus utilisée, principalement avec des sphères (Cundall & Strack, 1979). Le mouvement de chaque grain est calculé à partir de la relation fondamentale de la dynamique et des forces de contact entre grains. Pour estimer celles-ci, les grains sont supposés indéformables mais pouvant s'interpénétrer légèrement. Tout le travail réside dans le choix des interactions normales et tangentielles entre grains en fonction de l'interpénétration (figure E2.1). Pour les forces normales, un choix très répandu est un ressort et une dissipation visqueuse, permettant de reproduire une collision inélastique. Pour les forces tangentielles, un modèle de ressort couplé à un patin permet de modéliser la force de friction. La déformation qui intervient dans le ressort tangentiel est calculée en initialisant son étirement à zéro au moment de la formation du contact. Il faut donc mémoriser à chaque pas de temps de la simulation l'âge des contacts et le déplacement tangentiel relatif $\delta^T_{c_{ij}}$ à chaque contact c_{ij} entre la particule i et la particule j. Pour des particules toutes identiques de masse m et de moment d'inertie I_p, la simulation se déroule comme suit. Connaissant les positions $\mathbf{x}_i^t$, les vitesses $\mathbf{u}_i^t$, les rotations ω_i^t de toutes particules i à l'instant t et connaissant les déplacements tangentiels relatifs de tous les contacts déjà formés $\delta^t_{T_c}$, les nouvelles positions,

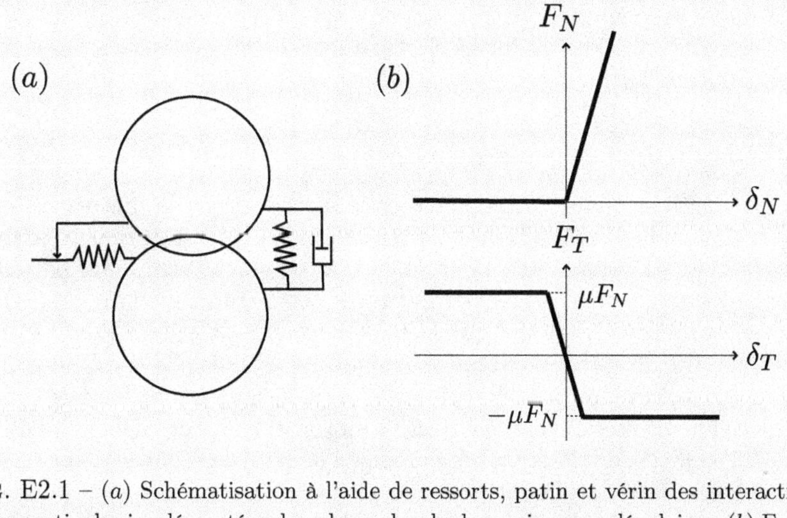

FIG. E2.1 – (a) Schématisation à l'aide de ressorts, patin et vérin des interactions entre particules implémentées dans les codes de dynamiques moléculaires. (b) Forces normale et tangentielle en fonction du déplacement relatif normal δ_N et tangentiel δ_T.

vitesses et rotations sont calculées

$$\mathbf{x}_i^{t+1} = \mathbf{x}_i^{t+1} + \mathbf{u}_i^t \mathrm{d}t \,, \tag{2.29}$$

$$\mathbf{u}_i^{t+1} = \mathbf{u}_i^t + \frac{\mathrm{d}t}{m}\left[\sum_{j\neq i} \mathbf{F}_{ij}^t + \mathbf{F}_i^{\mathrm{ext}^t}\right] , \tag{2.30}$$

$$\omega_i^{t+1} = \omega_i^t + \frac{\mathrm{d}t}{I_p}\sum_{j\neq i} M_{ij}^t \,, \tag{2.31}$$

où $\mathbf{F}_i^{\mathrm{ext}^t}$ est la force extérieure à l'instant t (généralement la gravité) sur la particule i, $\mathbf{F}_{ij}^t$ est la force de contact qu'exerce la particule j sur i et M_{ij}^t son moment par rapport au centre de la particule i. $\mathbf{F}_{ij}^t$ et M_{ij}^t dépendent des positions $\mathbf{x}_i^t$ et $\mathbf{x}_j^t$, des vitesses $\mathbf{u}_i^t$ et $\mathbf{u}_j^t$, des rotations ω_i^t et ω_j^t et du déplacement tangentiel $\delta_{c_{ij}}^T$, toutes ces quantités étant prises au temps précédent t.

Dans ces simulations, il faut s'assurer que la dynamique lors d'une collision soit bien modélisée, ce qui impose de choisir un pas de temps beaucoup plus petit que le temps typique d'une collision. Cette contrainte rend le calcul coûteux, et motive parfois un choix de particules beaucoup plus molles que la réalité. Il faut alors prendre soin de s'assurer que la raideur du contact ou les autres paramètres ne jouent pas un grand rôle dans l'étude que l'on réalise. Un autre moyen d'économiser du temps de calcul consiste à utiliser des astuces pour garder en mémoire une liste des plus proches voisins. Ceci permet de ne pas avoir à calculer les forces d'interactions avec toutes les particules mais seulement avec celles qui sont susceptibles d'être en contact. Notons qu'il est facile, dans ces simulations, d'introduire les autres types de forces d'interaction – les forces de cohésion, les forces électrostiques ou les interactions de van der Waals (section 2.2).

Méthode de dynamique des contacts

Cette méthode moins intuitive est basée sur le concept de sphères vraiment rigides et sur l'implémentation de la loi de Coulomb (§2.1.2) sans régularisation (Moreau & Jean, 1992 ; Jean, 1999). Le contact entre deux particules (figure E2.2*a*) est donc décrit par deux lois non régulières : la règle de non-interpénétrabilité qui stipule que la force normale entre deux particules est nulle si il n'y a pas de contact et indéterminée sinon, et la règle de Coulomb qui stipule que la force tangentielle est égale au coefficient de friction fois la force normale si la vitesse tangentielle relative au contact est non nulle et inférieure si elle est nulle (figure E2.2*b*, *c*). La méthode de la dynamique des contacts est basée sur la résolution implicite des équations du mouvement qui permet, à chaque pas de temps, de déterminer un ensemble de forces de contact vérifiant ces règles non régulières et compatibles avec les équations de la dynamique. La grande force de cette méthode est qu'elle permet de rendre compte à la fois de collisions instantanées, de contacts de longue durée et de collisions multiples. Nous n'allons pas rentrer ici dans les détails de cette méthode. Nous nous contentons de l'illustrer sur un système simplifié ne présentant que des interactions normales, c'est-à-dire un milieu sans frottement (Staron, 2002 ; Radjai & Richefeu, 2009). L'intérêt est que l'on peut alors s'affranchir d'écrire l'équation de la dynamique sur les moments. L'évolution des vitesses dans la simulation est alors régie par

$$\mathbf{u}_i^{t+1} = \mathbf{u}_i^t + \frac{\mathrm{d}t}{m}\left[\sum_{k\neq i}\mathbf{F}_{ik}^{t+1/2} + \mathbf{F}_i^{\mathrm{ext}}\right], \tag{2.32}$$

où k indice les particules qui sont en contact avec la particule i. La grande différence avec l'équation (2.30) utilisée en dynamique moléculaire est que les forces de contact dans le terme de droite ne sont pas exprimées au temps t, mais à un temps intermédiaire ultérieur $t + 1/2$. Elles sont donc inconnues et il faut les déterminer.

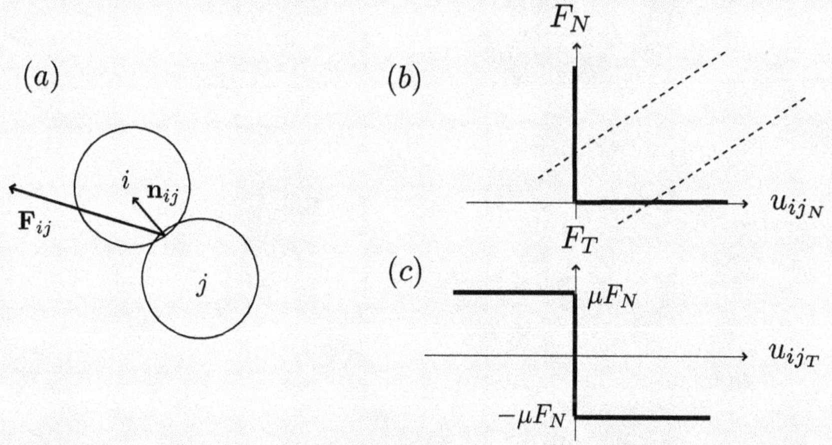

FIG. E2.2 – (a) Contact entre les particules i et j. (b) Lois de contact non régulières ou graphes de Signorini représentant la force normale F_N et tangentielle F_T en fonction des vitesses relatives au contact normale u_{ij_N} et tangentielle u_{ij_T}. Les droites sont la représentation de l'équation (2.36).

Pour ce faire, on considère tout d'abord le contact ij et on suppose connues toutes les forces $\mathbf{F}_{ik}$ autres que $\mathbf{F}_{ij}$. L'équation (2.32) exprimée pour i et j, puis projetée sur la normale au contact $\mathbf{n}_{ij}$, permet d'écrire pour la vitesse relative normale $u_{ij} = (\mathbf{u}_i - \mathbf{u}_j) \cdot \mathbf{n}_{ij}$,

$$u_{ij}^{t+1} - u_{ij}^{t} = \frac{\mathrm{d}t}{m} \left[2F_{ij}^{t+1/2} + \sum_{k \neq j} \mathbf{F}_{ik} \cdot \mathbf{n}_{ij} - \sum_{k \neq i} \mathbf{F}_{jk} \cdot \mathbf{n}_{ij} \right] , \tag{2.33}$$

où $F_{ij} = \mathbf{F}_{ij} \cdot \mathbf{n}_{ij}$. Dans cette expression nous avons pris les forces extérieures nulles pour simplifier les expressions. L'astuce de la méthode consiste ensuite à réécrire cette expression en faisant intervenir une vitesse au temps $t + 1/2$, ce qui permet d'avoir une relation entre $u_{ij}^{t+1/2}$ et $F_{ij}^{t+1/2}$ qui, couplée avec le graphe de Signorini de la figure E2.2*b*, va permettre de déterminer la force F_{ij}. Cette vitesse intermédiaire est une pondération entre la vitesse à t et à $t + 1$ et est choisie égale à

$$u_{ij}^{t+1/2} = \frac{u_{ij}^{t+1} + e u_{ij}^{t}}{1 + e} , \tag{2.34}$$

où le facteur de pondération e, comme nous allons le voir dans la suite, joue le rôle du coefficient de restitution inélastique (voir §2.1.3). L'équation (2.33) se réécrit alors

$$F_{ij}^{t+1/2} = \frac{m(1+e)}{2\mathrm{d}t} \left[u_{ij}^{t+1/2} - u_{ij}^{t} \right] - \frac{1}{2} \sum_{k \neq i,j} \left[\mathbf{F}_{ik} - \mathbf{F}_{jk} \right] \cdot \mathbf{n}_{ij}, \tag{2.35}$$

qui peut s'écrire formellement

$$F_{ij}^{t+1/2} = A u_{ij}^{t+1/2} + B_{ij} , \tag{2.36}$$

où B_{ij} est une fonction de u_{ij}^{t} et des $\mathbf{F}_{ik}$ et est donc connue. La force $F_{ij}^{t+1/2}$ et la vitesse intermédiaire $u_{ij}^{t+1/2}$ doivent donc vérifier à la fois cette relation linéaire et le graphe de Signorini du contact normal (figure E2.2*b*). Suivant le signe de la quantité B_{ij}, on trouve graphiquement

$$\begin{aligned} &\text{si} \quad B_{ij} > 0, \; F_{ij}^{t+1/2} = B_{ij} \quad \text{et} \quad u_{ij}^{t+1/2} = 0 \, , \\ &\text{si} \quad B_{ij} < 0, \quad F_{ij}^{t+1/2} = 0 \quad \text{et} \quad u_{ij}^{t+1/2} = -\frac{B_{ij}}{A} \, . \end{aligned} \tag{2.37}$$

Nous savons donc trouver la force au contact (ij) si les forces aux autres contacts sont connues. Pratiquement, pour trouver toutes les forces de contact, on utilise une méthode itérative. Ayant une estimation des forces de contact provenant du pas de temps précédent, on applique la formule (2.37) à tour de rôle sur tous les contacts, ce qui donne une nouvelle estimation du réseau de force. On itère ensuite ce calcul jusqu'à ce que l'on converge vers une distribution de contact invariante par le calcul. Une fois connue la distribution de contact, on incrémente les vitesses d'après (2.33), puis les positions, ce qui permet de déterminer les nouveaux contacts, et ainsi de suite.

Pour des particules frottantes, le principe est le même. Il faut écrire les équations de la dynamique des moments. La même technique de résolution implicite s'applique alors aux forces tangentielles en introduisant un coefficient d'inélasticité tangentielle, ce qui permet d'après le graphe de Signorini des forces tangentielle (figure E2.2*c*) de déterminer les forces de friction (Staron, 2002).

Pour mieux comprendre la signification du facteur de pondération e introduit, appliquons le formalisme au cas simple de la collision frontale entre deux billes ayant des vitesses $\mathbf{u}_1 = u_1\mathbf{n}_{12}$ ($u_1 < 0$) et $\mathbf{u}_2 = u_2\mathbf{n}_{12}$ ($u_2 > 0$). Les particules avancent jusqu'à ce qu'elles s'interpénètrent pour la première fois au temps t. On applique alors l'équation (2.35) et les conditions (2.37) pour déterminer la force au contact, sachant qu'il n'y pas d'autres contacts. On trouve alors $F_{12}^{t+1/2} = -(m/2\mathrm{d}t)(1+e)(u_1^t - u_2^t)$ ce qui implique immédiatement d'après (2.33)

$$u_1^{t+1} = u_1^t + \frac{1+e}{2}(u_2^t - u_1^t)\,, \tag{2.38}$$

$$u_2^{t+1} = u_2^t - \frac{1+e}{2}(u_2^t - u_1^t)\,. \tag{2.39}$$

On retrouve donc les lois de collisions inélastiques (2.16) et (2.17) avec le coefficient d'inélasticité égal au coefficient de pondération de l'équation (2.34). En un seul pas de temps on a donc résolu une collision inélastique. La méthode de dynamique des contacts ne nécessite donc pas de choisir un pas de temps aussi petit que la dynamique moléculaire et est en outre beaucoup moins sensible au choix de dt. Elle a de plus l'avantage de simuler la dynamique d'un ensemble de grains rigides en prenant en compte les collisions binaires, les collisions multiples et les contacts permanents, sans avoir à introduire des paramètres supplémentaires comme les différentes raideurs. Pour finir sur ses avantages, notons que la dynamique des contacts est applicable à des particules de formes quelconques. Une plateforme de simulation en licence libre développée par Dubois & Jean (1990) permet d'utiliser cette technique (et bien d'autres).

2.3 Forces en écoulement

Nous avons jusqu'à présent considéré les interactions entre des grains secs ou humides (ponts capillaires). Dans un grand nombre de problèmes, le fluide interstitiel, que ce soit de l'air, de l'eau, de l'huile ou tout autre fluide joue un rôle important. On distingue deux types d'influence du fluide. D'une part, le

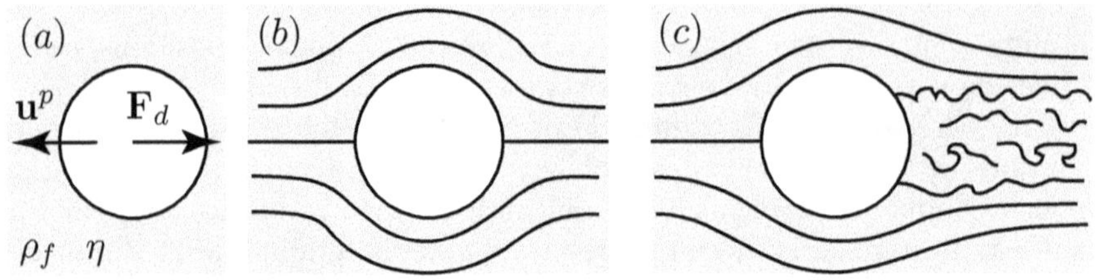

FIG. 2.12 – (*a*) Schéma d'un grain se déplaçant à la vitesse $\mathbf{u}^p$ dans un fluide au repos. (*b*) Lignes de courant dans le référentiel du grain dans le régime visqueux ($\mathcal{R} \ll 1$) et (*c*) dans le régime inertiel ($\mathcal{R} \gg 1$).

fluide peut être en écoulement par rapport aux grains. C'est le cas par exemple du transport sédimentaire ou de l'écoulement d'un fluide au travers d'un matériau granulaire. D'autre part, le fluide peut être entraîné en mouvement avec les grains comme dans le cas des avalanches sous-marines ou des suspensions iso-denses. Il influence alors – et contrôle dans nombre de cas – les processus dissipatifs au sein de ces écoulements. Nous partons ci-dessous du cas le plus simple – un seul grain dans un écoulement stationnaire et uniforme – pour ensuite discuter des forces dans les écoulements plus complexes. Enfin, nous abordons la lubrification des contacts par le fluide interstitiel. Dans cette section, nous nous contentons de donner les principaux résultats concernant les interactions hydrodynamiques sur une particule. Le lecteur souhaitant approfondir ces questions est renvoyé vers des ouvrages plus spécialisés (Guyon *et al.*, 2001 ; Guazzelli & Morris, 2010).

2.3.1 Force sur un grain dans un écoulement stationnaire et uniforme

Considérons un grain de taille d en mouvement à une vitesse constante $\mathbf{u}^p$ par rapport à un fluide immobile de densité ρ_f et de viscosité η (figure 2.12*a*). La dynamique est alors contrôlée par un seul nombre sans dimension, le nombre de Reynolds particulaire $\mathcal{R}$, qui compare les effets inertiels aux effets visqueux,

$$\mathcal{R} = \frac{\rho_f u^p d}{\eta} = \frac{u^p d}{\nu}, \tag{2.40}$$

où $\nu = \eta/\rho_f$ est la viscosité cinématique.

À faible nombre de Reynolds $\mathcal{R}$, les échanges de quantité de mouvement entre le grain et le fluide sont dominés par la diffusion visqueuse. La force de traînée qu'exerce le fluide sur le grain, qui résulte de la distribution des contraintes visqueuses, peut s'estimer dimensionnellement. Le gradient de vitesse étant proportionnel à u^p/d, la contrainte visqueuse varie comme $\eta u^p/d$.

La surface sur laquelle s'applique cette contrainte est proportionnelle à d^2. La force exercée par le fluide sur la particule s'écrit alors simplement comme cette contrainte fois la surface, soit

$$\mathbf{F}_d \sim -\eta d\, \mathbf{u}^p. \tag{2.41}$$

Il est possible de calculer exactement cette force dans le cas d'une sphère de diamètre d (Guyon *et al.*, 2001). Dans ce cas, on montre que la force $\mathbf{dF}_\mathrm{d}$ qui s'applique sur un élément de surface dS de la particule ne dépend pas de la position et est égale en tout point à

$$\mathbf{dF}_d = \frac{3\,\eta}{d}\, \mathbf{u}^p \mathrm{d}S. \tag{2.42}$$

Chaque élément de surface contribue donc également à la résultante des forces hydrodynamiques. L'aire de la sphère étant égale à $\pi\, d^2$, le coefficient numérique devant l'expression (2.41) vaut 3π de sorte que la force de traînée, appelée force de Stokes dans cette limite, s'écrit

$$\mathbf{F}_d = -3\pi\eta d\, \mathbf{u}^p. \tag{2.43}$$

Notons que dans cette limite à bas nombre de Reynolds, le champ de vitesse autour de la particule en mouvement décroît comme $1/r$, où r est la distance au centre de la particule. Cette lente décroissance implique que les interactions hydrodynamiques entre grains dans un fluide visqueux soient à longue portée.

Appliquons la formule de Stokes (2.43) à un milieu granulaire ou à une poudre en suspension. Pour ce faire, considérons un grain unique tombant au sein d'un fluide et soumis à la force de gravité déjaugée de la poussée d'Archimède (voir §2.3.2). L'équilibre des forces s'écrit

$$\mathbf{F}_d = \frac{\pi}{6}(\rho_p - \rho_f) d^3\, \mathbf{g} \tag{2.44}$$

et définit la vitesse limite de chute

$$u_{\mathrm{chute}} = \frac{\rho_p - \rho_f}{\rho_f} \frac{g d^2}{18 \nu}. \tag{2.45}$$

Faisons l'application numérique pour une bille de verre ($\rho_p = 2650$ kg m^{-3}) de diamètre $d = 100$ µm en chute dans l'eau ($\rho_f = 1000$ kg m^{-3} et $\nu = 10^{-6}$ m^2 s^{-1}). On obtient une vitesse de chute de 9 mm s^{-1} ce qui est raisonnable et correspond à un nombre de Reynolds légèrement plus petit que 1. Si le fluide porteur est une huile 1000 fois plus visqueuse que l'eau, la vitesse de chute devient 9 µm s^{-1} de sorte que le grain met un peu plus de 10 s à parcourir sa propre taille. Considérons maintenant des particules d'argile de 10 µm dans l'eau. Leur densité étant pratiquement égale à celle du verre, elles chutent 100 fois plus lentement que la bille de verre. Il leur faut 18 minutes pour sédimenter sur 10 cm et 3 heures pour sédimenter sur 1 m.

Faisons la même application numérique pour un parachutiste de « diamètre » $d = 1{,}80$ m, d'une densité – équipement compris – proche de celle de l'eau, en chute dans l'air ($\rho_f = 1{,}2$ kg m^{-3} et $\nu = 1{,}5.10^{-5}$ m^2 s^{-1}). La formule précédente prédit une vitesse terminale de chute de 10^8 m s^{-1}, légèrement plus faible que la vitesse de la lumière dans le vide ! Il faut évidemment en conclure que la viscosité n'est pas le mécanisme dominant de transfert de quantité de mouvement dans ce cas-ci. Il s'agit en effet d'un écoulement turbulent, extrêmement fluctuant et désordonné.

À haut nombre de Reynolds, la diffusion visqueuse est négligeable devant le transport convectif par les fluctuations de vitesse. Par symétrie, la force $\boldsymbol{F}_d$ s'exerçant sur un grain sphérique reste colinéaire avec la vitesse $\mathbf{u}^p$ mais elle ne dépend plus de la viscosité. La force principale provient de l'asymétrie de pression entre les deux faces du grain (figure 2.12c). Comme les lignes de courant convergent le long de la face au vent du grain, cette zone est peu fluctuante de sorte que l'énergie est peu dissipée. On peut donc raisonnablement utiliser la relation de Bernoulli sur la face amont du grain pour y estimer la surpression, qui varie comme $(1/2)\rho_f(u^p)^2$. Sur les flancs du grain, il y a séparation de la couche limite de cisaillement et il se forme une bulle de recirculation fortement dissipative derrière le grain. La pression sur la face aval du grain est donc de l'ordre de la pression loin du grain. Au final, la force totale est de l'ordre du produit de la pression par la surface

$$\mathbf{F}_d = -\frac{\pi}{8} C_\infty \rho_f d^2 \, u^p \mathbf{u}^p. \tag{2.46}$$

Le préfacteur C_∞ s'appelle le coefficient de traînée, et dépend de la forme de l'objet. Pour des sphères lisses, à très haut nombre de Reynolds, la valeur expérimentale de C_∞ est autour de 0,47. Pour des grains naturels, les mesures donnent plutôt $C_\infty \simeq 1$.

Dans le régime turbulent, la vitesse limite de chute devient

$$u_{\text{chute}} = \sqrt{\frac{\rho_p - \rho_f}{\rho_f} \frac{4gd}{3C_\infty}}. \tag{2.47}$$

Cette fois, l'expression ne prédit plus qu'une chute du parachutiste à 140 m s^{-1}, ce qui correspond à la réalité – de 80 m s^{-1} sur le ventre, bras écartés, à 300 m s^{-1} à la verticale. Prenons l'exemple de grains de quartz de 300 µm en chute dans l'air. Leur vitesse terminale est de l'ordre de 3 m s^{-1}, ce qui coïncide avec la vitesse typique de grains transportés en saltation par le vent, lorsqu'ils entrent en collision avec le sol. Dans ce dernier exemple, le nombre de Reynolds particulaire n'est que de 60. Il s'agit, en réalité, d'un régime de transition entre celui, à bas Reynolds, dominé par les contraintes visqueuses et celui, à haut Reynolds, dominé par l'asymétrie amont/aval du champ de pression.

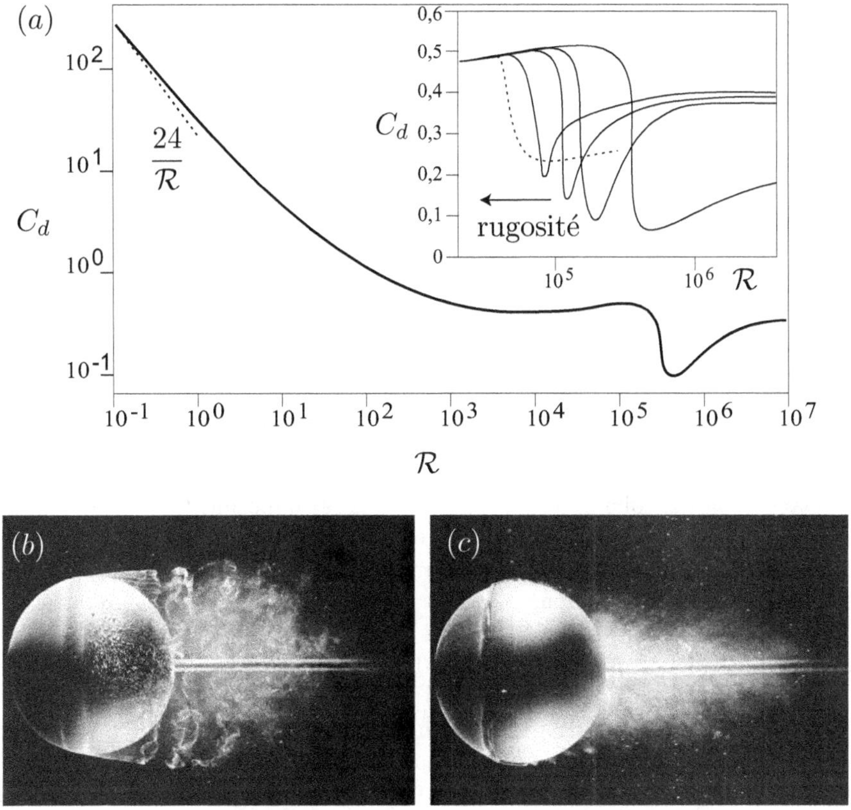

FIG. 2.13 – (*a*) Coefficient de traînée C_d en fonction du nombre de Reynolds $\mathcal{R}$ pour une sphère lisse. Encart : courbes $C_d(\mathcal{R})$ obtenues pour des sphères usinées avec différentes rugosités de surface (Achenbach, 1972 ; 1974) et pour une balle de golf (pointillés). (*b*), (*c*) Visualisations de l'écoulement autour d'une sphère de part et d'autre de la crise de traînée montrant la séparation de la couche limite visqueuse (*b*) et turbulente (*c*) (Werlé, 1980).

Il peut être intéressant, pour des raisons pratiques, de raccorder les deux régimes asymptotiques en une unique loi. Par analyse dimensionnelle, la résultante des contraintes hydrodynamiques sur le grain s'écrit

$$\mathbf{F}_d = \frac{\pi}{8} C_d(\mathcal{R}) \rho_f d^2\, u^p \mathbf{u}^p. \qquad (2.48)$$

Le coefficient de traînée C_d est maintenant une fonction du nombre de Reynolds qui peut être déterminée expérimentalement (figure 2.13*a*). À bas nombre de Reynolds, dans le régime visqueux, la force est proportionnelle à la viscosité, ce qui signifie que C_d doit être proportionnel à $\mathcal{R}^{-1}$. À haut nombre de Reynolds, le coefficient de traînée C_d doit tendre vers la constante

C_∞ définie précédemment. Pour raccorder les deux lois d'échelle de la force de traînée, la formule suivante donne toute satisfaction pour les applications usuelles :

$$C_d = \left(C_\infty^{1/2} + s\mathcal{R}^{-1/2}\right)^2, \tag{2.49}$$

où s est une constante de l'ordre de $\simeq \sqrt{24} \simeq 5$.

La relation expérimentale entre C_d et $\mathcal{R}$ dans le cas d'une sphère lisse, présentée sur la figure 2.13a, présente une chute brutale entre $\mathcal{R} = 10^5$ et $\mathcal{R} = 10^6$. Cette crise de traînée provient d'un changement de forme et de taille de la bulle de recirculation derrière la sphère (figure 2.13b, c). Elle arrive à un nombre de Reynolds d'autant plus petit que la sphère est rugueuse.

2.3.2 Force dans les écoulements instationnaires et inhomogènes

Dans le paragraphe précédent, nous avons raisonné sur un grain en translation à vitesse constante par rapport à un fluide immobile. Dans la plupart des cas cependant, les grains sont en mouvement dans un écoulement fluide instationnaire et inhomogène. Quelles sont les forces hydrodynamiques qui s'exercent sur une particule dans cette situation ? Dans la limite des faibles nombres de Reynolds, il est possible d'effectuer des développements analytiques à partir du régime visqueux, en prenant en compte différents effets à l'ordre perturbatif : instationarité, effets inertiels, influence d'un gradient de vitesse, etc. Les mesures montrent cependant que ces développements systématiques ont une limite de validité très étroite : au-delà d'un nombre de Reynolds de quelques dizaines, il faut en revenir à l'analyse dimensionnelle tant les écarts aux calculs perturbatifs sont grands. Dans la limite des écoulements à haut nombre de Reynolds, il n'existe pas de tels développements asymptotiques. Il est d'usage dans ce cas de conserver, en vertu de l'invariance galiléenne, les expressions du paragraphe précédent en remplaçant la vitesse du grain $\mathbf{u}^p$ par la vitesse relative entre le grain et la vitesse moyenne du fluide $\mathbf{u}^p - \mathbf{u}^f$. Ceci n'est vrai qu'à une condition : que l'écoulement fluide ne présente aucune fluctuation intrinsèque. Or, les forces hydrodynamiques résultent non seulement des fluctuations induites par la présence du grain, mais aussi de celles dues à la turbulence de l'écoulement. Peu de résultats existent sur les forces ressenties par un grain dont la taille soit dans la zone inertielle d'un écoulement turbulent. Nous présentons ci-dessous les différentes forces qui sont communément introduites lorsqu'une particule est plongée dans un écoulement instationnaire ou inhomogène.

Force d'Archimède

Nous avons déjà utilisé le fait que, dans un fluide, la force de gravité doit être déjaugée de la poussée d'Archimède lorsque nous avons calculé la vitesse de chute d'une bille (2.45). Il est utile d'en retracer l'origine et les conséquences. La force d'Archimède est la force résultant des contraintes qui se seraient exercées sur la particule si celle-ci avait été fluide, sans prendre en compte les perturbations de l'écoulement créées par la particule. Cette force est donc l'intégrale surfacique des contraintes fluides sur la particule $\mathbf{F}_{\text{Archimede}} = \oint \boldsymbol{\sigma}^f \cdot \mathbf{dS}$, où σ_{ij}^f est le tenseur des contraintes du fluide non perturbé. Cette expression se réécrit comme une intégrale sur le volume de la particule $\int \text{div}\boldsymbol{\sigma}^f dV$, que l'on peut estimer en se servant de l'équation du mouvement du fluide non perturbé (voir encadré 3.4)

$$\rho_f \frac{\mathrm{d}u^f}{\mathrm{d}t} = \rho_f \mathrm{g} + \text{div}\boldsymbol{\sigma}^f. \tag{2.50}$$

La force d'Archimède $\mathbf{F}_{\text{Archimede}}$ est donc égale à

$$\mathbf{F}_{\text{Archimede}} \simeq \frac{\pi}{6} \rho_f d^3 \left(\frac{\mathrm{d}\mathbf{u}^f}{\mathrm{d}t} - \mathbf{g} \right), \tag{2.51}$$

où, en première approximation, les quantités sont évaluées pour l'écoulement non perturbé, au centre du grain. Dans le cas d'un grain tombant dans un fluide au repos, l'effet de l'écoulement non perturbé se réduit à la force de flottaison. Lorsque particules et fluide ne sont pas iso-denses (c'est-à-dire de même densité), cette force conduit à ce que les particules ne suivent pas l'écoulement. Prenons un exemple important : celui d'un tourbillon intense au sein d'un écoulement turbulent. Le fluide en rotation est à l'équilibre entre la pseudo-force centrifuge (effet inertiel) et le gradient de pression (un tourbillon correspond à une dépression). Un grain plus dense que le fluide, de passage dans le cœur de ce tourbillon, ressent une pseudo-force centrifuge plus grande que le fluide déplacé mais le même gradient de pression. Il est donc éjecté. Cet effet est à l'origine du manchon de poussière qui enserre le cœur des mini-tornades d'origine convective (*dust devil*). Contrairement à ce qu'on pourrait penser de prime abord, un écoulement turbulent ne permet pas de mélanger des particules denses de manière optimale. Il existe des concentrations préférentielles de particules dans les zones sans rotation. Dans ces zones, la probabilité de rencontre est plus grande, ce qui en résulte expliquerait la croissance anormalement rapide des gouttes d'eau dans les régions où se forme la pluie.

Force de masse ajoutée

Une seconde contribution à la force hydrodynamique apparaît quand il existe une accélération relative entre le fluide et la particule. Lorsque, par exemple, une particule accélère dans un fluide au repos, la force instantanée du fluide sur la particule au temps t n'est pas égale à la force calculée précédemment (§2.3.1) pour un mouvement stationnaire qui aurait la même vitesse $\mathbf{u}^p(t)$. Une partie de la force sert en fait à accélérer le fluide autour de la particule. On peut montrer que cette contribution, dite force de masse ajoutée, s'écrit (Brennen, 1982)

$$\mathbf{F}_{\text{masse ajoutee}} \simeq \frac{\pi}{12}\rho_f d^3 \left(\frac{\mathrm{d}\mathbf{u}^p}{\mathrm{d}t} - \frac{\mathrm{d}\mathbf{u}^f}{\mathrm{d}t} \right). \tag{2.52}$$

Dès lors, tout ce passe comme si la masse effective de la particule valait

$$m_{\text{effective}} \simeq \frac{\pi}{6}\left(\rho_p + \frac{1}{2}\rho_f\right) d^3 \tag{2.53}$$

et celle du fluide déplacé, $(\pi/4)\rho_f d^3$. Cela justifie l'appellation « masse ajoutée » de cet effet inertiel.

Force de Basset

Le troisième effet procède du retard entre le moment où la particule change de vitesse relative avec le fluide et le moment où la force qui en résulte change. La contribution à la force hydrodynamique dépendant de l'histoire s'appelle la force de Basset. À l'ordre linéaire, on peut la décrire par une fonction de transfert temporelle

$$\mathbf{F}_{\text{Basset}} = \int \mathcal{K}(\tau) \frac{\mathrm{d}\mathbf{F}_d}{\mathrm{d}t}(t-\tau)\mathrm{d}\tau. \tag{2.54}$$

Le noyau de convolution $\mathcal{K}(\tau)$ est une fonction sans dimension. À nombre de Reynolds faible, la couche limite est visqueuse de sorte que le retard provient de la diffusion de quantité de mouvement entre la surface de la sphère et l'écoulement. Dimensionnellement, le noyau doit donc être une fonction de $d/(\sqrt{\nu\tau})$. Le calcul rigoureux à bas nombre de Reynolds donne un noyau traduisant des corrélations à long temps

$$\mathcal{K}(\tau) = \frac{1}{2\sqrt{\pi}} \frac{d}{\sqrt{\nu\tau}}. \tag{2.55}$$

À haut nombre de Reynolds, la couche limite est turbulente de sorte que le retard provient du temps d'échange convectif de la quantité de mouvement. Le noyau est alors une fonction de $d/(|\mathbf{u}^p - \mathbf{u}^f|\tau)$. Enfin, dans la gamme de nombres de Reynolds intermédiaires où se font les instabilités primaires, un grain émet un sillage instationnaire composé de tourbillons. Dans ce cas, la correction de Basset ne peut se mettre sous la forme d'une fonction de transfert ne dépendant pas du temps.

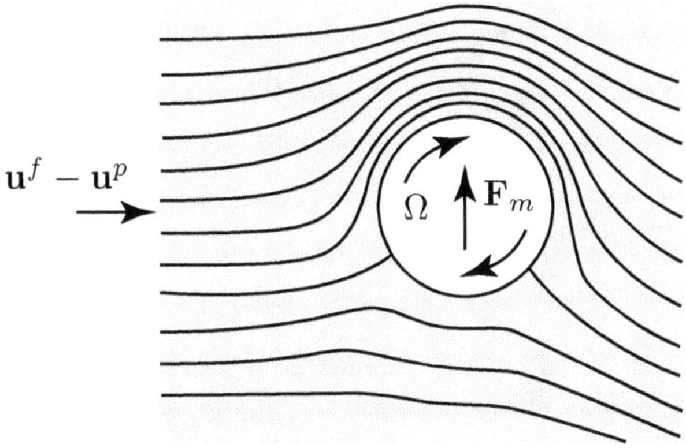

FIG. 2.14 – Lignes de courant autour d'une sphère en rotation à la vitesse angulaire Ω dans le référentiel de la particule. $\mathbf{F}_m$ est la force de portance de Magnus.

Force de Magnus

Lorsque dans un écoulement homogène, en plus de se translater à la vitesse $\mathbf{u}^p$, un grain tourne à une vitesse angulaire $\boldsymbol{\Omega}$, une force perpendiculaire à $\mathbf{u}^p$ et à $\boldsymbol{\Omega}$ apparaît, qui s'exprime comme

$$\mathbf{F}_m = \frac{\pi}{8} C_m \rho_f d^3 \, \boldsymbol{\Omega} \wedge (\mathbf{u}^p - \mathbf{u}^f), \tag{2.56}$$

où C_m est une constante. Cette force, dite de Magnus, s'interprète très simplement par un bilan des forces de pression sur le grain. Raisonnons dans le référentiel accompagnant le grain à la vitesse $\mathbf{u}^p$ (figure 2.14). Lorsque le grain tourne à une vitesse $\boldsymbol{\Omega}$, la vitesse du fluide est augmentée d'un côté et diminuée de l'autre. Comme l'indique la relation de Bernoulli, une survitesse (resp. sous-vitesse) s'accompagne d'une dépression (resp. d'une surpression). La force de Magnus est la résultante de cette asymétrie de pression. Pour une sphère à bas nombre de Reynolds, C_m peut être approximativement calculé par des techniques de raccordements asymptotiques, qui donnent $C_m \simeq 1$ (Rubinow & Keller, 1961). En régime visqueux, cette force associée à la relation de Bernoulli devient négligeable devant les forces visqueuses dont nous reparlons ci-dessous.

Au final, la structure de l'équation du mouvement d'une particule sphérique à bas nombre de Reynolds, dans un écoulement ne présentant pas de variation spatiale importante à l'échelle d, s'écrit (Mordant & Pinton, 2000)

$$(\rho_p + \frac{1}{2}\rho_f)\frac{\mathrm{d}\mathbf{u}^p}{\mathrm{d}t} = (\rho_p - \rho_f)\mathbf{g} + \frac{3}{2}\rho_f \frac{\mathrm{d}\mathbf{u}^f}{\mathrm{d}t} + \frac{3}{4} C_d(\mathcal{R})\rho_f \, \frac{|\mathbf{u}^f - \mathbf{u}^p|(\mathbf{u}^f - \mathbf{u}^p)}{d}$$
$$+ \frac{6\mathbf{F}_{\mathrm{Basset}}}{\pi d^3} + \frac{3}{4} C_m \rho_f \, \boldsymbol{\Omega} \wedge (\mathbf{u}^p - \mathbf{u}^f), \tag{2.57}$$

où le membre de gauche et les deux premiers termes du membre de droite résultent de l'accélération du grain, de la force de gravité, de la poussée d'Archimède et de la masse ajoutée, et les suivants sont successivement la force de traînée, la force de Basset et la force de Magnus.

Force dans un écoulement cisaillé

Considérons maintenant le cas d'un écoulement dans lequel le champ de vitesse varie à l'échelle du diamètre d du grain (Matas *et al.*, 2004). Au premier ordre, la force est modifiée par la présence d'un gradient de vitesse. Dans le cas d'un écoulement de cisaillement simple de taux de déformation $\dot{\gamma}$, il apparaît une force de portance qui, dans la limite des faibles nombres de Reynolds particulaires, a été calculée par Saffman

$$F_s = \alpha_s \rho_f d^2 \sqrt{\nu \dot{\gamma}} u^p, \tag{2.58}$$

avec $\alpha_s \simeq 1{,}61$ pour une sphère. Cette force résulte, comme la force de Magnus, de l'asymétrie du champ de pression induite par la rotation du grain engendrée par le gradient de vitesse. Cet effet est inertiel et s'annule dans la limite du nombre de Reynolds nul.

La correction d'ordre supérieur provient de la courbure du champ de vitesse. Nous avons vu à la section précédente que la force de Stokes s'écrit comme l'intégrale sur la surface de la sphère de la force $d\mathbf{F}_d = (3\,\eta/d)\,(\mathbf{u}^p - \mathbf{u}^f)\mathrm{d}S$. Dans cette expression, $\mathbf{u}^f$ désigne le champ de vitesse du fluide non perturbé par la particule, qui dans un écoulement cisaillé varie dans l'espace. En développant ce champ par rapport à la vitesse au centre de la sphère, il apparaît une correction à la force de Stokes, appelée force de Faxén, qui met en jeu le Laplacien de la vitesse

$$\mathbf{F}_f = \frac{1}{8}\pi d^3 \rho_f \nu \Delta \mathbf{u}^f. \tag{2.59}$$

2.3.3 Forces hydrodynamiques entre grains : lubrification

Nous avons défini un milieu granulaire comme un ensemble de grains interagissant principalement par contact. Or, en présence d'un fluide interstitiel (que ce soit de l'air ou de l'eau), parvenir au contact signifie évacuer le fluide et donc créer des écoulements dans de très fines couches. Quelles sont les forces hydrodynamiques résultant de ces écoulements à forts gradients ?

Considérons deux grains qui entrent en collision dans un fluide. Ils sont séparés d'une distance h et se rapprochent avec une vitesse $\dot{h}$. Quand les deux

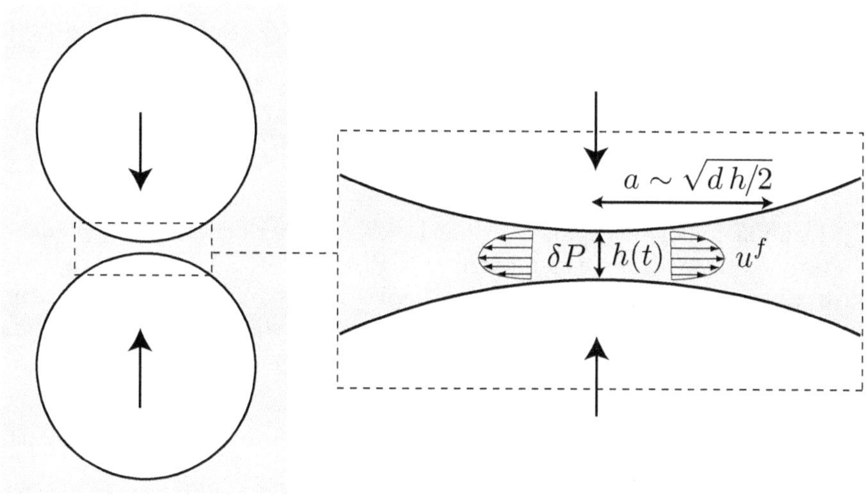

FIG. 2.15 – Schéma de l'écoulement lubrifié entre deux sphères se rapprochant.

grains sont très proches ($h \ll d$), le fluide est chassé dans un film de lubrification d'épaisseur $\sim h$ qui s'évase radialement sur une longueur caractéristique[15] $a \sim \sqrt{d\,h/2}$ (figure 2.15). Par conservation de la matière, la variation temporelle du volume du film de lubrification $\sim \mathrm{d}(\pi a^2\, 2h)/\mathrm{d}t$ est égale au flux sortant du film $\sim 2\pi a\, 2h\, u^f$, ce qui donne une estimation de la vitesse radiale $u_f \sim -a(\dot{h}/h)$. L'écoulement dans ce film est provoqué par la surpression entre les sphères induite par le rapprochement des particules. Ce gradient de pression peut être estimé en considérant que les effets inertiels sont négligeables et que l'écoulement résulte de l'équilibre entre le gradient radial de pression et la contrainte visqueuse selon l'équation de Stokes, $-\boldsymbol{\nabla} P + \eta \Delta \mathbf{u}^f = 0$. Or on a $\boldsymbol{\nabla} P \sim \delta P/a$, où δP est la différence de pression entre l'intérieur et l'extérieur du film, et $\eta \Delta \mathbf{u}^f \sim \eta u^f/h^2$. On en déduit que

$$\delta P \sim \eta \frac{a^2\, \dot{h}}{h^3}. \tag{2.60}$$

Cette surpression entraîne une force répulsive sur chaque particule F_{lub} de l'ordre de $\delta P \pi a^2$, soit

$$F_{\text{lub}} \sim \eta\, \pi \frac{a^4\, \dot{h}}{h^3} \sim \eta \frac{\pi d^2\, \dot{h}}{4h}. \tag{2.61}$$

15. La longueur a correspond au rayon pour lequel la distance entre les sphères passe de h à $2h$.

Un calcul plus rigoureux montre que cette expression constitue le terme dominant de la force de lubrification quand $h/d \to 0$ et permet de calculer exactement le préfacteur numérique (Kim & Karilla, 1991). On obtient[16]

$$F_{\text{lub}} = -\frac{3\pi\eta d^2 \dot{h}}{8h}. \tag{2.62}$$

Le point important à noter est que la force de lubrification diverge quand la distance entre les grains tend vers zéro. Étudions les conséquences de cette divergence dans deux configurations simples. La première est celle de deux grains lancés l'un vers l'autre avec une vitesse initiale u_0 et une séparation initiale $h_0 \ll d$. Le principe fondamental de la dynamique s'écrit

$$\frac{\pi}{6}\rho_p\, d^3\, \ddot{h} = -\frac{3\pi\eta d^2 \dot{h}}{8h}. \tag{2.63}$$

Cette équation s'intègre en

$$\dot{h} = -\frac{9\eta}{4\rho_p d} \ln\left(\frac{h}{h_f}\right), \tag{2.64}$$

où la constante d'intégration h_f peut être reliée à la vitesse et à la distance initiales. On constate que la vitesse des grains s'annule pour $h = h_f$. Les grains ne se touchent donc jamais et s'arrêtent à une distance h_f l'un de l'autre.

Un autre cas est celui où les particules sont soumises à une force extérieure constante les rapprochant l'une de l'autre, par exemple un grain tombant par gravité sur un autre grain fixe. Si la viscosité est suffisamment grande, l'inertie des grains est négligeable et l'équilibre des forces s'écrit

$$\frac{\pi}{6}(\rho_p - \rho_f)d^3 g + \frac{3\pi\eta d^2 \dot{h}}{8h} = 0. \tag{2.65}$$

On reconnaît une équation différentielle linéaire du premier ordre. La distance entre grains tend donc exponentiellement vers zéro avec un temps caractéristique

$$T_{\text{chute}} = \frac{9\eta}{4\,(\rho_p - \rho_f)\, gd}. \tag{2.66}$$

Ainsi, même entraînées par une force permanente, les particules ne se touchent pas en temps fini à cause de la divergence des forces de lubrification.

Ce dernier résultat pris au pied de la lettre impliquerait que des grains ne rentrent jamais en contact en présence d'un fluide environnant. En fait, cet argument n'est valable que pour des sphères lisses et si l'on suppose que les lois de l'hydrodynamique restent valables même à toutes petites échelles. Or ces deux hypothèses sont mises en défaut lorsque la distance entre particules

16. Dans le cas d'une sphère se rapprochant d'un plan, la force de lubrification s'écrit $F_{\text{lub}} = -(3\pi\eta d^2 \dot{h})/(2h)$ (Brenner, 1961).

tend vers zéro. D'une part, dans le cas de surfaces lisses, il existe toujours un glissement à l'échelle microscopique du fluide par rapport aux parois, que l'on peut caractériser par une longueur de glissement h_{glis}. La force de lubrification régularisée à l'échelle microscopique s'écrit alors

$$F_{\text{lub}} = -\frac{3\pi\eta d^2 \dot{h}}{2(h + h_{\text{glis}})}. \tag{2.67}$$

Il n'y a donc plus de divergence de la force quand h tend vers zéro et les deux grains peuvent se toucher en temps fini. La longueur de glissement h_{glis} est de l'ordre de quelques tailles moléculaires lorsque l'angle de contact est plus petit que $\pi/2$ (régime hydrophile) ; elle peut atteindre plusieurs centaines de nanomètres lorsque l'angle de contact est plus grand que $\pi/2$ (régime hydrophobe). Un deuxième effet qui régularise la force de lubrification est la rugosité des surfaces réelles. Cet effet peut également être pris en compte en introduisant une longueur de glissement effective, qui est contrôlée par la rugosité et non pas par la taille des molécules (Lecoq *et al.*, 2004).

Appliquons cette régularisation au cas précédent d'un grain sédimentant dans un liquide sur un autre grain fixe. En intégrant l'équation (2.65) dans laquelle la force est donnée par (2.67), on trouve que des grains initialement séparés d'une distance h_0 rentrent en contact en un temps fini donné par $T_{\text{contact}} = T_{\text{chute}} \ln(1 + h_0/h_{\text{glis}})$. Ce temps est à comparer au temps T_{Stokes} que mettrait une bille isolée à parcourir cette même distance h_0, $T_{\text{Stokes}} = h_0/u_{\text{chute}} = 8(h_0/d)T_{\text{chute}}$. Pour des billes de diamètre $d = 100$ µm, de rugosité micrométrique ($h_{\text{glis}} = 1$ µm) et séparées initialement d'une distance $h_0 = d/10$, on trouve que $T_{\text{contact}} \simeq 3T_{\text{Stokes}}$. On constate que l'ordre de grandeur du temps de chute n'est pas substantiellement modifié par les forces de lubrification, mais qu'il faut en tenir compte si l'on s'intéresse à des effets fins.

Nous avons étudié l'influence des forces de lubrification lors du rapprochement de deux grains jusqu'au contact. On peut se demander dans quelle mesure ces forces hydrodynamiques modifient également les caractéristiques de la collision entre particules, et si les régles de collision que nous avons présentées dans la section 2.1.3 sont toujours valables. Cette question a été abordée par Gondret *et al.* (1999 ; 2002). Ces auteurs ont réalisé des expériences de rebond de billes sur un plan, en laissant tomber sous gravité des billes de densité différentes dans des fluides de densités et viscosités différentes. Le résultat principal est qu'une transition existe entre un régime où la bille rebondit après la collision avec le plan et un régime où la bille reste collée au plan. Pour caractériser cette transition, une mesure pertinente est celle du coefficient de restitution effectif défini comme le rapport de la vitesse de rebond juste après le choc sur la vitesse incidente juste avant le choc. Les expériences montrent que le nombre sans dimension qui contrôle la transition

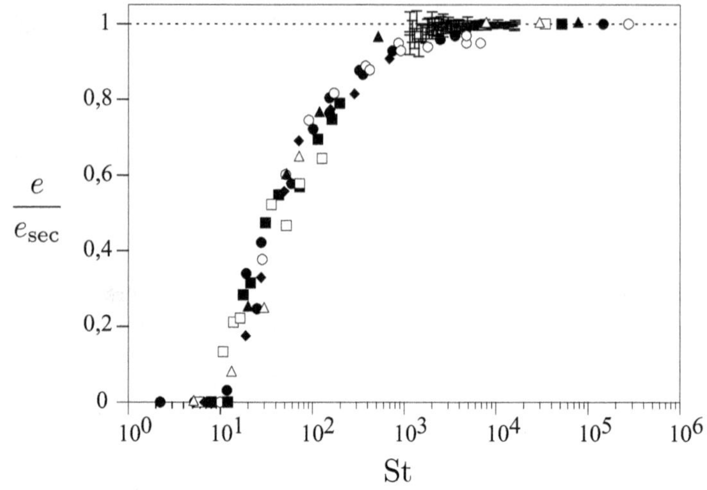

FIG. 2.16 – Coefficient de restitution e normalisé par sa valeur e_{sec} en l'absence d'influence du fluide interstitiel, en fonction du nombre de Stokes. Les mesures ont été effectuées lors de la collision de billes de différents matériaux dans différents fluides (eau, huiles silicones de différentes viscosités et air) (d'après Gondret *et al.*, 2002).

est le nombre de Stokes St, qui caractérise le rapport entre l'inertie du grain et la force visqueuse et qui s'écrit

$$St = \frac{(1/6)\pi d^3 \rho_p (2\dot{h}^2/d)}{3\pi\eta d\dot{h}} = \frac{\rho_p d\dot{h}}{9\eta}, \tag{2.68}$$

où $\dot{h}$ est évalué à une distance de la paroi de l'ordre de d. La figure 2.16 montre que toutes les mesures se rassemblent sur une courbe maîtresse quand le coefficient de restitution est reporté en fonction de St. En dessous d'un nombre de Stokes critique égal à quelques unités, le coefficient de restitution est nul. Au dessus, il croît et tend vers une constante à grand St.

Chapitre 3

Le solide granulaire : statique et élasticité

Un milieu granulaire sans sollicitation extérieure se comporte avant tout comme un solide. Un tas de sable, un sol sur lequel on bâtit un édifice, un silo rempli de grains, sont autant d'exemples de situations où les grains ne bougent pas et où le milieu supporte des efforts extérieurs sans se déformer, comme un solide. Dans ces situations statiques, qu'advient-il de l'organisation des grains dans les empilements ? Comment s'organisent les forces entre particules pour assurer l'équilibre de l'ensemble ? Est-il possible de décrire le milieu comme un solide continu, de définir des contraintes et d'étudier leur répartition ? Ce chapitre est dédié à ces questions portant sur la statique des milieux granulaires. Nous commençons par décrire les propriétés géométriques des empilements, en discutant des notions de fraction volumique et de compaction d'un milieu granulaire (§3.1). Dans un second temps, nous abordons le problème de l'équilibre d'un tas de grains et discutons des propriétés statistiques de la répartition des forces entre grains (§3.2). Une fois présentées les notions à l'échelle microscopique, nous abordons dans la section 3.3 le passage au milieu continu. La notion de contrainte dans un milieu granulaire et le lien entre forces interparticulaires et contraintes macroscopiques sont discutées. Nous étudions ensuite quelques cas simples où la répartition des contraintes peut être calculée (§3.4). Enfin la question de l'élasticité et de la propagation du son dans un empilement granulaire est abordée dans la section 3.5.

3.1 Les empilements granulaires

La question de l'arrangement de grains dans des empilements remonte à l'antiquité et intéresse des communautés variées. Mathématiciens, physiciens, ingénieurs soucieux d'optimiser le remplissage par des grains, se sont intéressés à ces problèmes. Nous discutons dans cette partie principalement de la notion de compacité des empilements et des différents arrangements possibles. Pour plus de détails, le lecteur est renvoyé vers des ouvrages plus spécialisés (Cumberland & Crawford, 1987).

3.1.1 Fraction volumique

Un paramètre important qui caractérise les empilements de particules est la fraction volumique ϕ définie comme le rapport du volume occupé par les grains sur le volume total occupé par l'empilement

$$\phi = \frac{V_{\text{grains}}}{V_{\text{total}}} . \tag{3.1}$$

La fraction volumique ϕ ne peut donc dépasser la limite 1, qui correspondrait à un empilement où les grains occuperaient tout l'espace (des cubes parfaitement empilés par exemple). D'autres variables sont introduites dans la littérature comme mesure de la compacité du milieu. La porosité ϵ est souvent utilisée dans la communauté des milieux poreux et représente le rapport entre le volume de vide et le volume total, à savoir $\epsilon = V_{\text{vide}}/V_{\text{total}} = 1 - \phi$. En mécanique des sols, la variable de compacité couramment rencontrée est le taux de vide e_v égal au volume de vide sur le volume de solide, à savoir $e_v = V_{\text{vide}}/V_{\text{grains}} = (1 - \phi)/\phi$. Dans la suite nous utiliserons uniquement le concept de fraction volumique ϕ.

Lorsque l'on s'intéresse aux empilements sous gravité de grains frottants (le cas exotique de grains non frottants sera discuté plus loin, §3.2.1), il existe une gamme de fractions volumiques correspondant à des empilements stables. Suivant le mode de fabrication, on peut obtenir des empilements lâches (faible ϕ) ou denses (voir encadré 3.1 pour les différentes méthodes de mesure de ϕ). La fraction volumique est alors comprise entre un minimum correspondant à l'empilement le plus lâche et un maximum correspondant à l'empilement le plus dense. Un empilement peut évoluer d'une configuration à une autre si on l'excite, par des vibrations par exemple. La compaction sous vibration fera l'objet de la section 3.1.4. Nous allons discuter un peu plus en détail dans la suite le cas d'empilements de sphères.

3.1.2 Empilements monodisperses de sphères

Le cas des empilements de sphères de même taille est certainement le système le plus étudié. Il représente non seulement le modèle le plus simple d'empilement, mais peut constituer aussi un modèle permettant de comprendre la structure moléculaire des liquides (Bernal, 1964) ou des matériaux vitreux (Liu & Nagel, 2001). Pour ce système modèle, on connaît les empilements les plus denses (ϕ = 0,74). Ils correspondent aux organisations cristallines régulières, par exemple de maille cubique à faces centrées ou hexagonale (figure 3.1). L'astronome et mathématicien Johannes Kepler a été le premier

FIG. 3.1 – Photo d'empilement cristallin de billes d'acier obtenu par vibration horizontale.

en 1611 à conjecturer que ces empilements réguliers sont les plus denses que l'on puisse réaliser en empilant des boulets de canon. La démonstration mathématique a été obtenue par Hales (2005 ; voir aussi Cipra 1998). Bien que ces empilements cristallins correspondent au minimum global d'énergie potentielle, ils sont très difficiles à réaliser en pratique. Si l'on jette sans précaution particulière des billes dans un récipient que l'on secoue ensuite dans l'espoir de compacter l'ensemble au maximum, l'empilement se tasse jusqu'à une fraction volumique critique de l'ordre $\phi = 0{,}64$, ce qui est bien inférieur à la valeur maximum de $\phi = 0{,}74$ à laquelle on pourrait s'attendre. Cet empilement est appelé « l'empilement aléatoire le plus dense » ou « *random close packing (RCP)* » en anglais (Scott, 1960 ; Scott & Kilgour, 1969). Sous l'effet des vibrations, le système se compacte mais semble se bloquer dans cet état métastable et n'évolue pas vers l'état cristallin qui serait le plus dense. D'autres méthodes de compaction basées sur des vibrations horizontales permettent cependant de réaliser des empilements plus ordonnés, sans avoir à placer les billes une à une (figure 3.1) (Pouliquen *et al.*, 1997 ; Nicolas *et al.*, 2000).

Par opposition à l'empilement aléatoire le plus dense, on peut définir l'empilement aléatoire le plus lâche, ou « *random loose packing (RLP)* », qui pour les sphères vaut environ $\phi = 0{,}55$ (Scott, 1960 ; Onoda, 1990). Cette limite correspond à la fraction minimum pour laquelle l'empilement peut supporter des contraintes. Cette mesure peut être réalisée par différentes méthodes. La première consiste à laisser sédimenter des particules dans des fluides dont la densité est légèrement inférieure à celle des grains. La valeur $\phi = 0{,}55$ est obtenue en extrapolant les valeurs de fraction volumique du sédiment au cas iso-densité (Onoda, 1990). La seconde méthode (Jerkins *et al.*, 2008) consiste à fluidiser un empilement en créant un contre-courant de liquide suffisant pour dilater l'ensemble, puis à couper l'alimentation pour laisser le tout sédimenter.

Notons que ces notions d'empilement aléatoire le plus dense et le plus lâche, bien que pratiquement utiles et aisément mesurables expérimentalement, font encore l'objet de nombreux débats. D'une part, leur définition rigoureuse manque toujours. D'autre part, l'origine de ces limites et les caractéristiques de la structure sous-jacente restent des questions grandement ouvertes.

3.1.3 Empilements de sphères de différentes tailles

Les empilements monodisperses forment un cas d'école d'un intérêt immédiat pour les physiciens. Toutefois de nombreuses applications mettent en jeu des mélanges de grains de tailles différentes. Nous présentons dans cette section des arguments simples qui permettent d'estimer la fraction volumique d'empilements formés de deux constituants de tailles différentes. Considérons un mélange de petites et grosses sphères de diamètre respectif d_p et d_g ayant la même densité ρ. Est-il possible d'estimer quelle sera la fraction volumique ϕ d'un mélange constitué par une masse m_p de petites et m_g de grosses ? Pour cela, nous introduisons la concentration massique de grosses billes C définie par $C = m_g/(m_g + m_p)$ et cherchons la relation entre ϕ et C. Afin de pouvoir conduire un calcul analytique, nous nous plaçons dans la limite de billes de tailles très différentes en supposant que $d_p \ll d_g$. Notons ϕ_0 la fraction volumique de l'empilement formé d'une seule sorte de billes (pour des sphères ϕ_0 est par exemple voisine de 0,64, la valeur de l'empilement aléatoire dense). Analytiquement, il est possible de trouver des expressions pour l'évolution de la fraction volumique ϕ fonction de la concentration massique C dans deux cas extrêmes : quelques petites billes dans un bain de grosses et quelques grosses dans un bain de petites.

- 1er cas : $m_p \ll m_g$. Considérons la configuration formée par quelques petites particules dans un empilement de grosses. Le système est alors celui de la figure 3.2*a* : les petites billes se mettent dans les interstices laissés par les grosses. La fraction volumique ϕ du mélange est égale au rapport du volume occupé par les billes sur le volume occupé par l'empilement. Or le volume occupé par les billes est égal à $(m_p + m_g)/\rho$. Le volume total occupé par l'empilement est donné par l'empilement des grosses seules. Que les petites soient là ou non, l'encombrement reste le même et le volume de l'empilement vaut $m_g/(\rho\phi_0)$. La fraction volumique est donc égale à

$$\phi = \frac{\phi_0}{C}. \tag{3.2}$$

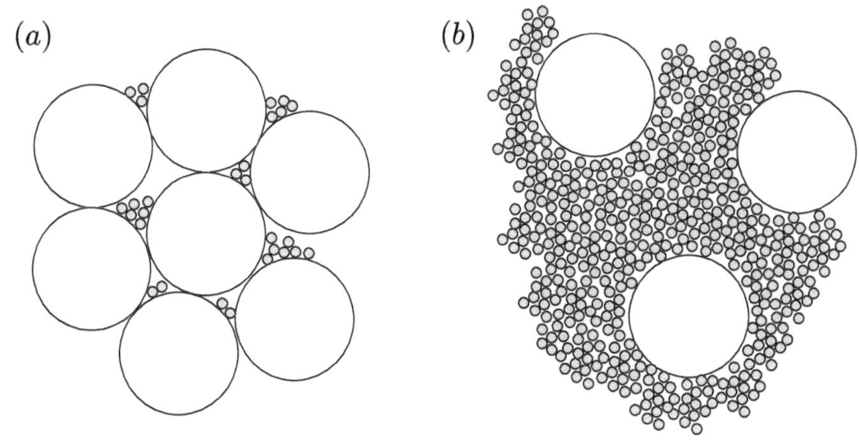

FIG. 3.2 – Cas extrêmes d'empilements bidisperses. (*a*) Quelques petites dans un bain de grosses. (*b*) Quelques grosses dans un bain de petites.

– $2^{\text{ème}}$ cas : $m_p \gg m_g$. Considérons quelques grosses particules dans un empilement de petites. La configuration est alors celle de la figure 3.2*b*. La fraction volumique du mélange est toujours égale au rapport du volume occupé par les billes sur le volume total. L'expression du volume occupé par les billes ne change pas et est égale à $(m_p + m_g)/\rho$. En revanche le volume total est égal à la somme du volume des grosses billes et du volume des petites et de leurs interstices, c'est-à-dire $m_g/\rho + m_p/(\rho\phi_0)$. Le résultat est donc

$$\phi = \frac{\phi_0}{1 - C(1-\phi_0)}. \tag{3.3}$$

Les deux asymptotes calculées précédemment sont présentées par les courbes continues en gras sur la figure 3.3*a*, où la fraction volumique ϕ est reportée en fonction de la concentration massique de grosses particules C. Les différentes courbes avec les symboles indiquent des mesures expérimentales réalisées pour différents rapports de tailles entre petites et grosses billes. Lorsque ce rapport diminue et tend vers zéro, on se rapproche du cas asymptotique calculé précédemment et les points expérimentaux se rapprochent du calcul analytique.

Le point important illustré par ce petit calcul sur des empilement bidisperses de sphères est qu'un mélange de particules de tailles différentes permet d'obtenir des empilements de fractions volumiques plus élevées qu'en utilisant des grains monodisperses. Ce principe peut être étendu à des mélanges de plusieurs tailles (Voivret *et al.*, 2007), un cas extrême étant les empilements d'Apollonius qui pavent l'espace avec des sphères de plus en plus petites (figure 3.3*b*). Ce principe est utilisé dans les bétons haute résistance qui

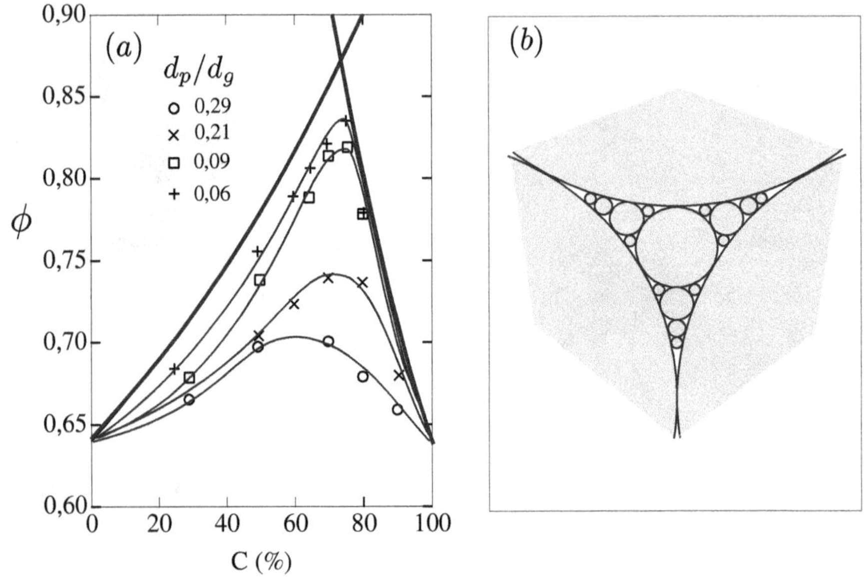

FIG. 3.3 – (*a*) Fraction volumique d'empilements bidisperses en fonction de la concentration massique C de grosses particules ; courbes continues : asymptotes calculées d'après (3.2) et (3.3) ; points : mesures expérimentales pour différents rapports de diamètres, données d'après Cumberland & Crawford (1987). (*b*) Dessin d'un empilement d'Apollonius.

contiennent des particules allant du gravier jusqu'à de la fumée de silice qui sont des particules submicroniques. Cela permet d'obtenir des matériaux très denses. D'un point de vue pratique se pose alors la question du bon mélange des grains de tailles différentes qui, comme nous le verrons dans la section 6.4, pose d'importants problèmes du fait du phénomène de ségrégation.

Encadré 3.1

Méthodes de mesure de la fraction volumique

Afin de mesurer la fraction volumique d'un empilement, plusieurs techniques plus ou moins sophistiquées existent, donnant accés à des mesures globales ou bien locales. Nous en donnons ici un aperçu.

Mesure de volume

L'approche la plus simple consiste à mesurer le volume V qu'occupe l'empilement, par exemple en mesurant la position de la surface moyenne du milieu dans un récipient, puis à mesurer sa masse. Connaissant la masse volumique du matériau constituant les grains ρ_p, on en déduit simplement la fraction volumique de l'empilement par la formule $\phi = M/\rho_p V$. Cette méthode rustique donne la fraction volumique moyenne dans tout l'échantillon.

Mesures capacitives

Cette méthode consiste à placer l'empilement entre deux électrodes (généralement en cuivre) et à mesurer la capacité du condensateur formé par les deux électrodes et le milieu granulaire placé au milieu. Suivant la géométrie et après calibration, la capacité du système permet de déduire la constante diélectrique effective ϵ_{eff} du matériau entre les deux électrodes. À partir de la connaissance de la constante diélectrique de l'air ϵ_0 et de celle du constituant des grains ϵ_p, on peut remonter à la fraction volumique du milieu (Dyakowski *et al.*, 2000). Les méthodes capacitives donnent une mesure moyennée dans le volume compris entre les deux électrodes. En faisant tourner l'échantillon entre les deux électrodes, il est possible de réaliser une tomographie du milieu. La définition spatiale reste cependant limitée (Dyakowski *et al.*, 2000).

Gamma-densimétrie

Cette méthode consiste à envoyer sur l'échantillon un faisceau localisé de photons γ à partir d'une source radioactive de cesium (Philippe & Bideau, 2002). En traversant le milieu, une certaine proportion des photons est absorbée ou diffusée. L'intensité I du faisceau à la sortie suit une loi de Beer-Lambert et varie exponentiellement avec la longueur effective de matériau diffusant traversé, c'est-à-dire la longueur passée dans les grains. La fraction volumique ϕ est estimée à partir de l'intensité I transmise en utilisant la relation sur le taux d'absorption : $I/I_0 = \exp(-\mu\phi L)$, où I_0 est l'intensité du faisceau, μ est un coefficient d'atténuation à calibrer et L est la longueur d'échantillon traversée. Cette méthode donne accès à une mesure assez localisée, puisqu'elle moyenne le long d'un seul rayon. La rotation de l'échantillon permet également de scanner le milieu et d'obtenir par reconstruction le champ tridimensionnel de fraction volumique.

Micro-scanner X

La micro-tomographie aux rayons X permet de reconstituer l'empilement de grains à 3 dimensions. Comme la gamma-densimétrie, le principe repose sur l'absorption des rayons X qui permet de reproduire le champ local de concentration. La définition spatiale de cette technique peut descendre jusqu'au micromètre, ce qui permet des reconstitutions 3D relativement précises des empilements (Richard *et al.*, 2003).

Résonance magnétique nucléaire

Cette technique nécessite la présence de protons « libres » dans les particules (typiquement de l'eau ou de l'huile) et on utilise le plus souvent des grains d'origine végétale (graines de pavot ou de moutarde par exemple) (Raynaud *et al.*, 2002). Le principe de fonctionnement de la RMN consiste à marquer les grains (ou plus précisément les protons qui se trouvent à l'intérieur des grains) à l'aide d'un champ magnétique statique intense $\mathbf{B_0}$ (de l'ordre du tesla). En présence de ce champ, les spins des protons se polarisent (apparition d'une aimantation moyenne) et entrent en précession avec une fréquence proportionnelle au champ magnétique : $\omega_L = \gamma B_0$ (fréquence de Larmor), où γ est le rapport gyromagnétique des protons. On applique alors sur le milieu un pulse électromagnétique de fréquence ω_L qui excite les spins des protons. En relaxant, ces derniers émettent une onde de fréquence ω_L. C'est ce signal proportionnel à la densité du milieu et donc à la fraction volumique, qui est détecté dans le scanner. Il est possible de connaître son origine spatiale en modulant dans l'espace le champ $\mathbf{B_0}$, ce qui permet d'obtenir une image (principe de l'imagerie RMN). La résolution spatiale de cette technique peut être élevée, de l'ordre du centième du domaine de mesure.

3.1.4 Compaction

Suivant le mode de préparation, nous avons vu qu'un empilement granulaire peut se trouver dans des configurations plus ou moins lâches. Or dans de nombreuses situations pratiques, réussir à augmenter la fraction volumique s'avère être un enjeu important, que ce soit dans le but de réduire l'encombrement ou d'augmenter la résistance du milieu. La compaction granulaire a donc fait l'objet de nombreuses études en génie des procédés. En marge de l'intérêt applicatif, le problème de la compaction granulaire a connu également un développement important en physique statique, le processus de réarrangement des grains soumis à des perturbations pouvant être vu comme un analogue de systèmes moléculaires soumis à l'agitation thermique. Nous discutons ici les deux principaux modes de compaction : la compaction uniaxiale, et la compaction sous vibration.

Compaction uniaxiale

Une stratégie de compaction que l'on pourrait qualifier de brutale consiste simplement à appuyer sur l'empilement. C'est le principe de la compression uniaxiale obtenue en augmentant à l'aide d'un piston la contrainte verticale P sur un empilement contenu dans une matrice rigide (figure 3.4*a*). À faibles niveaux de contrainte, les grains subissent tout d'abord quelques réarrangements, ce qui conduit à une faible compaction. Lorsque l'on augmente encore la contrainte, les grains commencent à se déformer donnant lieu à une augmentation de la fraction volumique. Les déformations sont tout d'abord élastiques.

Ce régime de faibles déformations sera traité dans la section 3.5. Lorsque les forces en jeu deviennent plus importantes, les grains subissent de grandes déformations plastiques, peuvent se briser, se facéter et donner lieu à de nombreux réarrangements et à une compaction significative de l'empilement. La compression uniaxiale est utilisée dans tous les procédés de tablettage, permettant par exemple de réaliser les comprimés de médicaments, les tablettes de détergents ou en métallurgie. Cette technique met en jeu de très forts niveaux de contraintes, qui entraînent non seulement de grandes déformations des grains mais également la création de liens cohésifs entre les particules, donnant sa consistance à la tablette.

L'analyse de ce procédé de compaction est essentiellement basée sur des lois empiriques reliant la fraction volumique ϕ à la pression P imposée. L'une des lois couramment utilisée pour caractériser les données est la loi de Heckel (Heckel, 1961), qui suggère que la compressibilité est proportionnelle à la porosité du matériau, c'est-à-dire à la place qu'il reste pour se compacter : $\mathrm{d}\phi/\mathrm{d}P = \mathrm{K}(1-\phi)$, où K est une constante. Cette simple loi prévoit donc une variation de la fraction volumique ϕ avec la pression imposée de la forme suivante

$$\ln \frac{1}{1-\phi} = \mathrm{K}P + C. \tag{3.4}$$

Des mesures expérimentales typiques réalisées sur une poudre de lactose (très utilisée dans l'industrie pharmaceutique) sont présentées à la figure 3.5*b*. Lorsqu'on augmente la pression, la fraction volumique augmente et, avec cette poudre, avoisine l'unité pour les fortes contraintes. Afin de comparer les mesures avec les prédictions de la loi de Heckel, il est d'usage de tracer $\ln(1/(1-\phi))$ en fonction de la pression. On observe qu'il existe une gamme intermédiaire de pressions où la variation est linéaire, en accord avec le modèle. En revanche, aux faibles pressions, une courbure est observée, qui est attribuée dans la littérature à des réarrangements (Denny, 2002). Un écart avec la loi de Heckel est aussi observé lorsqu'on s'approche de la compaction maximale. Il est à noter que de nombreuses autres descriptions empiriques ont été proposées dans la littérature (Denny, 2002). Cependant, le lien entre les processus physiques à l'échelle microscopique et la compression macroscopique semble à ce jour encore manquer.

Compaction sous vibration

Si on souhaite compacter un empilement sans endommager les particules, il est nécessaire d'employer la méthode douce et d'imposer des vibrations au milieu. Les vibrations permettent aux particules de se réarranger les unes par rapport aux autres et à l'empilement d'évoluer vers des configurations de plus en plus denses. La compaction granulaire sous vibration, très utilisée dans l'industrie pour optimiser le remplissage par des matériaux granulaires, a été également beaucoup étudiée par les physiciens. Un empilement granulaire agité peut en effet être considéré comme un modèle macroscopique de système

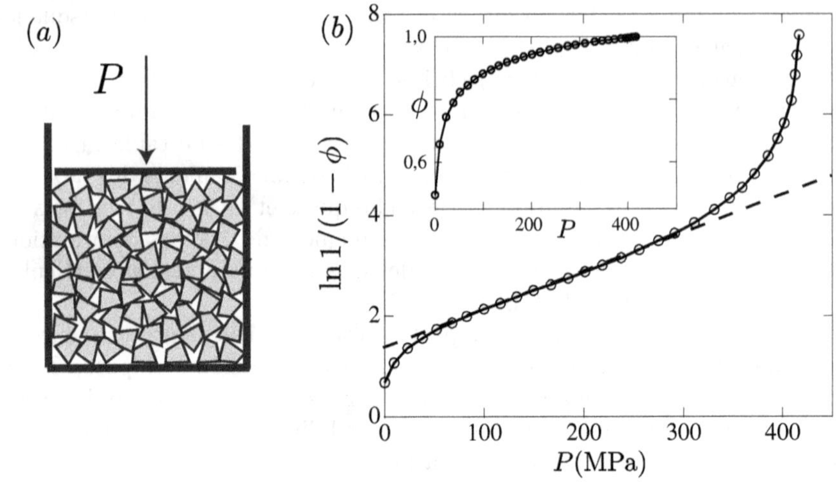

FIG. 3.4 – (*a*) Principe de la compaction uniaxiale. (*b*) Mesure de compaction sur une poudre de lactose (données issues de Kevlan *et al.*, 2009). La courbe en encart montre l'évolution de la fraction volumique avec la pression imposée. La droite en pointillés est la prédiction du modèle de Heckel (3.4).

moléculaire soumis à agitation thermique, les vibrations jouant le rôle d'une température.

Considérons un empilement sous gravité g soumis à une vibration verticale $A \cos \omega t$ imposée par exemple par un vibreur électomagnétique, où A est l'amplitude du déplacement et ω la pulsation (figure 3.5*a*). En dehors des paramètres géométriques (la hauteur de grains, la taille du récipient) le système est contrôlé par deux paramètres sans dimension : l'accélération relative $\Gamma = A\omega^2/g$ mesurant le rapport entre l'accélération imposée par le mouvement et la gravité, et la fréquence relative $\Omega = \omega\sqrt{g/d}$, où d est la taille des particules. Ce dernier paramètre mesure le rapport entre la période de vibration et le temps caractéristique que met une bille à chuter sous gravité dans un trou de sa propre taille d. L'influence de ce dernier paramètre Ω a été assez peu étudiée, mais il semble que la compaction soit plus efficace pour des valeurs de Ω inférieures à 1, c'est-à-dire pour des vibrations qui laissent le temps aux particules de retomber entre deux cycles. Pour s'affranchir de ce paramètre, nombre d'études réalisent des expériences de chocs (« *tap* » en anglais) qui consistent à faire un cycle d'oscillation, à stopper le forçage pour laisser les grains retomber et le système relaxer, avant d'imposer un nouveau cycle. Dans ces expériences, seul le paramètre d'accélération relative Γ semble pertinent. Un exemple typique de résultat est présenté à la figure 3.5*b*. L'évolution de la fraction volumique en fonction du nombre de coups est initialement assez rapide, puis devient extrêmement lente, avec une dépendance logarithmique vis-à-vis du nombre de coups. À temps très long, la fraction volumique semble saturer, la valeur de la saturation étant d'autant plus élevée que l'amplitude des coups Γ est faible. En d'autres termes, plus on tape fort, plus la compaction est rapide mais moins elle est efficace. Ce type de résultats et la dynamique lente de compaction se retrouvent de façon générique dans toutes les expériences de compaction. En revanche, certains détails, notamment sur la saturation de la fraction volumique, dépendent du rapport d'aspect de l'empilement, si le récipient est fin ou large[1].

L'existence d'une dynamique qui ralentit au fur et à mesure de l'évolution n'est pas très surprenante. Plus l'empilement est compact, plus la probabilité de gagner en fraction volumique en changeant de configuration devient faible. Les réarrangements doivent être de plus en plus coopératifs pour donner lieu à une augmentation de la compacité. Ce type d'argument a motivé de nombreux développements théoriques (voir encadré 3.2).

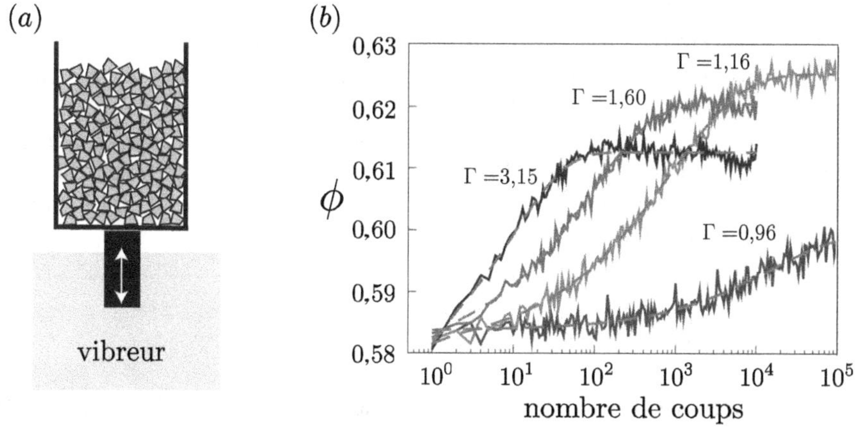

FIG. 3.5 – (*a*) Compaction sous vibration. (*b*) Évolution de la fraction volumique en fonction du nombre de coups imposés, pour différentes accélerations relatives Γ (d'après Richard *et al.*, 2005).

Une autre lecture des expériences de compaction peut être faite en lien avec la physique statistique des systèmes vitreux. En effet, un milieu granulaire peut être vu comme un des modèles les plus simples de liquide moléculaire dans lequel les interactions entre molécules sont de type sphères dures. La différence est la taille des grains qui, comme expliqué au chapitre introduction, signifie pour un milieu granulaire l'absence d'agitation thermique. Or c'est

1. Dans ses travaux précurseurs, l'équipe de l'université de Chicago (Knight *et al.*, 1995) avait montré que la dynamique de compaction dans un long tube étroit était bien approximée par une loi de type $\phi(n) = \phi_f - \frac{\phi_f - \phi_0}{1+B\ln(1+n/n_0)}$, où n est le nombre de coups, ϕ_f est la fraction volumique finale, ϕ_0 la fraction volumique initiale, B et n_0 des paramètres d'ajustement. En revanche dans un récipient plus large, Philippe & Bideau (2002) ont montré que les données étaient mieux ajustées par une exponentielle étirée du type : $\phi(n) = \phi_f - (\phi_f - \phi_0)\exp[(-n/n_0)^\beta]$, où n_0 et β sont des paramètres d'ajustement.

elle qui dans un liquide permet au système d'explorer différentes configurations. Imposer des vibrations à un milieu granulaire peut donc être vu comme un moyen d'introduire une température dans un milieu macroscopique qui, sinon, ne présenterait pas de fluctuations. C'est dans cet esprit que certaines expériences de compaction granulaire ont été intitiées. Les dynamiques lentes observées dans la compaction ont été comparées aux dynamiques lentes observées dans certains systèmes moléculaires. Lorsque la température décroît, certains liquides ne cristallisent pas, mais restent figés dans un état désordonné hors équilibre, un état vitreux qui n'est pas l'état d'énergie le plus bas. Le système reste bloqué car la dynamique ralentit énormément et ne parvient plus à changer efficacement les configurations. Nous ne rentrerons pas dans cet ouvrage dans les considérations théoriques sur la théorie des verres. Soulignons simplement que la comparaison entre les ralentissements de dynamiques dans les verres et la dynamique observée en compaction granulaire ont été une grande source d'inspiration (Richard *et al.*, 2005). De nombreuses analogies ont été trouvées sur la variation des temps de relaxation en fonction de l'excitation ou sur l'existence d'effet mémoire lorsqu'on fait varier l'amplitude d'excitation au cours de la compaction. Gardons toutefois en mémoire que l'analogie entre l'amplitude de vibration et une température, bien que fructueuse, n'est pas formelle. Par exemple, nous avons vu qu'une vibration horizontale facilite la cristallisation et permet de passer au-delà de l'empilement aléatoire le plus dense (figure 3.1, Nicolas *et al.*, 2000).

Encadré 3.2

Approches théoriques de la compaction granulaire

Les expériences de compaction granulaire sous vibration ont motivé de nombreuses approches théoriques et numériques, tentant à partir d'un nombre minimal d'ingrédients de retrouver la dynamique complexe observée dans les expériences. On peut résumer les approches en trois grandes familles.

Considération sur le volume libre (Boutreux & de Gennes, 1997)

Le principe repose sur le calcul de la distribution de volume libre Ω^l autour des particules. On suppose premièrement que, en moyenne, le volume libre est égal à $\bar{\Omega}^l = \Omega_p(1/\phi - 1/\phi_m)$, où Ω_p est le volume d'une particule et ϕ_m est la fraction volumique maximale pouvant être atteinte par l'empilement. L'hypothèse suivante est que les volumes libres autour des particules sont distribués suivant une distribution exponentielle $p(\Omega^l) = v/\bar{\Omega}^l \exp(-v\Omega^l/\bar{\Omega}^l)$ où v est une constante. La probabilité pour une particule de tomber dans un trou est donc simplement la probabilité que le volume libre soit plus grand que le volume Ω_p de la particule soit $\int_{\Omega_p}^{\infty} p(\Omega^l)\mathrm{d}\Omega^l = \exp(-v\Omega^p/\bar{\Omega}^l)$. En supposant enfin que le taux de compaction à chaque coup $d\phi/dn$ est proportionnel à cette probabilité, on prédit une relaxation lente de la fraction volumique avec le nombre de coups. Dans la limite de faibles variations de ϕ ($\phi \simeq \phi_m$), quelques manipulations permettent de montrer que $\phi_m - \phi = \phi_m^2/(\ln n + \ln n_0)$, où n_0 est une constante indiquant le nombre de coups nécessaires à la compaction. Si cette approche prédit correctement la compaction lente, elle ne permet pas de rendre compte de l'influence de l'amplitude du *tap*, ni des phénomènes observés lorsque cette amplitude varie au cours de l'expérience.

Modèle de frustration sur réseau (Caglioti *et al.*, 1997)

Un modèle très populaire à la fin des années 90 a été le modèle « tétris ». Il s'agit d'un modèle où des particules peuvent bouger sur un réseau avec des règles d'interactions géométriques. La version la plus simple est présentée à la figure E3.1*a*. Des particules orientées soit à 45° soit à −45° se déplacent sur un réseau carré tourné à 45°. La règle de frustration est que deux particules ayant la même orientation ne peuvent occuper des sites voisins. La règle dynamique consiste en deux étapes. Une étape d'excitation où l'on permet aux particules de bouger vers un site libre autour d'elles avec une probabilité $p_{\rm up}$ si le site libre est vers le haut et $p_{\rm down}$ s'il est vers le bas. Puis une étape de relaxation où les particules ne peuvent bouger que vers le bas. Lorsqu'on fait évoluer un tel système en partant d'un empilement initialement lâche obtenu par simple déposition, une dynamique lente est retrouvée et le système se comporte qualitativement comme un empilement granulaire – le rapport $p_{\rm up}/p_{\rm down}$ jouant le rôle de l'amplitude du *tap*.

(*a*) 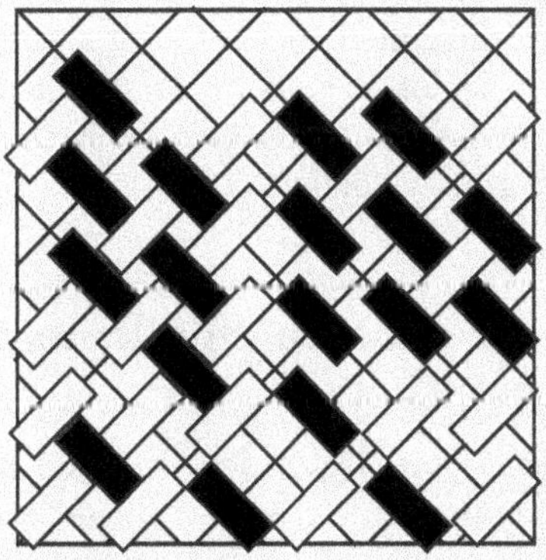 (*b*) 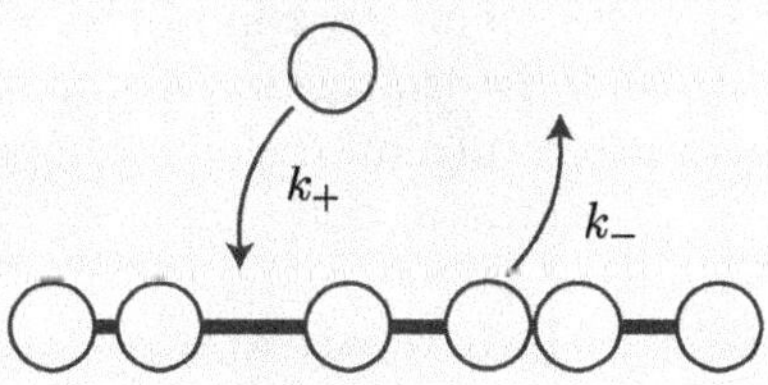

FIG. E3.1 – Principe de deux modèles simplifiés de compaction granulaire. (*a*) Modèle Tétris sur réseau. (*b*) Modèle unidimensionnel du parking.

Modèle du parking (Talbot *et al.*, 2000)

Il s'agit d'un modèle continu à une dimension qui rend compte d'une dynamique d'absorption/désorption. Le principe consiste à tenter de placer aléatoirement des particules rigides sur une ligne à un taux constant k_+ (figure E3.1*b*). Si la particule test ne chevauche pas les particules déjà présentes sur la ligne, elle y reste ; sinon, elle est rejetée. Dans le même temps, les particules déjà absorbées peuvent aléatoirement être retirées à un taux k_-. On peut montrer que l'évolution du système ne dépend alors que du rapport k_+/k_-, qui joue le rôle de l'amplitude de forçage en compaction. Le lien avec la compaction granulaire peut être fait en supposant que la ligne considérée dans le modèle du parking correspond à une couche de grains dans l'empilement, et que les grains qui s'échappent ou qui arrivent proviennent de l'échange entre les couches. Ce modèle rend compte de nombreuses observations (relaxation lente, effets mémoires, évolution des fluctuations de densité...) et permet dans certaines limites de mener à bien des calculs analytiques.

3.2 Forces dans les empilements

Un tas de grains au repos résulte d'un équilibre mécanique complexe entre toutes les particules. Les forces entre les grains parviennent à s'organiser pour que chaque élément soit à l'équilibre, ce qui dans un empilement aléatoire rend la répartition des forces non triviale. L'organisation des forces dans les empilements granulaires est donc un problème majeur de la statique des milieux granulaires qui a motivé un nombre important de travaux. Nous abordons dans ce chapitre quelques-uns des problèmes posés par l'équilibre d'un empilement de grains. Le premier volet est consacré à l'organisation à l'échelle des grains, et aborde les problèmes d'indétermination des forces, de leur statistique en termes d'amplitude et de direction. Le second volet est consacré à l'échelle de l'empilement et à la limite du milieu continu, en présentant le moyen de définir des contraintes à partir des forces entre particules, ainsi que l'étude de la distribution des contraintes dans quelques cas. Le lecteur souhaitant approfondir ces question peux consulter l'article de revue par Claudin (2007) dont nous nous sommes inspirés.

3.2.1 Détermination des forces dans un empilement : rôle de la friction et isostaticité

À la section 2.1.2 nous avons étudié les propriétés des forces de friction entre deux particules. Le cas simple d'une particule reposant sur deux autres nous a permis de discuter du problème de l'indétermination des forces due à la friction de Coulomb. Connaissant la position de la particule en équilibre sur ses deux voisines, nous sommes incapables en présence de friction d'en déduire les forces qui s'exercent sur celle-ci (voir figure 2.5). Il y a multiplicité de solutions satisfaisant les équations d'équilibre des forces et des moments. Seul le cas sans frottement pour lequel les forces sont normales au contact permet la détermination complète des efforts. La présence de friction dans les interactions engendre donc une indétermination dans la répartition des forces de contact.

La généralisation de ce questionnement à des empilements plus complexes que trois billes a été à l'origine de travaux sur la notion d'isostaticité, dont nous présentons ici un bref aperçu (Moukarzel, 1998 ; Roux, 2000). Qu'implique le fait qu'un empilement soit à l'équilibre quant à la structure de l'empilement et que peut-on dire de la détermination des forces ? Considérons dans un premier temps un empilement à l'équilibre, de N particules identiques de diamètre d, rigides et non frottantes, ce qui implique que les forces sont toutes normales au contact. Soit N_c le nombre de contacts dans le système. Les particules étant non frottantes, il existe donc N_c inconnues que sont les amplitudes des forces entre grains. Nous pouvons écrire N relations d'équilibre pour chaque grain qui donnent $2N$ équations à 2 dimensions, et $3N$ à 3D. Sans frottement, toutes les forces sont centrales et l'équilibre des moments est trivialement vérifié. Si l'empilement est à l'équilibre, cela signifie qu'il existe au moins une solution pour la répartition des forces, et donc qu'il y a moins d'équations que d'inconnues soit $2N \leqslant N_c$ à 2D et $3N \leqslant N_c$ à 3D. Nous pouvons introduire le nombre moyen de contacts par particule appelé coordinance, $Z = 2Nc/N$, le facteur deux provenant du fait qu'un contact compte pour deux particules. L'existence d'un équilibre impose donc que $Z \geqslant 4$ à 2D et $Z \geqslant 6$ à 3D. D'autre part, l'empilement considéré vérifie nécessairement la condition de non-interpénétrabilité des grains. Cela signifie qu'à chaque contact entre une particule α et une particule β, on a $\|\mathbf{R}_\alpha - \mathbf{R}_\beta\| = d$, où $\mathbf{R}_\alpha$ est la position de la particule α. Il y a N_c équations de ce type. Cela signifie que le nombre de contacts ne peut pas être plus grand que le nombre de degrés de libertés de position des particules, à savoir $2N$ à 2D et $3N$ à 3D. Sinon, il n'y aurait pas de solution en termes de positions pouvant vérifier la condition de non-interpenétrabilité. En d'autres termes, un empilement de N particules qui ne se chevauchent pas vérifie nécessairement la condition $N_c \leqslant 2N$ à 2D ou $N_c \leqslant 3N$ à 3D. Cela implique pour le nombre de coordinance $Z \leqslant 4$ à 2D et $Z \leqslant 6$ à 3D (voir note 2).

Le dénombrement des équations d'équilibre d'une part, et des contraintes géométriques d'autre part, conduit donc au résultat que le nombre moyen de voisins est exactement égal à $Z = 4$ pour les empilements de disques, et à $Z = 6$ pour les empilements de sphères. De plus, dans ce cas, le nombre d'inconnues en termes d'amplitude des forces de contact est exactement égal au nombre d'équations, ce qui signifie que, connaissant la position des grains, on

2. Ce résultat n'est pas vrai pour un empilement parfaitement régulier comme un cubique faces centrées par exemple, pour lequel la distance entre les particules voisines est exactement identique, ce qui rend caduque le comptage des conditions de non-interpénétrabilité (Moukarzel, 1998). Cependant le moindre défaut des grains, la moindre petite différence de taille, brise cette configuration singulière et l'isostaticité est retrouvée.

peut de façon univoque calculer les forces entre particules. Ces empilements sont qualifiés d'isostatiques : il y a exactement le bon nombre de contacts pour qu'il n'y ait aucune redondance dans les forces. C'est une propriété générique des empilements de particules non frottantes qui a de nombreuses conséquences. Parmi les implications de l'isostaticité on peut citer une très forte sensibilité aux perturbations, puisque briser un seul grain suffit à briser la stabilité. Cela implique l'apparition de modes de déformation mous, c'est-à-dire ne coûtant que très peu d'énergie et liés à la grande fragilité de l'édifice (Wyart, 2005). Autre conséquence, la déformation quasistatique d'un empilement de grains non frottants se compose d'une succession d'empilements isostatiques, ayant tous la même coordinance (Peyneau & Roux, 2008). Les propriétés de ces empilements font l'objet de nombreuses recherches visant à une meilleure compréhension des milieux granulaires et de la transition de blocage observée dans les systèmes désordonnés (voir l'encadré 3.6).

Qu'advient-il de ces propriétés pour des grains réels qui présentent des contacts frictionnels ? Le nombre d'équations traduisant la non-interpénétrabilité reste inchangé et la coordinance d'un empilement de grains frottants est donc inférieure à 4 à 2D et 6 à 3D. En revanche, l'existence de forces de friction modifie le décompte des équations d'équilibre. Les forces n'étant plus alignées selon la normale au contact, nous sommes en présence de $2N_c$ inconnues à 2D ($3N_c$ à 3D). L'équilibre mécanique pour chaque grain donne 3 équations à 2D (6 à 3D), 2 pour l'équilibre des forces (3 à 3D), une pour l'équilibre des moments (3 à 3D). Nous avons donc $3N$ équations pour $2N_c$ inconnues ($6N$ équations pour $2N_c$ inconnues à 3D). Une solution existe si $2N_c \geqslant 3N$ ($3N_c \geqslant 4N$ à 3D). La coordinance d'un empilement de grains frottants se situe donc dans la gamme $3 \leqslant Z \leqslant 4$ pour des disques et $4 \leqslant Z \leqslant 6$ pour des sphères. L'empilement peut donc être « hyperstatique », et le réseau de forces est indéterminé. L'existence d'une plage de coordinance moyenne accessible pour des grains frottants pourrait être reliée au fait qu'une plage de fraction volumique est accessible pour des empilements aléatoires de grains frottants.

Ces études sur la notion d'isostaticité, bien que portant sur des grains idéalement sphériques, permettent de mieux comprendre le rôle de la friction sur les empilements. Elles ont également permis le développement de nouveaux concepts concernant les modes de vibration et de déformation d'empilements dont nous dirons un mot dans la section sur l'élasticité des milieux granulaires (§3.5).

3.2.2 Statistique de la répartition de forces

Nous avons discuté au chapitre précédent de l'unicité ou non du réseau de forces dans un empilement aléatoire de grains en termes de nombre de contacts. Dans cette section, nous allons discuter plus en détail la statistique des forces et quelques propriétés fondamentales de leur répartition.

Techniques de mesure des forces de contacts

Différentes techniques sont utilisées pour étudier la distribution des forces de contact au sein des empilements granulaires. Une première technique originalement utilisée par Dantu (1968) et reprise par la suite avec des matériaux plus performants (Majmudar & Behringer, 2005) est la technique de photo-élasticité. Elle consiste à utiliser des particules en matériau photo-élastique comme le pyrex, le Plexiglas, ou certains polymères qui deviennent biréfringents lorsqu'ils sont soumis à une contrainte. Placés entre deux polariseurs croisés, les grains apparaissent d'autant plus éclairés qu'ils sont soumis à des contraintes importantes. Cette technique est principalement utilisée à deux dimensions avec des disques. Obtenir des informations quantitatives à partir des motifs lumineux créés par la biréfringence est une tâche ardue que nous n'aborderons pas dans cet ouvrage (voir Majmudar *et al.*, 2007). En revanche, des informations qualitatives sont facilement obtenues comme l'illustre la figure 3.6*a* présentant une photographie d'un empilement de disques photo-élastiques soumis à une compression uniaxiale. On observe une grande hétérogénéité des forces entre grains, certains grains apparaissant très lumineux et donc fortement contraints, tandis que d'autres semblent être exempts de toute charge. Une seconde technique pour obtenir des informations sur la répartition des forces interparticulaires consiste à mesurer les forces qu'exercent les grains en paroi à l'aide de capteurs (Lovoll, 1999). Notons l'utilisation dans certaines études d'un capteur de force original et de faible coût : le papier carbone. Développée à Chicago (Mueth *et al.*, 1999), cette méthode consiste à couvrir le fond du récipient d'un papier carbone et à mesurer la taille de l'empreinte laissée par chaque bille sur le papier. Cette dernière est d'autant plus grande que la particule est soumise à des forces élevèes et appuie sur le papier. L'analyse de la statistique des empreintes permet de remonter à la statistique des forces. Enfin une dernière approche pour étudier la répartition des forces est d'utiliser les simulations numériques discrètes (Radjai *et al.*, 1999). Celles-ci donnent accès, moyennant différentes simplifications de la description des forces de contact, à l'ensemble des positions des particules, des positions des contacts et des forces entre grains.

Statistique des amplitudes des forces

Un premier résultat robuste qui ressort de l'ensemble des études des forces interparticulaires porte sur la statistique de l'amplitude des forces de contact. La figure 3.7 présente la distribution des forces f entre grains, c'est-à-dire la probabilité $P(f)\mathrm{d}f$ que la force soit comprise entre f et $f+\mathrm{d}f$. La figure 3.7*a* provient de simulations, la figure 3.7*b* correspond à des mesures en parois à l'aide de capteurs et la figure 3.7*c* est une estimation en paroi à l'aide de la technique du papier carbone. Dans les trois cas, il s'agit d'empilements aléatoires sous compression uniaxiale (configuration de la figure 3.6*b*). Sur ces graphes les forces sont normalisées par la force moyenne $\bar{f}$. La première

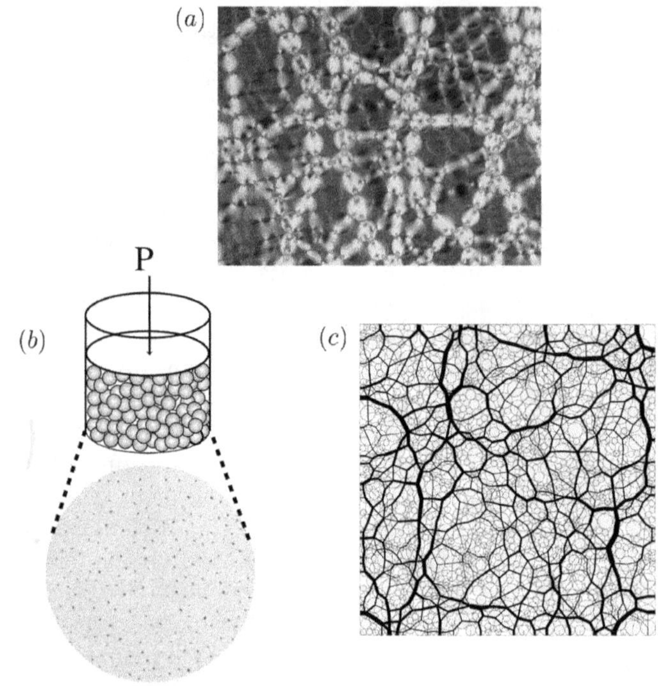

FIG. 3.6 – (*a*) Image du réseau de forces pour une compression uniaxiale de disques photo-élastiques (image issue des expériences de Majmudar & Behringer, 2005). (*b*) Principe de la méthode du papier carbone (Mueth *et al.*, 1999). (*c*) Image du réseau de forces issue d'une simulation numérique aux éléments discrets (Radjai *et al.*, 1999).

remarque importante est la large gamme de forces présentes dans les empilements. Des forces intenses, jusqu'à six fois la valeur moyenne, ainsi que des forces très faibles coexistent, corroborant les observations qualitatives de fortes hétérogénéités illustrées par la figure 3.6*a*. Le second résultat concerne la forme de la distribution. Aux fortes forces, pour f supérieure à $\bar{f}$, la distribution est clairement exponentielle dans toutes les études. La probabilité de distribution $P(f)$ est proportionnelle à $e^{-\beta f/\bar{f}}$, avec β entre 1 et 2. Aux faibles forces, pour des forces inférieures à la moyenne, la distribution est très plate et peut être approximée par une loi de puissance $P(f) \propto (f/\bar{f})^{\alpha}$ avec α proche de zéro.

La différence de comportement aux forces fortes et faibles, et en particulier la présence d'une queue exponentielle, dépend peu de l'état de l'empilement (régulier ou non) ou de la nature des grains (flottants ou non) (Mueggenburg *et al.*, 2002). Cette robustesse de la distribution des forces a motivé le développement de nombreux modèles simplifiés de propagation aléatoire des forces

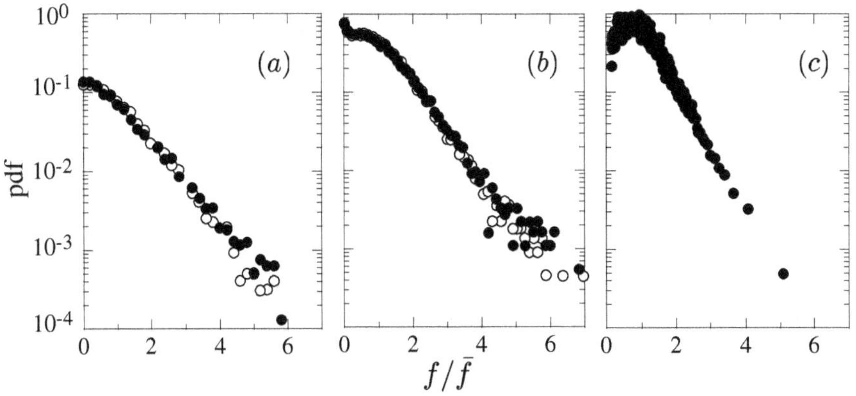

FIG. 3.7 – Fonction de distribution des amplitudes de forces normales au contact. (*a*) Simulation bidimensionnelle issue de Radjai *et al.* (1999), pour deux valeurs du coefficient de friction entre particules (points blancs : 0,1 ; points noirs : 0,4). (*b*) Mesures en paroi par la méthode du papier carbone, issues de Mueth *et al.* (1999). (*c*) Mesures en paroi à l'aide de capteurs de force, issues de Lovoll *et al.* (1999).

qui produisent le même type de distribution (voir encadré 3.3). Il faut toutefois noter que certaines études indiquent que la distribution des forces n'est plus la même dans le cas d'une compression isotrope pour laquelle l'empilement n'a subi aucun cisaillement. Dans ce cas, la distribution des forces fortes semble plonger plus vite qu'une exponentielle (Majmudar & Berhinger, 2005 ; van Eerd *et al.*, 2007).

On retiendra de ces analyses que la distribution des amplitudes des forces dans un milieu granulaire statique dépend assez peu des propriétés de l'empilement et se scinde en un réseau faible et un réseau fort qui correspond à une queue exponentielle. Dans la suite, nous montrons comment la séparation entre réseaux de forces fort et faible permet une analyse fine de la répartition des chargements imposés à un empilement granulaire.

Encadré 3.3

Le q-modèle, un modèle simple de propagation des forces dans un empilement granulaire

Le q-modèle a été introduit pour tenter d'expliquer simplement l'origine de la distribution des forces dans un empilement granulaire (Liu *et al.*, 1995 ; Coppersmith *et al.*, 1996). Il s'agit d'un modèle scalaire qui décrit grossièrement la propagation de la force normale dans un empilement. Le principe est présenté sur la figure E3.2 dans le cas d'un empilement bidimensionnel mais peut se généraliser à 3D. Un grain (i, j) dans la couche i transmet à ses deux voisins du dessous (3 à 3 dimensions) une intensité de force $w(i, j)$. Cette force se répartit sur les deux grains, le grain de gauche indexé $(i+1, j)$ recevant $q_+(i, j)w(i, j)$, celui de droite indexé par $(i+1, j+1)$ recevant $q_-(i, j)w(i, j)$. Par conservation de w, $q_+ + q_- = 1$. Le cas $q_+ = q_- = 1/2$ correspond à un empilement régulier pour lequel les forces sont uniformément réparties. Pour modéliser le désordre, l'idée est de considérer que q_+ et q_- sont des variables aléatoires qui varient d'un grain à l'autre et sont choisies suivant une probabilité $P(q)$. Pour résoudre le problème de la distribution de w dans un empilement sous gravité, on tire alors au hasard sur tous les grains les valeurs $q_+(i, j)$ et $q_-(i, j)$ suivant la probabilité $P(q)$. En partant de la première couche que l'on considère libre de contrainte, on calcule la force w s'appliquant sur chaque grain en appliquant la formule suivante :

$$w(i, j) = 1 + q_-(i-1, j)w(i-1, j) + q_+(i-1, j+1)w(i-1, j+1). \quad (3.5)$$

Le 1 provient du poids propre du grain. On peut alors étudier quelle distribution $P(w)$ résulte de ces lois de propagation simples. La figure E3.2*b* montre la distribution de probabilité de la force w normée à chaque niveau par sa valeur moyenne $\langle w \rangle$, qui vaut simplement i.

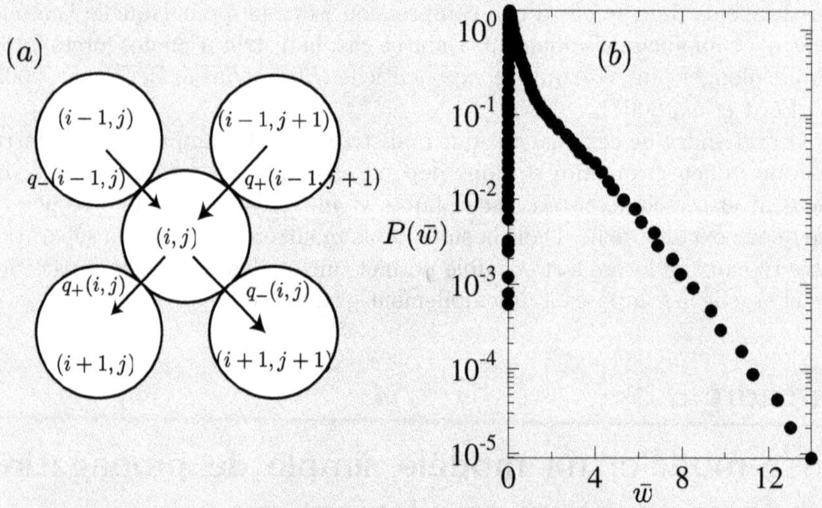

FIG. E3.2 – (*a*) Principe du q-modèle pour la propagation des forces dans un empilement granulaire. (*b*) Distribution des forces w adimensionnées par la force moyenne ($\bar{w} = w/\langle w \rangle$) dans le q-modèle à deux dimensions pour une répartition des forces $q_+ = 0{,}1$ et $q_- = 0{,}9$ ou $q+ = 0{,}9$ et $q_- = 0{,}1$ choisis aléatoirement avec une probabilité 1/2 (d'après Coppersmith *et al.*, 1996).

Le modèle reproduit une distribution de forces en accord avec les observations expérimentales, et présente en particulier une queue exponentielle. En revanche, la fraction de forces faibles est sous-estimée dans le modèle. La simplicité des règles de propagation a permis de réaliser des calculs analytiques et de trouver des expressions pour les lois de distribution des forces (Coppersmith *et al.*, 1996). La portée de ce modèle pour les milieux granulaires reste cependant limitée, du fait principalement qu'il élude le caractère vectoriel des forces entre grains.

Distribution angulaire et texture

Afin de caractériser plus finement l'état du réseau de forces entre grains et notamment la présence d'anisotropie, il est utile de regarder la distribution angulaire des contacts et des forces, souvent appelée dans la littérature « texture du milieu ». On parle de texture géométrique lorsque l'on s'intéresse uniquement à la distribution angulaire des directions de contact, et de texture mécanique lorsque l'on s'intéresse à la distribution angulaire des forces.

La texture géométrique est à 2 dimensions simplement donnée par la fonction $N(\theta)$, définie telle que $N(\theta)\mathrm{d}\theta$ donne le nombre de contacts compris entre $\theta - \mathrm{d}\theta/2$ et $\theta + \mathrm{d}\theta/2$. L'intégrale de $N(\theta)$ sur tous les angles est égale au nombre de coordinance Z, c'est-à-dire au nombre moyen de contacts par particule. Trois exemples de distribution angulaire de contacts sont présentés sous forme de diagramme polaire à la figure 3.8. La première correspond à un empilement bidimensionel construit par pluie sous gravité. Le second est créé sous compression isotrope, et le dernier résulte d'une compression dans laquelle la contrainte verticale appliquée à l'échantillon est 1,5 fois la contrainte latérale. Il apparaît clairement que le mode de préparation et le chargement d'un empilement influent sur la distribution des contacts. L'empilement sous gravité présente clairement quatre lobes. Cette distribution s'explique par le fait que lors de la construction sous gravité, chaque particule trouve une position d'équilibre s'appuyant sur deux particules en dessous d'elle. L'empilement chargé de façon isotrope présente une distribution angulaire isotrope. Enfin, l'empilement sous chargement présente une légère anisotropie dans le sens de l'axe de contrainte principal. Les contacts se forment préférentiellement dans la direction du chargement le plus fort.

Il est intéressant à ce stade de faire la différence entre les deux réseaux de contacts portant les forces fortes et faibles mis en évidence par la distribution des amplitudes de forces dans la section précédente. Il est possible de tracer la distribution angulaire des contacts portant des forces supérieures à la moyenne et la distribution de ceux portant des forces inférieures à la moyenne (figure 3.9). On observe alors que l'anisotropie n'est pas la même pour les deux sous-ensembles de contacts. Le réseau de contacts des forces fortes est beaucoup plus anisotrope que le réseau de contacts des forces faibles. De plus, la légère anisotropie présente dans le réseau faible est dans la direction opposée

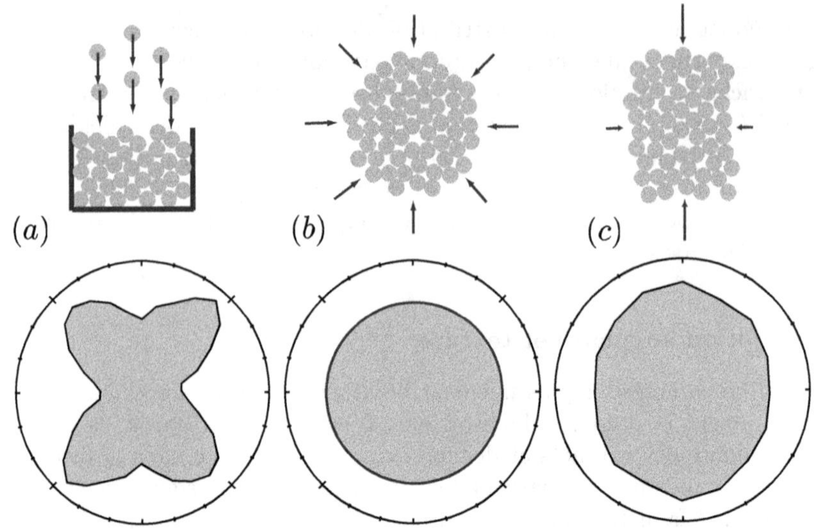

FIG. 3.8 – Distribution angulaire des contacts pour trois empilements bidimensionels obtenus par simulation. (*a*) Dépôt sous gravité (données issues de Radjai *et al.*, 2003). (*b*) Compression isotrope. (*c*) Empilement après déformation selon la verticale (d'après Radjai *et al.*, 1998).

au chargement. Ce rôle prédominant des fortes forces est corroboré par l'étude de la texture mécanique, c'est-à-dire de la distribution angulaire des forces. Les forces fortes sont principalement dirigées le long de la contrainte principale alors que les forces faibles sont distribuées de façon isotrope. Comme nous le verrons dans la prochaine section, il est possible en moyennant judicieusement sur les forces interparticulaires de définir un tenseur des contraintes et donc de définir la contribution du réseau fort et celle du réseau faible au tenseur des contraintes. Sans entrer dans les détails (Radjai *et al.*, 1998), il apparaît que la contribution du réseau faible au tenseur des contraintes est essentiellement isotrope et donc équivalent à une pression, alors que les forces fortes contribuent à la partie déviatorique du tenseur des contraintes, c'est-à-dire à la présence de contraintes de cisaillement dans le milieu. Ce sont elles qui assurent donc la tenue mécanique de l'ensemble, et permettent au milieu granulaire de résister à des cisaillements et de se comporter comme un solide.

Qualitativement, ce résultat peut s'interpréter par la formation d'arches ou de lignes de forces préférentielles. Un empilement granulaire sous chargement présente des lignes privilégiées de grains qui sont fortement chargés comme l'illustrent les images de la figure 3.6. Ces lignes s'orientent avec la direction principale de chargement et encaissent les anisotropies imposées par les contraintes extérieures. Mais ce réseau fort ne serait pas stable sans la présence d'un bain de particules faiblement contraintes qui assurent les forces

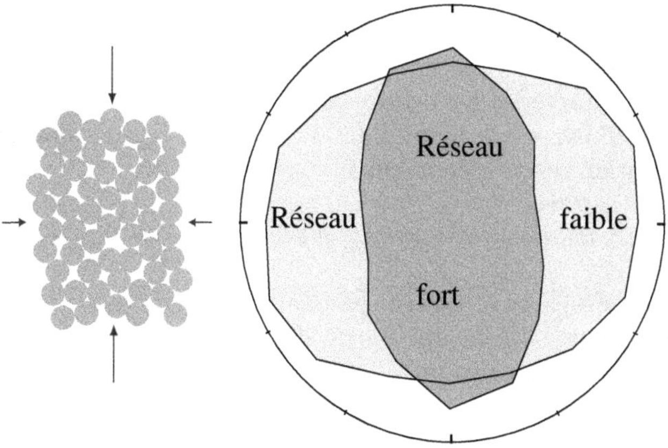

FIG. 3.9 – Distribution angulaire des contacts pour le réseau fort et le réseau faible lors d'un chargement selon la verticale (données issues de Radjai *et al.*, 1998).

latérales nécessaires pour empêcher le flambage des alignements. De ces analyses, il se dégage donc une image diphasique de la répartition des forces d'un empilement granulaire : le milieu se compose d'un squelette solide assurant la résistance de l'édifice, mêlé à une phase isotrope assurant la stabilité du squelette. Lors de déformations, les grains participent successivement à l'un ou l'autre de ces sous-ensembles.

Encadré 3.4

Rappels sur les milieux continus

On se contentera dans cet encadré de rappeler brièvement les concepts et définitions de la mécanique des milieux continus. Le lecteur non familier avec ces concepts est renvoyé aux ouvrages ou cours plus spécialisés (voir par exemple Guyon *et al.*, 2001, pour les fluides, ou Landau & Lifchitz, 1990, pour l'élasticité). On considère un milieu continu dont chaque point dans l'espace est repéré par sa position $\mathbf{x}$. La densité à l'instant t est notée $\rho(\mathbf{x}, t)$.

Cinématique : tenseur des déformations et des taux de déformations

Pour décrire la manière dont un milieu continu se déforme autour d'un état de référence, on définit le tenseur des déformations ϵ_{ij} comme

$$\epsilon_{ij} = \frac{1}{2}\left(\frac{\partial X_i}{\partial x_j} + \frac{\partial X_j}{\partial x_i}\right), \tag{3.6}$$

où $\mathbf{X}(\mathbf{x}, t)$ est le déplacement de chaque point du milieu par rapport à un état de référence (on se place ici dans le cadre des petites déformations). Le tenseur ϵ_{ij} caractérise les déformations subies par le matériau. Quelques exemples sont illustrés à la figure E3.3. La trace du tenseur des déformations donne la variation relative de volume

$$\mathrm{tr}\boldsymbol{\epsilon} = \epsilon_{kk} = \epsilon_{xx} + \epsilon_{yy} + \epsilon_{zz} = \delta V/V = -\Delta\,. \tag{3.7}$$

Il est d'usage de séparer ce tenseur en une partie isotrope correspondant aux variations de volume, et en une partie déviatorique $\tilde{\boldsymbol{\epsilon}}$ qui correspond à des déformations à volume constant

$$\epsilon_{ij} = \frac{1}{3}\epsilon_{kk}\delta_{ij} + \tilde{\epsilon}_{ij}. \tag{3.8}$$

Lorsque l'on s'intèresse à des problèmes de rhéologie, on utilise souvent le tenseur $\boldsymbol{\gamma} = 2\boldsymbol{\epsilon}$, qui permet dans le cas du cisaillement plan de la figure E3.3*c* d'avoir $\gamma_{xz} = \alpha$.

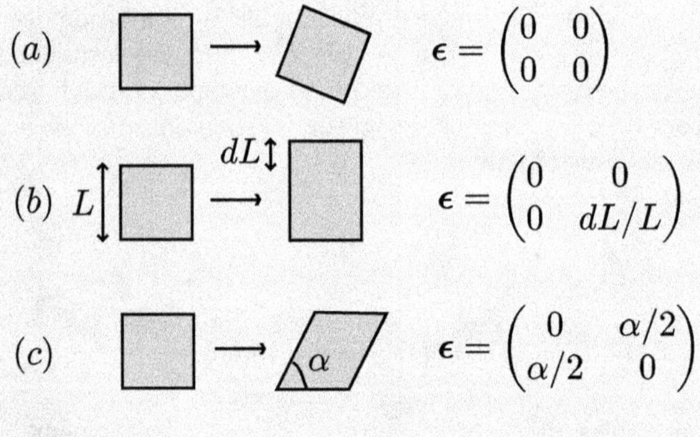

(*a*)
$\boldsymbol{\epsilon} = \begin{pmatrix} 0 & 0 \\ 0 & 0 \end{pmatrix}$
(*b*) L
dL
$\boldsymbol{\epsilon} = \begin{pmatrix} 0 & 0 \\ 0 & dL/L \end{pmatrix}$
(*c*)
α
$\boldsymbol{\epsilon} = \begin{pmatrix} 0 & \alpha/2 \\ \alpha/2 & 0 \end{pmatrix}$

FIG. E3.3 – Exemples de déformations. (*a*) Une rotation solide correspond à une déformation nulle. (*b*) Une élongation uniaxiale correspond à un tenseur des déformations avec une seule composante non nulle. (*c*) Un cisaillement donne une contribution au tenseur des déformations égale à la moitié de l'angle de déformation.

Enfin, lorsque le milieu s'écoule de façon continue, on ne s'intéresse plus aux déformations, mais aux taux de déformations, c'est-à-dire à la déformation par unité de temps. Le tenseur des taux de déformation est alors simplement donné par

$$\dot{\epsilon}_{ij} = \frac{1}{2}\left(\frac{\partial u_i}{\partial x_j} + \frac{\partial u_j}{\partial x_i}\right), \tag{3.9}$$

où $\mathbf{u}(\mathbf{x}, t)$ est la vitesse du milieu au point $\mathbf{x}$. Nous utiliserons également le tenseur $\dot{\boldsymbol{\gamma}} = 2\dot{\boldsymbol{\epsilon}}$.

Contraintes

Considérons une surface dS dans un milieu continu, dont $\mathbf{n}$ est la normale pointant vers l'extérieur. Le tenseur des contraintes $\boldsymbol{\sigma}$ est défini de telle sorte que la force d$\mathbf{F}$ que le milieu extérieur exerce sur la surface dS est égale à

$$\mathrm{d}F_i = \mathrm{d}S\sigma_{ij}n_j. \tag{3.10}$$

La composante σ_{ij} du tenseur $\boldsymbol{\sigma}$ s'interprète donc comme la force par unité de surface qui s'exerce dans la direction i sur une surface dont la normale est orientée suivant j (figure E3.4).

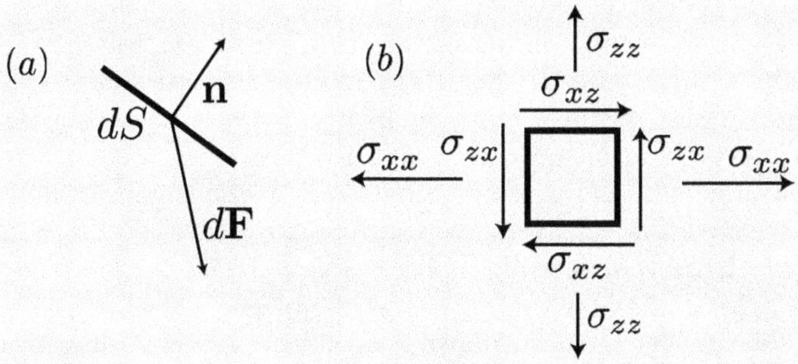

FIG. E3.4 – (a) Force sur un élément de surface dS orienté par $\mathbf{n}$. (b) Illustration de la signification des différentes composantes du tenseur des contraintes à deux dimensions.

Comme pour les déformations, le tenseur des contraintes peut être scindé en deux tenseurs, l'un isotrope, l'autre de trace nulle

$$\sigma_{ij} = -P\delta_{ij} + \tau_{ij}, \tag{3.11}$$

où $P = -\frac{1}{3}\mathrm{tr}\,\boldsymbol{\sigma}$ est la pression et $\boldsymbol{\tau}$ est le déviateur des contraintes.

Lois de conservation

Une fois définies les différentes variables continues, on peut écrire la conservation de la masse et de la quantité de mouvement qui contrôlent la dynamique du milieu. La conservation de la masse s'écrit

$$\frac{\partial \rho}{\partial t} + \frac{\partial \rho u_i}{\partial x_i} = 0, \tag{3.12}$$

où $\rho(\mathbf{x}, t)$ est la densité du milieu et $\mathbf{u}(\mathbf{x}, t)$ la vitesse.

Le principe fondamental de la dynamique lorsque le milieu est soumis à la gravité $\mathbf{g}$ s'écrit pour la composante i

$$\rho\left(\frac{\partial u_i}{\partial t} + u_j\frac{\partial u_i}{\partial x_j}\right) = \frac{\partial \sigma_{ij}}{\partial x_j} + \rho g_i. \tag{3.13}$$

Le terme d'accélération est équilibré par la divergence du tenseur des contraintes et la force de gravité. Ces équations de conservation de masse et de quantité de mouvement sont à la base de toutes les modélisations de la dynamique des milieux continus. Nous les retrouverons tout au long de cet ouvrage.

Lois de comportement

Pour pourvoir prédire le mouvement du milieu à partir des équations du mouvement, il faut se donner une loi de comportement, c'est-à-dire expliciter la manière dont les contraintes sont reliées aux déformations, aux vitesses et éventuellement à la densité. Ainsi, connaissant les contraintes, on calcule par (3.13) les vitesses, dont on tire les déformations et les nouvelles contraintes, et ainsi de suite. Tenter de trouver ces lois pour des milieux complexes est une tâche ardue qui motive de nombreux travaux de recherche. Une grande partie de cet ouvrage sera consacrée à la discussion des lois de comportement pour les milieux granulaires. Donnons à titre d'exemple deux lois constitutives les plus simples, le milieu élastique hookéen et le fluide newtonien.

La loi de comportement de Hooke d'un milieu élastique isotrope s'écrit

$$\sigma_{ij} = K\epsilon_{kk}\delta_{ij} + 2G\tilde{\epsilon}_{ij}, \tag{3.14}$$

où K est le module de compression isotrope, et G est le module de cisaillement. Nous utiliserons également dans cet ouvrage le module d'Young E et le module de Poisson ν, deux paramètres qui permettent de caractériser le test de traction sur un cylindre à bords libres. Le module d'Young est le rapport entre la contrainte appliquée au cylindre et son élongation, et le coefficient de Poisson donne le rapport entre les déformations radiale et axiale du cylindre (Landau & Lifchitz, 1990). Ces deux coefficients sont reliées à K et G par les formules suivantes

$$G = \frac{E}{2(1+\nu)} \quad \text{et} \quad K = \frac{E}{3(1-2\nu)}\,. \tag{3.15}$$

Pour les fluides, la loi de comportement la plus simple est celle d'un fluide visqueux newtonien, qui relie les contraintes aux taux de déformation suivant la formule

$$\sigma_{ij} = (\lambda\dot{\epsilon}_{kk} - P)\delta_{ij} + 2\eta\tilde{\dot{\epsilon}}_{ij}, \tag{3.16}$$

où η est la première viscosité et λ la seconde viscosité, qui ne joue pas pour un fluide incompressible. P est la pression.

Convention de signe

Il convient à ce stade de faire une remarque sur la convention de signe du tenseur des contraintes. Les expressions (3.11) et (3.13) correspondent à la convention usuelle en élasticité et en mécanique des fluides. La contrainte est comptée positive en extension et négative en compression comme l'indique le signe de la pression dans (3.11). En revanche en mécanique des sols, la convention de signe est inverse, la contrainte étant comptée positivement en compression, ce qui est à l'origine de quelques confusions. Afin de tenter de clarifier ces choix, dans la partie de cet ouvrage consacrée à la mécanique des sols (§4), nous utiliserons le tenseur des contraintes $\boldsymbol{\sigma}$, défini comme l'opposé du tenseur des contraintes utilisé en mécanique des fluides, soit $\boldsymbol{\sigma} = -\boldsymbol{\sigma}$. L'équation de la dynamique (3.13) s'écrit alors avec un signe moins devant la divergence du tenseur $\boldsymbol{\sigma}$. Dans ce dernier cas, si l'on cherche la force qui s'applique sur une surface, il faut garder en tête que la normale à la surface est alors par convention dirigée vers l'intérieur, de sorte que la formule (3.10) reste valable.

3.3 Des forces aux contraintes

Les images de la figure 3.6 et les études statistiques précédentes montrent la forte hétérogénéité des forces entres grains et posent la question de la définition d'un milieu continu équivalent. Est-il possible de définir un volume élémentaire représentatif sur lequel moyenner les forces entre particules et définir ainsi proprement un tenseur des contraintes ? En d'autres termes, est-il possible à partir d'une certaine taille d'empilement d'oublier l'aspect discret du milieu ? Ces questions ont fait l'objet de nombreuses études et plusieurs définitions des contraintes ont été proposées dans la littérature pour les milieux granulaires. Dans cette section, nous présentons un processus de moyennage permettant de proprement définir le tenseur des contraintes à partir des forces interparticulaires dans un milieu granulaire. Lors de ce passage vers le milieu continu, nous aurons besoin des concepts classiques de mécanique, qui sont succinctement rappelés dans l'encadré 3.4.

3.3.1 Définition des contraintes dans un milieu granulaire

Nous présentons dans cette partie un processus de moyennage qui permet, à partir des forces entre particules, de définir les contraintes dans un milieu granulaire. Nous suivons ici une approche popularisée par Goldhirsch et collaborateurs (Glasser & Goldhirsch, 2001 ; Goldenberg & Goldhirsch, 2002 ; Claudin, 2007). Le principe consiste à choisir une fonction de moyennage $\mathcal{G}(\mathbf{x})$ dont l'intégrale sur tout l'espace vale l'unité, qui soit maximale en zéro et s'annule en dehors d'un volume dont on peut choisir la taille. Typiquement, $\mathcal{G}$ peut être une gaussienne dont la largeur w est de l'ordre d'une dizaine de tailles de grains $\mathcal{G}(\mathbf{x}) = (1/\pi w^2)e^{-(||\mathbf{x}||/w)^2}$ à 2D ou $\mathcal{G}(\mathbf{x}) = (1/\pi^{3/2} w^3)e^{-(||\mathbf{x}||/w)^2}$ à 3D, mais d'autres choix sont possibles comme nous le discuterons par la suite.

Notons qu'un processus de moyennage similaire permet de définir également le champ de déplacement et le tenseur des déformations à partir des positions et des déplacements des particules (Goldhirsch & Goldenberg, 2002).

La démarche permettant d'établir l'expression du tenseur des contraintes consiste à écrire le principe fondamental de la dynamique pour chaque particule, puis à intégrer dans l'espace autour d'un point en pondérant les équations d'équilibre individuelles par la fonction de moyennage. Un jeu d'écriture astucieux permet ensuite de présenter l'équation ainsi obtenue comme une équation de bilan de quantité de mouvement avec un terme de flux que l'on assimile alors à la contrainte. La dérivation complète est présentée dans l'encadré 3.5. Nous présentons ici le résultat du processus de moyennage.

Considérons à l'instant t un ensemble de N particules indexées par α, toutes de même masse m (le cas de masses différentes ne présente pas de difficultés), dont le centre de masse est positionné en $\mathbf{x}^\alpha$ et se déplace à la vitesse $\mathbf{u}^\alpha$. La force de contact exercée sur la particule α par la particule β est notée $\mathbf{f}^{\alpha\beta}$. Le processus de moyennage sur les particules permet alors de définir la densité $\rho(\mathbf{x},t)$ et la vitesse moyenne $\mathbf{u}(\mathbf{x},t)$ du milieu continu équivalent selon

$$\rho(\mathbf{x},t) = m \sum_{\alpha=1}^{N} \mathcal{G}(\mathbf{x} - \mathbf{x}^\alpha(t)) \,, \tag{3.17}$$

$$\rho\mathbf{u}(\mathbf{x},t) = m \sum_{\alpha=1}^{N} \mathbf{u}^\alpha(t)\; \mathcal{G}(\mathbf{x} - \mathbf{x}^\alpha(t)) \,. \tag{3.18}$$

Le tenseur des contraintes $\boldsymbol{\sigma}$ peut alors s'écrire comme la somme de deux contributions : une contribution purement cinétique $\boldsymbol{\sigma}^k$ liée au mouvement fluctuant des grains, qui transportent leur quantité de mouvement, et une contribution $\boldsymbol{\sigma}^c$ liée aux forces de contact (voir encadré 3.5). Les contraintes s'écrivent donc

$$\sigma_{ij}(\mathbf{x},t) = \sigma_{ij}^k(\mathbf{x},t) + \sigma_{ij}^c(\mathbf{x},t) \,, \tag{3.19}$$

$$\sigma_{ij}^k(\mathbf{x},t) = -\sum_{\alpha=1}^{N} m u_i'^\alpha(t) u_j'^\alpha(t)\; \mathcal{G}(\mathbf{x} - \mathbf{x}^\alpha(t)) \,, \tag{3.20}$$

$$\sigma_{ij}^c(\mathbf{x},t) = -\frac{1}{2} \sum_{\alpha,\beta,\alpha\neq\beta} f_i^{\alpha\beta}(t) x_j^{\alpha\beta}(t) \int_0^1 \mathcal{G}(\mathbf{x} - \mathbf{x}^\alpha(t) + s\mathbf{x}^{\alpha\beta}(t))\mathrm{d}s, \tag{3.21}$$

dans lesquelles $\mathbf{x}^{\alpha\beta} = \mathbf{x}^\alpha - \mathbf{x}^\beta$ est le vecteur reliant les centres des particules α et β et $\mathbf{u}'^\alpha(\mathbf{x},t) = \mathbf{u}^\alpha(t) - \mathbf{u}(\mathbf{x},t)$ est la fluctuation de vitesse de la particule α par rapport à la vitesse moyenne. Dans les problèmes de statique ou quasi-statique des milieux granulaires, la partie cinétique $\sigma_{ij}^k(\mathbf{x})$ s'annule et seule reste la contribution des contacts $\sigma_{ij}^c(\mathbf{x})$.

Ces formules permettent, une fois la fonction de moyennage $\mathcal{G}(\mathbf{x})$ choisie, de calculer la densité, la vitesse et le tenseur des contraintes du milieu continu équivalent, connaissant la position et les vitesses des particules ainsi que les forces interparticulaires. C'est typiquement ce qui est réalisé pour extraire des quantités tensorielles des simulations numériques aux éléments discrets. Plusieurs remarques s'imposent. La première concerne la symétrie du tenseur des contraintes. Par définition la partie cinétique est symétrique et $\sigma_{ij}^k = \sigma_{ji}^k$. En revanche, la partie due aux contacts n'est *a priori* pas symétrique[3]. Les différentes études montrent cependant qu'en pratique, lorsque le moyennage est réalisé sur un volume assez grand, $\boldsymbol{\sigma}^c$ est symétrique. La seconde remarque concerne le choix de la fonction $\mathcal{G}(\mathbf{x})$, qui, d'après la définition du tenseur des contraintes, peut fortement influencer le résultat. Plusieurs choix sont utilisés dans la littérature. Le plus courant est une fonction créneau, constante sur un volume V et nulle ailleurs, ce qui dans le cas d'un volume sphérique de rayon w revient à $\mathcal{G}(\mathbf{x}) = (1/V)H(w - \|\mathbf{x}\|)$, où H est la fonction de Heavyside. Dans ce cas, la définition du tenseur des contraintes revient à

$$\sigma_{ij} = -\frac{1}{V}\sum_{\alpha \in V} m u_i'^{\alpha} u_j'^{\alpha} - \frac{1}{V}\sum_{c \in V} f_i^c b_j^c \, , \tag{3.22}$$

où la seconde somme s'effectue sur les contacts c à l'intérieur du volume V. $\mathbf{f}^c$ est la force d'interaction entre les deux particules au contact c. Le vecteur $\mathbf{b}^c$ est appelé le vecteur branche, et est égal au vecteur $\mathbf{x}^{\alpha\beta}$ reliant les centres des deux particules α et β au contact c si α et β appartiennent au volume, mais est égal uniquement à la portion de ce vecteur comprise dans V si l'une des particules est à l'extérieur du volume V (figure 3.10*a*).

D'autres choix de fonction $\mathcal{G}(\mathbf{x})$ sont possibles, comme par exemple des boîtes allongées qui permettent d'obtenir le tenseur des contraintes près de parois. Le point important est de choisir le support de la fonction $\mathcal{G}(\mathbf{x})$ suffisamment grand afin d'obtenir un moyennage significatif. La figure 3.10*b* issue de Goldenberg *et al.* (2006) illustre ce propos. Les auteurs ont simulé une compression uniaxiale où des grains dans une boîte sont soumis à une contrainte de confinement. La contrainte verticale au sein de l'empilement est mesurée en utilisant la formule (3.21) avec une fonction $\mathcal{G}(\mathbf{x})$ gaussienne de largeur variable w. Pour w supérieure à quelques grains, on observe un plateau qui montre la possibilité de définir une contrainte et l'existence d'un volume élémentaire représentatif.

En conclusion, la notion de contraintes s'applique sans réserve aux milieux granulaires. Des formules bien établies permettent de les calculer à partir des

3. Un tenseur des contraintes non symétrique signifie que l'équilibre des moments n'est pas vérifié en chaque point, ce qui implique que des couples internes existent. Ces milieux sont appelés milieux de Cosserat (Mohan *et al.*, 1999). La description continue de ces milieux nécessite l'introduction de deux variables supplémentaires : le vecteur rotation et le tenseur des couples locaux (Luding, 2001). Pour définir ces quantités dans le cadre présenté ici pour les milieux granulaires, il faudrait, en plus de la conservation de la quantité de mouvement, considérer l'équation du moment pour chaque grain et la moyenner par la fonction $\mathcal{G}$.

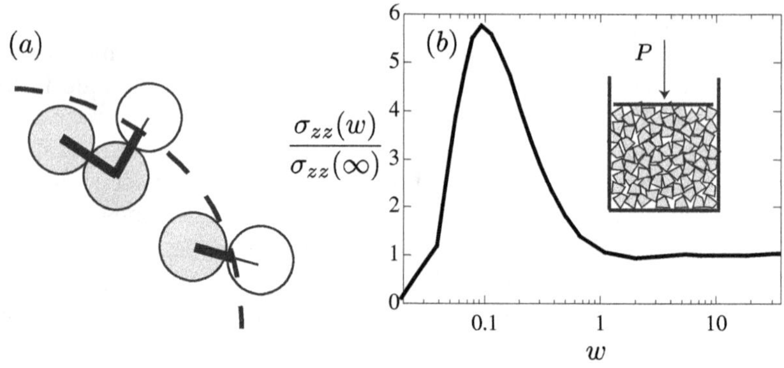

FIG. 3.10 – (a) Illustration du vecteur branche $\mathbf{b}^c$ (lignes en gras) intervenant dans la définition des contraintes (3.22). (b) Contrainte verticale σ_{zz} fonction de la taille de la fonction de moyennage w illustrant le concept de volume élémentaire représentatif, pour une configuration de compression uniaxiale (données issues de Goldenberg *et al.*, 2006).

forces interparticulaires. Nous discutons dans la suite de quelques exemples de répartition des contraintes dans des situations d'équilibre.

Encadré 3.5

Une démonstration de l'expression du tenseur des contraintes

Pour démontrer l'expression du tenseur des contraintes, la première étape consiste à dériver l'équation (3.18) par rapport au temps, on trouve alors

$$\frac{\partial \rho u_i(x,t)}{\partial t} = -\sum_{\alpha=1}^{N} m u_i^\alpha(t) u_j^\alpha(t) \frac{\partial \mathcal{G}}{\partial x_j} + \sum_{\alpha=1}^{N} m \frac{\mathrm{d}u_i^\alpha}{\mathrm{d}t}\, \mathcal{G}(\mathbf{x} - \mathbf{x}^\alpha(t)). \tag{3.23}$$

Or l'équation de la dynamique d'un milieu continu (3.13) peut, en utilisant la conservation de la masse (3.12), s'écrire sous la forme

$$\left(\frac{\partial \rho u_i}{\partial t} + \frac{\partial \rho u_i u_j}{\partial x_j}\right) = \frac{\partial \sigma_{ij}}{\partial x_j} + \rho g_i. \tag{3.24}$$

En soustrayant les deux équations précédentes on en déduit que le tenseur des contraintes doit vérifier

$$\frac{\partial \sigma_{ij}}{\partial x_j} = \frac{\partial}{\partial x_j}\left(\rho u_i u_j - \sum_\alpha m u_i^\alpha(t) u_j^\alpha(t) \mathcal{G}(\mathbf{x} - \mathbf{x}^\alpha)\right) \tag{3.25}$$
$$+ \sum_\alpha m \left(\frac{\mathrm{d}u_i^\alpha}{\mathrm{d}t} - g_i\right) \mathcal{G}(\mathbf{x} - \mathbf{x}^\alpha(t)).$$

Le premier terme est déjà écrit comme une divergence et donne, après quelques manipulations, la contribution cinétique du tenseur de contraintes (3.20). Pour obtenir l'expression du tenseur des contraintes dû aux contacts, il faut écrire le second terme comme une divergence. Utilisons pour cela l'équation fondamentale de la dynamique sur la particule α

$$m \frac{\mathrm{d}u_i^\alpha}{\mathrm{d}t} = m g_i + \sum_\beta f_i^{\alpha\beta}(t) \, . \tag{3.26}$$

Le second terme de l'équation (3.25) s'écrit alors $\sum_{\alpha,\beta} f_i^{\alpha\beta}(t) \mathcal{G}(\mathbf{x} - \mathbf{x}^\alpha(t))$. En remarquant par le principe de l'action et de la réaction que $\mathbf{f}^{\alpha\beta} = -\mathbf{f}^{\beta\alpha}$, ce second terme peut se réécrire sous la forme $1/2 \sum_{\alpha,\beta} f_i^{\alpha\beta}(t) \left(\mathcal{G}(\mathbf{x} - \mathbf{x}^\alpha(t)) - \mathcal{G}(\mathbf{x} - \mathbf{x}^\beta(t))\right)$. L'astuce vient alors des deux identités suivantes

$$\mathcal{G}(\mathbf{x} - \mathbf{x}^\alpha(t)) - \mathcal{G}(\mathbf{x} - \mathbf{x}^\beta(t)) = -\int_0^1 \mathrm{d}s \frac{\partial}{\partial s} \mathcal{G}(\mathbf{x} - \mathbf{x}^\beta(t) + s\mathbf{x}^{\alpha\beta}(t)) \tag{3.27}$$

$$\text{et} \quad \frac{\partial}{\partial s} \mathcal{G}(\mathbf{x} - \mathbf{x}^\beta(t) + s\mathbf{x}^{\alpha\beta}(t)) = x_j^{\alpha\beta}(t) \frac{\partial}{\partial x_j} \mathcal{G}(\mathbf{x} - \mathbf{x}^\beta(t) + s\mathbf{x}^{\alpha\beta}(t)). \tag{3.28}$$

Ces deux identités permettent d'écrire le second terme de (3.25) sous la forme d'une divergence, et de démontrer l'expression de la contribution des forces de contact au tenseur des contraintes

$$\sigma_{ij}^c(\mathbf{x}, t) = -\frac{1}{2} \sum_{\alpha,\beta,\alpha\neq\beta} f_i^{\alpha\beta}(t) x_j^{\alpha\beta}(t) \int_0^1 \mathcal{G}(\mathbf{x} - \mathbf{x}^\alpha(t) + s\mathbf{x}^{\alpha\beta}(t)) \mathrm{d}s. \tag{3.29}$$

3.4 Distribution des contraintes à l'équilibre

La notion de contrainte ayant été introduite à la section précédente, nous considérons à présent le milieu granulaire comme un milieu continu et nous nous intéressons à la distribution de contraintes dans différentes géométries.

Sous gravité, les équations d'équilibre des contraintes s'écrivent simplement

$$0 = \frac{\partial \sigma_{ij}}{\partial x_j} + \rho g_i \, . \tag{3.30}$$

Il y a donc deux équations d'équilibre à deux dimensions, et trois équations à trois dimensions. Sous l'hypothèse de la symétrie du tenseur des contraintes, le nombre de composantes indépendantes est de 3 à 2D et de 6 à 3D. Les équations d'équilibre seules ne permettent donc pas de déterminer la répartition des contraintes. Pour résoudre un problème de statique, il faut considérer la loi de comportement du matériau, qui va relier les contraintes aux déformations. Pour un corps élastique hookéen par exemple, la relation entre contraintes et déformations (voir encadré 3.4) permet, à partir des conditions aux limites et des équations d'équilibre (3.30), de prédire la répartition des contraintes. Nous verrons au chapitre suivant sur l'élasticité des milieux granulaires que des lois de comportements élastiques ont été proposées, qui peuvent permettre la détermination des contraintes dans certains cas. Mais l'existence de contraintes d'origine frictionnelle dans un milieu granulaire rend le problème complexe. L'état de référence nécessaire à un calcul élastique dépend de la préparation à cause de l'indétermination des forces de friction (voir §3.2.1). Dans ce chapitre, nous illustrons ces idées sur deux exemples simples : le cas du silo pour lequel des hypothèses simples permettent une estimation de la répartition verticale des contraintes, et le cas du tas de sable qui illustre de manière frappante l'importance de la préparation.

3.4.1 Contraintes dans un silo : calcul de Janssen

En 1895, Janssen s'intéressa à la pression qui s'exerce sur le fond d'un silo rempli de maïs (voir l'article original de Janssen traduit par Sperl, 2006). Il observa que, contrairement à ce qui se passe pour un liquide, la pression semble saturer lorsqu'une masse de plus en plus grande de maïs est versée dans le silo. Il développa alors un modèle simple permettant de prédire la distribution des contraintes, modèle qui est toujours à la base de la description des silos et dont nous présentons ici le principe. Notons que l'observation de la saturation de pression dans une colonne granulaire est antérieure à Janssen. Hagen par exemple présenta des mesures et une modélisation dès 1852 dans un article dont on peut trouver la traduction par Tighe & Sperl (2007).

Considérons un tube cylindrique de diamètre D rempli d'un milieu granulaire de densité ρ (figure 3.11*a*). On souhaite estimer la distribution verticale de contraintes à l'intérieur du silo. Nous allons raisonner sur le tenseur des contraintes σ, défini positif en compression (voir encadré 3.4). Nous avons vu que les équations d'équilibre ne suffisent pas à déterminer la distribution des contraintes. Pour y parvenir, Janssen fait les trois hypothèses suivantes :

1– La contrainte verticale σ_{zz} est supposée uniforme dans la section du cylindre.

2– Le milieu frotte sur les parois latérales du silo et se trouve sur le point de glisser vers le bas, c'est-à-dire que la friction est pleinement mobilisée. Il existe alors une contrainte tangentielle en parois τ, dirigée vers le haut $\tau = \mu_w \sigma_{rr}$, où μ_w est le coefficient de friction paroi-grains et σ_{rr} est la contrainte normale horizontale au niveau des parois.

3– La contrainte normale horizontale est proportionnelle à la contrainte normale verticale : $\sigma_{rr} = K\sigma_{zz}$ où K est une constante. Notons que pour un fluide la pression est isotrope et on aurait $K = 1$.

Sous ces hypothèses, il est alors possible d'écrire l'équilibre d'une tranche de matériau d'épaisseur dz, soumise aux pressions du dessus et du dessous, ainsi qu'aux contraintes latérales et à la gravité (figure 3.11*a*)

$$\frac{\pi D^2}{4}\left(\sigma_{zz|_z} - \sigma_{zz|_{z+\mathrm{d}z}}\right) - \pi D \mathrm{d}z\, \tau + \rho g \mathrm{d}z \frac{\pi D^2}{4} = 0\,, \qquad (3.31)$$

qui en utilisant les hypothèses 2 et 3 devient

$$\frac{\mathrm{d}\sigma_{zz}}{\mathrm{d}z} = \rho g - \frac{4K\mu_w}{D}\sigma_{zz}. \qquad (3.32)$$

L'équation (3.32) s'intègre sachant que la contrainte est nulle à la surface en $z = 0$. On trouve ainsi la répartition de contrainte verticale

$$\sigma_{zz} = \rho g \lambda \left(1 - e^{-z/\lambda}\right), \qquad (3.33)$$

où $\lambda = D/(4\mu_w K)$ est une longueur caractéristique. En utilisant pour valeurs typiques $\mu_w \simeq 0{,}5$ et $K \simeq 1$, on a $\lambda \simeq 2D$.

La solution (3.33) est représentée à la figure 3.11*b*. On remarque que :

- pour $z \ll \lambda$: la pression augmente linéairement comme $\sigma_{zz} = \rho g z$, ce qui correspond au cas hydrostatique d'un fluide classique ;
- pour $z \gg \lambda$: la pression sature et devient constante, $\sigma_{zz} = \rho g \lambda$.

Le résultat important du modèle de Janssen est la saturation observée aux fortes profondeurs. Elle provient simplement d'un effet d'écrantage induit par le frottement aux parois. Une partie du poids du milieu granulaire n'est pas supportée par le fond mais par les parois latérales. Ainsi, du fait de la friction pariétale, tout ajout de matériau dans le silo au-delà d'une hauteur λ n'affecte pas la pression au fond. Expérimentalement, la saturation en pression est un phénomène observé de manière très robuste. Sous réserve de quelques précautions expérimentales, les mesures sont bien décrites par le modèle de Janssen comme le montre la figure 3.12 (Ovarlez *et al.*, 2003). Les précautions concernent le protocole de remplissage, qui doit être soigneusement contrôlé pour obtenir des résultats reproductibles. En particulier, il est nécessaire de faire légèrement couler les grains avant la mesure, afin de mobiliser vers le haut

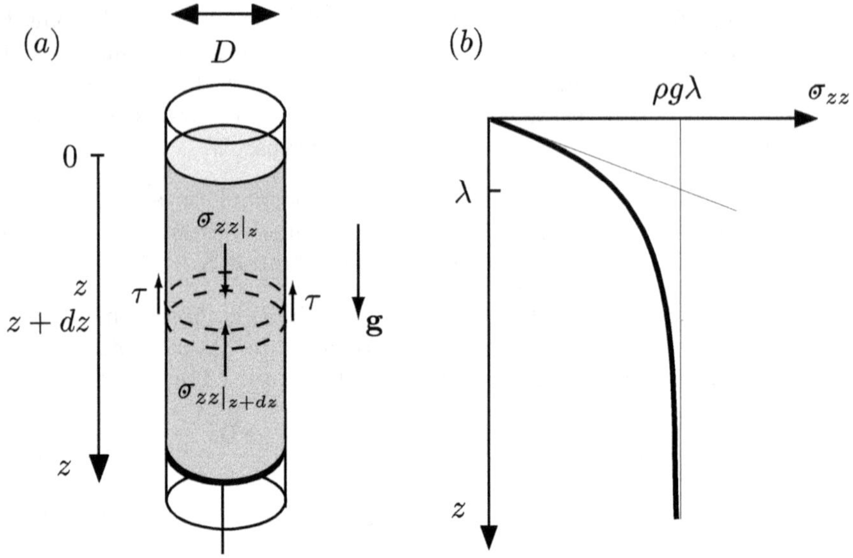

FIG. 3.11 – Modèle de Janssen pour le calcul de la répartition des contraintes dans un silo. (*a*) Équilibre d'une tranche. (*b*) Évolution de la contrainte verticale en fonction de la profondeur.

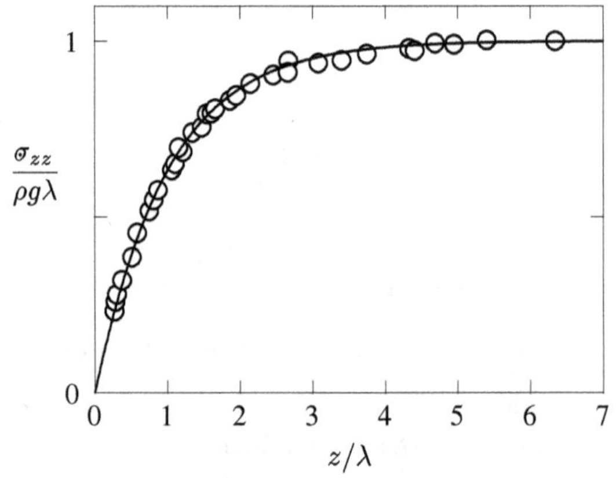

FIG. 3.12 – Mesure de la pression au fond d'un cylindre rempli de grains. Comparaison avec le modèle de Janssen (données issues de Ovarlez *et al.*, 2003).

la friction sur les parois et se retrouver ainsi dans le cadre de l'hypothèse (2) de Janssen.

La saturation de pression prédite par le modèle de Janssen permet également de comprendre qualitativement les propriétés de vidange d'un sablier. La vitesse de vidange d'un sablier est en effet constante au cours du temps, indiquant que le débit de grains s'échappant de l'orifice est indépendant de la hauteur restante de sable dans le sablier. Cette propriété contraste avec le cas d'un liquide, dont le débit en sortie dépend de la hauteur d'eau. Il est donc beaucoup plus facile de régler un sablier qu'une clepsydre, le temps nécessaire à vider le récipient étant directement proportionnel à la quantité de sable. Cette propriété s'explique en partie par l'effet Janssen : la pression qui contrôle l'écoulement au niveau du trou est indépendante de la hauteur de grains. Dans le cas de la vidange d'un récipient par un orifice (figure 3.13) qui est la géométrie la plus simple se rapprochant d'un silo, les expériences montrent que le débit est non seulement indépendant de la hauteur de grains, mais ne dépend pas non plus de la largeur du récipient. Le débit est contrôlé par la taille de l'orifice de sortie. En s'appuyant sur ces observations, on peut mener une analyse dimensionnelle du problème et estimer la vitesse de vidange. La hauteur H de matériau et le diamètre du récipient D n'interviennent pas dans le problème, et la taille des grains d est petite devant l'ouverture. La seule longueur pertinente restante est donc le diamètre d'ouverture W. On en déduit donc que la vitesse de vidange est de l'ordre de $u \sim \sqrt{gW}$. Rappelons que dans le cas d'un liquide, la vitesse de sortie s'obtient par un argument de conservation d'énergie (relation de Bernoulli) entre la surface libre et l'orifice de sortie : $u \sim \sqrt{2gH}$. Dans le cas d'un milieu granulaire, les grains au-dessus d'un cône qui s'appuie sur le contour de l'orifice sont retenus par les parois. Seuls les grains à une distance de l'ordre de W au-dessus du trou tombent en chute libre, d'où la loi d'échelle en $\sqrt{gW}$. La surface de l'orifice étant proportionnelle à W^2, on en déduit que le débit massique Q en sortie est donné par $Q \sim \rho_p \sqrt{g}\, W^{5/2}$, où ρ_p est la masse volumique. Les mesures expérimentales sont en accord avec cette loi de puissance en 5/2 pour des orifices grands devant la taille des grains (figure 3.13). Un meilleur ajustement des données est obtenu avec la loi de Beverloo (1961) qui revient à utiliser un diamètre effectif réduit de quelques tailles de grains

$$Q = C\rho_p \sqrt{g^{1/2}}(W - W_m)^{5/2}, \tag{3.34}$$

où C est une constante qui vaut entre 0,5 et 0,6 et W_m est de l'ordre de 1 à 2 diamètres de grain. Dans le cas de silos de formes plus complexes, comme par exemple des trémies coniques, d'autres lois empiriques ont été proposées (Brown & Richards, 1970 ; Rao & Nott, 2008). Au-delà de cette analyse dimensionnelle, la détermination des contraintes et du champ de vitesse dans les silos demeure un problème largement ouvert. La compréhension des propriétés d'écoulement des milieux granulaires est au cœur du chapitre 6.

3.4.2 Contraintes sous un tas

Une autre géométrie simple pour étudier l'équilibre d'un milieu granulaire est celle du tas de sable. Versez du sable à partir d'un entonnoir et vous obtiendrez un joli tas conique. Quelle est alors la répartition des contraintes

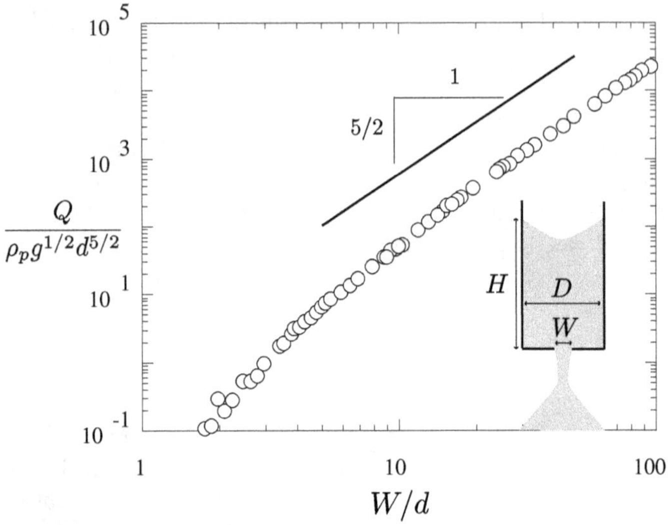

FIG. 3.13 – Vidange d'un milieu granulaire à travers un orifice. Mesure du débit massique Q en fonction de la taille de l'orifice (données d'après Mankoc *et al.*, 2007).

sous le tas ? Cette question apparemment simple s'est avérée plus complexe que prévu et a conduit à un nombre important de travaux et de débats. Nous nous focalisons ici sur le résultat essentiel de ces études, à savoir l'importance de la préparation de l'empilement. En effet, il est apparu que la manière dont le tas est créé influence grandement la répartition des contraintes. Les premières mesures de contraintes (Smid & Novosad, 1981) ont été réalisées sur des tas créés en versant les grains à partir d'un entonnoir (figure 3.14*a*). Dans ce cas, la distribution de pression sous le tas présente un minimum au centre : la pression est minimale là où la hauteur du tas est maximale. Ce résultat contre-intuitif a conduit au développement de différentes théories que nous ne détaillons pas ici (Cate *et al.*, 1999). En revanche, lorsque l'on construit le tas en pluie (Vanel *et al.*, 1999) en faisant tomber uniformément les grains sur un disque, on constate que le trou de pression disparaît et la pression est bien maximale sous le sommet du tas (figure 3.14*b*). Ce résultat illustre l'influence cruciale de l'histoire de la construction des empilements dans la répartition des contraintes, et est à rapprocher de la discussion présentée dans la section 3.2.1 sur l'indétermination des forces de friction entre particules. Le tas final a beau être géométriquement identique, la répartition des contraintes garde en mémoire la méthode de fabrication de l'empilement, à savoir que le tas s'est construit par avalanches successives dans le cas de la méthode de l'entonnoir, alors qu'il s'est construit par couches horizontales successives dans le cas de la pluie uniforme.

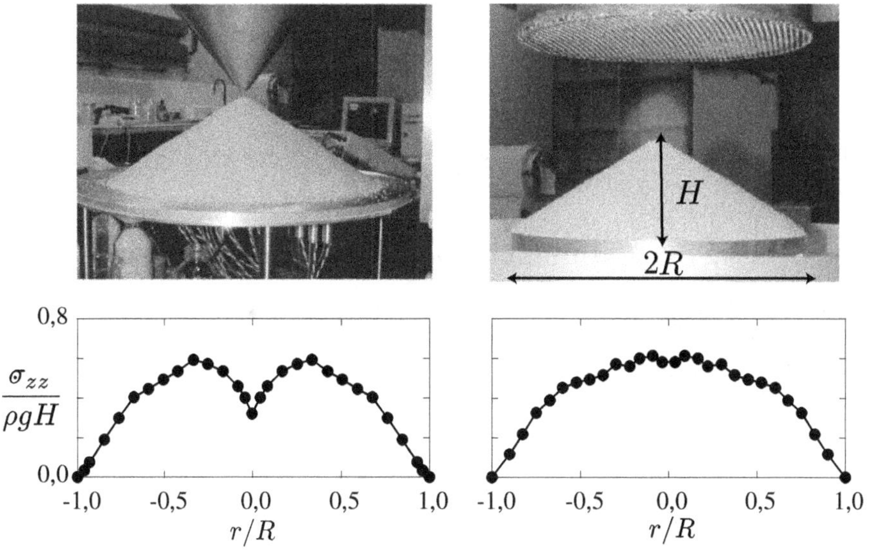

FIG. 3.14 – Profil radial de pression sous deux tas de grains réalisés différemment : à gauche à partir d'un entonnoir, à droite à partir d'une pluie de grains tombant d'un tamis (données de Vanel *et al.*, 1999).

3.5 Élasticité d'un milieu granulaire

Dans les paragraphes précédents, nous avons discuté de la répartition des forces et des contraintes dans un milieu granulaire statique sans nous intéresser aux déformations associées et en raisonnant sur des grains rigides. Dans cette section, nous allons maintenant prendre en compte la déformation des grains et examiner la relation entre contraintes et déformations dans le régime élastique. On parle de comportement élastique quand les déformations du milieu sont réversibles, c'est-à-dire quand le matériau revient vers son état initial lorsqu'on supprime les contraintes extérieures. L'état initial dont il est question n'est pas l'état macroscopique du système mais l'état microscopique, dans tous ses détails, à l'échelle du contact inter-grains, à savoir les positions des particules et les forces inter-particulaires. Pour un milieu granulaire, ce régime élastique est très réduit et limité en pratique à des déformations de l'ordre de 10^{-5}. Au-delà, des réarrangements irréversibles ont lieu. Cela signifie qu'un échantillon de 1 cm de long présente des changements irréversibles si on le déforme au-delà de 100 nm, soit beaucoup moins que la taille d'un grain. À des déformations aussi faibles, les solides usuels vérifient les lois de l'élasticité linéaire (loi de Hooke, voir encadré 3.4). Nous allons voir que pour un milieu granulaire, le comportement est essentiellement non-linéaire en raison de la spécificité du contact de Hertz. Dans cette section, nous commençons par l'étude de l'élasticité d'une chaîne de billes unidimensionnelle, avant d'introduire une loi constitutive reliant contraintes et déformations pour les empilements granulaires, basée sur la loi de Hertz. Nous terminons par une étude de la propagation des ondes élastiques dans un milieu granulaire et montrons comment la non-linéarité et le désordre inhérents à ces milieux donnent lieu à des phénomènes acoustiques singuliers.

3.5.1 Élasticité d'une chaîne de billes unidimensionnelle

Considérons tout d'abord le comportement d'une chaîne de billes alignées selon un axe x (figure 3.15). Lorsque les billes sont simplement au contact, la position de la bille numéro n est simplement $n\,d$. On applique une force $f_0 = Pd^2$ aux deux bouts de la chaîne. Les particules se déforment et leurs centres se déplacent de sorte que la coordonnée de la bille n s'écrit $n\,d + X_n$, où X_n est le déplacement par rapport à l'état de référence. L'enfoncement relatif 2δ entre la bille n et la bille $n+1$ est donc égal à $2\delta = X_n - X_{n+1}$. D'après l'expression de la force de contact de Hertz donnée par (2.3), la force exercée par la bille n sur la bille $n+1$ s'écrit

$$f_n = \mathcal{B}Ed^2 \left(\frac{X_n - X_{n+1}}{d}\right)^{3/2} \quad \text{avec} \quad \mathcal{B} = \frac{1}{2^{3/2}\,3(1-\nu_p^2)}. \tag{3.35}$$

À l'équilibre, $f_n = f_0 = Pd^2$ pour tout n, ce qui implique que la déformation relative est la même pour tous les contacts et vaut

$$\Delta = \frac{X_n - X_{n+1}}{d} = \left(\frac{P}{\mathcal{B}E}\right)^{2/3}. \tag{3.36}$$

On en déduit que le déplacement X_n dépend linéairement du numéro du grain n. En supposant que la première bille $n = 0$ est fixe, X_n est donné par

$$X_n = -nd\left(\frac{P}{\mathcal{B}E}\right)^{2/3}. \tag{3.37}$$

Nous allons dans la suite considérer cet état d'équilibre sous compression comme l'état de base autour duquel nous allons effectuer de petites surcompressions. On définit ainsi un module élastique de compression K autour de

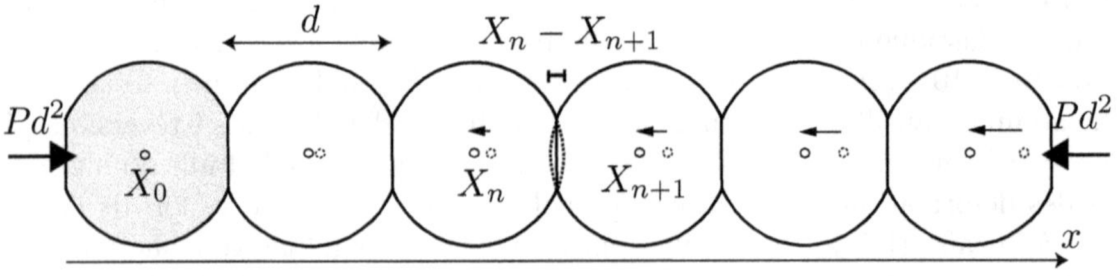

FIG. 3.15 – Schéma d'une chaîne de billes en contact de Hertz.

l'état comprimé à la pression P

$$K = \frac{\partial P}{\partial \Delta} = \frac{3}{2}\mathcal{B}E\Delta^{1/2} = \frac{3}{2}P^{1/3}(\mathcal{B}E)^{2/3}. \tag{3.38}$$

La raideur du milieu croît donc avec la pression de confinement comme $P^{1/3}$. On retrouve donc la loi de Hertz à l'échelle d'une chaîne de billes. Elle traduit une non-linéarité forte de la loi de comportement élastique du milieu. En particulier, sous pression nulle, lorsque les billes sont tout juste en contact, la raideur s'annule.

3.5.2 Modules élastiques d'un empilement granulaire

Considérons un grand volume de grains au repos soumis à une pression de confinement P. Raisonnons dans un premier temps en termes de champ moyen (Duffy & Mindlin, 1957), c'est-à-dire en imaginant que les forces se répartissent équitablement entre chaque contact de chaque grain. La force exercée sur chaque contact ne dépend que de l'écrasement δ, via la loi de contact de Hertz. La pression résultant de la somme des forces de contact rapportée à la surface d'un grain, elle est proportionnelle au nombre moyen de contacts par grain Z. La loi d'échelle entre la pression P, l'écrasement δ et la co-ordinance moyenne Z de l'échantillon s'écrit

$$P \sim \frac{ZF}{d^2} \sim ZE\left(\frac{\delta}{d}\right)^{3/2} \sim ZE\Delta^{3/2}, \tag{3.39}$$

où $\Delta = -(\delta V/V)$ représente la variation relative du volume occupé par le milieu. La variation relative de distance vaut donc $\Delta/3$.

Comme pour la chaîne de billes, choisissons cet état comprimé comme état de base autour duquel on applique de faibles sur-contraintes. Nous allons traiter deux modes de déformation particuliers : une compression isotrope et un cisaillement simple.

Lors d'une compression isotrope, la sur-contrainte est la même sur chaque face de l'échantillon. Cela permet de définir le module de compressibilité (voir encadré 3.4)

$$K = -V\frac{\partial P}{\partial V} = \frac{\partial P}{\partial \Delta}. \tag{3.40}$$

Par dérivation de l'expression (3.39), on tire la loi d'échelle

$$K \sim ZE(\Delta)^{1/2} \sim (ZE)^{2/3}P^{1/3}. \tag{3.41}$$

La dépendance en pression constitue une différence très importante entre le module élastique d'un matériau plein et celui d'une assemblée de grains sphériques constitués du même matériau. En particulier, sous pression modérée, le module élastique d'un ensemble de grains est beaucoup plus petit que celui du matériau dont il est constitué : le milieu est beaucoup plus « mou ». Si l'on considère des billes constituées de verre ($K \simeq 37$ GPa) sous une pression de 1 kPa (pression sous 10 cm de grains environ), le module effectif du milieu est $K \simeq 4\,10^{-3}$ GPa quatre ordres de grandeur plus petit que celui du verre. Il est 10^3 fois plus mou que l'eau ($K = 2{,}2$ GPa) et seulement 40 fois plus rigide que l'air ($K = P_0 = 10^{-4}$ GPa).

Un test en cisaillement permet de définir le module de cisaillement (voir encadré 3.4)

$$G = \frac{\sigma_{xy}}{\epsilon_{xy}}, \tag{3.42}$$

où $\boldsymbol{\sigma}_{xy}$ et ϵ_{xy} sont la contrainte et la déformation en cisaillement. Par le même type de raisonnement que pour K, on obtient une prédiction identique pour la loi d'échelle suivie par G en champ moyen (Walton, 1987 ; Goddard, 1990 ; Johnson & Norris, 1997) :

$$G \sim ZE(\Delta)^{1/2} \sim (ZE)^{2/3} P^{1/3}. \tag{3.43}$$

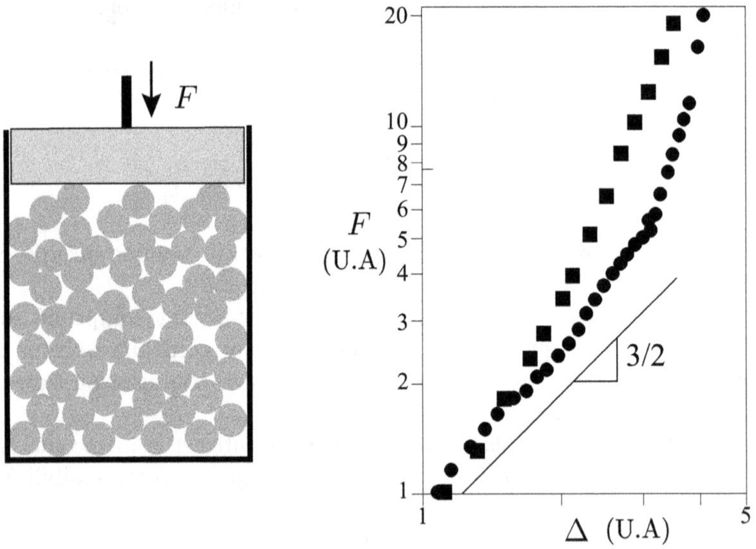

FIG. 3.16 – Relation entre contrainte axiale et déformation dans une expérience de compression uniaxiale à 2D (d'après Travers *et al.*, 1987). Les unités sont arbitraires. Les courbes correspondent à deux hauteurs d'empilement : 14 d (●) et 40 d (■). L'exposant 3/2, indiqué comme référence, correspond à la relation de champ moyen à nombre de contacts moyen Z constant.

Comment se comparent ces prédictions du champ moyen avec les observations ? La figure 3.16 présente une expérience de compression uniaxiale d'un milieu granulaire contenu dans un récipient (Travers *et al.*, 1987). En mesurant la relation entre le déplacement du piston et la force, on constate que la réponse du système ne suit pas une loi de Hertz du type $F \propto \Delta^{3/2}$, mais présente une non-linéarité plus forte. Une origine probable de ce désaccord provient du fait que la compression engendre la formation de nouveaux contacts. Dans la formule (3.39), la co-ordinance Z augmente donc en même temps que la déformation[4]. L'existence d'une dépendance vis-à-vis de Z pose donc un gros problème expérimental puisque Z est difficile à mesurer et difficile à contrôler indépendamment de P (Gilles & Coste, 2003). En pratique, pour un mode de préparation d'échantillon donné, Z est une fonction croissante de P (Makse *et al.*, 2004). En changeant le mode de préparation (par exemple en changeant la hauteur de pluviation ou en rendant l'échantillon temporairement cohésif), on peut toutefois atteindre des valeurs de Z très différentes sous une même pression de confinement (Agnolin & Roux, 2007, 2008). Les dépendances en Z et P de G et K n'ont pu être étudiées qu'au travers de simulations numériques (figure 3.17). Si la loi en $P^{1/3}$ est vérifiée de manière remarquable, il n'en va pas de même de la dépendance en Z. Tout ce passe comme si le nombre de contacts effectivement mobilisés était plus petit que le nombre de contacts réels, et différent pour la compression et pour le cisaillement. Au voisinage de la transition entre comportements solide et liquide, le caractère anormal de la réponse élastique par rapport à la prédiction de la théorie de champ moyen se trouvent exacerbé. Nous en discutons certains aspects dans l'encadré 3.6 « Transition de blocage et limite de rigidité ».

3.5.3 Relation constitutive

Après avoir analysé des modes de déformation particuliers, il s'agit maintenant de passer à une description tensorielle continue. Nous nous contentons ici de considérer que les propriétés constitutives du matériau sont homogènes et isotropes. Pour obtenir la relation entre contraintes et déformations (définie à partir d'un état de référence non déformé), une première approche beaucoup usitée depuis Boussinesq (1873) consiste simplement à utiliser la relation entre contraintes et déformations issue de l'élasticité linéaire (loi de Hooke, voir encadré 3.4), en y insérant les modules élastiques $K(\Delta)$ et $G(\Delta)$ données par (3.41), (3.43). La relation entre contraintes et déformations est alors donnée par

$$\sigma_{ij} = -K(\Delta)\epsilon_{kk}\,\delta_{ij} - 2G(\Delta)\tilde{\epsilon}_{ij} = K(\Delta)\Delta\,\delta_{ij} - 2G(\Delta)\tilde{\epsilon}_{ij}, \qquad (3.44)$$

où ϵ_{ij} est le tenseur des déformations, Δ la compression volumique isotrope définie par

$$\Delta = -\frac{\delta V}{V} = -\epsilon_{kk}, \qquad (3.45)$$

et $\tilde{\epsilon}_{ij} = \epsilon_{ij} + \Delta\,\delta_{ij}$ le déviateur des contraintes.

4. Notons que la présence de parois frottantes dans cette expérience conduit également à un état de contraintes hétérogène.

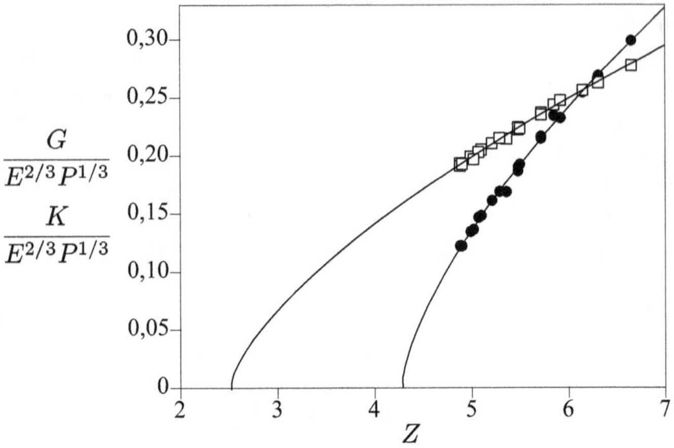

FIG. 3.17 – Modules de compression K (carrés) et de cisaillement G (ronds), adimensionnés par $E^{2/3}P^{1/3}$ (3.41–3.43), en fonction du nombre de contacts Z. Données de simulation à 2D (Magnanimo, 2008). La pression de confinement P et le nombre moyen de contacts par grain Z, variés indépendamment, conduisent à une seule courbe maîtresse.

Cette approche pose cependant plusieurs problèmes. Tout d'abord, la loi de Hooke n'est valable que pour des modules élastiques constants. En effet, cette loi dérive d'une énergie libre élastique quadratique

$$\mathcal{F} = \frac{1}{2}K\varepsilon_{kk}\varepsilon_{ll} + G\tilde{\epsilon}_{ij}\tilde{\epsilon}_{ij} = \frac{1}{2}K\Delta^2 + G\tilde{\epsilon}_{ij}\tilde{\epsilon}_{ij}, \tag{3.46}$$

dont les dérivées donnent les contraintes selon $\sigma_{ij} = -\partial\mathcal{F}/\partial\epsilon_{ij}$ (Landau & Lifchitz, 1990). Si K et G dépendent des déformations, on ne retrouve pas la loi de Hooke et la relation (3.44). La relation de Boussinesq n'est pas non plus valable si on l'applique, non pas à partir de l'état non déformé, mais autour d'un état initialement pré-contraint de compression Δ_0, en définissant les déformations à partir de ce nouvel état de base et en se restreignant à des petites déformations. En effet, à supposer que l'on soit capable de connaître cet état de référence et qu'aucun événement plastique n'ait eu lieu, cet état pré-contraint n'est pas isotrope dans le cas général et on ne peut utiliser la loi (3.44).

Une manière plus juste pour trouver les contraintes serait de calculer l'énergie élastique $\mathcal{F}$ du système et de la dériver par rapport aux déformations. Une expression de l'énergie élastique a été proposée par Jiang & Liu (2003, 2004). L'idée est d'insérer les lois d'échelle issues du contact de Hertz pour K et G (3.41), (3.43) dans l'énergie libre de type Hooke donnée par (3.46). On trouve alors

$$\mathcal{F} = \Delta^{1/2}\left(\frac{2}{5}E\mathcal{B}\Delta^2 + E\mathcal{A}\tilde{\epsilon}_{ij}\tilde{\epsilon}_{ij}\right), \tag{3.47}$$

où E représente le module d'Young du matériau. Les paramètres $\mathcal{A}$ et $\mathcal{B}$ sont des coefficients sans dimension, qui dépendent de l'état de référence et notamment du nombre moyen Z de contacts par grain. On peut montrer que cette expression de l'énergie libre est exacte dans l'approximation de champ moyen, dans deux limites simples : lorsque le coefficient de frottement entre particules est nul et lorsqu'il est infini. On peut, dans ces deux cas, obtenir les expressions de $\mathcal{A}/Z$ et $\mathcal{B}/Z$, qui ne dépendent plus de Z (Walton, 1987 ; Makse *et al.*, 2004).

Comme précédemment, le champ de contraintes dans le matériau s'obtient comme la dérivée de l'énergie libre par rapport au champ des déformations

$$\sigma_{ij} = -\frac{\partial \mathcal{F}}{\partial \epsilon_{ij}} = E\sqrt{\Delta}\left(\mathcal{B}\Delta\delta_{ij} - 2\mathcal{A}\tilde{\epsilon}_{ij} + \frac{\mathcal{A}\tilde{\epsilon}_{kl}\tilde{\epsilon}_{kl}\delta_{ij}}{2\Delta}\right). \tag{3.48}$$

Les deux premiers termes de cette équation sont ceux que l'on a obtenu précédemment, pourvu que l'on pose

$$K = E\mathcal{B}\sqrt{\Delta} \quad \text{et} \quad G = E\mathcal{A}\sqrt{\Delta}. \tag{3.49}$$

Le dernier terme, lui, n'est pas présent dans la relation de Boussinesq entre contraintes et déformations. Il traduit un couplage entre cisaillement et variation de volume. Pour le mettre en lumière, examinons le cas d'une déformation composée d'un cisaillement simple superposé à une compression isotrope Δ : $\epsilon_{xx} = \epsilon_{yy} = \epsilon_{zz} = -\Delta/3$ et $\epsilon_{xz} = \epsilon_{zx} = \gamma/2$. Cette situation correspond par exemple au champ de déplacement suivant :

$$\mathbf{X} = \gamma z \mathbf{e_x} - \frac{1}{3}\Delta(x\mathbf{e_x} + y\mathbf{e_y} + z\mathbf{e_z}). \tag{3.50}$$

Le tenseur des contraintes qui en résulte comporte, sur sa diagonale, trois contraintes normales égales, qui définissent la pression

$$\sigma_{xx} = \sigma_{yy} = \sigma_{zz} = P = E\left(\Delta^{3/2}\mathcal{B} + \frac{1}{4}\mathcal{A}\frac{\gamma^2}{\Delta^{1/2}}\right). \tag{3.51}$$

Le déviateur des contraintes ne comporte qu'une composante non-nulle, qui correspond à la contrainte de cisaillement

$$\sigma_{xz} = \sigma_{zx} = -E\mathcal{A}\Delta^{1/2}\gamma. \tag{3.52}$$

On observe qu'à Δ fixé, la pression augmente avec la déformation. À pression constante P, la compression isotrope Δ diminue lorsque le cisaillement γ augmente. Le modèle rend donc compte d'un effet de pseudo-dilatance[5].

Ces différentes modélisations de l'élasticité d'un milieu granulaire ont été utilisées avec succès pour prédire la distribution des contraintes dans un silo (Bräuer *et al.*, 2006 ; Ovarlez & Clément, 2005), la réponse à un chargement localisé (figure 3.18, Reydellet & Clément, 2001) ou encore, comme nous le verrons dans le paragraphe 3.5.4, pour prédire la propagation du son dans un empilement de grains (Bonneau *et al.*, 2007).

5. Il ne faut pas confondre cet effet avec la dilatance de Reynolds que nous verrons au chapitre 4 et qui apparaît pour des déformations plastiques.

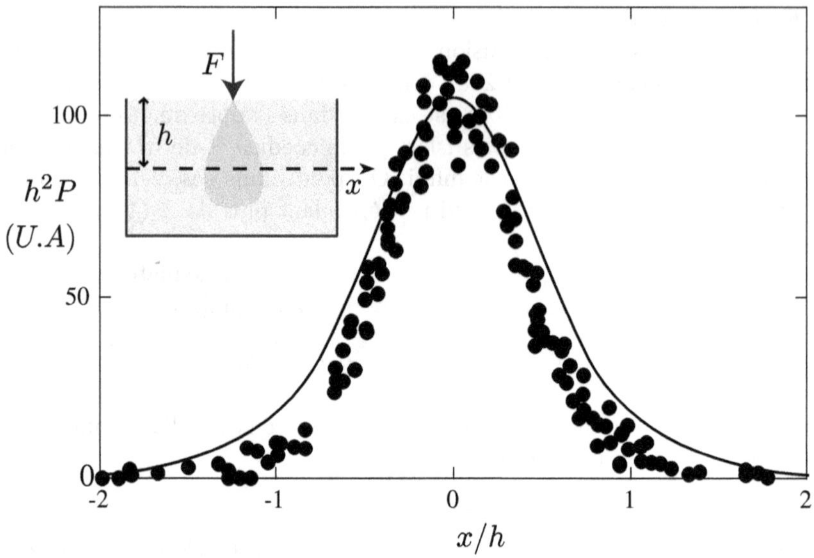

FIG. 3.18 – Distribution des contraintes induite par un chargement local. Comparaison entre les mesures expérimentales et la prédiction d'un modèle d'élasticité de type Boussinesq. Les symboles correspondent à des mesures à différentes profondeurs h (d'après Reydellet & Clément, 2001).

Ce type d'approche présente cependant certaines limites. D'une part, les coefficients K et G (ou $\mathcal{A}$ et $\mathcal{B}$) dépendent du nombre moyen Z de contacts par grain, et peuvent donc évoluer si la déformation est trop grande. Cela signifie que ces expressions ne s'appliquent qu'à de très petites déformations au voisinage d'un état d'équilbre. En particulier, il semble délicat d'assimiler la transition vers la plasticité à une instabilité élastique que prédirait un changement de concavité de l'énergie libre donnée par (3.47), comme le proposent Jiang & Liu (2004). Une seconde limite concerne l'hypothèse d'isotropie. Nous avons vu à la section §3.2.2 que le mode de préparation d'un empilement granulaire pouvait profondément influencer la texture du milieu, en privilégiant certaines directions des contacts. Par exemple, la distribution de contraintes sous un tas de sable est différente si il a été construit par pluviation ou par avalanches successives. Afin de rendre compte de cet effet, il est nécessaire d'introduire un modèle d'élasticité anisotrope (Reydellet, 2002 ; Atman *et al.*, 2005), ce qui est une tâche non triviale car l'anisotropie est ici couplée à l'histoire de la déformation. Le modèle de Jiang & Liu présente une telle anisotropie, associée à l'anisotropie des contraintes de l'état de base. Il n'existe cependant pas de test direct de l'hypothèse selon laquelle l'état de contraintes et le champ du nombre de contacts Z suffiraient à caractériser l'anisotropie de la réponse élastique. Enfin, signalons que nous avons raisonné ici sur le champ moyen dans le cadre de la mécanique des milieux continus. Or un milieu granulaire est un matériau désordonné formé de grains dont la taille n'est pas très éloignée des échelles caractéristiques des déformations. La question des limites de l'élasticité à petites échelles fait l'objet de nombreuses études (Goldenberg & Goldhirsch, 2002 ; Goldenberg *et al.*, 2007).

Encadré 3.6

Transition de blocage et limite de rigidité

La théorie de champ moyen esquissée ci-dessus suppose une homogénéité microscopique, les déformations macroscopiques étant aussi celles à l'échelle du grain. Il y a cependant des anomalies possibles près de la transition entre comportements solide et liquide (O'Hern *et al.*, 2003). Par définition, un solide est, en mécanique, un corps qui, sous l'effet d'une contrainte externe, se déforme mais retrouve une position d'équilibre. Un liquide est au contraire un corps qui, sous l'effet d'une contrainte de cisaillement, coule indéfiniment. À la transition, on se trouve donc dans une situation dans laquelle le solide retrouve une position d'équilibre à l'infini. Autrement dit, on s'attend à ce que le module de cisaillement s'annule à la transition solide/liquide. Comment se modifient les propriétés mécaniques d'un matériau granulaire près de cette limite de rigidité ?

Pour des grains non frottants, cette transition de rigidité a lieu à la limite d'isostaticité, notion que nous avons introduite à la section 3.2.1. La limite d'isostaticité correspond à la situation où le nombre d'équations d'équilibre ($D\,N$) est strictement égal au nombre de contacts ($Z\,N/2$) et donc au nombre de variables (les forces de contact interparticulaires) du problème, où N est le nombre de grains, Z la coordinance et D la dimension de l'espace. Le nombre moyen de contacts par grain est alors égal à $Z_{\text{iso}} = 2\,D$. Si on retire un contact, le système devient indéterminé et aucune solution d'équilibre n'est possible. On dit alors qu'il est hypostatique. Si les grains sont déformables, la coordinance moyenne Z peut devenir plus grande que Z_{iso}. Le système devient alors surdéterminé et admet une infinité de solutions d'équilibre. On dit alors qu'il est hyperstatique. Pour clarifier ces notions d'hypostatique, d'isostatique et d'hyperstatique, le lecteur pourra considérer métaphoriquement l'équilibre d'une chaise à deux, trois ou quatre pieds.

Le comportement mécanique de ces empilements de grains déformables au voisinage de la limite d'isostaticité a été étudié numériquement et théoriquement et révèle des comportements critiques pour les modules élastiques (O'Hern *et al.*, 2003 ; Wyart, 2005). On trouve que pour des sphères élastiques dont l'interaction est régie par le contact de Hertz, l'interpénétration moyenne entre sphères varie comme $\Delta \sim (Z - Z_{\text{iso}})^2$, le module de compression varie comme $K \sim E(Z - Z_{\text{iso}}) \sim E\Delta^{1/2}$ et le module de cisaillement varie comme

$G \sim E(Z - Z_{\text{iso}})^2 \sim E\Delta$. Deux remarques s'imposent. Tout d'abord, les modules s'annulent quand $Z = Z_{\text{iso}}$, montrant que la limite isostatique est bien une limite de rigidité. Ensuite, si on compare ces expressions aux prédictions du champ moyen données par (3.41), (3.43), on remarque que le module de cisaillement a une dépendance anormale vis-à-vis de la compression Δ. Cela provient du fait que les $N\,(Z - Z_{iso})/2$ contacts assurant l'équilibre d'un empilement hyperstatique ne peuvent être distribués de manière homogène (figure E3.5*a*). En effet, il n'y a en moyenne qu'un de ces contacts surnuméraires pour un nombre de grains $N = 2/(Z - Z_{\text{iso}})$ divergeant à la transition de blocage.

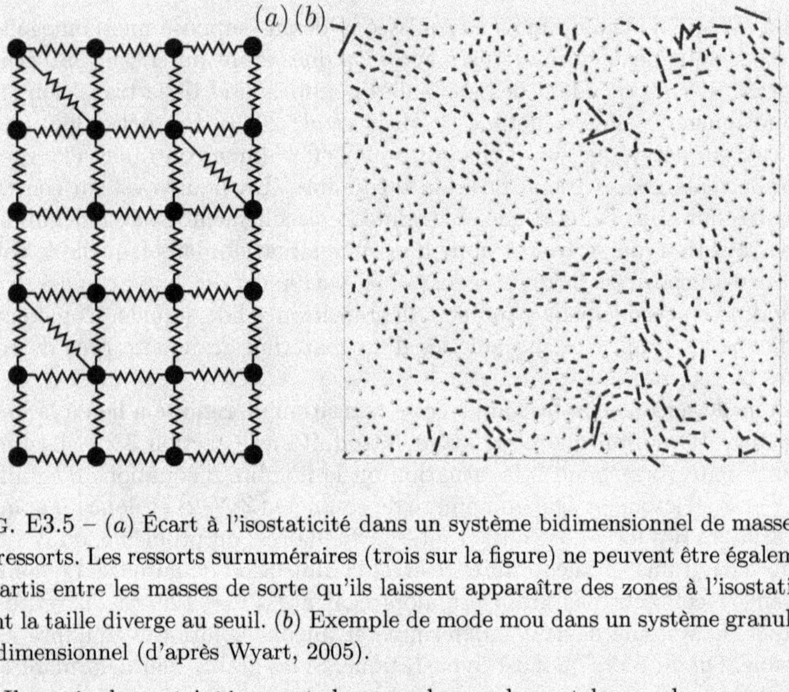

FIG. E3.5 – (*a*) Écart à l'isostaticité dans un système bidimensionnel de masses et de ressorts. Les ressorts surnuméraires (trois sur la figure) ne peuvent être également répartis entre les masses de sorte qu'ils laissent apparaître des zones à l'isostaticité dont la taille diverge au seuil. (*b*) Exemple de mode mou dans un système granulaire bi-dimensionnel (d'après Wyart, 2005).

Il est également intéressant de regarder quels sont les modes propres de vibration de ces empilements proches de la transition de rigidité. De manière remarquable, il existe une multitude de modes de déformation à basse fréquence (figure E3.5*b*, O'Hern *et al.*, 2003). Cette anomalie peut se comprendre comme suit. Dans un empilement hyperstatique ($Z > Z_{\text{iso}}$), on peut toujours isoler artificiellement un petit sous-système en coupant des contacts sur son pourtour de manière à le rendre tout juste hypostatique. Ce sous-système possède alors un mode propre de vibration de fréquence nulle, baptisé mode mou (Wyart *et al.*, 2005 ; Xu *et al.*, 2007) et qui correspond à un déplacements collectif de particules qui se fait à coût énergétique nul et, donc, sans rappel élastique. Bien entendu, ce qui est un mode mou pour le sous-système artificiellement isolé ne l'est plus pour le système complet, puisque celui-ci est hyperstatique. Il existe cependant, la plupart du temps, un mode du système réel qui ressemble au mode mou du sous-système isolé, et qui coûte très peu d'énergie à mobiliser. Ce sont ces modes qui constituent le plateau à basse fréquence observé dans la densité de modes de vibration.

3.5.4 Acoustique des milieux granulaires

Dans les paragraphes précédents, nous avons traité de l'élasticité des milieux granulaires statiques. Nous abordons maintenant la propagation d'ondes élastiques dans un milieu granulaire, en partant du cas simple de la chaîne de billes unidimensionnelle et en nous restreignant aux ondes linéaires autour d'un état pré-contraint. La question du couplage entre écoulement et acoustique, qui se manifeste de façon spectaculaire dans le cas des milieux granulaires, sera illustrée au travers d'encadrés sur le silo chantant et le chant des dunes.

Ondes dans une chaîne de billes unidimensionnelle

Considérons la chaîne de billes unidimensionnelle introduite à la figure 3.15. Le principe fondamental de la dynamique sur la bille n s'écrit

$$\frac{1}{6}\pi d^3 \rho_p \, \ddot{X}_n = f_{n-1} - f_n, \tag{3.53}$$

soit encore, en exprimant les forces de contact en se servant de (3.35),

$$\ddot{X}_n = \frac{6\mathcal{B}E}{\pi \rho_p d^{5/2}} \left[(X_{n-1} - X_n)^{3/2} - (X_n - X_{n+1})^{3/2} \right]. \tag{3.54}$$

Choisissons comme état de référence l'état comprimé avec une force Pd^2. Nous avons vu que le déplacement des grains par rapport à leur position au repos vaut $X_n^0 = -nd\Delta$, avec $\Delta = (P/\mathcal{B}E)^{2/3}$. Si l'on introduit une petite perturbation autour de cet état d'équilibre : $X_n(t) = X_n^0 + X_n^1(t)$, les équations du mouvement linéarisées deviennent

$$\begin{aligned} \ddot{X}_n^1 &= \frac{6\mathcal{B}E}{\pi \rho_p d^{5/2}} \left[\left(-\Delta d + X_{n-1}^1 - X_n^1\right)^{3/2} - \left(-\Delta d + X_n^1 - X_{n+1}^1\right)^{3/2} \right] \\ &\simeq \frac{c_0^2}{d^2} \left(X_{n+1}^1 + X_{n-1}^1 - 2X_n^1 \right) \quad \text{avec} \quad c_0^2 = \frac{9\mathcal{B}E}{\pi \rho_p} \left(\frac{P}{\mathcal{B}E} \right)^{1/3}. \end{aligned} \tag{3.55}$$

La solution générale de cette équation linéaire est une superposition linéaire de modes de vibration particuliers, que l'on appelle les modes propres. Chacun de ces modes correspond à une vibration de tous les grains à une même pulsation ω. On peut donc chercher des solutions de la forme $X_n^1(t) = Ae^{i(kdn - \omega t)}$, où k est le nombre d'onde. En introduisant ces solutions dans (3.55), on trouve

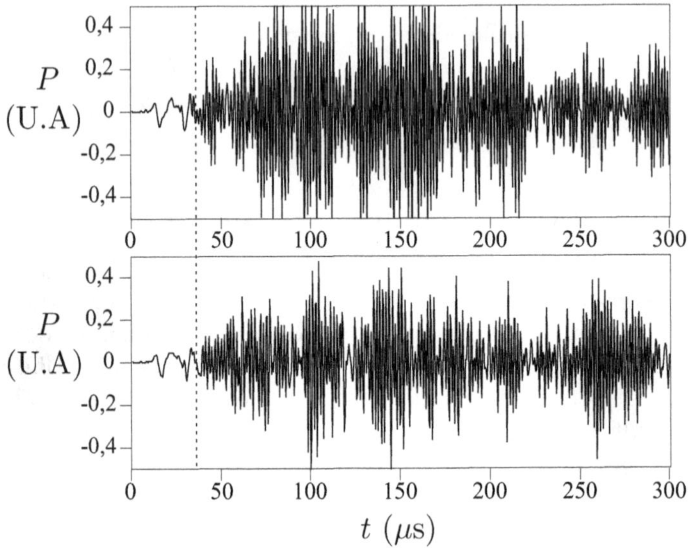

FIG. 3.19 – Deux exemples de signaux ultrasonores (signaux à large bande centrés sur 500 kHz) transmis à travers un échantillon granulaire sous forte pression (P = 0,75 MPa), pour deux préparations microscopiques différentes (Jia *et al.*, 1999). La réponse cohérente du milieu effectif est la plus rapide ($c \simeq 1000\ \mathrm{m\,s^{-1}}$) et est reproductible (à gauche des pointillés). Elle correspond à une longueur d'onde moyenne de l'ordre de 2 mm soit environ 5 tailles de grains. Elle est suivie d'une coda correspondant aux signaux qui se sont propagés par l'ensemble des chemins hétérogènes du système (à droite des pointillés). Ce bruit est l'homologue acoustique du speckle optique.

qu'il n'existe de solution d'amplitude A non nulle que si ω et k sont liés par la relation de dispersion

$$\omega = \frac{2c_0}{d}\,\sin\left(\frac{kd}{2}\right). \tag{3.56}$$

La limite acoustique correspond à des longueurs d'onde grandes devant la taille des grains d. Dans ce cas, $\sin(kd/2) \simeq kd/2$ et la propagation d'onde devient non dispersive : la vitesse de propagation de l'onde, donnée par $c = \omega/k$, est indépendante de k et égale à c_0. Elle croît avec la pression de confinement comme $P^{1/6}$. La vitesse de groupe $\mathrm{d}\omega/\mathrm{d}k$ s'annule au nombre d'onde de coupure π/d. Il n'y a donc pas de propagation possible à des longueurs d'ondes plus petites ou commensurables à la taille des grains. Sous pression nulle, il n'y a pas non plus d'ondes linéaires propagatives. Notons que l'on peut cependant propager des ondes non-linéaires solitaires dans lesquelles la compression est due à l'onde elle-même (Job *et al.*, 2005).

Ondes dans un empilement granulaire

Par rapport à un solide élastique standard, les milieux granulaires présentent plusieurs particularités : ce sont des milieux hétérogènes, désordonnés et non-linéaires. Certains des modes de vibration ressemblent malgré tout fortement à ceux que l'on obtiendrait dans un milieu élastique continu et sont très peu dépendants du détail de l'arrangement granulaire. Pour cette raison, on les associera à une réponse du milieu effectif constitué par l'ensemble des grains. Un grand nombre d'autres modes sont au contraire localisés dans l'espace – par exemple, quelques grains formant un « tourbillon » oscillant au sein de l'échantillon – qui proviennent de la structure locale désordonnée de l'empilement (Somfai *et al.*, 2005). Conséquence de ce caractère hétérogène, lorsque l'on émet un *pulse* acoustique au sein d'un milieu granulaire sous pression contrôlée, le signal reçu présente deux parties (figure 3.19) : une partie cohérente liée au milieu effectif, indépendante des détails de l'empilement, suivie d'une coda (*speckle*) liée aux diffusions multiples du signal dans l'échantillon (Jia *et al.*, 1999). L'amplitude respective de la partie cohérente et de la coda est contrôlée par la taille des transducteurs utilisés. Pour étudier la diffusion multiple, il faut utiliser un transducteur et des longueurs d'ondes proches de la taille du grain d. Au contraire, pour isoler la partie cohérente du signal, il convient d'installer une hiérarchie d'échelles entre la taille du grain, la taille du transducteur et finalement, la longueur d'onde acoustique.

Comme dans un solide élastique ordinaire, la vitesse du son (la vitesse de propagation de la partie cohérente) se déduit des modules élastiques K et G : $c \sim \sqrt{K/\rho}$ pour les ondes de compression et $c \sim \sqrt{G/\rho}$ pour les ondes de cisaillement. D'après le modèle de champ moyen, les expressions (3.41), (3.43) prédisent un comportement en

$$c \simeq \rho^{-1/2}(ZE)^{1/3}P^{1/6}, \tag{3.57}$$

où Z est la co-ordinance effective, différente pour les ondes de compression et de cisaillement (voir encadré 3.7). Pour prendre la mesure du sens de la relation ci-dessus, il suffit de comparer la vitesse du son dans du verre massif ($\simeq$ 5000 m s^{-1}) et dans des billes de verre sous une pression gravitaire de 10 cm ($\simeq$ 100 m s^{-1}). D'un simple effet géométrique au contact entre grains résulte un abaissement considérable de la vitesse du son. Celle-ci peut d'ailleurs devenir plus basse que la vitesse du son dans l'air : un tas de sable est fabuleusement mou ! Cela se comprend aisément si l'on considère que la raideur de deux sphères mises au contact sans force normale est nulle. La vitesse du son dépendant fortement de la pression, qui est le signal physique qui se propage, on a affaire à un milieu qui exacerbe les effets non-linéaires : la dépendance de la vitesse du son avec l'amplitude du signal, la génération d'harmoniques et de sous-harmoniques, l'existence d'ondes solitaires, etc. Ces effets non-linéaires sont utilisés pour fabriquer des antennes émettrices à basses fréquences avec une grande directivité, en utilisant deux signaux de fréquences

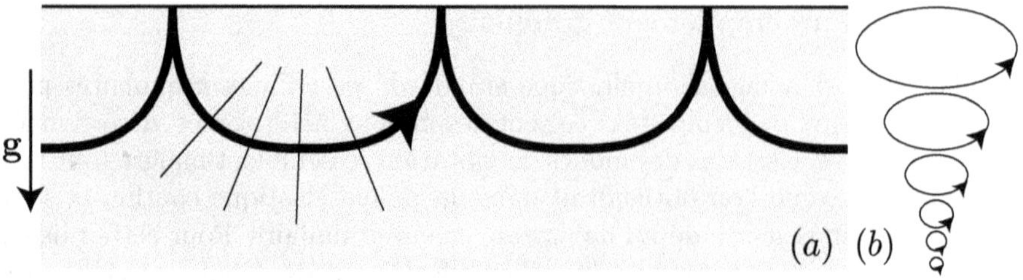

FIG. 3.20 – Principes des ondes acoustiques guidées dans un milieu granulaire sous gravité. (*a*) Représentation d'un mode guidé dans l'approximation d'acoustique géométrique. La vitesse du son étant plus grande en profondeur, les plans d'ondes (traits fins) sont défléchis vers la surface libre. On prendra garde de ce que le rayon représente conventionnellement des ondes propagatives quasi-planes (traits fins) : la vibration a donc lieu partout et pas seulement dans le voisinage du rayon. Un mode guidé correspond à un accord de phase entre les ondes réfléchies plusieurs fois à la surface libre et ramenées vers la surface par le gradient de vitesse du son. (*b*) Mouvement des grains dans un mode guidé d'ordre 1.

hautes proches l'une de l'autre (Tournat *et al.*, 2003). Ces antennes reposant sur l'auto-démodulation d'amplitude s'appellent des antennes paramétriques.

La dépendance en pression de la vitesse du son a une conséquence expérimentale importante : pour que la pression P dans un échantillon puisse être considérée comme homogène, il faut qu'elle soit au moins 10 à 100 fois plus grande que la variation de pression induite par la gravité ($\rho g z$, de l'ordre du kPa). Comment se propage le son dans le sable sous gravité ? Le gradient vertical de pression induit un gradient intense de vitesse du son dans le milieu (figure 3.20). De la même manière que les vagues arrivent parallèlement à la plage quelque soit leur orientation loin de la côte, les plans d'ondes acoustiques sont défléchis vers la surface libre par un effet de mirage : la propagation étant plus rapide en profondeur qu'en surface, les plans d'ondes tournent. À la surface, l'onde acoustique subit une réflexion totale, repart vers les profondeurs et ainsi de suite. Comme dans une fibre optique à gradient d'indice, la propagation est donc guidée en surface. Pour une longueur d'onde λ fixée, la propagation se fait au travers d'un nombre discret de modes guidés qui correspondent, en termes d'acoustique géométrique, à un retour en surface du rayon acoustique avec une phase cohérente (un retard de phase multiple de 2π). Une analyse dans le cadre du modèle de Jiang & Liu montre que la relation de dispersion vérifie (Bonneau *et al.*, 2007, 2008 ; Gusev *et al.*, 2006)

$$\omega \simeq n^{1/6} g^{1/6} \left(\frac{E}{\rho}\right)^{1/3} k^{5/6}. \qquad (3.58)$$

On peut comprendre cette relation par un argument de loi d'échelle. En effet, le modèle montre que le mode n pénètre le matériau sur une profondeur de l'ordre de n fois la longueur d'onde λ. En conséquence, la pression caractéristique est de l'ordre de $\rho g n \lambda$. En utilisant la loi d'échelle (3.57) suivie par la vitesse des ondes, on obtient la relation de dispersion ci-dessus. La propagation est donc légèrement dispersive. De plus, les différentes branches de cette relation sont extrêmement rapprochées les unes des autres (variation en $n^{1/6}$), de sorte qu'un *pulse* émis dans un milieu granulaire sous gravité se décompose en une multitude de modes se propageant à des vitesses relativement proches. Ces ondes de surface permettent de sonder les propriétés mécaniques d'une assemblée granulaire sous une pression évanescente, lorsque l'on s'approche de l'une des transitions de blocage (voir encadré 3.6).

Les propriétés des ondes de surface dans les milieux granulaires sont mises à profit par de nombreuses espèces du règne animal vivant en biotope sableux. Ces espèces sont capables de percevoir les vibrations transmises par le sol, de les interpréter et de les mettre à profit pour connaître leur environnement. Les performances des organes sensitifs leur permettent de localiser et d'attaquer des proies avec une grande précision. Des études ont ainsi été menées sur des invertébrés (scorpion, larve du fourmilion), sur des reptiles (vipère à cornes), mais aussi sur des mammifères (rat-taupe nu, humain sur la plage en attente d'une glace). La figure 3.21 présente le dispositif expérimental mis au point par Brownell (1977) pour étudier la manière dont les scorpions du désert Mojave déterminent la direction de leurs proies. Ces animaux ne disposent pas de récepteurs auditif et olfactif suffisamment évolués pour cela et leur acuité visuelle est trop mauvaise pour pouvoir chasser de nuit. Pourtant, ils sont capables de détecter leurs proies dès qu'elles remuent le sable à moins de 50 cm. En isolant sélectivement les pattes du scorpion d'une source de vibration (schéma de la figure 3.21), Brownell (1977) a mis en évidence que les organes sensoriels sont les sensilles du batitarse, qui détectent jusqu'à des vibrations nanométriques du sable. Par une analyse des phases des signaux reçus sur les différentes pattes, le scorpion est capable de déterminer la direction de sa proie. Étant donnés les temps caractéristiques des circuits neuronaux du scorpion et la distance entre les pattes, ce système ne peut fonctionner que pour des ondes se propageant relativement lentement.

Pour conclure cette section sur l'acoustique des milieux granulaires, nous discutons de l'influence du fluide environnant les grains sur la propagation du son. Considérons d'abord le cas de grains dans l'air. La transmission du signal de pression entre les grains et l'air est contrôlée par le rapport des impédances acoustiques $\mathcal{Z} = \rho c$ dans les deux milieux. Si la vitesse du son peut être plus petite dans les grains que dans l'air, leur densité est, elle, 1000 fois plus grande. En conséquence, l'influence de l'air sur la propagation d'un signal acoustique dans les grains est toujours négligeable (plus petite que le %). Dans une suspension, à l'inverse, les densités sont comparables, de sorte que la présence de liquide devient prédominante. Selon la pression de confinement, le rapport d'impédance acoustique peut varier entre 0,1 et 1. Cela fait des suspensions un milieu modèle pour l'étude de l'influence de

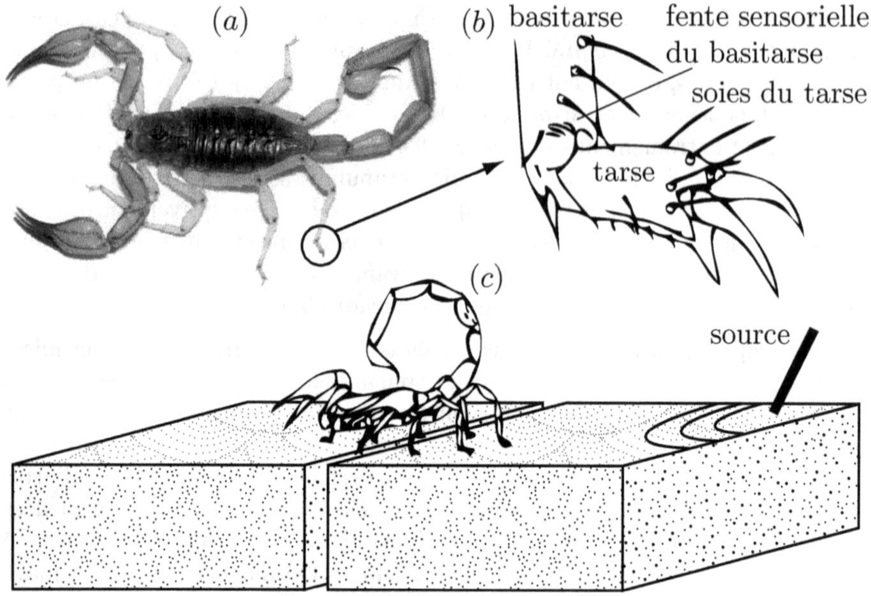

FIG. 3.21 – (a) Photographie d'un scorpion du désert Mojave. (b) Schéma montrant l'emplacement des sensilles du basitarse permettant à ce scorpion de détecter les ondes sismiques émises par ses proies. (c) Schéma de l'expérience de Brownell permettant, par une fine tranchée entre deux bacs de sable, d'isoler sélectivement les pattes du scorpion.

l'inhomogénéité et du désordre sur la propagation d'ondes, en particulier les phénomènes de localisation faible et de localisation d'Anderson (Hu *et al.*, 2008). Le dernier effet important est lié à la présence d'humidité dans le milieu granulaire. La présence d'eau piégée dans la zone de contact entre grains est une source de très forte dissipation du signal acoustique (Brunet *et al.*, 2008).

Encadré 3.7

Vitesse de propagation des ondes longitudinale et transverse dans un milieu granulaire

Nous avons vu que la vitesse du son dans un empilement granulaire vérifie la loi d'échelle (3.57), $c \sim \rho^{-1/2} E^{1/3} P^{1/6}$. Dans un solide élastique, il existe cependant différents modes de propagation du son, selon que le vecteur déplacement du solide est dans la direction de la propagation – on parle dans ce cas d'onde longitudinale – ou dans un plan perpendiculaire à la propagation – on parle dans ce cas d'onde transverse (Landau & Lifshitz, 1990). Dans cet encadré, nous calculons la vitesse de propagation des ondes longitudinale et transverse dans un milieu granulaire infini sous compression isotrope, en utilisant la relation constitutive de Jiang & Liu (3.48).

Considérons un état de base correspondant à une compression isotrope sous une pression P. Le champ de déplacement est donné par

$$\mathbf{X}_0 = -\frac{1}{3}\Delta_0(x\mathbf{e_x} + y\mathbf{e_y} + z\mathbf{e_z}), \tag{3.59}$$

où $\Delta_0 = (P/\mathcal{B}E)^{2/3}$ (voir 3.48). Le tenseur des déformations et le déviateur des déformations sont donnés par

$$\epsilon^0_{ij} = -\frac{1}{3}\Delta_0 \begin{pmatrix} 1 & 0 & 0 \\ 0 & 1 & 0 \\ 0 & 0 & 1 \end{pmatrix} \; ; \; \tilde{\epsilon}^0_{ij} = 0. \tag{3.60}$$

Nous allons perturber cet état de base en considérant tout d'abord des ondes longitudinales qui se propagent le long de l'axe x. Le déplacement total s'écrit : $\mathbf{X} = \mathbf{X}_0 + U\mathbf{e_x}$, où l'on décompose U en simple mode de Fourier $U = \zeta\, e^{i(kx-\omega t)}$. La perturbation du champ de déformations ϵ^1_{ij} et son déviateur $\tilde{\epsilon}^1_{ij}$ sont alors donnés par

$$\epsilon^1_{ij} = ikU \begin{pmatrix} 1 & 0 & 0 \\ 0 & 0 & 0 \\ 0 & 0 & 0 \end{pmatrix} \; ; \; \tilde{\epsilon}^1_{ij} = ikU \begin{pmatrix} \frac{2}{3} & 0 & 0 \\ 0 & -\frac{1}{3} & 0 \\ 0 & 0 & -\frac{1}{3} \end{pmatrix}. \tag{3.61}$$

Cela implique que la perturbation de la compression volumique vaut $\Delta^1 = -ikU$. Quand on injecte ces expressions dans l'expression (3.48) du tenseur des contraintes, on obtient pour la perturbation des contraintes associées aux ondes acoustiques

$$\sigma^1_{ij} = E\sqrt{\Delta_0}\left[\frac{3}{2}\mathcal{B}\Delta^1\delta ij - 2\mathcal{A}\tilde{\epsilon}^1_{ij}\right]. \tag{3.62}$$

Le principe fondamental de la dynamique

$$\rho\frac{\partial^2\mathbf{X}^1}{\partial t^2} = -\mathrm{div}\boldsymbol{\sigma}^1, \tag{3.63}$$

s'écrit selon l'axe x

$$-\rho\omega^2 U = -k^2 E\sqrt{\Delta_0}\left[\frac{3}{2}\mathcal{B} + \frac{4}{3}\mathcal{A}\right] U, \tag{3.64}$$

d'où l'on tire la vitesse de propagation des ondes longitudinales

$$c_{\parallel} = \frac{\omega}{k} = \sqrt{3\mathcal{B}/2 + 4\mathcal{A}/3}\left(\frac{P}{\mathcal{B}E}\right)^{1/6}\sqrt{\frac{E}{\rho}}. \tag{3.65}$$

Nous retrouvons la loi d'échelle de la vitesse du son $c \propto P^{1/6}$, mais avec une dépendance vis-à-vis des coefficients $\mathcal{A}$ et $\mathcal{B}$ qui dépendent eux-mêmes du nombre moyen de contacts par grain et donc de la préparation.

On considère maintenant la propagation d'ondes transverses le long de l'axe x. Le déplacement total s'écrit : $\mathbf{X} = \mathbf{X}_0 + V\mathbf{e_y}$, avec $V = \zeta_{\perp}e^{i(kx-\omega t)}$. La perturbation du champ de déformation devient

$$\epsilon_{ij}^1 = ikV\begin{pmatrix} 0 & \frac{1}{2} & 0 \\ \frac{1}{2} & 0 & 0 \\ 0 & 0 & 0 \end{pmatrix} \; ; \tilde{\epsilon}_{ij}^1 = \epsilon_{ij}^1. \tag{3.66}$$

La perturbation de la compression volumique Δ^1 et du module du déviateur des déformations sont tous les deux nuls de sorte que la perturbation du champ de contraintes se réduit à

$$\sigma_{ij}^1 = -2E\sqrt{\Delta_0}\mathcal{A}\epsilon_{ij}^1. \tag{3.67}$$

Le principe fondamental de la dynamique s'écrit

$$-\rho\omega^2 V = -k^2 E\sqrt{\Delta_0}\mathcal{A}V, \tag{3.68}$$

d'où l'on tire la vitesse de propagation des ondes transverses

$$c_{\perp} = \mathcal{A}^{1/2}\left(\frac{P}{\mathcal{B}E}\right)^{1/6}\sqrt{\frac{E}{\rho}}. \tag{3.69}$$

Ainsi, le rapport $\mathcal{B}/\mathcal{A}$ peut directement être mesuré à partir du rapport entre les vitesses de propagation des ondes longitudinale et transverse

$$\frac{c_{\parallel}}{c_{\perp}} = \sqrt{\frac{3\mathcal{B}}{2\mathcal{A}} + \frac{4}{3}}. \tag{3.70}$$

Encadré 3.8

Le silo chantant

Le phénomène du silo chantant se produit lors de la vidange d'un silo ou d'un long tube par un trou de vidange (Beverloo *et al.*, 1961 ; Muite *et al.*, 2004). Dans certaines conditions (type de grains, géométrie du silo, hauteur de remplissage, etc.), un son très puissant est émis qui semble devenir de plus en plus grave au fil de la vidange. Ces vibrations cohérentes peuvent endommager le silo et constituer une pollution sonore significative. Le son est émis dans l'air par la vibration de la surface libre du milieu granulaire qui se comporte comme la membrane d'un haut-parleur. Ce son a une fréquence fondamentale constante et bien définie, mais est constitué de nombreuses harmoniques qui lui donnent un timbre très riche. La partie vide du tube constitue une cavité quart d'onde, qui renforce les harmoniques accordées à la cavité et atténue les autres. Ce système de source large bande et de formants n'est pas sans rappeler les cordes vocales et les cavités acoustiques du système phonatoire, servant à la prononciation des voyelles. L'expérience du silo chantant est relativement simple à réaliser. Pour mesurer les vibrations du sable, il suffit d'y mettre un petit aimant puissant et de visualiser le signal d'induction dans une bobine disposée autour du tube à l'extérieur de celui-ci.

Cet effet trouve son origine dans le couplage entre la friction du milieu sur la paroi et les modes de déformation élastique du milieu granulaire. Pour le comprendre sur un exemple plus simple, considérons une interface entre deux solides élastiques ou deux matériaux granulaires (figure E3.6*a*). Lorsqu'une onde acoustique se réfléchit sur l'interface, l'énergie totale des ondes réfléchie et transmise est conservée. La situation est différente si les deux solides sont en mouvement relatif avec frottement l'un par rapport à l'autre. Dans ce cas, un opérateur extérieur maintient le mouvement de sorte que, à chaque instant, le rapport des contraintes tangentielle et normale est égal au coefficient de friction. Cette condition aux limites ne conserve plus l'énergie de sorte que, selon les cas, les ondes issues de la réflexion peuvent être atténuées ou amplifiées. Il y a alors un pompage de l'énergie fournie par l'utilisateur extérieur pour maintenir le mouvement vers une énergie acoustique cohérente (Nosonovsky & Adams, 2002 ; Caroli & Velicki, 2003).

Dans le cas du silo chantant, on peut rendre compte de ce phénomène par un modèle simple. Considérons un silo relativement lisse de sorte que l'écoulement se fait en bloc, le glissement n'ayant lieu qu'en paroi. Dans le référentiel des grains, l'état de base du système est caractérisé par une masse volumique $\rho = \rho_0$ et une vitesse verticale u nulle. D'après le calcul de Janssen (section 3.4.1), la contrainte verticale vaut

$$\sigma_{zz}^0 = \frac{\rho_0 g D}{4K\mu_w}. \tag{3.71}$$

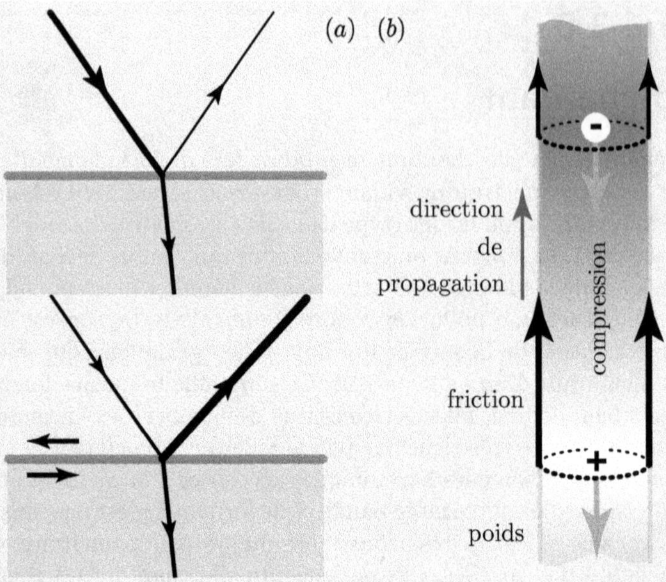

FIG. E3.6 – (*a*) Haut : réflexion et transmission d'ondes acoustiques à l'interface entre deux milieux élastiques. Bas : réflexion dans le cas d'une interface frottante maintenue en mouvement par un opérateur extérieur. L'épaisseur des traits schématise l'amplitude des ondes. (*b*) Schéma de principe de l'instabilité se produisant lors de la vidange d'un silo lisse, mais frottant.

Considérons la propagation d'ondes élastiques dans ce milieu. Elles sont associées à des perturbations de vitesse u_1, de masse volumique ρ_1 et de contrainte σ^1_{zz}. On caractérise ce milieu compressible par une relation entre la pression σ_{zz} et la masse volumique ρ. On peut alors définir la vitesse du son dans le milieu en l'absence d'effet de paroi par

$$c_0^2 = \frac{\partial \sigma_{zz}}{\partial \rho}. \tag{3.72}$$

Les perturbations de contrainte et de masse volumique sont donc reliées par $\sigma^1_{zz} = c_0^2 \rho_1$. En écrivant le principe fondamental de la dynamique appliqué à une tranche de grains sous les hypothèses de Janssen (section 3.4.1) et en linéarisant autour de l'état de base, on trouve

$$\rho_0 \frac{\partial u_1}{\partial t} = \rho_1 g - \frac{\partial \sigma^1_{zz}}{\partial z} - \frac{4K\mu_w}{D}\sigma^1_{zz} = -c_0^2 \left[\frac{\partial \rho_1}{\partial z} + \frac{2\rho_1}{\mathcal{D}}\right], \tag{3.73}$$

où la distance $\mathcal{D}$ est définie par

$$\mathcal{D} = \left(\frac{2K\mu_w}{D} - \frac{g}{2c_0^2}\right)^{-1} \simeq \frac{D}{2K\mu_w}. \tag{3.74}$$

Notons que l'effet de la gravité sur la propagation d'ondes est totalement négligeable lorsque le diamètre du tube est plus petit qu'une dizaine de mètres. En utilisant la conservation de la matière à l'ordre linéaire en perturbation, $\partial\rho_1/\partial t + \rho_0 \partial u_1/\partial z = 0$, on obtient une équation d'onde avec un terme non-conservatif

$$\frac{\partial^2 u_1}{\partial t^2} = c_0^2 \left[\frac{\partial^2 u_1}{\partial z^2} + \frac{2}{\mathcal{D}} \frac{\partial u_1}{\partial z} \right]. \tag{3.75}$$

Le système étant homogène en temps et en espace, on recherche des modes de la forme $\exp i(kz - \omega t)$. Dans cette géométrie, l'analyse de stabilité adaptée est une analyse de stabilité spatiale, c'est-à-dire que la pulsation ω est supposée réelle et le nombre d'onde $k = k_r + iq$ est complexe. Ce choix revient à imposer localement une perturbation à une fréquence $\omega/2\pi$ et à étudier si elle s'atténue ou s'amplifie au cours de sa propagation le long du tube. Le système est instable si $k_r q < 0$, c'est-à-dire si l'augmentation de l'amplitude a lieu dans le sens de propagation. La relation de dispersion s'écrit

$$\omega^2 = -c_0^2 \left(-q + ik_r\right) \left(-q + ik_r + 2\mathcal{D}^{-1}\right). \tag{3.76}$$

Elle se décompose en taux de croissance spatial et nombre d'onde comme

$$q = \frac{1}{\mathcal{D}} \quad \text{et} \quad k_r = \pm\sqrt{\frac{\omega_0^2}{c_0^2} - \frac{1}{\mathcal{D}^2}}. \tag{3.77}$$

Les ondes qui se propagent vers le haut du tube ($k_r < 0$) sont donc amplifiées exponentiellement ($q > 0$) sur une longueur qui est proportionnelle à $D/K\mu_w$. La figure E3.7*b* montre le principe de cette amplification acoustique par la friction. En moyenne la friction compense le poids des grains. Un maximum de pression associé à une onde induit une contrainte vers le haut plus forte que la moyenne et un minimum de pression, une contrainte plus faible que la moyenne. Il s'ensuit une compression de la zone séparant un maximum de pression du minimum immédiatement au-dessus. Du fait de l'inertie, l'onde a le temps de se propager pendant que cette compression se produit. Si l'onde se propage vers le haut, la compression vient renforcer la zone de haute pression et il y a amplification. La clef de ce mécanisme réside dans la mobilisation de la friction. Si l'on émet une onde dans un silo statique, la friction s'oppose à la vitesse des grains en paroi et atténue donc l'onde. Si l'on ajoute une vitesse moyenne, la friction reste orientée vers le dessus tant que l'onde n'atteint pas une amplitude telle que les grains remontent localement.

Notons pour finir que ce couplage entre écoulement et acoustique est observé bien que le nombre de Mach associé à l'écoulement soit petit. Ceci est intrinsèquement lié à la nature frictionnelle des milieux granulaires, qui entraîne une dépendance en pression de la loi de comportement (Furukawa & Tanaka, 2006).

Encadré 3.9

Le chant des dunes

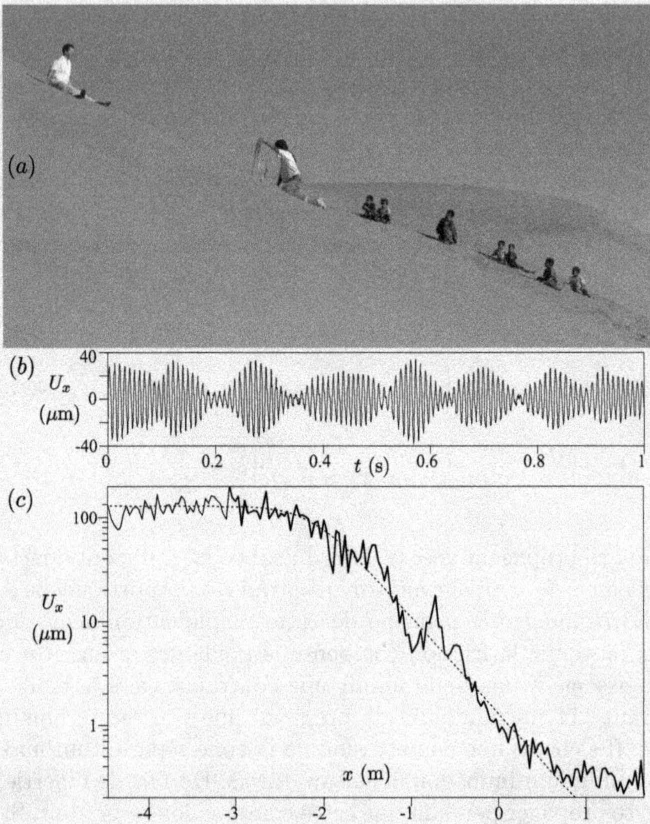

FIG. E3.7 – (*a*) Mesures de terrain sur le chant des dunes. (*b*) Signal de vibration du sol (composante du déplacement U_x le long de la pente) mesuré au sein d'une avalanche. Le signal montre un vibrato autour d'une fréquence de 100 Hz. (*c*) Profil longitudinal de l'amplitude de vibration. On observe une amplification exponentielle des vibrations depuis le front d'avalanche ($x = 0$) vers l'arrière de celle-ci.

Certaines dunes ont la propriété d'émettre un son grave et puissant, de fréquence bien définie lorsqu'une avalanche de sable se propage le long de leur face sous le vent (Haff, 1986). Ce son est émis dans l'air par les vibrations de la surface du sable, qui se comporte comme la membrane d'un haut-parleur. Le phénomène procède d'un couplage entre écoulement et déformations élastiques.

Différentes explications, encore controversées, ont été invoquées pour ce phénomène :

- une instabilité linéaire provenant d'un mécanisme de couplage entre les ondes élastiques et le mouvement des grains : les ondes tendent à synchroniser les collisions des grains ; en retour, les collisions transfèrent de l'énergie de translation vers des modes vibratoires (Andreotti, 2004),
- une résonance sur l'épaisseur de l'avalanche (Douady *et al.*, 2006),
- un effet de guide d'onde dans la couche superficielle sèche de la dune (Vriend *et al.*, 2007),
- une instabilité linéaire provenant de l'amplification acoustique par la friction sur l'interface frictionnelle séparant l'avalanche et la partie statique de la dune (Andreotti & Bonneau, 2009).

Nous donnons ici un aperçu du phénomène par des extraits de récits romanesques ou de compte-rendus d'explorateurs.

Marco Polo (1295) – On y entend quelquefois, et même assez souvent pendant la nuit, diverses voix étranges. Les voyageurs alors doivent bien se donner garde de se séparer les uns des autres ou de rester derrière ; autrement ils pourraient aisément s'égarer et perdre les autres de vue, à cause des montagnes et des collines, car on entend là des voix de démons qui appellent dans ces solitudes les personnes par leurs propres noms, contrefaisant la voix de ceux qu'ils savent être de la troupe, pour détourner du droit chemin et conduire les gens dans le précipice. On entend aussi quelquefois en l'air des concerts d'instruments de musique, mais plus ordinairement le son des tambourins. Le passage de ce désert est fort dangereux.

Bates (1854) – Les indigènes Hawaï appellent cet endroit Nohili, mot qui n'a pas de signification particulière et attribuent le son sortant du sable aux esprits des morts, qui dérangés dans leur repos, grondent et grommèlent. Les dunes étant couramment utilisées comme lieu de sépulture, surtout dans les temps anciens, des squelettes blanchis et démantibulés mais aussi des squelettes en bon état de conservation sortent du sable en de nombreux endroits.

Major Smith (1876) – De Kala'h i Kah à Hàrut-Rud, il y a une distance de 16 miles, plein Ouest, et au cinquième mile, on peut voir la fameuse Ziyarat de l'Imam Zàïd sur la droite de la route. Cette Ziyarat, qui s'appelle Rig-i-Rawàn ou « sable mouvant », est remarquable. Située à l'ouest des collines qui s'alignent au nord du district de Kala'h i Kah, c'est un monticule de 600 pieds de haut et d'un demi mile de long. La face méridionale de cette colline, tout près du sommet est recouverte d'une épaisse couche de sable fin qui est là depuis la nuit des temps, comme le montrent les grandes plantes qui y poussent en nombre. Aucune des collines adjacentes ne présente de trace sableuse et la surface du désert alentour est rocailleuse et dure. La partie la plus occidentale de cette élévation porte la Ziyarat et les indigènes disent, avec raison, que parfois la colline émet un son étrange et pénétrant, qu'ils comparent au roulement d'un tambour. Le capitaine Lovett, qui eut la chance de l'entendre, le décrit comme ressemblant au gémissement d'une harpe éolienne ou le son occasionné par la vibration de plusieurs fils télégraphiques. Le son est très faible au premier abord, mais augmente par moment en volume et intensité. Ces accords peuvent parfois durer plus d'une heure. La face de la dune est concave et cette cavité est remplie de sable. Au-dessous apparaît une surface dure de calcaire. Il serait inutile, après une inspection sommaire, de hasarder une opinion sur l'origine des sons remarquables produits par la colline ; à noter qu'ils peuvent être déclenchés lorsqu'un grand nombre d'hommes, au sommet, mettent le sable en mouvement. Mais ils se produisent aussi par temps parfaitement calme, alors que personne n'est à proximité de la colline. Singulièrement, la limite basse du sable ne semble jamais gagner de terrain, alors même que du sable tombe sur la face pentue de la colline. En regardant le sable ce matin où il entendit le son, le capitaine Lovett observa que les vibrations et le mouvement des pèlerins qui étaient montés au sommet de la congère sableuse avaient lieu dans le même temps. Les indigènes, bien sûr, attribuent des propriétés miraculeuses à cette colline. Il s'agirait de la tombe de l'Imam Zàïd, le petit-fils d'Husain, fils d'Ali. La tradition dit que, poursuivi par ses ennemis, il chercha refuge sur cette colline, qu'il fut recouvert pendant la nuit par l'amoncellement de sable, et que personne ne le revit. Le sable, apporté miraculeusement par l'aide céleste, ne put être enlevé par aucune puissance terrestre, et que, lorsque des impies essayèrent, il retourna tout seul en place. Comme les oracles de l'Antiquité, la colline donnerait également l'alerte, lorsqu'un événement d'importance va se produire dans le district. En ces temps où les Turcs faisaient des raids aussi au Sud, la colline donnait l'alerte la veille de leur incursion. On nous assura que notre mission avait également été annoncée par ces mêmes sons... Le chef de district nous raconta que le bruit pouvait s'entendre à dix miles, par temps calme ; et Sàyid Nùr Muhammed Shah déclare l'avoir entendu distinctement l'autre nuit, alors que notre camp était à cinq miles de là. Shia'hs et Sùnnis également, incapables de lutter contre la preuve que leur donnaient leurs oreilles, vinrent rendre un culte à cet endroit miraculeux et là, trouvèrent un terrain d'entente. D'ordinaire, les mahométans obèses ne se soumettent pas à des épreuves de foi aussi rudes que visiter le Ziyarat. Cela constitue pour eux une ascension de près de 200 pieds sur une pente extrêmement raide couverte de sable et, comme ils s'enfoncent jusqu'aux cuisses à chaque pas, beaucoup doivent regretter que l'Imam ne se soit pas caché dans un endroit plus accessible. La tombe est située au sommet de la bande sableuse et c'est en redescendant que leur foi est récompensée par le trouble qu'ils ressentent volontiers lorsqu'ils entendent le son miraculeux. Sardar Ahmad Khan, toute sa suite et un grand nombre de fidèles Afghans montèrent sur la colline, et nous avons pu observer que l'ascension leur prit un bon quart d'heure. Nos serviteurs de Tehran, plus efféminés, n'essayèrent même pas. La base de la colline est entourée de tombes de croyants, qui, on peut l'espérer, ne sont pas dérangés dans leur dernier sommeil par les alertes surnaturelles venant de l'objet de leurs dévotions. Il est probable, après tout, que la science pourrait donner une explication très simple du phénomène ; cependant, hardi celui-là qui tenterait d'expliquer le phénomène par des causes naturelles à moins de 100 miles de son influence.

Maupassant (1883) – « Quelque part, près de nous, dans une direction indéterminée, un tambour battait, le mystérieux tambour des dunes ; il battait distinctement, tantôt plus vibrant, tantôt affaibli, arrêtant, puis reprenant son roulement fantastique. Les Arabes, épouvantés, se regardaient et l'un dit dans sa langue : « La mort est sur nous. » Et voilà que tout à coup mon compagnon, mon ami, presque mon frère, tomba de cheval, la tête en avant, foudroyé par une insolation. Et pendant deux heures, pendant que j'essayais en vain de le sauver, toujours ce tambour insaisissable m'emplissait l'oreille de son bruit monotone, intermittent et incompréhensible ; et je sentais se glisser dans mes os la peur, la vraie peur, la hideuse peur, en face de ce cadavre aimé, dans ce trou incendié par le soleil entre quatre monts de sable, tandis que l'écho inconnu nous jetait, à deux-cents lieues de tout village français, le battement rapide du tambour. » Le commandant interrompit le conteur : « Pardon, monsieur, mais ce tambour ? Qu'était-ce ? » Le voyageur répondit : « Je n'en sais rien. Personne ne sait. Les officiers, surpris souvent par ce bruit singulier, l'attribuent généralement à l'écho grossi, multiplié, démesurément enflé par les vallonnements des dunes, d'une grêle de grains de sable emportés dans le vent et heurtant une touffe d'herbes sèches ; car on a toujours remarqué que le phénomène se produit dans le voisinage de petites plantes brûlées par le soleil, et dures comme du parchemin. »

Darwin (1889) – Plusieurs habitants m'ont parlé d'une colline du voisinage appelée « El Bramado », la montagne qui brâme. Je n'ai pas alors prêté suffisament attention à leur récit ; mais, autant que j'aie compris, la colline est recouverte de sable, et le bruit est produit seulement quand les gens, en montant, mettent le sable en mouvement. Une personne avec qui j'ai conversé avait lui-même entendu le bruit : il l'a décrit comme très étonnant ; et il a distinctement déclaré que, bien qu'il ne comprenne pas l'origine du son, il était nécessaire de faire rouler le sable le long de l'escarpement.

Ledoux (1920) – Près de la côte de l'une des îles Hawaï, il y a un vieux cimetière balayé par le vent. Les débris de corail s'accumulent sur cette étendue stérile. Les barques de pêches Hawaï passent au large de cette côte quand le vent ne les y entraîne pas. Il provient de l'étendue blanche un gémissement étrange, une plainte, comme le hurlement d'un chien, que les indigènes attribuent aux esprits sans repos des disparus.

Chapitre 4

Le solide granulaire : plasticité

Dans le chapitre précédent, nous avons discuté de la statique et de l'élasticité des milieux granulaires, un régime dans lequel l'empilement subit de petites déformations qui restent réversibles. Dans ce chapitre, nous abordons le problème de la plasticité des milieux granulaires, c'est-à-dire des déformations irréversibles qui ont lieu au-delà du régime élastique. Les deux questions au cœur de la plasticité sont les suivantes : quel est le niveau de contrainte maximum qu'un milieu granulaire peut supporter avant de se déformer de manière irréversible, et comment s'effectuent les déformations au-delà du seuil. Une grande partie de ce champ d'investigation est couverte par la mécanique des sols et motivée par la compréhension et la prévision de la stabilité des sols en géophysique ou lors de la construction d'ouvrages en génie civil. Ces approches sont principalement macroscopiques et reposent sur des modélisations phénoménologiques de type milieu continu permettant de décrire les déformations irréversibles subies par une assemblée granulaire soumise à un chargement. Plus récemment, la plasticité des matériaux divisés a investi le champ de la physique de la matière désordonnée. Le questionnement se centre sur les origines microscopiques des déformations, et vise à comprendre les seuils en termes de transition de rigidité. Le lien avec les modélisations continues est cependant encore loin d'être réalisé. Dans ce chapitre, nous allons principalement nous intéresser aux modèles continus macroscopiques. L'aspect microscopique sera discuté brièvement dans un encadré.

La première section (4.1) est dédiée à la phénoménologie de la plasticité. Plusieurs configurations typiques sont décrites qui permettent d'étudier comment un milieu granulaire commence à se déformer. Dans la section 4.2, nous nous concentrons sur la configuration du cisaillement plan uniquement, qui permet d'introduire les notions de plasticité des milieux granulaires en raisonnant uniquement sur les grandeurs scalaires. L'aspect tensoriel inhérent à la modélisation des phénomènes plastiques est abordé dans la section 4.3, dans laquelle le modèle de Mohr-Coulomb est décrit en détails avec l'introduction du cercle de Mohr pour la représentation du tenseur des contraintes.

Dans les sections 4.4 et 4.5, nous abordons succinctement les modèles plastiques plus complexes et discutons des questions ouvertes. Enfin, nous clôturons le chapitre par une discussion de la plasticité des milieux cohésifs (§ 4.6).

4.1 Phénoménologie

4.1.1 Le tas de sable

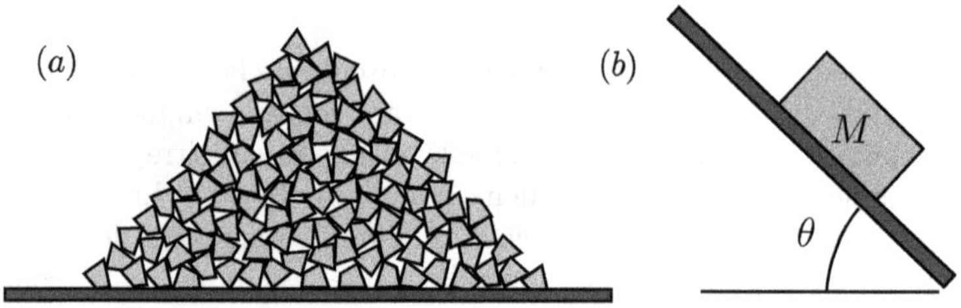

FIG. 4.1 – (*a*) Tas de sable. (*b*) Analogie avec le patin frottant.

Considérons le tas de grains de la figure 4.1*a*. Quiconque ayant tenté un jour de fabriquer un tas de sable ou de sucre a observé qu'un angle maximal peut être atteint au-delà duquel une avalanche se déclenche. De même, lorsqu'un récipient initialement rempli de grains est lentement incliné, rien ne se passe jusqu'au déclenchement d'une avalanche lorsque l'inclinaison atteint une valeur critique θ_c, indépendente de la taille du récipient. Cette première observation est à rapprocher du problème du patin frottant posé sur un plan (figure 4.1*b*). Appelons $\tan\delta$ le coefficient de friction entre le patin et le plan, M la masse du patin et θ l'angle d'inclinaison. Le patin se met à glisser lorsque la force de gravité parallèle au plan $Mg\sin\theta$ devient égale à la force de friction maximale que peut supporter le patin, égale à $\tan\delta Mg\cos\theta$. Le patin se met donc à glisser lorsque θ devient égal à δ, indépendamment de la taille du patin. Cette première observation suggère donc que le critère de stabilité d'un milieu granulaire est un critère de frottement, l'angle de friction étant relié à l'angle maximal du tas que l'on peut construire. Le déclenchement d'avalanche est toutefois un phénomène complexe que nous discuterons dans le chapitre 6 sur les écoulements denses. Pour l'étude de la plasticité, d'autres configurations pour lesquelles les déformations sont contrôlées sont plus judicieuses. C'est le cas de la cellule de cisaillement et du test triaxial, communément utilisés pour caractériser les sols, et que nous décrivons maintenant.

4.1.2 La cellule de cisaillement

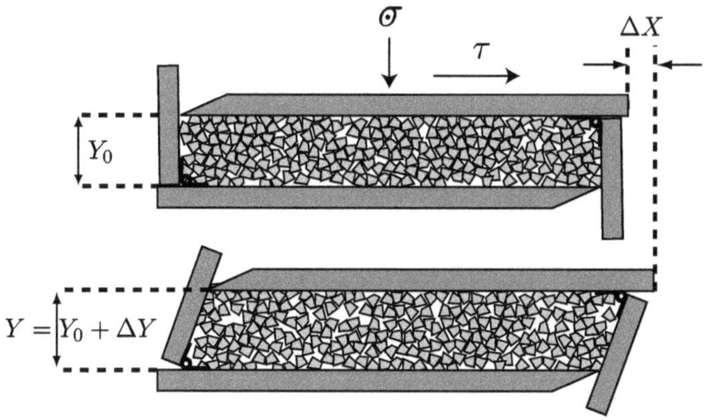

FIG. 4.2 – Principe de la cellule de cisaillement simple : une contrainte normale σ est appliquée sur la demi-boite supérieure et une déformation $\gamma = \Delta X/Y_0$ est imposée. On mesure la contrainte tangentielle τ et la variation de volume donnée par ΔY.

Une configuration plus simple pour étudier la plasticité des milieux granulaires est celle du cisaillement plan. L'idée est d'imposer une déformation controlée à un matériau granulaire et de mesurer les contraintes qui s'y développent. Un des dispositifs permettant de réaliser ces tests en mécanique des sols est la cellule de cisaillement ou boite de Casagrande (figure 4.2). Le matériau granulaire est confiné dans une boite formée de deux parties distinctes. Une contrainte normale σ (force par unité de surface) est appliquée sur la demi-boite supérieure, que l'on déplace lentement d'une distance ΔX par rapport à la moitié inférieure. On mesure alors simultanément, au cours de la déformation, la contrainte tangentielle τ qu'il faut appliquer et la fraction volumique de l'échantillon ϕ que l'on mesure en suivant le déplacement vertical ΔY de la demi-boite supérieure qui est libre de se soulever ou de s'affaisser. Les résultats d'expériences typiques sont présentés à la figure 4.3 pour deux tests réalisés en partant d'états initiaux différents : les symboles pleins correspondent aux mesures effectuées en partant d'un empilement dense de grains obtenu en compactant les grains avant l'expérience, tandis que les cercles correspondent à un empilement initialement lâche.

Dans ces expériences on observe clairement que le comportement du matériau dépend de sa préparation initiale. Dans le cas de l'empilement lâche, le milieu se contracte au cours de la déformation et la contrainte tangentielle croît jusqu'à atteindre un plateau. Dans le cas de l'empilement dense, le milieu se dilate et la contrainte tangentielle présente un maximum avant d'atteindre le plateau. Il existe donc un fort transitoire qui semble contrôlé par la fraction

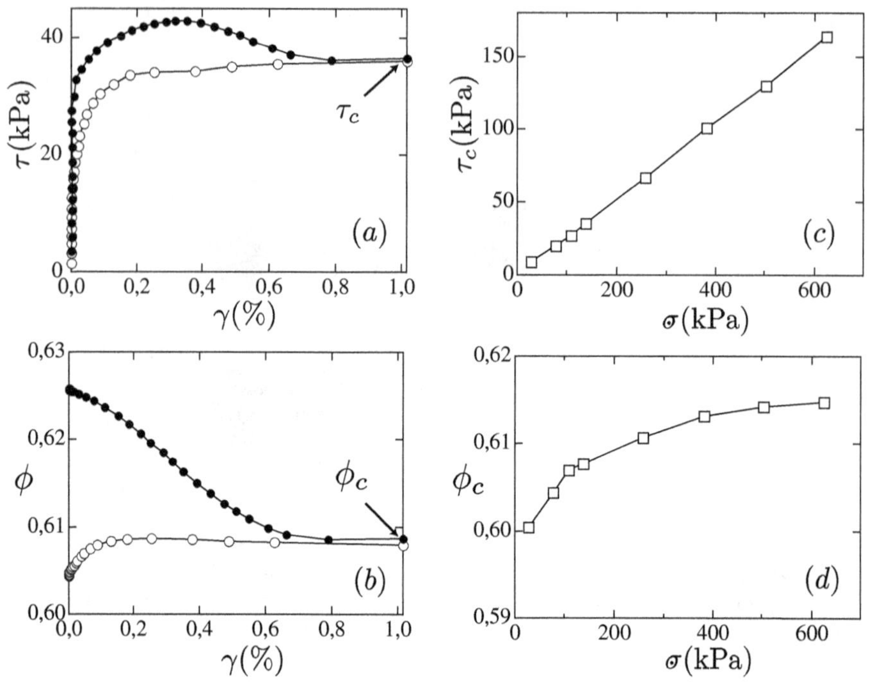

FIG. 4.3 – Mesures obtenues en cellule de cisaillement avec des billes d'acier de 1 mm (données issues de Wroth, 1958). (*a*) Variation de la contrainte tangentielle τ en fonction de la déformation imposée $\gamma = \Delta X/Y_0$ pour une contrainte de confinement σ de 140 kPa pour un empilement initialement dense (•) et initialement lâche (∘). (*b*) Fraction volumique ϕ fonction de γ. (*c*) et (*d*) Variation de la contrainte tangentielle critique τ_c et de la fraction volumique critique ϕ_c en fonction de la contrainte normale appliquée.

volumique initiale de l'empilement. En revanche, une fois passé ce transitoire, lorsque les déformations sont de l'ordre de 60 % et au-delà, l'état initial semble oublié et les deux échantillons se retrouvent dans un même état caractérisé par une contrainte tangentielle τ_c et une fraction volumique ϕ_c qui ne dépendent plus de la déformation ni de la préparation. Cet état vers lequel le milieu tend aux grandes déformations est appelé *état critique*. Il dépend de la contrainte normale de confinement σ comme le montrent les figures 4.3*c*,*d* obtenues en réalisant des expériences à différents niveaux de contrainte et en mesurant la contrainte tangentielle critique τ_c et la fraction volumique critique ϕ_c en fonction de σ.

Sur cette figure on observe tout d'abord une relation linéaire entre τ_c et σ. Pour déformer continûment un milieu granulaire il faut donc lui appliquer une contrainte tangentielle proportionnelle à la contrainte normale. On retrouve

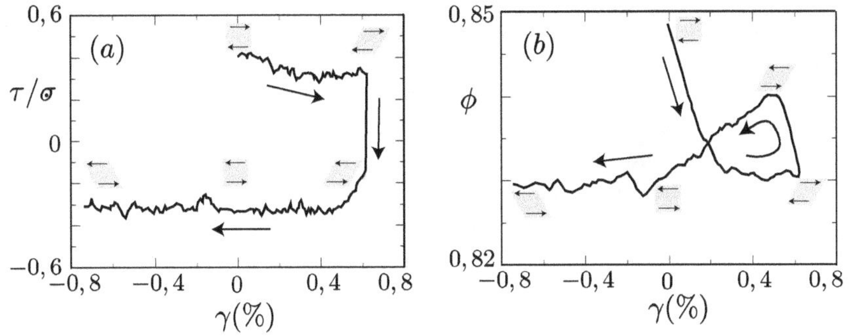

FIG. 4.4 – Simulation du renversement du sens de cisaillement dans une simulation bidimensionelle. (*a*) Variation du coefficient de friction τ/σ en fonction de la déformation imposée γ qui croit de 0 à 0,7 puis décroit jusqu'à −0,7. (*b*) Variation de la fraction volumique (données d'après Radjai & Roux, 2004).

dans cette configuration de la boite de cisaillement un critère de friction pour la plasticité du milieu granulaire. La pente de la droite de la figure 4.3*c* donne le coefficient de friction. La fraction volumique critique ϕ_c dépend également de la pression de confinement (figure 4.3*d*) : elle croît aux fortes pressions mais tend vers une constante à faible contrainte. De ces observations nous pouvons conclure que la plasticité d'un milieu granulaire est essentiellement dominée par un critère de friction, mais qu'un couplage non trivial existe avec la fraction volumique des empilements. Dans la pratique, les coefficients de friction des matériaux granulaires s'étendent de $\tan 20°$ pour des billes sphériques à $\tan 40°$ pour des sables de carrière très irréguliers.

Enfin, une dernière observation expérimentale vient encore ajouter à la complexité de la plasticité des milieux granulaires. Il s'agit de l'absence de reversibilité observée lorsque, à la fin d'une expérience de cisaillement pour laquelle la déformation a été suffisamment grande pour atteindre l'état critique, on inverse le sens de déformation (figure 4.4). Le système ne reste alors pas dans le même état, mais une contraction suivie d'une dilatation ainsi qu'un trou de contrainte sont transitoirement observés avant de revenir à l'état critique. Ce type d'expérience suggère donc fortement que dans l'état critique, le milieu s'est structuré dans une direction. Le changement de direction du cisaillement casse alors transitoirement la structure avant de la reformer dans l'autre direction. Des mouvements cycliques donnent lieu à des phénomènes encore plus complexes que nous n'aborderons pas dans cet ouvrage, mais qui font l'objet de nombreuses recherches notamment en lien avec la réponse d'un sol à des secousses sismiques (O'Reilly & Brown, 1991).

4.1.3 La cellule triaxiale

Une autre configuration usuelle en mécanique des sols pour tester la résistance d'un matériau est la cellule triaxiale. Le principe consiste à imposer une contrainte normale constante σ_2 sur le pourtour d'une carotte d'échantillon, et à ensuite déformer l'échantillon en appuyant à ses extrémités. En pratique, le matériau est contenu dans une membrane flexible, le tout étant plongé dans une enceinte d'eau dont on contrôle le niveau de pression (figure 4.5). On augmente alors la déformation verticale $\Delta L/L = -\epsilon_{zz}$ en déplaçant la plaque supérieure et on mesure simultanément la contrainte σ_1 qui s'y applique et la variation de volume de l'échantillon. Notons que ce test est la plupart du temps effectué en immergeant le milieu granulaire dans de l'eau. Deux sortes de tests sont alors possibles. (i) Les essais drainés, dans lesquels l'eau interstitielle est libre de sortir ou de rentrer, l'empilement granulaire pouvant alors se dilater ou se contracter. L'eau ne joue alors aucun rôle majeur dans la mécanique, et sert uniquement à mesurer précisement les variations de volume de l'empilement. (ii) Des tests non drainés sont aussi effectués où le volume de l'empilement est maintenu constant en fermant la vanne de drainage. Nous parlerons de ces tests non drainés pour lesquels le fluide joue un rôle majeur dans le chapitre 7 sur les milieux diphasiques. Dans cette section consacrée aux déformations plastiques d'un milieu granulaire sans interaction avec un liquide, nous discutons uniquement des essais drainés pour lesquels la présence d'eau n'influe pas.

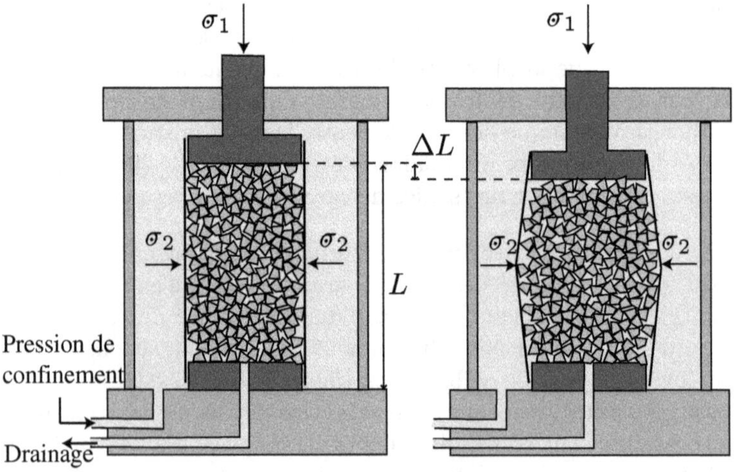

FIG. 4.5 – Principe du test triaxial.

Par rapport au test de cisaillement plan présenté au paragraphe précédent, le test triaxial possède l'avantage de contrôler la direction des contraintes principales. En revanche, on ne contrôle qu'indirectement les contraintes de cisaillement qui sont la source de la déformation. Nous verrons en détail dans les chapitres suivants comment remonter aux contraintes de cisaillement à partir des contraintes normales appliquées sur la carotte. Contentons nous dans ce chapitre phénoménologique de l'intuition suivante : dans le test triaxial, la contrainte déviatorique, qui caractérise le cisaillement, est directement reliée à la différence entre les contraintes normales $q = \sigma_1 - \sigma_2$. Plus on appuie sur l'échantillon, plus on le sollicite en cisaillement. On peut alors comparer les résultats obtenus dans le test triaxial avec les observations dans la boite de cisaillement. La figure 4.6 présente les résultats obtenus à partir d'un échantillon lâche et d'un échantillon dense. On observe un comportement très similaire à la boite de cisaillement (figure 4.3). Lorsqu'on le déforme, l'empilement dense présente un pic dans la différence de contrainte q (figure 4.6a) et s'accompagne d'une dilatation (ϕ diminue), tandis que l'empilement lâche se contracte et ne présente aucun pic de contrainte. Des expériences partant de plusieurs fractions volumiques initiales permettent de définir un état critique aux grandes déformations caractérisé par une contrainte critique q_c proportionnelle à la contrainte de confinement σ_2 et une fraction volumique critique ϕ_c (figure 4.6c,d). Notons toutefois que l'état critique est difficilement atteint lorsque l'empilement est initialement dense, de fortes hétérogénéités de cisaillement apparaissant dont nous parlerons dans la section 4.3.3.

4.2 Les différents niveaux de descriptions : approche scalaire

Ces différentes observations obtenues dans les configurations du cisaillement plan et du test triaxial montrent que la plasticité d'un matériau granulaire est loin d'être triviale et met en jeu des couplages entre microstructure et déformation. On peut toutefois en déduire de grandes tendances qui vont nous guider dans la modélisation de la plasticité. Nous allons dans ce chapitre raisonner sur le cisaillement plan qui permet de manipuler uniquement une contrainte tangentielle et une contrainte normale, et nous repoussons l'aspect tensoriel à la section suivante.

4.2.1 Premier niveau de description : un milieu frottant

Le premier niveau de description de la plasticité d'un milieu granulaire consiste à faire abstraction de l'influence de la fraction volumique, à oublier l'existence d'une microstructure, et à décrire le critère de plasticité d'un milieu granulaire comme un simple critère de friction. Les transitoires des courbes des figures 4.3a,b sont donc oubliés, et on s'intéresse uniquement à l'état critique observé aux grandes déformations. Le système du cisaillement plan est donc assimilé à un patin frottant : le milieu se déforme si la contrainte de cisaillement τ atteint un seuil qui est proportionnel à la contrainte normale σ

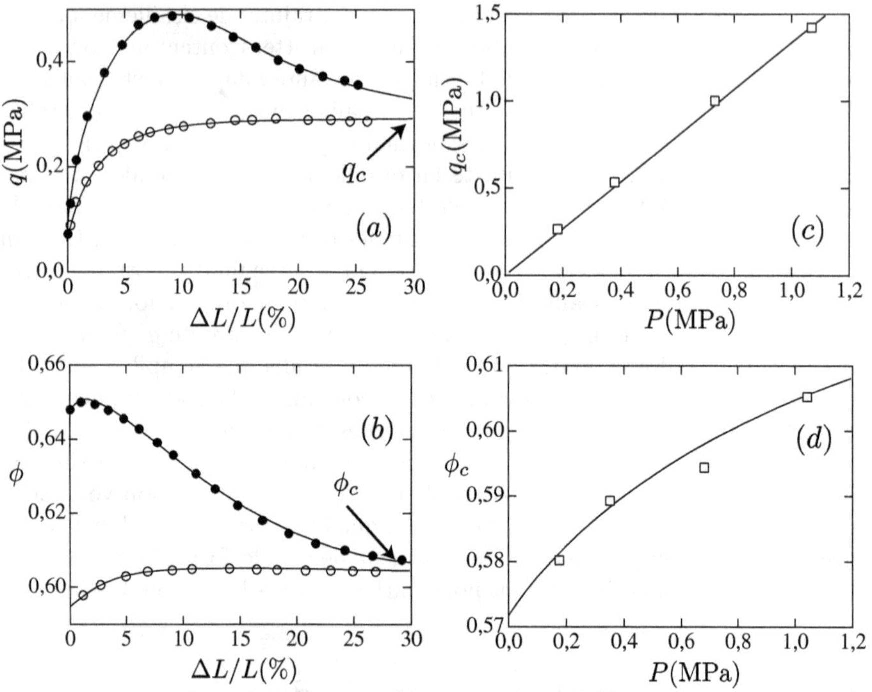

FIG. 4.6 – Résultats de tests triaxiaux obtenus sur du sable à forte pression de confinement (d'après Mohkam, 1983, dont les données sont publiées dans Modaressi *et al.*, 1999) pour un empilement initialement dense (•) et initialement lâche (○). (*a*), (*b*) Évolution de la contrainte déviatorique $q = \sigma_1 - \sigma_2$ et de la fraction volumique ϕ fonction de la déformation $\Delta L/L$. (*c*), (*d*) Évolution de la contrainte et de la fraction volumique critique fonction de la pression de confinement $P = (1/3)(\sigma_1 + 2\,\sigma_2)$.

(figure 4.7). En dessous du seuil, le milieu est rigide, au dessus, il se déforme et la contrainte est donnée par

$$\tau = \mu\sigma, \tag{4.1}$$

où $\mu = \tan\delta$ est le coefficient de friction du matériau. Le comportement frottant n'est pas une surprise et se comprend sur la base d'un simple argument dimensionnel. En effet, quand les niveaux de contraintes appliquées sont faibles par rapport au module d'Young des grains ou bien par rapport à leur seuil de rupture, les grains se comportent comme des grains rigides. Aucune échelle de contrainte pertinente n'existe dans le système. Dans le test de cisaillement, la seule échelle de contrainte est donc donnée par la force normale appliquée à l'échantillon, ce qui induit donc immédiatement que la contrainte tangentielle critique de plasticité doit être proportionnelle à la contrainte normale. Nous verrons dans la section 4.3 que ce premier niveau de description

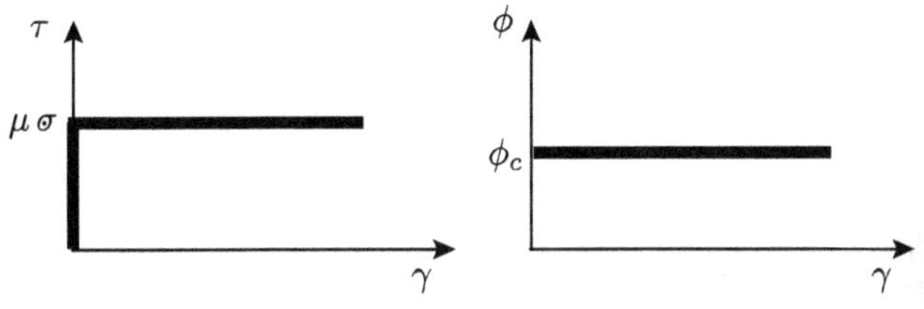

FIG. 4.7 – Modèle de Coulomb.

permet de rendre compte de nombreuses observations dès qu'il est formulé tensoriellement (modèle de Mohr-Coulomb).

Le coefficient de friction $\tan\delta$ introduit dans cette loi de Coulomb est une valeur macroscopique que l'on peut mesurer, mais que nous ne savons pas à l'heure actuelle prédire à partir des propriétés des particules. La difficulté vient du fait que la friction macroscopique dans un empilement granulaire ne résulte pas uniquement du frottement entre les grains mais également d'un effet géométrique provenant de l'enchevêtrement des grains. Pour s'en convaincre, considérons la configuration simple de la figure 4.8*a* où une bille A repose entre deux billes B et C. La particule A subit une force normale N et une force tangentielle T. On se demande quelle force T il faut imposer pour faire bouger la bille A, en supposant qu'il n'y a pas de roulement mais seulement du glissement entre les billes, avec un coefficient de friction entre particules $\tan\delta_p$. Ce petit modèle peut être vu comme l'étude de la résistance d'un empilement régulier triangulaire puisqu'il suffit de reproduire (figure 4.8*a*) pour créer un empilement.

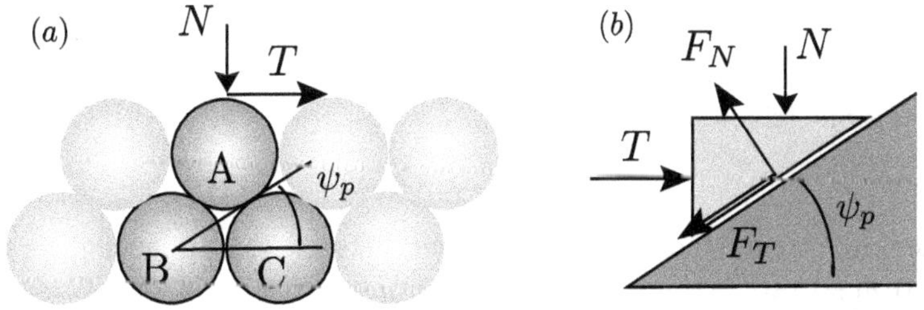

FIG. 4.8 – (*a*) Modèle à trois billes pour illustrer l'origine géométrique du coefficient de friction macroscopique. (*b*) Système équivalent en termes de blocs.

Si ψ_p est l'angle que forme le plan de contact entre la bille A et la bille C avec l'horizontale, le problème est équivalent à un coin posé sur un plan incliné à un angle ψ_p (figure 4.8*b*). En projetant les forces N et T dans un repére lié à la surface de contact on trouve la force tangentielle au plan F_T et la force normale F_N : $F_T = T\cos\psi_p - N\sin\psi_p$ et $F_N = N\cos\psi_p + T\sin\psi_p$.

(a)

(b)

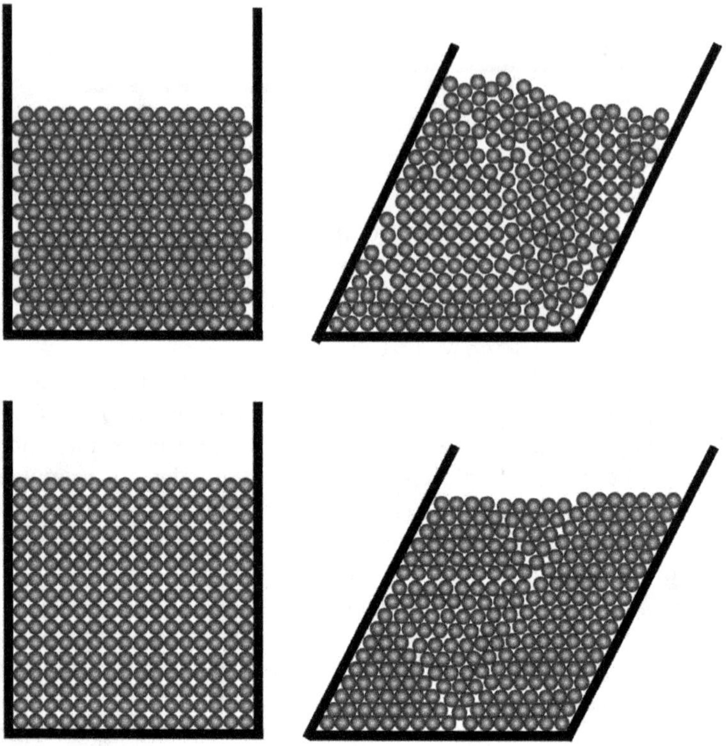

FIG. 4.9 – (*a*) Dilatance observée lorsqu'on cisaille un empilement bidimensionel triangulaire. (*b*) Contractance observée lorsqu'on cisaille un empilement carré (dessins inspirés d'expériences de Brown & Richards, 1970).

Lors du glissement on a $F_T = \tan\delta_p F_N$ ce qui nous donne après quelques manipulations trigonométriques

$$T = \tan(\delta_p + \psi_p)N. \tag{4.2}$$

Ce calcul montre donc que la force tangentielle nécessaire pour déloger la bille de son trou est proportionnelle à la force normale, c'est-à-dire que l'on retrouve une loi de friction. Cependant, le coefficient de friction que l'on obtient dépend à la fois de la friction entre grains δ_p et de la géométrie de l'empilement, encodée au travers de ψ_p. Ainsi, une friction microscopique nulle $\delta_p = 0$ n'implique pas une friction macroscopique nulle puisque pour déformer le système de la figure 4.8*b* il reste à vaincre l'enchevêtrement géométrique. Cette propriété reste vraie pour des empilements irréguliers. Un ensemble de billes non frottantes présente un coefficient de friction faible mais non nul (5,8° d'après les simulations de Peyneau & Roux, 2008) dont l'origine est donc purement géométrique.

4.2.2 Second niveau de description : prise en compte des variations de fraction volumique

Un second niveau de description consiste à tenter de modéliser les transitoires des figures 4.3*a*,*b* en prenant en compte l'influence de la fraction volumique pour décrire les différences observées entre échantillons lâches et denses. Il faut alors modéliser le couplage qui peut exister entre la dilatation ou la contraction observées, les variations de contraintes et la déformation du milieu. Pour comprendre qualitativement ce qui se passe dans une expérience de cisaillement plan, considérons la figure 4.9. Elle illustre le rôle de la fraction volumique initiale sur des empilements bidimensionnels de disques, ce qui permet de voir la structure. On observe bien qu'un empilement triangulaire qui représente l'empilement le plus dense que l'on puisse réaliser à deux dimensions se dilate, tandis que l'empilement carré qui représente l'empilement le plus lâche s'effondre et se contracte. Notons que le concept de dilatance a été initialement introduit par Reynold en 1885 (voir encadré 4.1). Ces variations de fraction volumique s'accompagnent de variation des contraintes nécessaires pour déformer le milieu. Un regard sur la figure 4.9 suffit à se persuader que déformer l'empilement carré ne demande pratiquement aucun effort, tandis qu'une contrainte bien plus importante est nécessaire pour déloger les disques dans l'empilement triangulaire. L'introduction du concept d'angle de dilatance permet de formaliser ce couplage.

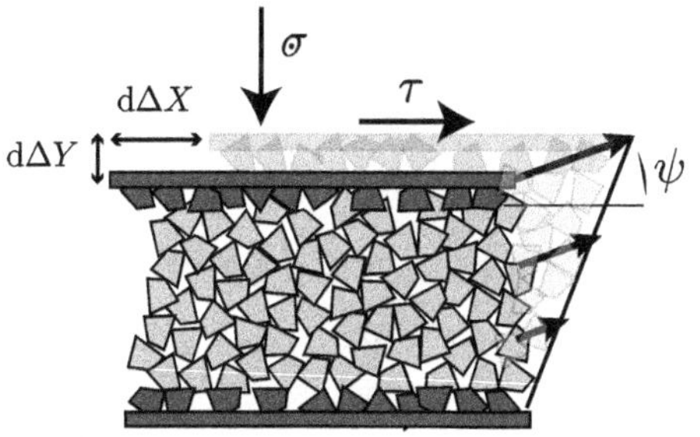

FIG. 4.10 – Illustration de l'angle de dilatance ψ en cisaillement plan.

Encadré 4.1

La dilatance de Reynolds

Le premier à mettre en évidence la dilatance a été Reynolds en 1885. Son expérience consiste en une poche élastique pleine de sable tassé, surmontée d'un tube capillaire (figure E4.1*a*). Le tout est rempli d'eau. Lorsque l'on appuie sur la poche, le niveau de l'eau dans le capillaire descend contrairement à l'intuition. L'explication est simple : en déformant la poche, on oblige les grains à se désenchevêtrer ce qui induit une dilatance comme illustré sur la figure 4.9*a*. Bien que l'on appuie dessus, la poche gonfle et l'eau descend remplir les pores ainsi créés. C'est le même phénomène qui explique l'assèchement du sable autour des pieds lorsque l'on marche sur la partie humide d'une plage (figure E4.1*b*). Le sable mouillé est compacté par le va-et-vient des vagues. La déformation induite par le pied produit donc une dilatation du milieu : le sable gonfle et s'assèche.

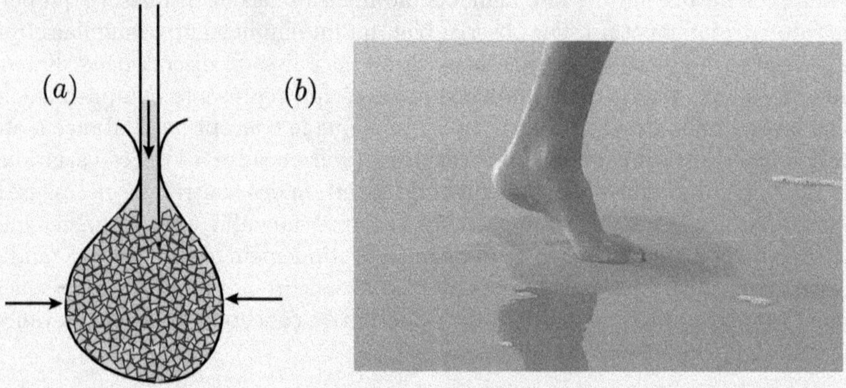

FIG. E4.1 – Exemple de phénomène induit par la dilatance des milieux granulaires. (*a*) Expérience de Reynolds. (*b*) Assèchement du sable sous le pied.

Lien friction – dilatance : notion d'angle de dilatance

Afin de décrire le couplage entre les variations de fraction volumique et la contrainte de cisaillement, nous introduisons l'angle de dilatance ψ qui peut être vu comme la généralisation pour un empilement quelconque de l'angle ψ_p introduit dans le petit exercice à trois billes de la figure 4.8. L'angle ψ est simplement l'angle que fait la trajectoire de la plaque supérieure avec l'horizontale lorsqu'on cisaille le milieu (figure 4.10). Si l'on déplace la plaque d'un petit incrément horizontal $\mathrm{d}\Delta X$, elle se déplace verticalement de $\mathrm{d}\Delta Y = \tan\psi\,\mathrm{d}\Delta X$. L'angle ψ mesure donc le rapport entre les déplacements relatifs vertical et horizontal entre deux couches de grains. Il peut être soit positif (dilatance), soit négatif (contractance).

Du point de vue dimensionnel, la contrainte tangentielle τ nécessaire à déformer le milieu est toujours donnée par une loi de friction, le coefficient de friction étant maintenant une fonction du nouveau paramètre ψ : $\tau = \mu(\psi)\sigma$. Intuitivement, un milieu qui doit se dilater pour se déformer ($\psi > 0$) présente un coefficient de friction plus grand qu'un milieu qui se contracte ($\psi < 0$). La fonction $\mu(\psi)$ est donc une fonction croissante de ψ, et doit être égale à $\tan\delta$, l'angle de friction dans l'état critique, quand l'angle de dilatance est nulle. Par analogie avec le système de trois billes (eq. 4.2), une paramétrisation raisonnable est la suivante

$$\mu(\psi) = \tan(\delta + \psi). \tag{4.3}$$

Gardons à l'esprit que dans cette expression, δ est l'angle de friction macroscopique dans l'état critique et non le coefficient de friction microscopique comme dans (4.2). Afin de tester la pertinence de cette approche, revenons aux données expérimentales de la cellule de cisaillement (figure 4.3) obtenues sur des billes d'acier. Dans cette expérience, nous avons simultanément accès à l'évolution du coefficient de friction macroscopique $\mu(\psi) = \tau/\sigma$, et au déplacement vertical de la boîte supérieure ΔY en fonction du déplacement horizontal ΔX imposé. On peut donc à tout instant de la déformation calculer l'angle de dilatance donné par le rapport $\tan\psi = \mathrm{d}\Delta Y/\mathrm{d}\Delta X$ et tester sa contribution au coefficient de friction. Pour ce faire nous avons reporté sur la figure 4.11 la différence $\tau/\sigma - \tan\psi$ entre le coefficient de friction et l'angle de dilatance. Si l'équation (4.3) est valide et que l'on reste dans la limite de faibles

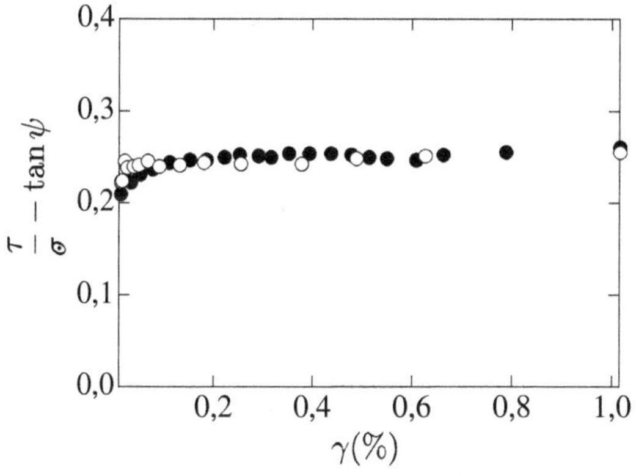

FIG. 4.11 – Différence entre le coefficient de friction et l'angle de dilatance mesurée dans une cellule de cisaillement pour un empilement initialement dense (•) et initialement lâche (∘) (données de la figure 4.3).

angles de dilatance et de friction $\tan\psi, \tan\delta \ll 1$, cette différence devrait être une constante du matériau égale à $\tan\delta$ (on a $\mu(\psi) \simeq \tan\delta + \tan\psi$). Elle ne devrait donc pas varier au long de la déformation et ne devrait pas dépendre de la préparation de l'échantillon. La figure 4.11 montre $\tau/\sigma - \tan\psi$ fonction de la déformation γ pour les deux séries de mesures correspondant à un empilement dense et à empilement lâche de la figure 4.3. On observe que les deux tests coincident, et que la différence entre le coefficient de friction et l'angle de dilatance reste à peu près constante au cours de la déformation, excepté au tout début. Ces observations nous montrent donc que le pic ou le trou de contrainte observés dans le transitoire de la figure 4.3*a* sont principalement la contribution des variations de fraction volumique.

De ces considérations simples basées sur la définition d'un angle de dilatance, il est possible de proposer un modèle de plasticité prenant en compte les variations de fractions volumique.

Le modèle de milieu frottant-dilatant

L'approche consiste à enrichir le modèle de milieu frottant en introduisant l'angle de dilatance ψ pour décrire la structure interne du milieu granulaire (Wood, 1990). Le matériau est caractérisé par son angle de friction critique $\tan\delta$ et sa fraction volumique critique ϕ_c obtenus à grandes déformations. Les considérations précédentes nous permettent de proposer le jeu d'équations suivant pour décrire l'évolution de la contrainte et de la fraction volumique dans l'expérience de cisaillement plan de la figure 4.2

$$\tau = \sigma \tan(\delta + \psi), \tag{4.4}$$

$$\frac{\mathrm{d}\phi}{\mathrm{d}\gamma} = -\phi \tan\psi, \tag{4.5}$$

$$\psi = K(\phi - \phi_c). \tag{4.6}$$

La première équation (4.4) discutée précédemment indique que la dilatance fournit une contribution au coefficient de friction. La seconde équation donne l'évolution de la fraction volumique avec la déformation γ imposée et provient de la définition de l'angle de dilatance. En effet, la conservation de la masse de la cellule de cisaillement de la figure 4.2 implique que le produit ϕY, où Y est l'épaisseur de la cellule, est constant. En différenciant, on obtient donc que la variation de fraction volumique $\mathrm{d}\phi$ induite par un petit déplacement $\mathrm{d}\Delta X$ de la boite supérieure vérifie $\mathrm{d}\phi/\phi = -\mathrm{d}\Delta Y/Y_0$. Sachant que l'angle de dilatance s'écrit $\tan\psi = \mathrm{d}\Delta Y/\mathrm{d}\Delta X$ et que la déformation vaut $\gamma = \Delta X/Y_0$, on trouve l'équation (4.5). La dernière équation (4.6) permet de fermer le système et a été proposée par Roux & Radjai (1998). Elle repose sur l'hypothèse raisonnable que l'angle de dilatance est proportionnel à l'écart à la fraction volumique critique. Si ϕ est supérieure à la fraction volumique critique ϕ_c, ψ est positif et le milieu se dilate. Inversement, si ϕ est inférieure à ϕ_c, le milieu se contracte. Dans cette équation, K est une constante.

En injectant l'equation (4.6) dans (4.5), on obtient une equation pour l'évolution de ϕ seule

$$\frac{\mathrm{d}\phi}{\mathrm{d}\gamma} = -\phi \tan\left(K(\phi - \phi_c)\right). \tag{4.7}$$

Si l'on démarre d'une fraction volumique différente de ϕ_c, le milieu relaxe vers ϕ_c sur une déformation de l'ordre de $1/K\phi_c$. Cette relaxation s'accompagne alors d'après (4.4) d'une relaxation du coefficient de friction effectif vers $\tan\delta$. La figure 4.12 présente les prédictions du modèle pour l'évolution du coefficient de friction τ/σ et de la fraction volumique ϕ en fonction de la déformation γ imposée. On reproduit donc en partie les observations expérimentales présentées à la figure 4.3. Seul le tout début des courbes n'est pas pris en compte. Ce modèle simple montre qu'introduire la notion d'angle de dilatance est un premier pas pour décrire un peu plus finement les déformations plastiques d'un milieu granulaire.

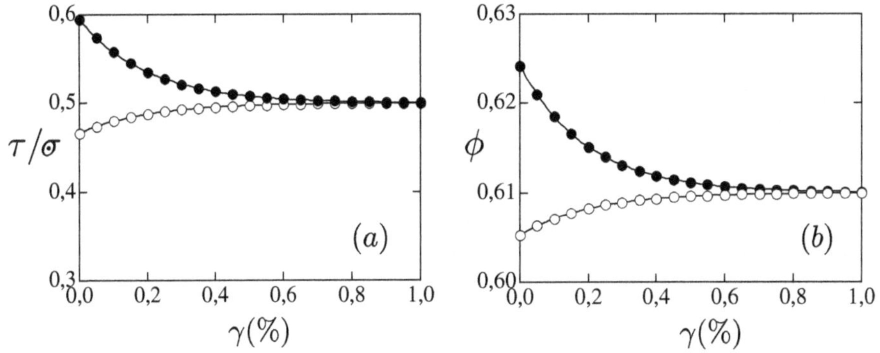

FIG. 4.12 – Prédiction du modèle frottant-dilatant (équations (4.4)–(4.6)). (*a*) Évolution du coefficient de friction en fonction de la déformation. (*b*) Évolution de la fraction volumique. (•) Empilement initialement dense, (∘) empilement initialement lâche.

4.2.3 Vers des niveaux de description plus fine

Dans la description précédente, seule la fraction volumique est prise en compte pour décrire l'état du milieu. Or cette approche est insuffisante pour rendre compte des observations faites par exemple lors du changement de sens de la déformation. On observe qu'une fois dans l'état critique pour lequel la déformation s'effectue sans changement apparent, un renversement de direction donne lieu à des variations de contraintes et de fraction volumique, alors que le modèle de dilatance introduit prédit qu'une fois ϕ au-delà de ϕ_c, l'évolution est indépendante du signe de γ. La raison physique de ce comportement non trivial est la structuration de l'empilement des grains sous le cisaillement. Le réseau de contacts ainsi que le réseau de forces deviennent anisotropes et évoluent au cours de la déformation, gardant ainsi une mémoire des déformations subies. Parvenir à décrire l'ensemble de ces phénomènes au sein d'une description de milieu continu est un enjeu important encore largement ouvert. De nombreuses tentatives existent qui consistent à introduire d'autres variables internes que la seule fraction volumique (Roux & Radjai, 1998). Dans le cas des milieux granulaires qui nous intéressent, un bon candidat est la texture du milieu que nous avons introduite dans la section 3.2.2, c'est-à-dire une mesure de l'anisotropie de la distribution des forces de contact. L'idée est alors de décrire le seuil de plasticité et l'évolution des déformations en fonction de ces nouvelles variables puis, tâche ardue, de proposer la loi d'évolution qui régit ces nouvelles grandeurs introduites en fonction des déformations.

4.3 Modèle de Mohr-Coulomb

Nous avons discuté dans la section précédente des différents niveaux de description possibles des propriétés plastiques d'un milieu granulaire en nous restreignant au cas du cisaillement plan, qui permet de raisonner sur des grandeurs scalaires. Nous abordons à présent la formulation tensorielle de ces différentes descriptions en commençant par le modèle de Mohr-Coulomb, qui est basé sur l'idée simple de milieu frottant et néglige les variations de fraction volumique. Ce modèle ne s'applique donc en théorie qu'aux grandes déformations dans l'état critique, où effectivement la fraction volumique semble atteindre une constante.

4.3.1 Critère de rupture

Énoncé du critère de rupture

Le modèle de Mohr-Coulomb repose sur le critère de rupture suivant. Le milieu cède au point P, s'il existe en ce point un plan repéré par sa normale **n** selon lequel on a

$$|\tau| = \tan\delta\,\sigma, \tag{4.8}$$

où τ et σ sont les contraintes normale et tangentielle au plan **n**, et $\tan\delta$ est le coefficient de friction effectif du matériau.

Si l'on connait *a priori* la direction du plan de rupture, le critère de Mohr-Coulomb se ramène au problème du patin frottant sur un plan. En revanche, les choses peuvent se compliquer dans des géométries différentes pour lesquelles on ne connait pas *a priori* les directions de glissement. D'après le critère (4.8) il faut alors étudier la répartition tri-dimensionelle des contraintes. Plus précisément, pour savoir si le milieu cède, il faut tester en tout point toutes les orientations possibles et voir si le critère de rupture est atteint.

Considérons par exemple la configuration du test biaxial, qui est la version bidimensionelle du test présenté dans la section 4.1.3 : un échantillon de milieu granulaire est contraint latéralement par une contrainte σ_{xx} et verticalement par une contrainte σ_{zz} (figure 4.13). Initialement les deux contraintes sont égales : $\sigma_{zz} = \sigma_{xx}$. La contrainte verticale σ_{zz} est ensuite lentement augmentée. Pour prédire le moment où le matériau va céder, nous allons utiliser le critère de Mohr-Coulomb. Pour ce faire, l'état de contraintes dans l'échantillon est supposé homogène, c'est-à-dire indépendant du point où l'on se place. La géométrie nous indique alors que Ox et Oz sont les directions principales du tenseur des contraintes dans le matériau. Le tenseur des contraintes dans le repère (Ox, Oz) s'écrit donc simplement

$$\boldsymbol{\sigma} = \begin{pmatrix} \sigma_{xx} & 0 \\ 0 & \sigma_{zz} \end{pmatrix}. \tag{4.9}$$

D'après le critère de rupture, pour savoir si le matériau cède il faut tester sur toutes les orientations possibles si la relation (4.8) est vérifiée. Le cercle de Mohr nous donne la réponse.

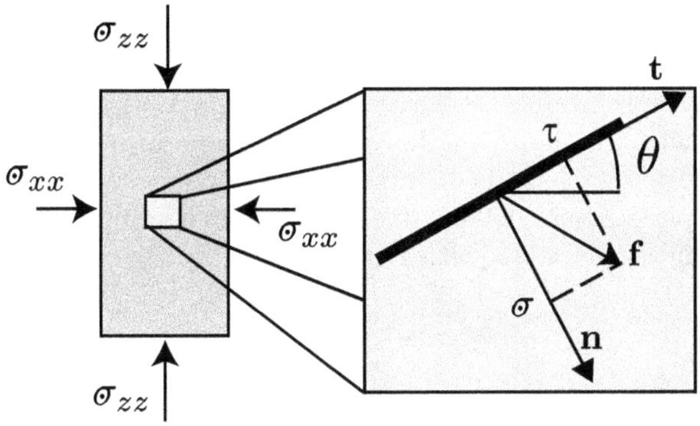

FIG. 4.13 – Principe du calcul des contraintes sur une plaquette dans la configuration du test biaxial.

Cercle de Mohr

Considérons une surface unitaire dans le milieu indicée par sa normale **n** et inclinée d'un angle θ par rapport à l'horizontale (figure 4.13). Pour tester la relation (4.8), il faut calculer la force tangentielle τ et la force normale σ qui s'exercent sur cette plaque, connaissant le tenseur des contraintes σ_{ij}. La force **f** sur la plaquette unitaire est donnée par $f_i = \sigma_{ij} n_j$, soit

$$f_x = \sigma_{xx} \sin\theta, \tag{4.10}$$

$$f_z = -\sigma_{zz} \cos\theta. \tag{4.11}$$

Pour trouver les contraintes normale σ et tangentielle τ à la plaquette il suffit de projeter **f** dans le repère lié à la plaquette (figure 4.13). Par convention σ est positif en compression, et τ est positif s'il fait tourner la plaquette dans le sens horaire : $\sigma = \mathbf{f} \cdot \mathbf{n}$ et $\tau = \mathbf{f} \cdot \mathbf{t}$. On a alors simplement

$$\sigma = f_x \sin\theta - f_z \cos\theta, \tag{4.12}$$

$$\tau = f_x \cos\theta + f_z \sin\theta. \tag{4.13}$$

En substituant les expressions de f_x et f_z (4.11) dans (4.13) on trouve finalement

$$\begin{aligned} \sigma &= \sigma_0 + r\cos 2\theta, \\ \tau &= -r\sin 2\theta, \end{aligned} \tag{4.14}$$

avec

$$\sigma_0 = \frac{1}{2}\left(\sigma_{xx} + \sigma_{zz}\right),\ r = \frac{1}{2}\left(\sigma_{zz} - \sigma_{xx}\right). \tag{4.15}$$

Les équations (4.14) nous donnent l'expression des forces normales et tangentielles sur la plaquette unitaire. Lorsqu'on fait tourner la plaquette, σ et τ décrivent un cercle de rayon r et de centre σ_0 : on l'appelle le cercle de Mohr (figure 4.14). Pour trouver les forces sur la plaquette inclinée à l'angle θ, il suffit de considérer le point sur le cercle qui forme un angle de -2θ avec le point C. Par exemple, le point D correspond à la plaquette orientée à $\pi/4$ et le point B à la plaquette orientée à $3\pi/4$. Notons que la force tangentielle τ est maximale pour les deux plaquettes orientées à 45° des axes principaux. Nous

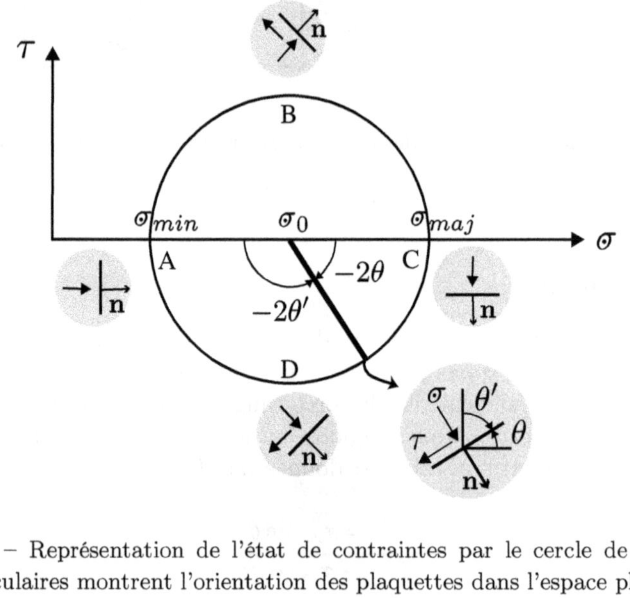

FIG. 4.14 – Représentation de l'état de contraintes par le cercle de Mohr. Les encarts circulaires montrent l'orientation des plaquettes dans l'espace physique.

avons raisonné avec les axes Ox et Oz comme axes principaux mais la généralisation à d'autres situations est immédiate. Le tenseur des contraintes à deux dimensions est toujours représenté par un cercle dont le point A (resp. C) a pour abscisse σ_{min} (resp. σ_{maj}), la contrainte principale mineure (resp. majeure). Un point sur le cercle correspond aux forces sur une plaquette inclinée de θ par rapport à l'axe principal mineur, ou bien inclinée de θ' par rapport à l'axe principal majeur (θ et θ' sont définis sur la figure 4.14). Connaissant maintenant les contraintes sur les plaquettes unitaires, nous pouvons tester le critère de rupture de Mohr-Coulomb. Dans le plan de Mohr (σ, τ), le critère de rupture se représente simplement par deux droites de pente $\pm \tan \delta$ (figure 4.15).

Nous avons donc maintenant tous les outils pour étudier le test biaxial. Au tout début de l'expérience, l'état de contraintes est $\sigma_{xx} = \sigma_{zz}$. Dans le plan de Mohr, cet état de contraintes se réduit donc à un point. Puis on augmente la contrainte verticale σ_{zz}. Le cercle s'agrandit comme sur la figure 4.15. Tant que le cercle reste en dessous de la ligne de rupture on a $|\tau| < \tan \delta \sigma$ quelque soit l'orientation de la plaquette dans l'échantillon. Le matériau résiste donc. Il céde lorsque le cercle de Mohr devient tangent à la droite de rupture, c'est-à-dire quand il existe une orientation pour laquelle $|\tau| = \tan \delta \sigma$. On peut

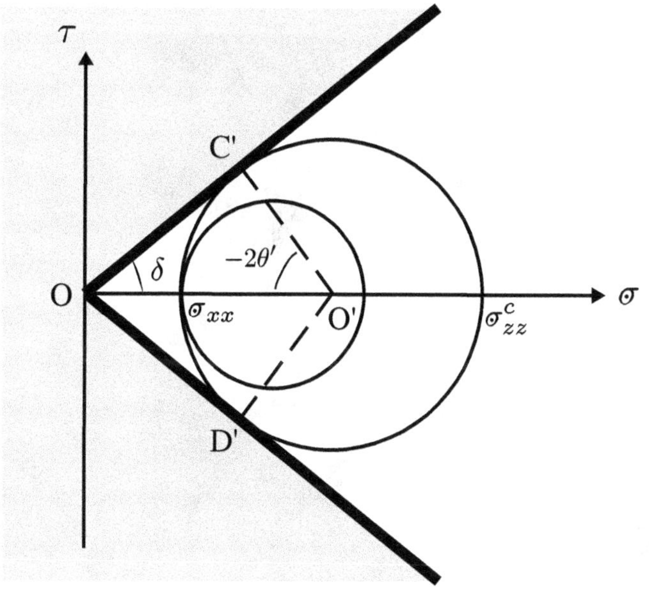

FIG. 4.15 – Représentation dans le plan de Mohr de l'état de contraintes d'un test biaxial en dessous du seuil (petit cercle) et au seuil (grand cercle).

alors calculer la valeur de la contrainte verticale à la rupture en considérant le triangle rectangle OO'C' (figure 4.15). On trouve alors

$$\sin \delta = \frac{r}{\sigma_0}, \tag{4.16}$$

qui donne la contrainte verticale critique pour déformer le matériau

$$\sigma^c_{zz} = \left(\frac{1 + \sin \delta}{1 - \sin \delta} \right) \sigma_{xx}. \tag{4.17}$$

Le cercle de Mohr permet non seulement de connaître la contrainte critique à la rupture mais également de déterminer les plans selon lesquels le critère de plasticité est atteint. Les deux points tangents C' et D' forment un angle $2\theta' = \pm(\pi/2 - \delta)$ sur le cercle de Mohr avec le point O, ce qui signifie qu'ils correspondent à des plaquettes orientées à $\pm(\frac{\pi}{4} - \frac{\delta}{2})$ de l'axe vertical, c'est-à-dire de l'axe principal majeur.

Ces lignes de glissement s'observent dans certains tests comme l'atteste la figure 4.16, qui montre des exemples de rupture de sable sous essais triaxiaux. On observe clairement la rupture à un angle inférieur à $\pi/4$ par rapport à la verticale. Il faut toutefois noter que le modèle de Mohr-Coulomb tel que nous l'avons présenté jusque-là ne permet pas de prédire la déformation du matériau associée à la rupture. Il ne prédit donc ni les directions, ni le fait que la rupture dans ce cas reste localisée. Nous discutons les déformations dans la section suivante (§4.3.2).

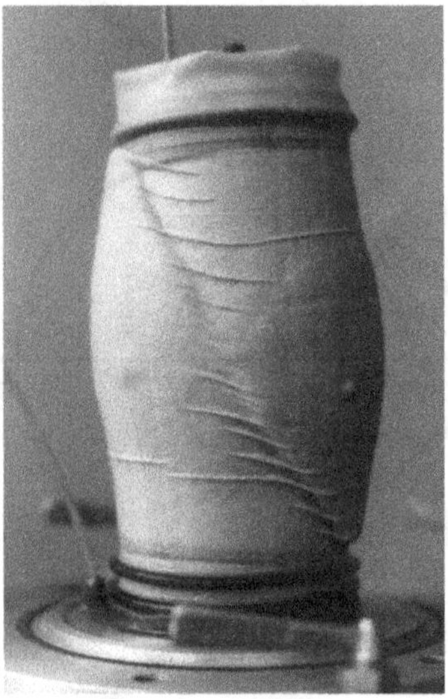

FIG. 4.16 – Photographie d'un test triaxial montrant le développement d'une bande de cisaillement (© J. Desrues et J.L. Colliat-Dangus).

Applications du critère de Mohr-Coulomb

Résistance d'un paquet de café sous vide – Ce calcul permet de calculer la résistance des paquets de café conditionné sous vide. Peut-on marcher dessus sans les faire exploser (figure 4.17) ? La réponse à cette question est immédiatement donnée par l'équation (4.17). En effet, appelons M la masse de la personne (ou de l'éléphant !) qui marche sur le paquet, S la section du sachet parallépipédique et P_0 la pression atmostphérique. Alors cette expérience se réduit à un simple test triaxial avec comme contrainte de confinement P_0 (le café est sous vide), et la contrainte verticale $P_0 + Mg/S$. Le milieu résiste sans se déformer jusqu'à une masse maximum donnée par l'équation (4.17)

$$P_0 + M_{\max} g/S = \frac{1 + \sin\delta}{1 - \sin\delta} P_0 \ , \tag{4.18}$$

ce qui conduit à l'estimation suivante pour la masse :

$$M_{\max} = \frac{P_0 S}{g} \frac{2\sin\delta}{1 - \sin\delta} \ . \tag{4.19}$$

Pour une section de 8×5 cm (taille d'emballage normalisée), un angle de friction du café de l'ordre de 30° et une pression atmosphérique de 10^5 Pa, on trouve $M_{\max} = 87$ kg. La friction permet donc de soutenir des charges importantes si la pression de confinement est grande.

FIG. 4.17 – Peut-on marcher sur un paquet de café sous vide sans qu'il cède ?

États limites de Rankine : du bulldozer au mur de soutènement – Appliquons maintenant les résultats précédents au problème d'un mur de soutènement. Un mur est construit pour retenir un milieu granulaire à sa gauche (figure 4.18*a*). On se demande quelles sont les contraintes que les grains exercent sur le mur. Dans ce problème les axes principaux sont Ox et Oz. La contrainte verticale à une altitude z est donnée par la gravité : $\sigma_{zz} = \rho g z$ (le milieu étant semi-infini en x, il n'y a pas d'effet Janssen). On cherche quelles valeurs peut prendre la contrainte horizontale σ_{xx} qui s'exerce sur le mur à une profondeur z. D'après les résultats précédents, il est facile de montrer que σ_{xx} est compris entre deux limites qui correspondent à deux cas extrêmes pour lesquels le milieu cède. La représentation dans le plan de Mohr (σ, τ) permet de trouver ces limites. On sait que le cercle représentant l'état de contraintes doit passer par le point ($\rho g z$, 0). Or, par ce point passent deux cercles limites tangents aux droites de ruptures, l'un à droite et l'autre à gauche (figure 4.18*b*). Tous les cercles compris entre ces deux extrêmes correspondent à des états de

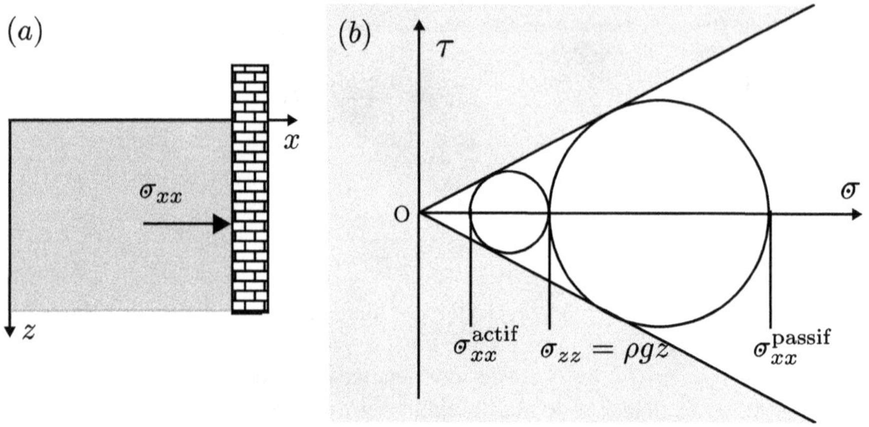

FIG. 4.18 – (a) Problème du mur de soutènement. (b) Représentation dans le plan de Mohr des états limites de Rankine.

contraintes que le milieu peut supporter sans céder. On conclut donc que la contrainte σ_{xx} est comprise entre deux valeurs qui se calculent d'après (4.17)

$$\left(\frac{1-\sin\delta}{1+\sin\delta}\right)\sigma_{zz} < \sigma_{xx} < \left(\frac{1+\sin\delta}{1-\sin\delta}\right)\sigma_{zz}. \tag{4.20}$$

Les deux états extrêmes, nommés états limites de Rankine, sont également appelés état passif pour le cercle droit pour lequel $\sigma_{xx} > \sigma_{zz}$, et état actif pour le cercle de gauche où $\sigma_{xx} < \sigma_{zz}$. Le cas passif correspond au bulldozer : la paroi pousse sur le sable jusqu'à rupture. L'état limite actif est obtenu lorsque l'on recule la paroi. Le qualificatif de « passif » ou « actif » se réfère donc au sable : il est passif lorsqu'on pousse dessus (bulldozer), et actif lorsqu'il pousse le mur (figure 4.19). Dans le cas passif l'axe principal majeur est Ox, les lignes de failles sont donc orientées d'un angle de $\pm(\frac{\pi}{4}-\frac{\delta}{2})$ par rapport à Ox, alors que dans le cas actif, les failles sont orientées de $\pm(\frac{\pi}{4}-\frac{\delta}{2})$ par rapport à Oz (figure 4.19a). Un exemple de fracture observée lorsque l'on pousse sur le matériau (état passif) est présenté sur la figure 4.19b.

Le cisaillement plan – Revenons à la configuration de la boite de Casagrande présentée à la section 4.1.2 et reprenons l'analyse dans le cadre du cercle de Mohr. La plaque de dessus exerce une contrainte normale σ_{zz} sur le matériau. La contrainte tangentielle τ est alors augmentée jusqu'à la déformation. Pour caractériser complètement l'état de contrainte du matériau il nous manque la valeur de la contrainte normale horizontale σ_{xx} qui n'est pas réellement contrôlée dans cette expérience. Nous appellerons K le rapport entre la contrainte horizontale et la contrainte verticale $K = \sigma_{xx}/\sigma_{zz}$ (figure 4.20). Au début de l'expérience, $\tau = 0$. L'état de contraintes du système est alors représenté dans le plan de Mohr par le petit cercle de la figure 4.20, passant par les points $(\sigma_{xx}, 0)$ et $(\sigma_{zz}, 0)$. Lorsque τ augmente, le cercle doit passer par les

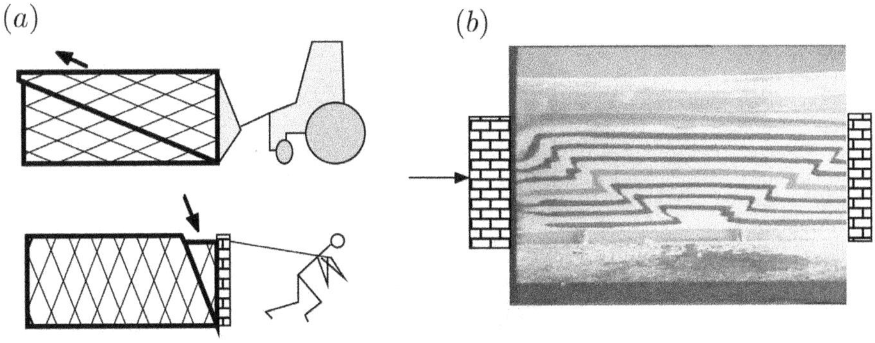

FIG. 4.19 – (*a*) Illustration des plans de rupture dans les deux états limites de Rankine : passif en haut, actif en bas. (*b*) Expérience de Buldozer : une couche de sable initialement préparée avec des strates horizontales de couleurs différentes est compressée entre deux parois.

points $(\sigma_{xx}, -\tau)$ et (σ_{zz}, τ). Le cercle gonfle donc en gardant le même centre. Le milieu cède lorsque le cercle devient tangent aux droites $\tau = \pm \tan\delta\ \sigma$.

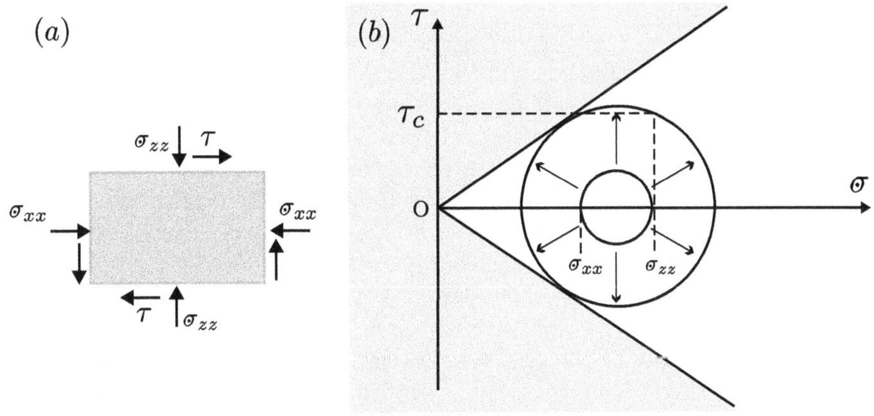

FIG. 4.20 – (*a*) Distribution des contraintes lors d'une sollicitation en cisaillement plan. (*b*) Représentation dans le plan de Mohr : le petit cercle correspond à l'état initial lorsque $\tau = 0$ et le grand à l'état critique lorsque la rupture a lieu.

Par construction géométrique, on en déduit alors que le centre du cercle de Mohr au moment de la rupture est donné par

$$\sigma_0 = \frac{1}{2}(\sigma_{zz} + \sigma_{xx}), \tag{4.21}$$

et que son rayon vérifie l'équation suivante

$$r = \sqrt{\frac{1}{4}(\sigma_{zz} - \sigma_{xx})^2 + \tau_c^2} \,. \tag{4.22}$$

Le critère de rupture donné par l'équation (4.16) stipule que le rapport entre le rayon et le centre du cercle de Mohr est égal au sinus de l'angle de friction $r/\sigma_0 = \sin\delta$. On trouve alors après quelques manipulations

$$\frac{|\tau_c|}{\sigma_{zz}} = \frac{1}{2}\sqrt{\sin^2\delta(1+K)^2 - (1-K)^2} \,. \tag{4.23}$$

Dans cette configuration de cisaillement plan, seule la contrainte normale σ_{zz} est fixée. L'autre contrainte normale σ_{xx} est *a priori* inconnue et la relation (4.23) ne suffit pas à déterminer la contrainte de cisaillement seuil τ_c. Il faut faire une hypothèse supplémentaire. On peut tout d'abord imaginer que la direction des lignes de glissement est la direction x. Cela revient à postuler que le critère de Coulomb est atteint selon la direction horizontale, ce qui implique $\tau_c = \tan\delta\ \sigma_{zz}$. On montre alors, d'après la relation (4.23), qu'il existe une différence de contraintes normales donnée par la relation

$$K = \frac{\sigma_{xx}}{\sigma_{zz}} = 1 + 2(\tan\delta)^2 \,. \tag{4.24}$$

Cette hypothèse est utilisée dans certaines études, notamment dans le cadre de la description des écoulements dans les équations moyennées dans l'épaisseur (Savage & Hutter, 1989 ; voir §6.3). Cependant, les simulations numériques de dynamique moléculaire réalisées en cisaillement plan ne confortent pas cette hypothèse car elles montrent que les différences de contraintes normales sont très faibles ; $\sigma_{xx} \simeq \sigma_{zz}$ (da Cruz *et al.*, 2005 ; Depken *et al.*, 2007). Il semble alors plus judicieux de supposer que $\sigma_{zz} = \sigma_{xx}$, c'est-à-dire que $K = 1$ dans l'équation (4.23). On obtient alors que la contrainte de cisaillement vaut $|\tau_c| = \sigma_{zz}\sin\delta$.

Cette relation est à comparer avec la relation (4.1) que nous avions introduite pour décrire le cisaillement plan, en définissant l'angle de friction δ_{cisail} comme $\tan\delta_{\text{cisail}} = |\tau_c|/\sigma_{zz}$. Le petit calcul que nous avons mené montre qu'il faut prendre des précautions lorsque l'on parle d'angle de friction, car sa définition dépend de la configuration. L'angle de friction δ_{cisail} défini à partir de la configuration en cisaillement plan, qui est également l'angle de talus, n'est pas égal à l'angle de friction introduit dans le modèle de Mohr-Coulomb δ_{Mohr} que l'on mesure en tests triaxiaux. Ils sont reliés par la relation simple

$$\tan\delta_{\text{cisail}} = \sin\delta_{\text{Mohr}} \,. \tag{4.25}$$

Ainsi pour le sable du test triaxial de la figure 4.6, on trouve $\delta_{\text{Mohr}} = 37{,}4°$, ce qui d'après la relation précédente signifie un angle de talus $\delta_{\text{cisail}} = 31{,}3°$.

Généralisation à trois dimensions et notion de surface de plasticité

Nous avons jusqu'à présent exprimé le critère de plasticité de Mohr-Coulomb comme un rapport critique entre la contrainte tangentielle et la contrainte normale qui s'exerce sur une surface, une description directement inspirée de l'analogie avec un patin frottant. La représentation du cercle de Mohr permet cependant d'exprimer le critère de plasticité plus formellement en fonction des composantes principales du tenseur des contraintes, une forme plus usuelle en théorie de la plasticité. En effet, l'équation (4.17) que nous avons trouvée pour la contrainte critique du test biaxial nous permet de relier les contraintes principales au seuil de plasticité. Celles-ci verifient

$$F(\sigma_1, \sigma_2) \equiv (\sigma_1 - \sigma_2)^2 - \sin\delta^2 (\sigma_1 + \sigma_2)^2 = 0. \tag{4.26}$$

La fonction F est appelée fonction de charge. Elle est négative en dessous du seuil et nulle au seuil. On peut donc dessiner les limites de plasticité dans le plan des contraintes principale (σ_1, σ_2) : ce sont deux droites symétriques par rapport à la diagonale (figure 4.21). Si l'état de contraintes est tel que l'on se trouve entre les deux droites, le matériau résiste. À partir de cette repré-

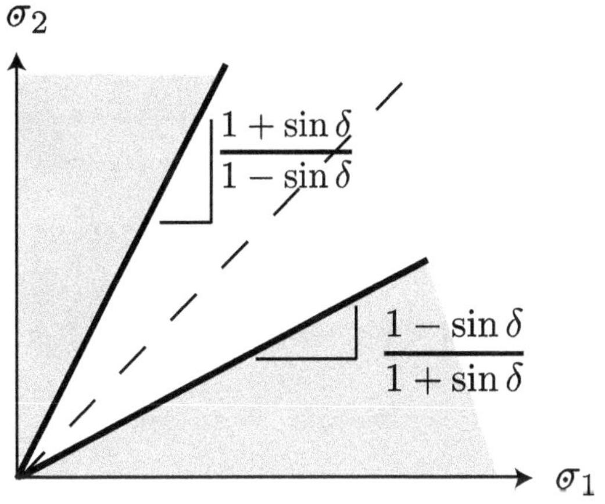

FIG. 4.21 – Critère de plasticité de Mohr-Coulomb dans l'espace des contraintes principales.

sentation, on peut généraliser le critère de plasticité au cas tridimensionnel. Le seuil de plasticité est alors représenté par une surface dans l'espace formé par les contraintes principales $(\sigma_1, \sigma_2, \sigma_3)$. La généralisation n'est pas unique mais le critère de friction, c'est-à-dire l'observation qu'il n'y a pas d'échelle de contrainte interne dans le système, nous impose que la surface de plasticité soit un cône centré sur la diagonale $\sigma_1 = \sigma_2 = \sigma_3$. Deux critères de plasticité basés sur un critère de friction sont couramment utilisés : le critère de Mohr-Coulomb et le critère de Drücker-Prager. Le critère de Mohr-Coulomb se généralise en supposant que la contrainte principale intermédiaire ne joue aucun rôle et que la fonction de charge est la même qu'à deux dimensions, exprimée avec les deux contraintes principales extrêmes

$$F_{\text{Coulomb}}(\sigma_1, \sigma_2, \sigma_3) \equiv \max\{(\sigma_1 - \sigma_2)^2 - \sin\delta^2(\sigma_1 + \sigma_2)^2, \\ (\sigma_2 - \sigma_3)^2 - \sin\delta^2(\sigma_2 + \sigma_3)^2, \\ (\sigma_3 - \sigma_1)^2 - \sin\delta^2(\sigma_3 + \sigma_1)^2\}. \qquad (4.27)$$

Le critère de Drücker-Prager s'exprime plus simplement par une relation linéaire entre la norme du déviateur des contraintes et la pression (voir encadré 3.4 pour la définition)

$$F_{\text{Drucker}}(\boldsymbol{\sigma}) = q^2 - (\sin\delta)^2 P^2 , \qquad (4.28)$$

où la pression P et la contrainte déviatorique q sont données par

$$P = \frac{1}{3}\text{tr}(\boldsymbol{\sigma}) , \quad \text{et} \quad q = ||\boldsymbol{\tau}|| = ||\boldsymbol{\sigma} - P\mathbf{I}|| , \qquad (4.29)$$

et où par définition la norme vaut $||\boldsymbol{\tau}|| = \sqrt{\frac{1}{2}\tau_{ij}\tau_{ij}}$.

La pression et la contrainte déviatorique peuvent être exprimées en fonction des contraintes principales

$$P = \frac{1}{3}(\sigma_1 + \sigma_2 + \sigma_3) , \qquad (4.30)$$

$$q = \sqrt{\frac{1}{6}\left((\sigma_1 - \sigma_2)^2 + (\sigma_2 - \sigma_3)^2 + (\sigma_3 - \sigma_1)^2\right)} . \qquad (4.31)$$

Ainsi, en termes de contraintes principales, la fonction de charge du critère de Drücker-Prager s'exprime ainsi

$$F_{\text{Drucker}}(\sigma_1, \sigma_2, \sigma_3) \equiv \frac{1}{6}\left((\sigma_1 - \sigma_2)^2 + (\sigma_2 - \sigma_3)^2 + (\sigma_3 - \sigma_1)^2\right) \\ -(\sin\delta)^2\left(\frac{\sigma_1 + \sigma_2 + \sigma_3}{3}\right)^2 . \qquad (4.32)$$

Dans l'espace des contraintes principales, le critère de Drücker-Prager est un cône cylindrique, tandis que le critère de Mohr-Coulomb est un cône de section hexagonale (figure 4.22). Pour discriminer expérimentalement ces critères de plasticité tridimensionnels, il convient de réaliser des tests pour lesquels on peut indépendamment contrôler les trois contraintes principales. Ces tests sont très délicats à réaliser et nécessitent de vraies cellules triaxiales dans lesquelles les contraintes dans les trois directions sont contrôlées indépendamment. Les simulations numériques basées sur la méthode des éléments discrets peuvent également être un outil approprié. Les observations montrent que la surface de plasticité dans la section des contraintes principales (figure 4.22*c*) présente une forme arrondie plus proche de Drücker-Prager que de Mohr-Coulomb. La forme n'est pas exactement circulaire, et d'autres critères ont été proposés, notamment le critère de Lade (1977).

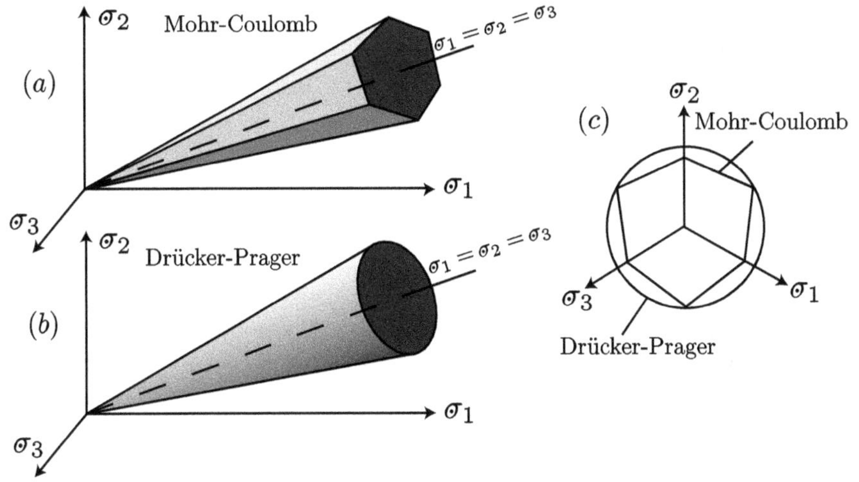

FIG. 4.22 – Surface de plasticité dans l'espace des contraintes principales. (*a*) Critère de Mohr-Coulomb. (*b*) Critère de Drücker-Prager. (*c*) Section perpendiculaire à l'axe des cylindres.

4.3.2 Déformations plastiques

Modèle de Drücker-Prager en termes de viscosité équivalente

Nous avons discuté jusqu'à présent du seuil de plasticité d'un milieu granulaire en le décrivant comment un milieu frottant. Le critère de rupture de Drücker-Prager (équivalent à Mohr-Coulomb à 2D) nous permet de prédire quand le milieu cède, mais ne dit rien en revanche sur les déformations qui se produisent. Si nous voulons modéliser un processus de déformation plastique, il nous manque ce que l'on appelle, en théorie de la plasticité, la règle d'écoulement, qui stipule comment la déformation plastique a lieu une fois le seuil atteint. Dans le cadre du modèle simpliste de Mohr-Coulomb qui s'applique aux grandes déformations et néglige les variations de fraction volumique, une règle d'écoulement pertinente consiste à considérer, d'une part que le matériau est incompressible et d'autre part, que les axes principaux du tenseur des taux de déformation coïncident avec les axes principaux du tenseur des contraintes. En d'autres termes, le milieu se contracte le long de l'axe principal majeur et se dilate le long de l'axe principal mineur. Cela revient simplement à proposer une relation linéaire entre le tenseur des taux de déformations $\dot{\boldsymbol{\epsilon}}$ et le déviateur des contraintes $\boldsymbol{\tau}$

$$\dot{\epsilon}_{ij} = \lambda \tau_{ij} = \lambda(\sigma_{ij} - P\delta_{ij}) \;, \tag{4.33}$$

où λ est un multiplicateur qui dépend de la position. Lorsque le seuil de plasticité est atteint, on sait d'après le critère de Drücker-Prager (équation (4.28)) que la contrainte déviatorique vérifie $q = ||\boldsymbol{\tau}|| = (\sin\delta)P$. En prenant la norme de l'équation (4.33) on trouve que $\lambda = ||\dot{\boldsymbol{\epsilon}}||/||\boldsymbol{\tau}||$, ce qui permet d'écrire la relation reliant le tenseur des contraintes et le tenseur des taux de déformation lorsque le seuil de plasticité est atteint

$$\tau_{ij} = \sin\delta \frac{\dot{\epsilon}_{ij} P}{||\dot{\boldsymbol{\epsilon}}||} , \tag{4.34}$$

où $||\dot{\boldsymbol{\epsilon}}|| = \sqrt{\frac{1}{2}\dot{\epsilon}_{ij}\dot{\epsilon}_{ij}}$. Cette équation et la condition d'incompressibilité

$$\dot{\epsilon}_{ii} = 0, \tag{4.35}$$

définissent entièrement le modèle de plasticité. Une telle formulation reliant contraintes et taux de déformation s'apparente à ce que l'on écrit en mécanique des fluides. Le terme $(\sin\delta)P/||\dot{\boldsymbol{\epsilon}}||$ devant le tenseur des taux de déformation dans l'équation (4.34) peut être interprété comme une viscosité. La viscosité diverge lorsque le taux de cisaillement tend vers zéro, ce qui assure l'existence d'un seuil d'écoulement : la contrainte ne s'annule pas lorsque l'écoulement s'arrête. Cette formulation peut alors être utilisée pour résoudre des problèmes d'écoulements (dans les silos par exemple), l'équation (4.34) pouvant être directement introduite dans les équations de conservation de la quantité de mouvement (encadré 3.4). De nombreuses études vont dans ce sens, mais il faut noter que cette équation de comportement n'est mathématiquement pas très bien posée et présente des problèmes de discontinuité et de perte d'unicité de solutions (Schaeffer, 1987, 1990), qui sont étroitement liés au caractère hyperbolique des équations d'équilibre. La formulation issue de la mécanique des fluides nous sera utile dans le chapitre 6, qui traite des effets visqueux lors d'écoulements denses de grains. D'autres formulations plus conventionnelles en mécanique des sols sont présentées dans le paragraphe suivant.

Modèle de Drücker-Prager en termes de fonction de charge et potentiel plastique

Les équations (4.34) et (4.35) décrivent le seuil de plasticité et donnent la direction selon laquelle les déformations ont lieu. Ce n'est cependant pas la seule représentation possible du modèle de Drücker-Prager. Une autre écriture plus conventionnelle en théorie de la plasticité et en mécanique des sols consiste à écrire le modèle en termes d'une fonction de charge et d'une fonction d'écoulement. Nous introduisons dans cette section ce concept classique de plasticité en l'appliquant au cas simple de Drücker-Prager.

Nous avons déjà introduit dans la section précédente la notion de fonction de charge. Il s'agit d'une fonction scalaire F du tenseur des contraintes dont l'annulation $F(\sigma_{ij}) = 0$ donne le seuil de plasticité. Pour le modèle simple de Mohr-Coulomb à 2D, la fonction de charge vaut

$$F(\sigma_{ij}) = ||\boldsymbol{\tau}||^2 - (\sin\delta)^2 P^2 , \tag{4.36}$$

où $\boldsymbol{\tau}$ est le déviateur des contraintes et P la pression (équations (4.29)).

Pour stipuler la manière dont s'effectuent les déformations au seuil, on introduit, par analogie avec l'énergie libre élastique, une autre fonction appelée potentiel plastique $G(\sigma_{ij})$ dont le gradient donne la direction des déformations

$$\dot{\epsilon}_{ij} = \lambda \frac{\partial G}{\partial \sigma_{ij}} , \tag{4.37}$$

où λ est un coefficient dépendant de la position. Se donner une fonction de charge F et un potentiel plastique G suffit à définir un modèle plastique. On peut montrer qu'une formulation identique s'applique pour les valeurs propres $\dot{\epsilon}_k$ du tenseur des taux de déformations, lorsque l'on exprime G en fonction des valeurs propres σ_k du tenseur des contraintes :

$$\dot{\epsilon}_k = \lambda \frac{\partial G}{\partial \sigma_k} . \tag{4.38}$$

Dans de nombreux problèmes de plasticité, la fonction G est choisie identique à la fonction F. On parle alors de règle d'écoulement associée. Quand la fonction G est différente de F, on parle de loi non associée. Nous ne rentrerons pas plus en détail dans ces notions et le lecteur est renvoyé à des ouvrages de plasticité (Hill, 1950 ; Wood, 1990).

Dans le cas de la description d'un milieu granulaire par le modèle de Drücker-Prager, il est aisé de montrer que l'hypothèse d'incompressibilité et de coaxialité de $\dot{\boldsymbol{\epsilon}}$ et $\boldsymbol{\tau}$ correspond à la fonction d'écoulement

$$G(\sigma_{ij}) = ||\boldsymbol{\tau}||^2 . \tag{4.39}$$

En effet, en appliquant la formule (4.37) à la fonction (4.39) on obtient la linéarité de l'équation (4.33). Puis, en utilisant la formulation en termes de valeurs propres (4.31) et (4.38), on retrouve l'incompressibilité. Les équations (4.36) et (4.39) sont donc équivalentes aux équations (4.34) et (4.35). Ce sont deux façons différentes de présenter le même modèle plastique. Le tableau 4.1 récapitule les deux formulations équivalentes du modèle de Drücker-Prager.

4.3.3 Conclusion sur le modèle de Mohr-Coulomb/Drücker-Prager

Il convient de garder à l'esprit que cette description de la plasticité d'un milieu granulaire en termes d'un milieu de Mohr-Coulomb est très grossière, et ne peut s'appliquer en toute rigueur qu'aux très grandes déformations, lorsque l'état critique est atteint. En particulier, la prédiction des déformations peut être très éloignée de la réalité si des phénomènes de localisation interviennent. Prenons par exemple le cas du test triaxial. Un modèle de milieu de Mohr-Coulomb incompressible tel que celui présenté précédemment prédit une déformation homogène orientée suivant les axes principaux comme dessinée sur la figure 4.23a. Cette prédiction se rapproche de ce qui est observé lorsque le milieu granulaire est initialement préparé dans un état lâche (figure 4.23*b*). Elle est très loin des observations faites pour un milieu initialement dense. Une bande de cisaillement se forme là où se concentrent les déformations. L'occurrence de ces zones de déformation localisée a fait l'objet de nombreuses études (Bardet & Proubet, 1991 ; Desrues, 1984 ; Viggiani *et al.*, 2004). Elles sont intrinsèquement liées à des processus de radoucissement des lois de comportement, c'est-à-dire à des processus qui induisent une décroissance de la contrainte en fonction de la déformation. Les variations de fraction volumique constituent un mécanisme possible de radoucissement. Pour un milieu dense qui a tendance à se dilater, nous avons vu que la contrainte diminue avec la déformation, source éventuelle de localisation. Nous ne rentrerons pas dans cet ouvrage dans les analyses de stabilité (Rudnicky & Rice, 1975 ; Rice, 1976) qui conduisent à une description générale du processus de localisation. Nous nous contentons dans la suite d'évoquer deux modèles de plasticité qui vont au-delà de Mohr-Coulomb en prenant en compte les variations de fraction volumique.

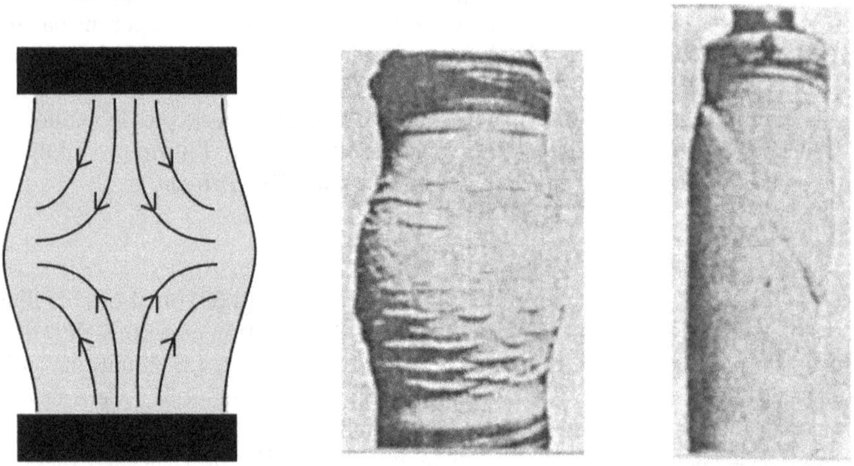

(*a*) (*b*) (*c*)

FIG. 4.23 – (*a*) Déformation prédite par le modèle de Mohr-Coulomb dans un triaxial. Déformation observée pour un milieu initialement lache (*b*) et initialement dense (*c*) (d'après Taylor, 1948).

4.4 Rôle de la fraction volumique : théorie des états critiques

Nous venons de voir que le modèle du matériau idéal de Mohr-Coulomb basé sur une écriture tensorielle d'une simple loi de friction est assez riche et permet de prédire raisonnablement des seuils de contraintes et parfois les directions de fracturation. Il ne permet cependant pas de rendre compte des observations décrites à la section 4.1.2 concernant le rôle de la fraction volumique initiale, qui joue un rôle déterminant dans les transitoires de déformation. Nous présentons dans ce chapitre deux théories qui introduisent la fraction volumique comme nouvelle variable interne. Ces théories sont appelées théories des états critiques (Schofield & Wroth, 1968 ; Wood, 1990). Elles sont basées sur l'hypothèse qu'à grandes déformations le milieu atteint un état critique, caractérisé par une fraction volumique constante, et un coefficient de friction constant. La première modélisation est la généralisation tensorielle du modèle scalaire évoqué à la section 4.2.2 qui introduit le concept d'angle de dilatance. Ce modèle est approprié aux faibles niveaux de confinement, tant que les grains peuvent être considérés comme rigides et indéformables. Le second modèle présenté est le modèle Cam-Clay très utilisé en mécanique des sols et qui s'applique à des milieux réels sous forts niveaux de confinement.

4.4.1 Modèle de Drücker-Prager dilatant

Ce modèle est inspiré de la discussion présentée dans la section 4.2.2 et a été proposé par Roux & Radjai (1998). L'hypothèse de base repose sur l'existence d'un état critique décrit par le modèle de Drücker-Prager : aux grandes déformations, le milieu se retrouve à une fraction volumique constante ϕ_c, et présente un angle de friction constant δ. Si en revanche on démarre à une fraction volumique différente $\phi \neq \phi_c$, alors le milieu se dilate ou se contracte. Pour prendre en compte ces variations, on introduit l'angle de dilatance ψ qui nous dit de combien le milieu se dilate quand on le déforme en cisaillement. Dans une formulation tensorielle, l'angle de dilatance est souvent introduit comme le rapport entre la partie sphérique du tenseur des taux de déformation, qui donne les variations de volume, et la partie déviatorique $\tilde{\dot{\boldsymbol{\epsilon}}} = \dot{\boldsymbol{\epsilon}} - \mathrm{tr}(\dot{\boldsymbol{\epsilon}})/3\ \boldsymbol{I}$ (voir encadré 3.4), qui quantifie le cisaillement

$$\sin\psi = \frac{1}{3}\frac{\mathrm{tr}(\dot{\boldsymbol{\epsilon}})}{||\tilde{\dot{\boldsymbol{\epsilon}}}||}. \tag{4.40}$$

À deux dimensions, on a

$$\sin\psi = \frac{1}{2}\frac{\mathrm{tr}(\dot{\boldsymbol{\epsilon}})}{||\tilde{\dot{\boldsymbol{\epsilon}}}||}. \tag{4.41}$$

Cette formulation est une généralisation de la relation $\tan\psi = \mathrm{d}\Delta Y/\mathrm{d}\Delta X$ obtenue dans la section 4.2.2 pour le cas du cisaillement plan (figure 4.10). Lorsque l'on raisonne à deux dimensions seulement, on peut alors montrer que cette définition de l'angle de dilatance est exactement la même que celle introduite en cisaillement plan. En effet, on montre après quelques manipulations que la relation (4.41) implique que $\tan\psi = \dot{\epsilon}_{zz}/2\dot{\epsilon}_{xz} = \frac{\partial v}{\partial z}/\frac{\partial u}{\partial z}$. Sachant que $\frac{\partial v}{\partial z} = \frac{\mathrm{d}\Delta Y/Y_0}{\mathrm{d}t}$ et $\frac{\partial u}{\partial z} = \frac{\mathrm{d}\Delta X/Y_0}{\mathrm{d}t}$, on retrouve l'expression de l'angle de dilatance.

En revanche, à trois dimensions la correspondance n'est pas exacte, et l'angle de dilatance défini par (4.40) n'est pas exactement celui défini intuitivement en cisaillement plan.

Une fois introduite la notion d'angle de dilatance, on peut écrire le critère de plasticité en supposant qu'il suit une loi de Drücker-Prager (voir §4.3.2) avec un angle de friction μ qui dépend de l'angle de dilatance ψ selon

$$F \equiv ||\boldsymbol{\tau}||^2 - \mu(\psi)^2 P^2 = 0. \tag{4.42}$$

La fonction $\mu(\psi)$ doit être égale au coefficient de friction critique $\sin\delta$ lorsque $\psi = 0$. Nous avons vu qu'un choix judicieux inspiré des modèles à deux couches est $\mu(\psi) = \sin(\delta + \psi)$ [1].

Il faut ensuite une loi d'écoulement qui stipule comment s'effectuent les déformations au-delà du seuil. En suivant le modèle de Mohr-Coulomb présenté précédement, on peut proposer la coaxialité entre le tenseur des contraintes et celui des taux de déformation. $\boldsymbol{\tau}$ est donc proportionnelle à $\tilde{\dot{\boldsymbol{\epsilon}}}$. Sous cette hypothèse et en se servant de l'expression du seuil de plasticité (4.42) on obtient l'expression suivante

$$\tau_{ij} = \mu(\psi) P \frac{\tilde{\dot{\epsilon}}_{ij}}{||\tilde{\dot{\boldsymbol{\epsilon}}}||} . \tag{4.43}$$

Notons que les relations (4.43) et (4.40) peuvent se réécrire en termes d'un potentiel plastique dont le gradient donne la direction du tenseur des taux de déformation

$$G(\sigma_{ij}) = ||\tau||^2 - 2\mu(\psi)\sin\psi P^2 . \tag{4.44}$$

Enfin, pour fermer le système, il faut exprimer que l'angle de dilatance est une fonction de la fraction volumique. Nous reprenons la proposition de Roux & Radjai (1998) d'une relation linéaire entre l'angle de dilatance et l'écart à la fraction volumique critique (relation (4.6))

$$\psi = K(\phi - \phi_c), \tag{4.45}$$

où K est une constante sans dimension. Si ϕ est supérieure à la fraction volumique critique ϕ_c, ψ est positif et le milieu se dilate. Inversement, si ϕ est inférieure à ϕ_c le milieu se contracte.

Ces trois équations (4.40), (4.43) et (4.45) constituent le modèle plastique de milieux granulaires le plus simple prenant en compte les effets de dilatance. Il a par exemple été utilisé pour décrire le rôle de la fraction volumique initiale dans le déclenchement d'avalanches sous-marines (Pailha & Pouliquen, 2009). Ce type d'approche est valide tant que l'état critique est indépendant de la pression de confinement, c'est-à-dire dans la limite des sphères rigides. À fort niveau de confinement, par exemple en géotechnique, des phénomènes d'abrasion, de cassure de grains et de compression plastique ont lieu. Il faut alors

1. Notons que comme pour le passage du modèle du patin au modèle de Mohr-Coulomb, l'écriture fait ici intervenir un sinus plutôt qu'une tangente.

prendre en compte le fait que l'état critique n'est pas le même selon le niveau de compression, comme nous l'avons vu sur la figure 4.3*d* : la fraction volumique critique dépend de la pression. D'autres modèles phénoménologiques de plasticité existent, qui tentent de coupler les variations de volume et les contraintes. Nous présentons à la section suivante un modèle popularisé par l'école de Cambridge, le modèle Cam-Clay.

4.4.2 Modèle Cam-Clay

Le modèle plastique de Cam-Clay a été initialement proposé pour décrire les argiles. Il est souvent présenté comme une théorie des états critiques pouvant s'appliquer aux milieux granulaires (Schofield & Wroth, 1968; Wood, 1990). Le principe reste identique au modèle de Drücker-Prager dilatant présenté dans la section précédente. On suppose que le milieu évolue aux grandes déformations vers un état critique caractérisé par un coefficient de friction $\sin\delta$ et une fraction volumique critique ϕ_c qui dépend maintenant de la pression de confinement P. On écrit alors une fonction de charge qui donne le seuil de plasticité en fonction de la contrainte et de la fraction volumique, et une loi d'écoulement stipulant comment se font les déformations quand on atteint le seuil. Nous présentons ici le modèle appelé Cam-Clay modifié qui est une variante du modèle original. La fonction de charge proposée s'écrit

$$F(\sigma, \phi) = q^2 - \sin\delta^2 P^2 \left(\frac{P_0(\phi)}{P} - 1\right), \tag{4.46}$$

où $q = ||\boldsymbol{\tau}||$ est la contrainte déviatorique et $P = \mathrm{tr}\,\boldsymbol{\sigma}/3$ est la pression. $P_0(\phi)$ est une fonction de la fraction volumique que nous préciserons ultérieurement. Par rapport au critère de Mohr-Coulomb qui est une droite dans le plan (q, P), la surface limite de plasticité dans le critère de Cam-Clay est une demi-ellipse que nous avons dessinée sur la figure 4.24. Une différence importante avec le critère de Mohr-Coulomb (figure 4.14*b*) est la plongée de la limite de plasticité aux grandes pressions de confinement. Cette loi de plasticité prévoit qu'en compression isotrope c'est-à-dire quand $q = 0$, le milieu peut tout de même atteindre le seuil plastique et se déformer si la pression atteint le niveau critique $P_0(\phi)$. Introduire cette fonction $P_0(\phi)$ suppose qu'il existe une échelle de contrainte dans la modélisation. Nous quittons donc ici l'approximation des milieux granulaires rigides à laquelle nous nous sommes interessés jusqu'à présent et qui était caractérisée par l'absence de toute échelle de contrainte interne. Le fait de pouvoir comprimer un milieu granulaire sous pression purement isotrope est lié soit à la déformabilité des grains, soit à leur fracture. Dans le modèle Cam-Clay, le lien entre cette pression limite P_0 et la fraction volumique ϕ est supposé suivre la forme suivante

$$\frac{1}{\phi} = N - \lambda \ln P_0\ , \tag{4.47}$$

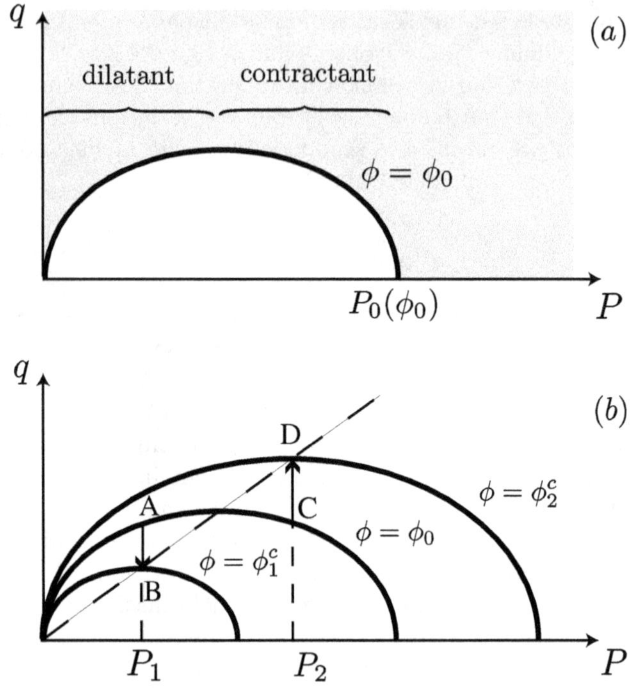

FIG. 4.24 – Modèle de Cam-Clay. (*a*) Limite de plasticité dans le plan de Mohr (q, P) pour une fraction volumique constante. (*b*) Exemple d'évolutions de la surface de plasticité en partant d'une fraction volumique ϕ_0. Lorsque la pression de confinement est P_1, on part du point A pour arriver en B à une fraction volumique ϕ_1^c. Pour une pression de confinement P_2, on part de C pour arriver sur D à une fraction volumique ϕ_2^c.

où N et λ sont des constantes. Cette équation peut se réécrire

$$P_0(\phi) = P^* \exp\left(-\frac{\phi^*}{\phi}\right) , \tag{4.48}$$

où $P^* = \exp(N/\lambda)$ et $\phi^* = 1/\lambda$ sont des caractéristiques du matériau. Cette formulation est motivée par les mesures expérimentales effectuées à fort niveau de contraintes qui semblent montrer que sous compression isotrope le taux de vide, c'est-à-dire l'inverse de la fraction volumique, décroît linéairement avec le logarithme de la pression. Signalons dès à présent que cette formulation empirique ne s'applique pas à faible pression de confinement puisqu'elle prédit que la fraction volumique tend vers zéro lorsque la pression tend vers zéro.

Enfin, le modèle Cam-Clay propose comme loi d'écoulement une loi dite associée, c'est-à-dire que le potentiel plastique G est identique à la fonction de charge F, ce qui permet d'écrire que le tenseur des taux de déformation est donné par

$$\dot{\epsilon}_{ij} = \lambda \frac{\partial F}{\partial \sigma_{ij}} \,. \tag{4.49}$$

On peut montrer en utilisant par exemple les formulations en termes de valeurs propres (4.38) que les équations (4.49) et (4.46) peuvent se réécrire sous la forme des deux équations suivantes en termes de viscosité équivalente et de condition cinématique sur la dilatance

$$\tau_{ij} = \sin\delta\; P\sqrt{\frac{P_0(\phi)}{P} - 1}\,\frac{\dot{\tilde{\epsilon}}_{ij}}{||\dot{\tilde{\epsilon}}||} \,, \tag{4.50}$$

$$\frac{\dot{\epsilon}_{kk}}{||\dot{\tilde{\epsilon}}||} = -2\sin\delta \frac{\frac{P_0(\Phi)}{P} - 2}{\sqrt{\frac{P_0}{P} - 1}} \,. \tag{4.51}$$

Cette dernière écriture permet de montrer que l'état critique atteint lorsqu'il n'y a plus de variation de fraction volumique, c'est-à-dire lorsque $\dot{\epsilon}_{kk} = 0$, correspond à une pression P_c et une fraction volumique ϕ_c reliées par la relation $P_c = P_0(\phi_c)/2$. Dans le plan de Mohr, ce point correspond au sommet de la demi-ellipse (figure 4.24). D'après le critère de plasticité, la contrainte critique vaut $q_c = \sin\delta P_c$. On retouve donc un critère de Mohr-Coulomb pour l'état critique (la succession des sommets des ellipses tracées pour différents ϕ forme une droite), alors que le critère de rupture à ϕ constant n'est pas un critère de Coulomb. Regardons un peu plus en détail comment l'état critique est atteint dans le modèle lorsqu'on réalise par exemple un test triaxial. Partons d'un milieu à la fraction volumique ϕ_0 confiné à une pression isotrope $P_1 < P_0(\phi_0)/2$, c'est-à-dire à gauche du sommet de la demi-ellipse. Lorsque l'on augmente la contrainte déviatorique q, on atteint le seuil de plasticité au point A. Mais la loi d'écoulement (4.51) nous indique que le milieu se dilate de sorte que la fraction volumique diminue ($\dot{\epsilon}_{kk}$ est négatif d'après l'équation 4.51). La demi-ellipse se réduit donc, car P_0 diminue, jusqu'à ce que l'on atteigne la fraction volumique critique ϕ_c^1 telle que $P_0(\phi_c^1) = 2P_1$ et qu'il n'ait plus de variation de ϕ. Le point de fonctionnement est alors le point B. De même, si on part de l'autre coté de la demi-ellipse avec une pression $P_2 > P_0(\phi_0)/2$, le milieu commence à se déformer lorsqu'on atteint le point C. Mais d'après (4.51) la fraction volumique augmente et la demi-ellipse grandit jusqu'à ce que le système atteigne la fraction volumique critique ϕ_c^2 telle que $P_0(\phi_c^2) = 2P_2$ au point D. Lors du chemin de A à B (resp. de C à D) la contrainte de cisaillement a diminué (resp. augmenté). On retrouve ici le couplage entre dilatance et friction. Le modèle Cam-Clay permet donc de décrire l'effet de dilatance ou contractance. Il est utilisé comme modèle de base des sols. Les différentes écritures du modèle Cam-Clay sont récapitulées dans le tableau 4.1, qui permet d'un coup d'oeil de voir les différents modèles de plasticité que nous avons discutés dans ce chapitre.

TAB. 4.1 – Récapitulatif des trois modèles de plasticité discutés dans ce chapitre. Les deux premières lignes donnent la description de type mécanique des fluides (relation contrainte-déformation et contrainte cinématique), les deux dernières donnent la formulation de type plasticité (fonction de charge, loi d'écoulement).

	Drücker-Prager	Drücker-dilatant	Cam-Clay
Relation contrainte-déformation	$\tau_{ij} = \sin(\delta) P \frac{\tilde{\dot{\epsilon}}_{ij}}{\lvert\lvert \tilde{\dot{\boldsymbol{\epsilon}}} \rvert\rvert}$	$\tau_{ij} = \sin(\delta + \psi) P \frac{\tilde{\dot{\epsilon}}_{ij}}{\lvert\lvert \tilde{\dot{\boldsymbol{\epsilon}}} \rvert\rvert}$	$\tau_{ij} = \sin \delta P \sqrt{\frac{P_0(\phi)}{P} - 1} \frac{\tilde{\dot{\epsilon}}_{ij}}{\lvert\lvert \tilde{\dot{\epsilon}} \rvert\rvert}$
Contrainte cinématique	$\dot{\epsilon}_{kk} = 0$	$\frac{\dot{\epsilon}_{kk}}{\lvert\lvert \tilde{\dot{\boldsymbol{\epsilon}}} \rvert\rvert} = 3 \sin \psi$	$\frac{\dot{\epsilon}_{kk}}{\lvert\lvert \tilde{\dot{\epsilon}} \rvert\rvert} = -2 \sin \delta \frac{\frac{P_0(\Phi)}{P} - 2}{\sqrt{\frac{P_0}{P} - 1}}$
Fonction de charge F	$F = \lvert\lvert \boldsymbol{\tau} \rvert\rvert^2 - \sin(\delta)^2 P^2$	$F = \lvert\lvert \boldsymbol{\tau} \rvert\rvert^2 - \sin(\delta + \psi)^2 P^2$	$F = \lvert\lvert \boldsymbol{\tau} \rvert\rvert^2 - \sin \delta^2 P^2 \left(\frac{P_0(\phi)}{P} - 1 \right)$
Loi d'écoulement G	$G = \lvert\lvert \boldsymbol{\tau} \rvert\rvert^2$	$G = \lvert\lvert \boldsymbol{\tau} \rvert\rvert^2 - 2 \sin(\delta + \psi) \sin(\psi) P^2$	$G = \lvert\lvert \boldsymbol{\tau} \rvert\rvert^2 - \sin \delta^2 P^2 \left(\frac{P_0(\phi)}{P} - 1 \right)$

4.5 Aller plus loin dans les modélisations plastiques

Les sections précédentes ont montré différentes approches pour décrire la plasticité des milieux granulaires, principalement basées sur l'idée de friction et de dilatance. Dans cette section nous évoquons les différentes pistes qui sont développées pour affiner la description de la plasticité des milieux granulaires.

4.5.1 Prise en compte de l'élasticité

Les descriptions que nous avons présentées précédemment sont des modèles plastiques rigides. Aucune déformation n'a lieu en dessous du seuil de plasticité. Bien que souvent très rigide, un milieu granulaire présente des déformations élastiques sous faibles contraintes, déformations qui sont non-triviales comme nous l'avons vu au chapitre 3. Pour prendre en compte ces déformations élastiques sous le seuil de plasticité, il faut développer des modèles élasto-plastiques qui décrivent le matériau comme un milieu élastique en dessous du seuil, et comme un milieu plastique au-dessus. Soulignons que dans la littérature, l'introduction d'un comportement élastique dans les modèles plastiques est plus souvent motivée par des considérations d'implémentation numérique que par le souci de capturer la physique des milieux granulaires sous le seuil de plasticité. En effet, la présence d'élasticité permet d'implémenter la plasticité dans des codes aux éléments finis de manière relativement simple, alors que l'implémentation d'une loi parfaitement rigide est plus délicate (voir encadré 4.2). Le principe d'une description élasto-plastique est de

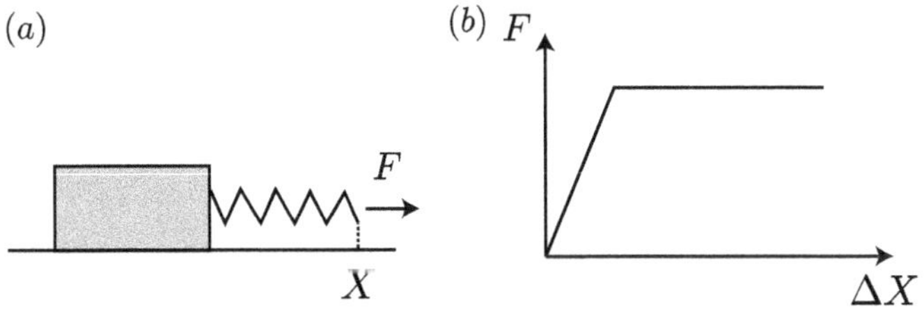

FIG. 4.25 – Principe de l'élastoplasticité sur un modèle unidimensionel.

raisonner sur les incréments de déformations $d\epsilon$ qui ont lieu lors d'une petite modification du chargement, et de les scinder en une partie élastique $d\epsilon^e$ et une partie plastique $d\epsilon^p$

$$d\epsilon = d\epsilon^e + d\epsilon^p. \tag{4.52}$$

Dans une représentation unidimensionelle, cela revient à considérer un patin en série avec un ressort, comme représenté à la figure 4.25. Lorsque l'on tire sur le système, la déformation est initialement entièrement encaissée par le ressort, le patin étant bloqué jusqu'à ce que la contrainte soit suffisante pour dépasser le seuil de friction. La résolution pratique d'un problème élasto-plastique est présentée à l'encadré 4.2, où l'on montre que le système se réduit dans une écriture incrémentale, à une relation linéaire entre l'incrément de contrainte et l'incrément de déformation. C'est ce qui permet une implémentation aisée dans les codes éléments finis.

Encadré 4.2

Comment résoudre numériquement un problème élasto-plastique

Considérons un milieu continu décrit par une loi élasto-plastique. Les déformations se décomposent donc en une partie élastique et une partie plastique $d\epsilon = d\epsilon^e + d\epsilon^p$. La partie élastique est contrôlée par une loi de comportement supposée linéaire

$$d\sigma_{ij} = C_{ijkl} d\epsilon^e_{kl} \,. \qquad (4.53)$$

La partie plastique est contrôlée par une loi de comportement définie par la fonction de charge $F(\boldsymbol{\sigma})$ et la loi d'écoulement $G(\boldsymbol{\sigma})$.

Pour résoudre numériquement le problème, on discrétise l'espace par exemple en éléments finis. Le milieu est initialement à l'équilibre avec une distribution de contraintes $\boldsymbol{\sigma}$. On impose ensuite un petit incrément de déplacement sur la frontière du domaine et on cherche le nouvel état d'équilibre. Pour ce faire on peut par exemple résoudre localement pour chaque maille une équation de la dynamique de la forme

$$\rho \frac{d^2\mathbf{X}}{dt^2} = -\nabla \cdot \boldsymbol{\sigma} - A \frac{d\mathbf{X}}{dt} \,, \qquad (4.54)$$

où $\mathbf{X}$ est le champ de déplacement et A un coefficient visqueux qui assure que, par itération, le système converge vers la solution d'équilibre $\nabla \cdot \boldsymbol{\sigma} = 0$. Connaissant l'incrément de déplacements $d\epsilon$ en tout point, il faut calculer l'incrément de contraintes $d\boldsymbol{\sigma}$ partout, ce qui permet ensuite en résolvant l'équation (4.54) de trouver les nouvelles positions, donc les nouvelles déformations et ainsi de suite jusqu'à ce que le nouvel état d'équilibre soit atteint. Le gros du travail consiste donc à calculer $d\boldsymbol{\sigma}$ à partir de $d\epsilon$. Le principe est le suivant.

Si $F(\boldsymbol{\sigma}) < 0$, le système est en dessous du seuil de plasticité et l'incrément de contraintes est donné par l'élasticité $d\sigma_{ij} = C_{ijkl} d\epsilon_{kl}$. Si $F(\boldsymbol{\sigma}) = 0$, le milieu est au seuil de plasticité. On calcule alors un incrément de contraintes élastiques fictif donné par la même relation $d\sigma^e_{ij} = C_{ijkl} d\epsilon_{kl}$, qui correspondrait à l'incrément de contraintes si le milieu était purement élastique.

On teste ensuite si le nouvel état de contraintes donné par cet incrément est à l'intérieur du domaine élastique. Si oui, c'est-à-dire si $F(\boldsymbol{\sigma} + \mathrm{d}\boldsymbol{\sigma}^e) \leq 0$, alors l'incrément élastique est bien le bon incrément de contrainte. En revanche, si $F(\boldsymbol{\sigma} + \mathrm{d}\boldsymbol{\sigma}^e) > 0$, l'incrément de contraintes calculé sur la base élastique n'est plus le bon car il y a une contribution plastique. L'incrément de contraintes est cependant toujours donné par l'équation (4.53) qui peut donc s'écrire d'après la décomposition des déformations

$$\mathrm{d}\sigma_{ij} = C_{ijkl}(\mathrm{d}\epsilon_{kl} - \mathrm{d}\epsilon^p_{kl}). \tag{4.55}$$

L'incrément plastique est donné par la loi d'écoulement

$$\mathrm{d}\epsilon^p_{ij} = \lambda G'_{ij}\ , \tag{4.56}$$

avec la notation $G'_{ij} = \partial G / \partial \sigma_{ij}$ que nous utiliserons également pour les derivées de F. On obtient donc l'expression suivante pour l'incrément de contrainte

$$\mathrm{d}\sigma_{ij} = C_{ijkl}\left(\mathrm{d}\epsilon_{kl} - \lambda G'_{kl}\right). \tag{4.57}$$

Nous savons de plus que l'état de contraintes ne peut pas dépasser la surface de plasticité. Ainsi, on a $F(\boldsymbol{\sigma} + \mathrm{d}\boldsymbol{\sigma}) = 0$ ce qui, sachant que $F(\boldsymbol{\sigma}) = 0$, implique

$$F'_{i'j'}\mathrm{d}\sigma_{i'j'} = 0. \tag{4.58}$$

Si on injecte (4.57) dans (4.58), on trouve que la constante de proportionnalité λ est donnée par

$$\lambda = \frac{F'_{i'j'}C_{i'j'kl}\mathrm{d}\epsilon_{kl}}{F'_{st}C_{stuv}G'_{uv}}\ . \tag{4.59}$$

Cette relation, injectée dans l'équation (4.57), permet donc de relier l'incrément de contraintes à l'incrément de déformations sous une forme linéaire qui s'implémente facilement numériquement

$$\mathrm{d}\sigma_{ij} = D_{ijkl}\mathrm{d}\epsilon_{kl} \quad \text{avec} \quad D_{ijkl} = \left(C_{ijkl} - \frac{C_{ijk'l'}G'_{k'l'}F'_{i'j'}C_{i'j'kl}}{F'_{st}C_{stuv}G'_{uv}}\right). \tag{4.60}$$

Cette analyse incrémentale est à la base de toutes les simulations de milieux élasto-plastiques (Ciarlet & Lions, 1995).

4.5.2 Chemins de chargement plus complexes

Lorsque le milieu est soumis à des chargements qui changent souvent de direction, les modèles simples que nous avons introduits s'avèrent insuffisants pour décrire les observations. C'est par exemple ce qui se passe en sollicitation cyclique, lorsque le milieu est soumis à une succession de chargements et de déchargements (par des vibrations par exemple). L'état du milieu oscille sans cesse en passant sous le seuil de plasticité puis en repassant au-dessus, et ainsi de suite. Ces passages successifs se traduisent souvent par un fluage du matériau (souvent, par une compaction, voir section 3.1.4) dans des zones où le milieu devrait être rigide ou élastique d'après les modèles discutés jusqu'à présent. Ces observations ont motivé des approches purement phénoménologiques ayant pour but de formellement gommer la transition brutale entre zone élastique et zone plastique (Darve, 1990 ; Tamagnini, 2005). Elles consistent pour la plupart à proposer une écriture incrémentale généralisée similaire à celle trouvée dans les modèles élasto-plastiques (voir encadré 4.2). L'incrément de déformation est alors relié à l'incrément de contraintes par une formule du type

$$\mathrm{d}\epsilon_{ij} = M_{ijkl}(\boldsymbol{\sigma})\mathrm{d}\sigma_{kl} \ , \tag{4.61}$$

où M_{ijkl} est un tenseur d'ordre 4. Si ces modèles rencontrent des succès dans les applications, de sérieuses difficultés existent dans ces approches purement phénoménologiques. D'une part, la calibration des fonctionnelles M_{ijkl} est extrêment difficile, même si des arguments de symétrie et des considérations de causalité permettent de restreindre le nombre de paramètres ajustables. D'autre part, dans ce type d'approche, l'interprétation en termes de phénomènes physiques devient difficile.

4.5.3 Phénomènes de localisation

Dans les modèles de plasticité que nous avons introduits dans ce chapitre, aucune échelle de longueur n'est présente. Nous avons considéré le milieu granulaire comme un milieu continu, en oubliant totalement la taille élémentaire des grains. Les lois constitutives plastiques que nous avons discutées ne font donc pas intervenir le diamètre d des particules. Or dans certaines configurations, les expériences montrent que les déformations plastiques peuvent se concentrer dans des zones très localisées qui s'étendent sur une dizaine de tailles de particules. Ces zones correspondent à un mouvement de cisaillement intense et sont appelées bandes de cisaillement. Elles sont observées dans les tests triaxiaux comme nous l'avons discuté dans la section 4.3.3 (figure 4.16), mais également dans les cellules de cisaillement, sur les parois des silos. Les modélisations plastiques classiques peuvent permettre de prédire qu'un phénomène de localisation peut exister, mais réduise la bande de cisaillement à des discontinuités de déformation. Or les observations montrent qu'elles présentent une taille finie, typiquement d'une dizaine de tailles de grains. La volonté de décrire proprement les bandes de cisaillement a motivé le développement de théories plastiques plus élaborées, dans lesquelles la taille des grains intervient explicitement dans les lois constitutives. Plusieurs approches existent qui consistent soit à considérer que les lois constitutives dépendent des gradients des taux de déformation, soit à introduire des champs supplémentaires. Un champ qui est souvent considéré est la rotation locale du milieu. Les milieux ainsi modélisés sont appelés milieux de

Cosserat ou milieux micro-polaires. La nécessité d'écrire les lois constitutives pour la rotation locale et le couple local, fait naturellement intervenir la taille des grains et permet de capturer la taille finie des bandes de cisaillement (Mühlhaus & Vardoulakis, 1987 ; Mohan *et al.*, 2002 ; Nott & Rao, 2009).

Encadré 4.3

Analyse microscopique de la plasticité

Dans ce chapitre, nous avons abordé la plasticité des milieux granulaires en termes de milieu continu sans regarder en détail ce qu'il advient des grains. Ces modèles restent donc phénoménologiques et ne sont pas issus d'une analyse précise des processus à l'échelle des grains. Parvenir à construire une modélisation continue à partir des mécanismes prenant place à l'échelle granulaire reste un problème majeur, encore largement ouvert. Les tentatives existent qui se fondent sur des méthodes d'homogénéisation. Le principe revient à supposer que les déformations macroscopiques subies par le milieu s'appliquent également à l'échelle microscopique au niveau des grains. On peut ainsi raisonner sur un petit ensemble de grains, résoudre la répartition des forces qui se développent entre eux, puis moyenner pour remonter aux contraintes à l'échelle macroscopique. Ces méthodes supposent donc une grande homogénéité du milieu puisque l'on suppose qu'un petit nombre de grains est représentatif de l'ensemble. Or, lorsque l'on regarde un peu plus précisément à l'aide de simulations numériques discrètes ce qu'il advient des grains lorsqu'une déformation macroscopique est imposée, on observe de fortes fluctuations qui s'étendent sur des tailles de plusieurs dizaines de tailles de grains. La figure E4.2 montre par exemple les fluctuations de vitesse des grains soumis à un cisaillement plan. On observe de fortes corrélations prenant la forme de tourbillons. Le rôle que jouent ces fluctuations et corrélations ainsi que leur prise en compte dans les modélisations, sont des questions qui motivent un grand nombre de recherches.

Cette quête d'une meilleure compréhension entre la dynamique microscopique et macroscopique pour la plasticité des milieux granulaires participe d'un mouvement plus général concernant les matériaux amorphes, c'est-à-dire ne présentant pas de structure cristalline. Les mousses, les verres ou les plastiques sont des milieux désordonnés dont les propriétés plastiques posent des problèmes similaires aux milieux granulaires. La difficulté provient du désordre inhérent à leur structure. Dans le cas de matériaux à structure cristalline, comme les métaux, la plasticité est bien comprise, et le lien entre processus microscopiques et déformations macroscopiques procède d'une analyse détaillée des processus de dislocation. En revanche, pour les matériaux désordonnés, les processus microscopiques sont encore très mal connus. La première étape serait de caractériser l'événement élémentaire plastique dans ces matériaux qui serait l'équivalent d'un mouvement de dislocation dans les cristaux. Des études sur les mousses ou des modèles simples de verres semblent montrer qu'il existe bien un phénomène générique de mouvement élémentaire correspondant à un échange de voisins entre bulles dans le cas de mousses liquides, à un mouvement irréversible de retournement de quelques molécules dans les verres (figure E4.3). Ces événements induisent des fluctuations de contraintes à longue portée et seraient donc capables de donner lieu à des dynamiques complexes, le déclenchement d'un événement pouvant en entraîner un autre. La compréhension de la plasticité des amorphes avance donc à grands pas, et il est probable que ces progrès dans la compréhension des phénomènes plastiques élémentaires pourront permettre de proposer des modélisations continues pertinentes.

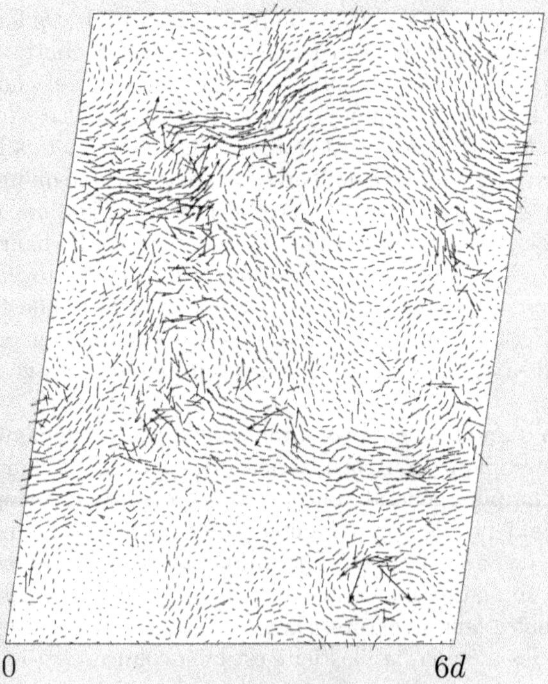

FIG. E4.2 – Fluctuations de vitesses des particules dans une simulation de cisaillement plan (d'après Radjai & Roux, 2002).

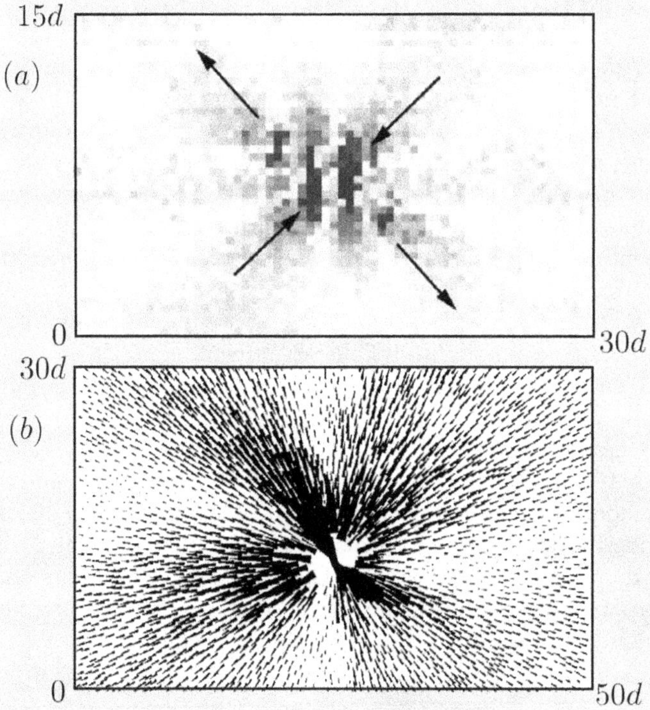

FIG. E4.3 – (*a*) Champ de contraintes induit par un réarrangement élémentaire (T1) dans une simulation de mousse cisaillée (Kabla & Debrégeas, 2003). (*b*) Champ de déplacement induit par un réarrangement élémentaire dans une simulation de verre de Lennard-Jones (Maloney & Lemaitre, 2006).

4.5.4 Vers les écoulements granulaires

Les problèmes que nous avons traités dans ce chapitre sur la plasticité des milieux granulaires sont tous quasi-statiques. Les déformations considérées sont très lentes et la réponse du milieu ne dépend pas de la vitesse de la sollicitation. Cela apparaît clairement dans le tableau 4.1, où pour les trois modèles de plasticité discutés, l'expression de la contrainte en fonction du taux de déformation est indépendante de la norme $||\dot{\epsilon}||$ du taux de déformation. Ces modèles trouvent leurs limites dans des situations où les vitesses de déformation ne sont plus petites, de sorte que le taux de déformation commence à avoir une influence. C'est typiquement le cas dans les avalanches granulaires. Cette question du rôle des vitesses de déformation est au cœur de la rhéologie des écoulements granulaires, qui fera l'objet des deux chapitres suivants consacrés aux écoulements dilués (chapitre 5) et denses (chapitre 6).

4.6 Plasticité des milieux cohésifs

Tout ce dont nous avons discuté jusqu'à présent sur la plasticité se rapporte à des milieux granulaires secs sans aucune force d'attraction entre les grains. Or nous avons vu au chapitre 2 que la présence d'humidité, d'électricité statique, de forces de van der Waals ou de ponts solides entre les grains introduisent des effets de cohésion qui changent les propriétés mécaniques des empilements et notamment les seuils de plasticité. La possibilité de former des châteaux de sable ou de creuser dans la farine des parois verticales sont des caractéristiques propres aux milieux cohésifs. Ces géométries, plus complexes que le simple tas de sable conique observé avec les milieux granulaires secs, sont liées à la possibilité qu'ont les milieux cohésifs de supporter des contraintes en traction. Dans cette section nous allons nous appuyer sur les informations données au chapitre 2 sur les différentes forces d'interactions entre deux grains, pour aborder les propriétés de cohésion à l'échelle macroscopique et tenter de comprendre comment la présence de forces entre les particules modifie le comportement global de l'édifice. La phénoménologie des milieux cohésifs est tout d'abord discutée, ce qui nous permet d'introduire le modèle de Mohr-Coulomb cohésif. Dans un deuxième temps nous présentons des approches simplifiées qui permettent de faire un lien entre forces microscopiques et contraintes macroscopiques de cohésion.

4.6.1 Phénoménologie des milieux granulaires cohésifs

Le tas de sable humide

Une première expérience simple pour évaluer le rôle de la cohésion sur un milieu granulaire consiste à introduire quelques gouttes de liquide dans un milieu granulaire et à observer l'influence sur l'angle maximal du tas de sable que l'on peut former (Bocquet *et al.*, 2002). En pratique, cette expérience a été réalisée dans une géométrie de tambour tournant. Un cylindre est à moitié rempli du matériau et mis en rotation lentement autour de son axe horizontal. La rotation augmente l'angle de la surface jusqu'à un angle critique θ_m auquel une avalanche se produit (figure 4.26). Les expériences montrent que cet angle maximal de stabilité augmente fortement dès que l'on injecte un peu de liquide dans le milieu granulaire, mais sature très rapidement avec la quantité de liquide ajoutée. Des phénomènes similaires sont observés quand on augmente l'humidité de l'atmosphère ambiante plutôt que d'ajouter du liquide comme discuté à l'encadré 4.4.

L'étude du déclenchement d'avalanche permet donc aisément de mettre en évidence l'effet de la cohésion sur la résistance des matériaux granulaires mais met en jeu des processus d'écoulement qui seront discutés au chapitre 6. Comme dans le cas sec, des configurations où les déformations sont imposées, comme la cellule de cisaillement, sont plus adaptées pour étudier la plasticité des milieux cohésifs.

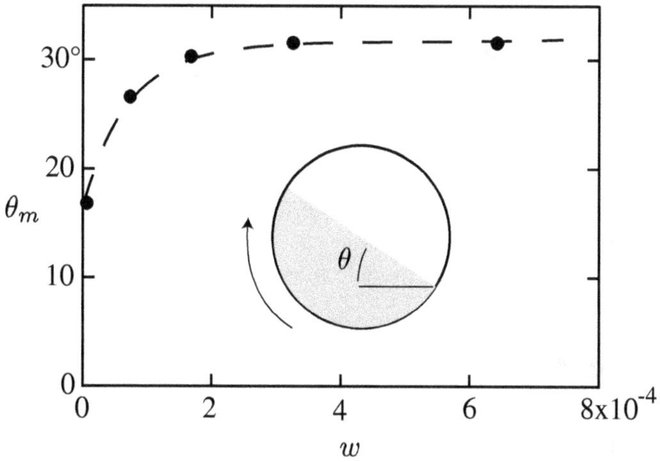

FIG. 4.26 – Variation de l'angle maximal de stabilité dans un tambour tournant en fonction de la fraction massique d'huile (masse d'huile sur masse des particules) mélangée aux grains (d = 0,5 mm) (d'après Nowak *et al.*, 2005).

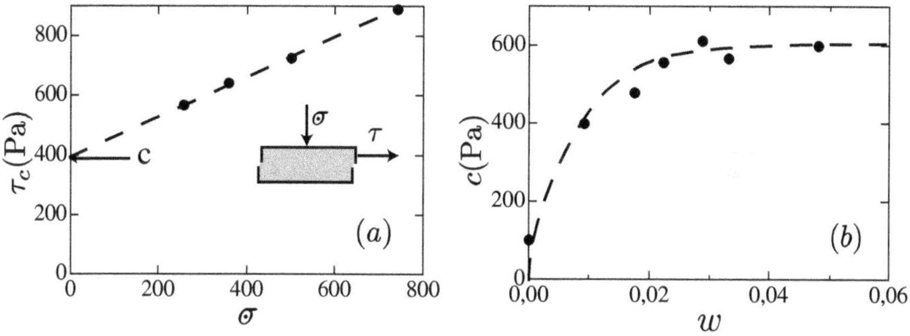

FIG. 4.27 – (a) Seuil de plasticité en cellule de cisaillement d'un mélange de sable de 200 μm et de 1 % d'eau en masse. (b) Cohésion c fonction de la fraction massique d'eau w. Données issues de Richefeu *et al.* (2006).

La cellule de cisaillement

Il est possible de réaliser des tests de seuil de plasticité sur les milieux granulaires cohésifs similaires à ceux effectués sur les milieux secs, à l'aide par exemple d'une cellule de cisaillement ou bien d'un essai triaxial. La figure 4.27 montre un exemple de mesure de la contrainte tangentielle critique τ_c en fonction de la contrainte normale appliquée σ obtenue dans une cellule de cisaillement pour un sable mouillé. Comme dans le cas sec, la contrainte tangentielle critique varie linéairement avec la contrainte normale, une signature du caractère frictionnel du milieu. Mais une différence fondamentale apparaît : la courbe limite de plasticité ne passe plus par l'origine. Cela signifie que le seuil de plasticité ne s'annule pas lorsque $\sigma = 0$ mais prend une valeur $\tau_c = c$. Il existe donc une contrainte intrinsèque c liée au matériau qui lui confère une résistance interne en l'absence de tout chargement. Si l'on extrapole les points de mesures, le seuil de plasticité τ_c s'annule pour une contrainte normale négative, c'est-à-dire pour une contrainte de traction. Il existe donc une gamme de contraintes de traction que le milieu peut supporter dans se déformer. Comme dans le cas sec, il est possible à partir de ces observations de développer un modèle plastique de Mohr-Colomb cohésif.

Encadré 4.4

Effet d'humidité

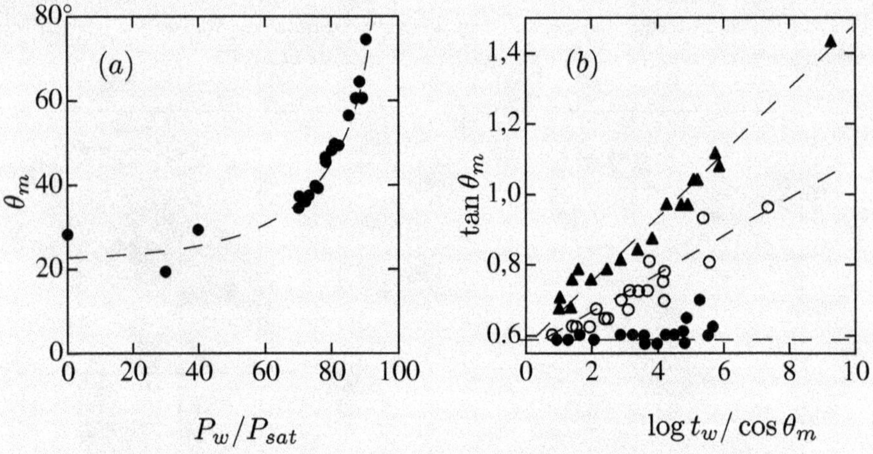

FIG. E4.4 – (a) Variation de l'angle maximal de stabilité dans un tambour tournant en fonction du taux d'humidité (rapport de la pression de vapeur sur la pression de vapeur saturante) (d'après Fraisse *et al.*, 1999). (b) Variation de l'angle maximal de stabilité en fonction du logarithme du temps d'attente, pour trois humidités différentes (3 %, 23 %, 43 %) (d'après Restagno *et al.*, 2002).

Dans beaucoup d'applications pratiques, et notamment lors de la manipulation de poudres fines, l'humidité joue un rôle important. Elle constitue un facteur non négligeable d'apparition d'une cohésion dans le milieu. Cette cohésion est induite par la nucléation de ponts capillaires au niveau des contacts entre grains, un phénomène en lui-même assez complexe. Pour mieux comprendre l'influence de l'humidité, des études ont été réalisées en atmosphère contrôlée, où la pression de vapeur P_w peut varier entre zéro et la pression de vapeur saturante qui correspond à 100 % d'humidité. La figure E4.4*a* montre que l'angle maximal de stabilité dans un tambour tournant augmente fortement avec l'humidité ambiante quand celle-ci dépasse 70 %. Plus l'atmosphère est humide, plus il y a de ponts capillaires qui créent de la cohésion. Des études plus systématiques menées par Restagno *et al.* (2002) ont montré que la cohésion du milieu dépend également du temps d'attente avant de faire la mesure de l'angle maximal de stabilité. La figure E4.4*b* montre que l'angle de stabilité varie comme le logarithme du temps d'attente. Plus l'échantillon est resté longtemps dans l'atmosphère, plus il resiste à une forte inclinaison. Cet effet est imputable à la dynamique de formation des ponts capillaires au niveau des contacts, qui est un phénomène activé par la température (Bocquet *et al.*, 2002).

4.6.2 Modèle de Mohr-Coulomb cohésif

De manière phénoménologique, le critère de Mohr Coulomb introduit à la section 4.3 peut être modifié en stipulant que le milieu cède si la contrainte tangentielle τ atteint la contrainte seuil $\tau_c = c + \tan\delta\,\sigma$, où σ est la contrainte normale. L'angle δ est l'angle de friction et c mesure la cohésion du milieu. c est la contrainte tangentielle seuil qu'il faut appliquer, à contrainte de confinement σ nulle, pour déformer le matériau. Ce modèle prédit donc que le milieu résiste à des contraintes normales en traction ($\sigma < 0$) dans la limite $\sigma > -c/\tan\delta$. Comme dans le cas des milieux granulaires secs, le raisonnement dans le plan de Mohr permet de formuler un critère de plasticité en fonction des contraintes principales. En considérant le triangle rectangle O'AB de la figure 4.28*a*, on montre que le critère de Mohr-Coulomb cohésif s'exprime en fonction des contraintes principales σ_1 et σ_2 selon

$$F(\sigma_1, \sigma_2) = (\sigma_1 - \sigma_2)^2 - \sin\delta^2 \left(\sigma_1 + \sigma_2 + \frac{2c}{\tan\delta}\right)^2 = 0\,. \tag{4.62}$$

De cette formulation, il est alors aisé d'estimer par exemple la hauteur maximale que peut avoir un château de sable (figure 4.28*b*). Si le château est modélisé par un parallélépipède de hauteur h, les directions principales des contraintes sont dirigées *a priori* selon l'horizontale et la verticale. La contrainte principale horizontale est nulle car aucune force ne s'applique sur les côtés : $\sigma_1 = \sigma_{xx} = 0$. La contrainte verticale à l'altitude z est donnée par le poids de la colonne au-dessus : $\sigma_2 = \sigma_{zz} = \rho g(h - z)$. La partie la plus fragile de l'empilement se situera tout en bas où $\sigma_{zz}^{\max} = \rho g h$. D'après le critère de Mohr-Coulomb cohésif (4.62), la hauteur maximale est donc égale à

$$h_{\max} = \frac{2c\cos\delta}{\rho g(1 - \sin\delta)}\,. \tag{4.63}$$

La hauteur maximale est donc proportionnelle à la contrainte de cohésion c. Pour un sable fin mouillé (200–300 µm), nous allons voir dans la section

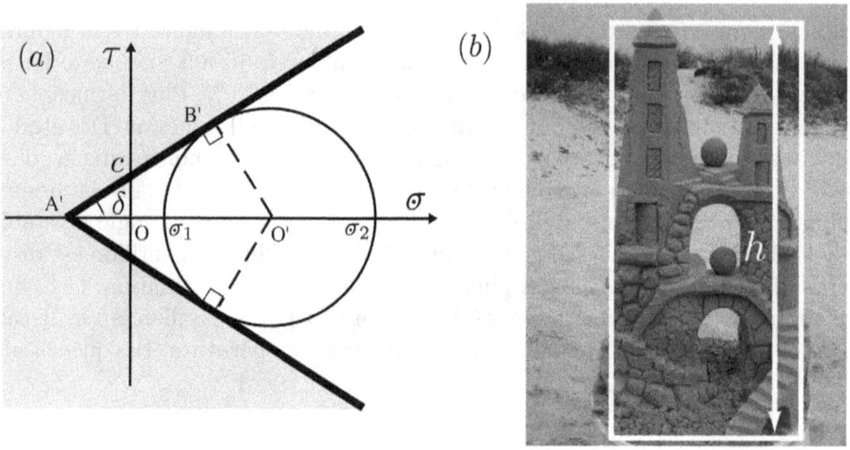

FIG. 4.28 – (*a*) Cercle de Mohr pour un milieu cohésif. (*b*) Château de sable.

suivante que la contrainte de cohésion c vaut typiquement 700 Pa, l'angle de friction δ est de l'ordre de 35° et la densité apparente $\rho = \rho_p\phi \simeq 1400\ \mathrm{kg\,m^{-3}}$, ce qui donne une hauteur maximale d'environ 20 cm. À ce stade, c est un paramètre qui a été introduit empiriquement pour modéliser les tests de plasticité. Nous présentons dans la prochaine section une estimation de cette contrainte obtenue en raisonnant à l'échelle microscopique sur les forces d'attraction entre grains et les propriétés des empilements granulaires (Richefeu *et al.*, 2006).

4.6.3 Estimation de la cohésion macroscopique

Afin d'estimer les contraintes macroscopiques du milieu liées à la cohésion entre grains, nous allons dans un premier temps considérer l'écriture des contraintes en fonction des forces interparticules que nous avons introduites au chapitre 3. Nous pouvons estimer par exemple la contrainte normale σ_{xx}, qui d'après l'équation (3.22), s'écrit

$$\sigma_{xx} = \frac{1}{V}\sum_c f_x^c b_x^c, \tag{4.64}$$

où la somme s'effectue sur tous les contacts c dans le volume V, et $\mathbf{f}^c$ et $b^c\mathbf{n}$ sont respectivement la force de contact et le vecteur reliant le centre des particules au contact en c (figure 4.29). Le nombre de contacts par unité de volume est égal au nombre de contacts par particule (le nombre de coordinance Z) divisé par le volume moyen qu'occupe une particule $V_p = \pi d^3/6\phi$, où ϕ est la fraction volumique de l'empilement, le tout divisé par 2 pour ne pas

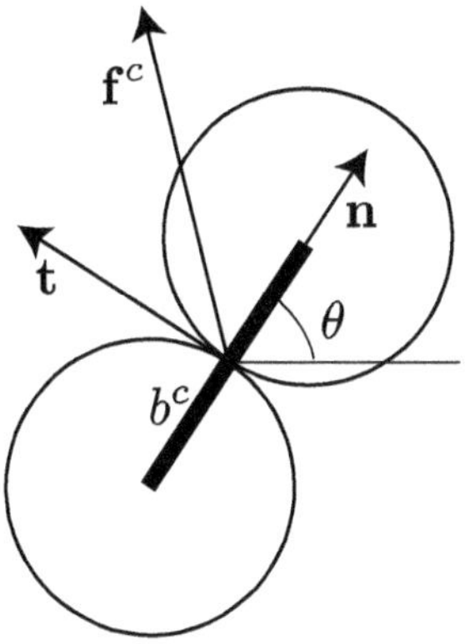

FIG. 4.29 – Force de contact entre deux grains servant au calcul de la contrainte.

compter deux fois les contacts. L'équation (4.64) peut se réécrire

$$\sigma_{xx} = \frac{3\phi Z \langle f_x^c b_x^c \rangle}{\pi d^3}, \tag{4.65}$$

où les crochets indiquent la moyenne sur tous les contacts. Si l'on décompose $\mathbf{f}^c$ selon la normale $\mathbf{n}$ et la tangente $\mathbf{t}$ au contact, $\mathbf{f} = f_n\mathbf{n} + f_t\mathbf{t}$, on a alors $f_x = f_n \cos\theta - f_t \sin\theta$ et $b_x = d\cos\theta$, où θ est l'angle que fait la normale au contact avec l'axe des x et d le diamètre des particules. Il est alors possible de réécrire l'expression de la contrainte en fonction de la force normale f_n en supposant une répartition uniforme des angles θ dans l'échantillon

$$\sigma_{xx} = \frac{3\phi Z \langle f_n \rangle}{2\pi d^2}. \tag{4.66}$$

Cette formulation est utile pour estimer la contrainte seuil de plasticité en présence de ponts solides entre les grains ou en présence de forces attractives.

Considérons dans un premier temps un empilement dans lequel les grains sont légèrement soudés par un pont solide (léger frittage, cristallisation...). Ces liens sont caractérisés par une force de résistance en traction maximale f_c, au-delà de laquelle ils cassent. D'après la formulation (4.66), on en déduit immédiatement que le milieu résiste en dessous d'une contrainte de traction maximale égale à

$$\sigma_c = \frac{3\phi Z f_c}{2\pi d^2}. \tag{4.67}$$

Considérons maintenant le cas d'un milieu rendu cohésif par la présence de ponts capillaires aux contacts entre grains. Dans un premier temps, nous supposons qu'aucune contrainte supplémentaire n'est appliquée à l'empilement. L'existence de forces d'attraction induit, par simple équilibre à chaque contact, l'existence de forces de contacts entre grains, égales et opposées à l'attraction. En l'absence de tout chargement extérieur, il existe donc des contraintes internes données par la formule (4.66) dans laquelle on peut estimer la force normale par l'intensité des forces capillaires. Nous avons vu au chapitre 2 que la force d'interaction capillaire entre deux sphères de diamètre d ne dépend pas de la quantité d'eau présente, pour peu qu'il y en ait assez pour gommer les rugosités de surface des particules. Dans ce régime, la force d'interaction est donnée par $F_{\text{cap}} = \pi\gamma_{LV} d \cos\theta$, où γ_{LV} est la tension de surface liquide-vapeur et $\cos\theta$ l'angle de contact (voir équation (2.27)). Sans aucun chargement externe additionnel, les grains sont soumis à une contrainte de compression interne σ^{int} égale à

$$\sigma^{\text{int}} = \frac{3\phi Z \cos\theta \gamma_{LV}}{2d} . \tag{4.68}$$

Réalisons maintenant un test de cisaillement du milieu en le soumettant comme indiqué sur la figure 4.27*a* à une contrainte normale externe σ^{ext}, et à une contrainte de cisaillement τ^{ext}. Le seuil de plasticité est donné par le critère de Coulomb sec appliqué à la contrainte normale totale que subissent les grains c'est-à-dire la somme des contraintes $\sigma^{\text{ext}} + \sigma^{\text{int}}$. La contrainte de cisaillement critique τ_c verifie donc

$$\tau_c = \tan\delta(\sigma^{\text{ext}} + \sigma^{\text{int}}) = c + \tan\delta\,\sigma^{\text{ext}}, \tag{4.69}$$

où

$$c = \tan\delta\,\sigma^{\text{int}} = \frac{3\tan\delta\phi Z \cos\theta\gamma_{LV}}{2d}. \tag{4.70}$$

Nous retrouvons donc le critère empirique de Mohr-Coulomb cohésif introduit dans la section précédente et obtenons une estimation de la contrainte de cohésion c en fonction des caractéristiques de l'empilement et de la tension superficielle du liquide. Ce calcul simple montre que dans le cas de forces d'attraction, la cohésion provient d'une pré-compression interne du milieu. Une dernière remarque importante porte sur le rôle de la quantité de liquide sur la cohésion de l'empilement. Dans l'expression (4.69) seul le nombre de ponts capillaires par particules Z dépend de la quantité de liquide. Des simulations numériques montrent qu'il croît faiblement avec celle-ci et vaut environ 7 pour des empilements de sphères (Richefeu *et al.*, 2006). La cohésion d'une assemblée de grains partiellement remplie de liquide dépend donc assez peu de la quantité de liquide mais dépend fortement de la taille des grains. Pour un fluide mouillant ($\theta = 0$), on trouve pour une assemblée de sphères de diamètre $d = 1$ mm et d'eau ($\gamma_{LV} = 70.10^{-3}$ N m^{-1}) une cohésion de l'ordre de 250 Pa.

Chapitre 5

Gaz granulaires

Les chapitres précédents montrent qu'un milieu granulaire peut se comporter comme un solide. À l'autre extrémité, quand on agite fortement un ensemble de grains, on obtient un milieu très agité qui ressemble à un gaz, avec des particules qui interagissent uniquement lors de collisions binaires quasi-instantanées. Dans ce chapitre, nous abordons ce régime « gazeux » de la matière granulaire. Historiquement, l'analogie entre un écoulement granulaire agité et un gaz a ouvert la voie au développement d'une théorie cinétique des milieux granulaires, dont le but est d'obtenir des équations hydrodynamiques pour décrire les écoulements dilués et rapides de grains. Trouver les équations constitutives pour ce régime a fait l'objet de nombreuses études au cours des trentes dernières années. Dans un premier temps, nous discutons brièvement les analogies et les différences entre les gaz granulaires et les gaz classiques, et introduisons la notion de température granulaire (§5.1). Nous présentons ensuite une première approche phénoménologique de la théorie cinétique des milieux granulaires qui permet de saisir physiquement l'origine des différents coefficients de transport (§5.2). Une description plus complète de la théorie cinétique basée sur l'équation de Boltzmann des gaz inélastiques est ensuite présentée (§5.3). Dans la section 5.4, nous appliquons les équations de la théorie cinétique à différentes situations qui mettent en évidence le rôle de la dissipation lors des collisions sur l'hydrodynamique des gaz granulaires. Enfin, nous discutons dans la dernière section (§5.5) les limites de la théorie cinétique, en particulier lorsque le milieu devient dense.

5.1 Analogies et différences avec un gaz

La figure 5.1 présente deux exemples de milieux granulaires qui se situent dans le régime « gazeux ». Le premier est obtenu en vibrant verticalement une boîte contenant des billes (Falcon *et al.*, 1999). Le second est un écoulement sur un plan incliné de billes d'acier, où des particules dévalent une pente sous

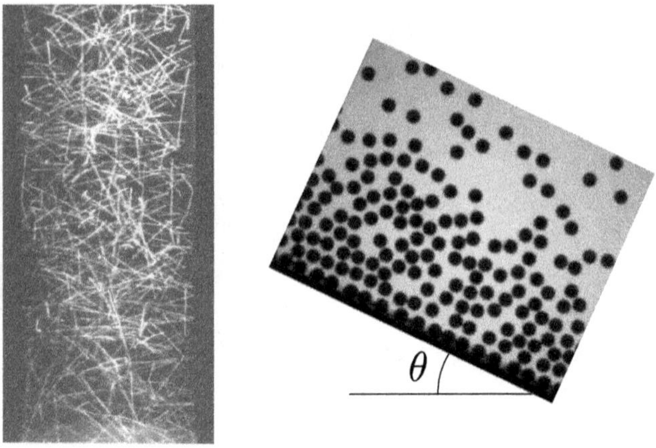

(*a*) (*b*)

FIG. 5.1 – Exemples de « gaz granulaires ». (*a*) Grains dans une boîte fortement vibrée (d'après Falcon *et al.*, 1999). (*b*) Écoulement de billes d'acier sur une pente fortement inclinée (d'après Azanza, 1998).

l'action de la gravité (Azanza, 1998 ; Chevoir, 2008). Dans les deux cas le milieu ressemble à un gaz. Les particules sont très agitées, bougent indépendamment les unes des autres sauf au moment des collisions.

Cette analogie entre un milieu granulaire agité et un gaz fut pour la première fois introduite pour décrire les anneaux de Saturne, « *the most remarkable bodies in the heavens* » (Maxwell, 1859). Cette structure composée de particules de glace en rotation constitue un exemple spectaculaire de gaz granulaire comme nous le verrons à la section 5.4.3. Les travaux de Maxwell sur la théorie cinétique des gaz au XIXe siècle, étendus dans les années 1970 aux cas de particules inélastiques, ont été en grande partie motivés par cette question d'Astronomie. Dans un autre contexte, Bagnold fit dès 1954 l'analogie entre les molécules d'un gaz et les collisions entre grains dans un écoulement pour établir des relations constitutives dans un régime de suspensions concentrées (Bagnold, 1954). Mais c'est véritablement avec la notion de température granulaire, introduite par Ogawa en 1978, qu'une théorie cinétique des milieux granulaires s'inspirant de celles des gaz moléculaires a été développée (Ogawa, 1978 ; Savage & Jeffrey, 1981 ; Haff, 1983 ; Jenkins & Savage, 1983 ; Lun *et al.*, 1984 ; Jenkins & Richman, 1985 ; Brilliantov & Pöschel, 2004). Par analogie avec les gaz, on décompose la vitesse de translation instantanée d'une particule $\mathbf{v}$ en une vitesse moyenne $\mathbf{u}$ et une partie fluctuante $\delta\mathbf{v}$, soit $\mathbf{v} = \mathbf{u} + \delta\mathbf{v}$. La température granulaire est alors définie par

$$T \equiv \langle \delta\mathbf{v}^2 \rangle. \tag{5.1}$$

Comme pour un gaz, la température granulaire est reliée à la partie fluctuante de l'énergie cinétique des particules. En revanche, sa définition (5.1) diffère de la définition classique de la température thermique (en kelvin) par un facteur $3k_B/m$, où k_B est la constante de Boltzmann et m la masse des particules. La température granulaire est donc homogène à une vitesse au carré. Cette différence souligne, s'il est nécessaire, que la température granulaire n'a rien à voir avec la température thermodynamique d'un grain liée à l'agitation de ses atomes.

La différence fondamentale entre un gaz granulaire et un gaz moléculaire est la dissipation d'énergie lors des collisions. Nous avons vu au chapitre 2 que cette perte d'énergie peut être décrite en première approximation par un coefficient de restitution e constant. Dans le cas d'une collision entre deux particules de même masse m et de vitesses initiales $\mathbf{v}_1$ et $\mathbf{v}_2$, nous avons vu que la dissipation d'énergie cinétique lors d'une collision ΔE_c est donnée par l'expression (voir relation 2.18)

$$\Delta E_c = -\frac{m}{4}\left(1 - e^2\right)\left[(\mathbf{v_2} - \mathbf{v_1}) \cdot \mathbf{k}\right]^2, \tag{5.2}$$

où $\mathbf{k}$ est le vecteur d'impact (figure 2.6). Il y a bien perte d'énergie cinétique (le terme de droite est toujours négatif), qui est d'autant plus faible que le coefficient d'inélasticité est proche de 1. Cette dissipation est la différence fondamentale avec un gaz moléculaire. Pour rester dans un état agité, il est nécessaire d'injecter de l'énergie continuellement pour contrebalancer les pertes dues aux collisions à l'échelle des grains. Dès lors, les écoulements rapides et dilués s'observent uniquement lorsque l'énergie fournie au système (l'intensité de la vibration ou la pente du plan incliné) est suffisamment grande pour vaincre la dissipation présente lors des collisions.

5.2 Théorie phénoménologique : modèle de Haff (1983)

L'analogie entre un milieu granulaire agité et un gaz permet de construire une théorie cinétique des milieux granulaires qui s'inspire de la théorie cinétique des gaz denses. L'obtention rigoureuse des équations constitutives pour un gaz granulaire dissipatif est cependant complexe et fait encore aujourd'hui l'objet de débats (Dufty, 2002 ; Goldhirsch, 2003). Nous présentons ici une approche heuristique proposée par Haff (1983). Elle ne décrit que les situations denses mais permet de cerner l'origine microscopique des coefficients de transports. Nous verrons dans la section 5.3 une approche plus complète à partir de l'équation de Boltzmann.

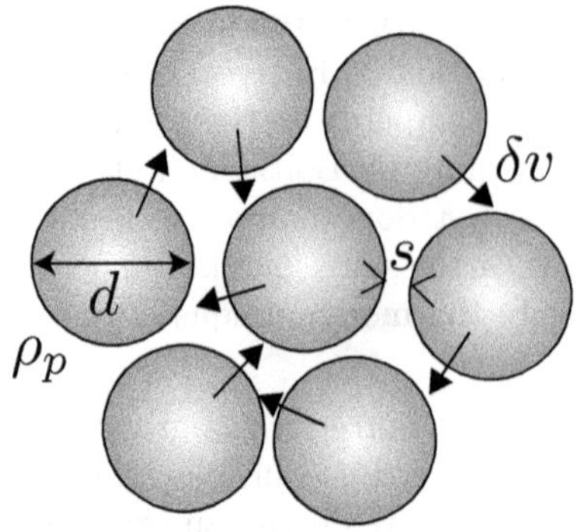

FIG. 5.2 – Principe du modèle de Haff : un ensemble dense de grains agités interagissent par collisions binaires instantanées.

5.2.1 Équations de conservation

On considère un ensemble de particules sphériques de diamètre d et de densité ρ_p. Aux fondements de la théorie cinétique, on émet l'hypothèse que les particules interagissent uniquement lors de collisions binaires et instantanées. Nous allons de plus nous restreindre ici au cas dense : on suppose que la fraction volumique ϕ occupée par les billes est proche de la fraction volumique maximale ϕ_c quand les billes se touchent. Pour décrire la densité du milieu granulaire, nous utilisons dans la suite la distance moyenne interparticulaire s plutôt que la fraction volumique ϕ. La relation entre s et ϕ se trouve en écrivant simplement qu'une particule occupe un volume proportionnel à $(s+d)^3$, soit $\phi \simeq d^3/(s+d)^3$. De plus, sachant que pour $s=0$, $\phi=\phi_c$, on en déduit

$$\frac{\phi}{\phi_c} = \frac{1}{(1+s/d)^3}. \tag{5.3}$$

L'hypothèse de milieu dense se traduit en termes de distance interparticule par $s \ll d$. Elle nous permet de nous affranchir des effets de compressibilité et de supposer par la suite l'écoulement incompressible. La situation considérée est donc celle d'un gaz de particules proches les unes des autres, qui s'agitent et se cognent dans la cage formée par leurs voisines (figure 5.2).

Haff fait ensuite l'hypothèse que les équations de conservation de la masse, de la quantité de mouvement et l'équation de l'énergie pour ce gaz en fonction de la densité du milieu $\rho = \rho_p\phi$, de la vitesse moyenne de l'écoulement $\mathbf{u}$ et la température granulaire T s'écrivent[1]

$$\frac{\partial u_j}{\partial x_j} = 0 , \tag{5.4}$$

$$\rho\left(\frac{\partial u_i}{\partial t} + u_j\frac{\partial u_i}{\partial x_j}\right) = \rho g_i - \frac{\partial P}{\partial x_i} + \frac{\partial}{\partial x_j}\left(2\eta\dot{\epsilon}_{ij}\right) , \tag{5.5}$$

$$\frac{1}{2}\rho\left(\frac{\partial T}{\partial t} + u_j\frac{\partial T}{\partial x_j}\right) = 2\eta\dot{\epsilon}_{ij}\dot{\epsilon}_{ij} + \frac{\partial}{\partial x_j}\left(K\frac{\partial T}{\partial x_j}\right) - \Gamma , \tag{5.6}$$

où P est la pression, η la viscosité, K la conductivité thermique et Γ le taux de dissipation. Le tenseur $\dot{\epsilon}_{ij}$ est le tenseur symétrique des taux de déformation $\dot{\epsilon}_{ij} = \frac{1}{2}(\partial u_i/\partial x_j + \partial u_j/\partial x_i)$ (voir encadré 3.4).

L'équation (5.4) exprime simplement la conservation de la masse sous l'hypothèse d'incompressibilité. L'équation de la quantité de mouvement (5.5) est une équation de type Navier-Stokes, où l'accélération est égale à la somme des forces de gravité, du gradient de la pression et des forces visqueuses. Le tenseur des contraintes est supposé s'écrire comme pour un fluide newtonien incompressible, $\sigma_{ij} = -P\delta_{ij} + 2\eta\dot{\epsilon}_{ij}$ (voir encadré 3.4). Enfin, l'équation de l'énergie (5.6) indique que la variation d'énergie interne, qui se résume ici à l'énergie cinétique due au mouvement fluctuant des grains, provient de l'équilibre entre trois termes. Le premier terme $2\eta\dot{\epsilon}_{ij}\dot{\epsilon}_{ij}$ est la puissance des forces visqueuses par unité de volume. Le second terme est la divergence du flux de chaleur $q_i = -K\partial T/\partial x_i$ (loi de Fourier). Enfin le troisième terme Γ représente la perte d'énergie due aux collisions inélastiques par unité de temps et par unité de volume.

Les équations (5.4)–(5.6) ainsi écrites sont exactement celles d'un gaz dense de sphères dures dans l'approximation de Navier-Stokes (Chapman & Cowling, 1970), auxquelles on a ajouté le terme de dissipation Γ. Ce dernier terme, spécifique aux milieux granulaires, joue un rôle fondamental, comme nous le verrons dans la section 5.4. Pour fermer les équations, il reste à déterminer la dépendance de la pression P, de la viscosité η, de la conductivité K et du taux de dissipation Γ en fonction de la densité ρ et de la température T.

5.2.2 Coefficients de transport

Nous allons raisonner sur les transferts qui ont lieu lors des collisions pour déterminer la dépendance des coefficients de transport avec la densité et la température. Si $\delta v = \sqrt{T}$ est l'ordre de grandeur des fluctuations de vitesse, alors le temps entre deux collisions pour une particule est égal au temps qu'il faut pour parcourir la distance interparticulaire s, c'est-à-dire $s/\delta v$. Le nombre de collisions par unité de temps est donc de l'ordre de $\delta v/s$.

1. On utilise ici la notation d'Einstein pour les indices. Celle-ci stipule que lorsque l'indice d'une variable apparaît deux fois dans un terme, cela sous-entend la sommation sur toutes les valeurs que peut prendre cet indice. Par exemple, $(\partial u_j/\partial x_j)$ signifie $\sum_j(\partial u_j/\partial x_j)$; $\dot{\epsilon}_{ij}\dot{\epsilon}_{ij}$ signifie $\sum_{ij}\dot{\epsilon}_{ij}\dot{\epsilon}_{ij}$.

Calcul de la pression

Considérons le milieu sans écoulement moyen, avec une température et une densité uniformes. Une particule s'agite dans la cage formée par ses voisines et transfère la quantité de mouvement $m\delta v$ à chaque collision. La pression est la contrainte qui résulte de ces transferts, soit[2]

$$P = \frac{\text{transfert de q.d.m. lors d'une collision} \times \text{taux de collision}}{\text{surface effective d'une collision}}. \quad (5.7)$$

La pression dans le gaz granulaire évolue donc comme

$$P \sim \frac{m\delta v \ \times \ \delta v/s}{d^2}, \quad (5.8)$$

c'est-à-dire ($m \sim \rho_p d^3$)

$$P \sim \rho_p \frac{d}{s} T. \quad (5.9)$$

On retrouve une variation linéaire de la pression avec la température, comme pour un gaz moléculaire classique. La pression diverge lorsque la distance entre grains s'annule, ce qui est caractéristique des gaz denses.

Calcul de la viscosité

Pour obtenir l'expression de la viscosité, considérons un écoulement unidirectionnel selon Ox, caractérisé par un cisaillement moyen $\mathrm{d}u/\mathrm{d}z$ constant comme sur la figure 5.3a. La température et la densité du milieu sont supposées uniformes. Le gaz étant dense, une particule de la couche A possède une vitesse relative $\Delta u = d\ \mathrm{d}u/\mathrm{d}z$ par rapport à la couche B. En plus du transfert collisionnel isotrope dû à la pression, la couche A transfère à la couche B lors des collisions une quantité de mouvement $m\Delta u$ selon Ox. Ce flux de quantité de mouvement s'interprète macroscopiquement comme la contrainte tangentielle σ_{xz} qu'exerce la couche A sur la couche B, et s'écrit comme précédemment

$$\sigma_{xz} = \frac{\text{transfert de q.d.m. lors d'une collision} \times \text{taux de collision}}{\text{surface effective d'une collision}}, \quad (5.10)$$

ce qui donne

$$\sigma_{xz} \sim \frac{m\Delta u \ \times \ \delta v/s}{d^2}. \quad (5.11)$$

2. On peut se convaincre de cette expression en partant de la définition macroscopique de la pression : $P = \langle F(t)\rangle/S = (1/\mathcal{T})\int_0^{\mathcal{T}} F(t)\mathrm{d}t/S$, où $F(t)$ est la force instantanée qui s'applique sur un grain, $S \sim d^2$ la surface effective et $\mathcal{T}$ un temps grand devant le temps entre collisions. Pour des collisions quasi-instantanées et identiques, la pression s'écrit $P = (\delta v/s)\int_0^{t_c} F(t)\mathrm{d}t/S$, où t_c est le temps du choc. Enfin, en utilisant la loi de Newton, on a $\int_0^{t_c} F(t)\mathrm{d}t = [\text{quantité de mouvement}]_{\text{avant}}^{\text{après}}$ et on retrouve l'expression recherchée.

La viscosité définie par $\eta = \sigma_{xz}/(\mathrm{d}u/\mathrm{d}z)$ s'écrit donc

$$\eta \sim \rho_p d^2 \frac{\sqrt{T}}{s}. \tag{5.12}$$

On retrouve la même dépendance de la viscosité avec la température que pour un gaz classique. Comme pour la pression, la viscosité diverge quand les grains se retrouvent au contact.

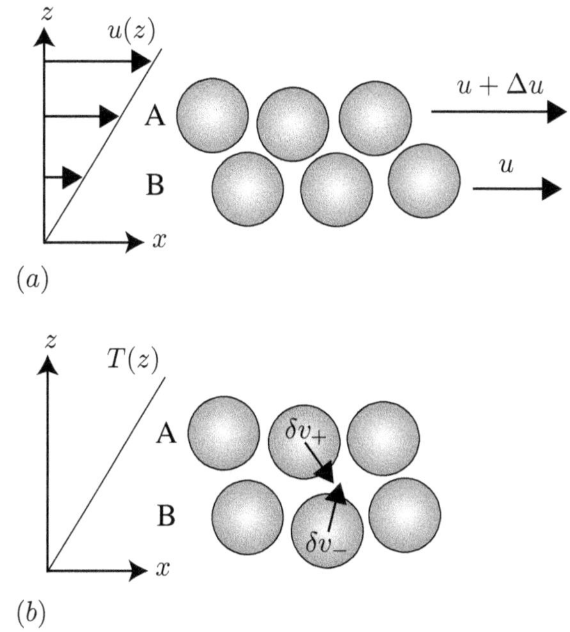

FIG. 5.3 – Transport collisionnel dans les gaz denses (modèle de Haff). (*a*) Gradient de vitesse uniforme pour le calcul de la viscosité. (*b*) Gradient de température uniforme pour le calcul de la conductivité.

Calcul de la conductivité thermique

Le calcul de la conductivité thermique s'effectue selon la même méthode que précédemment. On considère cette fois un gaz sans écoulement moyen, de densité constante et soumis à un gradient uniforme de température $\mathrm{d}T/\mathrm{d}z$ (figure 5.3*b*). Les particules de la couche A ont une vitesse fluctuante δv_+ et celle de la couche B δv_-, telles que $\delta v_+^2 - \delta v_-^2 = d\ \mathrm{d}T/\mathrm{d}z$. Lors d'une collision entre les deux couches, on peut supposer en première approximation que les vitesses des particules après le choc sont échangées (on néglige ici l'inélasticité). Ainsi, la collision entre les deux couches s'accompagne d'un transfert d'énergie cinétique du bas vers le haut égal à $\frac{1}{2}m\Delta\delta v^2 = \frac{1}{2}m(\delta v_-^2 - \delta v_+^2) = -m\ d\ \mathrm{d}T/\mathrm{d}z$. Le flux total d'énergie transféré (flux de chaleur) q_z vaut donc

$$q_z = \frac{\text{transfert d'énergie lors d'une collision} \times \text{taux de collision}}{\text{surface effective d'une collision}}, \tag{5.13}$$

ce qui donne

$$q_z \sim \frac{m\Delta\delta v^2 \times \delta v/s}{d^2}. \tag{5.14}$$

La conductivité thermique définie par $K = -q_z/(\mathrm{d}T/\mathrm{d}z)$ s'écrit donc

$$K \sim \rho_p d^2 \frac{\sqrt{T}}{s}. \tag{5.15}$$

On constate que la conductivité a la même expression que la viscosité, à un facteur numérique près.

Calcul du taux de dissipation

Le terme de dissipation Γ dans l'équation (5.6) représente l'énergie cinétique dissipée par unité de temps et par unité de volume du fait des collisions inélastiques. On a donc

$$\Gamma = \frac{|\text{énergie perdue lors d'une collision}| \times \text{taux de collision}}{\text{volume typique d'une collision}}, \tag{5.16}$$

soit

$$\Gamma \sim \frac{|\Delta E_c| \times \delta v/s}{d^3}, \tag{5.17}$$

où ΔE_c est l'énergie cinétique perdue lors d'une collision entre deux particules inélastiques. En utilisant l'expression (5.2), on trouve finalement

$$\Gamma \sim \rho_p(1-e^2)\frac{T^{3/2}}{s}. \tag{5.18}$$

Le taux de dissipation est proportionnel à $(1-e^2)$ et s'annule pour des particules élastiques. Comme les autres coefficients de transport, il dépend de la température et diverge quand les grains sont au contact.

Relations constitutives

Les expressions précédentes des coefficients de transport dépendent de la distance interparticulaire s. Une écriture plus commune utilise la fraction volumique ϕ, qui est reliée à s par la relation (5.3). On obtient alors

$$P = \hat{P} f(\phi)\rho_p T\ , \tag{5.19}$$

$$\eta = \hat{\eta} f(\phi)\rho_p\, d\sqrt{T}\ , \tag{5.20}$$

$$K = \hat{K} f(\phi)\rho_p\, d\sqrt{T}\ , \tag{5.21}$$

$$\Gamma = \hat{\Gamma} f(\phi)(1-e^2)\frac{\rho_p}{d}T^{3/2}\ , \tag{5.22}$$

où $\hat{P}$, $\hat{\eta}$, $\hat{K}$ et $\hat{\Gamma}$ sont des constantes sans dimension et

$$f(\phi) = \left[\left(\frac{\phi_c}{\phi}\right)^{1/3} - 1\right]^{-1} . \tag{5.23}$$

Les coefficients de transport donnés par les relations (5.19)–(5.23) avec les équations de conservation (5.4)–(5.6) sont les équations de la théorie cinétique de Haff.

Il faut souligner que les équations du modèle du Haff ont été établies pour un gaz granulaire supposé incompressible et dense. Si on relâche l'hypothèse de densité constante, des termes dus à la compressibilité du milieu interviennent dans les équations. D'une part, l'équation de conservation de la masse est modifiée et le tenseur des contraintes met en jeu un nouveau coefficient de transport, dit de seconde viscosité. Mais surtout, dans le calcul des coefficients de transport, il faut prendre en compte les transferts purement cinétiques de quantité de mouvement ou de température, en plus des collisions.

Nous pouvons estimer cette contribution cinétique des coefficients de transport par un raisonnement qualitatif similaire à celui que nous avons fait avec Haff. Par exemple, pour calculer la viscosité d'origine cinétique, considérons un gaz dilué de température et de densité uniformes soumis à un cisaillement moyen $\mathrm{d}u/\mathrm{d}z$ constant (figure 5.4). À cause des fluctuations de vitesse $\delta v \sim \sqrt{T}$, il existe à une altitude donnée z un flux de grains par unité de surface vers le haut d'ordre de grandeur $\sim n\delta v$, où $n = 6\phi/(\pi d^3)$ est le nombre de grains par unité de volume. Ce flux est compensé par un flux égal de particules vers le bas. Or les particules venant du haut emmènent avec elles une quantité de mouvement horizontale un peu plus grande que celle provenant du bas. Il en résulte un flux vertical de quantité de mouvement horizontale, c'est-à-dire précisément une contrainte tangentielle σ_{xz}, donnée par $\sigma_{xz}^{\text{cin}} \sim n\delta v\, m[u(z + (\ell/2)) - u(z - (\ell/2))] \sim n\sqrt{T}\rho_p d^3\, \ell\, \mathrm{d}u/\mathrm{d}z$, où ℓ est le libre parcours moyen, c'est-à-dire la distance moyenne que parcourt une particule entre deux collisions (figure 5.4). Le libre parcours moyen est relié à la densité et au diamètre des grains par $\ell d^2 n \sim 1$, soit $\ell \sim d/\phi$ (Chapman & Cowling, 1970). On en déduit la viscosité d'origine cinétique

$$\eta^{\text{cin}} = \hat{\eta}^{\text{cin}}\, \rho_p d\sqrt{T}. \tag{5.24}$$

Un raisonnement similaire permet d'estimer les autres coefficients de transport dans le régime cinétique

$$P^{\text{cin}} = \hat{P}^{\text{cin}}\, \phi\rho_p T\ , \tag{5.25}$$

$$K^{\text{cin}} = \hat{K}^{\text{cin}}\, \rho_p d\sqrt{T}\ , \tag{5.26}$$

$$\Gamma^{\text{cin}} = \hat{\Gamma}^{\text{cin}}\, \phi^2(1 - e^2)\frac{\rho_p}{d}T^{3/2}\ . \tag{5.27}$$

On constate que la dépendance en température des coefficient de transport en régime dilué est la même que celle donnée par le modèle de Haff en régime dense. En revanche, la dépendance en densité est différente. La transition entre le régime cinétique à faible densité et le régime collisionnel à haute densité a lieu pour $\phi \simeq 0{,}2$–$0{,}3$ (Garzó & Dufty, 1999). En pratique, le calcul exact des coefficients de transport doit tenir compte des deux types de contributions. Nous verrons dans la section 5.3 comment obtenir rigoureusement ces expressions dans le cadre de l'équation de Boltzmann.

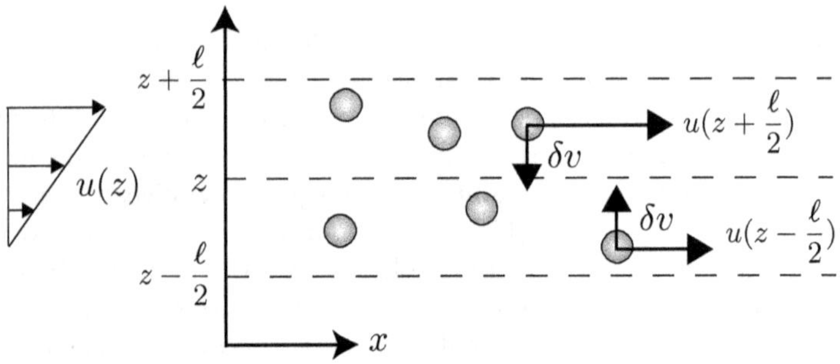

FIG. 5.4 – Transport cinétique dans les gaz dilués.

5.2.3 Un mot sur les conditions aux limites

Lorsqu'un gaz granulaire est confiné dans une boîte ou dévale une pente, il faut en général se donner des conditions aux limites aux parois pour résoudre les équations de la théorie cinétique. Pour un fluide classique, on postule que la vitesse de l'écoulement s'annule au niveau d'une paroi solide fixe. La température, quant à elle, est généralement imposée de l'extérieur au moyen d'un thermostat. Qu'en-est-il pour un gaz granulaire ? La figure 5.5 montre les profils de vitesse et de température granulaire mesurés dans le cas d'un écoulement dilué quasi-bidimensionnel de billes d'acier sur une pente rugueuse (Azanza, 1998). On constate qu'il existe une vitesse de glissement non négligeable à la paroi. De plus, il existe une température granulaire non nulle au niveau du plan. Cette agitation des grains n'est bien sûr pas imposée de l'extérieur mais résulte de l'écoulement lui-même : il n'existe pas de thermostat de température granulaire ! Nous allons voir qu'il est possible de trouver ces conditions aux limites par un raisonnement analogue à celui qui nous a permis de trouver les coefficients de transport (Hui *et al.*, 1984 ; Johnson & Jackson, 1987).

Considérons un écoulement parallèle $\mathbf{u} = u(z)\mathbf{e_x}$ le long d'une paroi fixe et rugueuse et notons $u_\star$ la vitesse de glissement de la première couche au-dessus de la paroi (figure 5.6). En raisonnant sur les collisions avec la paroi de la même manière que dans l'approche de Haff, on trouve que la contrainte

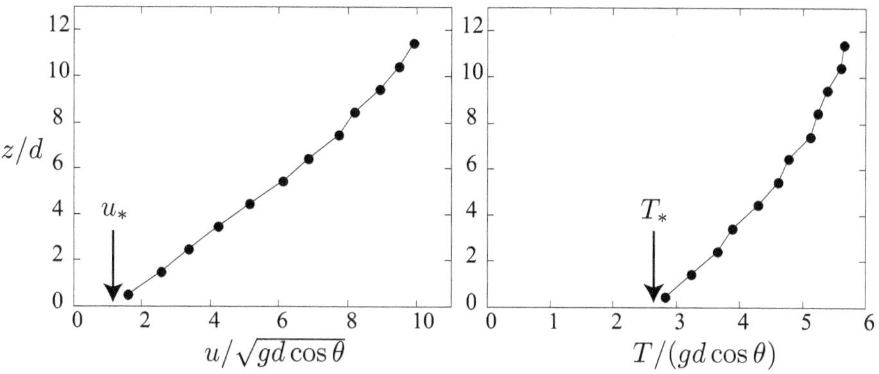

FIG. 5.5 – Profils de vitesse (a) et de température granulaire (b), mesurés dans un écoulement quasi-bidimensionnel de billes d'acier (diamètre $d = 3$ mm) le long d'un canal incliné rugueux ($\theta = 24°$). La vitesse de glissement u_* est de l'ordre de 10 % de la vitesse en surface. La température à la paroi T_* est de l'ordre de la vitesse moyenne de chute au carrée. D'après Azanza (1998).

tangentielle qu'exerce la première couche sur la paroi est

$$\sigma_{xz}^{\text{gaz/paroi}} \sim \frac{\rho_p d^3\, u_\star \times \delta v/s}{d^2}, \tag{5.28}$$

où les δv sont les fluctuations de vitesse de la première couche de grains. Cette contrainte peut également se calculer en utilisant la relation valable dans l'écoulement $\sigma_{xz}^{\text{gaz/paroi}} = \eta\, \mathrm{d}u/\mathrm{d}z|_{\text{paroi}} \sim \rho_p d^2(\delta v/s)\, \mathrm{d}u/\mathrm{d}z|_{\text{paroi}}$ (relation 5.12). On en déduit une première condition à la paroi, reliant la vitesse de glissement au gradient de vitesse

$$u_* \sim d\, \frac{\mathrm{d}u}{\mathrm{d}z}|_{\text{paroi}}. \tag{5.29}$$

Remarquons que cette condition se ramène simplement à stipuler que la vitesse s'annule au niveau de la couche de grains collés (la longueur de glissement $\ell_g \equiv u_*/(\mathrm{d}u/\mathrm{d}z)$ est égale à la taille du grain d). Cela provient du fait que nous avons considéré le gaz dense (modèle de Haff). De façon plus générale, on montre que la longueur de glissement est une fonction de la taille du grain et de la fraction volumique (Johnson & Jackson, 1987). Pour un gaz dilué, la longueur de glissement peut être importante, de l'ordre du libre parcours moyen.

Un raisonnement du même type permet d'obtenir une relation entre le gradient de température granulaire et la température granulaire à la paroi $T_\star$. Pour cela, remarquons que la paroi échange de l'énergie fluctuante (« chaleur ») avec l'écoulement pour deux raisons. D'une part, de la « chaleur » est perdue par l'écoulement à cause des collisions inélastiques contre la paroi.

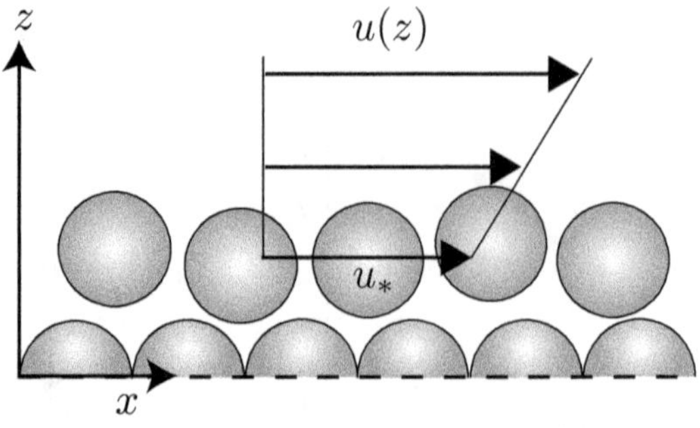

FIG. 5.6 – Schéma pour le calcul des conditions aux limites.

Ce terme de perte inélastique par unité de temps et de surface s'écrit, par analogie avec le raisonnement de Haff,

$$\Gamma_s^{\text{gaz/paroi}} \sim \frac{\rho_p d^3(1-e_w^2)\delta v^2 \times \delta v/s}{d^2}, \tag{5.30}$$

où e_w est le coefficient de restitution grains/paroi. D'un autre coté, l'existence d'une vitesse de glissement non nulle à la paroi entraîne un travail non nul de la contrainte basale, qui produit par unité de temps et de surface une « chaleur » égale à

$$u_\star \sigma_{xz}^{\text{gaz/paroi}} \sim \rho_p d \frac{\delta v}{s} u_\star^2. \tag{5.31}$$

Le flux de chaleur reçu par l'écoulement de la part de la paroi provient de la compétition entre ces deux termes

$$q_z^{\text{gaz/paroi}} = u_\star \sigma_{xz}^{\text{gaz/paroi}} - \Gamma_s^{\text{gaz/paroi}}. \tag{5.32}$$

En utilisant la continuité du flux de chaleur $q_z^{\text{gaz/paroi}} = -K\mathrm{d}T/\mathrm{d}z|_{\text{paroi}} \sim -\rho_p d^2(\delta v/s)\,\mathrm{d}T/\mathrm{d}z|_{\text{paroi}}$, on trouve la deuxième condition aux limites recherchée,

$$\frac{\mathrm{d}T}{\mathrm{d}z}|_{\text{paroi}} \sim -\frac{u_\star^2}{d} + \frac{(1-e_w^2)}{d}T_\star. \tag{5.33}$$

On remarque que la surface solide rugueuse peut agir comme une source de « chaleur » ($q_z > 0$) si la production d'énergie associée à la vitesse de glissement est plus grande que les pertes par collisions inélastiques avec le plan. Nous verrons que ce mécanisme d'échauffement peut entraîner une dilution du milieu au voisinage de la paroi, à l'origine d'une instabilité lors d'écoulements rapides sous gravité (§5.4.2). Notons que l'approche précédente reste qualitative et essentiellement dimensionnelle. Des calculs plus complets permettent de trouver les coefficients numériques sans dimension pour certaines géométries de la rugosité (Jenkins & Richman, 1986). Cependant, la dérivation rigoureuse des conditions aux limites est problématique et fait toujours l'objet de recherches (Goldhirsch, 1999).

5.3 Une approche plus complète de la théorie cinétique : équation de Boltzmann

Le modèle de Haff que nous avons présenté constitue une approche heuristique de la théorie cinétique, de plus limitée aux gaz denses. Pour obtenir des équations constitutives plus rigoureuses et générales, il est nécessaire d'introduire une description probabiliste des positions et des vitesses des particules et de moyenner sur l'ensemble des configurations possibles. Ce travail, qui s'appuie sur l'équation de Boltzmann, est bien connu en théorie cinétique des gaz classiques. Les calculs mis en jeu sont néanmoins ardus et dépassent le cadre de cet ouvrage, le lecteur intéressé pourra consulter l'ouvrage de Rao & Nott, 2008. Dans le cas des milieux granulaires, une difficulté supplémentaire est liée à l'existence de la dissipation lors des collisions (Dufty, 2002 ; Goldhirsch, 2003 ; Brilliantov & Pöschel, 2004). Dans cette section, nous présentons les principales étapes permettant d'obtenir les équations constitutives et soulignons les difficultés spécifiques aux milieux granulaires.

5.3.1 Équation de Enskog-Boltzmann inélastique

Considérons un gaz granulaire de sphères rigides et lisses (sans frottement) de diamètre d et de masse m. On suppose que chaque grain, en plus des chocs avec les autres grains, est soumis à une force extérieure constante $\mathbf{F}$ (par exemple la gravité). Le mouvement individuel des particules étant aléatoire, on introduit la fonction de distribution à une particule notée $f(\mathbf{x}, \mathbf{v}, t)$ telle que

$$f(\mathbf{x}, \mathbf{v}, t)\, \mathrm{d}\mathbf{x}\, \mathrm{d}\mathbf{v} \tag{5.34}$$

est le nombre probable de grains qui, à l'instant t, se trouvent à la position $\mathbf{x}$ à $\mathrm{d}\mathbf{x}$ près[3] et qui ont une vitesse $\mathbf{v}$ à $\mathrm{d}\mathbf{v}$ près.

À partir de la fonction de distribution f, on peut facilement accéder aux grandeurs moyennes (densité, vitesse, température granulaire) qui interviennent dans les lois de conservation. Ainsi, en intégrant f par rapport à la vitesse $\mathbf{v}$, on obtient le nombre de particules par unité de volume

$$n(\mathbf{x}, t) = \int f(\mathbf{x}, \mathbf{v}, t)\, \mathrm{d}\mathbf{v}, \tag{5.35}$$

qui est simplement relié à la densité volumique moyenne par : $\rho(\mathbf{x}, t) = m\, n(\mathbf{x}, t)$. De même, la vitesse moyenne $\mathbf{u}(\mathbf{x}, t) = \langle \mathbf{v} \rangle$ s'écrit simplement

$$\mathbf{u}(\mathbf{x}, t) = \frac{1}{n(\mathbf{x}, t)} \int \mathbf{v} f(\mathbf{x}, \mathbf{v}, t)\, \mathrm{d}\mathbf{v}. \tag{5.36}$$

Enfin, la température granulaire $T(\mathbf{x}, t) = \langle (\mathbf{v} - \mathbf{u})^2 \rangle$ est donnée par

$$T(\mathbf{x}, t) = \frac{1}{n(\mathbf{x}, t)} \int (\mathbf{v} - \mathbf{u})^2 f(\mathbf{x}, \mathbf{v}, t)\, \mathrm{d}\mathbf{v}. \tag{5.37}$$

3. $\mathrm{d}\mathbf{x}$ représente ici l'élément de volume $\mathrm{d}x_1 \mathrm{d}x_2 \mathrm{d}x_3$.

De façon générale, la valeur moyenne d'une grandeur quelconque $\psi(\mathbf{v})$ s'écrit

$$\langle\psi\rangle = \frac{1}{n(\mathbf{x},t)} \int \psi(\mathbf{v}) f(\mathbf{x},\mathbf{v},t)\,\mathrm{d}\mathbf{v}. \tag{5.38}$$

Le but de la théorie cinétique est de trouver la fonction de distribution f afin de prédire la dynamique moyenne du gaz. Le point de départ de ce travail est l'équation de Boltzmann établie en physique statistique et qui donne l'évolution temporelle de f (Reif, 1965 ; Huang, 1987)

$$\frac{\partial f}{\partial t} + v_j \frac{\partial f}{\partial x_j} + \frac{F_j}{m}\frac{\partial f}{\partial v_j} = \left(\frac{\partial f}{\partial t}\right)_{\mathrm{col}}. \tag{5.39}$$

La signification physique de l'équation de Boltzmann est la suivante. Les termes de gauche de l'équation représentent l'évolution temporelle totale de la fonction f s'il n'y avait pas de collision entre les particules (terme cinétique). Il exprime le fait que, en l'absence de collision, les particules qui se trouvent en $(\mathbf{x},\mathbf{v})$ à l'instant t se retrouveraient toutes à la position $(\mathbf{x}+\mathbf{v}\mathrm{d}t, \mathbf{v}+\mathbf{F}\mathrm{d}t/m)$ à l'instant $t+\mathrm{d}t$ (loi de Newton). Le terme de droite de l'équation de Boltzmann représente l'évolution temporelle de la fonction de distribution sous l'effet des collisions entre particules. Ces collisions ont pour effet, d'une part, de dévier certaines particules initialement en $(\mathbf{x},\mathbf{v})$, d'autre part de diriger vers $(\mathbf{x}+\mathbf{v}\mathrm{d}t, \mathbf{v}+\mathbf{F}\mathrm{d}t/m)$ des particules qui ne se s'y seraient pas trouvées en l'absence de choc.

Le calcul du terme de collision de l'équation de Boltzmann est le point délicat. Il nécessite en général de faire des approximations. Dans le cas d'un système de particules rigides, on suppose que les collisions sont instantanées et binaires. Pour compter le nombre de particules en collision, on introduit alors la fonction de distribution à deux particules $f^{(2)}$, définie telle que

$$f^{(2)}(\mathbf{x_1},\mathbf{v_1},\mathbf{x_2},\mathbf{v_2},t)\,\mathrm{d}\mathbf{x_1}\,\mathrm{d}\mathbf{v_1}\,\mathrm{d}\mathbf{x_2}\,\mathrm{d}\mathbf{v_2} \tag{5.40}$$

soit le nombre de paires de particules, à l'instant t, dont l'une a une position $\mathbf{x_1}$ et une vitesse $\mathbf{v_1}$ à $(\mathrm{d}\mathbf{x_1},\mathrm{d}\mathbf{v_1})$ près, et l'autre a une position $\mathbf{x_2}$ et une vitesse $\mathbf{v_2}$ à $(\mathrm{d}\mathbf{x_2},\mathrm{d}\mathbf{v_2})$ près. En raisonnant sur des collisions binaires inélastiques, on montre alors que le terme de collision de l'équation de Boltzmann s'écrit (voir encadré 5.1, Chapman & Cowling, 1970 ; Résibois & de Leener, 1977)

$$\left(\frac{\partial f}{\partial t}\right)_{\mathrm{col}} = \\ d^2 \iint_{(\mathbf{v_2}-\mathbf{v})\cdot\mathbf{k}>0} \left[\frac{1}{e^2} f^{(2)}(\mathbf{x},\mathbf{v}^a,\mathbf{x}+\mathbf{k}d,\mathbf{v_2}^a,t) - f^{(2)}(\mathbf{x},\mathbf{v},\mathbf{x}-\mathbf{k}d,\mathbf{v_2},t)\right] \\ \mathbf{k}\cdot(\mathbf{v_2}-\mathbf{v})\,\mathrm{d}\Omega\,\mathrm{d}\mathbf{v_2}, \tag{5.41}$$

où $\mathbf{k}$ est le vecteur unitaire (vecteur d'impact) dirigé du centre de la particule 2 (positionnée en $\mathbf{x}-\mathbf{k}d$) au centre de la particule 1 (positionnée en $\mathbf{x}$) et compris dans un angle solide $d\Omega = \sin\theta\, d\theta d\psi$ (voir figure 5.7 pour les notations). Les vitesses avant collisions ($\mathbf{v}^a$, $\mathbf{v_2}^a$) sont reliées aux vitesses après collisions ($\mathbf{v}$, $\mathbf{v_2}$) par (voir relations 2.16 et 2.17)

$$\mathbf{v}^a = \mathbf{v} - \frac{1+e}{2e}[(\mathbf{v} - \mathbf{v_2}) \cdot \mathbf{k}]\mathbf{k}, \tag{5.42}$$

$$\mathbf{v_2}^a = \mathbf{v_2} + \frac{1+e}{2e}[(\mathbf{v} - \mathbf{v_2}) \cdot \mathbf{k}]\mathbf{k}. \tag{5.43}$$

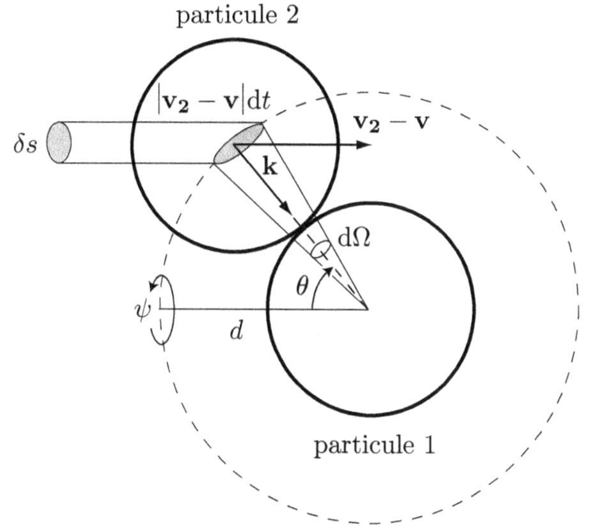

FIG. 5.7 – Schéma d'une collision binaire dans le référentiel de la particule 1. Les particules qui heurtent pendant dt la particule 1 avec un vecteur d'impact $\mathbf{k}$ compris dans l'angle solide $d\Omega = \sin\theta d\theta d\psi$ se situent dans le cylindre de volume $\delta V = |\mathbf{v_2} - \mathbf{v}| dt\, \delta s = d^2 \mathbf{k} \cdot (\mathbf{v_2} - \mathbf{v})\, d\Omega dt$. La condition $(\mathbf{v_2} - \mathbf{v}) \cdot \mathbf{k} > 0$, c'est-à-dire $\theta \in [0, \pi/2]$ et $\psi \in [0,2\pi]$, assure que les particules se rapprochent et entrent en collision.

Encadré 5.1

Calcul du terme de collision de l'équation de Boltzmann

Le terme de collision de l'équation de Boltzmann peut s'écrire sous la forme

$$\left(\frac{\partial f}{\partial t}\right)_{\text{col}} = R_+ - R_-, \tag{5.44}$$

où $R_+ \mathrm{d}\mathbf{x}\,\mathrm{d}\mathbf{v}$ est le nombre de collisions par unité de temps pour lesquelles, *à l'issue de la collision*, une des particules se situe en $(\mathbf{x}, \mathbf{v})$ à $\mathrm{d}\mathbf{x}\,\mathrm{d}\mathbf{v}$ près. De même, $R_- \mathrm{d}\mathbf{x}\,\mathrm{d}\mathbf{v}$ est le nombre de collisions par unité de temps pour lesquelles, *avant la collision*, une des particules se situe en $(\mathbf{x}, \mathbf{v})$ à $\mathrm{d}\mathbf{x}\,\mathrm{d}\mathbf{v}$ près.

Pour calculer R_-, considérons une collision binaire entre une particule 1 située en $(\mathbf{x}, \mathbf{v})$ à $\mathrm{d}\mathbf{x}\,\mathrm{d}\mathbf{v}$ près et une particule 2 située en $(\mathbf{x} - \mathbf{k}d, \mathbf{v_2})$ à $\mathrm{d}\mathbf{v_2}$ près, où $\mathbf{k}$ est le vecteur unitaire (vecteur d'impact) dirigé du centre de la particule 2 au centre de la particule 1 et compris dans un angle solide $\mathrm{d}\Omega$ (figure 5.7). Pendant $\mathrm{d}t$, les particules 2 qui remplissent cette condition se situent dans un cylindre de volume δV donné par

$$\delta V = |\mathbf{v_2} - \mathbf{v}|\mathrm{d}t\,\delta s = |\mathbf{v_2} - \mathbf{v}|\mathrm{d}t\,d^2\,\mathbf{k}\cdot\frac{\mathbf{v_2} - \mathbf{v}}{|\mathbf{v_2} - \mathbf{v}|}\mathrm{d}\Omega\,. \tag{5.45}$$

Le nombre de collisions correspondantes est donné par $f^{(2)}(\mathbf{x}, \mathbf{v}, \mathbf{x} - \mathbf{k}d, \mathbf{v_2}, t)\,\delta V\,\mathrm{d}\mathbf{v_2}\,\mathrm{d}\mathbf{x}\,\mathrm{d}\mathbf{v}$, ce qui se réécrit

$$d^2 f^{(2)}(\mathbf{x}, \mathbf{v}, \mathbf{x} - \mathbf{k}d, \mathbf{v_2}, t)\,\mathbf{k}\cdot(\mathbf{v_2} - \mathbf{v})\,\mathrm{d}\Omega\,\mathrm{d}\mathbf{v_2}\,\mathrm{d}\mathbf{x}\,\mathrm{d}\mathbf{v}\mathrm{d}t\,. \tag{5.46}$$

En intégrant sur l'ensemble des vitesses incidentes $\mathbf{v_2}$ et des vecteurs d'impact $\mathbf{k}$ tels que $\mathbf{k}\cdot(\mathbf{v_2} - \mathbf{v}) > 0$, et en divisant par $\mathrm{d}\mathbf{x}\,\mathrm{d}\mathbf{v}\mathrm{d}t$, on obtient le terme de collision R_- recherché

$$R_- = d^2 \iint_{(\mathbf{v_2}-\mathbf{v})\cdot\mathbf{k}>0} f^{(2)}(\mathbf{x}, \mathbf{v}, \mathbf{x} - \mathbf{k}d, \mathbf{v_2}, t)\,\mathbf{k}\cdot(\mathbf{v_2} - \mathbf{v})\,\mathrm{d}\Omega\,\mathrm{d}\mathbf{v_2}. \tag{5.47}$$

De la même manière, on montre en raisonnant sur une collision pour laquelle les particules 1 et 2 ont une vitesse initiale $\mathbf{v}^a$ et $\mathbf{v_2}^a$, et une vitesse finale $\mathbf{v}$ et $\mathbf{v_2}$ que

$$R_+ = d^2 \iint_{(\mathbf{v_2}-\mathbf{v})\cdot\mathbf{k}>0} \frac{1}{e^2} f^{(2)}(\mathbf{x}, \mathbf{v}^a, \mathbf{x} + \mathbf{k}d, \mathbf{v_2}^a, t)\,\mathbf{k}\cdot(\mathbf{v_2} - \mathbf{v})\,\mathrm{d}\Omega\,\mathrm{d}\mathbf{v_2}, \tag{5.48}$$

où les vitesses $\mathbf{v}^a$, $\mathbf{v_2}^a$, $\mathbf{v}$ et $\mathbf{v_2}$ sont reliées par

$$\mathbf{v}^a = \mathbf{v} - \frac{1+e}{2e}[(\mathbf{v} - \mathbf{v_2})\cdot\mathbf{k}]\mathbf{k}, \tag{5.49}$$

$$\mathbf{v_2}^a = \mathbf{v_2} + \frac{1+e}{2e}[(\mathbf{v} - \mathbf{v_2})\cdot\mathbf{k}]\mathbf{k}. \tag{5.50}$$

Notons que le facteur $1/e^2$ dans (5.48) provient de la relation $(\mathbf{v_2} - \mathbf{v})\cdot\mathbf{k} = -e(\mathbf{v_2}^a - \mathbf{v}^a)\cdot\mathbf{k}$, et du changement de variables $\mathrm{d}\mathbf{v}\,\mathrm{d}\mathbf{v_2} = e\,\mathrm{d}\mathbf{v}^a\,\mathrm{d}\mathbf{v_2}^a$.

L'expression du terme collision est exacte tant que les collisions sont instantanées et binaires. Cependant, elle n'est pas très utile car elle fait intervenir la fonction de distribution à deux corps $f^{(2)}$, qui est elle-même reliée à la probabilité de rencontre à trois particules, et ainsi de suite. On parle de hiérarchie BBGKY, du nom des scientifiques qui ont établi le système d'équations vérifié par l'ensemble des fonctions de distribution à N particules. Pour aller plus loin, il est donc nécessaire de faire une approximation supplémentaire pour exprimer $f^{(2)}$ en fonction de f. Pour des gaz moléculaires dans les conditions usuelles, la densité est faible et on suppose en général que les vitesses et les positions des particules avant collision ne sont pas corrélées, ce qui permet d'écrire $f^{(2)}(\mathbf{x_1}, \mathbf{v_1}, \mathbf{x_2}, \mathbf{v_2}, t) \approx f(\mathbf{x_1}, \mathbf{v_1}, t) f(\mathbf{x_2}, \mathbf{v_2}, t)$. Cette relation n'est cependant valable que si la distance entre particules est grande devant la taille des grains. Pour un milieu plus dense, il faut tenir compte du volume fini des particules qui diminue le volume réel accessible et augmente la fréquence de collision. Enskog a été le premier en 1922 à tenir compte de ce type de corrélation spatiale en introduisant un facteur qui dépend de la fraction volumique. On fait alors toujours l'hypothèse de vitesses non corrélées avant collisons[4] (hypothèse de « chaos moléculaire » ou *stosszahlansatz* de Boltzmann) mais on tient compte des corrélations spatiales sous la forme

$$f^{(2)}(\mathbf{x}, \mathbf{v}, \mathbf{x} + \mathbf{k}d, \mathbf{v_2}, t) \simeq g_0 \left[\phi \left(\mathbf{x} + \frac{1}{2}\mathbf{k}d, t \right) \right] f(\mathbf{x}, \mathbf{v}, t) f(\mathbf{x} + \mathbf{k}d, \mathbf{v_2}, t). \tag{5.51}$$

La fonction $g_0(\phi)$ est la fonction de corrélation de paire pour deux particules en contact pour une fraction volumique ϕ donnée, c'est-à-dire la probabilité que deux particules soient simultanément en $\mathbf{x}$ et $\mathbf{x} + \mathbf{k}d$. Elle se déduit de la fonction de paire $g(\mathbf{x_1}, \mathbf{x_2}, t) = (1/n^2) \iint f_2(\mathbf{x_1}, \mathbf{v_1}, \mathbf{x_2}, \mathbf{v_2}, t)\, \mathrm{d}\mathbf{v_1}\, \mathrm{d}\mathbf{v_2}$ par la relation : $g_0(\phi(t)) \equiv g(\mathbf{x}, \mathbf{x} + \mathbf{k}d, t)$. Différentes expressions pour g_0 existent dans la littérature mais il existe peu de mesures expérimentales dans le cas d'un gaz granulaire (Azanza *et al.*, 1999 ; Reis *et al.*, 2006). Pour des compacités modérées, il semble que la formule classique de Carnahan-Starling obtenue pour les gaz moléculaires à l'équilibre,

$$g_0(\phi) = \frac{2 - \phi}{2(1 - \phi)^3}, \tag{5.52}$$

reproduise assez bien les observations. Pour des fortes densités, lorsque la compacité s'approche de la fraction volumique maximale ϕ_c, on s'attend à ce que le volume accessible soit nul et donc à ce que la fonction g_0 diverge en ϕ_c. Différentes expressions *ad hoc* ont été proposées, par exemple l'expression suivante compatible avec la formule de Carnahan-Starling aux faibles densités

4. Notons qu'en raison de l'inélasticité, l'hypothèse de vitesses non corrélées avant impact n'est pas évidente pour un gaz granulaire, même pour des densités faibles (Goldhirsch, 2003). Considérons par exemple une particule rapide qui entre en collision avec une particule lente. À cause de l'inélasticité, la vitesse relative des particules diminue, l'effet étant minimal pour une collision rasante et maximal pour une collision frontale. On s'attend alors à ce que les collisions rasantes deviennent statistiquement plus fréquentes que les collisions frontales, ce qui est effectivement observé en simulation numérique.

(Lun & Savage, 1986)

$$g_0(\phi) = \frac{1}{\left(1 - \dfrac{\phi}{\phi_c}\right)^{5\,\phi_c/2}}. \tag{5.53}$$

L'équation (5.39) avec (5.41) et (5.51) est appelée équation de Enskog-Boltzmann inélastique. Elle diffère de l'équation de Boltzmann classiquement utilisée pour décrire les gaz moléculaires sur deux points. Tout d'abord, elle tient compte de l'inélasticité des collisions. Ensuite, elle est étendue aux gaz modérément denses par la prise en compte du décalage spatial $\mathbf{k}d$ entre les particules au moment de la collision et via l'introduction du facteur d'Enskog g_0.

L'équation d'Enskog-Boltzmann constitue le point de départ de la plupart des théories cinétiques des gaz granulaires. Elle est fondée sur trois hypothèses : (i) collisions binaires instantanées, (ii) chaos moléculaire, (iii) approximation d'Enskog. La résolution directe de l'équation d'Enskog-Boltzmann par des méthodes de type Monte-Carlo permet de tester les hypothèses fondamentales de la théorie cinétique, en comparant les résultats obtenus par des simulations de dynamique moléculaire. On peut également par ce moyen distinguer les limites intrinsèques de la théorie cinétique des approximations que l'on fera par la suite pour dériver les relations constitutives (Santos *et al.*, 1998).

5.3.2 Lois de conservation

Nous allons voir que l'équation de Boltzmann permet de retrouver directement les lois de conservations pour la masse et la quantité de mouvement, ainsi que l'équation de la « chaleur » pour la température granulaire. Pour cela, multiplions l'équation de Boltzmann par une grandeur quelconque $\psi(\mathbf{v})$. En intégrant par rapport à $\mathbf{v}$, on obtient facilement l'équation de transport dite de Maxwell-Boltzmann (Reif, 1965 ; Huang, 1987)

$$\frac{\partial n\langle\psi\rangle}{\partial t} + \frac{\partial n\langle\psi v_j\rangle}{\partial x_j} - \frac{F_j}{m} n \left\langle \frac{\partial \psi}{\partial v_j} \right\rangle = \int \psi \left(\frac{\partial f}{\partial t}\right)_{\text{col}} \mathrm{d}\mathbf{v}. \tag{5.54}$$

Pour dériver cette équation, on utilise le fait que la fonction de distribution décroît très vite vers zéro quand $|\mathrm{v}| \to \infty$, pour écrire $\int (\partial\psi f/\partial v_j)\mathrm{d}\mathbf{v} \to 0$.

Le terme collisionnel de l'équation de Maxwell-Boltzmann représente la variation de la quantité ψ par unité de temps et par unité de volume due aux collisions. Il est possible de décomposer ce terme en la somme d'un terme source, χ, et d'un terme de flux, $\operatorname{div}\mathbf{\Pi}$, selon (voir encadré 5.2, Santos *et al.*, 1998)

$$\int \psi \left(\frac{\partial f}{\partial t}\right)_{\text{col}} \mathrm{d}\mathbf{v} = \chi(\psi) + \frac{\partial}{\partial x_j}\Pi_j(\psi), \tag{5.55}$$

avec

$$\chi(\psi) = \frac{d^2}{2} \iiint_{(\mathbf{v_2}-\mathbf{v})\cdot\mathbf{k}>0} \Delta\psi f^{(2)}(\mathbf{x}, \mathbf{v}, \mathbf{x} - \mathbf{k}d, \mathbf{v_2}, t)\mathbf{k} \cdot (\mathbf{v_2} - \mathbf{v}) \, \mathrm{d}\Omega \, \mathrm{d}\mathbf{v_2}\mathrm{d}\mathbf{v} \quad (5.56)$$

et

$$\Pi_j(\psi) = -\frac{d^3}{4} \iiint_{(\mathbf{v_2}-\mathbf{v})\cdot\mathbf{k}>0} k_j \left(\psi_1^+ - \psi_1^- - \psi_2^+ + \psi_2^-\right) \mathbf{k} \cdot (\mathbf{v_2} - \mathbf{v}) \left(\int_0^1 f^{(2)} \left[\mathbf{x} + (1-\alpha)\mathbf{k}d, \mathbf{v}, \mathbf{x} - \alpha\mathbf{k}d, \mathbf{v_2}, t\right] \mathrm{d}\alpha \right) \mathrm{d}\Omega \, \mathrm{d}\mathbf{v_2}\mathrm{d}\mathbf{v}, \quad (5.57)$$

où $\psi_1^+ - \psi_1^-$ (resp. $\psi_2^+ - \psi_2^-$) est la variation de la quantité ψ pour la particule 1 (resp. 2) lors d'un choc et $\Delta\psi = \psi_2^+ + \psi_1^+ - \psi_2^- - \psi_1^-$ représente la variation *totale* de la grandeur ψ lors d'une collision binaire, supposée ici symétrique par les transformations $\mathbf{v} \leftrightarrow \mathbf{v_2}$, $\mathbf{k} \leftrightarrow -\mathbf{k}$.

L'interprétation physique de cette décomposition est la suivante. Imaginons un petit élément de volume δV centré en $\mathbf{x}$ (figure 5.8). Parmi les chocs subis par les particules contenues dans ce volume, certains concernent des paires de particules situées entièrement *à l'intérieur* de δV. La contribution de ces collisions à la variation de ψ par unité de temps, $\chi(\psi)\delta V$, est bien sûr nulle si la grandeur ψ se conserve lors d'une collision, c'est-à-dire si $\Delta\psi = 0$. Cependant, en raison de la portée finie des interactions entre grains (égale au diamètre d), certaines collisions subies par les particules à l'intérieur de l'élément de volume ont lieu avec des particules situées *à l'extérieur* de ce volume (paires grisées sur la figure 5.8). Cette dernière contribution est représentée par un terme de flux collisionnel de la quantité ψ donnée par $\mathbf{\Pi}(\psi) \cdot \delta\mathbf{S} = \mathrm{div}\mathbf{\Pi}(\psi)\delta V$. Contrairement au terme source χ, ce flux ne s'annule pas pour une quantité conservée.

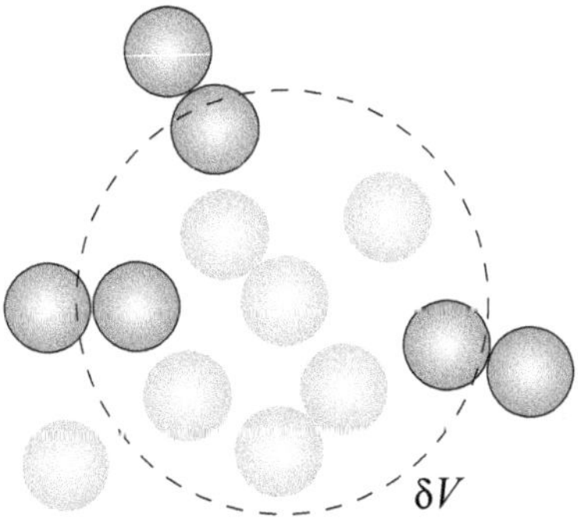

FIG. 5.8 – En raison de la taille finie des particules, certaines collisions subies par les particules contenues dans δV ont lieu avec des particules situées à l'extérieur de δV (paires grisées). Ces chocs entraînent un flux collisionnel de quantité de mouvement et d'énergie à travers la surface délimitant l'élément de volume.

Encadré 5.2

Calcul du terme de collision dans l'équation de transport de Maxwell-Boltzmann

Le terme collisionnel $\int \psi \left(\frac{\partial f}{\partial t}\right)_{\text{col}} \mathrm{d}\mathbf{v}$ de l'équation de Maxwell-Boltzmann représente la variation de la quantité ψ par unité de temps et par unité de volume due aux collisions. Plutôt que de calculer ce terme à partir de l'équation de Boltzmann, nous allons utiliser le calcul précédent (5.46) qui donne le nombre de collisions subies pendant $\mathrm{d}t$ par les particules se situant en $(\mathbf{x}, \mathbf{v})$ à $\mathrm{d}\mathbf{x}\,\mathrm{d}\mathbf{v}$ près avec les particules de type 2 situées en $(\mathbf{x} - \mathbf{k}d, \mathbf{v_2})$ à $\mathrm{d}\mathbf{v_2}$ près. Pour chacune de ces collisions, la valeur de ψ pour la particule 1 est modifiée d'une quantité

$$\psi_1^+ - \psi_1^- \equiv \psi\left(\mathbf{v}^{\text{après choc}}\right) - \psi(\mathbf{v}) = \psi\left(\mathbf{v} + \frac{1+e}{2}[(\mathbf{v_2} - \mathbf{v})\cdot\mathbf{k}]\mathbf{k}\right) - \psi(\mathbf{v}). \quad (5.58)$$

On trouve donc le terme collisionnel de l'équation de Maxwell-Boltzmann en multipliant $\psi_1^+ - \psi_1^-$ par (5.46) et en intégrant sur l'ensemble des vitesses incidentes $\mathbf{v}, \mathbf{v_2}$ et des vecteurs d'impact $\mathbf{k}$ tels que $\mathbf{k}\cdot(\mathbf{v_2} - \mathbf{v}) > 0$. En divisant par $\mathrm{d}\mathbf{x}\,\mathrm{d}t$, on trouve

$$\int \psi \left(\frac{\partial f}{\partial t}\right)_{\text{col}} \mathrm{d}\mathbf{v} =$$

$$d^2 \iiint_{(\mathbf{v_2}-\mathbf{v})\cdot\mathbf{k}>0} \left(\psi_1^+ - \psi_1^-\right) f^{(2)}(\mathbf{x}, \mathbf{v}, \mathbf{x} - \mathbf{k}d, \mathbf{v_2}, t)\, \mathbf{k}\cdot(\mathbf{v_2} - \mathbf{v})\, \mathrm{d}\Omega\, \mathrm{d}\mathbf{v_2}\mathrm{d}\mathbf{v}$$

$$\text{ou } d^2 \iiint_{(\mathbf{v_2}-\mathbf{v})\cdot\mathbf{k}>0} \left(\psi_2^+ - \psi_2^-\right) f^{(2)}(\mathbf{x} + \mathbf{k}d, \mathbf{v}, \mathbf{x}, \mathbf{v_2}, t)\, \mathbf{k}\cdot(\mathbf{v_2} - \mathbf{v})\, \mathrm{d}\Omega\, \mathrm{d}\mathbf{v_2}\mathrm{d}\mathbf{v}, \quad (5.59)$$

par permutation $\mathbf{v} \leftrightarrow \mathbf{v_2}$ et $\mathbf{k} \leftrightarrow -\mathbf{k}$.

En remarquant que $\psi_1^+ - \psi_1^- = \frac{1}{2}(\Delta\psi + \psi_1^+ - \psi_1^- - \psi_2^+ + \psi_2^-)$ et $\psi_2^+ - \psi_2^- = \frac{1}{2}(\Delta\psi - \psi_1^+ + \psi_1^- + \psi_2^+ - \psi_2^-)$, avec $\Delta\psi = \psi_2^+ + \psi_1^+ - \psi_2^- - \psi_1^-$, le terme de collision s'écrit en sommant les deux expressions (5.59)

$$\int \psi \left(\frac{\partial f}{\partial t}\right)_{\text{col}} \mathrm{d}\mathbf{v} =$$

$$\frac{d^2}{4} \iiint_{(\mathbf{v_2}-\mathbf{v})\cdot\mathbf{k}>0} \Delta\psi \left[f^{(2)}(\mathbf{x} + \mathbf{k}d, \mathbf{v}, \mathbf{x}, \mathbf{v_2}, t) + f^{(2)}(\mathbf{x}, \mathbf{v}, \mathbf{x} - \mathbf{k}d, \mathbf{v_2}, t)\right] \mathbf{k}\cdot(\mathbf{v_2} - \mathbf{v})\, \mathrm{d}\Omega\, \mathrm{d}\mathbf{v_2}\mathrm{d}\mathbf{v}$$

$$+\frac{d^2}{4} \iiint_{(\mathbf{v_2}-\mathbf{v})\cdot\mathbf{k}>0} \left(\psi_1^+ - \psi_1^- - \psi_2^+ + \psi_2^-\right) \mathbf{k}\cdot(\mathbf{v_2} - \mathbf{v})\, \mathrm{d}\Omega\, \mathrm{d}\mathbf{v_2}\mathrm{d}\mathbf{v} \left[f^{(2)}(\mathbf{x}, \mathbf{v}, \mathbf{x} - \mathbf{k}d, \mathbf{v_2}, t) - f^{(2)}(\mathbf{x} + \mathbf{k}d, \mathbf{v}, \mathbf{x}, \mathbf{v_2}, t)\right]. \quad (5.60)$$

La première intégrale constitue le terme source $\chi(\psi)$. Ce terme est nul si la quantité ψ se conserve lors d'une collision binaire. En faisant l'hypothèse que $\Delta\psi$ est invariant par permutation $\mathbf{v} \leftrightarrow \mathbf{v_2}$, $\mathbf{k} \leftrightarrow -\mathbf{k}$, et en remarquant que par symétrie $f^{(2)}(\mathbf{x}-\mathbf{k}d, \mathbf{v_2}, \mathbf{x}, \mathbf{v}, t) = f^{(2)}(\mathbf{x}, \mathbf{v}, \mathbf{x}-\mathbf{k}d, \mathbf{v_2}, t)$, on a

$$\chi(\psi) = \frac{d^2}{2} \iiint_{(\mathbf{v_2}-\mathbf{v})\cdot\mathbf{k}>0} \Delta\psi f^{(2)}(\mathbf{x}, \mathbf{v}, \mathbf{x}-\mathbf{k}d, \mathbf{v_2}, t) \\ \mathbf{k}\cdot(\mathbf{v_2}-\mathbf{v})\, \mathrm{d}\Omega\, \mathrm{d}\mathbf{v_2}\mathrm{d}\mathbf{v}. \tag{5.61}$$

La deuxième intégrale de (5.60) peut se mettre sous la forme d'un flux, $\partial\Pi_j/\partial x_j$, en utilisant l'identité

$$\begin{aligned} & f^{(2)}(\mathbf{x}, \mathbf{v}, \mathbf{x}-\mathbf{k}d, \mathbf{v_2}, t) - f^{(2)}(\mathbf{x}+\mathbf{k}d, \mathbf{v}, \mathbf{x}, \mathbf{v_2}, t) \\ & = \int_0^1 \frac{\mathrm{d}}{\mathrm{d}\alpha} f^{(2)}[\mathbf{x}+(1-\alpha)\mathbf{k}d, \mathbf{v}, \mathbf{x}-\alpha\mathbf{k}d, \mathbf{v_2}, t]\mathrm{d}\alpha \\ & = -k_j d \frac{\partial}{\partial x_j} \int_0^1 f^{(2)}\left[\mathbf{x}+(1-\alpha)\mathbf{k}d, \mathbf{v}, \mathbf{x}-\alpha\mathbf{k}d, \mathbf{v_2}, t\right] \mathrm{d}\alpha, \end{aligned} \tag{5.62}$$

soit

$$\Pi_j(\psi) = -\frac{d^3}{4} \iiint_{(\mathbf{v_2}-\mathbf{v})\cdot\mathbf{k}>0} k_j \left(\psi_1^+ - \psi_1^- - \psi_2^+ + \psi_2^-\right) \mathbf{k}\cdot(\mathbf{v_2}-\mathbf{v}) \\ \left(\int_0^1 f^{(2)}\left[\mathbf{x}+(1-\alpha)\mathbf{k}d, \mathbf{v}, \mathbf{x}-\alpha\mathbf{k}d, \mathbf{v_2}, t\right] \mathrm{d}\alpha\right) \mathrm{d}\Omega\, \mathrm{d}\mathbf{v_2}\mathrm{d}\mathbf{v}. \tag{5.63}$$

Conservation de la masse

Considérons tout d'abord le cas $\psi = m$, où m est la masse des grains. La masse se conservant lors d'une collision binaire, on a $\chi(m) = 0$. De plus, une collision entre deux particules n'entraîne pas un transfert de masse d'une particule à l'autre, de sorte que $\mathbf{\Pi}(m) = 0$. L'équation de Maxwell-Boltzmann pour la masse se ramène donc à

$$\frac{\partial\rho}{\partial t} + \frac{\partial\rho u_j}{\partial x_j} = 0. \tag{5.64}$$

On reconnaît bien sûr l'équation de continuité pour la densité $\rho(\mathbf{x}, t) = m\, n(\mathbf{x}, t)$.

Conservation de la quantité de mouvement

Posons ensuite $\psi = mv_i$ dans (5.54)–(5.57), où v_i est la composante i de la vitesse des grains. La quantité de mouvement étant conservée lors d'un choc, on a $\chi(mv_i) = 0$. On trouve alors

$$\frac{\partial \rho\langle v_i\rangle}{\partial t} + \frac{\partial \rho\langle v_i v_j\rangle}{\partial x_j} = \frac{\partial}{\partial x_j}\Pi_j(mv_i) + nF_i. \tag{5.65}$$

En écrivant $v_i = u_i + \delta v_i$, où $\mathbf{u}(\mathbf{x}, t)$ est la vitesse moyenne du gaz et $\delta\mathbf{v}$ est la fluctuation de vitesse ($\langle\delta\mathbf{v}\rangle = 0$), on a $\Pi_j(mv_i) = \Pi_j(m\delta v_i)$. En utilisant de plus l'équation de continuité (5.64), on obtient finalement

$$\rho\left(\frac{\partial u_i}{\partial t} + u_j\frac{\partial u_i}{\partial x_j}\right) = \frac{\partial \sigma_{ij}}{\partial x_j} + f_i. \tag{5.66}$$

On reconnaît l'équation de conservation de la quantité de mouvement, où $f_i = nF_i$ est la force extérieure par unité de volume et σ_{ij} est le tenseur des contraintes donné par

$$\sigma_{ij} = -\rho\langle\delta v_j \delta v_i\rangle + \Pi_j(m\delta v_i). \tag{5.67}$$

Équation de l'énergie

Finalement, nous substituons $\psi = \sum_i \frac{1}{2}mv_i^2$ dans (5.54)–(5.57). Cette fois, à cause de l'inélasticité des chocs, l'énergie cinétique ne se conserve pas. On note $\Gamma \equiv -\chi[\sum_i \frac{1}{2}mv_i^2]$ le taux de dissipation ($\Gamma > 0$). L'équation de Maxwell-Boltzmann pour l'énergie cinétique s'écrit alors

$$\frac{1}{2}\frac{\partial \rho\langle\sum_i v_i^2\rangle}{\partial t} + \frac{1}{2}\frac{\partial \rho\langle\sum_i v_i^2 v_j\rangle}{\partial x_j} - nF_j\langle v_j\rangle = \frac{\partial}{\partial x_j}\Pi_j\left(\sum_i \frac{1}{2}mv_i^2\right) - \Gamma. \tag{5.68}$$

En posant comme précédemment $v_i = u_i + \delta v_i$, on montre que $\Pi_j\left(\sum_i \frac{1}{2}mv_i^2\right) = \sum_i u_i\Pi_j(m\delta v_i) + \Pi_j\left(\sum_i \frac{1}{2}m\delta v_i^2\right)$. Enfin en utilisant (5.64) et (5.66), ainsi que la définition de la température granulaire $T = \langle\sum_i \delta v_i^2\rangle$, on trouve après quelques calculs

$$\frac{1}{2}\rho\left(\frac{\partial T}{\partial t} + u_j\frac{\partial T}{\partial x_j}\right) = \sigma_{ij}\frac{\partial u_i}{\partial x_j} - \frac{\partial q_j}{\partial x_j} - \Gamma. \tag{5.69}$$

Cette équation représente un bilan d'énergie pour l'énergie cinétique fluctuante, où $\mathbf{q}$ est le flux de « chaleur » donné par

$$q_j = \sum_i \frac{1}{2}\rho\langle\delta v_j \delta v_i^2\rangle - \Pi_j\left(\sum_i \frac{1}{2}m\delta v_i^2\right). \tag{5.70}$$

On remarque que le tenseur des contraintes (5.67) et le flux de chaleur (5.70) se décomposent en deux termes d'origines distinctes, l'un représentant une contribution cinétique et l'autre représentant une contribution collisionnelle

$$\sigma_{ij} = \sigma_{ij}^{\text{cin}} + \sigma_{ij}^{\text{col}}, \tag{5.71}$$

$$q_j = q_j^{\text{cin}} + q_j^{\text{col}}. \tag{5.72}$$

La partie cinétique est donnée par

$$\sigma_{ij}^{\text{cin}} = -\rho\langle\delta v_j \delta v_i\rangle = -m\int \delta v_j \delta v_i f(\mathbf{x},\mathbf{v},t)\,\mathrm{d}\mathbf{v}, \tag{5.73}$$

$$q_j^{\text{cin}} = \sum_i \frac{1}{2}\rho\langle\delta v_j \delta v_i^2\rangle = \sum_i \frac{1}{2}m\int \delta v_j \delta v_i^2 f(\mathbf{x},\mathbf{v},t)\,\mathrm{d}\mathbf{v}. \tag{5.74}$$

Elle représente le transport de la quantité de mouvement et de l'énergie cinétique fluctuante dû aux mouvements des grains entre deux collisions successives. Notons que cette contribution cinétique est similaire au tenseur de Reynolds pour un fluide en régime turbulent. La partie collisionnelle est donnée par

$$\sigma_{ij}^{\text{col}} = \Pi_j(m\delta v_i), \tag{5.75}$$

$$q_j^{\text{col}} = -\Pi_j\left(\sum_i \frac{1}{2}m\delta v_i^2\right). \tag{5.76}$$

En utilisant les relations de collision (2.16), (2.17), on montre que $m(\delta v^+ - \delta v^- - \delta v_2{}^+ + \delta v_2{}^-)_i = m(1+e)[\mathbf{k}\cdot(\mathbf{v_2}-\mathbf{v})]k_i$ et $\frac{1}{2}m(\delta v_i^{2+} - \delta v_i^{2-} - \delta v_{2i}^{2}{}^+ + \delta v_{2i}^{2}{}^-) = (1+e)\mathbf{k}\cdot(\mathbf{v_2}-\mathbf{v})\,\mathbf{k}\cdot(\delta\mathbf{v}+\delta\mathbf{v_2})$, ce qui donne

$$\sigma_{ij}^{\text{col}} = -\frac{1+e}{4}md^3\iiint_{(\mathbf{v_2}-\mathbf{v})\cdot\mathbf{k}>0} k_i k_j\left[\mathbf{k}\cdot(\mathbf{v_2}-\mathbf{v})\right]^2$$
$$\left(\int_0^1 f^{(2)}\left(\mathbf{x}+(1-\alpha)\mathbf{k}d,\mathbf{v},\mathbf{x}-\alpha\mathbf{k}d,\mathbf{v_2},t\right)\mathrm{d}\alpha\right)\mathrm{d}\Omega\,\mathrm{d}\mathbf{v_2}\mathrm{d}\mathbf{v}, \tag{5.77}$$

et

$$q_j^{\text{col}} = \frac{1+e}{8}md^3\iiint_{(\mathbf{v_2}-\mathbf{v})\cdot\mathbf{k}>0} k_j\left[\mathbf{k}\cdot(\mathbf{v_2}-\mathbf{v})\right]^2\mathbf{k}\cdot(\delta\mathbf{v}+\delta\mathbf{v_2})$$
$$\left(\int_0^1 f^{(2)}\left(\mathbf{x}+(1-\alpha)\mathbf{k}d,\mathbf{v},\mathbf{x}-\alpha\mathbf{k}d,\mathbf{v_2},t\right)\mathrm{d}\alpha\right)\mathrm{d}\Omega\,\mathrm{d}\mathbf{v_2}\mathrm{d}\mathbf{v}. \tag{5.78}$$

Enfin, le taux de dissipation inélastique $\Gamma = -\chi[\frac{1}{2}mv_i^2]$ s'écrit en utilisant l'expression (5.2)

$$\Gamma = \frac{1-e^2}{8}md^2\iiint_{(\mathbf{v_2}-\mathbf{v})\cdot\mathbf{k}>0}\left[\mathbf{k}\cdot(\mathbf{v_2}-\mathbf{v})\right]^3 f^{(2)}(\mathbf{x},\mathbf{v},\mathbf{x}-\mathbf{k}d,\mathbf{v_2},t)$$
$$\mathrm{d}\Omega\,\mathrm{d}\mathbf{v_2}\mathrm{d}\mathbf{v}. \tag{5.79}$$

5.3.3 Relations constitutives (Lun *et al.*, 1984)

Les expressions précédentes du tenseur des contraintes, du flux de chaleur et du taux de dissipation, ainsi que les équations de conservation, sont des conséquences exactes de l'équation de Boltzmann inélastique. Cependant, si l'on veut obtenir une description hydrodynamique du gaz granulaire, il reste encore à exprimer le tenseur des contraintes σ_{ij}, le flux de chaleur $\mathbf{q}$ et le taux de dissipation Γ en fonction des grandeurs moyennes hydrodynamiques que sont la densité ρ, la vitesse moyenne $\mathbf{u}$ et la température granulaire T. Cette dernière étape nécessite de connaître la fonction de distribution f et donc de résoudre l'équation de Enskog-Boltzmann, qui est une équation intégro-différentielle non-linéaire ! Une telle solution est impossible à obtenir en général et on doit se contenter d'approximations. La méthode usuelle utilisée pour les gaz moléculaires, dite de Chapman-Enskog, est la suivante (Chapman & Cowling, 1970). Tout d'abord, on suppose que la fonction de distribution f ne dépend de l'espace et du temps que par l'intermédiaire des grandeurs hydrodynamiques (hypothèse d'équilibre local)

$$f(\mathbf{x}, \mathbf{v}, t) = f(\rho(\mathbf{x}, t), \mathbf{u}(\mathbf{x}, \mathbf{t}), T(\mathbf{x}, t); \mathbf{v}). \tag{5.80}$$

On suppose ensuite que le gaz est faiblement hors-équilibre par rapport à l'état uniforme, c'est-à-dire que les gradients de densité, de vitesse et de température sont petits. Il paraît alors légitime de chercher la fonction de distribution f sous la forme d'un développement en fonction des gradients sous la forme

$$f = f_{(0)} + K_n f_{(1)} + K_n^2 f_{(2)} + \ldots, \tag{5.81}$$

où $f_{(0)}$ est la solution de l'état de base correspondant à un gaz uniforme et $K_n = \ell/L$ est le nombre de Knudsen qui représente le rapport entre le libre parcours moyen et l'échelle typique spatiale de variation des gradients macroscopiques. Les équations hydrodynamiques habituelles (Navier-Stokes) s'obtiennent en gardant les termes à l'ordre 1 en K_n.

Pour un gaz classique moléculaire, l'état de base $f_{(0)}$ est bien connu et donné par la distribution de Maxwell (Reif, 1965 ; Huang, 1987)

$$f_M = \frac{\rho}{m} \left(\frac{3}{2\pi T} \right)^{3/2} \exp\left(-\frac{3\delta v_i^2}{2T} \right). \tag{5.82}$$

Les pionniers de la théorie cinétique des milieux granulaires ont supposé que cette distribution restait en première approximation valable pour un gaz granulaire faiblement dissipatif ($1 - e^2 \ll 1$). De même, ils n'ont pas résolu l'équation de Boltzmann directement mais choisi pour $f_{(1)}$ une fonction d'essai analogue à celle obtenue pour les gaz moléculaires. En injectant cette approximation dans l'équation de transport de Maxwell-Boltzman, Lun *et al.* ont proposé en 1984 les équations constitutives suivantes pour le tenseur des contraintes, le flux de chaleur et le taux de dissipation (Lun *et al.*, 1984)

$$\sigma_{ij} = \left[-P(\phi,T) + \xi(\phi,T)\frac{\partial u_k}{\partial x_k}\right]\delta_{ij} + 2\eta(\phi,T)\tilde{\epsilon_{ij}}, \tag{5.83}$$

$$q_j = -K(\phi,T)\frac{\partial T}{\partial x_j} - K_\phi(\phi,T)\frac{\partial \phi}{\partial x_j}, \tag{5.84}$$

$$\Gamma = \frac{\rho_p}{d}(1-e^2)F_5(\phi)T^{\frac{3}{2}}, \tag{5.85}$$

où $\tilde{\epsilon_{ij}} = \dot{\epsilon}_{ij} - \frac{1}{3}(\partial u_k/\partial x_k)\delta_{ij}$ est le déviateur des taux de déformation. Les coefficients de transport sont donnés par

$$P(\phi,T) = \rho_p F_1(\phi)T, \tag{5.86}$$

$$\eta(\phi,T) = \rho_p d\, F_2(\phi)\sqrt{T}, \tag{5.87}$$

$$\xi(\phi,T) = \rho_p d\, F_3(\phi)\sqrt{T}, \tag{5.88}$$

$$K(\phi,T) = \rho_p d\, F_4(\phi)\sqrt{T}, \tag{5.89}$$

$$K_\phi(\phi,T) = \rho_p d\, F_{4h}(\phi)\sqrt{T}, \tag{5.90}$$

avec

$$\begin{aligned}
F_1(\phi) &= \phi + 4r\phi^2 g_0(\phi),\\
F_2(\phi) &= \frac{5\sqrt{\pi}}{96}\left[\frac{1}{r(2-r)}\frac{1}{g_0(\phi)} + \frac{8}{5}\frac{3r-1}{2-r}\phi + \frac{64}{25}r\left(\frac{3r-2}{2-r}+\frac{12}{\pi}\right)\phi^2 g_0(\phi)\right],\\
F_3(\phi) &= \frac{8}{3\sqrt{\pi}}r\phi^2 g_0(\phi),\\
F_4(\phi) &= \frac{25\sqrt{\pi}}{16r(41-33r)}\left[\frac{1}{g_0(\phi)} + \frac{12}{5}r(1+r(4r-3))\phi + \frac{16}{25}r^2(9r(4r-3)\right.\\
&\qquad \left. + \frac{4}{\pi}(41-33r))\phi^2 g_0(\phi)\right],\\
F_{4h}(\phi) &= \frac{15(2r-1)(r-1)\sqrt{\pi}}{4(41-33r)}\left(\frac{1}{\phi g_0(\phi)} + \frac{12}{5}r\right)\frac{\mathrm{d}}{\mathrm{d}\phi}[\phi^2 g_0(\phi)],\\
F_5(\phi) &= \frac{12}{\sqrt{\pi}}\phi^2 g_0(\phi),
\end{aligned} \tag{5.91}$$

où $r = \frac{1}{2}(1+e)$. On constate que les équations de Lun *et al.*, qui tiennent compte du transport cinétique et de la compressibilité du gaz, sont plus complexes que celles données par le modèle de Haff. Surtout, il apparaît un nouveau coefficient de transport K_ϕ dans la loi de Fourier qui relie le flux de chaleur au gradient de fraction volumique. Ce terme est spécifique aux gaz granulaires et provient de l'inélasticité des collisions. Il permet de générer un flux de chaleur « anormal » des régions froides vers les régions chaudes si la fraction volumique diminue suffisamment rapidement ($\mathrm{d}\phi/\mathrm{d}x < 0$). C'est bien ce que l'on observe dans certaines situations de gaz granulaires vibrés, en particulier près des surfaces libres où les gradients de densité sont forts (Wildman *et al.*, 2001).

5.3.4 Vers des modèles plus complexes

L'approche précédente, consistant à développer la fonction de distribution des vitesses autour de la distribution d'équilibre de Maxwell f_M, a été adoptée par les premiers auteurs de la théorie cinétique des milieux granulaires. Elle n'est cependant pas rigoureuse. En effet, à cause des collisions inélastiques, un gaz granulaire isolé n'est jamais à l'équilibre et sa température granulaire diminue sans cesse. Il n'existe donc pas, en l'absence de forçage extérieur, de solution stationnaire $f_{(0)}$ à l'équation de Boltzmann comme pour un gaz classique ! Nous étudierons plus en détail à la section 5.4.5 le comportement d'un gaz granulaire en refroidissement homogène. Soulignons d'ores et déjà que la fonction de distribution des vitesses d'un gaz granulaire isolé est plus compliquée qu'une simple maxwellienne (Essipov & Pöschel, 1997 ; van Noije & Ernst, 1998). On observe en particulier des comportements non gaussiens aux grandes vitesses (voir encadré 5.3). Une possibilité pour obtenir un état de référence stationnaire dans un gaz granulaire serait d'injecter continuellement de l'énergie, par exemple au moyen d'une vibration aléatoire (Losert *et al.*, 1999 ; Rouyer & Ménon, 2000 ; Wildman *et al.*, 2001 ; Reis *et al.*, 2007). Cependant, un tel état de base n'existe pas dans de nombreuses situations pratiques d'écoulement. De plus, la fonction de distribution des vitesses d'un gaz granulaire agité est également non-gausienne (figure 5.9). On trouve une distribution aux grandes vitesses du type $f_{(0)} \propto \exp -(|\delta v|/\sqrt{T})^{3/2}$, en accord avec les prédictions de l'equation de Boltzmann inélastique forcée aléatoirement (Essipov & Pöschel, 1997 ; van Noije & Ernst, 1998). La nature non-gausienne de la distribution des vitesses semble ainsi une proprieté générale des gaz granulaires, qui est commune à de nombreux autres systèmes dissipatifs fortement hors-équilibres (par exemple un écoulement turbulent). Le fait de savoir si les propriétés statistiques de tels systèmes sont universelles ou dépendent du mode de forçage est une question débattue (Aumaître *et al.*, 2001).

La difficulté que pose la définition d'un état de base pour un gaz granulaire a motivé l'avènement d'une nouvelle génération de modèles au cours des années 1990. Ces travaux se sont attachés à obtenir de façon plus rigoureuse les équations constitutives d'un gaz granulaire dissipatif sans présupposer un état de base $f_{(0)}$ de type maxwellien. Un premier modèle s'est appuyé sur le fait que la distribution de Maxwell est en fait rigoureusement valide dans la double limite $K_n \to 0$ et $e \to 1$, où $K_n = \ell/L$ est le nombre de Knudsen et e le coefficient d'inélasticité (Sela & Goldhirsch, 1998). L'idée est donc de chercher une solution f de l'équation de Boltzmann inélastique en effectuant un double développement perturbatif en fonction des petits paramètres $\varepsilon = 1 - e^2$ et K_n

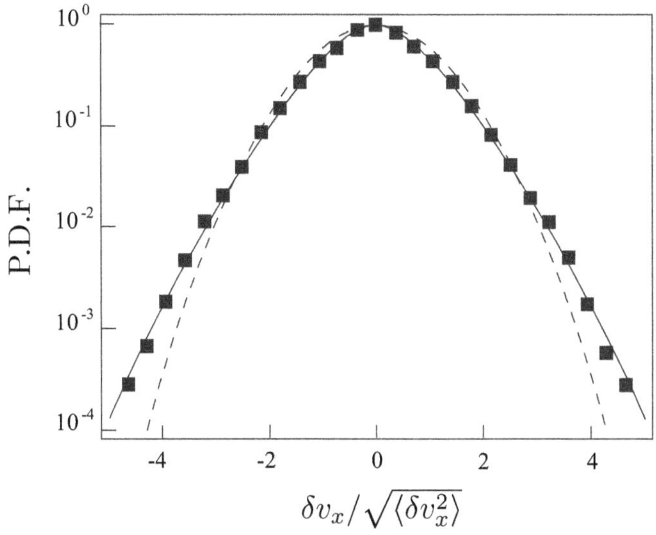

FIG. 5.9 – Fonction de distribution des vitesses d'un gaz granulaire agité 2D (symboles). On observe un écart avec la distribution gaussienne de Maxwell (trait pointillé). Les expériences sont bien ajustées par une distribution de type $f_{(0)} \propto \exp -0{,}80(|\delta v_x|/\sqrt{\langle \delta v_x^2 \rangle})^{3/2}$ (d'après Rouyer & Menon, 2000).

selon

$$f = f_{(0)} + K_n f_{(K_n)} + \varepsilon f_{(\varepsilon)} + \ldots, \tag{5.92}$$

où $f_{(0)}$ est la distribution de Maxwell f_M. Une troncature à l'ordre 1 en K_n et ε permet d'obtenir les équations constitutives à l'ordre Navier-Stokes et pour une faible inélasticité. Un autre point de vue a consisté à perturber la fonction de distribution directement autour de l'état non-stationnaire de refroidissement homogène (Brey *et al.*, 1998 ; Garzò & Dufty, 1999). Bien qu'il n'existe pas de solution $f_{(0)}$ exacte à cette situation, on peut chercher des solutions approchées et mener à bien un développement de type Chapman-Enskog. Cette dernière méthode n'est pas limitée *a priori* aux faibles inélasticités, car l'état de base choisi tient déjà compte de la dissipation. Ces deux approches donnent lieu à des calculs lourds qui sortent du cadre de cet ouvrage. Elles montrent que les équations constitutives de Lun *et al.* ne sont valables qu'à l'ordre 1 en K_n et ε. Pour être cohérents, il faut donc en toute rigueur poser $r = 1$ dans les équations de Lun *et al.* (5.91).

Notons enfin que la théorie cinétique que nous avons présentée concerne le cas idéal de particules sans frottement et interagissant avec un coefficient de restitution constant. Plusieurs travaux ont tenté de décrire de manière plus réaliste les interactions entre grains, soit en tenant compte de la friction tangentielle lors des collisions (voir l'ouvrage de Rao & Nott, 2008), soit en incorporant une dépendance du coefficient de restitution inélastique avec la vitesse (Brilliantov & Pöschel, 2004). La théorie cinétique a également été étendue aux gaz granulaires polydisperses composés de particules de taille ou de masse différentes (Jenkins & Mancini, 1989).

5.4 Applications

Dans cette section, nous appliquons les équations hydrodynamiques de la théorie cinétique vues précédemment – les équations de conservation (5.64), (5.66), (5.69) et les relations constitutives (5.83)–(5.91) – à différentes situations d'écoulements granulaires rapides et dilués. Nous avons vu que la singularité des gaz granulaires par rapport aux gaz classiques provient de la dissipation lors des collisions, représentée par le terme Γ dans l'équation de l'énergie (5.69). Ce terme de dissipation indique que l'énergie est perdue lors des collisions, et donc que la température a tendance à décroître. Ces pertes sont contrebalancées par la source de température que représente le travail des forces visqueuses. Pour un gaz granulaire, la température résulte donc d'un équilibre entre la dissipation due aux chocs et l'agitation induite par l'écoulement. En retour, la température granulaire rétroagit sur l'écoulement via la dépendance en température des coefficients de transport (pression, viscosité, conductivité) (figure 5.10). Ce couplage entre température et écoulement est une des propriétés fondamentales des gaz granulaires (Campbell, 1990). Les exemples qui suivent en sont l'illustration.

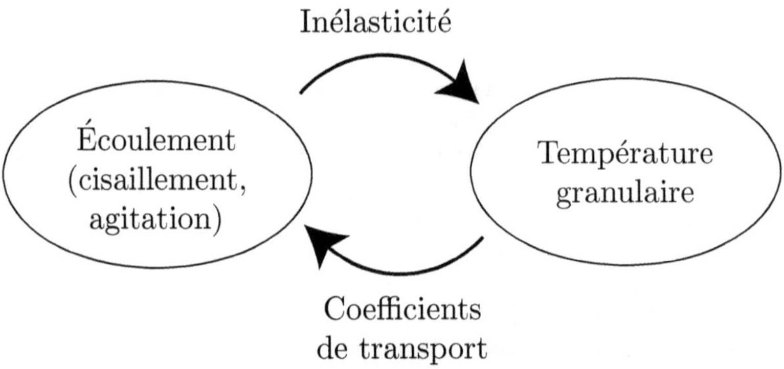

FIG. 5.10 – Une spécificité des écoulements granulaires rapides et dilués : le couplage entre température et écoulement.

5.4.1 Cisaillement plan : loi de Bagnold

Comme première application, considérons un cisaillement plan en l'absence de force extérieure (figure 5.11). La vitesse est donnée par $\mathbf{u} = \dot{\gamma} z\, \mathbf{e_x}$. On cherche une solution pour laquelle la fraction volumique ϕ et la température granulaire T sont uniformes. Les équations de conservation (5.64), (5.66) et (5.69) se réduisent alors à l'équilibre entre la puissance des forces visqueuses et la dissipation dans l'équation d'énergie

$$\sigma_{xz}\dot{\gamma} - \Gamma = 0. \tag{5.93}$$

En utilisant les équations constitutives (5.83)–(5.90), on obtient pour la température granulaire

$$T = \frac{F_2(\phi)}{(1-e^2)\,F_5(\phi)}\,d^2\,\dot{\gamma}^2. \tag{5.94}$$

Enfin, d'après (5.86) et (5.87), on en déduit la pression P et la contrainte de cisaillement $\tau \equiv \sigma_{xz} = \eta\,\dot{\gamma}$ qui ont pour expression

$$P = \frac{F_1(\phi)F_2(\phi)}{(1-e^2)\,F_5(\phi)}\,\rho_p\,d^2\,\dot{\gamma}^2, \tag{5.95}$$

$$\tau = \frac{F_2^{3/2}(\phi)}{(1-e^2)^{1/2}\,F_5^{1/2}(\phi)}\,\rho_p\,d^2\,\dot{\gamma}^2. \tag{5.96}$$

Cette configuration simple illustre bien le couplage entre température et

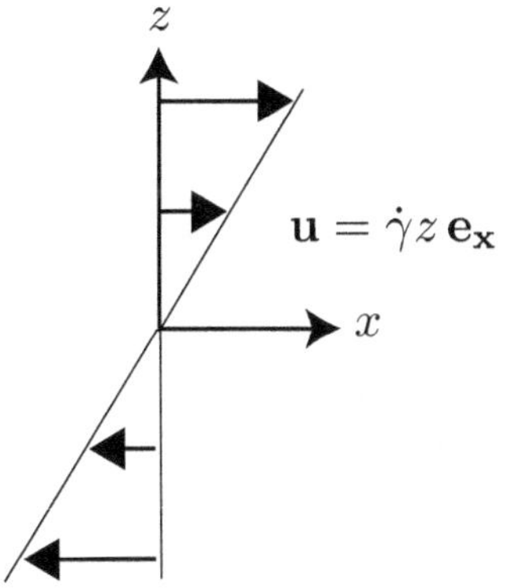

FIG. 5.11 – Cisaillement plan.

écoulement que nous évoquions plus haut. La valeur de la température granulaire (5.94) est entièrement contrôlée par le taux de cisaillement $\dot{\gamma}$ et le coefficient d'inélasticité e. Plus le cisaillement $\dot{\gamma}$ est grand, plus la température granulaire est élevée. À l'inverse, plus le coefficient d'inélasticité e est petit, plus la température est basse[5]. La température intervenant également dans l'expression de la pression et de la viscosité, ces coefficients de transport

5. Pour $e = 1$, c'est-à-dire pour des particules élastiques comme celles d'un gaz moléculaire, la température tend vers l'infini car le travail fourni au système par le cisaillement n'est contrebalancé par aucune perte. En pratique, un tel gaz moléculaire est cependant rarement isolé comme c'est le cas ici. Il baigne dans un thermostat qui lui impose sa température.

dépendent eux-aussi du taux de cisaillement $\dot{\gamma}$. Il en résulte un comportement macroscopique non-newtonien dans lequel la pression (5.95) et la contrainte de cisaillement (5.96) varient comme le carré du taux de cisaillement.

La proportionnalité de la pression et de la contrainte de cisaillement avec le carré du taux de cisaillement est appelée loi de Bagnold, en référence au physicien anglais R. A. Bagnold (voir encadré 1.2). Bagnold est en effet le premier à avoir mis en évidence une telle relation, bien avant le développement de la théorie cinétique (Bagnold, 1954). Son expérience consiste en une cellule de cisaillement de type Couette (deux cylindres concentriques) remplie d'une suspension de particules dans un fluide iso-densité (ce qui permet d'éviter la sédimentation des grains). Pour créer le cisaillement on tourne l'un des deux cylindres. Des capteurs de contraintes en parois mesurent la contrainte tangentielle et la contrainte normale (pression). À faible cisaillement, le comportement est de type visqueux et dominé par la viscosité du fluide entourant les grains. On trouve alors une pression constante et une contrainte de cisaillement variant linéairement avec le taux de cisaillement. À fort cisaillement en revanche, l'inertie et les collisions entre grains dominent et Bagnold trouve

$$P \propto \rho_p \, d^2 \, \dot{\gamma}^2, \tag{5.97}$$

$$\tau \propto \rho_p \, d^2 \, \dot{\gamma}^2, \tag{5.98}$$

comme prédit par la théorie cinétique. Bagnold a interprété ces résultats en raisonnant sur les collisions entre grains. Nous verrons au chapitre 6 que cette proportionnalité entre les contraintes et le carré du taux de cisaillement découle en fait directement de l'analyse dimensionnelle pour des particules rigides et un cisaillement uniforme. La loi de Bagnold (5.97), (5.98) n'est donc pas restreinte au régime dilué et s'étend *a priori* au-delà du domaine de validité de la théorie cinétique.

Il est difficile de comparer quantitativement les prédictions de la théorie cinétique données par (5.94)–(5.96) avec des expériences de cisaillement simple, car en pratique la friction entre grains, la gravité ou la présence de parois viennent compliquer la situation (voir Savage & Sayed, 1984). En revanche, il est possible de comparer la théorie avec des simulations numériques discrètes basée sur la dynamique moléculaire ou la dynamique des contacts (voir encadré 2.3). La figure 5.12*a*,*b* présente la pression et la contrainte de cisaillement (normalisées) obtenues à partir de simulations numériques discrètes d'un cisaillement simple pour des sphères sans frottement (Lun & Bent, 1996). Les prédictions (5.95) et (5.96) données par la théorie cinétique, en utilisant les relations constitutives de Lun *et al.* (1984) et la fonction de distribution radiale g_0 de Carnahan-Starling (5.52) sont tracées sur le même graphe. On constate que l'accord est relativement bon, en particulier en ce qui concerne l'évolution qualitative des contraintes avec la fraction volumique (transition entre un régime cinétique et un régime collisionnel). Sur la figure 5.12*c*, on a également tracé le rapport entre la contrainte tangentielle et la contrainte normale, τ/P, en fonction de la fraction volumique. Cette quantité peut être vue comme un

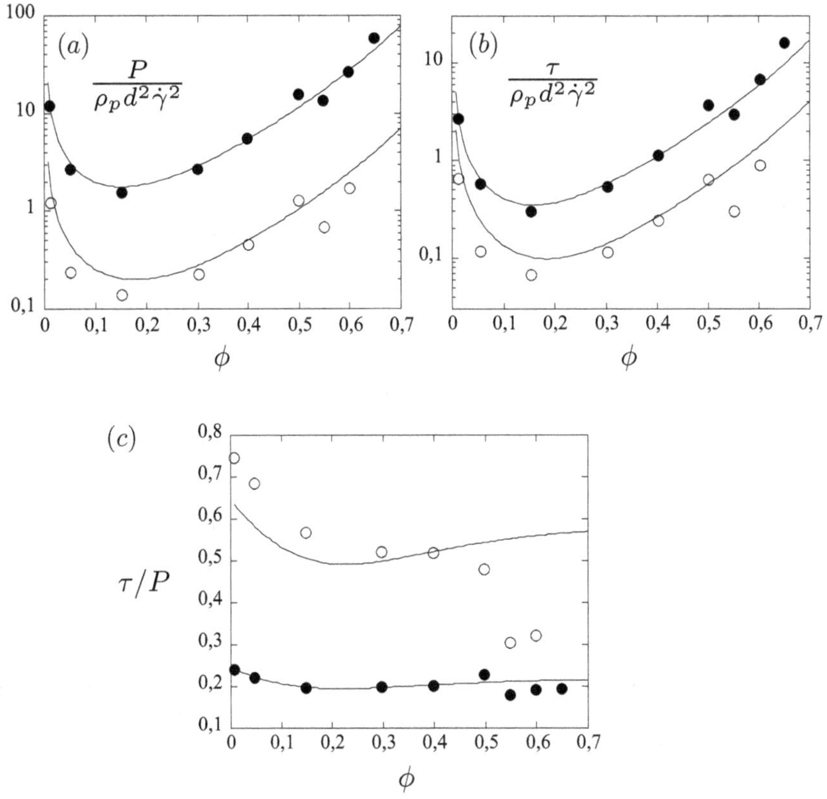

FIG. 5.12 – Comparaison entre les prédictions de la théorie cinétique (Lun *et al.*, 1984, lignes) et des simulations de dynamique moléculaire (Lun & Bent, 1996) pour un cisaillement simple de sphères sans frottement (• : $e = 0{,}95$; ◦ : $e = 0{,}6$). (*a*) Pression $P = -(1/3)(\sigma_{xx} + \sigma_{yy} + \sigma_{zz})$ normalisée. (*b*) Contrainte de cisaillement $\tau = \sigma_{xz}$ normalisée. (*c*) Coefficient de friction effectif τ/P en fonction de la fraction volumique ϕ.

coefficient de friction effectif du milieu, même s'il n'y a pas de friction entre les grains. On remarque que l'accord est quantitatif pour des faibles fractions volumiques et des faibles inélasticités. En revanche, il apparaît des différences importantes aux fortes densités et pour de faibles coefficients d'inélasticité. Nous discuterons de cette transition vers le régime d'écoulement dense à la fin du chapitre.

5.4.2 Auto-convection granulaire

Un exemple moins trivial d'écoulement granulaire mettant en jeu le couplage entre température et écoulement a été mis en évidence dans des expériences d'écoulement sur un plan incliné (Forterre & Pouliquen, 2001). Un milieu granulaire s'écoule sur un plan rugueux fortement incliné. Sous certaines conditions, quand l'écoulement devient rapide et collisionel, on observe la formation spontanée de rouleaux alignés avec l'écoulement (figure 5.13*a*,*b*). Les grains ne tombent plus en ligne droite mais ont des trajectoires hélicoïdales. Cette instabilité s'explique comme suit. Sous l'effet de la gravité, les grains s'écoulent le long du plan. Près de la paroi rugueuse, le cisaillement est fort, et les grains sont donc très agités en raison des collisions avec la rugosité. Cela signifie que la température granulaire proche de la paroi augmente. Cet échauffement est rapidement dissipé quand on s'éloigne de la paroi, à cause des collisions inélastiques. Or une augmentation de la température signifie, comme pour un gaz moléculaire, une diminution de la densité. Le milieu peut alors se retrouver dans un état où une couche peu dense près de la paroi est surmontée par une couche dense. Cette situation est instable et donne lieu à l'apparition de rouleaux. Cette instabilité est analogue à la formation de rouleaux de convection observée lorsque l'on chauffe un fluide par le bas (instabilité de Rayleigh-Bénard). Dans le cas d'un milieu granulaire, cependant, l'échauffement est créé par l'écoulement lui-même et non par un thermostat extérieur, tandis que le refroidissement provient de l'inélasticité des collisions.

Il est possible de prédire cette instabilité dans le cadre de la théorie cinétique (Forterre & Pouliquen, 2002). Pour cela, on cherche une solution des équations sous la forme d'un écoulement stationnaire et uniforme sur un plan incliné. Les conditions aux limites utilisées au niveau du fond rugueux sont similaires à celles dérivées à la section 5.2.3. Dans une certaine gamme de paramètres (fort débit, forte inélasticité), le profil de densité s'inverse bien en raison de l'échauffement à la paroi créé par le fort cisaillement. Une analyse de stabilité linéaire des équations montre que ces écoulements sont instables vis-à-vis de perturbations transverses. Les modes instables se présentent sous la forme de tourbillons longitudinaux, avec des variations transverses de densité et une longueur d'onde compatibles avec les données expérimentales (figure 5.13*c*). L'accord entre théorie et expérience reste toutefois qualitatif, essentiellement parce que l'état de base de l'écoulement n'est pas décrit quantitativement par la théorie cinétique.

5.4.3 Les anneaux de Saturne

La description des disques planétaires, tels que les anneaux de Saturne, compte parmi les applications les plus spectaculaires de la théorie cinétique des milieux granulaires (Spahn & Schmidt, 2006). Ce fut aussi l'une des premières motivations à l'élaboration de théories cinétiques de gaz inélastiques à la fin des années 1970 (Goldreich & Tremaine, 1978). Les anneaux de Saturne sont composés essentiellement de blocs de glace dont la taille va du micromètre à quelques mètres et qui tournent en orbite dans le plan équatorial

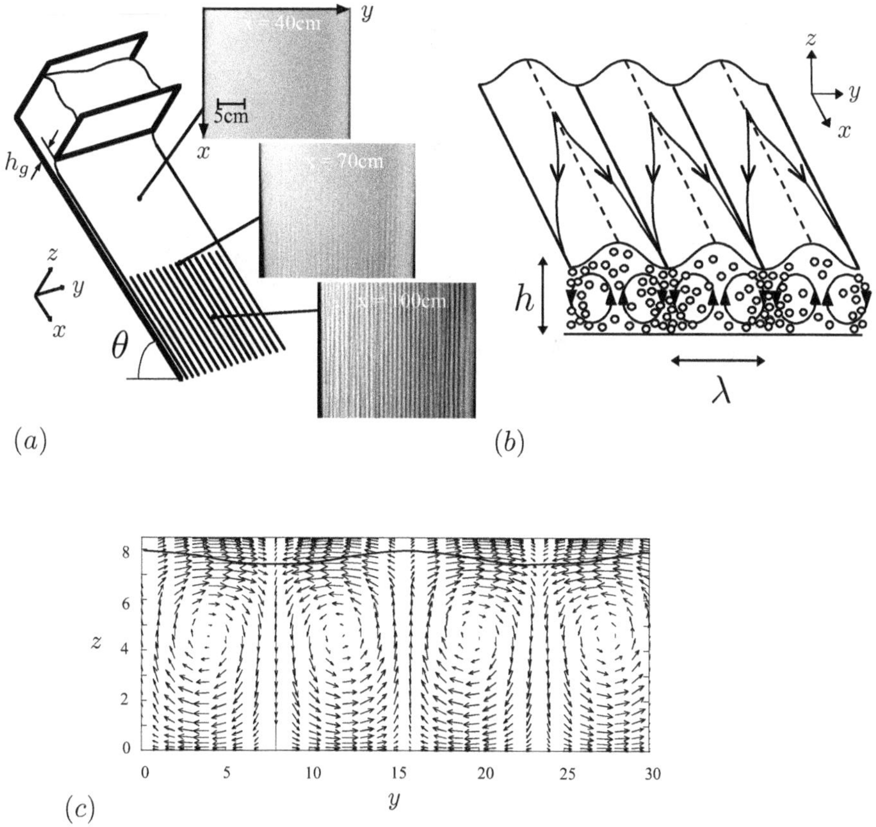

FIG. 5.13 – Auto-convection granulaire dans les écoulements sur plans inclinés. À forte inclinaison, il apparaît une modulation de la surface libre de l'écoulement visible en lumière rasante (*a*). Ces déformations de la surface sont la manifestation de tourbillons longitudinaux au sein de l'écoulement (*b*). (*c*) Mode instable prédit dans le cadre d'une analyse de stabilité linéaire des équations de la théorie cinétique (d'après Forterre & Pouliquen, 2001, 2002).

de Saturne (figure 5.14*a*). Ils constituent probablement la structure cosmique la plus « plate » que l'on connaisse : l'épaisseur typique h des anneaux est de quelques dizaines de mètres pour une largeur d'environ 80 000 kilomètres ! Cette remarquable finesse est le résultat des nombreuses collisions inélastiques parmi les particules qui composent l'anneau. Pour le comprendre, supposons qu'une particule s'écarte hors du plan moyen de l'anneau. Cette particule se retrouve sur une orbite inclinée et rencontre donc lors de sa rotation deux fois le plan de l'anneau. Elle subit alors de nombreuses collisions inélastiques avec

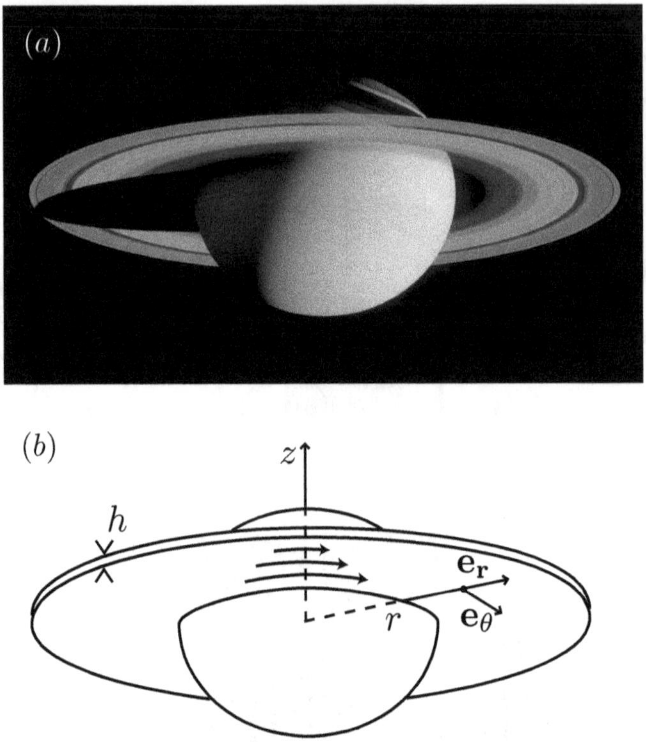

FIG. 5.14 – (*a*) Une vue de Saturne et de ses magnifiques anneaux prise par la sonde spatiale Cassini en octobre 2004. Les anneaux sont composés de particules en rotation autour de la planète, qui forment un « gaz granulaire » quasi-bidimensionnel (image NASA/JPL/PIA06193). (*b*) Schéma des anneaux en coordonnées cylindriques. Sous l'effet de la gravitation de Saturne, les particules de l'anneau ont un mouvement de rotation différentielle qui génère un cisaillement dans le plan de l'anneau.

les particules de l'anneau, ce qui diminuera sa vitesse verticale et la ramène vers le plan de l'anneau.

Nous allons montrer qu'ici encore, c'est le couplage entre écoulement et température granulaire qui contrôle l'épaisseur de l'anneau. Pour cela, on suppose pour simplifier que les grains composant l'anneau forment un gaz granulaire de particules toutes identiques (sphère de densité ρ_p, diamètre d). En plus des chocs entre grains, les particules de l'anneau sont soumises à une force extérieure par unité de volume due à la gravitation de Saturne donnée par $\mathbf{f_G} = \rho\nabla(\mathcal{G}\,M/\sqrt{r^2+z^2})$, où ρ est la densité du milieu, $\mathcal{G}$ la constante de gravitation universelle, M la masse de Saturne et (r, z) les coordonnées cylindriques adaptées à la symétrie axi-symétrique de l'anneau (figure 5.14*b*). L'épaisseur de l'anneau étant très mince par rapport à ses dimensions latérales

($z \ll r$), on peut simplifier l'expression de la force gravitationnelle en

$$\mathbf{f_G} = \rho \nabla \left(\frac{\mathcal{G}M}{\sqrt{r^2 + z^2}} \right) \simeq -\rho \Omega^2 r \mathbf{e_r} - \rho \Omega^2 z \mathbf{e_z}, \tag{5.99}$$

où $\Omega = \sqrt{\mathcal{G}M/r^3}$ est appelée fréquence de Kepler. Pour un anneau mince, le terme radial de la force de gravitation est le terme dominant. On peut donc supposer en première approximation que la vitesse de rotation des grains autour de Saturne est orthoradiale ($\mathbf{u} = u\,\mathbf{e}_\theta$) et donnée par l'équilibre entre la force d'attraction (5.99) et la force centrifuge $\rho u^2/r$ selon $\mathbf{e_r}$, soit

$$\mathbf{u} \simeq \sqrt{\frac{\mathcal{G}M}{r}}\, \mathbf{e}_\theta = r\Omega(r)\, \mathbf{e}_\theta. \tag{5.100}$$

Le point important est que ce champ de vitesse induit une rotation différentielle dans le plan de l'anneau : les couches frottent les unes contre les autres (figure 5.14*b*). On se retrouve donc dans une situation analogue à celle du cisaillement simple de Bagnold vu à la section 5.4.1. L'anneau forme un gaz granulaire quasi-bidimensionnel dans le plan (r, θ), soumis à un taux de cisaillement en coordonnées cylindriques $\dot{\gamma}_{r\theta} = (\mathrm{d}u/\mathrm{d}r) - (u/r) = -(3/2)\Omega$. Or nous avons vu que la présence de ce cisaillement produit une température granulaire, conséquence de l'équilibre entre la puissance des forces visqueuses et la dissipation par les collisions inélastiques selon $\eta \dot{\gamma_{r\theta}}^2 \simeq \Gamma$. On trouve donc que la température granulaire au sein de l'anneau est

$$T \simeq \frac{9F_2(\phi) d^2 \Omega^2}{4(1 - e^2) F_5(\phi)}, \tag{5.101}$$

où $\phi = \rho/\rho_p$ est la fraction volumique de l'anneau. En prenant comme valeurs numériques $M = 5{,}69.10^{26}$ kg, $\mathcal{G} = 6{,}67.10^{-11}$ N m^2 kg^{-2}, $r = 10^8$ m, $d = 1$ m, $e = 0{,}5$ et $\phi = 0{,}1$ on trouve que la vitesse d'agitation aléatoire des grains dans l'anneau de l'ordre de $\sqrt{T} \simeq 0{,}6$ mm s^{-1}.

Cette température granulaire au sein de l'anneau entraîne une pression $P = \rho_p F_1(\phi) T$ qui a tendance à disperser les grains hors du plan moyen de l'anneau. En contrepartie, les grains sont ramenés vers le plan de l'anneau par la (faible) composante verticale de la force de gravitation (5.99). L'équilibre des forces selon $\mathbf{e_z}$ s'écrit donc

$$-\rho \Omega^2 z - \frac{\partial P(r, z)}{\partial z} \simeq 0. \tag{5.102}$$

En supposant la densité constante sur l'épaisseur h et la pression nulle en dehors de l'anneau, on obtient en intégrant l'équation (5.102) la pression au centre de l'anneau $P \simeq (1/8) \rho \Omega^2 h^2 = \rho_p F_1(\phi) T$. En combinant cette expression avec l'expression de la température granulaire (5.101), on détermine finalement l'épaisseur caractéristique de l'anneau

$$h \simeq 3 \left(\frac{2F_1(\phi) F_2(\phi)}{\phi F_5(\phi)} \right)^{1/2} \frac{d}{\sqrt{1 - e^2}}. \tag{5.103}$$

On constate que c'est bien l'inélasticité e qui fixe l'épaisseur de l'anneau : pour $e = 1$, h tend vers l'infini. De plus, l'ordre de grandeur de h est donné par le diamètre des grains, ce qui explique la séparation d'échelle entre l'épaisseur de l'anneau et son extension latérale. En utilisant les valeurs numériques précédentes, on trouve $h \simeq 10$ mètres, ce qui est réaliste.

Il faut toutefois garder en tête que le modèle que nous avons utilisé est très simplifié. Tout d'abord, notre approche n'est valable qu'à l'ordre le plus bas en z/r. Cette approximation néglige les faibles vitesses radiale et verticale, ainsi que le flux de chaleur radial, qui apparaissent nécessairement quand on résout les équations complètes. Ensuite, nous avons négligé l'attraction gravitationnelle qu'exerce l'anneau sur lui-même, et qui peut jouer un rôle important lorsque la densité est élevée (Schmit & Tscharnuter, 1995). Enfin, dans la limite opposée d'un anneau très dilué, ce sont les coefficients de transport eux-mêmes qu'il faudrait modifier. En effet, dans ce cas, on ne peut négliger la courbure des trajectoires des particules entre deux collisions, ce qui modifie l'expression du libre parcours moyen (Goldreich & Tremaine, 1978 ; Spahn & Schmidt, 2006). Plusieurs travaux incorporent ces ingrédients afin de construire une hydrodynamique des anneaux planétaires. Ces théories permettent en particulier de prédire les instabilités hydrodynamiques à l'origine de la stratification latérale des anneaux que l'on distingue sur la figure 5.14 (Spahn & Schmidt, 2006).

5.4.4 Boîte vibrée et démon de Maxwell

Dans les exemples précédents, l'énergie injectée au système pour pallier les pertes inélastiques provenait de l'écoulement. L'autre grand moyen pour fournir de l'énergie à un milieu granulaire est de le placer dans une boîte que l'on secoue (voir encadré 5.4). Nous allons voir que, sous certaines conditions, un tel système semble défier les fondements de la thermodynamique.

Imaginons une collection de grains dans une boîte suffisamment agitée pour que l'on puisse négliger la gravité (figure 5.15a). À l'intérieur de la boîte, une cloison délimite deux compartiments qui sont mis en communication par une large ouverture[6]. Tant que le nombre de grains dans la boîte est faible, on observe comme pour un gaz classique que les grains se répartissent également entre les deux compartiments. Cependant, au-delà d'un nombre de grains critique dans la boîte, il apparaît une brisure de symétrie : les particules préfèrent s'accumuler d'un côté plutôt que de l'autre. Dans ce cas, un gaz dilué et « chaud » coexiste avec un gaz dense et « froid » !

Ce phénomène est parfois surnommé « démon de Maxwell granulaire », en référence à l'expérience de pensée de James Clerk Maxwell qui, en 1871, avait imaginé un démon à l'échelle moléculaire capable de faire le tri entre des particules chaudes et froides. Évidemment, dans notre cas, le second principe de la

6. « Large » s'entend ici vis-à-vis du libre parcours moyen, de façon à traiter le problème d'un point de vue continu.

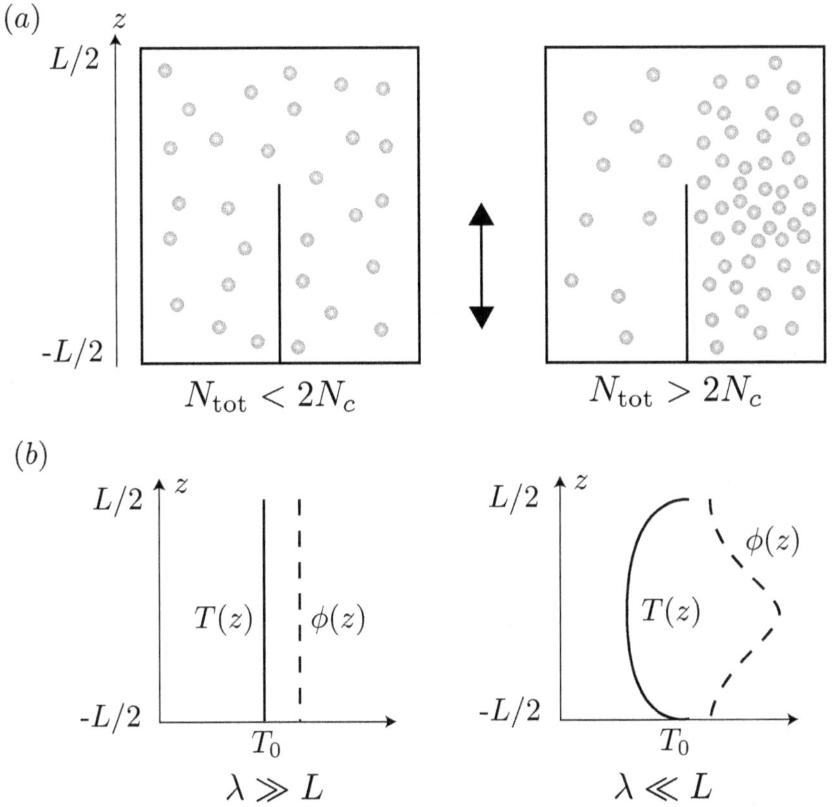

FIG. 5.15 – (a) Démon de Maxwell granulaire dans une boîte fortement agitée. Au-delà d'un nombre de grains critique, une brisure de symétrie apparaît avec d'un coté un gaz dilué et de l'autre un gaz dense. (b) Allure des profils de température et de fraction volumique dans un compartiment pour $\lambda \gg L$ (faible nombre de grains, faible inélasticité) et $\lambda \ll L$ (grand nombre de grains, forte inélasticité).

thermodynamique n'est pas violé car les grains dissipent de l'énergie contrairement aux molécules imaginées par Maxwell. Néanmoins, il est intéressant de comprendre l'origine de ce phénomène à partir de la théorie cinétique des milieux granulaires.

Pour simplifier, nous supposons que l'agitation de la boîte revient à fixer la température granulaire au niveau des parois inférieure et supérieure, soit $T = T_0$ en $z = \pm L/2$, où L est la hauteur de la boîte[7]. On suppose également

7. En absence de gravité, la température à la paroi est simplement reliée à la vitesse d'agitation de la paroi V par la relation dimensionnelle $T_0 \propto V^2$. Il faut cependant remarquer qu'en présence de gravité ou pour un coefficient de restitution dépendant de la vitesse, une nouvelle échelle de temps est introduite et la relation entre vitesse et température n'est pas triviale (McNamara & Falcon, 2005).

que les champs dans chaque compartiment sont stationnaires et ne dépendent que de z. On appelle N le nombre de grains dans un des compartiments

$$N = \frac{S}{2}\int_{-L/2}^{L/2} n(z)\mathrm{d}z = \frac{3S}{\pi d^3}\int_{-L/2}^{L/2} \phi(z)\mathrm{d}z, \tag{5.104}$$

où $n = 6\phi/(\pi d^3)$ est le nombre de grains par unité de volume, ϕ la fraction volumique, d le diamètre des grains (sphériques) et S la section totale de la boîte. Pour un tel état stationnaire, sans écoulement et sans gravité, la conservation de la quantité de mouvement implique que la pression est uniforme dans la boîte $P(z) = P_0$, où P_0 ne dépend que de la température T_0 et du nombre de grains N. L'équilibre mécanique au niveau de la séparation des deux gaz implique de plus que cette pression doit être la même dans chaque compartiment, $P_{\text{gauche}} = P_{\text{droite}} = P_0$. En utilisant l'équation d'état reliant la pression et la fraction volumique $P = \rho_p T F_1(\phi)$ avec $F_1(\phi) \simeq \phi$ dans la limite diluée considérée ici (voir §5.3.3), on trouve que l'équilibre mécanique impose

$$T\phi|_{\text{gauche}} = T\phi|_{\text{droite}} = P_0(T_0, N). \tag{5.105}$$

Dans le cas d'un gaz classique, la température dans l'enceinte est uniforme et fixée par les parois, $T_{\text{gauche}} = T_{\text{droite}} = T_0$. La seule solution d'équilibre possible correspond donc à l'égalité des fractions volumiques des deux côtés de la boîte. La situation est très différente pour un gaz granulaire. À cause des collisions inélastiques, la température dans la boîte n'est pas uniforme : l'agitation créée au niveau des parois est dissipée à mesure que l'on s'en éloigne. Dans l'état stationnaire, on aboutit alors à un profil de température non uniforme selon z qui est donné par l'équilibre entre le flux de chaleur et les pertes inélastiques (le terme source de l'équation de l'énergie est nul car il n'y a pas d'écoulement moyen). L'équation d'énergie (5.69) s'écrit alors[8]

$$\frac{\mathrm{d}}{\mathrm{d}z}\left(K\frac{\mathrm{d}T}{\mathrm{d}z}\right) = \Gamma. \tag{5.106}$$

On remarque que cette équation de la « chaleur » avec perte possède une longueur caractéristique $\lambda \sim \sqrt{KT_0/\Gamma}$. Cette longueur représente la distance typique de décroissance de la température à partir de la paroi en raison des pertes inélastiques. Dans le régime dilué, on a $K = \rho_p d F_4(\phi)\sqrt{T} \simeq \rho_p d\sqrt{T}$ et $\Gamma = (\rho_p/d)(1-e^2)F_5(\phi)T^{3/2} \simeq (\rho_p/d)(1-e^2)\phi^2 T^{3/2}$ (voir §5.3.3). En évaluant la conductivité et les pertes inélastiques à la température caractéristique T_0 et à la fraction volumique moyenne $\bar{\phi} = (1/L)\int_{-L/2}^{L/2}\phi(z)\mathrm{d}z = \pi d^3 N/(3SL)$ (5.104), la distance typique de décroissance de la température s'écrit

$$\lambda \simeq \frac{3SL}{N\pi d^2\sqrt{1-e^2}}. \tag{5.107}$$

8. Pour simplifier, nous avons négligé la contribution des gradients de fraction volumique au flux de chaleur et gardé uniquement le terme de Fourier, ce qui est raisonnable pour des particules faiblement inélastiques (voir §5.3.3).

Cette relation permet de comprendre qualitativement la forme du profil de température dans le gaz vibré, ainsi que la variation de pression quand on augmente le nombre de grains dans la boîte. En effet, tant que le nombre de grains est faible, on a $\lambda \gg L$. On peut alors supposer que le profil de température est uniforme et indépendant du nombre de grains, $T(z) \simeq T_0$ (figure 5.15*b*, gauche). Dans ce cas, quand on augmente le nombre de grains, la pression P_0 augmente comme dans un gaz classique (figure 5.16*a*). Dans le cas contraire d'un nombre de grains très grand, on a $\lambda \ll L$. La température décroît alors fortement quand on s'éloigne des parois, comme illustré à la figure 5.15*b* (droite). Cet effet est d'autant plus marqué que le nombre de grains est élevé. On peut montrer que cette diminution de la température ne compense pas l'augmentation de la fraction volumique quand le nombre de grains augmente, ce qui entraîne une *diminution* de la pression P_0 avec le nombre de grains N (figure 5.16*a*). La transition entre les deux régimes est donnée par $\lambda \sim L$. Elle correspond à un maximum de la pression P_0 et à un nombre de grains critique

$$N_c \simeq \frac{3S}{\pi d^2 \sqrt{1-e^2}}. \tag{5.108}$$

Nous sommes maintenant en mesure d'expliquer l'apparition d'une brisure spontanée de symétrie quand on augmente N. La conservation du nombre total de grains dans la boîte et l'équilibre des pressions imposent

$$N^{\text{tot}} = N^g + N^d \quad \text{et} \quad P_0(N^g) = P_0(N^d), \tag{5.109}$$

où les indices g et d se réfèrent aux compartiments gauche et droit. Pour la forme de la fonction $P_0(N)$ donnée par la figure 5.16*a*, on peut montrer graphiquement que pour $N^{\text{tot}} < 2N_c$, seule la solution symétrique

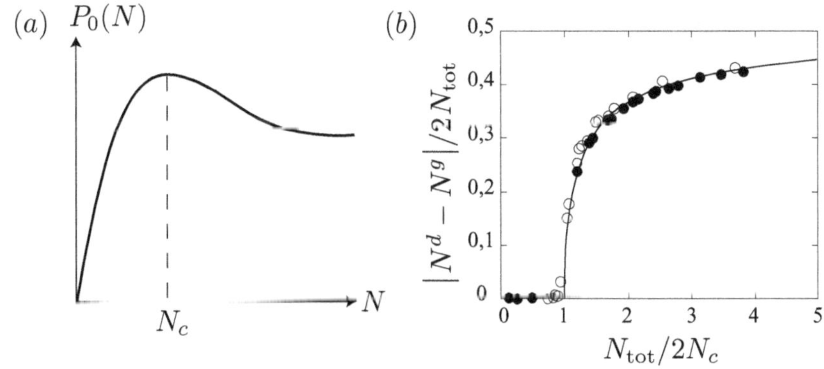

FIG. 5.16 – (*a*) Évolution de la pression dans un compartiment en fonction du nombre de grains. (*b*) Diagramme de bifurcation prédit par la théorie cinétique (trait plein), par l'équation de Boltzmann (ronds noirs) et par des simulations discrètes (ronds blancs). D'après Brey *et al.* (2001).

$N^g = N^d = N^{\text{tot}}/2$ est réalisée. En revanche pour $N^{\text{tot}} > 2N_c$, la présence d'un maximum dans la relation $P_0(N)$ entraîne l'existence d'une solution asymétrique $N^g \neq N^d$. L'allure de la courbe $P_0(N)$ montre de plus que cette dissymétrie augmente très rapidement lorsque l'on augmente le nombre total de grains, le système maintenant toujours un nombre très faible de particules dans un compartiment. Notons qu'il est possible de résoudre rigoureusement l'équation d'énergie (5.106) afin d'obtenir analytiquement l'expression de la pression en fonction de N (Brey *et al.*, 2001). La prédiction de la théorie cinétique est alors en accord quantitatif avec les prédictions de l'équation de Boltzmann ou des simulations discrètes comme le montre la figure 5.16*b*.

Le raisonnement précédent montre donc qu'un gaz granulaire dilué et agité peut coexister avec un gaz dense et peu agité au sein d'une boîte fortement vibrée, lorsque le nombre total de grains est supérieur à un nombre critique $2N_c$. La présence du facteur $\sqrt{1-e^2}$ au dénominateur dans (5.108) confirme que ce phénomène est contrôlé par l'inélasticité des collisions. Notons qu'en présence de gravité, le paramètre de contrôle de la transition fait intervenir en plus le rapport $T_0/(gh)$, où h est la hauteur de la cloison qui sépare les deux compartiments (Schlinchting & Nordmeier, 1996 ; Eggers, 1999 ; Isert *et al.*, 2009). Lorsque plus de deux compartiments sont connectés, la transition entre l'état uniforme et l'état agrégé est discontinue et donne lieu à une dynamique complexe (van der Weele *et al.*, 2001 ; van der Meer *et al.*, 2004).

5.4.5 Refroidissement homogène et instabilité d'amas

Toutes les applications précédentes concernent des situations de forçage, où de l'énergie est injectée continûment au système pour contrebalancer les pertes inélastiques. Que se passe-t-il quand on laisse un gaz granulaire se « refroidir » en l'absence de source d'énergie ? Cette situation modèle a été étudiée pour la première fois par Haff (1983), avant de faire l'objet d'un nombre important de travaux dans les années 1990 dans le but de sonder les prédictions et les limites de la théorie cinétique.

Considérons une boîte qui, à l'instant initial $t = 0$, contient des particules agitées aléatoirement à une température T_i sans mouvement moyen $\mathbf{u} = 0$ et en l'absence de gravité. Du fait de la dissipation lors des collisions on s'attend à ce que la température $T(t)$ diminue au cours du temps. Les équations de la théorie cinétique nous permettent de prédire cette décroissance. Sous l'hypothèse que la vitesse moyenne reste nulle partout et que la densité reste homogène et égale à ϕ, l'équation de l'énergie (5.69) revient à écrire que la variation d'énergie interne est égale à la dissipation

$$\frac{1}{2}\rho_p\phi\frac{\mathrm{d}T}{\mathrm{d}t} = -F_5(\phi)(1-e^2)\frac{\rho_p}{d}T^{3/2}\,, \tag{5.110}$$

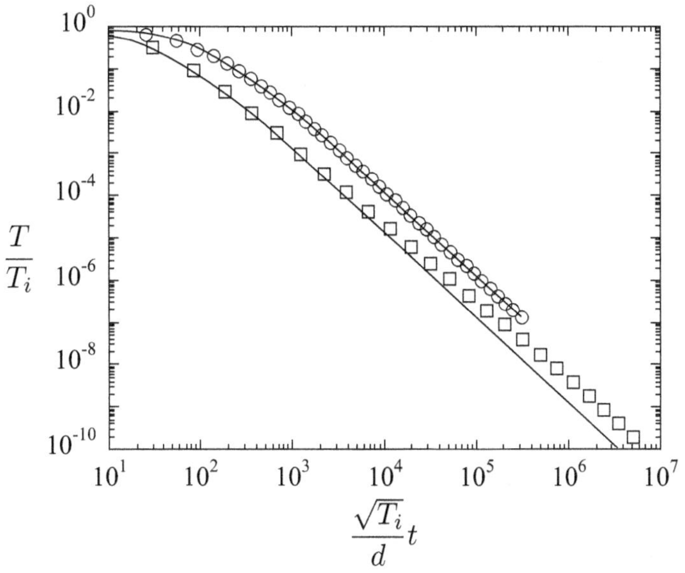

FIG. 5.17 – Évolution temporelle de la température d'un gaz granulaire 2D isolé (d'après McNamara & Young, 1996). Comparaison entre des simulations discrètes (fraction surfacique 0,25 ; N =1024 particules ; ∘ $e = 0{,}99$; □ $e = 0{,}97$) et la théorie cinétique (traits).

où l'on a utilisé l'expression (5.85) du taux de dissipation Γ. Cette équation s'intègre aisément et on trouve finalement que la température décroît comme

$$T = \frac{T_i}{\left(1 + \beta(\phi)\frac{\sqrt{T_i}}{d}t\right)^2}, \tag{5.111}$$

où β est une fonction de la fraction volumique donnée par

$$\beta(\phi) = \frac{F_5(\phi)(1 - e^2)}{\phi}. \tag{5.112}$$

Au temps long la température décroît donc comme $T \propto 1/t^2$ (Haff, 1983).

Pour vérifier ces prédictions, il est possible de réaliser des simulations numériques. Des particules avec des vitesses initiales aléatoires sont dans une boîte périodique et interagissent uniquement par collisions inélastiques avec un coefficient de restitution e (méthode « *event driven* », voir encadré 2.2). La figure 5.17 compare l'évolution temporelle de la température granulaire prédite par la théorie cinétique avec les simulations discrètes (McNamara & Young, 1996). On constate que pour $e = 0{,}99$, la prédiction de la théorie cinétique est très bien vérifiée. En revanche, pour un gaz un peu plus inélastique

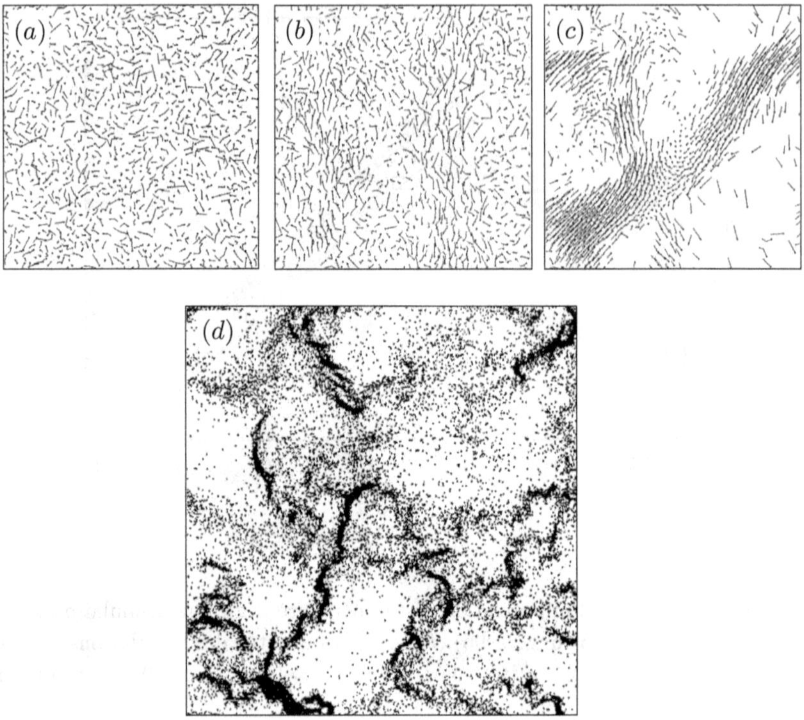

FIG. 5.18 – Refroidissement d'un gaz 2D (1024 particules, fraction surfacique 0,25) après 600 collisions par particule et e = 0,98 (a), 400 collisions par particules et e = 0,97 (b), 100 collisions par particule et e = 0,78 (c) (d'après McNamara & Young, 1996). (d) Formation d'amas dans un grand système (d'après Goldhirsch & Zanetti, 1993).

(e = 0,97), un écart entre la théorie et les simulations apparaît, qui augmente au cours du temps.

Les simulations révèlent que cet écart provient de la formation d'amas dans le gaz granulaire, qui apparaissent d'autant plus rapidement que les collisions sont inélastiques (figure 5.18). Cette instabilité d'amas ou de « *clustering* » peut s'expliquer qualitativement comme suit (Goldhirsch & Zanetti, 1993). Si localement la densité de particules augmente légèrement, cela signifie que le nombre de collisions et donc l'énergie dissipée augmentent. Il s'ensuit une décroissance de la température et de la pression. La zone plus dense devient une zone de basse pression qui attire de nouvelles particules, augmentant ainsi la densité : ce mécanisme d'instabilité est contrôlé par la dissipation. Une analyse de stabilité du refroidissement homogène dans le cadre de la théorie cinétique permet d'étudier quantitativement cette instabilité (Goldhirsch & Zanetti, 1993 ; McNamara & Young, 1996). Elle montre que le développement des amas provient d'un couplage subtil entre les modes instables de densité et de vorticité (Brey *et al.*, 1999). Ces « clusters » possèdent par ailleurs une dynamique riche, avec des phénomènes de coalescence et des instabilités secondaires rappelant certaines transitions de phase dans les systèmes thermodynamiques. Le lecteur intéressé trouvera un aperçu de ces phénomènes dans la revue de Aranson & Tsimring, 2006.

Un milieu granulaire dans lequel on n'injecte pas d'énergie a donc tendance à former spontanément des amas. Cette propriété est parfois invoquée pour expliquer la formation des planètes et des amas stellaires à partir d'un ensemble dilué de particules dans l'espace (Pöschel & Luding, 2000). Notons que l'instabilité d'amas ne se limite pas aux systèmes isolés. On observe également la formation d'amas en présence de forçage dans des milieux cisaillés (Hopkins & Louge, 1991 ; Alam & Nott, 1998) ou vibrés. Le « démon de Maxwell » que nous avons étudié à la section 5.4.4 en est une illustration.

Encadré 5.3

Fonction de distribution des vitesses d'un gaz granulaire isolé

Nous avons vu que la température d'un gaz granulaire isolé diminue en raison des collisions inélastiques. Dans cet encadré, nous étudions la fonction de distribution des vitesses d'un tel gaz, et montrons qu'elle présente des déviations par rapport à la distribution de Maxwell des gaz classiques (von Noije & Ernst, 1998). On suppose pour cela que le gaz reste homogène – sans dépendance spatiale – et que la distribution $f(v,t)$ des vitesses est isotrope, où $v = |\mathbf{v}|$ est le module de la vitesse des grains. On suppose de plus que la dépendance en temps de la fonction de distribution se fait uniquement à travers l'évolution temporelle de la température du gaz donnée par (5.110). Dimensionellement, la seule vitesse caractéristique est $\sqrt{T}$ et on peut chercher une fonction de distribution auto-similaire sous la forme

$$f(v,t) = \frac{n}{T(t)^{3/2}} \tilde{f}\left(\frac{v}{\sqrt{T(t)}}\right), \tag{5.113}$$

où n est le nombre de particules par unité de volume.

En injectant cette expression dans l'équation de Boltzmann (5.39)–(5.51) pour un gaz dilué ($g_0 \simeq 1$), et en effectuant les changements de variables $\mathbf{c} = \mathbf{v}/\sqrt{T(t)}$ et $\mathbf{c_2} = \mathbf{v_2}/\sqrt{T(t)}$, on trouve que la fonction de distribution vérifie

$$-\frac{1}{2}nT^{-5/2}\frac{\mathrm{d}T}{\mathrm{d}t}\left(3\tilde{f}+c\frac{\mathrm{d}\tilde{f}}{\mathrm{d}c}\right)=$$
$$\frac{n^2d^2}{T}\iint_{(\mathbf{c_2}-\mathbf{c})\cdot\mathbf{k}>0}\left[\frac{1}{e^2}\tilde{f}(c^a)\tilde{f}(c_2^a)-\tilde{f}(c)\tilde{f}(c_2)\right]\mathbf{k}\cdot(\mathbf{c_2}-\mathbf{c})\,\mathrm{d}\Omega\,\mathrm{d}\mathbf{c_2}. \quad (5.114)$$

L'équation de l'énergie (5.110) permet d'éliminer la température $T(t)$ de cette équation, qui devient

$$2\sqrt{\pi}(1-e^2)\left(3\tilde{f}+c\frac{\mathrm{d}\tilde{f}}{\mathrm{d}c}\right)=$$
$$\iint_0^{\pi/2}\left[\frac{1}{e^2}\tilde{f}(c^a)\tilde{f}(c_2^a)-\tilde{f}(c)\tilde{f}(c_2)\right]2\pi|\mathbf{c_2}-\mathbf{c}|\cos\theta\sin\theta\mathrm{d}\theta\,\mathrm{d}\mathbf{c_2}, \quad (5.115)$$

où nous avons écrit $F_5 \simeq (1/3)\pi^{3/2}n^2d^6$ pour un gaz dilué et noté θ l'angle entre le vecteur d'impact $\mathbf{k}$ et la vitesse relative $\mathbf{c_2}-\mathbf{c}$ (voir la figure 5.7 pour la définition de l'angle solide et des angles de collision).

Cette équation exacte peut se résoudre dans la limite des faibles inélasticités en développant la fonction de distribution autour de la maxwellienne (von Noije & Ernst, 1998). Nous nous contentons ici d'étudier le comportement asymptotique de f aux grandes vitesses ($c \to \infty$). Dans ce cas, on a $|\mathbf{c_2}-\mathbf{c}| \sim c$. De plus, $\tilde{f}(c_2^a) = \tilde{f}(|\mathbf{c_2}+\frac{1+e}{2e}[(\mathbf{c}-\mathbf{c_2})\cdot\mathbf{k}]\mathbf{k}|) \sim \tilde{f}(c\cos\theta)$ et $\tilde{f}(c^a) = \tilde{f}(|\mathbf{c}-\frac{1+e}{2e}[(\mathbf{c}-\mathbf{c_2})\cdot\mathbf{k}]\mathbf{k}|) \sim \tilde{f}(c\sin\theta)$ (on a pris $e \sim 1$ pour simplifier les expressions). La fonction de distribution décroîssant rapidement aux grandes vitesses, on en déduit que le terme gain de l'équation de Boltzmann $(1/e^2)\tilde{f}(c^a)\tilde{f}(c_2^a) \sim (1/e^2)\tilde{f}(c\cos\theta)\tilde{f}(c\sin\theta)$, qui est d'ordre 2 en $\tilde{f}(c)$, est très petit par rapport au terme perte $\tilde{f}(c)\tilde{f}(c_2)$, qui est d'ordre 1 en $\tilde{f}(c)$. Enfin, la condition de normalisation s'écrit $\int f\mathrm{d}\mathbf{v_2} = n$, soit $\int \tilde{f}\mathrm{d}\mathbf{c_2} = 1$. L'équation de Boltzmann (5.115) devient alors

$$\frac{\mathrm{d}\tilde{f}}{\mathrm{d}c} \sim -\frac{\sqrt{\pi}}{2(1-e^2)}\tilde{f}(c), \quad (5.116)$$

soit

$$\tilde{f} \sim \left[\exp -\frac{\sqrt{\pi}}{2(1-e^2)}c\right] \quad \text{pour} \quad c \to \infty. \quad (5.117)$$

Ce calcul montre que la fonction de distribution $f(v)$ d'un gaz inélastique isolé se comporte comme $\exp(-v)$ aux grandes vitesses. Elle décroît donc moins vite que la fonction de distribution de Maxwell $f_M(v)$ d'un gaz classique, proportionnelle à $\exp(-v^2)$. Cette déviation par rapport à la maxwellienne est systématique dans les gaz granulaires comme nous l'avons vu à la section 5.3.4.

5.5 Limites de la théorie cinétique

L'un des grands accomplissements de la théorie cinétique est de fournir des équations hydrodynamiques pour décrire les écoulements de grains à partir de leurs propriétés microscopiques. Il existe cependant des limites à cette approche, que nous discutons dans cette section. La première limite provient du fait que l'inélasticité entraîne une absence de séparation d'échelle claire entre l'échelle microscopique du grain et l'échelle macroscopique de l'écoulement. Celle-ci rend délicate la dérivation de modèles hydrodynamiques à partir de l'équation de Boltzmann. La seconde limite de la théorie cinétique est plus fondamentale et porte sur l'hypothèse même de collisions binaires instantanées lorsque l'écoulement devient dense. Nous verrons en effet qu'un ensemble de grains inélastiques peut s'effondrer sur lui-même lorsque l'énergie injectée n'est pas suffisante pour contrebalancer la dissipation. Il apparaît alors des collisions multiples et des contacts permanents qui ne sont plus décrits par la théorie cinétique.

5.5.1 Problème de séparation d'échelle micro/macro

Une première difficulté de la théorie cinétique concerne la validité de la description hydrodynamique, c'est-à-dire la possibilité de passer de lois de conservation portant sur des quantités statistiques (la distribution des vitesses) à des équations constitutives faisant intervenir uniquement des champs moyens (densité, vitesse, température granulaire). Pour que ce passage micro/macro soit possible, il est nécessaire qu'il y ait une séparation d'échelle claire entre l'échelle microscopique des particules et l'échelle de l'écoulement (hypothèse de milieu continu). En particulier, pour un gaz dilué, les variations spatiale et temporelle de l'écoulement doivent être grandes devant le libre parcours moyen $\ell \sim d/\phi$ et le temps entre deux collisions $t \sim \ell/\sqrt{T}$. Nous allons voir que pour un gaz granulaire, l'inélasticité empêche cette séparation d'échelle (Goldhirsch, 1999).

Pour cela, considérons le cas d'un gaz dilué dans la situation de cisaillement simple étudiée à la section 5.4.1. La variation de la vitesse macroscopique de l'écoulement sur une distance de l'ordre du libre parcours moyen est simplement $\Delta u \sim \dot{\gamma}\,\ell$. Cette variation de vitesse peut être considérée comme petite si elle est très faible devant la vitesse d'agitation des grains $v = \sqrt{T}$. La condition de variation lente du champ de vitesse est donc $\dot{\gamma}\ell \ll \sqrt{T}$. En utilisant l'expression (5.94) qui relie la température granulaire au taux de cisaillement dans le régime dilué, cette condition se traduit par

$$\sqrt{1-e^2} \ll 1. \tag{5.118}$$

Ainsi, pour que les gradients de vitesse soient considérés comme « petits », il faut que le gaz soit très peu inélastique (pour $e = 0{,}9$ on a déjà $\sqrt{1-e^2} = 0{,}44$). On obtient le même type de condition si on s'intéresse au temps entre deux collisions. Le temps microscopique est $t \sim \ell/\sqrt{T}$ tandis que le temps macroscopique lié au cisaillement est donné par $1/\dot{\gamma}$. Le rapport entre ces deux temps, $\dot{\gamma}t$, est donc lui aussi proportionnel à $\sqrt{1-e^2}$.

Ces arguments dimensionnels suggèrent qu'il n'y a pas de séparation nette entre l'échelle du grain et l'échelle hydrodynamique dans les gaz granulaires, sauf pour des collisions quasi-élastiques. Certains auteurs montrent cependant qu'il est possible de sauvegarder la description hydrodynamique, moyennant un développement plus poussé de la fonction de distribution en fonction du nombre de Knudsen $K_n = \ell/L$ (terme de Burnett et de super-Burnett ; Goldhirsch, 1999) ou en choisissant un état de base adapté (Santos *et al.*, 2004). Les équations constitutives obtenues sont néanmoins très complexes (apparition de termes non-newtoniens) et leur domaine de validité est encore débattu. Certaines de leurs prédictions, comme l'apparition de différences de contraintes normales, sont confirmées par des simulations numériques discrètes.

5.5.2 Effondrement inélastique

Si l'inélasticité complique le passage micro/macro dans les gaz granulaires, elle est également responsable d'une limite plus fondamentale de la théorie cinétique. En effet, lorsque l'énergie injectée dans le système n'est pas suffisante pour contrebalancer la dissipation, le milieu peut s'effondrer sur lui-même et quitter le régime de collisions binaires instantanées.

L'exemple le plus simple d'effondrement inélastique est le rebond d'une bille sur un plan sous gravité g. On appelle v_0 la vitesse de la bille juste après le rebond zéro qui a lieu à $t_0 = 0$, et v_n la vitesse après le n^{e} rebond (figure 5.19*a*). On se demande à quel instant t_n a lieu le n^{e} rebond. On montre facilement que le temps qui s'écoule entre le rebond n et $n+1$ est $\Delta t_n = 2v_n/g$ (c'est le temps de la parabole décrit par $\mathrm{d}v/\mathrm{d}t = -g$, avec $v = v_n$ pour $t = t_n$ et $v = 0$ pour $t = t_n + \Delta t_n/2$). Sachant que $v_{n+1} = e\, v_n$, on obtient

$$t_n = \sum_{i=0}^{n-1} \Delta t_i = \frac{2v_0}{g}\frac{1-e^n}{1-e}\,. \tag{5.119}$$

La fréquence de collision vaut donc

$$f = \frac{\mathrm{d}n}{\mathrm{d}t} = \frac{-1}{\ln(e)(t_\infty - t)}\,. \tag{5.120}$$

La bille fait donc un nombre infini de rebonds en un temps fini puisque lorsque $n \to \infty$, $t_n \to t_\infty = (2v_0/g)(1/1-e)$ et sa fréquence de collision diverge. Toute l'énergie de la bille se trouve donc dissipée à t_∞. Pour un système réel, il existe bien sûr une coupure dans la fréquence de collision lorsque le temps entre deux collisions devient de l'ordre de la durée de la collision. Le modèle précédent n'est alors plus valable et il faut tenir compte de phénomènes plus fins au niveau du contact comme l'élasticité de la bille, l'adhésion et la dépendance

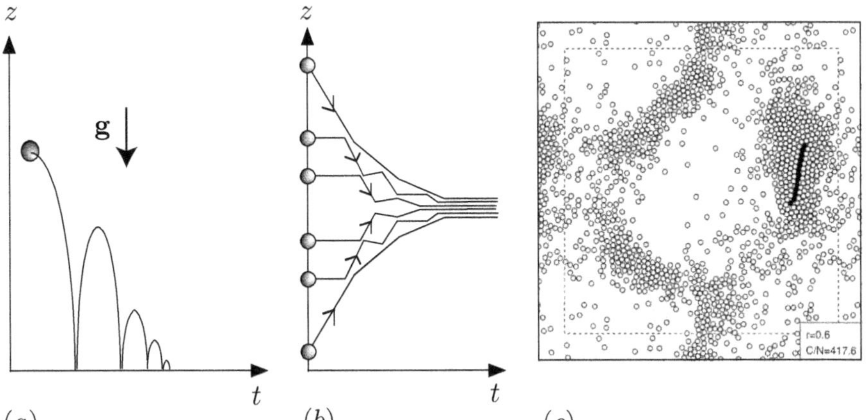

(*a*) (*b*) (*c*)

FIG. 5.19 – Effondrement inélastique. (*a*) Rebond d'une bille sous gravité. (*b*) Effondrement d'une ligne de billes si e est assez faible. (*c*) Effondrement lors du refroidissement d'un gaz granulaire. La fréquence de collision diverge pour les particules marquées en noir (d'après McNamara & Young, 1996).

en vitesse de la dissipation (Falcon *et al.*, 1998). Si ces effets suppriment la singularité de l'effondrement à temps fini, ils n'empêchent pas la bille de finir posée sur le plan, *in fine*.

Cet exemple simple sur une seule bille montre qu'un raisonnement sur des collisions inélastiques instantanées avec un coefficient e constant conduit à l'arrêt complet du système. Le même phénomène apparaît quand plusieurs particules sont mises en jeu, comme dans une chaîne de billes (figure 5.19*b*) (Bernu & Mazighi, 1990 ; McNamara & Young, 1991) ou lors du refroidissement homogène d'un gaz granulaire (figure 5.19*c*). En l'absence d'énergie injectée au système, le milieu dissipe spontanément toute son énergie en un temps fini, et quitte donc le régime de collisions binaires instantanées. Il ne peut plus être décrit par la théorie cinétique. De façon générale, l'effondrement inélastique apparaît d'autant plus vite que le nombre de particules est grand et que l'inélasticité est grande. Nous allons voir que cette tendance existe également dans les systèmes forcés, comme les écoulements ou les systèmes vibrés.

5.5.3 Vers le régime d'écoulement dense

L'équation de Boltzmann, à la base de la théorie cinétique, est valable tant que le milieu est suffisamment dilué et peu inélastique pour que les collisions entre grains soient binaires, instantanées et sans corrélation de vitesse avant collision (voir §5.3). Que se passe-t-il pour des fortes concentrations ou des grandes inélasticités ? Des travaux ont tenté de répondre à cette question en

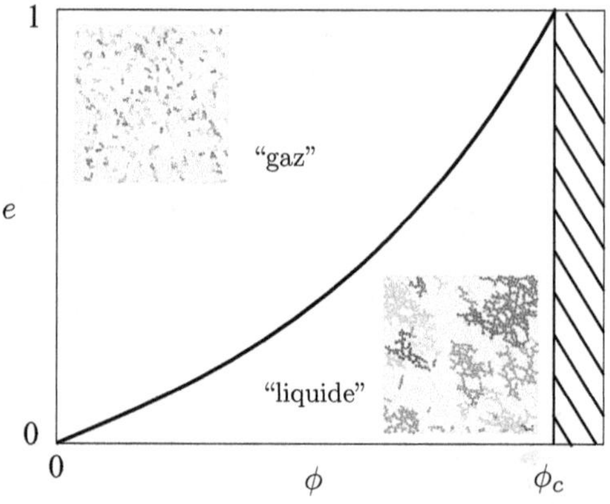

FIG. 5.20 – Diagramme de phase proposé pour la transition entre le régime « gazeux » (collisions binaires) et « liquide » (collisions multiples) dans le plan (e, ϕ) (d'après Lois *et al.*, 2006). La valeur ϕ_c correspond à la fraction volumique maximale pour laquelle des écoulements homogènes et permanents sont observés.

étudiant les contacts et les forces à l'échelle du grain dans des simulations discrètes d'écoulement de cisaillement plan à deux dimensions avec des disques (da Cruz *et al.*, 2005 ; Lois *et al.*, 2006). On constate que, pour un coefficient d'inélasticité e donné, il existe une fraction volumique au-dessus de laquelle les interactions entre particules cessent d'être décrites uniquement par des collisions binaires. Dans ce régime dense ou « liquide », il apparaît des contacts multiples permanents qui sont bien visualisés par le réseau de forces montré à la figure 5.20. On observe que la transition entre le régime « gazeux » et le régime « liquide » est contrôlée par le coefficient d'inélasticité e : plus le milieu est inélastique, plus le domaine liquide s'élargit, comme le montre le diagramme de phase dans le plan (ϕ, e) de la figure 5.20. Il semble donc que pour des particules inélastiques, il existe un régime dense caractérisé par l'apparition de contacts de longue durée. Il faut toutefois signaler que ces résultats ont été obtenus dans des simulations de dynamiques moléculaires pour lesquelles les particules ont une certaine élasticité. La question de savoir si ces contacts permanents subsistent quand on augmente la rigidité des particules est encore débattue : il semble ainsi que la frontière entre le régime « gazeux » et « liquide » de la figure 5.20 dépende également du module d'Young des particules (Silbert *et al.*, 2007).

Nous consacrerons le prochain chapitre à ce régime « liquide » des milieux granulaires, qui est important dans de nombreuses applications. Soulignons dès à présent que la rhéologie des écoulements denses est très peu dépendante du coefficient d'inélasticité caractérisant les collisions binaires, ce qui est très différent des prédictions de la théorie cinétique des milieux dilués que nous avons développée dans ce chapitre. Plusieurs travaux ont tenté d'étendre le domaine de validité de la théorie cinétique à ce régime dense. Une première approche consiste à ajouter artificiellement au tenseur des contraintes donné par la théorie cinétique une composante « solide » ou statique, censée représenter la contribution des contacts permanents (Savage, 1983 ; Johnson & Jackson, 1987 ; Louge, 2003). Une autre approche consiste à modifier de façon *ad hoc* les coefficients de transport intervenant dans la théorie cinétique, pour tenir compte des corrélations de vitesse ou des contacts permanents qui apparaissent à fortes densités. Par exemple, Bocquet *et al.* (2001) postule une divergence anormale de la viscosité en fonction de la densité, par analogie avec les résultats obtenus pour les gaz de sphères dures proches de la transition vitreuse. De son côté, Jenkins (2006) introduit une nouvelle échelle de longueur dans le terme de dissipation Γ, associée à la formation d'amas de grains en contact permanent. Enfin, Kumaran (2006) suppose que les collisions restent binaires (formalisme de l'équation de Boltzmann) mais utilise une fonction de distribution des vitesses phénoménologique à haute densité, déduite de simulations numériques discrètes.

Il n'est pas encore acquis que ces approches inspirées de la théorie cinétique soient totalement pertinentes pour décrire le régime dense. Pour notre part, nous adopterons un point de vue différent et aborderons ces écoulements denses comme un régime à part entière, nécessitant le développement de nouvelles approches.

Encadré 5.4

Instabilités dans les milieux vibrés, oscillons

Nous avons vu plusieurs fois au cours de cet ouvrage des situations de milieux granulaires vibrés (compaction par vibration, statistique des vitesses d'un gaz agité, « démon de Maxwell » granulaire). Un autre contexte où les milieux granulaires vibrés ont été beaucoup étudiés est celui des instabilités, par analogie avec l'instabilité de Faraday observée en mécanique des fluides quand une couche mince liquide est agitée verticalement (Faraday, 1831). Pour comprendre le comportement d'une couche de grains sur un plateau vibrant, il est instructif d'étudier le cas unidimensionnel d'une colonne verticale de billes contenues dans un tube et posées sur un plateau vibrant dont le mouvement est $A \cos \omega t$ (figure E5.1*a* ; Clément *et al.*, 1993). Un paramètre important de ce système est l'accélération relative $\Gamma_a = A\omega^2/g$. Les billes commencent à décoller du plateau pour $\Gamma_a > 1$. On observe alors deux comportements différents selon le nombre de billes, le coefficient d'inélasticité entre les billes et l'accélération Γ_a. Pour un matériau donné, si les billes sont peu nombreuses et l'accéleration suffisamment importante, les billes restent dans un état de type gazeux où chaque particule bouge indépendamment des autres et interagit par collisions. Si on rajoute des billes ou si on diminue l'accélération, une transition a lieu et les billes se rassemblent en un paquet qui oscille en bloc sur le plateau (figure E5.1*a*). Dans le régime de bloc, le système se comporte alors comme une seule particule complètement inélastique ($e = 0$) sur un plateau vibrant, et des phénomènes de doublement de période sont observés (Mehta & Luck, 1990).

Quand on fait vibrer des fines couches à 2 et 3 dimensions, la dynamique précédente est enrichie par le couplage entre la surface libre et l'accélération de la couche (instabilité de Faraday). Il s'ensuit une phénoménologie riche

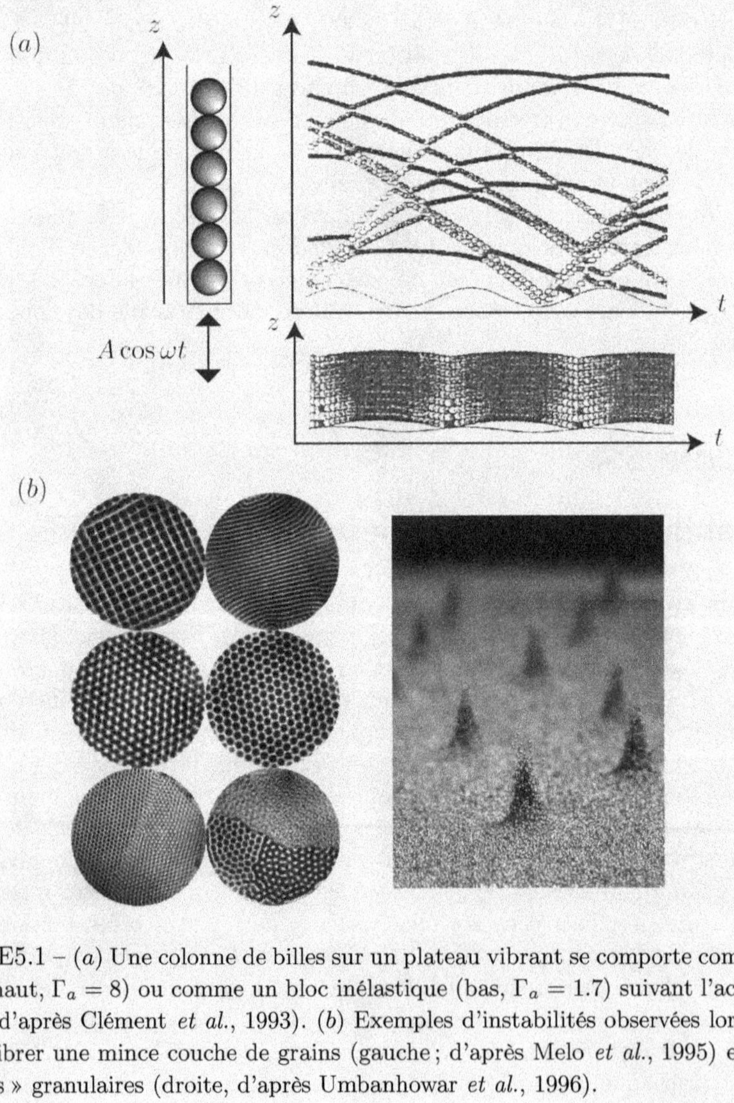

FIG. E5.1 – (*a*) Une colonne de billes sur un plateau vibrant se comporte comme un gaz (haut, $\Gamma_a = 8$) ou comme un bloc inélastique (bas, $\Gamma_a = 1.7$) suivant l'accélération (d'après Clément *et al.*, 1993). (*b*) Exemples d'instabilités observées lorsqu'on fait vibrer une mince couche de grains (gauche ; d'après Melo *et al.*, 1995) et « oscillons » granulaires (droite, d'après Umbanhowar *et al.*, 1996).

avec l'apparition d'instabilités et la formation de motifs réguliers comme sur la figure E5.1*b* (Douady *et al.*, 1989 ; Melo *et al.*, 1995 ; Umbanhowar *et al.*, 1996 ; voir Aranson & Tsimring, 2006, pour une revue). Typiquement, quand on augmente le paramètre Γ_a, on passe d'une surface plane à la formation de bandes régulières ou de structures carrées, selon la valeur de la fréquence. Cette première bifurcation s'accompagne d'un doublement de la période d'oscillation de la couche. En augmentant encore l'accélération, il apparaît des hexagones, puis à nouveau des bandes ou des carrés avec un nouveau doublement de période (la période d'oscillation de la couche est alors quatre fois celle du plateau). Ces transitions sont pour la plupart sous-critiques, c'est-à-dire que différentes phases peuvent coexister en même temps. En particulier, dans certaines gammes de paramètres, des structures localisées sous forme de pics isolés peuvent être observées (« oscillons » granulaires, figure E5.1*b*). Les simulations numériques discrètes ont permis de clarifier les analogies et les différences entre ces motifs et ceux observés avec des fluides classiques. Il semble que le frottement et la dissipation lors des chocs jouent un rôle important sur les structures formées et la nature discontinue de certaines transitions. Notons enfin que la présence d'air peut considérablement affecter la dynamique de ces couches minces de grains vibrées, en particulier dans le cas de poudres fines (Evesque & Rajchenbach, 1989 ; Pak *et al.*, 1995 ; Matas *et al.*, 2008) (voir encadré 7.1).

Chapitre 6

Le liquide granulaire

La plupart des écoulements granulaires observés dans la nature appartiennent à un régime intermédiaire entre le régime quasi-statique et le régime rapide et dilué vus précédemment. Au cours d'une avalanche à la surface d'un tas de sable, par exemple, les grains sont en contact les uns avec les autres et le milieu coule à la manière d'un liquide. Dans ce régime dit *dense*, les particules interagissent par collision et par friction au cours de contacts prolongés et la théorie cinétique n'est *a priori* plus valable. Malgré leur importance pratique, en particulier en géophysique, les écoulements denses restent mal compris. Ce manque d'information a motivé depuis les années 1990 de nombreuses recherches, à la fois expérimentales, numériques et théoriques, dans le but d'établir les lois d'écoulement de ce « liquide granulaire ». Dans ce chapitre, nous commençons par présenter brièvement les caractéristiques de base des écoulements denses (§6.1) avant d'aborder la question de leur rhéologie (§6.2). Nous présentons une loi constitutive simple basée sur l'analyse dimensionnelle et discutons de ses principales prédictions. Les limites de cette approche, en particulier proche de la transition solide/liquide, sont ensuite abordées. Dans un deuxième temps, nous présentons une description valable dans le cas de couches minces s'écoulant par gravité (équations de type Saint-Venant) (§6.3). Cette approche, qui permet de s'affranchir en partie de la rhéologie, est particulièrement utilisée en géophysique pour la description des avalanches et des éboulements de terrain. Enfin, nous refermons ce chapitre par une présentation du phénomène de ségrégation, qui apparaît quand on manipule des matériaux composés de particules de tailles différentes, et de son influence sur les écoulements granulaires (§6.4).

6.1 Introduction

Un glissement de terrain sur le flanc d'une montagne, une avalanche de sable à la surface d'une dune ou un écoulement dans un silo sont autant

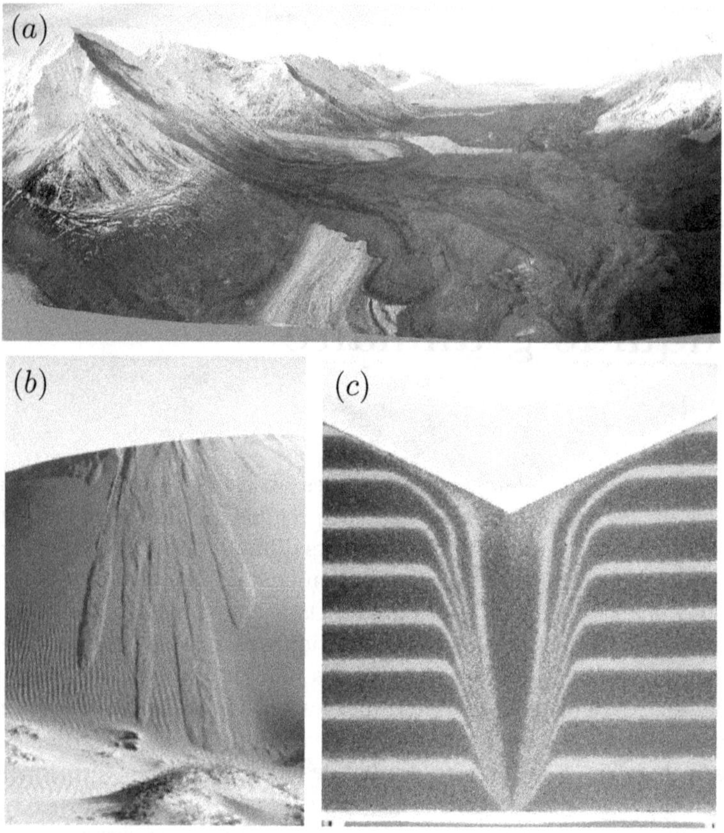

FIG. 6.1 – Exemples d'écoulements illustrant le régime liquide des milieux granulaires. (*a*) Glissement de terrain en Alaska à la suite d'un tremblement de terre (photo Dennis Trabant/USGS). (*b*) Avalanche à la surface d'une dune (photo Stéphane Douady/CNRS). (*c*) Vidange d'un silo 2D (photographie Arshad Kudrolli).

d'exemples d'écoulements granulaires denses (figure 6.1). Dans ce régime, la compacité est élevée et proche de celle d'un empilement aléatoire ($\phi \simeq$ 0,5–0,6). Les grains interagissent à la fois par friction et collision, à travers un réseau de contacts et de forces (figure 6.2). D'un point de vue phénoménologique, le milieu coule alors comme un liquide. Un tel comportement est bien illustré par la figure 6.3 qui montre une couche de sable s'écoulant à partir d'un réservoir sur un plan incliné rugueux. On remarque que la surface libre n'est pas diffuse mais relativement bien définie comme celle d'un liquide. Les mesures montrent également qu'il existe une large gamme d'inclinaisons et d'épaisseurs pour lesquelles la vitesse de la couche est constante le long du plan (figure 6.3). Cela implique que la contrainte entre la couche de grains et le fond rugueux varie avec le taux de cisaillement, comme pour un fluide

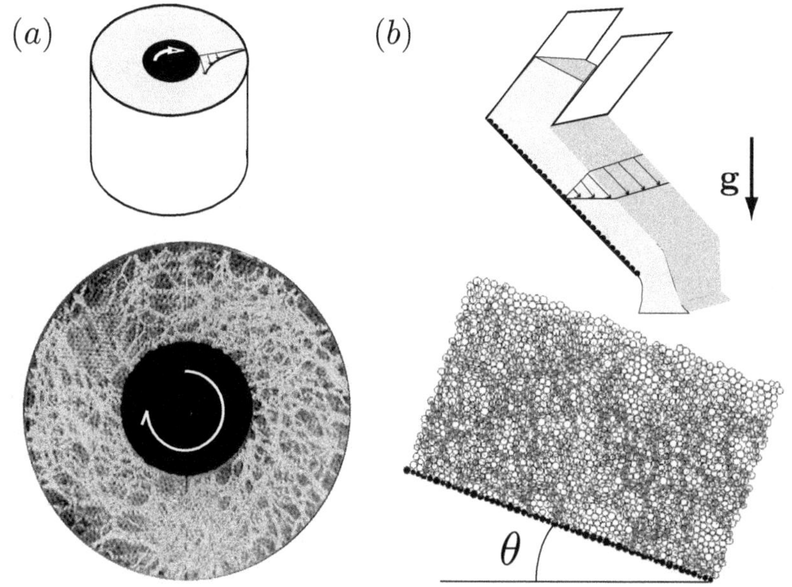

FIG. 6.2 – Réseaux de forces dans les écoulements denses. (*a*) Écoulement en cellule de Couette à 2D visualisé par photoélasticité (d'après Howell *et al.*, 1999, voir aussi le site `http://www.phy.duke.edu/bob/`). (*b*) Simulation numérique discrète d'écoulement sur plan incliné (d'après Rognon, 2006).

visqueux[1]. Sur la figure 6.3, la présence de vagues à la surface de l'écoulement accentue cette analogie entre les écoulements granulaires denses et les écoulements de liquides. Cependant, ils s'en distinguent fondamentalement par l'existence d'un seuil d'écoulement. Nous avons vu au chapitre 4 que ce seuil s'écrivait en termes de friction (critère de Mohr-Coulomb). Dans le cas du plan incliné de la figure 6.3, cela se traduit par l'existence d'un angle critique en dessous duquel l'écoulement s'arrête.

Cette dualité solide/liquide des écoulements granulaires denses explique en partie les difficultés que l'on rencontre pour les décrire, et le grand nombre de travaux qu'ils ont suscités au cours des vingt dernières années (Chevoir, 2008 ; Forterre & Pouliquen, 2008). Différentes configurations ont été utilisées pour étudier le comportement de ces écoulements. Les plus fréquemment utilisées sont rassemblées sur la figure 6.4. Parmi ces dispositifs, on distingue les écoulements confinés (cellule de Couette plane ou cylindrique, écoulements en silo) des écoulements à surface libre (écoulements sur plan incliné, écoulements

1. Pour un écoulement d'épaisseur h stationnaire et uniforme le long du plan, l'équilibre mécanique implique que la contrainte à la base du plan, τ_b, doit exactement contrebalancer la gravité, $\tau_b = \rho g h \sin\theta$. L'existence d'écoulements stationnaires et uniformes dans une gamme d'inclinaison et d'épaisseur implique que cette contrainte varie avec la vitesse et l'épaisseur de la couche, comme pour un liquide.

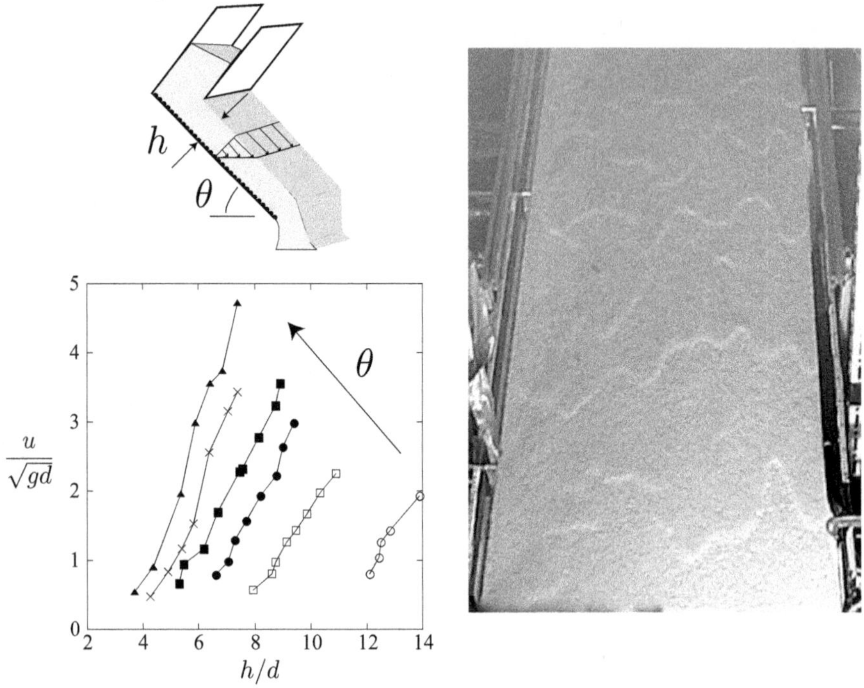

FIG. 6.3 – Couche de sable s'écoulant le long d'un plan incliné rugueux dans le régime dense (d'après Forterre & Pouliquen, 2008). Le graphe donne la vitesse moyenne de l'écoulement $u/\sqrt{gd}$ en fonction de l'épaisseur de la couche h/d (taille des grains d = 0,8 mm, θ = 32°–37°). Dans certaines gammes de paramètres, on observe la formation d'ondes de surface analogues à celles observées à la surface d'un film d'eau s'écoulant sur une pente (instabilité de Kapitza ou « *roll waves* »).

sur tas, écoulements en tambour tournant). Dans chacun des cas, des études expérimentales ou numériques ont permis d'accéder aux profils de fraction volumique et aux profils de vitesse dans des régimes stationnaires et uniformes. Selon la distribution des contraintes, l'écoulement peut être cisaillé dans toute l'épaisseur (cellule de Couette plane, écoulement sur plan incliné) ou présenter une localisation sous forme de bandes de cisaillement (cellule de Couette cylindrique, silo, tambour tournant, écoulement sur tas). Nous ne discuterons pas dans cet ouvrage des propriétés détaillées de chacune de ces configurations. Le lecteur intéressé pourra se reporter à un article collectif issu du Groupe de Recherche sur les Milieux Divisés (GdR MiDi, CNRS) qui rassemble les principaux résultats (GdR MiDi, 2004).

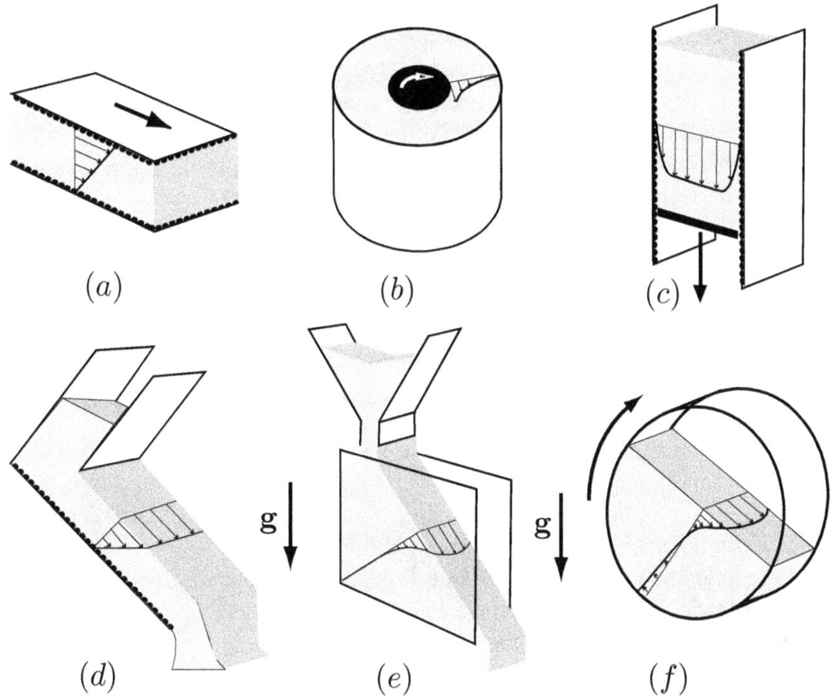

FIG. 6.4 – Différentes configurations d'écoulement utilisées pour étudier les écoulements denses : (*a*) cisaillement plan, (*b*) cellule de Couette cylindrique, (*c*) silo, (*d*) écoulement sur plan incliné, (*e*) écoulement sur tas, (*f*) écoulement dans un tambour tournant.

Encadré 6.1

Mesure de vitesse dans les écoulements granulaires

Vélocimétrie par image de particules (PIV)

La méthode de la vélocimétrie par image de particules (« *particule image velocimetry* » ou PIV en anglais) permet de déterminer un champ de vitesse sur une grille fixe dans l'espace. C'est une mesure de vitesse eulérienne. Son principe repose sur la mesure du déplacement d'une « texture » liée à l'écoulement par une technique de corrélation d'image. Dans le cas d'un milieu granulaire, la texture est déjà présente (ce sont les grains) et il n'est pas nécessaire, en général, d'introduire des traceurs comme dans un fluide. La corrélation d'image à deux dimensions peut se faire soit directement, par un produit de matrices (chaque pixel de l'image étant associé à un nombre), soit par une transformée de Fourier. Les paramètres importants de la PIV sont l'intervalle de temps Δt entre les deux images successives, le nombre de points N de la grille, la taille des fenêtres de corrélation L et leurs distances d'exploration D. Le choix de ces paramètres est contraint par plusieurs facteurs comme la vitesse de l'écoulement, la taille caractéristique des motifs (grains) ou le temps de calcul.

Méthode de suivi de particules (*particle tracking*)

Une autre technique très utilisée pour mesurer les vitesses consiste à suivre individuellement les grains (« *particle tracking* » en anglais). Cette méthode lagrangienne, d'apparence simple, est cependant plus délicate que la PIV car elle nécessite deux étapes supplémentaires. D'une part, il faut identifier au départ les particules que l'on souhaite étudier. Ensuite, il faut être capable de les suivre tout au long de leurs trajectoires. Plusieurs algorithmes de « *particle tracking* » existent, qui dépendent essentiellement du type d'image à traiter. Lorsque les grains sont bien contrastés et suffisamment séparés les uns des autres, un simple seuillage d'image peut suffire pour identifier les particules et les suivre à l'aide de logiciels classiques de traitement d'image (par exemple Image J, `http://rsb.info.nih.gov/ij/`). Lorsque le contraste est moins bon, il est nécessaire de combiner des techniques de suivi et des techniques de corrélation d'image (voir par exemple le site internet `http://www.physics.emory.edu/weeks/idl/`). Par comparaison à la PIV, le suivi de particules permet de mesurer directement le déplacement de chaque grain, et non le déplacement d'une texture englobant plusieurs grains et pouvant être parasitée par des artefacts (scintillement, poussière).

Suspension dans un liquide iso-indice

Dans le cas d'écoulements denses, les mesures de vitesse se font souvent à la surface libre de l'écoulement ou en paroi car le milieu est trop dense pour laisser pénétrer la lumière. Il est cependant possible dans certains cas de rendre le milieu transparent optiquement en plongeant les grains dans un fluide iso-indice. Il faut pour cela des particules transparentes (billes de verre ou en plastique) ayant un bon état de surface afin d'éviter les diffusions parasites. Il faut également trouver un fluide d'indice optique égal à celui des particules utilisées. De nombreuses recettes existent suivant la nature des particules. Pour visualiser les particules à l'intérieur de l'écoulement, on ajoute en général au fluide un colorant fluorescent et on éclaire le milieu à l'aide d'une nappe laser de longueur d'onde adaptée. Les particules dans le plan de la nappe laser apparaissent alors en noir et le liquide en clair (figure 7.11a). Le déplacement des grains est ensuite obtenu par les techniques usuelles de PIV ou de *particle tracking*. Il faut toutefois garder à l'esprit que la présence du fluide ambiant peut profondément modifier la dynamique de l'écoulement granulaire (voir chapitre 7). Il n'est donc pas toujours possible d'extrapoler les mesures en fluide iso-indice aux écoulements secs.

Mesure de vitesses par RMN

Un autre moyen non intrusif pour obtenir des mesures de vitesses à l'intérieur d'un écoulement dense est la résonance magnétique nucléaire (RMN) (Callaghan, 1999 ; Fukushima, 1999). Nous avons déjà décrit cette technique dans le chapitre 3 pour mesurer la fraction volumique d'un empilement. Deux voies sont possibles pour obtenir le champ de vitesse à partir du signal émis par les protons. La première consiste à faire deux images RMN successives, puis à déterminer les déplacements par corrélation d'image comme pour la PIV. L'autre méthode, plus précise, consiste à traiter directement la phase du signal de l'onde émise en modulant temporellement le champ magnétique externe. Cette méthode permet typiquement de réaliser un profil de vitesse 2D dans un échantillon de quelques centimètres en quelques secondes à quelques minutes, avec une très bonne résolution spatiale.

6.2 Rhéologie

La question centrale dans l'étude des écoulements granulaires denses concerne la rhéologie : comment le matériau s'écoule-t'il sous l'effet de contraintes ? Il n'existe pas encore d'équations constitutives pour le régime dense qui fassent l'unanimité, ni de dérivation microscopique analogue à celle que nous avons vue avec l'équation de Boltzmann pour le régime gazeux. Cependant, d'un point de vue macroscopique, nous pouvons caractériser ces écoulements par deux propriétés de base. D'une part, ils présentent un seuil d'écoulement (qui s'exprime en termes de friction). D'autre part, quand le matériau coule, les contraintes dépendent du taux de cisaillement comme pour un fluide visqueux. À cet égard, les écoulements granulaires denses font partie de la vaste famille des fluides à seuil, comme la boue, le dentifrice ou la mousse à raser ! Nous allons voir dans cette section que l'analyse dimensionnelle et des hypothèses simples permettent de proposer une première approche pour appréhender la rhéologie de ce « liquide » granulaire. Nous présentons ensuite les prédictions de cette rhéologie sur quelques exemples d'écoulements simples. Nous discutons enfin les limites de cette approche, en particulier au voisinnage du seuil d'écoulement.

6.2.1 Cisaillement simple : analyse dimensionelle

Considérons l'écoulement de cisaillement plan présenté à la figure 6.5. Une couche de grains sphériques de diamètre d et de masse volumique ρ_p est confinée entre deux parois rugueuses par une pression P imposée sur la plaque du dessus. Les plaques se déplacent l'une par rapport à l'autre avec une vitesse relative V_w, de façon à imposer un gradient de vitesse $\dot{\gamma} \equiv V_w/L$ constant, où L est la distance entre les plaques. En l'absence de gravité, et pour un écoulement stationnaire et uniforme, l'équilibre des forces entraîne $\partial\sigma_{xz}/\partial z = 0$ et $\partial\sigma_{zz}/\partial z = 0$. La contrainte tangentielle $\tau \equiv |\sigma_{xz}|$ et la contrainte normale $P \equiv |\sigma_{zz}|$ sont donc homogènes dans le matériau, ce qui fait de ce système une configuration modèle pour étudier la rhéologie.

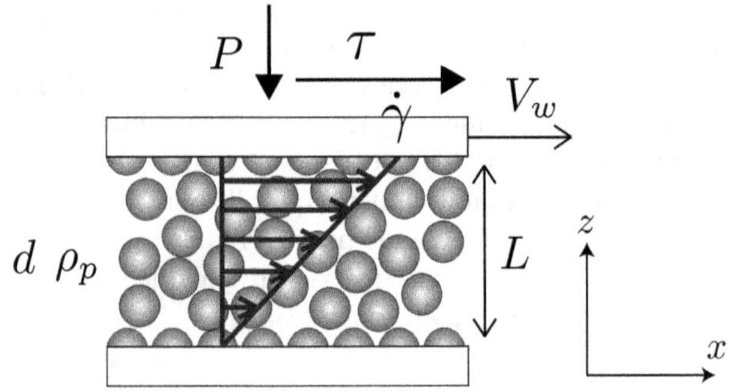

FIG. 6.5 – Cisaillement plan.

Loi de friction et de fraction volumique

Nous allons montrer que l'analyse dimensionnelle impose une relation forte entre les contraintes τ et P et le taux de cisaillement $\dot{\gamma}$. En effet, dans le cas de grains très rigides (c'est-à-dire de module d'Young grand devant la pression de confinement) et pour des grands systèmes ($L/d \gg 1$), il n'existe que quatre paramètres de contrôle dans le problème : la taille des grains d, leur masse volumique ρ_p, le taux de cisaillement $\dot{\gamma}$ et la pression de confinement[2] P. Ces paramètres faisant intervenir trois unités (longueur, masse, temps), le théorème Π (Barenblatt, 1996) nous indique que le système est contrôlé par un seul nombre sans dimension

$$I = \frac{\dot{\gamma} d}{\sqrt{P/\rho_p}}. \tag{6.1}$$

Ce nombre I a été appelé *nombre inertiel* par Iordanoff & Khonsari (2004) et da Cruz *et al.* (2005), qui l'ont introduit sous cette forme pour la première

2. Il existe également des paramètres microscopiques sans dimension liés aux interactions de contact comme le coefficient d'inélasticité e ou le coefficient de frottement μ_p entre les billes.

fois. Un autre nombre parfois utilisé est le nombre de Savage ou le nombre de Coulomb, $\rho_p d^2 \dot{\gamma}^2 / P$, qui est simplement le carré du nombre I (Savage, 1984 ; Ancey *et al.*, 1999).

Une fois identifié l'unique nombre sans dimension du problème, l'analyse dimensionnelle prédit que la fraction volumique ϕ, qui n'est pas imposée dans cette configuration à pression contrôlée, dépend uniquement de I. De même, la contrainte tangentielle τ doit être proportionnelle à la contrainte normale P (la pression étant l'échelle de contrainte naturelle du problème). On a donc

$$\tau = \mu(I) P \quad \text{et} \quad \phi = \phi(I), \tag{6.2}$$

où μ peut être interprété comme un coefficient de friction effectif qui dépend du nombre I.

La simple analyse dimensionnelle dans cette configuration de cisaillement plan nous impose donc une relation de type loi de friction entre la contrainte tangentielle et la contrainte normale, avec un coefficient de friction effectif qui dépend du taux de cisaillement et de la pression au travers du nombre I. En revanche, l'analyse dimensionnelle ne permet pas de donner une expression de la loi de friction $\mu(I)$ et de la loi de fraction volumique $\phi(I)$. Pour cela, il est nécessaire de faire appel à des expériences ou à des simulations numériques discrètes. Les figures 6.6a,b montrent le résultat de simulations discrètes effectuées avec des disques à deux dimensions (da Cruz *et al.*, 2005). On constate que le « coefficient de friction » μ n'est pas constant mais augmente avec le nombre I : μ croît avec le taux de cisaillement mais diminue lorsqu'on augmente la pression de confinement. Pour $I = 0$, le coefficient de friction part d'une valeur non nulle μ_1. De son côté, la fraction volumique décroît à peu près linéairement avec le nombre I en partant d'une valeur ϕ_c pour $I = 0$.

Il est intéressant de remarquer que, dans la gamme de nombre I explorée, le coefficient de friction effectif $\mu(I)$ dépend très peu du coefficient de restitution inélastique e et seulement faiblement du coefficient de frottement interparticulaire μ_p (tant que $\mu_p \neq 0$, figure 6.6a). Cette observation est caractéristique du régime d'écoulement dense et contraste avec le régime rapide et dilué vu au chapitre précédent (voir par exemple la figure 5.12). Notons enfin que la forme des lois $\mu(I)$ et $\phi(I)$ obtenue avec des disques se retrouve dans le cas de sphères, mais avec des valeurs différentes pour μ_1 et ϕ_c (figure 6.6c, d).

Une interprétation physique du nombre *I*

Le nombre inertiel I peut s'interpréter comme le rapport entre deux temps

$$I = \frac{t_{\text{micro}}}{t_{\text{macro}}}, \tag{6.3}$$

où $t_{\text{micro}} = d/\sqrt{P/\rho_p}$ est un temps microscopique de réarrangement lié à la pression de confinement et $t_{\text{macro}} = 1/\dot{\gamma}$ est un temps lié au cisaillement moyen. Pour s'en convaincre, considérons deux couches de grains adjacentes au

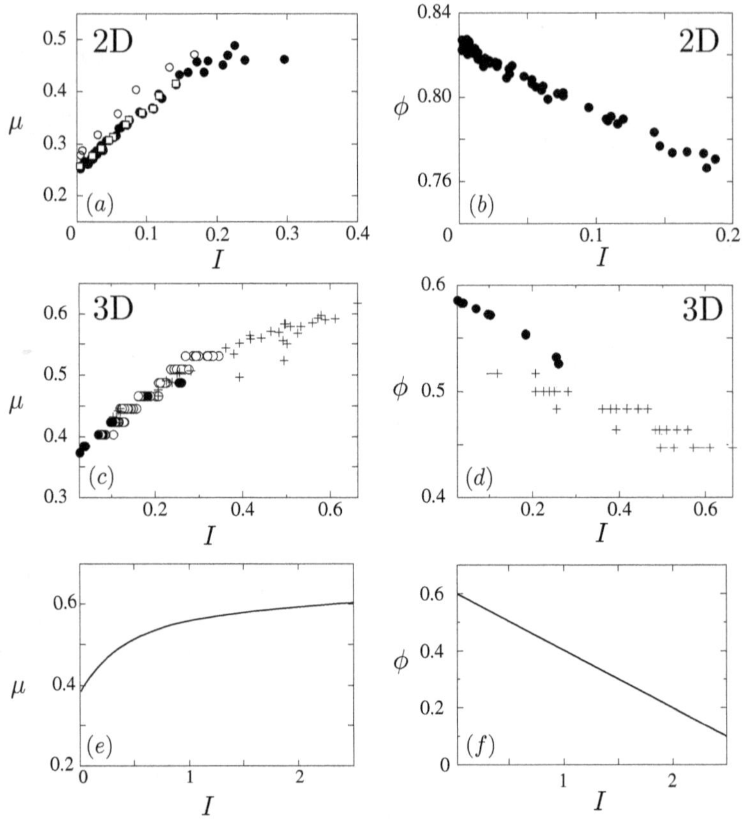

FIG. 6.6 – (a), (b) Lois de friction $\mu(I)$ et de fraction volumique $\phi(I)$ obtenues pour des disques (2D) dans des simulations discrètes de cisaillement plan, pour différents paramètres micromécaniques : $e = 0{,}1$ (•, $\mu_p = 0{,}4$), $e = 0{,}9$ (□, $\mu_p = 0{,}4$) et $\mu_p = 0{,}8$ (○, différents e) (da Cruz *et al.*, 2005). (c), (d) $\mu(I)$ et $\phi(I)$ pour des sphères (3D) déduites d'expériences de Couette cylindrique (Savage & Sayed, 1984, +) et d'expériences et de simulations d'écoulements sur plans inclinés (d'après Pouliquen, 1999a ; GDR MiDi, 2004, ○ ; Baran *et al.*, 2006, •). (e), (f) Expressions analytiques proposées pour $\mu(I)$ et $\phi(I)$.

sein de l'écoulement (figure 6.7a). La vitesse relative de la couche supérieure par rapport à la couche du dessous est $\Delta u = \dot{\gamma} d$. Par conséquent, le temps moyen mis par un grain pour se déplacer de son diamètre et franchir le grain en dessous est $t_{\text{macro}} = d/\Delta u = \dot{\gamma}^{-1}$. Le second temps t_{micro} peut s'interpréter comme le temps mis par une particule pour tomber dans un trou de taille d sous l'effet de la pression de confinement P (figure 6.7b). La loi de Newton projetée sur la verticale s'écrit dans ce cas $m\,\mathrm{d}^2z/\mathrm{d}t^2 = F_z$, avec $m \sim \rho_p d^3$, $\mathrm{d}^2z/\mathrm{d}t^2 \sim d/t_{\text{micro}}^2$ et $F_z \sim Pd^2$. On obtient bien $t_{\text{micro}} \sim d/\sqrt{P/\rho_p}$.

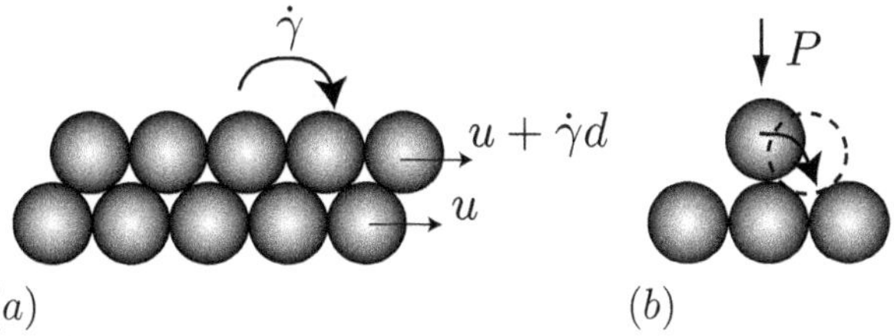

FIG. 6.7 – Interprétation physique du nombre inertiel I en termes de temps macroscopique de déformation (a) et de temps microscopique de réarrangement sous la pression de confinement P (b).

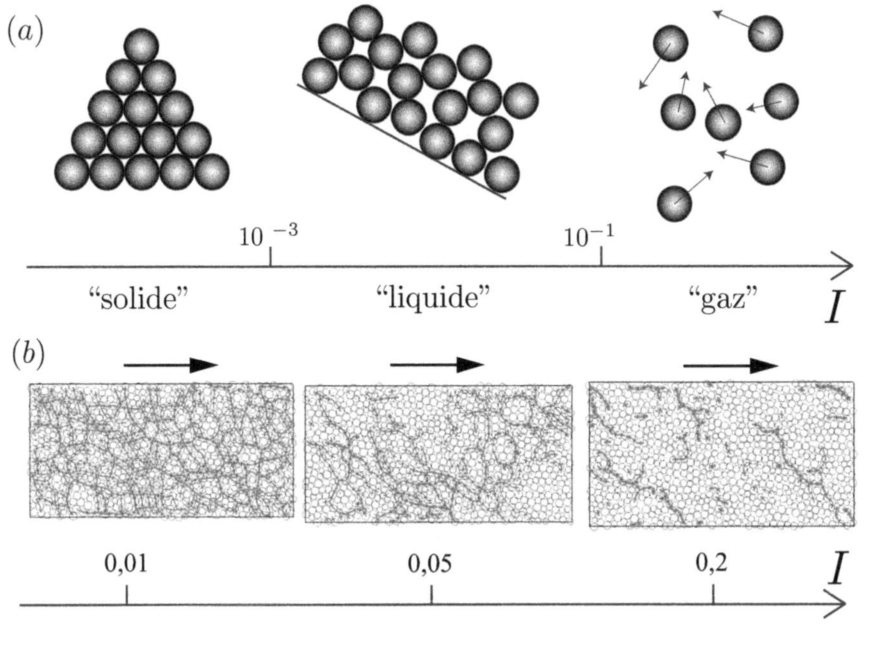

FIG. 6.8 – (a) Classification des régimes d'écoulement solide/liquide/gaz en fonction du nombre inertiel I. (b) Évolution du réseau de contact avec I pour un cisaillement plan obtenu par simulation numérique 2D ; les traits représentent les forces normales entre particules (d'après Rognon, 2006).

Cette écriture du nombre I en termes d'échelle de temps offre un moyen pour classer les différents régimes d'écoulement granulaire (figure 6.8). Les nombres I très faibles (typiquement inférieurs à 10^{-3}) correspondent au régime quasi-statique. Les déformations macroscopiques sont lentes par rapport au temps de réarrangement des grains. En revanche, les grandes valeurs de I ($\gtrsim 0{,}1$) correspondent au régime rapide et dilué vu au chapitre 5. Le régime dense se trouve entre les deux. L'analyse dimensionnelle nous indique

que pour passer du régime quasi-statique au régime liquide puis gazeux, il est équivalent d'augmenter le taux de cisaillement ou de diminuer la pression de confinement. Cette transition entre les différents régimes d'écoulement est particulièrement bien visualisée sur la figure 6.8*b*, qui montre l'évolution du réseau de forces en fonction du nombre inertiel I. Pour des faibles valeurs de I, le réseau de forces est connecté et s'étend sur l'ensemble de l'échantillon comme pour un empilement statique ; quand I augmente, la longueur des chaînes de force diminue.

Cisaillement à pression imposée ou fraction volumique imposée ?

Jusqu'à présent, nous avons raisonné dans le cas d'une couche de grains cisaillée à pression P imposée. Dans ce cas, la plaque supérieure est libre de bouger verticalement et la fraction volumique s'ajuste quand on varie le taux de cisaillement. Cette situation à pression imposée est caractéristique des écoulements granulaires à surface libre (avalanche, tambour tournant, etc.), pour lesquels c'est la gravité qui fixe la valeur de la pression de confinement. Il existe cependant une autre possibilité pour cisailler le milieu et qui consiste à travailler à fraction volumique constante en fixant la distance L entre les deux plaques. Dans ce cas, la pression n'est plus imposée mais varie avec le taux de cisaillement.

L'analyse dimensionnelle permet là encore de trouver une relation entre les contraintes et le taux de cisaillement. Les paramètres de contrôle sont la fraction volumique ϕ, la taille des grains d, la masse volumique des grains ρ_p et le taux de cisaillement $\dot{\gamma}$. La seule échelle de contrainte est donc $\rho_p d^2 \dot{\gamma}^2$ et on obtient

$$\tau = \rho_p d^2 f_1(\phi)\dot{\gamma}^2 \quad \text{et} \quad P = \rho_p d^2 f_2(\phi)\dot{\gamma}^2, \tag{6.4}$$

où f_1 et f_2 sont deux fonctions qui dépendent uniquement de la fraction volumique. On remarque que ces expressions sont analogues à celles obtenues avec la théorie cinétique dans le cas d'un cisaillement plan à fraction volumique imposée (loi de Bagnold, voir §5.4.1). Cela n'est pas surprenant car ces relations proviennent simplement de l'analyse dimensionnelle. Elles sont vérifiées quelque soit le régime d'écoulement dès que les grains sont supposés rigides. En revanche, les fonctions f_1 et f_2 calculées par la théorie cinétique n'ont pas de raison d'être encore valables dans le régime d'écoulement dense.

Les relations précédentes impliquent un résultat *a priori* surprenant : dans une expérience à volume contrôlé, il n'existe pas de seuil d'écoulement et la contrainte de cisaillement τ tend vers zéro avec le taux de cisaillement. Il n'y a cependant aucune contradiction avec la rhéologie $\mu(I)$ et $\phi(I)$. Les deux descriptions, à pression ou volume contrôlés, sont rigoureusement équivalentes. Il existe une relation univoque entre les deux descriptions, donnée par $f_1(\phi) = \mu[I(\phi)]/I^2(\phi)$ et $f_2(\phi) = 1/I^2(\phi)$. On constate que les deux fonctions f_1 et f_2 divergent quand $I \to 0$, c'est-à-dire quand la fraction volumique $\phi \to \phi_c$, assurant que le rapport τ/P reste bien fini quand $\phi \to \phi_c$.

Il existe toutefois une différence de principe entre réaliser un cisaillement à pression ou volume imposés, tout au moins à volume fini : les fluctuations autour de la moyenne dans un cas et dans l'autre ne sauraient être les mêmes. En effet, par définition, le système auquel on impose le volume n'est pas libre de se dilater. Cette différence dans les fluctuations pourrait jouer un rôle proche de la transition solide/liquide ($\phi \sim \phi_c$), où des phénomènes de localisation transitoire[3] du cisaillement ont été rapportés (da Cruz et al., 2005). Il est également difficile de s'approcher très près de ϕ_c dans une expérience à volume contrôlé sans atteindre des pressions telles que les grains se déforment ou soient endommagés.

Par la suite, nous adopterons la description rhéologique en termes de loi de friction $\mu(I)$ et de fraction volumique $\phi(I)$, car dans la grande majorité des écoulements, la fraction volumique n'est pas imposée (avalanche, silo, tambour tournant, etc.). De plus, cette approche présente l'avantage de découpler la fraction volumique des contraintes, dans la rhéologie. Elle permet donc de faire l'hypothèse d'incompressibilité pour les écoulements denses ($\phi \simeq$ constante), tout en conservant les variations du coefficient de friction avec le taux de cisaillement et l'existence d'un seuil d'écoulement à pression imposée.

6.2.2 Loi constitutive

Les résultats précédents, obtenus pour un écoulement en cisaillement plan, montrent que le rapport entre la contrainte tangentielle et la contrainte normale ne dépend que du paramètre sans dimension I (tant que la taille du système peut être négligée). Le profil de vitesse étant dans ce cas linéaire, il est tentant de supposer que cette relation définit la rhéologie intrinsèque du matériau. Pour que cela soit vrai, il faut que les contraintes développées dans un écoulement inhomogène soient les mêmes qu'en cisaillement plan. C'est le cas si la rhéologie est locale, c'est-à-dire si la contrainte de cisaillement ne dépend que du taux de cisaillement et de la pression locale.

Rheologie locale

Plusieurs résultats expérimentaux et numériques semblent conforter cette hypothèse de localité, dans une limite que nous allons détailler par la suite. La figure 6.6*b* présente ainsi la loi de friction et la loi de fraction volumique obtenues dans deux configurations différentes : une cellule de Couette annulaire (croix), et des écoulements stationnaires uniformes sur plans inclinés (ronds). On constate que les données se superposent, ce qui suggère l'existence d'une rhéologie locale unique.

3. Dans le cas de suspensions isodenses, on observe une fracturation interne du matériau lorsqu'il est cisaillé en rhéomètre plan-plan au-delà d'une certaine fraction volumique. Les mêmes suspensions ne présentent pas de localisation du cisaillement lorsqu'elles coulent sur un plan incliné avec le même taux de cisaillement caractéristique.

On généralise donc la relation trouvée en cisaillement plan à un cisaillement inhomogène caractérisé par un taux de cisaillement local $\dot{\gamma}(z)$ et une pression locale $P(z)$. La contrainte tangentielle locale $\tau(z)$ et la fraction volumique locale $\phi(z)$ sont données par

$$\tau = \mu(I)P \quad \text{et} \quad \phi = \phi(I), \quad \text{avec } I = \frac{|\dot{\gamma}(z)|d}{\sqrt{P(z)/\rho_p}}. \tag{6.5}$$

En ajustant les résultats expérimentaux et numériques, il est également possible de donner une expression empirique de la loi de friction $\mu(I)$ et de fraction volumique $\phi(I)$, par exemple (Jop *et al.*, 2005 ; Pouliquen *et al.*, 2006)

$$\mu(I) = \mu_1 + \frac{\mu_2 - \mu_1}{I_0/I + 1} \quad \text{et} \quad \phi = \phi_c - (\phi_c - \phi_m)I. \tag{6.6}$$

Typiquement, pour un matériau granulaire composé de billes de verre monodisperses, on a $\mu_1 = \tan 21°$, $\mu_2 = \tan 33°$, $I_0 = 0{,}3$, $\phi_c = 0{,}6$ et $\phi_m = 0{,}4$. Les fonctions ainsi choisies sont tracées sur la figure 6.6*c*. On remarque que la loi de friction sature vers une valeur maximale μ_2 pour des grandes valeurs de I. Nous reviendrons sur ce point lorsque nous discuterons de la forme des fronts d'avalanche sur plans inclinés (§6.3.3).

Les lois qui contrôlent la friction et la fraction volumique (équation (6.6)) proviennent d'expériences et de simulations. Elles sont donc entièrement phénoménologiques. Une manière simple d'interpréter la décroissance de la fraction volumique avec le nombre inertiel I consiste à reprendre l'image de la figure 6.7 montrant une bille se déplaçant au-dessus des deux billes de la couche du dessous. Quand la particule est dans un trou, on peut supposer que la fraction volumique de l'empilement est maximale et vaut ϕ_c. Cependant, quand un réarrangement a lieu, la particule doit sortir de son piège et on peut supposer que la fraction volumique passe alors par un minimum noté ϕ_m. Sachant que le temps de réarrangement est t_{micro} et que le temps pendant lequel la particule reste piégée est $t_{\text{macro}} - t_{\text{micro}}$, on retrouve pour la fraction volumique moyenne $\phi = [\phi_m t_{\text{micro}} + \phi_c(t_{\text{macro}} - t_{\text{micro}})]/t_{\text{macro}} = \phi_c - (\phi_c - \phi_m)I$.

Il est plus délicat d'interpréter la forme particulière de la loi de friction $\mu(I)$, et en particulier la *croissance* du frottement effectif avec I. Par exemple, si l'on reprend les résultats de la théorie cinétique appliquée au cisaillement simple que nous avons vue au chapitre 5 (§5.4.1), on constate que la théorie cinétique prédit une *décroissance* de μ avec I, et non une croissance comme observé dans le régime dense (Forterre & Pouliquen, 2008, voir aussi la figure 6.19). Pour comprendre l'augmentation de la friction avec le nombre I, certains auteurs ont étudié l'évolution de la distribution du réseau de contacts et de forces dans les écoulements denses. Il semble que l'augmentation de l'anisotropie des contacts soit corrélée avec l'augmentation de la friction (da Cruz *et al.*, 2005). Une autre façon d'interpréter microscopiquement la loi de friction consiste à étudier le problème plus simple du mouvement d'un grain unique sur un fond rugueux rigide périodique (Quartier *et al.*, 2000 ; Andreotti, 2007).

Nous renvoyons le lecteur à l'encadré 6.4 pour les détails. Retenons ici que l'on retrouve sur ce système à un seul grain les différents comportements solide, liquide et gazeux d'une assemblée granulaire. De plus, dans le régime où la bille tombe à vitesse contante en cognant sur chaque bosse, qui est l'analogue du régime liquide, on retrouve un frottement effectif entre la bille et le plan qui augmente avec la vitesse de la bille. Cette augmentation de la friction avec la vitesse provient du fait que, dans ce régime, le grain reste toujours en contact avec le fond bien que la force normale (la gravité ici) soit constante. Ainsi, quand la vitesse augmente, l'impulsion *et* le taux de collision augmentent, ce qui augmente la force tangentielle et donc le coefficient de friction effectif.

Généralisation tensorielle : rhéologie viscoplastique frictionnelle

Jusqu'à présent, nous avons raisonné sur des écoulements cisaillés dans une seule direction et présenté la rhéologie $\mu(I)$ sous forme scalaire. Cependant, pour décrire des écoulements plus complexes, il est nécessaire de généraliser à trois dimensions la loi de friction sous forme tensorielle. Le moyen le plus simple consiste à ré-écrire cette loi en faisant apparaître formellement une viscosité effective, comme nous l'avons déjà vu dans le modèle de Drücker-Prager en plasticité (section 4.3.2). En supposant l'écoulement incompressible et la pression isotrope[4], il est possible de proposer la loi constitutive suivante pour la relation entre le tenseur des contraintes et le tenseur des taux de déformation (Jop *et al.*, 2006)

$$\sigma_{ij} = -P\delta_{ij} + \tau_{ij}, \tag{6.7}$$

et

$$\tau_{ij} = \eta_{\text{eff}}\dot{\gamma}_{ij}, \quad \text{avec} \quad \eta_{\text{eff}} = \frac{\mu(I)P}{|\dot{\gamma}|} \quad \text{et} \quad I = \frac{|\dot{\gamma}|d}{\sqrt{P/\rho_p}}, \tag{6.8}$$

où $\dot{\gamma}_{ij} = (\partial u_i/\partial x_j + \partial u_j/\partial x_i)$ est le tenseur taux de déformation, u_i le champ de vitesse et $|\dot{\gamma}|$ le second invariant du tenseur taux de déformation donné par

$$|\dot{\gamma}| = \sqrt{\frac{1}{2}\dot{\gamma}_{ij}\dot{\gamma}_{ij}}. \tag{6.9}$$

Dans le cadre de cette formulation, le liquide granulaire est décrit comme un fluide incompressible non-newtonien, avec une viscosité effective $\eta_{\text{eff}} \equiv \mu(I)P/|\dot{\gamma}|$. Cette viscosité diverge lorsque le cisaillement $|\dot{\gamma}|$ tend vers zéro, ce qui assure l'existence d'un seuil d'écoulement donné par

$$|\tau| > \mu_1 P \qquad \text{avec} \qquad |\tau| = \sqrt{\frac{1}{2}\tau_{ij}\tau_{ij}}. \tag{6.10}$$

4. Les simulations discrètes réalisées en cisaillement plan, en cellule de Couette ou sur plan incliné montrent que, pour un écoulement granulaire dense, la différence entre les contraintes normales σ_{xx} et σ_{zz} dans le plan de cisaillement, dite première différence des contraintes normales, est très faible (inférieure à 5 %, Silbert *et al.*, 2001 ; da Cruz *et al.*, 2005 ; Depken *et al.*, 2007). En revanche, la seconde différence de contraintes normales, $\sigma_{zz} - \sigma_{yy}$ pourrait être plus forte (de l'ordre de 20 %, Depken *et al.*, 2007).

Cette description est très proche de celle d'autres fluides complexes dits viscoplastiques ou « à seuil », comme le dentifrice, la boue, les pâtes, etc. Il existe cependant des spécificités liées à l'aspect frictionnel des matériaux granulaires. Tout d'abord, la viscosité effective dépend de la pression P, et pas seulement du taux de cisaillement comme dans un fluide complexe classique. Ensuite, le seuil d'écoulement est proportionnel à la pression. Plus précisément, le critère (6.10) correspond à un critère de friction du type Drücker-Prager. Ce dernier n'est pas exactement équivalent au critère de Mohr-Coulomb, comme nous l'avons vu au chapitre 4. Dans la limite quasi-statique, il existe un lien entre le coefficient de friction μ_1 et l'angle de friction interne Drücker-Prager du matériau, δ : en comparant les relations (6.10) et (4.28), on obtient $\mu_1 = \sin\delta$.

Encadré 6.2

Rhéologie : vers des milieux granulaires plus complexes

Nous avons présenté une loi de friction simple $\mu(I)$ pour les écoulements granulaires denses, basée essentiellement sur l'analyse dimensionnelle. Cependant, cette approche a été établie pour un milieu granulaire idéal composé de particules sphériques (ou de disques), toutes identiques, et interagissant par des contacts secs non-cohésifs. Qu'en est-il de la rhéologie de matériaux granulaires plus complexes, plus proches des milieux réels rencontrés dans les applications ? Dans cet encadré, nous discutons l'influence de la forme des particules, de la polydispersité et de la cohésion sur la rhéologie. Nous présenterons plus en détail dans le chapitre 7 l'influence de la présence d'un fluide interstitiel entre les grains.

Particules irrégulières

La grande majorité des avancées récentes sur les écoulements granulaires a concerné les milieux composés de particules sphériques (ou disques à 2D). Il n'est pas évident d'étendre de façon systématique ces travaux à des milieux composés de particules de formes irrégulières. D'une part, la notion même de forme peut-être difficile à quantifier précisément. De plus, on rencontre une très grande variété de formes selon les applications (morceaux de sucre, grains de riz, granulats concassés ou roulés, etc.), ce qui rend délicat et un peu arbitraire le choix d'un matériau d'étude modèle. Récemment, des expériences d'écoulement sur plans inclinés ont été menées avec des particules anguleuses, dans le but de déterminer la rhéologie de ces milieux (sables, grains de moutarde, particules de cuivre de formes variées) (Forterre & Pouliquen,

2003 ; Tocquer, *et al.*, 2005 ; Börzsönyi & Ecke, 2006). Pour des couches suffisamment épaisses, il semble que les lois d'échelle trouvées avec des particules sphériques (relation 6.19) restent valables, mais avec d'autres valeurs pour les paramètres (μ_1, μ_2, I_0) caractérisant la loi de friction. Ces résultats montrent que la rhéologie trouvée pour des particules sphériques pourrait, dans une certaine mesure, rester pertinente dans le cas de particules de formes plus compliquées.

Milieux polydisperses

La plupart des matériaux granulaires rencontrés dans les applications sont composés de particules de tailles différentes. Un problème majeur qui apparaît quand on manipule ces milieux polydisperses est la ségrégation : au cours de l'écoulement, les particules de tailles différentes tendent à se séparer. Nous discuterons de la ségrégation en détail dans la section 6.4. Dans cet encadré, nous nous concentrons sur la rhéologie et étudions dans quelle mesure la loi de friction $\mu(I)$ peut être modifiée pour tenir compte de la présence de tailles différentes. Pour un milieu monodisperse, on sait que la rhéologie est donnée par un coefficient de friction dépendant du nombre inertiel $I = \dot{\gamma}d/\sqrt{P/\rho_p}$, où d est le diamètre des particules. Il est alors tentant de généraliser cette approche à des milieux polydisperses en définissant un nombre inertiel moyen

$$I_{\bar{d}} = \frac{\dot{\gamma}\bar{d}}{\sqrt{P/\rho_p}}, \qquad (6.11)$$

où $\bar{d}$ est le diamètre moyen *local* des grains au point considéré. Cette idée a été testée dans des simulations discrètes d'écoulements bidisperses de disques sur plans inclinés rugueux (Rognon *et al.*, 2007). Dans ce travail, l'assemblée bidisperse est caractérisée par deux nombres sans dimension : d'une part le rapport entre le diamètre d^g des gros grains et le diamètre d^p des petits grains, d'autre part la proportion en nombre de chaque espèce. Comme pour les écoulements monodisperses, il existe une gamme d'inclinaisons pour laquelle des écoulements stationnaires et uniformes sont obtenus. En revanche, la ségrégation entraîne une stratification en taille dans l'épaisseur de la couche, avec les grosses particules près de la surface libre et les petites particules vers le bas (figure E6.1*a*).

Les auteurs introduisent alors un diamètre moyen du mélange qui dépend de l'altitude z dans la couche selon

$$\bar{d}(z) = \frac{\phi^p(z)d^p + \phi^g(z)d^g}{\phi(z)}, \qquad (6.12)$$

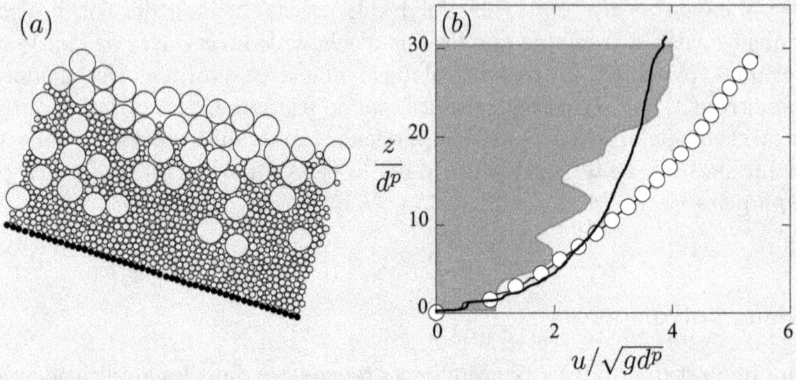

FIG. E6.1 – (*a*) Écoulements bidisperses de disques sur un plan incliné (simulations numériques). (*b*) Profil de vitesse (trait continu) comparé au profil de vitesse obtenu dans le cas monodisperse (symboles), où d^p est le diamètre des petits disques. La zone grisée correspond à la concentration des grosses particules. D'après Rognon *et al.* (2007).

où ϕ est la fraction volumique locale de l'empilement et ϕ^p (resp. ϕ^g) est la fraction volumique locale des petites (resp. grosses) particules, telle que $\phi = \phi^p + \phi^g$. Premier résultat, le nombre inertiel $I_{\bar{d}}$ (6.11) calculé en utilisant le diamètre moyen (6.12) est constant à travers l'épaisseur de la couche et ne dépend que de l'angle du plan, comme prédit par la rhéologie locale (voir §6.2.3). Le nombre inertiel $I_{\bar{d}}$ étant constant, on a de plus $\dot{\gamma} \propto 1/\bar{d}$ pour un angle et une altitude z donnés. Ainsi, on prédit que le gradient de vitesse est inversement proportionnel à la taille moyenne des particules. Ces résultats sont retrouvés dans la simulation : le milieu est plus cisaillé en bas où sont les petites particules qu'en haut où sont les grosses particules (figure E6.1*b*). Cette étude suggère que la rhéologie viscoplastique frictionnelle pourrait être pertinente pour les milieux polydisperses. Cependant, si la rhéologie nous indique comment un changement dans la concentration relative des espèces modifie l'écoulement, elle ne nous permet pas de prédire le phénomène de ségrégation responsable de la distribution des grains. Ce point reste un défi majeur de la physique des milieux granulaires.

Milieux cohésifs

Nous avons vu aux chapitres 2 et 4 (§2.2 et §4.6) que la présence d'humidité, d'électricité statique, de forces de van der Walls ou de ponts solides entre les grains introduisent des effets de cohésion qui changent les propriétés mécaniques des empilements, notamment les seuils de plasticité. Quelle est l'influence de la cohésion sur les propriétés d'écoulement ? Cette question est encore largement ouverte. Récemment, des auteurs ont étudié par simulation discrète un milieu cohésif modèle, dans lequel l'attraction entre deux particules est caractérisée par une simple force maximale F_{coh} (Rognon, 2006). L'interaction est supposée nulle tant que les particules ne sont pas en contact ($\delta < 0$). Quand on met les particules en contact, la force entre grains est d'abord attractive (négative) et décroît jusqu'à un minimum $-F_{\mathrm{coh}}$ ($0 < \delta < \delta_c$) puis augmente quand on continue de rapprocher les grains ($\delta > \delta_c$). Pour des grandes valeurs de pénétrations entre particules, on retrouve une force répulsive classique de type Hertz (figure E6.2*a*).

Pour étudier la rhéologie de ce milieu cohésif modèle, on peut reprendre la configuration du cisaillement plan (figure 6.5) dans laquelle un matériau est cisaillé à un taux de cisaillement constant $\dot{\gamma}$ sous une pression de confinement P (Rognon, 2006). Contrairement au cas d'un matériau sec non-cohésif pour lequel $I = \dot{\gamma} d/\sqrt{P/\rho_p}$ est le seul nombre sans dimension du problème, le cas d'un matériau cohésif introduit un second nombre sans dimension C, qui est le rapport entre la force de cohésion F_{coh} et la force typique induite par la pression Pd^2 (Pd à 2D),

$$C = \frac{F_{\mathrm{coh}}}{Pd^2}. \tag{6.13}$$

On en déduit par analyse dimensionnelle que le coefficient de friction et la fraction volumique peuvent s'écrire comme

$$\mu = \mu(I, C) \quad \text{et} \quad \phi = \phi(I, C). \tag{6.14}$$

Rognon (2006) a étudié systématiquement la variation de μ et ϕ avec I et C (figure E6.2*b*). On constate comme attendu que le coefficient de friction augmente avec la cohésion pour un nombre I donné. Bien que ces résultats aient été obtenus pour un matériau cohésif modèle, ils montrent que la rhéologie des milieux granulaires secs peut aider à mieux comprendre le comportement des écoulements de grains cohésifs.

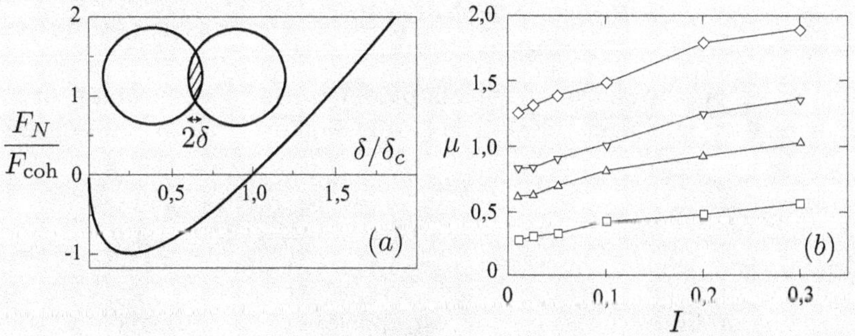

FIG. E6.2 – (*a*) Force d'interaction entre deux particules utilisée dans le modèle de Rognon (2006). (*b*) Coefficient de friction en fonction du nombre inertiel pour différentes valeurs du paramètre de cohésion C (C = 0, 10, 30, 50, 70 de bas en haut). D'après Rognon (2006).

6.2.3 Applications

Dans cette section, nous appliquons la rhéologie viscoplastique locale donnée par les équations (6.7) et (6.8) à des configurations d'écoulements plus complexes que le cisaillement plan.

Écoulements stationnaires uniformes sur plans inclinés

Comme premier exemple d'application de la rhéologie $\mu(I)$, considérons un écoulement stationnaire et uniforme sur un plan incliné rugueux (figure 6.9*a*). On cherche à déterminer le profil de vitesse $u(z)$ dans la couche. Pour cela, on écrit tout d'abord l'équilibre des forces $\partial\sigma_{xz}/\partial z = -\rho g \sin\theta$ et $\partial\sigma_{zz}/\partial z = \rho g \cos\theta$, où $\rho = \rho_p \phi$ est la masse volumique du milieu et g la gravité. La contrainte tangentielle σ_{xz} et la contrainte normale σ_{zz} s'annulant à la surface, on obtient : $\sigma_{xz} = \rho g \sin\theta(h-z)$ et $\sigma_{zz} = -\rho g \cos\theta(h-z)$, soit $\sigma_{xz}/|\sigma_{zz}| = \tan\theta$. Ce résultat est général et ne dépend pas de la rhéologie du milieu.

Si on applique maintenant la loi constitutive (6.7), (6.8), on trouve $|\sigma_{zz}| = P$ et $\sigma_{xz} = \mu(I)Pu'(z)/|u'(z)|$. La contrainte tangentielle étant positive, on en déduit que $u'(z) > 0$ et

$$\mu(I) = \tan\theta \quad \text{avec} \quad I = \frac{u'(z)d}{\sqrt{g\phi\cos\theta(h-z)}}. \tag{6.15}$$

Dans cette configuration sur plan incliné, on obtient donc que le nombre I est indépendant de z et dépend uniquement de l'angle d'inclinaison. D'après la loi (6.5), il en va de même pour la fraction volumique. En utilisant l'expression (6.6) de la loi de friction, on trouve que la variation de I avec l'angle est donnée par $I = \mu^{-1}(\tan\theta) = I_0(\tan\theta - \mu_1)/(\mu_2 - \tan\theta)$. D'après l'équation (6.15), le gradient de vitesse varie donc comme

$$u'(z) = I_0 \frac{\tan\theta - \mu_1}{\mu_2 - \tan\theta}\sqrt{\frac{g\phi\cos\theta(h-z)}{d^2}}. \tag{6.16}$$

Enfin, en supposant que la vitesse à la paroi rugueuse s'annule, on peut intégrer la relation précédente et obtenir l'expression du profil de vitesse dans la couche

$$\frac{u(z)}{\sqrt{gd}} = \frac{2}{3} I_0 \frac{\tan\theta - \mu_1}{\mu_2 - \tan\theta}\sqrt{\phi\cos\theta}\left(\frac{h^{3/2} - (h-z)^{3/2}}{d^{3/2}}\right). \tag{6.17}$$

Ce type de profil de vitesse en $z^{3/2}$ est appelé « profil de Bagnold ». La variation en $z^{3/2}$ est une conséquence directe de l'analyse dimensionnelle et de l'hypothèse d'une rhéologie locale. La vitesse moyenne de l'écoulement intégrée dans l'épaisseur $\bar{u} \equiv (1/h)\int_0^h u(z)\mathrm{d}z$ est donnée par

$$\frac{\bar{u}}{\sqrt{gd}} = \frac{2}{5} I_0 \frac{\tan\theta - \mu_1}{\mu_2 - \tan\theta}\sqrt{\phi\cos\theta}\left(\frac{h}{d}\right)^{3/2}. \tag{6.18}$$

Ces prédictions de la rhéologie $\mu(I)$ peuvent être comparées avec des expériences et des simulations d'écoulements de grains sphériques sur plan incliné. Intéressons nous tout d'abord au domaine d'existence des écoulements stationnaires uniformes. D'après l'expression (6.18), ces écoulements ne sont possibles que dans une gamme d'inclinaison comprise entre $\theta_1 = \arctan \mu_1$ et $\theta_2 = \arctan \mu_2$. Cette prédiction est en partie confirmée par les simulations et les expériences (figure 6.9*c*). Pour une épaisseur h donnée, il existe bien un angle minimal θ_{stop} en dessous duquel aucun écoulement stationnaire uniforme n'est possible, et un angle maximal θ_2 au-dessus duquel les écoulements sont accélérés (Pouliquen, 1999 ; Silbert *et al.*, 2001 ; Börzsönyi & Ecke, 2006). En revanche, contrairement à la prédiction, l'angle minimal θ_{stop} n'est pas unique mais dépend de l'épaisseur h de la couche[5]. $\theta_{\text{stop}}(h)$ est plus élevé pour les fines couches et ne semble saturer vers une constante que pour les couches épaisses (figure 6.9*c*).
La deuxième comparaison concerne les profils de fraction volumique et de vitesse. Pour des couches épaisses, on constate dans les simulations discrètes que la fraction volumique est constante à travers la couche et que le profil de vitesse suit le profil de Bagnold, comme prédit par la théorie (figure 6.9*b*). Il existe cependant des écarts à la prédiction au voisinage du plan et de la surface libre. Quand on se rapproche du seuil d'écoulement pour des couches minces, ces écarts grandissent et les profils de vitesse deviennent linéaires, voire concaves (Silbert *et al.*, 2003). Une dernière comparaison porte sur la vitesse moyenne de l'écoulement. Les expériences et les simulations montrent que pour des écoulements de sphères il existe une corrélation entre la vitesse moyenne $\bar{u}$, l'épaisseur de la couche h et l'angle du plan θ selon

$$\frac{\bar{u}}{\sqrt{gd}} = \beta \frac{d}{h_{\text{stop}}(\theta)} \left(\frac{h}{d}\right)^{3/2}, \qquad (6.19)$$

où $\beta \simeq 0{,}14$ est une constante et $h_{\text{stop}}(\theta) \equiv \theta_{\text{stop}}^{-1}$ est l'épaisseur minimale d'écoulement pour un angle donné (figure 6.9*d*, Pouliquen, 1999 ; Silbert *et al.*, 2003 ; GDR MiDi, 2004). Si l'on compare cette relation (6.19) avec la prédiction de la rhéologie $\mu(I)$ (6.18), on retrouve dans les deux cas une dépendance en $h^{3/2}$ de la vitesse moyenne de l'écoulement. De plus, la dépendance de la vitesse moyenne avec l'inclinaison suggère un lien entre la fonction h_{stop}, qui caractérise les propriétés d'arrêt, et la loi de friction locale $\mu(I)$, qui décrit les propriétés d'écoulement. La question de savoir si ce lien est fortuit ou provient de raisons physiques profondes reste ouverte.

Instabilité de Kapitza ou « *roll waves* »

La rhéologie $\mu(I)$ permet de reproduire certaines caractéristiques des écoulements stationnaires et uniformes sur plans inclinés. Il est possible d'aller plus

5. La courbe $\theta_{\text{stop}}(h)$ sur la figure 6.9*c* est la réciproque de la courbe $h_{\text{stop}}(\theta)$.

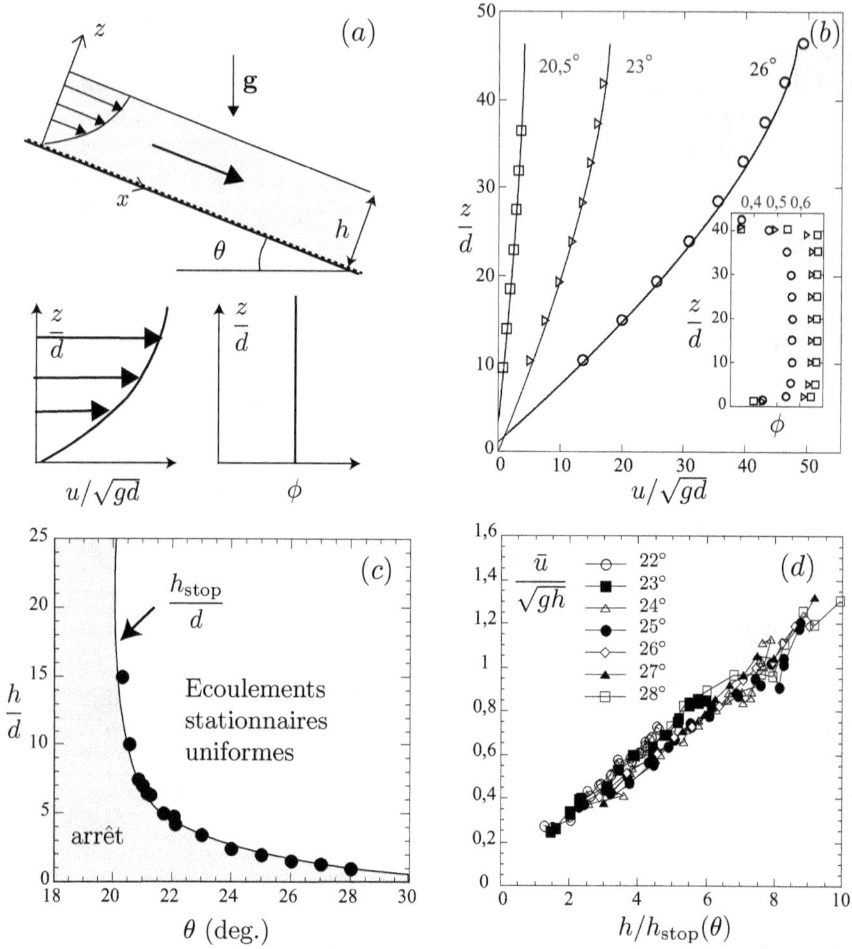

FIG. 6.9 – Écoulements stationnaires uniformes sur plans inclinés. (*a*) Prédictions de la rhéologie locale. (*b*) Comparaison entre le profil de vitesse de Bagnold (traits pleins) et des simulations de dynamique moléculaire pour des sphères. En encart, profils de fraction volumique dans les simulations (d'apres Baran *et al.*, 2006). (*c*) Domaine d'existence des écoulements stationnaires uniformes et courbe $h_{\mathrm{stop}}(\theta)$ pour des billes de verres (d'après les expériences de Pouliquen, 1999). (*d*) Vitesse moyenne normalisée en fonction de h/h_{stop} pour différentes inclinaisons (mêmes expériences que (*c*)).

loin et d'étudier la stabilité de ces écoulements. Il est bien connu dans le cas de fluides classiques que lorsque la vitesse de l'écoulement devient de plus en plus grande, la surface libre peut se déstabiliser et présenter des modulations de grandes longueurs d'onde. L'origine physique de cette instabilité provient de la compétition entre l'inertie, qui a tendance à amplifier les modulations d'épaisseurs se propageant le long du plan, et la gravité, qui a tendance à étaler ces perturbations (Witham, 1974). Cette instabilité est appelée instabilité de Kapitza pour les films visqueux ou « *roll waves* » dans le cas d'écoulements turbulents (figure 6.10*a*). En géophysique (avalanche de neige, écoulement de boue, courant de gravité sous-marin), l'apparition de cette instabilité sous forme de bouffées de grande amplitude, ou « *surge waves* », est particulièrement destructrice (figure 6.10*b*).

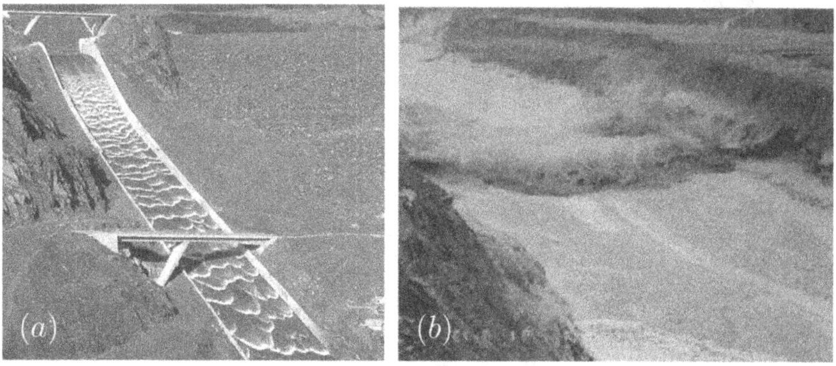

FIG. 6.10 – *Roll waves* dans les écoulements gravitaires. (*a*) Écoulement turbulent (Barrage de Llyn Branne, Pays-de-Galles). (*b*) « *Surge wave* » dans une coulée de boue naturelle (Vallée du Jiang jia, Sichuan, Chine).

L'instabilité de Kapitza est également observée dans les écoulements granulaires (figure 6.3). Elle a été étudiée expérimentalement et la relation de dispersion de l'instabilité, qui décrit l'amplification ou l'atténuation des ondes en fonction de leur fréquence, a été mesurée grâce à un dispositif de forçage en amont de l'écoulement (figure 6.11*a* ; Forterre & Pouliquen, 2003). Il est possible de comparer ces mesures aux prédictions de la rhéologie viscoplastique $\mu(I)$ en réalisant une analyse de stabilité linéaire des écoulements stationnaires uniformes sur plan incliné à partir de la rhéologie viscoplastique (6.7)–(6.8) (Forterre, 2006)[6]. Une fois la rhéologie calibrée à partir des écoulements stationnaires uniformes, on constate que la théorie donne des prédictions quantitatives pour le seuil de stabilité (figure 6.11*b*) et la relation de dispersion de l'instabilité (figure 6.11*c*). Cette étude montre que la généralisation tensorielle de la loi de friction $\mu(I)$ permet de décrire un écoulement non trivial présentant des variations à la fois temporelles et spatiales.

6. Nous verrons à la section 6.3.3 une analyse de stabilité linéaire simplifiée de ces écoulements dans le cadre des équations de Saint-Venant.

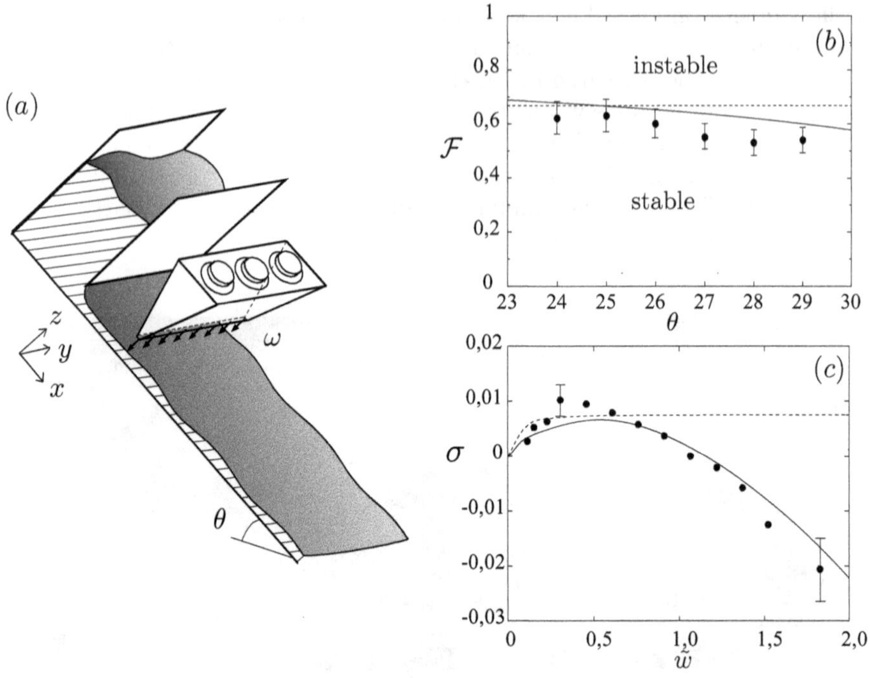

FIG. 6.11 – Instabilité de Kapitza dans les écoulements granulaires sur plans inclinés (billes de verre). (*a*) Principe du dispositif expérimental. (*b*) Diagramme de stabilité dans le plan $(\theta,\mathcal{F})$, où $\mathcal{F} = u_0/\sqrt{gh_0 \cos\theta}$ est le nombre de Froude, u_0 la vitesse moyenne et h_0 l'épaisseur de l'écoulement. (*c*) Taux de croissance spatiale des ondes σ, adimensionné par l'épaisseur de l'écoulement h_0, en fonction de la pulsation adimensionnée $\tilde{\omega} = \omega h_0/u_0$ ($\mathcal{F}$ = 1,02, θ = 29°). Symboles : expérience. Traits continus : prédiction de la rhéologie viscoplastique $\mu(I)$. Traits pointillés : prédiction des équations de Saint-Venant (voir section 6.3.3). D'après Forterre & Pouliquen (2003) et Forterre (2006).

Écoulements sur tas

Une autre configuration intéressante pour appliquer la rhéologie $\mu(I)$ est l'écoulement sur fond meuble, dans laquelle une couche de grains coule sur un tas statique. Cette situation se rencontre par exemple quand on forme un tas à partir d'un silo ou lorsqu'une coulée se propage à la surface d'une dune de sable. Contrairement au cas précédent d'un écoulement sur fond fixe, l'épaisseur h de la couche qui coule et l'angle θ de la surface ne sont pas imposés de l'extérieur mais choisis par le système.

Il est possible d'obtenir des écoulements stationnaires et uniformes sur tas en confinant le milieu entre deux plaques latérales séparées d'une distance W

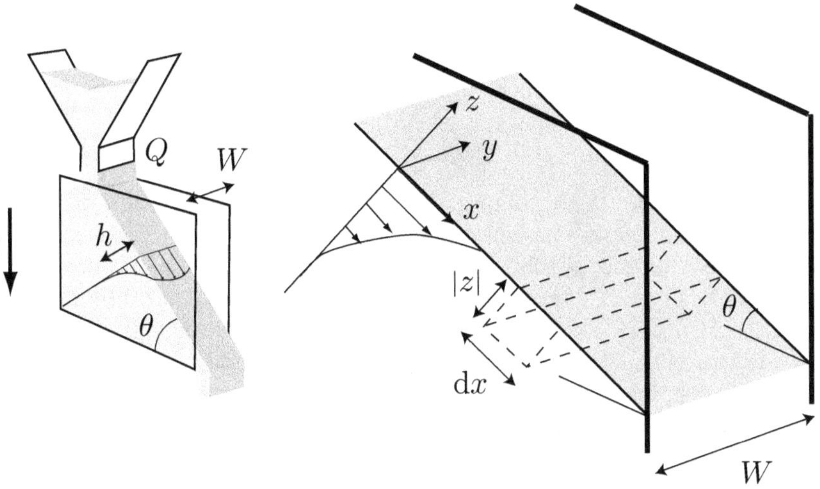

FIG. 6.12 – Écoulements stationnaires uniformes sur tas et notations pour le modèle simple 2D. Le bilan de force est effectué sur la tranche de grains en pointillés de longueur $\mathrm{d}x$, d'épaisseur $|z|$ et de largeur W.

et en imposant un débit de grains Q constant en amont (figure 6.12). Après un régime transitoire, on obtient un état stationnaire avec une couche de grains d'épaisseur h constante qui s'écoule au dessus d'un tas fixe de pente θ (Lemieux & Durian, 2000 ; Taberlet *et al.*, 2003 ; Jop *et al.*, 2005). Nous allons montrer que la rhéologie locale $\mu(I)$ permet de décrire cette situation, et en particulier la localisation de l'écoulement proche de la surface libre. Pour cela, considérons un milieu granulaire semi-infini de masse volumique $\rho = \rho_p\phi$, confiné entre deux plaques lisses distantes de W (figure 6.12). Nous supposons que l'écoulement est uniforme dans la direction $-x$ et que la surface libre fait un angle θ avec l'horizontale. Pour simplifier, nous supposons également que l'épaisseur et la vitesse sont uniformes dans la direction $-y$ perpendiculaire à l'écoulement. Nous négligeons enfin dans le calcul les variations de fraction volumique. La première étape consiste à écrire un bilan de force pour une tranche de matériau (pointillés sur la figure 6.12) de longueur $\mathrm{d}x$, d'épaisseur $|z|$ et de largeur W, soit

$$0 = \mathrm{d}x\, W\, |z| \rho g \sin\theta - \tau(z)\mathrm{d}x\, W - 2\,\mathrm{d}x \int_z^0 \tau_w \mathrm{d}z. \qquad (6.20)$$

Le premier terme est la force de gravité. Le deuxième terme est la force tangentielle qui s'exerce au fond de la tranche et qui provient du cisaillement dans le milieu granulaire. D'après la rhéologie locale, on a $\tau(z) = \mu(I(z))P(z)$, où $I(z) = (\mathrm{d}u/\mathrm{d}z)d/\sqrt{P(z)/\rho_p}$ et $P(z) = \rho_p\phi g|z|\cos\theta$. Le dernier terme correspond à la force de frottement du milieu sur les parois latérales. Pour des parois lisses, on peut supposer que cette force s'exprime sous la forme d'un frottement solide avec un coefficient de friction μ_w constant. On a donc $\tau_w = \mu_w P(z)$. L'équation (6.20) devient alors

$$\tan\theta - \mu_w \frac{|z|}{W} = \mu\left(I(z)\right). \tag{6.21}$$

Cette relation permet de comprendre l'origine de la localisation de l'écoulement. En effet, quand on s'enfonce dans le milieu, $|z|$ augmente et le terme de frottement dû aux parois dans l'équation (6.21) augmente. Pour satisfaire l'équilibre des forces, le terme de frottement $\mu\left(I(z)\right)$ doit donc diminuer (pour un angle fixé). Cependant, nous avons vu que le coefficient de friction $\mu(I)$ ne pouvait être plus petit qu'une valeur μ_1, atteinte quand l'écoulement s'arrête ($I \to 0$). Ainsi, il existe une épaisseur critique h en dessous de laquelle la gravité, compensée en partie par la friction sur les parois, n'est plus assez forte pour cisailler le matériau. L'épaisseur de la couche en écoulement sur le tas est donc donnée par

$$h = W\left(\frac{\tan\theta - \mu_1}{\mu_w}\right). \tag{6.22}$$

On remarque que l'épaisseur h est entièrement contrôlée par la friction aux parois (l'échelle de longueur est la distance entre parois W). L'épaisseur de la couche sur le tas augmente lorsqu'on écarte les parois. Remarquons également que l'épaisseur dépend de l'écart au seuil $\tan\theta - \mu_1$ et s'annule quand la pente du tas est égale à μ_1.

Il est possible d'intégrer le modèle simple 2D donné par l'équation (6.21) pour obtenir le profil de vitesse $u(z)$ comme nous l'avons fait dans le cas du plan incliné. Nous laissons au lecteur intéressé le soin de faire le calcul dont les résultats sont donnés dans Jop *et al.* (2005). On trouve que la vitesse est maximale à la surface libre et décroît jusqu'à s'annuler pour une profondeur h donnée par (6.22). La vitesse de l'écoulement $u(z)$, l'épaisseur h et l'angle de tas θ sont des fonctions non triviales du débit imposé Q et de la distance entre les plaques W. Enfin, il est possible de s'affranchir de l'hypothèse 2D en calculant numériquement le champ de vitesses complet $u(y, z)$ à partir de la généralisation tensorielle (6.7), (6.8) de la rhéologie locale (Jop *et al.*, 2006). La figure 6.13 montre le profil de vitesse prédit par la rhéologie et une comparaison avec des mesures du profil de vitesse à la surface libre, dans le cas d'un canal aux parois rugueuses. On constate que l'accord est quantitatif.

Cette application montre que la rhéologie est capable de prédire des écoulements complexes où coexistent les aspects solide et liquide de la matière en grain. Cependant, comme dans le cas du plan incliné, il existe des limites quand on se rapproche du seuil d'écoulement. Par exemple, quand on diminue le débit dans l'expérience de l'écoulement sur tas dans un canal, on observe une transition vers un régime d'avalanches intermittentes qui n'est pas prédit par la rhéologie (Lemieux & Durian, 2000). De plus, la transition entre la couche en écoulement et le tas statique n'est pas aussi brutale que celle décrite par la rhéologie : il existe en réalité un fluage lent du tas sous la couche

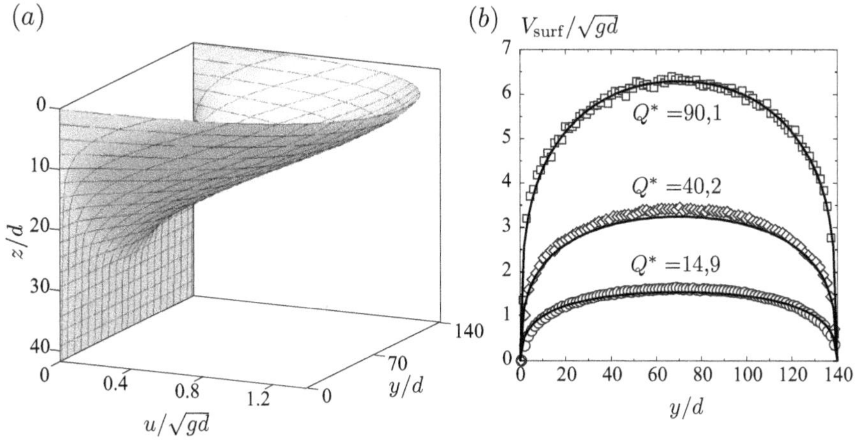

FIG. 6.13 – Écoulements stationnaires sur tas confinés entre parois rugueuses (d'apres Jop *et al.*, 2006). (*a*) Profil de vitesse 3D typique prédit par la rhéologie tensorielle (6.7)–(6.9) ($W = 142\,d$, $\theta = 22{,}6°$, $Q^* = Q/d^{3/2}g^{1/2} = 15{,}2$). (*b*) Profils de vitesse en surface prédits par la rhéologie (traits continus) et mesurés (symboles) pour une largeur de canal fixée et différents débits.

en écoulement, qui décroît exponentiellement avec la profondeur (Komatsu *et al.*, 2001).

Effondrement d'une colonne de grains : « *granular collapse* »

Une autre configuration qui a été étudiée est celle de l'effondrement d'une colonne de grains sous son propre poids (figure 6.14). Un récipient cylindrique rempli de grains est posé sur une surface horizontale, et brutalement soulevé. Sous l'effet de la gravité, le matériau s'effondre sur lui-même et s'étale de façon axisymétrique. Cette configuration fournit un modèle pour l'effondrement d'une falaise en géophysique (Lajeunesse *et al.*, 2004 ; Lube *et al.*, 2004 ; Balmforth & Kerswell, 2005). Les expériences ont mis en évidence des lois d'échelle pour la distance d'étalement en fonction du rapport d'aspect de la colonne initiale. Une question intéressante est de savoir dans quelle mesure la loi viscoplastique $\mu(I)$ est capable de reproduire la dynamique de cet écoulement fortement inhomogène et instationnaire. Pour le savoir, il faudrait implémenter la rhéologie viscoplastique (6.7), (6.8) dans un code numérique 3D de type mécanique des fluides, ce qui n'a pas encore été réalisé. Une étude de Lacaze & Kerswell (2009) suggère néanmoins que la loi $\mu(I)$ pourrait être pertinente pour décrire cette configuration. Les auteurs ont réalisé des simulations numériques d'effondrement de colonnes en utilisant la dynamique moléculaire. Connaissant à chaque instant la position des particules, leurs vitesses et les forces de contact, ils ont pu calculer le tenseur des taux de déformations, le tenseur des contraintes et la pression, et ainsi vérifier à chaque position et au cours du temps comment le coefficient de friction τ/P variait avec le nombre inertiel I. La figure 6.14 montre que les points se rassemblent assez bien sur une seule courbe, dont l'allure est similaire aux mesures obtenues dans des configurations simples comme le cisaillement plan. Ce résultat suggère que la loi viscoplastique $\mu(I)$ est suffisante pour décrire l'essentiel de la dynamique de cet écoulement complexe.

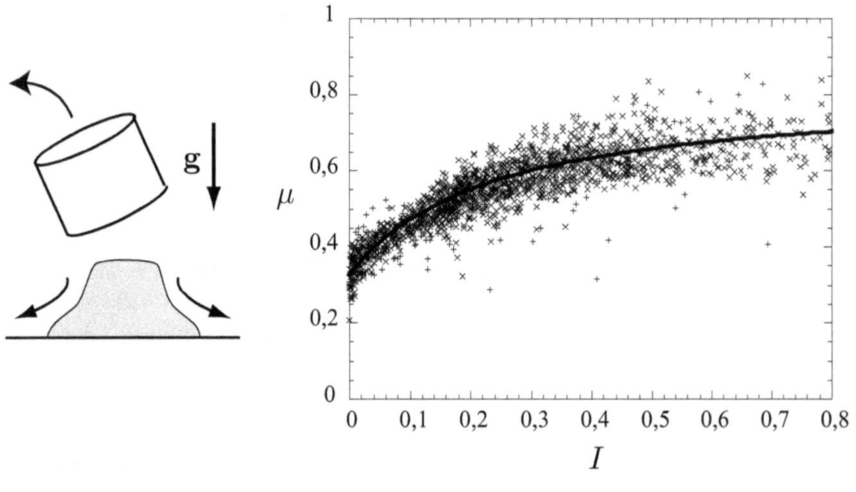

FIG. 6.14 – Effondrement d'une colonne de grains sous gravité simulé par dynamique moléculaire. Les points donnent le coefficient de friction $\mu = \tau/P$ en fonction du nombre I au cours du temps et en chaque position, calculés à partir d'un processus de moyennage. La courbe continue est le meilleur ajustement des données par une fonction de la forme (6.6) (d'après Lacaze & Kerswell, 2009).

Écoulements confinés

Les écoulements précédents (plan incliné, écoulement sur tas, colonne de grains) sont des écoulements à surface libre. D'autres configurations, dans lesquelles le milieu est confiné entre des parois, ont également été étudiées comme la cellule de Couette cylindrique (figure 6.4*b*), le silo vertical (figure 6.4*c*) ou le cisaillement plan sous gravité (figure E6.3) (GDR MiDi, 2004). Dans toutes ces configurations, le gradient de vitesse est localisé dans une bande de cisaillement de 5 à 10 tailles de grains située au niveau des parois (figure 6.15*a*). Dans des configurations plus complexes – par exemple la cellule de Couette modifiée dans laquelle le fond est séparé en une partie qui tourne et une partie statique – on observe des bandes de cisaillement pouvant atteindre 40 tailles de grains (figure 6.15*b*, Fenistein & van Heche, 2003 ; Ries *et al.*, 2007).

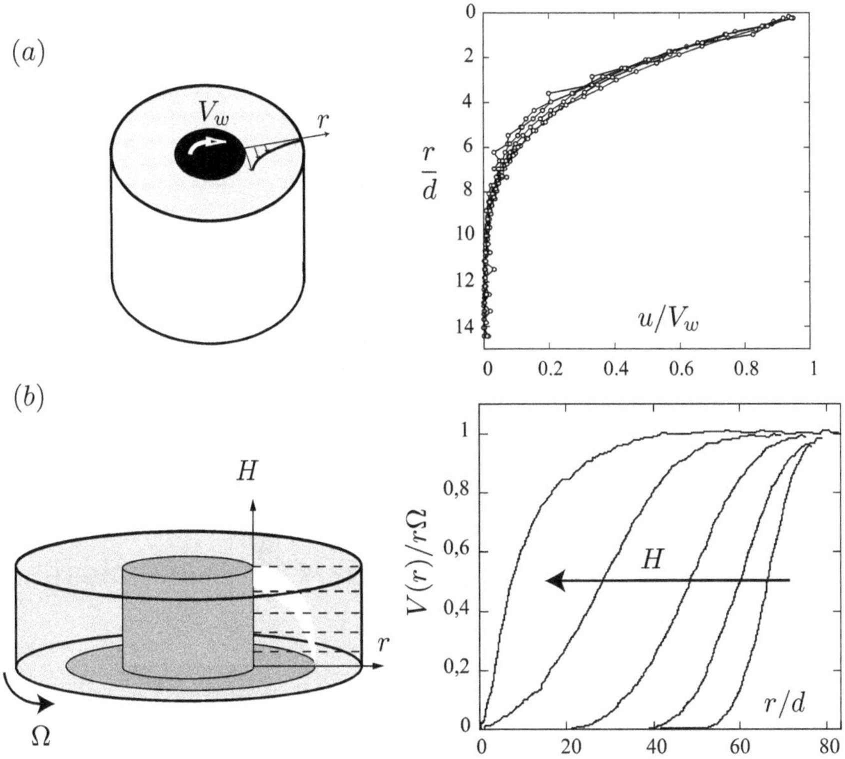

FIG. 6.15 – Bande de cisaillement dans des écoulements confinés. (*a*) Cellule de Couette cylindrique : profils de vitesse normalisés par la vitesse du cylindre intérieur (d'après Bocquet *et al.*, 2001). (*b*) Cellule de Couette modifiée : le cylindre externe et une partie du fond de la cellule tournent à la vitesse de rotation Ω (zone gris clair). Le cylindre intérieur et l'autre moitié du fond sont statiques (zone gris foncé). Le milieu est cisaillé dans une zone représentée en blanc. Les courbes donnent les profils de vitesse $V(r)/r\Omega$ en fonction de r/d pour différentes hauteurs H (traits pointillés). D'après Fenistein & van Hecke (2003).

Il est important de garder à l'esprit que ces écoulements sont le plus souvent étudiés dans un régime quasi-statique, pour lequel le nombre inertiel est inférieur à 10^{-3}. Dans ce régime $I \rightarrow 0$, la rhéologie viscoplastique (6.7), (6.8) se réduit alors à une simple loi de friction de type Drücker-Prager (voir l'expression (4.34) du chapitre 4). Dans ce cas, la rhéologie prédit bien une localisation du cisaillement près des parois, celle-ci provenant simplement de la distribution non uniforme des contraintes (voir encadré 6.3). En revanche, la largeur de la bande de cisaillement prédite dépend du taux de cisaillement et s'annule dans la limite quasi-statique. Ceci est en contradiction avec les observations et montre que la rhéologie locale n'est pas capable de décrire correctement le régime quasi-statique.

La rhéologie $\mu(I)$ peut toutefois être utile pour prédire toutefois le positionnement des bandes de cisaillement dans des situations d'écoulements tridimensionnels complexes. Par exemple, dans le cas d'un écoulement induit par la rotation d'un disque dans un milieu granulaire, la bande de cisaillement peut prendre la forme d'une calotte ou d'une colonne. La rhéologie locale décrit la forme correcte et la transition entre la calotte et la colonne en fonction du rapport d'aspect (Jop, 2008). Dans cet exemple, la partie « visqueuse » de la rhéologie viscoplastique ne joue aucun rôle ; elle permet simplement d'approcher le régime quasi-statique en adoptant un point de vue de type mécanique des fluides, plus simple à traiter que la plasticité pure.

Encadré 6.3

Prédiction de la rhéologie $\mu(I)$ pour le cisaillement plan sous gravité

Afin d'étudier la prédiction de la rhéologie $\mu(I)$ dans le cas d'écoulements confinés, il est intéressant de considérer la configuration du cisaillement plan sous gravité (figure E6.3). Elle présente en effet une distribution de contraintes hétérogène comme la cellule de Couette cylindrique ou le silo, tout en permettant un traitement analytique.

Considérons un milieu granulaire semi-infini confiné par une plaque rugueuse située en $z = 0$, sur laquelle on impose une contrainte tangentielle τ_0 et une contrainte normale P_0. On s'intéresse aux écoulements stationnaires et uniformes, c'est-à-dire invariants dans la direction $-x$. En présence de gravité, l'équilibre des contraintes s'écrit $\partial\sigma_{xz}/\partial z = 0$ et $\partial\sigma_{zz}/\partial z = \rho g$, où $\rho = \rho_p\phi$ est la masse volumique du milieu, ρ_p la masse volumique des particules et ϕ la fraction volumique que l'on supposera constante pour simplifier. La distribution des contraintes est donc

$$P(z) = P_0 - \rho g z\,, \tag{6.23}$$

$$\tau(z) = \tau_0\,, \tag{6.24}$$

où $P \equiv |\sigma_{zz}|$ est la pression et $\tau \equiv \sigma_{xz}$ est la contrainte tangentielle, égale à une constante τ_0.

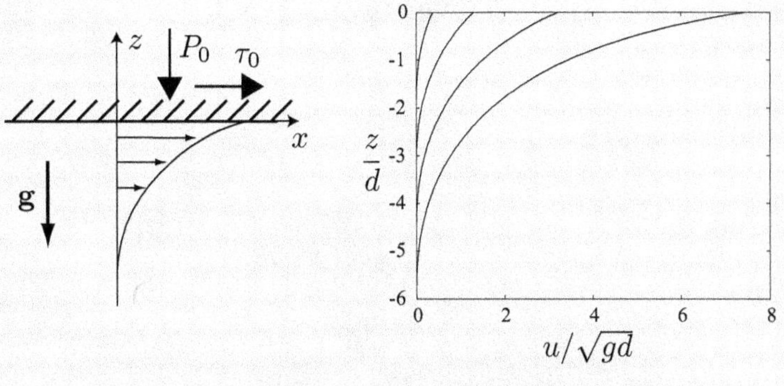

FIG. E6.3 – Cisaillement plan sous gravité et profils de vitesse prédits par la rhéologie ($P_0/\rho gd = 10$. $\tau_0/P_0 = 0{,}45$; $0{,}5$; $0{,}55$; $0{,}6$ de gauche à droite).

Dans cette configuration, le rapport τ/P décroît à partir d'une valeur maximale τ_0/P_0 au niveau de la plaque supérieure. La rhéologie $\mu(I)$ prédit donc qu'il y a un écoulement seulement si $\tau_0/P_0 > \mu_1$. Lorsque cette condition est remplie, l'écoulement est localisé dans une bande de cisaillement proche de la paroi supérieure jusqu'à une distance critique z_c donnée par la condition $\tau(z_c)/P(z_c) = \mu_1$. D'après (6.23), (6.24), cette distance critique est donnée par

$$|z_c| = d\left(\frac{\tau_0}{\mu_1 P_0} - 1\right)\frac{P_0}{\rho g d}. \tag{6.25}$$

On constate que l'épaisseur qui coule dépend de la pression et du taux de cisaillement imposés au travers de deux nombres sans dimension. Le premier est le coefficient de friction entre les grains et la paroi, τ_0/P_0. Le deuxième est le rapport entre la pression de confinement et le poids d'un grain, $P_0/\rho gd$.

Pour $z > z_c$, le milieu est cisaillé et nous pouvons appliquer la rhéologie locale $\tau/P = \mu(I)$, avec $I = (\mathrm{d}u/\mathrm{d}z)d/\sqrt{P(z)/\rho_p}$. En utilisant (6.23), (6.24) et l'expression (6.6) du coefficient de friction, on trouve que le profil de vitesse vérifie l'équation

$$\frac{\mathrm{d}u}{\mathrm{d}P} = -\frac{I_0\mu_1\sqrt{P_2}}{\phi g d \rho_p^{3/2}\mu_2}\sqrt{P(z)/P_2}\,\frac{(\mu_2/\mu_1) - (P(z)/P_2)}{(P(z)/P_2) - 1}, \tag{6.26}$$

où $P_2 \equiv \tau_0/\mu_2$. La vitesse s'annulant pour $z = z_c$, on trouve pour le profil de vitesse

$$\frac{u}{\sqrt{gd}} = \frac{I_0\mu_1\phi^{1/2}}{\mu_2^{5/2}}\left(\frac{\tau_0}{P_0}\frac{P_0}{\rho g d}\right)^{3/2}\int_{P(z)/P_2}^{\mu_2/\mu_1}\left[\left(\frac{\mu_2}{\mu_1} - 1\right)\frac{\sqrt{\alpha}}{\alpha - 1} - \sqrt{\alpha}\right]\mathrm{d}\alpha. \tag{6.27}$$

Cette intégrale peut s'intégrer analytiquement. Nous laissons au lecteur le soin de vérifier que

$$\frac{u(\tilde{z})}{\sqrt{gd}} = \frac{2I_0\mu_1\phi^{1/2}}{\mu_2^{5/2}}\left(\frac{\tau_0}{P_0}\frac{P_0}{\rho g d}\right)^{3/2}$$

$$\left\{\left(\frac{\mu_2}{\mu_1}-1\right)\left(\left[\ln\left(\tan\frac{\alpha}{2}\right)\right]_{a'}^{b'}+\left[\frac{1}{\cos\alpha}\right]_{a'}^{b'}\right)-\frac{1}{3}\left[\alpha^{3/2}\right]_a^b\right\}, \tag{6.28}$$

avec

$$a = \frac{P}{P_2} = \frac{\mu_2}{\mu_1}\left(\frac{\mu_1}{\tau_0/P_0}(1-\tilde{z})+\tilde{z}\right) \quad \text{et} \quad \tilde{z} = z/z_c, \tag{6.29}$$

$$b = \frac{\mu_2}{\mu_1}, \tag{6.30}$$

$$a' = \arctan\sqrt{a-1}, \tag{6.31}$$

$$b' = \arctan\sqrt{b-1}. \tag{6.32}$$

La figure E6.3 montre le profil de vitesse (6.28) prédit par la rhéologie $\mu(I)$ pour différentes valeurs de τ_0/P_0 ($P_0/\rho g d$ fixé). On constate que le profil de vitesse est bien localisé près de la paroi mobile. La largeur de la bande de cisaillement $|z_c|$ part d'une valeur maximale pour $\tau_0/P_0 = \mu_2$ et diminue quand τ_0/P_0 diminue. Lorsque $\tau_0/P_0 = \mu_1$ (limite quasi-statique), la largeur prédite de la bande de cisaillement s'annule.

6.2.4 Au-delà de la rhéologie $\mu(I)$

Les exemples précédents montrent que la rhéologie phénoménologique $\mu(I)$ permet de décrire de nombreuses propriétés des écoulements granulaires denses. Cependant, nous avons vu que certaines caractéristiques importantes ne sont pas prédites par cette approche simple. Dans ce paragraphe, nous discutons plus en détails des principales limites de l'approche locale.

Transition solide/liquide : rôle de la préparation, hystérésis et effets de taille finie

La première limite de la rhéologie $\mu(I)$ concerne les propriétés de démarrage et d'arrêt. Dans le cadre du modèle, le seuil d'écoulement granulaire est décrit par un unique coefficient de friction μ_1 (critère de Coulomb). En réalité, la transition solide/liquide d'un matériau granulaire est plus complexe, comme nous le discutons à présent.

Tout d'abord, il existe une sensibilité à la préparation initiale au voisinage du seuil d'écoulement. Cette dépendance est particulièrement visible sur la figure 6.16 qui montre la dynamique d'étalement d'un tas de billes pour un

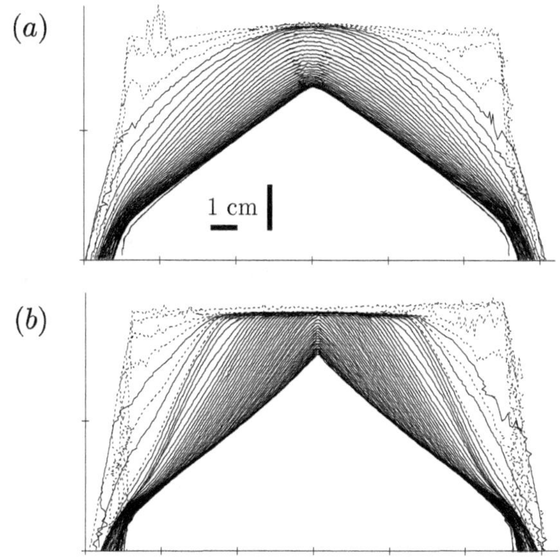

FIG. 6.16 – Rôle de la préparation sur le démarrage d'un écoulement granulaire (ici l'effondrement d'un tas de billes de verre). (*a*) Cas d'un empilement initial lâche (ϕ = 0,58). (*b*) Cas d'un empilement initial dense (ϕ = 0,65). D'après Daerr & Douady (1999a).

empilement initialement lâche (*a*) ou dense (*b*). On constate que l'angle du tas final et la dynamique des avalanches de surface ne sont pas les mêmes dans les deux cas. Cette influence de l'état initial sur le démarrage d'un écoulement granulaire a été discutée au chapitre 4. Elle a surtout fait l'objet d'études en mécanique des sols dans le régime quasi-statique (Roux & Combes, 2002). Il reste encore à étendre ces travaux aux écoulements inertiels pour faire le lien avec la rhéologie $\mu(I)$.

Autre limite du critère simple de Coulomb, l'hystérésis observée dans les configurations d'écoulement à contraintes imposées n'est pas décrite. Prenons comme exemple le cas d'une couche de grains sur un plan incliné rugueux (figure 6.17*a*). Supposons que l'on parte initialement d'une couche statique d'épaisseur h (point A) et que l'on incline progressivement le plan. Pour faire démarrer l'écoulement, il est nécessaire d'incliner le plan au-dessus d'une valeur critique θ_{start}. Supposons maintenant que l'on parte d'une couche d'épaisseur h déjà en écoulement (point B). Pour stopper l'écoulement, il faut diminuer l'angle jusqu'à une valeur θ_{stop} *inférieure* à l'angle de démarrage θ_{start}. Il existe donc une hystérésis du seuil d'écoulement. Entre ces deux angles, une couche de grains statique est dans un état *métastable* : une petite perturbation peut suffire à déclencher une avalanche. Selon la valeur de l'angle, cette avalanche se propage uniquement vers l'aval de façon triangulaire ou remonte

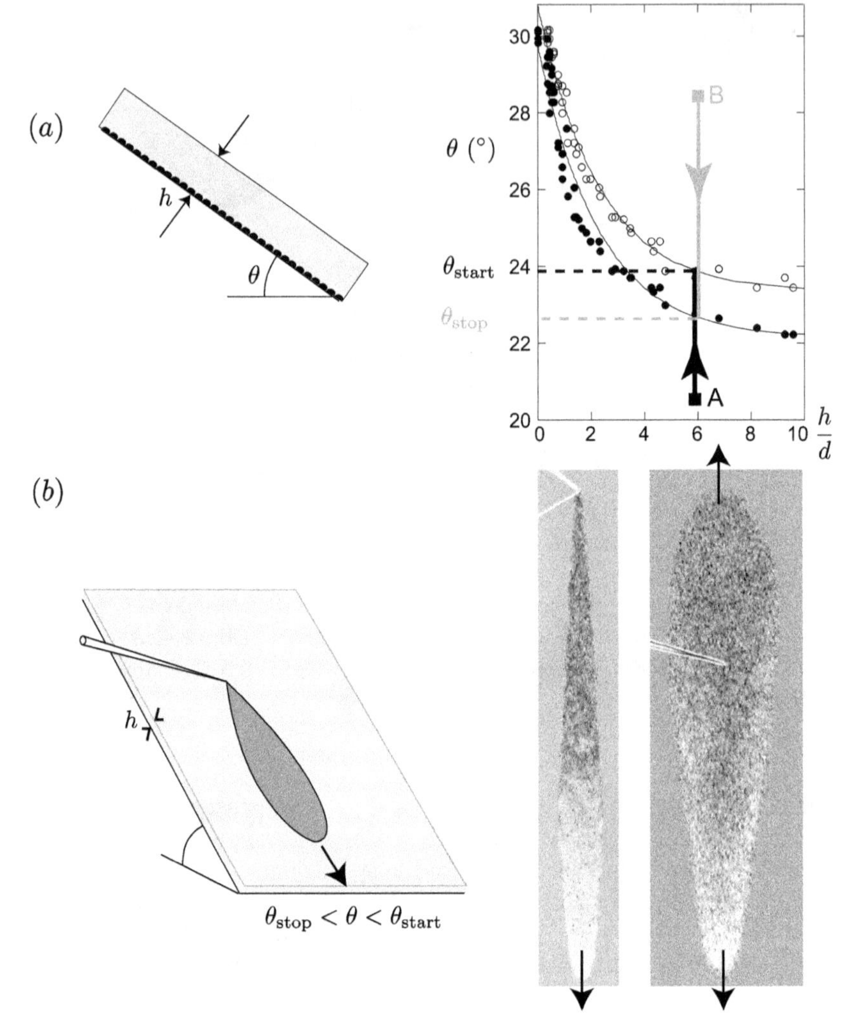

FIG. 6.17 – (*a*) Angles de démarrage $\theta_{\text{start}}(h)$ et d'arrêt $\theta_{\text{stop}}(h)$ d'une couche granulaire d'épaisseur h sur un plan incliné rugueux (billes de verre $d = 0{,}5$ mm, d'après Pouliquen & Forterre, 2002). (*b*) Avalanche sur une couche de grains statique et inclinée dans un état métastable. Selon l'angle d'inclinaison, l'avalanche se propage uniquement vers le bas ou envahit toute la couche (d'après Daerr & Douady, 1999b).

l'écoulement pour envahir toute la couche initialement statique (figure 6.17*b* ; Daerr & Douady, 1999b). Cette hystérésis du seuil d'écoulement n'est pas limitée aux écoulements sur plans inclinés mais s'observe dans d'autres configurations à contraintes imposées. Par exemple, dans une cellule de Couette, on constate que le couple qu'il faut imposer au cylindre intérieur pour mettre en écoulement le matériau est plus élévé que le couple mesuré pour arrêter l'écoulement (figure 6.18*a*). De même, dans un tambour tournant, l'angle nécessaire pour déclencher une avalanche est supérieur à l'angle de repos après l'avalanche (figure 6.18*b*). L'origine de l'hystérésis dans les écoulements granulaires n'est pas entièrement comprise. L'analyse d'un seul grain sur un fond rugueux suggère qu'elle est reliée à un équilibre entre la contrainte extérieure, la dissipation lors des chocs et le piégeage géométrique des grains (voir encadré 6.4). Une approche continue pour décrire l'hystérésis a été développée par Aranson & Tsimring (2002). Le milieu granulaire est décrit comme un mélange entre une phase solide et une phase liquide, dont la fraction relative est contrôlée par un paramètre d'ordre et une équation de type transition de phase. Ce modèle phénoménologique permet de reproduire le comportement des avalanches sur plans inclinés décrit à la figure 6.17.

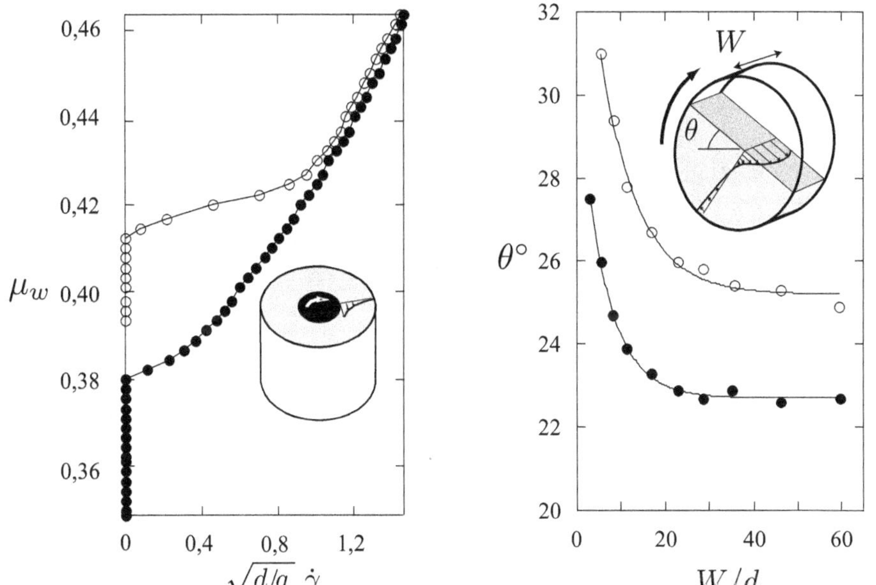

FIG. 6.18 – Seuil d'écoulement dans différents systèmes. (*a*) Cellule de Couette cylindrique. Le coefficient de friction au niveau de la paroi interne est tracé en fonction du taux de cisaillement moyen adimensionné. Les cercles ouverts sont obtenus à contrainte croissante tandis que les cercles pleins sont obtenus à contrainte décroissante. (*b*) Tambour tournant avec θ_{start} (cercles) et θ_{stop} (ronds noirs) en fonction de la largeur du tambour.

Dernier problème lié au critère de Coulomb, la transition granulaire solide/liquide dépend en général de la taille du système. Si l'on reprend l'exemple du plan incliné, on constate que l'angle de démarrage $\theta_{\rm start}$ et l'angle d'arrêt θ_{stop} dépendent de l'épaisseur h de la couche (figure 6.17*a*). Pour des couches épaisses (supérieures à environ 20 tailles de grains), ces angles sont peu dépendants de h. En revanche pour des couches fines, les angles de démarrage et d'arrêt augmentent fortement. Cette « rigidité » des couches minces par rapport aux couches épaisses n'est toujours pas clairement élucidée et témoigne d'effets collectifs non triviaux. Elle pourrait être reliée à la transition de rigidité d'un empilement granulaire discutée au chapitre 3 (Wyart, 2009). L'idée est que la présence d'un fond rugueux rigide diminue le nombre de degrés de liberté du système d'autant plus que l'épaisseur de la couche est mince, ce qui augmente la stabilité de la couche. Cette influence de la taille du système sur la transition solide/liquide ne se limite pas au seul plan incliné. Des effets analogues existent dans les écoulements sur tas ou en tambour tournant, pour lesquels l'angle de démarrage et l'angle d'arrêt (ou angle de repos) dépendent de la distance entre les parois latérales (figure 6.18*b*).

Régime quasi-statique

La deuxième grande limitation de l'approche locale $\mu(I)$ concerne la description du régime quasi-statique. Nous avons vu au travers des exemples du cisaillement plan sous gravité ou de la cellule de Couette cylindrique qu'en présence d'une distribution de contrainte inhomogène, la rhéologie prédit bien l'existence de bandes de cisaillement et leurs positions. Cependant, la largeur de ces bandes de cisaillement s'annule dans la limite quasi-statique $I \to 0$. Cette prédiction est en contradiction avec les observations qui montrent que la largeur des bandes de cisaillement reste finie dans le régime quasi-statique (GDR MiDi, 2004). De façon générale, la rhéologie locale semble en défaut lorsque l'on se rapproche du seuil d'écoulement. Par exemple, les profils de vitesse sur plans inclinés s'éloignent du profil de Bagnold prédit quand l'épaisseur de la couche se rapproche de l'épaisseur d'arrêt h_{stop} (section 6.2.3). De même, dans le cas des écoulements sur tas, la rhéologie locale prédit une transition abrupte entre la couche en écoulement et le tas statique, tandis qu'il existe en réalité un fluage du milieu entre les deux zones (Komatsu *et al.*, 2002).

Ces résultats suggèrent qu'il n'y a pas de relation locale stricte entre les contraintes et le taux de cisaillement, et que l'échelle du grain ne doit intervenir dans la rhéologie d'une autre manière que *via* l'analyse dimensionnelle et le nombre I. Plusieurs modèles ont été proposés pour pallier à ces difficultés et améliorer la description de la limite quasi-statique. La première approche consiste à modifier les modèles de plasticité, comme nous l'avons discuté dans le chapitre 4 (voir par exemple Lemaitre, 2002 ; Mohan *et al.*, 2002 ; Kamrin & Bazant, 2007). Un point de vue différent consiste à écrire explicitement des équations non locales pour la rhéologie. Ces idées sont motivées par l'existence près du seuil d'écoulement de grandes corrélations spatiales, à la fois dans le réseau de forces (Radjai & Roux, 2003 ; Lois *et al.*, 2006) et dans les fluctuations de vitesse (Bonamy *et al.*, 2002 ; Pouliquen, 2004 ; Baran *et al.*, 2006).

Introduire de tels effets non locaux dans des équations constitutives n'est pas une tâche facile. Plus généralement, la question de l'existence d'une échelle spatiale intrinsèque qui diverge près de la transition solide/liquide, et son rôle sur la rhéologie, se retrouvent dans d'autres milieux divisés présentant une transition de « *jamming* » (mousses, émulsions, suspensions colloïdales concentrées). Pour tous ces systèmes athermiques, une autre source de non-localité pourrait provenir du « bruit » mécanique provoqué par l'écoulement : quand un réarrangement se produit quelque part, il provoque une fluctuation de contraintes qui peut aider le milieu à couler dans son voisinage (Debregeas *et al.*, 2001 ; Pouliquen *et al.*, 2001 ; Lauridsen *et al.*, 2002 ; Isa *et al.*, 2007 ; Pouliquen & Forterre, 2009 ; Bocquet *et al.*, 2009).

Transition liquide/gaz et lien avec la théorie cinétique

Une dernière limitation de l'approche viscoplastique $\mu(I)$ concerne la transition vers le régime gazeux décrit par la théorie cinétique (chapitre 5). Ce problème a été beaucoup moins étudié que la transition solide/liquide, bien qu'il se rencontre dans plusieurs configurations. Par exemple, quand on incline une couche de grains au-delà d'un certain angle critique, on observe que la couche accélère et quitte le régime dense pour entrer dans un régime rapide et dilué (Börzsönyi & Ecke, 2006). Un autre exemple est donné par les écoulements sur tas confinés entre parois latérales. Pour des débits suffisamment forts, l'angle du tas est tel que la couche devient diluée près de la surface libre (Louge *et al.*, 2005). Ce régime gazeux n'est pas prédit par l'approche viscoplastique simple $\mu(I)$ que nous avons présentée. À l'inverse, la théorie cinétique classique des milieux dilués basée sur des collisions binaires ne donne pas le bon comportement du coefficient de friction $\mu(I)$. La figure 6.19 montre ainsi le coefficient $\mu(I)$ prédit par la théorie cinétique de Lun *et al.* que nous avons vue au chapitre 5. La théorie prédit deux branches possibles pour $\mu(I)$, celle du bas correspondant aux milieux denses. On constate que le coefficient de friction diminue toujours avec I, en contradiction avec les observations. Ce désaccord a motivé plusieurs tentatives afin d'étendre la théorie cinétique au régime dense. Nous avons discuté certaines de ces approches à la fin du chapitre 5 (section 5.5.3). Celles-ci sont essentiellement empiriques et ne permettent pas encore d'unifier l'ensemble des observations.

6.2.5 Conclusion sur la rhéologie des écoulements denses

Dans ce paragraphe, nous avons vu qu'il est possible de décrire en première approximation le comportement rhéologique des écoulements granulaires denses à partir d'arguments dimensionnels et d'hypothèses simples. Dans cette approche, le milieu granulaire est décrit comme un liquide viscoplastique frottant, avec un coefficient de friction et une fraction volumique qui dépendent du taux de cisaillement *via* le nombre sans dimension I. Cette formulation locale, encore phénoménologique, prédit avec succès plusieurs

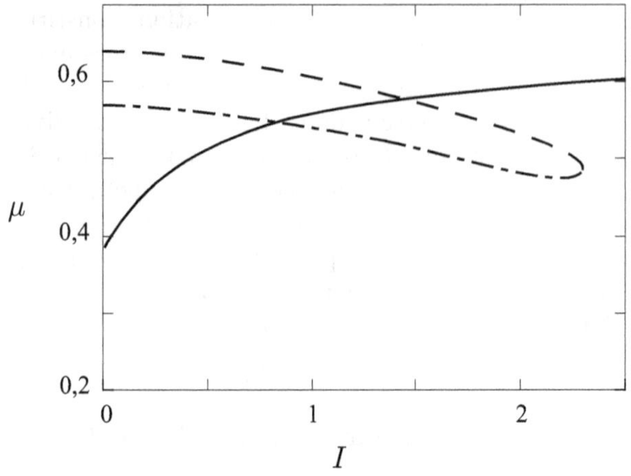

FIG. 6.19 – Comparaison entre la loi $\mu(I)$ prédite par la théorie cinétique classique (pointillés, Lun *et al.*, 1984) et la loi phénoménologique (trait plein).

configurations d'écoulements complexes. Elle ne décrit cependant pas parfaitement certaines propriétés des écoulements quasi-statiques ainsi que la transition avec le régime solide ou gazeux. Il n'existe pas actuellement de description théorique qui unifie ces différents aspects. De même, l'extension de ces résultats à des particules plus complexes (formes irrégulières, milieux polydisperses) est une question importante encore non résolue.

Face à ces difficultés, des approches alternatives ont été développées dans le cas de couches minces s'écoulant par gravité qui permettent de pallier en partie au manque d'information sur la rhéologie. L'idée est de simplifier la description hydrodynamique en moyennant dans l'épaisseur les équations de la masse et de la quantité de mouvement. Dans ce cas, la détermination de la rhéologie se réduit à la connaissance de la contrainte entre la couche en écoulement et le fond. Cette approche est particulièrement utilisée en géophysique pour décrire les écoulements gravitaires. Nous y consacrons la prochaine section.

Encadré 6.4

Une bille sur un plan incliné : le Tac-Tac

L'écoulement granulaire le plus simple que l'on puisse concevoir consiste en une seule bille qui dévale une pente rugueuse constituée de billes identiques (Quartier *et al.*, 2000 ; Andreotti, 2007). Malgré sa simplicité, nous allons voir que ce système permet d'appréhender plusieurs effets physiques spécifiques aux écoulements granulaires : existence d'un seuil d'écoulement, transition entre régimes solide, liquide et gaz, existence d'une hystérésis, etc.

Considérons la situation où la bille est au repos, au fond du piège constitué par les billes du plan incliné (figure E6.4*a*). Si l'on incline le plan au-dessus d'un angle θ_s, appelé angle statique, le piège disparaît et la bille se met à dévaler spontanément la pente. L'angle θ_s est ici d'origine purement géométrique. À deux dimensions, lorsque les billes du plan sont au contact, θ_s vaut simplement $\pi/6$ (figure E6.4*b*). Donnons maintenant une impulsion initiale à la bille, en dessous de θ_s. À angle θ faible, la bille s'arrête après quelques collisions, quelle que soit l'impulsion initiale. Au-dessus d'un angle θ_d appelé angle dynamique, si on lance la bille suffisamment fort, elle continue à dévaler la pente en suivant une trajectoire périodique (d'où le bruit de Tac-Tac). Contrairement à l'angle statique, l'angle dynamique ne provient pas uniquement de la géométrie. L'équilibre entre le gain de quantité de mouvement dû à la gravité et la dissipation due aux collisions détermine la vitesse à laquelle un grain repart du fond du piège potentiel après une collision. L'angle θ_d est celui pour lequel cette vitesse permet tout juste d'atteindre le col séparant deux pièges successifs, c'est-à-dire la position d'équilibre instable au sommet du grain juste au-dessous. Ce système minimal présente donc une hystérésis de la transition solide/liquide liée à trois effets : l'entraînement par une contrainte externe tangentielle (ici la projection de la gravité le long du plan), la dissipation pendant les chocs et le piégeage géométrique sous l'effet d'une contrainte normale (ici la projection de la gravité perpendiculairement au plan).

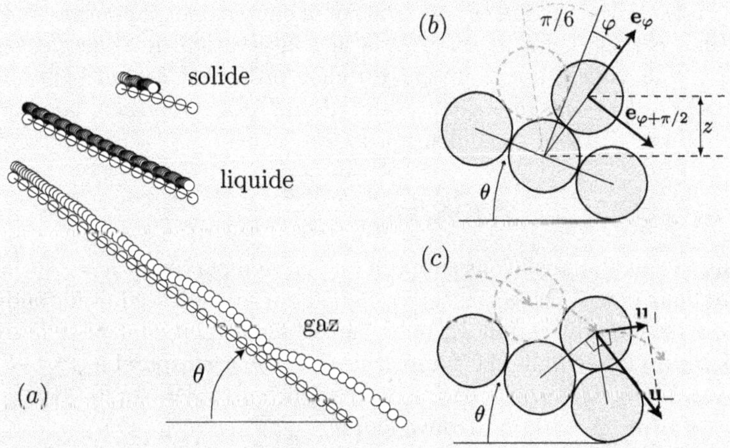

FIG. E6.4 – (*a*) Différentes dynamiques observées pour une bille dévalant une pente rugueuse. (*b*) Notations utilisées pour calculer le mouvement d'un grain sur une rangée de grains identiques. (*c*) Principe du calcul des vitesses avant ($\mathbf{u}_-$) et après ($\mathbf{u}_+$) choc.

Si l'on considère maintenant les mouvements possibles, on en trouve trois que l'on peut classer par analogie avec les phases usuelles de la matière (figure E6.4*a*). Le grain peut être au repos (phase « solide »). Il peut parcourir la pente dans un mouvement périodique sans accélération globale, à l'équilibre entre injection d'énergie par la gravité et dissipation par les collisions. Le grain présente alors des contacts de longue durée avec ses voisins (phase « liquide »). Enfin, à grand angle, le grain se met à sauter. Ce faisant, le nombre de collisions diminue, de sorte qu'il accélère, faisant des bonds de plus en plus longs et de moins en moins de collisions. Le grain passe alors la majeure partie du temps sans contact (phase « gazeuse »).

Sur ce système simple, il est possible de mener quelques calculs analytiques pour analyser plus en détail le mouvement de la bille. Nous allons nous concentrer sur le régime « liquide » pour lequel la bille reste toujours en contact avec le substrat et raisonner à 2D. On écrit les équations du mouvement dans le repère lié à la bille la plus proche, en coordonnées polaires (figure E6.4*b*). On introduit le vecteur unité $\mathbf{e}_\varphi$ qui pointe dans la direction φ de sorte que la position du centre de la bille est $d\,\mathbf{e}_\varphi$ et sa vitesse instantanée $\mathbf{u} = d\,\dot{\varphi}\,\mathbf{e}_{\varphi+\pi/2}$. On considère le cas à frottement et coefficient de restitution nuls.

Entre deux collisions, lorsque φ varie de $-\pi/6$ à $+\pi/6$, l'énergie mécanique E de la bille est conservée (frottement nul). Cette énergie se décompose en une énergie cinétique de translation (sans frottement, la bille ne tourne pas sur elle-même) et une énergie potentielle : $E = \frac{1}{2}md^2\dot{\varphi}^2 + mgd\cos(\theta+\varphi)$. L'énergie ne se conserve pas pendant une collision. L'hypothèse de coefficient de restitution nul implique que la vitesse après le choc $\mathbf{u}_+$ est la projection tangentielle au point d'impact de la vitesse avant le choc $\mathbf{u}_-$. Dans la géométrie choisie où les billes du plan se touchent, on a simplement $\dot{\varphi}_+ = \cos(\pi/3)\dot{\varphi}_- = \dot{\varphi}_-/2$ (figure E6.4*c*). En se servant de la conservation de l'énergie, on peut relier $\dot{\varphi}_-$ à la vitesse angulaire $\dot{\varphi}_+$ du choc précédent : $\frac{1}{2}md^2(\dot{\varphi}_+^2 - \dot{\varphi}_-^2) = mgd\left[\cos\left(\theta+\frac{\pi}{6}\right) - \cos\left(\theta-\frac{\pi}{6}\right)\right] = -mgd\sin\theta$. En supposant la trajectoire périodique (les $\dot{\varphi}_+$ sont tous identiques), on trouve

$$\dot{\varphi}_+ = \sqrt{\frac{2g\sin\theta}{3d}}. \tag{6.33}$$

Dans ce calcul, nous avons supposé que la bille parvenait à passer la bosse entre les deux chocs. Or, ceci n'est vrai que pour une vitesse initiale suffisante, appelée vitesse de libération $\dot{\varphi}_l$, telle que la bille atteint tout juste le sommet de la bosse à vitesse nulle. Le sommet de la bosse correspond à $\varphi = -\theta$. Pour calculer $\dot{\varphi}_l$, on écrit la conservation de l'énergie entre $\varphi = -\pi/6$ (avec $\dot{\varphi} = \dot{\varphi}_l$) et $\varphi = -\theta$ (avec $\dot{\varphi} = 0$). On trouve alors

$$\dot{\varphi}_l = \sqrt{\frac{2g}{d}\left(1 - \cos\left(\theta - \frac{\pi}{6}\right)\right)}. \tag{6.34}$$

L'angle dynamique θ_d se définit comme l'angle pour lequel la vitesse juste après le choc de la solution périodique donnée par (6.33) est égale à la vitesse de libération donnée par (6.34) : $\dot{\varphi}_+ = \dot{\varphi}_l$. On obtient la relation implicite suivante

$$\sin\theta_d = 3\left[1 - \cos\left(\theta_d - \frac{\pi}{6}\right)\right]. \tag{6.35}$$

On peut alors définir une vitesse moyenne du mouvement de la bille comme $\bar{u} = d/T$, où T est le temps entre deux chocs. Formellement, ce temps est donné par

$$T = \int_{-\pi/6}^{\pi/6} \frac{\mathrm{d}\varphi}{\dot{\varphi}}. \tag{6.36}$$

Le calcul peut se faire numériquement mais on peut estimer ce temps au voisinage de l'angle dynamique θ_d. En effet, la bille passe alors la majeure partie du temps au voisinage du sommet de la bosse $\varphi = -\theta$. En écrivant la conservation de l'énergie entre $\varphi = -\pi/6$ et un angle quelconque, et en développant autour de θ_d, on peut montrer que pour φ au voisinage de $-\theta$,

$$\dot{\varphi}^2 = \frac{g}{d}\left[(\varphi+\theta)^2 + A(\theta_d)(\theta-\theta_d)\right], \tag{6.37}$$

où A est une fonction de l'angle dynamique. Cette équation se réécrit

$$\tau^2\delta\dot{\varphi}^2 = \delta\varphi^2 + \epsilon, \tag{6.38}$$

où $\tau = \sqrt{d/g}$, $\epsilon = A(\theta_d)(\theta - \theta_d) \ll 1$ et $\delta\varphi = \varphi + \theta \ll 1$. On peut résoudre cette équation dans deux limites. Pour $-\sqrt{\epsilon} \gg \delta\varphi \ll \sqrt{\epsilon}$, on a $\delta\varphi = \sqrt{\epsilon}(t/\tau)$, où l'origine des temps est prise au sommet de la bosse. Pour $\delta\varphi \ll -\sqrt{\epsilon}$, on a $\delta\varphi = -\sqrt{\epsilon}\exp(-t/\tau)$ et pour $\delta\varphi \gg \sqrt{\epsilon}$, on a $\delta\varphi = \sqrt{\epsilon}\exp(t/\tau)$, où la constante de proportionnalité a été trouvée en raccordant les deux expressions en $\delta\varphi = \sqrt{\epsilon}$. Il y a donc une phase de ralentissement puis une phase d'accélération exponentielle autour du sommet. Si l'on extrapole ces expressions à l'ensemble de la trajectoire où φ varie entre $-\pi/6$ et $\pi/6$ ($\delta\varphi$ varie entre $-\pi/6 + \theta$ et $\pi/6 + \theta$), on trouve

$$T \approx \tau \ln\left(\frac{(\pi/6)^2 - {\theta_d}^2}{\epsilon}\right). \tag{6.39}$$

La vitesse moyenne de la bille peut donc s'écrire formellement

$$\bar{u} = \frac{\sqrt{gd}}{\ln\left(\dfrac{\theta_2 - \theta_d}{\theta - \theta_d}\right)}, \tag{6.40}$$

où θ_2 est une constante.

Il est intéressant de faire un lien entre l'expression (6.40) et la rhéologie des écoulements granulaires denses introduite dans la section 6.2. On peut en effet pour le problème à une bille définir un taux de cisaillement $\dot{\gamma} = \bar{u}/d$. Les analogues des contraintes normale P et de cisaillement τ sont

$P = mg\cos\theta/d^2$ et $\tau = mg\sin\theta/d^2$, ce qui permet de définir un nombre inertiel $I = \dot{\gamma}/\sqrt{P/\rho_p} \sim \dot{\gamma}\sqrt{g/d}$ et un coefficient de friction $\mu = \tau/P = \tan\theta \sim \theta$. L'expression (6.40) se réécrit alors

$$\mu = \theta_d + (\theta_2 - \theta_d)\exp\left(-I^{-1}\right). \qquad (6.41)$$

Sur ce modèle minimal, on trouve que le coefficient de friction effectif de la bille augmente avec le nombre I, comme dans le cas des écoulements denses. Cette augmentation s'interprète en remarquant que la force de friction moyenne est égale au taux de collision fois la quantité de mouvement perdue lors d'une collision. Lorsque la vitesse moyenne du grain augmente, sans perte de contact avec le substrat, le taux de collision et la dissipation lors d'une collision augmentent. Ce modèle permet également d'étudier en détails la transition liquide/gaz et le rôle de coefficients d'inélasticité et de friction non nuls (figure E6.5, Quartier *et al.*, 2000 ; Andreotti, 2007).

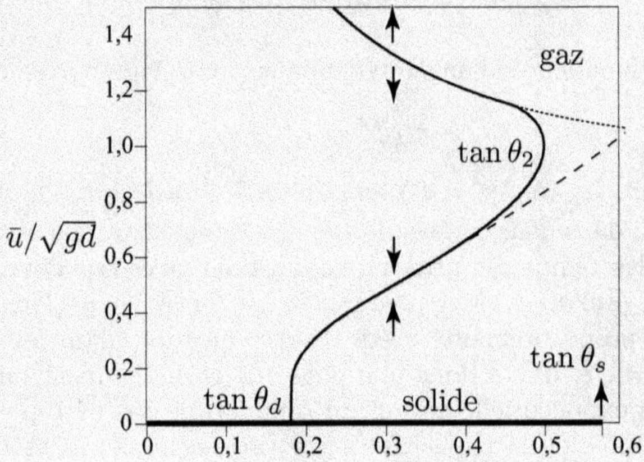

FIG. E6.5 – Vitesse adimensionnée $\bar{u}/\sqrt{gd}$ des solutions périodiques ou stationnaires obtenues numériquement pour le mouvement d'un grain en fonction de l'angle d'inclinaison. La première partie de la courbe correspondant à la branche liquide est stable. La deuxième partie est instable (d'après Andreotti, 2007).

6.3 Équations de Saint-Venant

Les équations moyennées dans l'épaisseur (ou équations de Saint-Venant ; Saint-Venant, 1871) ont été introduites dans le contexte des écoulements granulaires par Savage & Hutter en 1989. Elles sont l'analogue des équations en eaux peu profondes que l'on utilise en mécanique des fluides. Les équations de Saint-Venant reposent sur l'hypothèse que la couche qui coule est fine devant les longueurs caractéristiques de l'écoulement. C'est le cas de nombreux écoulements géophysiques (avalanches rocheuses, glissements de terrain) où une couche de matériau de quelques dizaines de mètres s'écoule sur des kilomètres de distance. La configuration typique que nous allons étudier est celle de la figure 6.20. Une couche coule sur une pente inclinée à un angle θ (pour simplifier, nous supposons l'écoulement bi-dimensionnel dans le plan Oxz). L'idée des équations de Saint-Venant est de tirer profit de l'hypothèse de couche mince pour oublier la direction z et essayer de décrire l'écoulement par son épaisseur locale $h(x,t)$ et sa vitesse moyenne locale $\bar{u}(x,t)$ selon x.

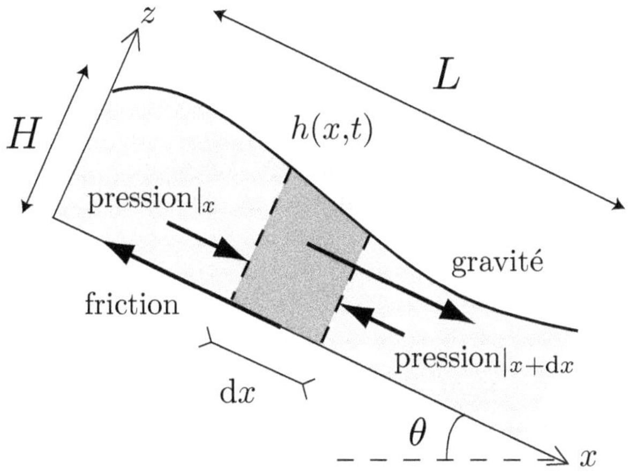

FIG. 6.20 – Principe des équations moyennées dans l'épaisseur quand l'échelle d'épaisseur H est petite devant L.

6.3.1 Dérivation des équations

Pour obtenir les équations de Saint-Venant, la première hypothèse consiste à considérer le matériau comme un milieu continu incompressible,

$$\rho = \text{constante}. \tag{6.42}$$

Dans le cas d'écoulements denses, nous avons vu que cette hypothèse est justifiée car leur fraction volumique ne varie qu'entre 0,5 et 0,6. Sous cette hypothèse, il est possible d'écrire les équations de conservation de la masse et de la quantité de mouvement. Considérons le cas de l'écoulement sur une pente θ (figure 6.20) d'un matériau de masse volumique ρ ayant une vitesse $\mathbf{u} = u(x,z,t)\mathbf{e_x} + v(x,z,t)\mathbf{e_z}$. La conservation de la masse (3.12) s'écrit

$$\frac{\partial u}{\partial x} + \frac{\partial v}{\partial z} = 0. \tag{6.43}$$

Les équations de la quantité de mouvement (3.13) s'écrivent en fonction du tenseur des contraintes $\boldsymbol{\sigma}$

$$\rho\left(\frac{\partial u}{\partial t}+u\frac{\partial u}{\partial x}+v\frac{\partial u}{\partial z}\right)=\rho g\sin\theta+\frac{\partial\sigma_{xx}}{\partial x}+\frac{\partial\sigma_{xz}}{\partial z},\tag{6.44}$$

$$\rho\left(\frac{\partial v}{\partial t}+u\frac{\partial v}{\partial x}+v\frac{\partial v}{\partial z}\right)=-\rho g\cos\theta+\frac{\partial\sigma_{xz}}{\partial x}+\frac{\partial\sigma_{zz}}{\partial z}.\tag{6.45}$$

L'obtention des équations moyennées s'effectue en deux étapes. La première étape consiste à tirer parti de l'hypothèse de couche mince pour négliger des termes dans les équations (6.43)–(6.45). La seconde étape consiste à intégrer ces équations le long de z.

Afin de visualiser les ordres de grandeur des différents termes des équations précédentes, on introduit des variables adimensionnées notées avec un tilde. L'échelle de grandeur des variations selon x est notée L, et l'échelle de l'épaisseur de la couche est H. L'hypothèse de couche mince signifie que le paramètre $\epsilon = H/L$ est petit. L'adimensionnement est choisi comme suit

$$x=\tilde{x}\,L,\qquad z=\tilde{z}\,H,\qquad t=\tilde{t}\,(L/U),\tag{6.46}$$

$$u=\tilde{u}\,U,\qquad v=\tilde{v}\,\epsilon U,\tag{6.47}$$

$$\sigma_{xx}=\tilde{\sigma}_{xx}\,\rho gH\cos\theta,\ \sigma_{zz}=\tilde{\sigma}_{zz}\,\rho gH\cos\theta,\ \sigma_{xz}=\tilde{\sigma}_{xz}\,\rho gH\sin\theta.\tag{6.48}$$

Ici U est l'échelle de vitesse horizontale typique du problème, par exemple $U=\sqrt{gH\cos\theta}$ (voir équation 6.19). Le choix de l'échelle de vitesse verticale ϵU est imposé par l'équation de continuité. Le choix de l'échelle de temps L/U est simplement dicté par le temps d'advection horizontale d'une perturbation d'échelle L. Notons que d'autres adimensionnements pourraient être faits en présence de temps caractéristiques extérieurs, par exemple lorsqu'une vibration est imposée à la couche mince. L'adimensionnement précédent permet d'écrire les équations de conservation sous la forme

$$\frac{\partial\tilde{u}}{\partial\tilde{x}}+\frac{\partial\tilde{v}}{\partial\tilde{z}}=0,\tag{6.49}$$

$$\epsilon\left(\frac{\partial\tilde{u}}{\partial\tilde{t}}+\tilde{u}\frac{\partial\tilde{u}}{\partial\tilde{x}}+\tilde{v}\frac{\partial\tilde{u}}{\partial\tilde{z}}\right)=\tan\theta+\epsilon\frac{\partial\tilde{\sigma}_{xx}}{\partial\tilde{x}}+\tan\theta\frac{\partial\tilde{\sigma}_{xz}}{\partial\tilde{z}},\tag{6.50}$$

$$\epsilon^2\left(\frac{\partial\tilde{v}}{\partial\tilde{t}}+\tilde{u}\frac{\partial\tilde{v}}{\partial\tilde{x}}+\tilde{v}\frac{\partial\tilde{v}}{\partial\tilde{v}}\right)=-1+\epsilon\tan\theta\frac{\partial\tilde{\sigma}_{xz}}{\partial\tilde{x}}+\frac{\partial\tilde{\sigma}_{zz}}{\partial\tilde{z}}.\tag{6.51}$$

Considérons maintenant la dernière équation (6.51). Lorsque ϵ est petit elle se réduit à

$$\frac{\partial\tilde{\sigma}_{zz}}{\partial\tilde{z}}=1.\tag{6.52}$$

En couche mince la pression verticale est donc donnée par l'équilibre hydrostatique. L'intégration de cette équation avec la condition de pression nulle à la surface nous donne pour la contrainte verticale dimensionnée

$$\sigma_{zz}=-\rho g\cos\theta(h(x,t)-z)\,.\tag{6.53}$$

Pour obtenir les équations de Saint-Venant, il faut ensuite intégrer selon z les équations de la masse (6.49) et de la quantité de mouvement (6.50). Ce calcul est fait en détail dans l'article de Savage et Hutter (1989). Nous présentons ici une dérivation basée sur des raisonnements de bilan dans une petite tranche de matériau fixe comprise entre x et $x + \mathrm{d}x$ (figure 6.20). On note $\bar{u} = 1/h \int_0^h u(x, z, t)\mathrm{d}z$ la vitesse moyennée dans l'épaisseur. La conservation de la masse pour un système ouvert nous indique que la variation de masse par unité de temps dans la tranche d'épaisseur $\mathrm{d}x$ est égale au flux de matière entrant moins le flux de matière sortant, c'est-à-dire

$$\frac{\partial}{\partial t}(\rho h \mathrm{d}x) = \int_0^h \rho u \, \mathrm{d}z\Big|_x - \int_0^h \rho u \, \mathrm{d}z\Big|_{x+\mathrm{d}x}. \tag{6.54}$$

En simplifiant par ρ (la densité étant supposée constante) et en divisant par $\mathrm{d}x$, nous obtenons alors l'équation de conservation de la masse intégrée dans l'épaisseur

$$\frac{\partial h}{\partial t} + \frac{\partial h\bar{u}}{\partial x} = 0. \tag{6.55}$$

Un raisonnement similaire nous permet d'écrire la variation par unité de temps de la quantité de mouvement dans l'élément $\mathrm{d}x$ soumis à des forces extérieures $\sum F$ comme

$$\frac{\partial}{\partial t}(\rho h\bar{u} \mathrm{d}x) = \int_0^h \rho u^2 \mathrm{d}z\Big|_x - \int_0^h \rho u^2 \mathrm{d}z\Big|_{x+\mathrm{d}x} + \sum F, \tag{6.56}$$

soit

$$\rho\left(\frac{\partial h\bar{u}}{\partial t} + \frac{\partial h\overline{u^2}}{\partial x}\right) = \sum F/\mathrm{d}x, \tag{6.57}$$

où nous avons noté $\overline{u^2} = 1/h \int_0^h u^2(x, z, t)\mathrm{d}z$.

À ce stade, une première relation de fermeture est nécessaire. L'équation précédente fait en effet intervenir $\overline{u^2}$ alors que notre but est d'obtenir une équation pour la vitesse moyenne $\bar{u}$. Une approximation fréquemment utilisée consiste à supposer que le profil de vitesse dans la verticale est établi, c'est-à-dire qu'il a la même forme que le profil de vitesse obtenu pour un écoulement stationnaire et uniforme. On écrit alors $\overline{u^2} = \alpha \bar{u}^2$, où α est un paramètre qui tient compte de la forme de ce profil. Pour un profil de type bouchon avec une vitesse qui ne varie pas dans l'épaisseur, on a simplement $\alpha = 1$. Pour un profil linéaire (resp. parabolique) on trouve $\alpha = 4/3$ (resp. $\alpha = 5/6$). Enfin pour un profil de vitesse de type Bagnold comme prédit par la rhéologie locale (voir 6.17), on a $\alpha = 5/4$. Notons que ce choix d'utiliser le profil d'équilibre comme fermeture dans le terme d'accélération n'a rien d'évident. En effet, pour un écoulement non uniforme et non stationnaire, les effets inertiels modifient *a priori* la forme du profil de vitesse. Nous verrons à la section 6.3.4 qu'il existe des méthodes pour améliorer cette fermeture et mieux tenir compte de la modification du profil de vitesse dans un écoulement non homogène.

Il nous reste à exprimer la composante selon x des forces $\sum F$ s'exerçant sur la tranche d'épaisseur dx (figure 6.20)

$$\sum F = \rho g h \mathrm{d}x \sin\theta - \tau_b \,\mathrm{d}x - \int_0^h \sigma_{xx}\mathrm{d}z\Big|_x + \int_0^h \sigma_{xx} dz\Big|_{x+\mathrm{d}x}. \qquad (6.58)$$

Le premier terme correspond à la composante de la gravité parallèle au plan. Le deuxième terme est la force au fond, qui est reliée à la contrainte τ_b s'exerçant à l'interface entre la couche en écoulement et le fond. L'essentiel de la spécificité de la rhéologie du matériau qui coule est inclus dans ce terme que nous discuterons plus loin. Enfin les troisième et quatrième termes représentent la force de pression latérale s'exerçant de part et d'autre de la tranche considérée.

Pour poursuivre, il nous faut des informations sur la répartition des contraintes σ_{xx} dans l'épaisseur. D'après l'hypothèse de couche mince (6.53) nous connaissons les contraintes normales suivant la verticale σ_{zz}. Nous supposons dans la suite qu'une relation de proportionalité existe entre les deux contraintes normales, $\sigma_{xx} = K\,\sigma_{zz}$. Cette hypothèse n'a rien d'évident pour un milieu granulaire. Pour un fluide classique, nous savons que la pression est isotrope et $K = 1$. Pour un milieu granulaire de Mohr-Coulomb d'angle de friction δ et dont la direction des lignes de glissement est la direction x, nous avons vu qu'il y a proportionnalité et que $K = 1 + 2\,\tan^2\delta$ (voir la relation 4.24). Cette hypothèse a été utilisée par Savage & Hutter (1989). Cependant, les simulations numériques de dynamique moléculaire réalisées sur plan incliné ne confortent pas cette hypothèse car elles montrent que les différences de contraintes normales sont très faibles : $\sigma_{xx} \simeq \sigma_{zz}$ (Silbert *et al.*, 2003 ; GDR MiDi, 2004). Nous garderons toutefois dans la suite le paramètre K. Sous cette hypothèse, l'intégrale des forces de pression peut se calculer à l'aide de (6.53) et la somme des forces s'écrit

$$\sum F = \mathrm{d}x\left(\rho g h \sin\theta - \tau_b - K\rho g h\cos\theta\frac{\partial h}{\partial x}\right). \qquad (6.59)$$

Les équations de conservation de la masse et de la quantité de mouvement moyennées dans l'épaisseur s'écrivent finalement

$$\frac{\partial h}{\partial t} + \frac{\partial h\bar{u}}{\partial x} = 0, \qquad (6.60)$$

$$\rho\left(\frac{\partial h\bar{u}}{\partial t} + \alpha\frac{\partial h\bar{u}^2}{\partial x}\right) = \rho g h\cos\theta\left(\tan\theta - \frac{\tau_b}{\rho g h\cos\theta} - K\frac{\partial h}{\partial x}\right). \qquad (6.61)$$

Avant de poursuivre, rappelons les différentes hypothèses utilisées pour établir ces équations : (i) milieu incompressible, (ii) approximation de couche mince ($\partial h/\partial x \ll 1$), (iii) hypothèse sur le profil de vitesse pour déterminer α, (iv) proportionnalité entre les contraintes normales selon x et z reliées par le paramètre K. Une seconde remarque concerne l'ordre d'approximation des équations ainsi obtenues. Si l'on revient aux équations adimensionnées, on s'aperçoit que les termes de gradient d'épaisseur et d'accélération dans (6.61) proviennent de termes d'ordre ϵ dans l'équation (6.50). Pour être cohérente, la contrainte à la base τ_b devrait donc être exprimée jusqu'à l'ordre ϵ. En pratique, nous verrons que l'on se contente souvent de l'écrire à l'ordre le plus bas, à partir de la connaissance des écoulements stationnaires uniformes.

Les équations de Saint-Venant (6.60), (6.61) s'interprètent très facilement. Dans (6.61) l'accélération (terme de gauche) est compensée par une force de gravité, une force de friction au fond et une force d'étalement. En écrivant ces équations, nous nous sommes affranchis de la description précise du comportement du matériau dans la couche. La rhéologie du matériau est contenue dans le terme d'interface τ_b qui décrit la contrainte qui s'exerce à l'interface entre la couche qui coule et le fond rigide. La question se pose de savoir quelle forme doit prendre ce terme.

6.3.2 Choix de la loi de friction

Pour un fluide visqueux newtonien en écoulement laminaire, τ_b serait simplement donnée par l'expression de la contrainte visqueuse au fond $\tau_b \sim \eta\,\bar{u}/h$, où η est la viscosité. Pour un milieu granulaire, nous avons vu que l'analyse dimensionnelle impose que l'échelle de contrainte soit donnée par la pression (section 6.2). Il paraît donc raisonnable d'écrire pour la contrainte interfaciale τ_b une loi de type friction, c'est-à-dire une contrainte tangentielle proportionnelle à la contrainte normale

$$\tau_b = \mu_b \rho g h \cos\theta. \tag{6.62}$$

Ici μ_b est un coefficient de friction basal qui décrit l'interaction entre la couche et le fond.

Les premières tentatives d'application des équations de Saint-Venant aux écoulements granulaires ont choisi une loi de friction simple de type Coulomb, c'est-à-dire un coefficient de friction basal μ_b constant et indépendant de la vitesse et de l'épaisseur de la couche. Les équations (6.60)–(6.62) forment alors un système fermé qui peut servir à modéliser des écoulements. Savage et Hutter ont utilisé ces hypothèses pour prédire la propagation d'une masse granulaire sur un plan concave. L'accord avec les expériences était assez satisfaisant pour des plans lisses et fortement inclinés (Savage & Hutter, 1989). De façon générale, l'approximation de coefficient de friction constant constitue une première bonne approche pour appréhender de nombreux problèmes complexes, comme la formation de ressauts hydrauliques, d'ondes de choc (figure 6.21) (Gray *et al.*, 2003 ; Boudet *et al.*, 2007), ou encore l'étalement d'une masse de grains sur un plan horizontal (figure 6.22) (Lajeunesse *et al.*, 2004 ; Lube *et al.*, 2004 ; Balmforth & Kerswell, 2005). Notons que dans ce dernier cas, les équations ne permettent pas de décrire la phase finale de l'étalement d'un tas (figure 6.22) dans laquelle seule une couche superficielle de grains coule sur un fond meuble érodable.

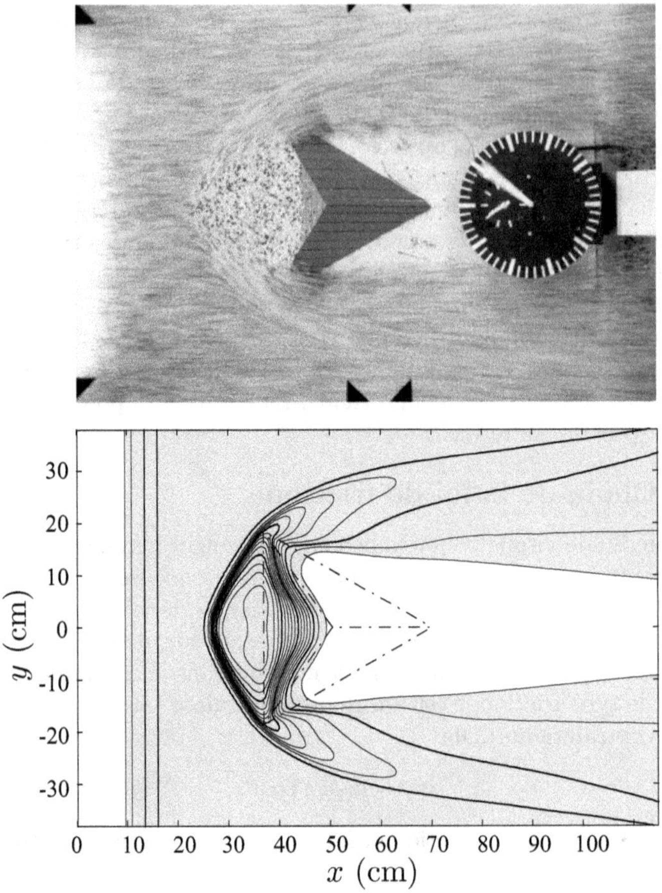

FIG. 6.21 – Ondes de choc en amont d'un obstacle pyramidal dans un écoulement sur plan incliné lisse. L'écoulement va de la gauche vers la droite. Haut : expérience ; bas : contours d'épaisseur prédits par les équations de Saint-Venant avec un coefficient de friction μ_b constant. D'après Gray *et al.* (2003).

Le choix d'un coefficient de friction basal constant dans la loi (6.62) reste cependant une approximation. En particulier, il ne permet pas de décrire les écoulements granulaires sur des pentes rugueuses, quand la rugosité du fond devient de l'ordre de la taille des grains qui coulent. En effet, dans ces conditions, nous avons vu qu'il existe une gamme d'inclinaisons de l'ordre de 10° pour lesquelles on observe des écoulements stationnaires uniformes (§6.2.3). Or d'après (6.61) et (6.62) un écoulement stationnaire et uniforme vérifie la relation $\tan\theta = \mu_b$. Si μ_b est constant, il n'existe qu'un seul angle où les écoulements stationnaires uniformes sont observés, en contradiction avec les observations expérimentales.

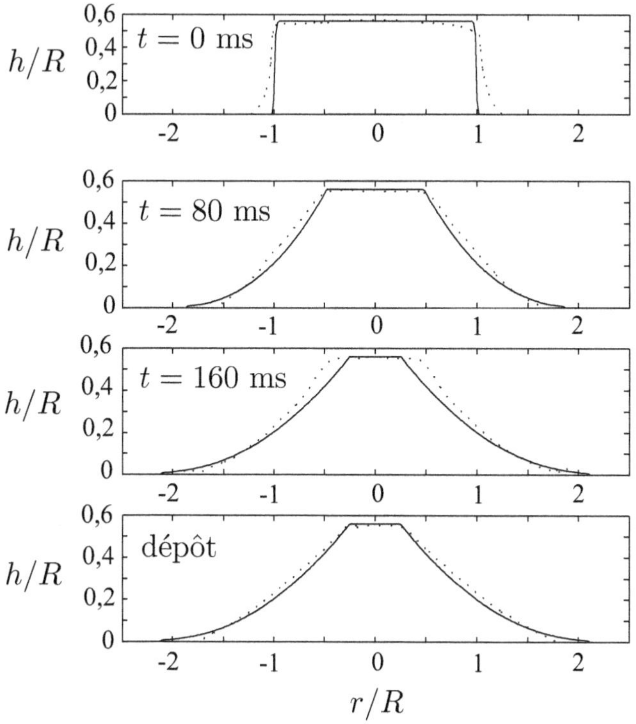

FIG. 6.22 – Étalement axisymétrique d'une masse sur un plan horizontal. Comparaison entre les expériences (pointillés) et la prédiction des équations de Saint-Venant avec un coefficient μ_b constant (d'après Mangeney-Castelnau *et al.*, 2005).

En réalité, nous savons que le coefficient de friction d'un écoulement dense n'est pas constant mais dépend du taux de cisaillement et de la contrainte normale *via* le nombre sans dimension I (section 6.2). Un choix compatible avec la rhéologie locale serait donc d'écrire $\mu_b = \mu(I_b)$, où I_b est le nombre inertiel calculé à la base du plan, $I_b = u'(z = 0, t)d/\sqrt{|\sigma_{zz}(z = 0, t)|/\rho_p}$. En supposant le profil de vitesse établi, nous pouvons utiliser les résultats de la section 6.2.3. Le profil de vitesse est donné par l'équation (6.17) ; la vitesse moyenne s'exprime en fonction de h et θ en vertu de l'équation (6.18). On obtient alors après quelques manipulations $I_b = 5d\bar{u}/2h\sqrt{g\phi h \cos\theta}$. Le coefficient de friction basal peut donc s'exprimer en fonction de l'épaisseur et de la vitesse moyenne locale $\mu_b(\bar{u}, h) = \mu(5d\bar{u}/2h\sqrt{g\phi h \cos\theta})$. En utilisant l'expression de $\mu(I)$ proposée précédemment (6.6), on trouve

$$\mu_b(\bar{u}, h) = \mu_1 + \frac{\mu_2 - \mu_1}{\dfrac{2I_0 h\sqrt{\phi g h \cos\theta}}{5d\bar{u}} + 1}. \tag{6.63}$$

Il est également possible d'introduire dans la loi de friction μ_b des effets plus subtils comme l'hystérésis ou les effets de taille finie sur les seuils d'écoulement, qui ne sont pas présents dans la rhéologie locale $\mu(I)$. Des lois de frictions basales empiriques ont ainsi été proposées qui permettent de prédire la dynamique d'étalement d'une masse granulaire sur une pente, de la phase de démarrage jusqu'à l'arrêt et le dépôt (figure 6.23 ; Pouliquen & Forterre, 2002 ; Mangeney-Castelnau *et al.*, 2003).

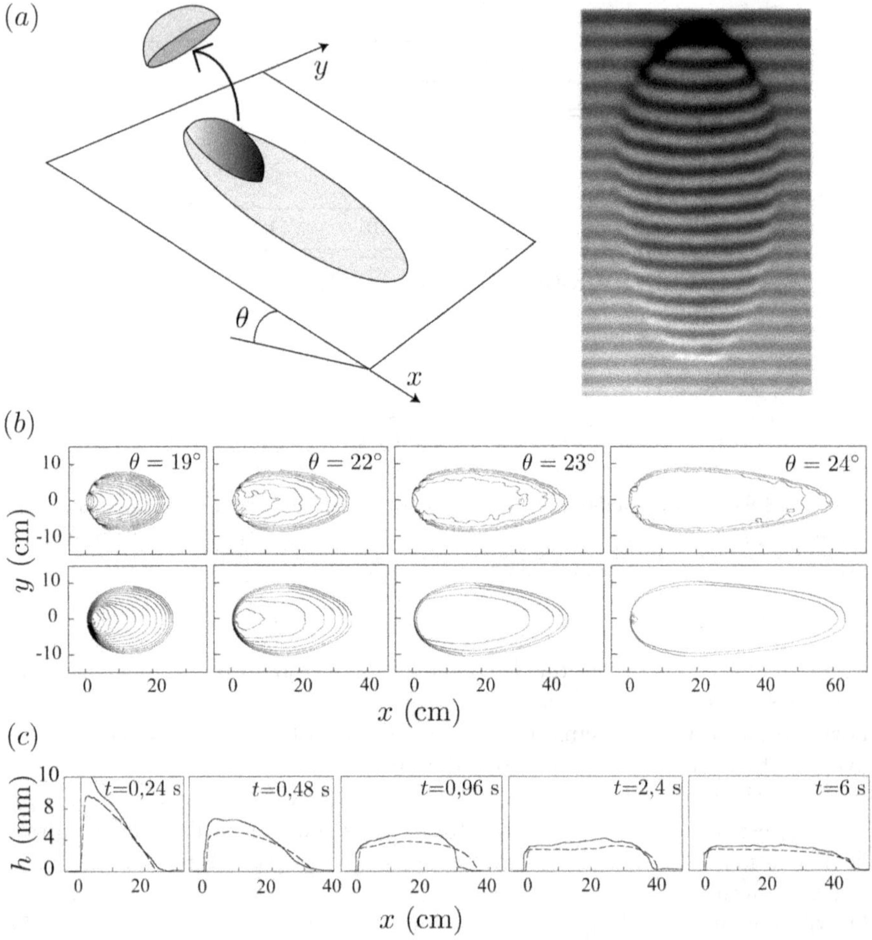

FIG. 6.23 – (*a*) Étalement d'une masse lâchée sur un plan incliné rugueux, mesuré par une technique de moiré (photo). (*b*) Dépôt final en fonction de l'inclinaison du plan. Comparaison entre l'expérience (haut) et les équations de Saint-Venant utilisant une loi de friction phénoménologique dépendant de la vitesse et de l'épaisseur (bas). (*c*) Dynamique d'étalement en fonction du temps : expérience (trait plein) et théorie (trait pointillé). D'après Pouliquen & Forterre (2002).

6.3.3 Exemples d'applications

Forme d'un front d'avalanche

Comme premier exemple d'application des équations de Saint-Venant, nous allons étudier la forme d'un front granulaire qui coule à vitesse constante le long d'un plan incliné. Expérimentalement, un tel front se forme à l'avant d'un écoulement stationnaire et uniforme quand le matériau est lâché à partir d'une ouverture controlée (figure 6.24). Pour décrire ce front, on cherche une solution des équations de Saint-Venant sous la forme d'une onde progressive se déplaçant à la vitesse c sous la forme

$$h(x,t) = h(X) \quad \text{et} \quad \bar{u}(x,t) = \bar{u}(X), \quad \text{avec} \quad X = x - ct. \tag{6.64}$$

L'équation de conservation de la masse (6.60) devient alors

$$\frac{\mathrm{d}}{\mathrm{d}X} h\,(-c + \bar{u}) = 0. \tag{6.65}$$

Si on intègre cette équation entre $X = 0$ (avant du front où $h = 0$) et une position quelconque X on obtient $h(X)\bar{u}(X) = c\,h(X)$, d'où $\bar{u}(X) = c$. Pour un front stationnaire, la conservation de la masse impose donc que la vitesse moyenne horizontale $\bar{u}(X)$ est constante et égale à la vitesse du front c. L'équation moyennée dans l'épaisseur de la quantité de mouvement (6.61) s'écrit alors

$$(1-\alpha)\mathcal{F}^2 \frac{\mathrm{d}h}{\mathrm{d}X} = gh\cos\theta\left(\tan\theta - \mu_b - K\frac{\mathrm{d}h}{\mathrm{d}X}\right), \tag{6.66}$$

où $\mathcal{F} = c/\sqrt{gh\cos\theta}$ est un nombre de Froude. En général, le nombre de Froude est petit (sauf très près du front) et $\alpha \simeq 1$. Nous négligeons donc le terme de gauche ce qui revient à supposer que la couche est partout à l'équilibre des forces. Pour simplifier, nous posons également $K = 1$ (hypothèse de pression isotrope). La forme du front est alors donnée par l'équation différentielle suivante

$$\frac{\mathrm{d}h}{\mathrm{d}X} = \tan\theta - \mu_b(c,h). \tag{6.67}$$

Dans cette équation, nous avons souligné la dépendance du coefficient de friction à la base en fonction de la vitesse moyenne et de l'épaisseur. Il est possible de réécrire cette équation en utilisant des variables adimensionnées : $h' = h/h_\infty$ et $X' = X/h_\infty$, où h_∞ est l'épaisseur de l'écoulement loin du front. On élimine alors la vitesse grâce à la relation valable loin du front (écoulement stationnaire uniforme) : $\tan\theta = \mu_b(c, h_\infty)$. En choisissant l'expression (6.63) du coefficient de friction à la base, on trouve

$$\frac{\mathrm{d}h'}{\mathrm{d}X'} = \tan\theta - \mu_1 - \frac{\mu_2 - \mu_1}{\gamma h'^{3/2} + 1} \quad \text{avec} \quad \gamma = \frac{\mu_2 - \tan\theta}{\tan\theta - \mu_1}. \tag{6.68}$$

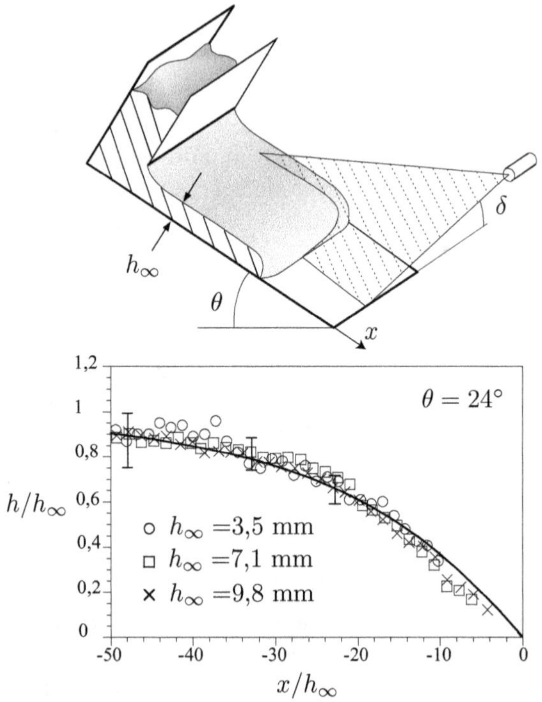

FIG. 6.24 – Forme d'un front d'avalanche stationnaire quand une couche de billes de verre s'écoule sur un plan incliné rugueux (d'après Pouliquen, 1999). Comparaison entre expériences (symboles) et théorie (trait).

Le modèle prédit donc que pour un matériau donné (c'est-à-dire pour μ_1 et μ_2 donnés), la forme du front ne doit dépendre que de l'angle d'inclinaison du plan, et pas de l'épaisseur de la couche, une fois les distances exprimées en termes de variables adimensionnées par l'épaisseur h_∞. Ces prédictions des équations de Saint-Venant ont été testées expérimentalement dans le cas de billes de verre s'écoulant sur un plan incliné rugueux (Pouliquen, 1999). La forme du front a été mesurée à l'aide d'une nappe laser projetée en incidence rasante sur la couche de grains (figure 6.24). Les données sont rassemblées sur la figure 6.24. On constate que la forme du front obtenue par intégration numérique de l'équation (6.68) est en bon accord avec les mesures expérimentales.

Déterminons l'angle de contact φ que fait le front au niveau du plan. D'après l'équation (6.68), on a au niveau du front

$$\tan\varphi \equiv \left| \frac{\mathrm{d}h'}{\mathrm{d}X'} \right| \to \mu_2 - \tan\theta \quad \text{pour} \quad h' \to 0. \tag{6.69}$$

La valeur de l'angle de contact au niveau du front est donc finie, et directement reliée au coefficient de friction μ_2. Comparons ce résultat avec celui que l'on obtient pour un fluide newtonien, par exemple une coulée de lave basaltique fluide. Dans ce cas, la contrainte diverge quand $h \to 0$, ce qui implique une pente infinie au niveau du front (on montre que $h \sim X^{1/3}$ pour X proche de zéro). Le fait d'observer des fronts granulaires avec un angle de contact fini est donc une forte indication de la saturation de $\mu(I)$ aux grands I. En réalité, pour des écoulements de fluide newtonien à petite échelle (une goutte par exemple), on observe également un angle de contact fini, car la divergence des contraintes visqueuses au niveau du front est régularisée aux échelles moléculaires. On se reportera à la revue de Bonn *et al.* (2009) pour connaître les différents mécanismes nanoscopiques à l'œuvre (longueur de glissement, activation thermique, etc.), expliquant cette régularisation. L'angle de contact est alors déterminé par les tensions de surface, c'est-à-dire par les forces intermoléculaires au niveau de la ligne triple. Dans le cas granulaire, on observe également une petite zone gazeuse en avant du front. L'analogie avec une goutte rejoint donc l'interprétation de μ_2 comme étant la limite de la transition liquide-gaz (encadré 6.4, Andreotti, 2007).

« *Roll waves* »

Les équations de Saint-Venant fournissent également un cadre intéressant pour étudier plus en détail l'instabilité en ondes de surface que nous avons discutée à la section 6.2.3 (instabilité de Kapitza ou « *roll waves* », figure 6.3). Nous avons vu qu'une analyse de stabilité linéaire utilisant les équations de conservation locale et la loi viscoplastique $\mu(I)$ permettait de prédire quantitativement l'instabilité. Cette approche nécessite des calculs lourds et une résolution *in fine* numérique des équations. Il est possible d'étudier théoriquement cette instabilité dans le cadre plus simple des équations de Saint-Venant. En effet, près du seuil, les ondes les plus instables ont une longueur d'onde très grande devant l'épaisseur. Le mécanisme de l'instabilité doit donc pouvoir être décrit dans l'approximation de couche mince.

Nous souhaitons étudier la stabilité d'un écoulement stationnaire uniforme d'épaisseur h_0 et de vitesse moyenne $\bar{u}_0$ vis-à-vis de modulations d'épaisseur le long du plan. Pour cela, réécrivons tout d'abord les équations de Saint-Venant sous forme adimensionnée, en utilisant comme échelle de longueur h_0 et comme échelle de vitesse $\bar{u}_0$. Les variables adimensionnées sont alors données par $\tilde{h} = h(x,t)/h_0$, $\tilde{u} = \bar{u}(x,t)/\bar{u}_0$, $\tilde{x} = x/h_0$ et $\tilde{t} = (\bar{u}_0/h_0)t$. Les équations de Saint-Venant (6.60), (6.61) s'écrivent (en prenant $\alpha = 1$ et $K = 1$ pour simplifier)

$$\frac{\partial \tilde{h}}{\partial \tilde{t}} + \frac{\partial \tilde{h}\tilde{u}}{\partial \tilde{x}} = 0, \tag{6.70}$$

$$\mathcal{F}^2\left(\frac{\partial \tilde{h}\tilde{u}}{\partial \tilde{t}} + \frac{\partial \tilde{h}\tilde{u}^2}{\partial \tilde{x}}\right) = \left(\tan\theta - \tilde{\mu}_b(\tilde{u},\tilde{h}) - \frac{\partial \tilde{h}}{\partial \tilde{x}}\right)\tilde{h}, \tag{6.71}$$

où $\mathcal{F}$ est le nombre de Froude défini par

$$\mathcal{F} = \frac{u_0}{\sqrt{g h_0 \cos\theta}}, \tag{6.72}$$

et $\tilde{\mu}_b(\tilde{u}, \tilde{h}) = \mu_b(\bar{u}, h)$. Les deux nombres sans dimension qui contrôlent le problème sont le nombre de Froude $\mathcal{F}$ et l'angle d'inclinaison du plan θ.

Les différentes étapes suivent le déroulement classique d'une étude de stabilité linéaire (voir par exemple Charru, 2007). En variables adimensionnées, l'état stationnaire et uniforme dont on étudie la stabilité s'écrit $\tilde{h}_0 = 1$ et $\tilde{u}_0 = 1$. Il vérifie $\tilde{\mu}_b(1,1) = \tan\theta$ pour être solution des équations. On perturbe ensuite l'écoulement autour de cet état de base sous la forme $\tilde{h}(\tilde{x}, \tilde{t}) = 1 + \tilde{h}_1(\tilde{x}, \tilde{t})$ et $\tilde{u}(\tilde{x}, \tilde{t}) = 1 + \tilde{u}_1(\tilde{x}, \tilde{t})$, avec $\tilde{h}_1(\tilde{x}, \tilde{t}) \ll 1$ et $\tilde{u}_1(\tilde{x}, \tilde{t}) \ll 1$. Les équations de Saint-Venant linéarisées deviennent alors

$$\frac{\partial \tilde{h}_1}{\partial \tilde{t}} + \frac{\partial \tilde{h}_1}{\partial \tilde{x}} + \frac{\partial \tilde{u}_1}{\partial \tilde{x}} = 0, \tag{6.73}$$

$$\mathcal{F}^2 \left(\frac{\partial \tilde{u}_1}{\partial \tilde{t}} + \frac{\partial \tilde{u}_1}{\partial \tilde{x}} \right) = -a\tilde{u}_1 - b\tilde{h}_1 - \frac{\partial \tilde{h}_1}{\partial \tilde{x}}, \tag{6.74}$$

où les variables sans dimension a et b sont définies à partir de la loi de friction $\tilde{\mu}_b(\tilde{u}, \tilde{h})$ par

$$a = \left(\frac{\partial \tilde{\mu}_b}{\partial \tilde{u}} \right)_0, \quad b = \left(\frac{\partial \tilde{\mu}_b}{\partial \tilde{h}} \right)_0, \tag{6.75}$$

l'indice '0' signifiant que les dérivées sont prises pour l'état de base.

L'invariance par translation dans le temps et l'espace du problème linéaire (6.73), (6.74) nous permet de chercher des solutions pour les perturbations sous forme de modes normaux

$$\tilde{h}_1(\tilde{x}, \tilde{t}) = \hat{h} \exp i(\tilde{k}\tilde{x} - \tilde{\omega}\tilde{t}) \quad \text{et} \quad \tilde{u}_1(\tilde{x}, \tilde{t}) = \hat{u} \exp i(\tilde{k}\tilde{x} - \tilde{\omega}\tilde{t}), \tag{6.76}$$

où $\tilde{k}$ est le nombre d'onde adimensionné et $\tilde{\omega}$ la pulsation. En introduisant ces expressions dans les équations (6.73) et (6.74), on obtient un système linéaire homogène qui admet des solutions d'amplitude non nulle uniquement quand $\tilde{\omega}$ et $\tilde{k}$ sont reliés par la relation de dispersion suivante

$$-\tilde{\omega}^2 + 2\tilde{\omega}\tilde{k} + \frac{i}{\mathcal{F}^2} \left((a-b)\tilde{k} - a\tilde{\omega} \right) + \left(\frac{1}{\mathcal{F}^2} - 1 \right) \tilde{k}^2 = 0. \tag{6.77}$$

On peut étudier cette relation de dispersion de deux manières différentes. La première consiste à supposer une perturbation de nombre d'onde $\tilde{k}$ réel dont on suit l'évolution temporelle, $\tilde{\omega}$ étant complexe. C'est l'analyse de stabilité temporelle. La seconde approche consiste à prendre $\tilde{k}$ complexe et $\tilde{\omega}$ réelle. Dans ce cas, on étudie l'évolution spatiale d'une perturbation de pulsation réelle $\tilde{\omega}$ imposée en un point fixe de l'écoulement. C'est l'analyse de stabilité spatiale. Les deux approches donnent le même résultat pour le seuil d'instabilité (Huerre & Rossi, 1998). Dans notre cas, il est plus naturel d'étudier l'analyse spatiale car elle correspond aux expériences pour lesquelles le forçage de l'instabilité se fait en amont de l'écoulement (figure 6.11a). Nous supposons donc $\tilde{\omega}$ réelle et $\tilde{k}$ complexe : $\tilde{k} = \tilde{k}_r + i\tilde{k}_i$. L'écoulement est instable si l'amplitude de la perturbation croît exponentiellement dans sa direction de propagation, c'est-à-dire si $\tilde{k}_i\tilde{k}_r > 0$. La résolution de la relation de dispersion (6.77) donne deux branches (+) et (−) pour $\tilde{k}(\tilde{\omega})$ données par

$$\tilde{k}_r^{\pm} = \frac{1}{(1-(1/\mathcal{F}^2))}\tilde{\omega} \mp \frac{\sqrt{2}((a/\mathcal{F}^2)-b)}{\mathcal{F}^2(1-(1/\mathcal{F}^2))}\tilde{\omega} \tag{6.78}$$

$$\times\left[-g(\tilde{\omega}) + \left(g(\tilde{\omega})^2 + \frac{16\tilde{\omega}^2}{\mathcal{F}^4}\left(\frac{a}{\mathcal{F}^2}-b\right)^2\right)^{1/2}\right]^{-1/2}, \tag{6.79}$$

$$\tilde{k}_i^{\pm} = \frac{a-b}{2\mathcal{F}^2(1-(1/\mathcal{F}^2))} \mp \frac{1}{2\sqrt{2}(1-(1/\mathcal{F}^2))} \tag{6.80}$$

$$\times\left[-g(\tilde{\omega}) + \left(g(\tilde{\omega})^2 + \frac{16\tilde{\omega}^2}{\mathcal{F}^4}\left(\frac{a}{\mathcal{F}^2}-b\right)^2\right)^{1/2}\right]^{1/2}, \tag{6.81}$$

avec

$$g(\tilde{\omega}) = \frac{4}{\mathcal{F}^2}\tilde{\omega}^2 - \frac{(a-b)^2}{\mathcal{F}^4}. \tag{6.82}$$

À partir de là, il faut connaître explicitement la loi de friction $\mu_b(u,h)$ pour déterminer a et b et tracer la relation de dispersion. On peut faire quelques remarques générales. Pour les écoulements granulaires denses, la friction basale (6.63) augmente avec la vitesse moyenne et donc $a = (\partial\tilde{\mu}_b/\partial\tilde{u})_0 > 0$. De plus, μ_b diminue quand l'épaisseur de la couche augmente donc $b = (\partial\tilde{\mu}_b/\partial\tilde{h})_0 < 0$. On en déduit que la branche (−) est toujours stable (on a $\tilde{k}_i\tilde{k}_r > 0$ quels que soient la pulsation et le nombre de Froude). En revanche, la branche (+) est stable ou instable suivant la valeur du nombre de Froude ou de l'angle d'inclinaison. Pour le montrer, remarquons que la fonction $\tilde{k}_i^+(\tilde{\omega})$ est monotone et s'annule en $\tilde{\omega} = 0$ (Forterre & Pouliquen, 2003). Pour connaître le seuil de stabilité, il suffit donc d'étudier le comportement asymptotique de la relation de dispersion aux grands $\tilde{\omega}$. Pour $\tilde{\omega} \to \infty$, on trouve après simplification

$$\tilde{k}_r^+(+\infty) = \frac{\tilde{\omega}}{1+(1/\mathcal{F})}, \tag{6.83}$$

$$\tilde{k}_i^+(+\infty) = \frac{b\mathcal{F}+a}{2\mathcal{F}^2(1+(1/\mathcal{F}))}. \tag{6.84}$$

L'écoulement est instable pour $\tilde{k}_i^+ < 0$, c'est-à-dire pour $\mathcal{F} > -a/b$. En utilisant l'expression de la loi de friction basale (6.63), on trouve une instabilité pour

$$\mathcal{F} > \frac{2}{3}. \tag{6.85}$$

Les équations de Saint-Venant prédisent donc bien l'apparition d'ondes de surface au-delà d'un nombre de Froude critique, ce qui souligne l'origine inertielle du mécanisme d'instabilité. La valeur du nombre de Froude critique prédite par le modèle est également en assez bon accord avec les mesures expérimentales qui donnent $\mathcal{F}_c \simeq 0{,}6$ (figure 6.11*b*). Il faut toutefois nuancer ce résultat. Dans la théorie, nous avons supposé pour simplifier que α vaut 1, ce qui correspond à un profil de vitesse bouchon. Or nous avons vu que pour les écoulements granulaires sur plan incliné, le profil de vitesse était plutôt de type Bagnold, soit $\alpha = 5/4$ (voir §6.2.3). On peut montrer que dans ce cas le Froude critique prédit devient $\mathcal{F}_c = 0{,}89$, ce qui est supérieur au Froude critique mesuré dans les expériences (Forterre & Pouliquen, 2003).

La forme de la relation de dispersion révèle une lacune plus importante du modèle. La figure 6.11*c* donne ainsi le taux de croissance spatiale des ondes $\sigma = -\tilde{k}_i$ en fonction de la pulsation $\tilde{\omega}$ pour une valeur du nombre de Froude au-dessus du seuil de stabilité, à la fois dans l'expérience (points) et prédit par les équations de Saint-Venant (pointillés). On constate que dans le modèle, toutes les fréquences sont instables ($\sigma > 0$), tandis qu'expérimentalement il existe une pulsation de coupure au-delà de laquelle les ondes sont atténuées ($\sigma < 0$). Cela provient du fait que les équations de Saint-Venant que nous avons écrites négligent la diffusion de la quantité de mouvement lorsqu'il existe des gradients de vitesse longitudinaux, qui sont d'ordre 2 par rapport au paramètre de couche mince $\epsilon = H/L$. Nous verrons dans la section 6.3.4 qu'il est en principe possible d'étendre les équations de Saint-Venant pour inclure ces effets.

Application en Géophysique

Une des principales applications des équations de Saint-Venant concerne la modélisation des écoulements gravitaires en géophysique. En effet, les événements naturels se propagent en général sur des distances très grandes devant leur épaisseur, ce qui permet d'utiliser l'hypothèse de couche mince (nous verrons toutefois au chapitre 9, que cette hypothèse peut être mise en défaut dans la phase initiale de l'avalanche). De plus, il est possible de généraliser les équations de Saint-Venant à des géométries plus complexes que le plan incliné pour prendre en compte des topographies réalistes. Pour cela, il faut tenir compte dans les équations de la dépendance spatiale de l'angle de la pente. En supposant que cet angle varie lentement par rapport à la hauteur de la couche, on peut se placer dans le référentiel local de la pente et appliquer l'hypothèse de couche mince (Gray *et al.*, 1999 ; Denlinger & Iverson, 2001 ; Mangeney-Castelnau *et al.*, 2003).

La figure 6.25 montre deux exemples d'études réalisées par cette approche. Le premier (figure 6.25*a*,*b*) concerne un éboulement rocheux qui s'est déclenché en 1987 à Charmonetier dans l'Isère (Naaim *et al.*, 1997). On remarque que la trajectoire de l'éboulement est correctement reproduite par le modèle. Dans cette simulation, le coefficient de friction est constant et égal à 34°. Le second exemple (figure 6.25*c*) concerne le volcan de l'île de Montserrat dans les Antilles anglaises. En décembre 1997, une avalanche de débris due au gonflement du volcan induit par la poussée de la chambre magmatique s'est arrêtée juste avant la mer. Les simulations des équations moyennées dans l'épaisseur ont été réalisées avec plusieurs lois de friction, et en particulier avec un coefficient de friction constant (Heinrich *et al.*, 2001). Pour obtenir une concordance correcte il faut choisir un coefficient de friction $\mu_b \simeq \tan 10°$.

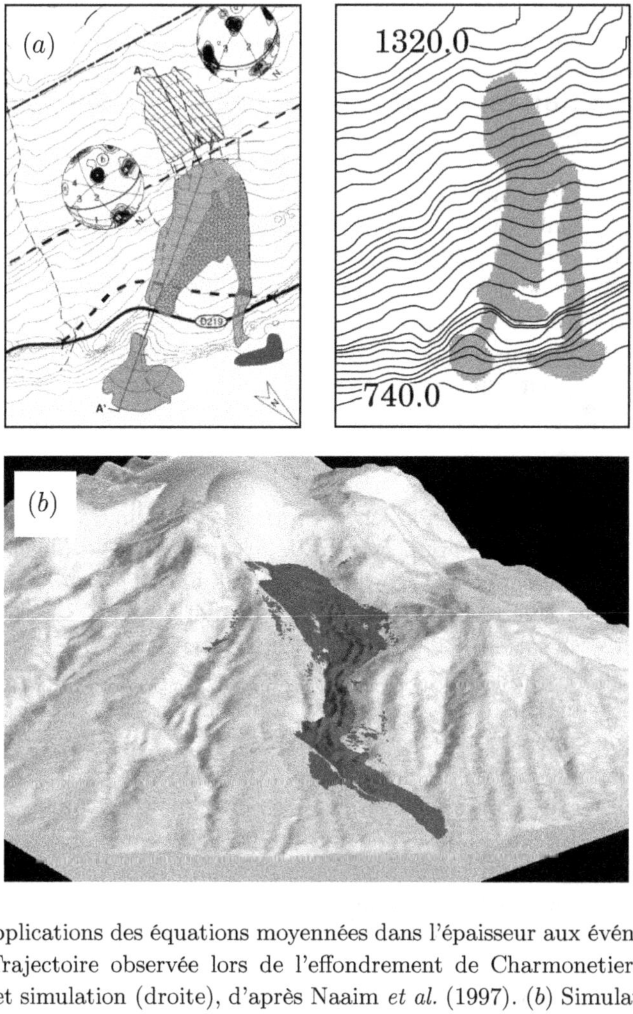

FIG. 6.25 – Applications des équations moyennées dans l'épaisseur aux événements naturels. (*a*) Trajectoire observée lors de l'effondrement de Charmonetier, Isère, 1987 (gauche) et simulation (droite), d'après Naaim *et al.* (1997). (*b*) Simulation du « *Boxing day* » (26 décembre 1997), Soufrière Hills de Montserrat, Lesser Antilles (d'après Heinrich *et al.*, 2001).

Une si faible valeur de friction effective se retrouve fréquemment quand on cherche à reproduire des morphologies de dépôts réels (Pirulli & Mangeney, 2008). Nous discuterons en détail cette question de la longueur de « *run-out* » dans le chapitre 9. Soulignons ici que les équations de Saint-Venant les plus simples, que nous venons d'écrire, ne permettent pas de rendre compte de certains effets, comme l'érosion du sol par l'écoulement ou l'accélération verticale initiale, qui pourraient jouer un rôle sur la longueur parcourue. Il faut également garder en mémoire que les matériaux mobilisés dans les évènements géophysiques sont très complexes, formés de particules de tailles très variables, de mélange de fluides, de gaz, qui ont une influence considérable sur la dynamique des écoulements comme nous le verrons à la section 6.4 et au chapitre 7.

6.3.4 Limites et extensions des équations de Saint-Venant

Les exemples précédents montrent que les équations de Saint-Venant offrent un cadre intéressant pour étudier les écoulements granulaires denses dans différentes géométries. En effet, elles permettent de réduire la dimension des équations de départ, tout en rassemblant la rhéologie au sein d'un terme principal : la friction basale. Les équations que nous avons écrites à partir des hypothèses les plus simples (pression verticale hydrostatique, profil de vitesse à l'équilibre) ont cependant plusieurs limites.

Accélérations verticales et effets inertiels

Tout d'abord, il faut garder à l'esprit que ces équations sont obtenues sous l'hypothèse de couches minces, c'est-à-dire d'écoulement quasi-parallèle. Pour des couches de rapport d'aspect plus grand, l'accélération verticale peut être non négligeable et modifier la dynamique d'étalement (Larrieu *et al.*, 2006). Une autre situation où les accélérations verticales ne sont pas négligeables est celle d'un écoulement sur une topographie très accidentée. Dans ce cas, la force centrifuge peut moduler de façon importante la force de frottement à la base de la couche (Denlinger & Iverson, 2001).

Soulignons que même dans la limite de couches minces, les effets inertiels introduisent des corrections par rapport aux équations simples que nous avons présentées. En effet, nous avons fait l'hypothèse que le profil de vitesse était à l'équilibre afin de fermer les équations et relier, d'une part, $\overline{u^2}$ à $\bar{u}^2$ et, d'autre part, τ_b à $\bar{u}$ et h. Or cette approche n'est pas rigoureuse car pour un écoulement non stationnaire et non uniforme, la forme du profil de vitesse n'est pas établie et dépend du temps et de l'espace. Pour prendre en compte ces effets de manière auto-cohérente, il faudrait effectuer un développement systématique vis-à-vis de $\epsilon = H/L$ à partir des équations locales de conservation de la masse et de la quantité de mouvement (6.49)–(6.51) et de la loi constitutive du milieu, par exemple la rhéologie viscoplastique $\mu(I)$ (6.7)–(6.8). Ce travail, encore ouvert pour les écoulements granulaires, a été fait pour les fluides newtoniens (Ruyer-Quil & Manneville, 2000) ou visco-plastiques (Balmforth & Liu, 2004). Ces études montrent que le profil de vitesse est modifié dès l'ordre ϵ, ce qui entraîne l'apparition de termes correctifs dans les équations de Saint-Venant à l'ordre le plus bas. Ces équations de Saint-Venant remaniées permettent d'obtenir la valeur exacte du seuil de stabilité des « *roll waves* », sans faire intervenir le paramètre d'ajustement α lié au profil de vitesse (voir §6.3.3). Elles décrivent également avec une bonne approximation les comportements non linéaires des ondes dans le voisinage du seuil.

Diffusion transverse et longitudinale de quantité de mouvement

Les équations de Saint-Venant que nous avons écrites sont limitées au premier ordre en fonction du paramètre de couche mince ϵ. Or, dans certains cas, des effets physiques d'ordre supérieur peuvent jouer un rôle important. Par exemple, dans le cas des « *roll waves* », les modulations d'épaisseur induisent une diffusion longitudinale de quantité de mouvement (associée au gradient de contraintes $\partial\sigma_{xx}/\partial x$) qui est d'ordre ϵ^2, et n'est donc pas décrite par les équations de Saint-Venant simples. Or ce terme dissipatif est indispensable si l'on veut prédire la stabilisation des petites longueurs d'onde observées expérimentalement (voir §6.3.3). Un autre exemple est celui des contraintes latérales qui se développent dans une couche mince de largeur $W \gg h$ confinée latéralement ou à bords libres (Deboeuf *et al.*, 2006). Là encore, le gradient de vitesse transverse, d'ordre $\bar{u}/W$, est très petit par rapport au gradient de vitesse dans l'épaisseur, d'ordre $\bar{u}/h$. Il n'est donc pas décrit par les équations de Saint-Venant au premier ordre.

Il serait en théorie possible, au prix de calculs lourds, d'incorporer les effets de diffusion longitudinale et transverse de quantité de mouvement en poussant le développement à l'ordre supérieur en ϵ. Plus simplement, de la même façon que l'on a obtenu le terme inertiel en faisant une hypothèse sur le profil de vitesse, on peut estimer ces termes diffusifs en intégrant directement l'équation de quantité de mouvement et la loi constitutive $\mu(I)$, moyennant une hypothèse sur le profil de vitesse. Ce type d'approche, moins rigoureux, permet néanmoins d'appréhender les principaux effets physiques (Forterre, 2006).

Écoulements sur fonds érodables

Les équations de Saint-Venant que nous avons dérivées ne décrivent pas les situations où la masse granulaire se propage sur un fond érodable. Lors d'une avalanche à la surface d'une dune ou à la surface d'un tas conique, par exemple, il existe un échange de matière entre la phase liquide qui coule et la phase solide sur laquelle se propage l'avalanche. L'interface entre ces deux phases est une inconnue du problème qui nécessite donc une équation

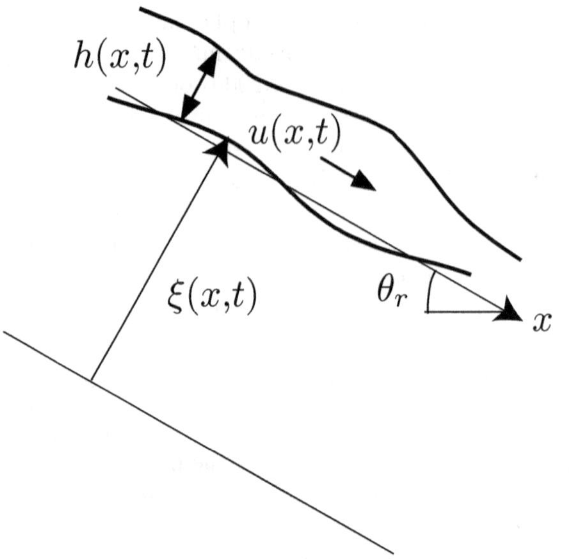

FIG. 6.26 – Équations de Saint-Venant sur fond érodable.

supplémentaire qui contrôle les processus d'érosion et de déposition. Notons que par définition, la zone interfaciale se situe près de la transition entre les comportements solides et liquides qui, nous l'avons vu, n'est pas bien décrite par la rhéologie locale $\mu(I)$.

Plusieurs travaux ont tenté de généraliser les équations de Saint-Venant aux écoulements sur fond érodable (voir la revue d'Aradian *et al.*, 2002). La configuration typique est présentée à la figure 6.26 où une couche de matériau coule sur un tas de pente moyenne θ_r (θ_r est par exemple l'angle de repos du tas). Comme dans les problèmes d'érosion d'un lit granulaire par un écoulements fluide, qui constituent le cœur du chapitre 8, le premier problème consiste à définir une interface entre les grains fixes et les grains mobiles, qui permette d'utiliser simplement les lois de conservation. Nous notons $\xi(x,t)$ la position de cette interface et appelons comme précédemment $h(x,t)$ l'épaisseur de la couche qui coule et $\bar{u}(x,t)$ sa vitesse moyenne.

La première approche, développée par Bouchaud *et al.* (1994) et Boutreux *et al.* (1998) (modèle BCRE), consiste à écrire la conservation de la masse pour chacune des deux phases solide et liquide, en introduisant un terme d'échange entre les phases selon

$$\frac{\partial h}{\partial t} + U\frac{\partial h}{\partial x} = \varphi, \tag{6.86}$$

$$\frac{\partial \xi}{\partial t} = -\varphi. \tag{6.87}$$

Dans ces équations, U est la vitesse moyenne de la couche en écoulement, supposée constante et de l'ordre de $\sqrt{gd}$. La quantité φ représente le flux (volumique par unité de surface) de matière échangée entre la phase statique et coulante. Pour fermer le modèle, Bouchaud *et al.* écrivent ensuite une équation phénoménologique d'érosion/déposition pour le terme d'échange. L'idée est d'écrire que les grains se déposent si l'angle local est plus faible que l'angle de repos, et se mettent en mouvement sinon. On obtient alors la troisième équation

$$\varphi = \beta(\theta - \theta_r) = \beta\left(\frac{\partial \xi}{\partial x}\right), \tag{6.88}$$

où β est une vitesse typique de déposition. Selon les modèles, cette vitesse est choisie constante de l'ordre de $\sqrt{gd}$ (Boutreux *et al.*, 1998) ou fonction de l'épaisseur de la couche en écoulement h (Bouchaud *et al.*, 1994).

Une seconde approche, développée par Douady *et al.* (1999), a consisté à écrire explicitement les équations de conservation de la masse et de la quantité de mouvement, par analogie avec les équations de Saint-Venant sur un fond fixe. L'hypothèse d'écoulement quasi-parallèle impose une faible pente de l'interface ($\partial\xi/\partial x \ll 1$) et on obtient

$$\frac{\partial(h+\xi)}{\partial t} + \frac{\partial h\bar{u}}{\partial x} = 0, \tag{6.89}$$

$$\rho\left(\frac{\partial h\bar{u}}{\partial t} + \alpha\frac{\partial h\bar{u}^2}{\partial x}\right) = \rho g h\cos\theta\left(\tan\theta - \frac{\tau_b}{\rho g h\cos\theta} - K\frac{\partial h}{\partial x}\right), \tag{6.90}$$

où $\tan\theta = \tan\theta_r - (\partial\xi/\partial x)$. On se retrouve donc avec des équations très similaires à celle du cas sur fond rigide. Cependant, il y a trois inconnues, $h(x,t)$, $\bar{u}(x,t)$ et $\xi(x,t)$ pour seulement deux équations. Une première fermeture consiste à déterminer, comme sur fond fixe, la contrainte τ_b à l'interface entre la phase statique et la couche en écoulement. Dans le cas d'une interface solide/liquide, un choix simple consiste à postuler que la contrainte est alors au seuil d'écoulement, c'est-à-dire $\tau_b = \mu_1\,\rho g h\cos\theta$, où $\mu_1 = \tan\theta_r$ est le coefficient de friction au seuil. Du point de vue des mécanismes, l'équation (6.90) peut être alors relue comme une équation d'érosion/déposition et traduit, tout comme l'équation BCRE (6.88), une évolution de l'interface proportionnelle à l'écart entre la contrainte dans la couche en écoulement et sa valeur seuil. Nous verrons au chapitre 8 que le même type de loi est utilisé pour décrire l'érosion d'un milieu granulaire par un écoulement.

En plus d'avoir à exprimer la contrainte τ_b, nous sommes face à un nouveau problème du même type que pour le terme en $\bar{u^2}$. En poussant la stratégie adoptée lors de la dérivation des équations de Saint-Venant – l'homologue de celle qui a permis d'écrire $\overline{u^2} = \alpha \bar{u}^2$ – on peut obtenir une troisième équation en postulant une relation univoque entre $\bar{u}$ et h. Khakhar *et al.* (2001) ont par exemple proposé d'utiliser la continuité des contraintes à l'interface pour sélectionner la relation entre $\bar{u}$ et h. La fermeture proposée par Douady *et al.* (1999) consiste à supposer que le profil de vitesse est linéaire près de la transition solide-liquide, avec un gradient constant de l'ordre de $\sqrt{g/d}$. Après calibration expérimentale [7] du terme τ_b, les équations ainsi obtenues permettent de reproduire des comportements non triviaux comme la propagation de fronts d'avalanches et d'arrêt ou la croissance d'un tas (Douady *et al.*, 2001 ; Taberlet *et al.*, 2004).

L'une des perspectives largement ouvertes consiste à faire le lien entre rhéologie tri-dimensionelle, plasticité et dynamique d'érosion-déposition. D'une part, cela nécessite d'étendre la rhéologie locale de type $\mu(I)$ au voisinage de la transition solide/liquide, près de laquelle les effets non locaux se trouvent exacerbés. D'autre part, l'obtention d'équations à la Saint-Venant – où l'écoulement est décrit par quelques variables – à partir d'une loi de comportement à seuil reste à l'heure actuelle un problème largement ouvert. Enfin, il serait intéressant d'étudier expérimentalement l'érosion-déposition dans des écoulements sur tas sans fond fixe ni parois latérales.

6.4 Ségrégation sous écoulement

Dans ce chapitre, nous nous sommes surtout intéressés aux écoulements granulaires monodisperses. Or, dans la plupart des procédés industriels ou phénomènes naturels, les grains ne sont pas tous identiques ; ils diffèrent par leur taille, leur forme ou leurs caractéristiques mécaniques (friction, etc.). Comment se comportent de tels milieux granulaires ? Une des principales caractéristiques des écoulements polydisperses est le phénomène de ségrégation. À la différence des liquides qu'il est souvent facile de mélanger, un mélange homogène de grains est difficile à obtenir dès lors qu'il existe des différences entre les particules (taille, masse, propriétés mécaniques). Parmi les différents mécanismes empêchant un bon mélange, la ségrégation due à la différence de taille est de loin la plus efficace. Malgré les problèmes industriels qu'elle pose et son rôle dans les processus géomorphologiques, la ségrégation par taille est encore largement mal comprise. Dans cette dernière section, nous présentons quelques configurations très étudiées donnant lieu au phénomène de ségrégation sous écoulements : ségrégation sur pente, ségrégation sur tas et en tambour. Le problème plus spécifique de la ségrégation sous vibration est présenté en encadré.

---

7. Notons que les validations expérimentales de ces approches ont essentiellement été menées en canal étroit. Or, dans cette situation, le frottement pariétal joue un rôle important puisqu'il est responsable de la sélection, à l'équilibre, de l'épaisseur coulante (équation 6.22). Dans ces études, cet effet a été pris en compte dans la relation entre $\bar{u}$ et h, mais incorrectement interprété.

Encadré 6.5

Ségrégation sous vibrations

Lorsque l'on fait vibrer un milieu granulaire polydisperse, les gros grains se retrouvent souvent à la surface libre. C'est ce que l'on observe par exemple lorsque l'on ouvre un paquet de céréales neuf au petit déjeuner : les gros flocons sont à la surface tandis que les raisins secs sont au fond. Ce phénomène est contre-intuitif car il entraîne une augmentation de l'énergie potentielle du système. En effet, un grain de grande taille possède une masse plus grande qu'un empilement de petits grains occupant le même volume (en supposant que les grains ont tous la même densité). Le déplacement d'un gros grain vers le haut correspond donc à une élévation du centre de gravité de l'ensemble (figure E6.6). La ségrégation dans les milieux granulaires est un phénomène fondamentalement hors-équilibre. Elle n'a pas d'équivalent pour des particules browniennes à l'équilibre thermodynamique.

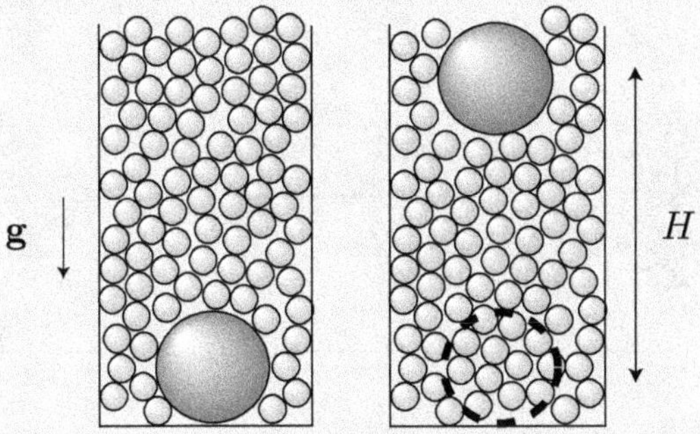

FIG. E6.6 – Une grosse bille qui remonte dans un empilement de petites billes identiques entraîne une augmentation d'énergie potentielle $\Delta E_p = \frac{4}{3}\pi(1-\phi)\rho_p g R^3 H$ (R est le rayon de la grosse bille, ρ_p la masse volumique des billes et ϕ la fraction volumique de l'empilement).

La ségrégation sous vibrations a donné lieu à de nombreuses expériences, qui ont mis en évidence plusieurs mécanismes pouvant expliquer la remontée des grosses particules. Un premier mécanisme invoqué est la percolation des petites particules sous les grosses lors de la vibration (Williams, 1968 ; Bridgewater, 1968 ; Rosato *et al.*, 1987 ; Jullien, 1992). Dans la phase de vol libre de la vibration, des petits grains peuvent s'infiltrer sous les gros les poussant ainsi vers la surface libre (figure E6.7*a*). Un moyen pour modéliser ce processus est de se placer dans la limite où le rapport de tailles entre les particules est très grand (figure E6.7*b*). Dans ce cas, on peut supposer qu'entre chaque cycle d'agitation, la grosse bille (rayon R) est posée sur un trou conique d'angle α égal à l'angle de repos des petites billes. Lorsque l'on agite le système, la grosse bille décolle et permet aux petites billes coincées dans le volume V_1 de glisser sous elle par avalanche pour se retrouver dans le volume V_2. La grosse bille se déplace alors d'une quantité δ (figure E6.7*b*). On montre géométriquement que le volume V_1 est donné par

$$V_1 = \int_0^{R\cos\alpha} \pi \left[\frac{1}{\tan^2\alpha} \left(\frac{R}{\cos\alpha} - z \right)^2 - (R^2 - z^2) \right] \mathrm{d}z = \frac{\pi R^3}{3} \frac{\cos^3\alpha}{\sin^2\alpha}, \tag{6.91}$$

tandis que le volume V_2 est donné par

$$V_2 = \frac{\pi}{3\tan^2\alpha} \left[\frac{R^3}{\cos^3\alpha} - \left(\frac{R}{\cos\alpha} - \delta \right)^3 \right] = \tag{6.92}$$

$$\frac{\pi\delta}{3\sin^2\delta} \left(3R^2 - 3R\delta\cos\alpha + \delta^2\cos^2\alpha \right). \tag{6.93}$$

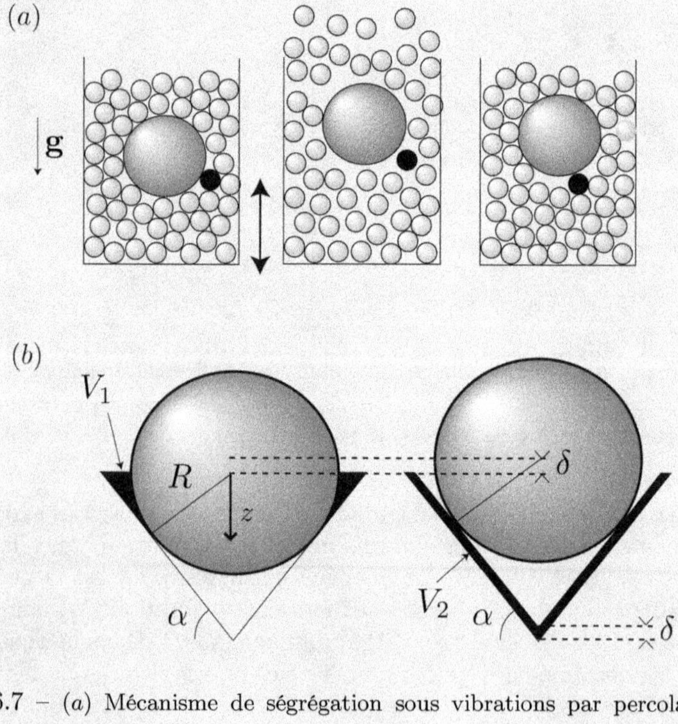

FIG. E6.7 – (*a*) Mécanisme de ségrégation sous vibrations par percolation des petites sous les grosses. (*b*) Calcul du déplacement vertical δ lors d'un cycle dans le cas où le rapport de taille entre les billes est très grand (d'après Jullien *et al.*, 1992). On suppose que les billes initialement contenues dans V_1 s'infiltrent sous forme d'avalanches pour remplir le volume V_2 dans un cône d'angle α.

En égalisant ces deux volumes, on trouve que le déplacement vertical δ de la grosse bille lors d'un cycle d'agitation est donné par

$$\delta = \frac{1 - (1 - \cos^4 \alpha)^{1/3}}{\cos \alpha} R. \tag{6.94}$$

Comme attendu, le déplacement vertical est proportionnel au rayon R de la grosse bille et diminue quand l'angle de repos augmente. Il faut souligner que ce raisonnement n'est valable que lorsque le rapport Δ entre les rayons des grosses billes et des petites billes est grand. Pour des valeurs de Δ plus petites, la « vitesse » de ségrégation δ/R varie avec Δ. Cette dépendance n'est pas encore bien comprise.

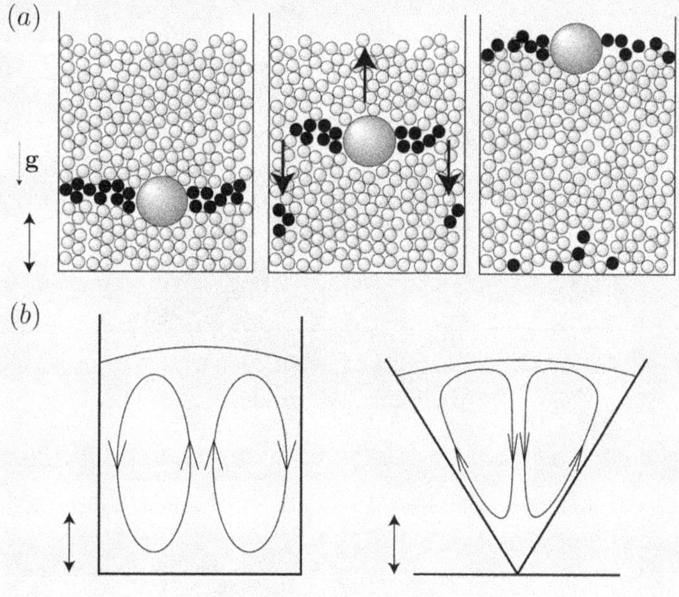

FIG. E6.8 – (*a*) Mécanisme de ségrégation sous vibrations par convection. (*b*) Le sens de convection dépend de la forme du récipient (d'après Knight, 1993).

Un autre mécanisme de ségrégation par vibration fait intervenir des mouvements collectifs de convection dans le récipient (Knight *et al.*, 1993). Lorsque l'on fait vibrer un récipient lisse rempli de grains, des rouleaux se forment : les grains remontent au centre et redescendent sur les cotés (figure E6.8*a*). La zone de redescente est confinée à une couche limite de l'ordre de quelques grains. Si une grosse particule se trouve dans le milieu, elle remonte avec les autres au centre mais ne peut être réinjectée dans les fines couches de redescente. Elle reste donc coincée à la surface. Il est à noter que ces mouvements de convection, et donc le phénomène de ségrégation qui s'ensuit, dépendent fortement de la friction entre les billes et les parois du récipient, ainsi que de la géométrie de ce dernier. En utilisant un récipient de forme évasée, il est possible d'inverser le sens de la convection : les particules descendent au milieu du récipient et remontent sur les bords. Dans ce cas, une grosse bille peut s'enfoncer au lieu de remonter (figure E6.8*b*).

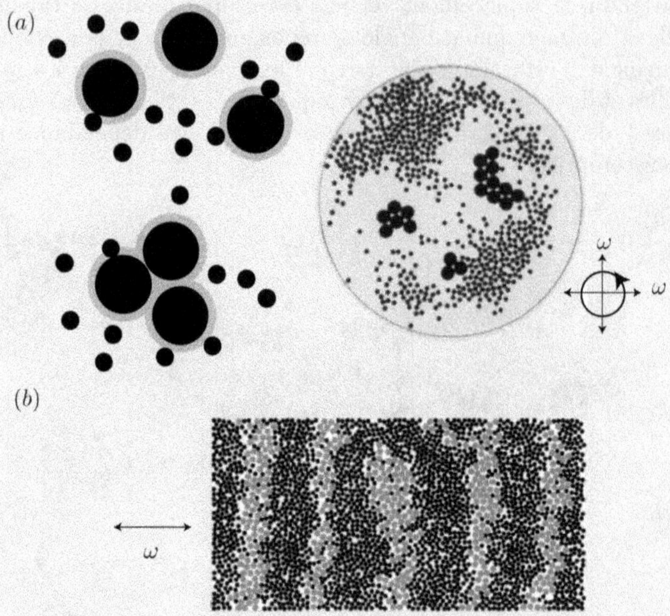

FIG. E6.9 – Exemples de ségrégation sous vibrations horizontales. (*a*) Démixion par taille lors de la vibration horizontale circulaire d'une monocouche bidisperse de sphères (d'après Aumaître *et al.*, 2001). La zone grisée montre le volume exclu pour les petites particules. (*b*) Ségrégation sous forme de bandes perpendiculaires dans un mélange binaire de billes n'ayant pas le même coefficient de friction avec le fond de la boîte (d'après Ehrhardt *et al.*, 2005).

En général, les deux phénomènes de ségrégation par percolation et par convection sont présents lors de la vibration d'un milieu granulaire, ce qui rend l'interprétation des expériences de ségrégation en vibration délicates. De plus, quand la densité des grosses et des petites billes diffère, des effets d'inertie différentielle se rajoutent aux mécanismes précédents et peuvent donner lieu à des phénomènes surprenants. Ainsi, on observe que des grosses billes légères, dont la densité est bien inférieure à celle de l'empilement environnant de petites billes, peuvent *couler* au fond du récipient, au lieu de remonter comme dans la ségrégation classique (Shinbrot & Muzzio, 1998).

Remarquons pour finir que le phénomène de ségrégation n'est pas limité aux récipients vibrés verticalement, mais est également observé quand on agite horizontalement une monocouche composée d'un mélange de grains. Par exemple, dans le cas d'une vibration horizontale circulaire d'un mélange bidisperse, on constate une démixion spontanée du milieu avec les grosses billes qui se rassemblent sous forme d'ilôts entourés des petites billes (figure E6.9*a*, Aumaître *et al.*, 2001). Ce phénomène, qui est également observé sur des systèmes browniens colloïdaux, peut s'expliquer par des arguments purement thermodynamiques. Le volume accessible pour les petites billes (et donc l'entropie du système) est plus grand quand les grosses billes sont très proches, car le volume exclu autour des grosses billes diminue (figure E6.9*a*). Pour un système hors-équilibre, le même mécanisme peut s'interpréter en termes de pression : quand deux grosses billes se rapprochent, elles subissent plus de collisions de la part des petites billes situées à l'extérieur que de celles situées entre elles, ce qui a tendance à les rapprocher. Notons enfin que, même en l'absence de différences de taille, une ségrégation horizontale peut s'observer quand les billes n'ont pas le même coefficient de friction avec le fond de la boite. Dans ce cas, la réponse différentielle des grains au mouvement de la base entraîne la formation de bandes ségrégées perpendiculaires à la direction du forçage (figure E6.9*b* ; Reis & Mullin, 2002 ; Ehrhardt *et al.*, 2005).

6.4.1 Ségrégation sur pente

Une configuration typique où l'on rencontre la ségrégation sous écoulement est celle des écoulements sur pente. Considérons par exemple un mélange homogène de gros et petits grains que l'on fait couler sur un plan incliné rugueux. Très rapidement le long de la pente, on observe que les gros grains remontent à la surface libre comme présenté à la figure 6.27. Un mécanisme proposé pour expliquer ce phénomène est celui du « tamisage cinétique » (Savage & Lun, 1988, voir plus loin, §6.4.3). Le mécanisme est assez simple. Lors de l'écoulement, les grains bougent continuellement les uns par rapport aux autres et des trous se forment entre eux dans lesquels des particules de la couche du dessus peuvent tomber. Les gros grains ne peuvent tomber que dans les gros trous, tandis que les petits grains peuvent tomber dans les petits et gros trous. Cette asymétrie dans les mouvements fluctuants d'échanges entre couches donne lieu à la ségrégation. Notons toutefois que cette image séduisante du phénomène de ségrégation sous écoulement ne permet pas d'expliquer l'ensemble des observations. Lorsque les grosses particules sont très lourdes, elles finissent par couler (Felix & Thomas, 2004), ce qui ne peut pas se comprendre en invoquant uniquement le tamisage cinétique, la masse n'intervenant pas.

Pour les écoulements géophysiques, la ségrégation induite par écoulement peut avoir une grande importance. Les gros blocs se retrouvent sur le dessus de l'écoulement où la vitesse est la plus grande. Ils se rassemblent donc au front (figure 6.27) et peuvent modifier la propagation de l'avalanche (Savage, 1989). Un exemple de l'influence de cette accumulation de gros blocs au front

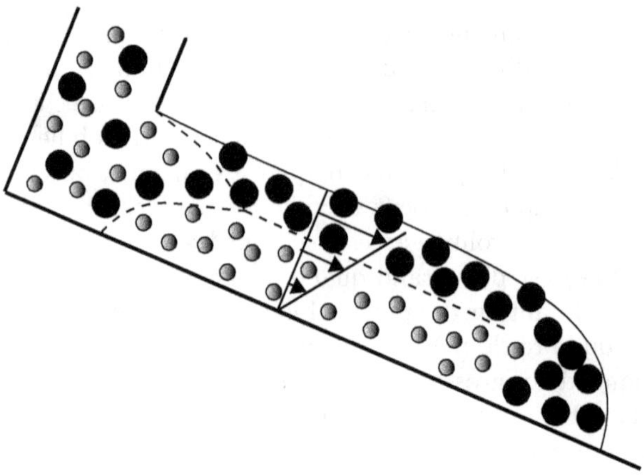

FIG. 6.27 – Remontée à la surface et accumulation au front de grosses particules lors d'un écoulement sur une pente.

est la formation de digitation qui est observée sur le terrain et en laboratoire (figure 6.28*a*,*b* ; Pouliquen *et al.*, 1997 ; Pouliquen & Vallance, 1999). Le mécanisme de cette instabilité est le suivant : si une petite perturbation du front a lieu, les grosses particules à la surface sont défléchies vers les creux de la déformation en suivant la ligne de plus grande pente (figure 6.28*d*). Si ces grosses particules sont également plus frottantes que les petites particules[8], l'augmentation de friction au niveau des creux tend à les ralentir, ce qui accentue la perturbation initiale. La recirculation des grosses particules au niveau du front amplifie le phénomène (figure 6.28*c*).

L'évolution non-linéaire de cette instabilité, et plus généralement le rôle de la ségrégation sur la morphologie des écoulements polydisperses sur pente, est une question encore largement ouverte. D'un point de vue phénoménologique, on observe l'auto-endiguement de l'écoulement entre des berges statiques et la formation de levées sur les bords des dépôts formés de grosses particules[9] (figure 6.29). Une autre conséquence de la stratification en taille verticale lors de l'écoulement semble être une « lubrification » de l'écoulement par les petites particules qui se retrouvent à la base du plan (Goujon *et al.*, 2007 ; Linares-Guerrero *et al.*, 2007). Ce couplage non trivial entre ségregation et écoulement reste mal compris.

8. Cette différence de frottement entre grosses et petites particules peut provenir de la forme des particules, si par exemple les grosses particules sont plus irrégulières. Dans le cas de particules sphériques, nous avons vu que le coefficient de friction basale croît quand le rapport h/d diminue (voir équation 6.63). On peut alors concevoir que, à épaisseur h égale, une couche de grosses billes frotte plus qu'une couche de petites, tant que le fond est assez rugueux pour les retenir.

9. Ces phénomènes s'observent également, dans une moindre mesure, dans certaines configurations d'écoulements de billes quasi-monodisperses (Felix & Thomas, 2004 ; Deboeuf *et al.*, 2006), où ils sont liés au frottement sur le fond – et en particulier à son hystérésis.

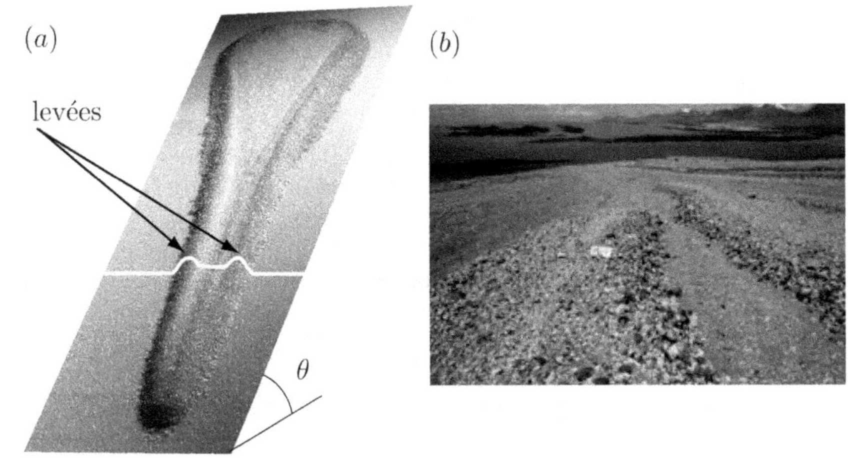

FIG. 6.29 – Formation de levées dans les écoulements polydisperses en laboratoire (*a*) (lâcher de masse sur un plan rugueux, d'après Goujon, 2004) et sur le terrain (*b*) (d'après Felix & Thomas, 2004). On pourra comparer (*a*) avec le cas d'une masse monodisperse montré à la figure 6.23.

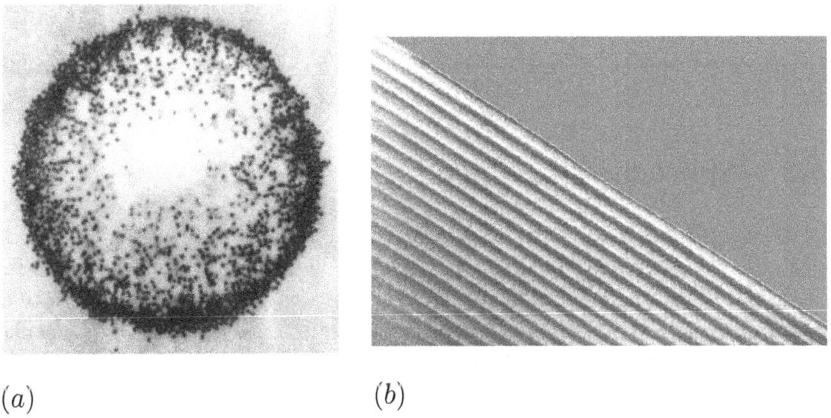

FIG. 6.30 – Ségrégation sur tas. (*a*) Vue de dessus d'un tas formé à partir d'un mélange de grosses billes noires et de petites billes blanches (d'après Thomas, 2000). (*b*) Stratification observée entre deux plaques de verre. Les particules blanches (gros sable) sont rugueuses et les particules noires sont petites et sphériques (bille de verre) (d'après Grasselli & Hermann, 1998).

modèles ont été développés pour reproduire ce phénomène, basés soit sur des automates cellulaires, soit sur des équations de type Saint-Venant à deux couches (Makse *et al.*, 1997 ; Boutreux *et al.*, 1999). Ces modèles confirment que la stratification nécessite un angle de repos différent (et donc une friction différente) entre les grosses et les petites billes.

Une autre configuration très utilisée pour étudier la ségrégation par taille est le tambour tournant. Lorsqu'un mélange de grosses et petites particules est entraîné dans un tambour bidimensionnel comme celui de la figure 6.31*a*, on retrouve très rapidement les petites particules au centre du tambour et les grosses particules à la périphérie (Cantelaube & Bideau, 1995). Le mécanisme est le même que pour le tas : d'une part, les grosses particules remontent à la surface par le phénomène de ségrégation, d'autre part, les petites particules voient une rugosité relative plus importante que les grosses, et ont donc une probabilité plus grande d'être piégées avant d'atteindre le bout du tambour. Ici encore, une stratification est possible si les grosses particules sont plus rugueuses que les petites. Lorsque le tambour devient tridimensionnel, des structures plus complexes apparaissent. On observe la formation spontanée de bandes alternées de grosses et petites particules comme à la figure 6.31*b* (Oyama, 1939 ; Zik *et al.*, 1994 ; Hill *et al.*, 1997). Cette ségrégation axiale s'opère sur une échelle de temps plus longue que la ségrégation radiale décrite précédemment. Elle témoigne d'une dynamique riche, avec des bandes qui peuvent initialement osciller, coalescer ou saturer selon les situations (Aranson & Tsimring, 2006). Des études utilisant la RMN ont montré que le coeur de petites particules subsiste lors de cette instabilité. Le mécanisme de formation de ces bandes est encore discuté. Il semble piloté par la différence de friction entre les deux espèces de grains (Savage, 1993 ; Zik *et al.*, 1994 ; Levine, 1999).

6.4.3 Approches théoriques

Les exemples précédents montrent que la ségrégation en écoulement donne lieu à une phénoménologie variée et riche. Il n'existe pas encore de modèle de ségrégation pour les écoulements denses qui permette de rendre compte de l'ensemble des observations. Nous présentons ici les deux principales approches utilisées. Le lecteur souhaitant approfondir ces questions pourra se reporter aux revues de Ottino & Khakhar (2000) ou Aranson & Tsimring (2006).

Approche cinématique

– *Conservation de la masse pour un mélange bidisperse*
Considérons un mélange de particules constitué de deux espèces, par exemple des petites particules (p) et des grosses particules (g). On modélise ce mélange comme un milieu continu constitué de deux phases continues de masses volumiques ρ^p et ρ^g. La masse volumique du mélange ρ est alors donnée par

$$\rho = \rho^p + \rho^g. \tag{6.95}$$

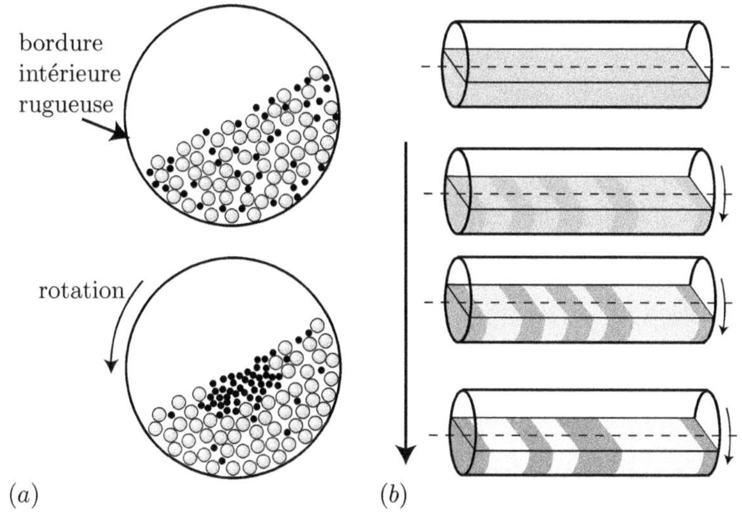

FIG. 6.31 – Ségrégation en tambour tournant. (*a*) Ségrégation radiale à deux dimensions. (*b*) Ségrégation axiale à trois dimensions.

De façon générale, si on appelle $\mathbf{u}^p$ (resp. $\mathbf{u}^g$) la vitesse de chacune des phases[10], la conservation de la masse pour chacune des espèces s'écrit simplement

$$\frac{\partial \rho^p}{\partial t} + \mathrm{div} \rho^p \mathbf{u}^p = 0, \tag{6.96}$$

$$\frac{\partial \rho^g}{\partial t} + \mathrm{div} \rho^g \mathbf{u}^g = 0. \tag{6.97}$$

La vitesse moyenne massique du mélange $\mathbf{u}$ est alors définie par le flux de masse divisé par la masse volumique du mélange selon

$$\mathbf{u} = \frac{\rho^p \mathbf{u}^p + \rho^g \mathbf{u}^g}{\rho}. \tag{6.98}$$

En utilisant cette définition, on peut réécrire les équations de conservation de la masse sous la forme

$$\frac{\partial \rho^p}{\partial t} + \mathrm{div} \rho^p \mathbf{u} = -\mathrm{div}\, \mathbf{j}^p, \tag{6.99}$$

$$\frac{\partial \rho^g}{\partial t} + \mathrm{div} \rho^g \mathbf{u} = -\mathrm{div}\, \mathbf{j}^g, \tag{6.100}$$

où

$$\mathbf{j}^p = -\mathbf{j}^g = \frac{\rho^p \rho^g}{\rho} \left(\mathbf{u}^p - \mathbf{u}^g \right), \tag{6.101}$$

10. La vitesse s'obtient comme pour un milieu monodisperse par un processus de moyennage en sommant la vitesse de translation de tous les grains d'une espèce donnée et en divisant par le nombre de grains de cette espèce (voir paragraphes 3.3 et 5.3.1).

correspondent au flux massique de petites et grosses particules une fois retirée l'advection due à l'écoulement moyen. On se retrouve donc *a priori* avec quatre inconnues : la masse volumique de chacune des phases ρ^p et ρ^g, la vitesse moyenne de l'écoulement $\mathbf{u}$ et le flux massique $\mathbf{j}^p$.

Une première approche, beaucoup utilisée pour décrire la ségrégation par taille sur pente, consiste à découpler entièrement l'écoulement et le processus de ségrégation. Appliquons cette idée au cas d'un écoulement bidimensionnel ($\mathbf{u} = (u_x, u_z)$) que l'on suppose pour simplifier de masse volumique constante ($\rho = \text{cste}$). Le flux de ségrégation est supposé perpendiculaire à la surface libre de l'écoulement, $\mathbf{j}^p = j^p \mathbf{e_z}$, où z est la normale à la pente. La conservation de la masse se résume alors à une seule équation,

$$\frac{\partial \varphi}{\partial t} + u_x \frac{\partial \varphi}{\partial x} + u_z \frac{\partial \varphi}{\partial z} = \frac{(j^g/\rho)}{\partial z}, \tag{6.102}$$

où $\varphi \equiv \rho^p/\rho$ est la fraction massique des petites particules. L'équation (6.102) constitue le point de départ des approches dites *cinématiques* de la ségrégation en écoulement. Dans ces modèles, on suppose que le champ de vitesse (u_x, u_z) est connu et on calcule l'évolution spatio-temporelle de la concentration des petites et grosses particules grâce à l'équation de masse (6.102). Tout le travail consiste donc à déterminer le flux de ségrégation j^g.

– *Flux de ségrégation : modèle de « tamisage cinétique » (Savage & Lun, 1988)*
Un modèle quantitatif pour calculer le flux de ségrégation par taille sur plans inclinés a été proposé par Savage & Lun (1988), sur la base du mécanisme de « tamisage cinétique » (voir §6.4.1). Nous présentons ici une version quelque peu simplifiée de ce modèle. Pour cela, considérons deux couches de grains successives dans un écoulement sur pente caractérisé par un taux de cisaillement $\dot{\gamma}$ (figure 6.32*a*). La couche de grains supérieure a une vitesse relative $\Delta u \sim \dot{\gamma}\bar{d}$ par rapport à la couche du dessous, où $\bar{d}$ est le diamètre moyen du mélange. On suppose que la couche du dessous présente une distribution de trous de taille D aléatoire, qui forme un « tamis » dans lequel les grains du dessus peuvent tomber par gravité. Si l'on note $N(D)\,\mathrm{d}D$ le nombre de trous par unité de surface ayant un diamètre compris entre D et $D + \mathrm{d}D$, alors pendant dt le nombre de grains de la couche au-dessus qui passent sur ces trous est de l'ordre de (figure 6.32*b*)

$$n\bar{d}\,(D + \bar{d})\Delta u\,\mathrm{d}t\,N(D)\mathrm{d}D, \tag{6.103}$$

où $n\bar{d}$ est le nombre de grains par unité de surface (n est le nombre de grains par unité de volume).

L'écoulement est constitué d'un mélange de petites billes de diamètre d^p et de grosses billes de diamètre d^g. On note n^p (resp. n^g) le nombre de petites (resp. grosses) billes par unité de volume. Sachant qu'un grain tombe dans un trou de taille D uniquement si le diamètre du trou est plus grand que son diamètre, on trouve que le nombre de petites (resp. grosses) billes qui tombent par unité de temps et par unité de surface de la couche du dessus dans la couche du dessous s'écrit

$$\mathcal{N}_{\downarrow}^{p,g} = n^{p,g}\bar{d}^2\dot{\gamma}\int_{D>d^{p,g}}(D+\bar{d})N(D)\mathrm{d}D. \qquad (6.104)$$

Le flux de masse de petites (resp. grosses) billes qui se dirigent vers le bas s'écrit alors simplement : $j_{\downarrow}^{p} = -m^p\mathcal{N}_{\downarrow}^{p}$ (resp. $j_{\downarrow}^{g} = -m^g\mathcal{N}_{\downarrow}^{g}$), où m^p (resp. m^g) est la masse des petites (resp. grosses) billes.

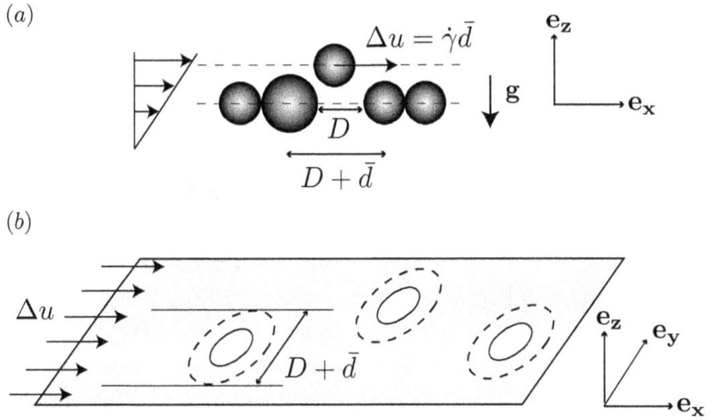

FIG. 6.32 – Mécanisme de « tamisage cinétique » (Savage & Lun, 1988). (*a*) Un grain dans un écoulement cisaillé peut tomber par gravité dans un trou de taille D de la couche inférieure si son centre est compris entre les centres des deux billes du dessous (séparés d'une distance $D+\bar{d}$). (*b*) Pour les grains de la couche supérieure, la couche inférieure forme un « tamis » avec des trous de taille D aléatoires. Les cercles en pointillé donnent la zone de capture dans les trous.

Savage et Lun font ensuite l'hypothèse que le flux massique vertical *total* doit être nul. Il doit donc exister un flux ascendant de particules $j_{\uparrow}^{tot}$ qui compense le flux de masse dirigé vers le bas que nous venons de calculer, soit

$$j_{\downarrow}^{p} + j_{\downarrow}^{g} + j_{\uparrow}^{tot} = 0. \qquad (6.105)$$

Pour modéliser ce flux ascendant, Savage et Lun supposent qu'il ne dépend pas de la taille des particules et qu'il provient simplement d'une vitesse ascendante globale du mélange $u_{\uparrow}$. On a donc

$$j_{\uparrow}^{tot} = j_{\uparrow}^{p} + j_{\uparrow}^{g} = \rho u_{\uparrow} \quad \text{avec} \quad j_{\uparrow}^{p} = \rho^p u_{\uparrow} \quad \text{et} \quad j_{\uparrow}^{g} = \rho^g u_{\uparrow}, \qquad (6.106)$$

où $j_{\uparrow}^{p}$ (resp. $j_{\uparrow}^{g}$) est le flux massique ascendant des petites (resp. grosses) particules, $\rho = \rho^p + \rho^g$ est la masse volumique du mélange et $\rho^p = m^p n^p$ (resp. $\rho^g = m^g n^g$) est la masse volumique de l'empilement des petites (resp. grosses) particules. Les relations (6.105) et (6.106) entraînent $j_{\uparrow}^{p} = (\rho^p/\rho^g)j_{\uparrow}^{g}$

et $j^g_\uparrow = -(\rho^p/\rho)(j^g_\downarrow + j^p_\downarrow)$. En utilisant les relations (6.104) et (6.105), on en déduit le flux massique net de grosses particules

$$j^g = j^g_\downarrow + j^g_\uparrow = \frac{\rho^g}{\rho} m^p \mathcal{N}^p_\downarrow - \frac{\rho^p}{\rho} m^g \mathcal{N}^g_\downarrow, \tag{6.107}$$

soit

$$j^g = \frac{\rho^p \rho^g}{\rho} \bar{d}^2 \dot{\gamma} \int_{d^p}^{d^g} (D + \bar{d}) N(D) \mathrm{d}D. \tag{6.108}$$

Enfin, pour déterminer complètement le flux de ségrégation (6.108), il est nécessaire de connaître la distribution en taille des trous. À partir d'arguments entropiques, Lun et Savage ont proposé une distribussion poissonnienne du type

$$N(D) = \frac{n_{\text{trou}}}{\bar{D} - D_m} \exp - \frac{D - D_m}{\bar{D} - D_m}, \tag{6.109}$$

où n_{trou} est le nombre de trous par unité de surface ($n_{\text{trou}} \propto 1/\bar{d}^2$), $\bar{D}$ la taille moyenne des trous et D_m leur taille minimum.

Les expressions (6.108), (6.109) du flux de ségrégation constituent le résultat principal du modèle. Le flux net de grosses particules est bien positif, c'est-à-dire dirigé vers le haut de l'écoulement avec notre convention. Il est compensé par un flux égal de petites particules $j^p = -j^g$ qui est dirigé vers le bas de l'écoulement. Enfin, comme attendu, ce flux s'annule s'il n'existe qu'une seule sorte de grains ($\rho^p = 0$ ou $\rho^g = 0$; ou $d^p = d^g$). Dimensionnellement, on trouve que le flux massique lié à la ségrégation est proportionnel à la densité du milieu, au taux de cisaillement et au diamètre moyen des grains selon

$$j^g \propto \rho\varphi(1 - \varphi)\bar{d}\dot{\gamma}. \tag{6.110}$$

Il est intéressant de remarquer que la gravité n'apparaît pas dans l'expression du flux, bien qu'elle soit à l'origine de la brisure de symétrie haut/bas en faisant tomber les grains dans les trous du dessous. L'hypothèse sous-jacente est que le temps de chute des grains $\sqrt{d/g}$ est suffisamment court par rapport au temps caractéristique de cisaillement $\dot{\gamma}^{-1}$ pour laisser aux grains le temps de tomber dans la couche inférieure.

Savage & Lun (1988) ont utilisé l'expression du flux dans l'équation de conservation de la masse afin de prédire l'évolution le long d'un plan incliné du profil de concentration d'un mélange bidisperse, en supposant le profil de vitesse linéaire. Plus récemment, la même approche cinématique a été appliquée à d'autres types d'écoulements et de profils de vitesse, en utilisant une expression du flux de ségrégation indépendante du taux de cisaillement mais où la gravité apparaît explicitement (Gray & Thornton, 2005 ; Gray & Ancey, 2009). Ces modèles prédisent en particulier la formation aux temps longs de fronts de concentration discontinus entre les deux espèces de particules (ondes de choc). Pour adoucir ces profils et tenir compte du mélange dû à l'agitation aléatoire des particules, un terme de diffusion est parfois rajouté « à la main » à l'équation (6.102) (Dolgunin *et al.*, 1998).

Approche type « théorie cinétique »

Une autre approche pour trouver les flux de ségrégation consiste à s'inspirer des résultats de la théorie cinétique des gaz denses polydisperses (de Haro *et al.*, 1983). La démarche est similaire à celle que nous avons vue au chapitre 5 pour décrire les gaz granulaires monodisperses. On introduit ainsi une température granulaire T pour le mélange qui est pondérée par la densité des différents constituants. Il apparaît alors naturellement un flux massique pour chaque espèce en réponse aux gradients de l'écoulement, comme pour un fluide classique (Jenkins & Mancini, 1989 ; Khakhar *et al.*, 1999 ; Ottino & Khakhar, 2000 ; Garzo *et al.*, 2007). Pour un mélange binaire, ce flux s'écrit sous la forme

$$\mathbf{j}^g = -D_\varphi \, \nabla\varphi - D_T \, \nabla T - D_P \, \nabla P. \tag{6.111}$$

Le premier terme est le terme classique de diffusion de Fick, où D_φ est le coefficient de diffusion. Il tend à mélanger et homogénéiser les deux constituants comme dans les liquides ou les gaz classiques. Les deux autres termes, habituellement très faibles pour les fluides classiques, peuvent être la source d'une ségrégation s'il existe un gradient de température granulaire ou de pression. En effet, contrairement au terme de Fick, les coefficient D_T et D_P font intervenir la différence de masse entre les grains et ne sont pas nécessairement positifs. S'ils sont négatifs, ils conduisent à de l'anti-diffusion, c'est-à-dire à de la ségrégation.

L'intérêt de cette approche est qu'elle tient compte des différents mécanismes de ségrégation (par taille mais aussi par masse volumique) et du couplage entre ségrégation et écoulement via l'équation de quantité de mouvement et la loi constitutive. Pour les écoulements sur plans inclinés, les expressions des coefficients de diffusion tendent à créer une ségrégation inverse de celle observée dans le régime dense, avec les petites particules près de la surface libre et les grosses en dessous. Pour pallier ces défauts, des expressions *ad hoc* sont parfois utilisées qui permettent de prédire certaines observations (Khakhar *et al.*, 1999). Cependant, la validité de ces équations inspirées par la théorie cinétique reste problématique dans le cas des écoulements denses.

Ce rapide panorama montre que notre connaissance de la ségrégation dans les écoulements denses est encore parcellaire. Des expériences récentes suggèrent que la position d'un grain dans un écoulement bidisperse résulte d'une compétition entre un effet géométrique dû à la différence de tailles, qui tend à faire remonter les grosses particules, et un effet de masse, qui tend à entraîner les grosses particules vers le fond car la poussée d'Archimède du milieu ambiant ne compense pas leurs poids. Suivant le rapport entre les tailles, les grosses particules se retrouvent soit toutes à la surface libre, soit à des positions intermédiaires dans l'écoulement, soit au fond (Thomas, 2000 ; Felix & Thomas, 2004b). Ces positions d'équilibre bien définies suggèrent l'existence d'une force de ségrégation qui agit vers le haut et qui varie avec la position de la particule. La meilleure compréhension de cette « force de ségrégation » est une étape importante en vue de descriptions plus complètes des écoulements polydisperses, qui couple ségrégation et rhéologie (voir encadré 6.2).

Encadré 6.6

La neige : un exemple de milieu granulaire polydisperse

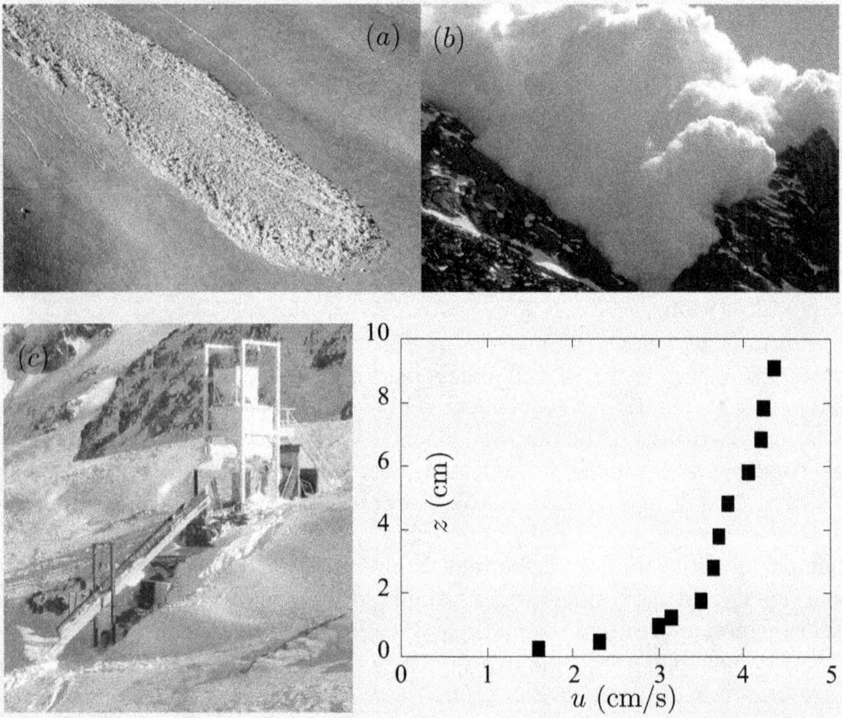

FIG. E6.10 – (*a*) Avalanche dense. (*b*) Avalanche en aérosol. (*c*) Profil de vitesse d'un écoulement stationnaire de neige fraîche mesuré en paroi d'un canal incliné (photographie) (station du col du Lac Blanc, Cemagref) (inclinaison $\theta = 37°$, épaisseur $h = 9{,}5$ cm) (d'après Rognon, 2006).

Les concepts développés pour les milieux granulaires peuvent-ils s'appliquer à la neige ? S'il est vrai que la neige est formée de particules, c'est un matériau granulaire bien plus complexe qu'une assemblée de particules solides et non cohésives telle que nous l'étudions dans cet ouvrage (Rognon,

2006). Tout d'abord, la neige peut exister sous de nombreuses formes. Selon les conditions météorologiques et l'instant où on l'étudie, le grain de neige peut être un flocon s'imbriquant avec ses voisins pour former un manteau neigeux aéré (neige fraîche), une petite particule de glace reliée aux autres par des ponts solides ou capillaires (grain fin, neige humide) ou encore un amas peu cohésif (gobelet, neige roulée). De même, il existe des modes variés de déclenchement et d'écoulement d'avalanches de neige. L'avalanche peut partir en plaque, quand une couche de neige stabilisée par le vent repose sur un manteau moins cohésif, ou démarrer de façon ponctuelle dans le cas de neige fraîche ou humide. On distingue principalement deux modes d'écoulement : les avalanches denses et en aérosol. Les avalanches denses (figure E6.10*a*,*c*) sont composées de grains fins ou humides. Elles se caractérisent par une forte masse volumique (de 50 à 400 kg/m^3), une épaisseur de l'ordre du mètre et une vitesse allant de 10 à 80 km/h. Leur dynamique est dominée par les contacts entre grains. L'autre grand type d'avalanches sont les avalanches aérosols (figure E6.10*b*). Elles sont constituées d'une suspension diluée de grains dans l'air ambiant (environ 1 kg/m^3). Leur hauteur peut atteindre plusieurs dizaines de mètres pour des vitesses pouvant aller jusqu'à 300 km/h. La dynamique de ces écoulements est essentiellement dominée par les interactions avec le fluide ambiant turbulent (voir chapitre 8, §8.6). Les avalanches aérosols sont en général accompagnées par un écoulement dense en dessous.

D'un point de vue rhéologique, les avalanches de neige dense ont des points communs avec les écoulements granulaires denses. En particulier, leur résistance à l'écoulement semble assez bien décrite par une loi frictionnelle, pour laquelle la contrainte tangentielle est proportionnelle à la contrainte normale. Cependant, la dépendance du coefficient de friction effectif de ce milieu avec la vitesse, la pression, etc., fait encore l'objet de recherches. Une des difficultés provient du fait que la taille des grains évolue au cours de l'écoulement avec la formation d'aggrégats. Il se produit alors un phénomène de ségrégation qui conduit à un écoulement stratifié dans lequel les petits grains se retrouvent à la base de l'écoulement et les gros à la surface libre. Nous avons vu que cette stratification en taille couplée à la rhéologie $\mu(I)$ entraîne un profil de vitesse fortement cisaillé près du fond et quasiment uniforme en surface (encadré 6.2). On retrouve bien cette allure de profil de vitesse sur des mesures *in situ* effectuées avec de la neige fraîche (figure E6.10*c*).

Pour les applications pratiques en géotechnique et la prévention des avalanches, on utilise en général des expressions *ad hoc* pour le coefficient de friction. Ces lois sont ensuite introduites dans des modèles hydrodynamiques de type Saint-Venant (§6.3). Moyennant une calibration du modèle, il est possible de reproduire certaines trajectoires d'avalanches sur des topographies complexes. Ce domaine est cependant encore largement empirique.

Chapitre 7

Milieux granulaires immergés

Ce chapitre est consacré aux propriétés de milieux granulaires plongés dans un liquide. Les mélanges de grains et de fluides sont utilisés dans de nombreux procédés industriels, notamment dans le domaine de la construction pour les matériaux de base comme le béton ou le ciment. Dans les problèmes liés à l'environnement, le couplage entre un sol granulaire et l'eau conditionne en grande partie la stabilité des sols et est au coeur de notre compréhension de nombreuses catastrophes naturelles telles que les glissements de terrain ou les coulées de boues. La physique des milieux diphasiques grains-liquide est un domaine de recherche extrêmement vaste. Dans le cadre de ce livre centré sur les milieux granulaires, nous allons nous restreindre au régime de fortes concentrations, pour lequel les grains interagissent principalement par les interactions de contacts. Notre but est d'illustrer, à travers des exemples simples, comment les concepts développés dans les chapitres précédents sur les milieux granulaires secs sont modifiés en présence d'un fluide interstitiel. L'idée principale que nous allons développer est que le mouvement du fluide à travers le squelette granulaire induit des contraintes supplémentaires sur les grains, qui peuvent profondément affecter le comportement du milieu. Dans la première partie (§7.1) nous introduisons le formalisme des équations diphasiques, qui fourni le cadre théorique adéquat pour l'étude des milieux granulaires immergés. Dans cette approche, le milieu granulaire et le liquide sont décrits comme deux milieux continus qui s'interpénètrent et interagissent. Dans la seconde partie, nous verrons des exemples simples d'utilisation des équations diphasiques dans le cas où le squelette granulaire est statique (§7.2) ou soumis à des faibles déformations (§7.3). Enfin, l'influence d'un fluide interstitiel sur la rhéologie des milieux granulaires sera discutée dans la section 7.4.

7.1 Équations diphasiques

Considérons un milieu granulaire plongé dans un liquide. Les particules ont une densité ρ_p et la phase fluide une densité ρ_f et une viscosité η. L'approche diphasique décrit les deux phases comme deux milieux continus s'écoulant à des vitesses différentes $\mathbf{u}^p$ pour la phase solide et $\mathbf{u}^f$ pour la phase fluide. Ces vitesses sont définies comme la moyenne de la vitesse de chaque phase dans un volume élémentaire δV plus grand que la taille des grains. Pour les grains, $\mathbf{u}^p$ correspond à la moyenne de la vitesse des grains dans le volume élémentaire. Pour le fluide, $\mathbf{u}^f$ correspond à la vitesse du fluide moyennée sur le volume de fluide présent dans δV. Pour des définitions rigoureuses des processus de moyennage, le lecteur est renvoyé à Jackson (1997, 2000).

La fraction volumique de solide est notée ϕ conformément à la convention du reste de l'ouvrage. Écrire les équations diphasiques revient à écrire la conservation de la masse ainsi que la conservation de la quantité de mouvement pour chacune des deux phases. La conservation de la masse sous l'hypothèse d'un fluide et de grains incompressibles s'écrit assez aisément. La conservation de la quantité de mouvement nécessite en revanche de définir les contraintes qui agissent sur chacune des deux phases.

7.1.1 Conservation de la masse

Sous l'hypothèse d'incompressibilité du fluide et des grains, *i.e.* ρ_p et ρ_f sont considérées comme constantes, la conservation de la masse pour le solide et pour le liquide s'écrit simplement

$$\frac{\partial \phi}{\partial t} + \frac{\partial u_i^p \phi}{\partial x_i} = 0 \,, \tag{7.1}$$

$$\frac{\partial (1-\phi)}{\partial t} + \frac{\partial u_i^f (1-\phi)}{\partial x_i} = 0 \,. \tag{7.2}$$

En sommant ces deux équations, l'incompressibilité du mélange est retrouvée

$$\frac{\partial u_i^m}{\partial x_i} = 0 \,, \tag{7.3}$$

en définissant la vitesse du mélange $\mathbf{u}^m$ comme $\mathbf{u}^m = \phi \mathbf{u}^p + (1-\phi)\mathbf{u}^f$.

7.1.2 Définition des contraintes effectives

Avant d'écrire la conservation de la quantité de mouvement, il convient de définir les contraintes qui s'exercent sur chaque phase. Considérons une surface élémentaire $\mathrm{d}S$ dans un mélange de solide et de liquide sur laquelle s'exerce une force $\mathrm{d}F$ (figure 7.1). Une partie $\mathrm{d}F^p$ de cette force est portée par les contacts entre grains, l'autre partie $\mathrm{d}F^f$ est portée par l'eau. En termes de contrainte on peut introduire la contrainte solide $\boldsymbol{\sigma}^p$ et la contrainte fluide

$\boldsymbol{\sigma}^f$ telle que les forces élémentaires qui s'exercent sur une surface dS dont la normale $\mathbf{n}$ est orientée vers l'extérieur s'écrivent

$$\mathrm{d}F_i^p = \mathrm{d}S\sigma_{ij}^p n_j \,, \tag{7.4}$$

$$\mathrm{d}F_i^f = \mathrm{d}S\sigma_{ij}^f n_j \,. \tag{7.5}$$

Le point important à noter est que la surface totale dS intervient dans la définition des deux contraintes (7.4) et (7.5). En conséquence, les contraintes sont additives, c'est-à-dire que la contrainte totale qui s'exerce sur le milieu effectif que constitue le mélange entre les grains et le fluide est donnée par

$$\boldsymbol{\sigma}^{\mathrm{m}} = \boldsymbol{\sigma}^p + \boldsymbol{\sigma}^f. \tag{7.6}$$

Avec ce choix de définition des contraintes, la contrainte solide provenant des forces de contact entre particules est identique à la contrainte définie dans les milieux granulaires secs au chapitre 3.3, et la même formule (3.21) permet de calculer les contraintes à partir des forces interparticules.

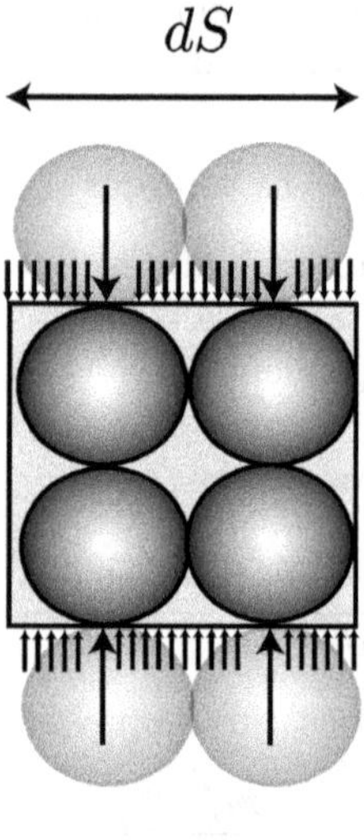

FIG. 7.1 – Répartition des contraintes dans un milieu diphasique : la contrainte portée par le squelette solide est reliée aux forces de contact entre particules (grandes flèches), la contrainte fluide est reliée aux efforts sur le fluide (petites flèches).

7.1.3 Équations du mouvement

Ayant défini les contraintes sur les deux phases, il s'agit ensuite d'écrire les équations du mouvement. L'accélération de la phase solide résulte de trois forces :

- la gravité ;

- les forces qu'exerce le solide sur lui-même, égales à la divergence du tenseur des contraintes solides ;
- la force qu'exerce le liquide sur le solide.

Des termes similaires apparaissent dans l'accélération de la phase liquide, avec la force qu'exerce le solide sur le liquide opposée à la force qu'exerce le liquide sur le solide. On obtient alors les équations du mouvement

$$\rho_p \phi \left(\frac{\partial u_i^p}{\partial t} + u_j^p \frac{\partial u_i^p}{\partial x_j} \right) = \rho_p \phi g_i + \frac{\partial \sigma_{ij}^p}{\partial x_j} + f_i \,, \tag{7.7}$$

$$\rho_f (1-\phi) \left(\frac{\partial u_i^f}{\partial t} + u_j^f \frac{\partial u_i^f}{\partial x_j} \right) = \rho_f (1-\Phi) g_i + \frac{\partial \sigma_{ij}^f}{\partial x_j} - f_i \,. \tag{7.8}$$

Ces équations peuvent se démontrer à partir d'un processus de moyennage rigoureux sur les deux phases, qui permet d'obtenir des expressions formelles des tenseurs des contraintes $\boldsymbol{\sigma}^p$ et $\boldsymbol{\sigma}^f$ et de la force inter-phase $\mathbf{f}$ en fonction de la contrainte locale du fluide, des contraintes qui s'exercent à l'interface entre les grains et le liquide et des forces inter-particules (voir Jackson, 1997, 2000). Cependant, ces formules complexes qui font intervenir des intégrales sur la surface des grains et des sommes sur les particules ne permettent pas d'exprimer $\boldsymbol{\sigma}^p$, $\boldsymbol{\sigma}^f$ et $\mathbf{f}$ en fonction des grandeurs moyennes. Elles ne sont donc pas d'un grand secours pour proposer des lois de comportements et on est contraint de proposer des relations de fermeture empiriques.

La première fermeture concerne la force d'interaction $\mathbf{f}$ qui s'exerce entre la phase fluide et la phase solide. L'hypothèse classique consiste à séparer $\mathbf{f}$ en une composante due à la poussée d'Archimède et une composante de traînée liée à la vitesse relative entre les deux phases[1]. Dans le régime visqueux, cette force s'exprime comme suit

$$f_i = \phi \frac{\partial \sigma_{ij}^f}{\partial x_j} + \beta(\phi) \frac{\eta}{d^2} (u_i^f - u_i^p), \tag{7.9}$$

où η est la viscosité du fluide et d la taille des particules. Le premier terme est la force d'Archimède, pour laquelle, comme dans Jackson (2000), nous utilisons la totalité du tenseur des contraintes et pas seulement le terme de pression. Le second terme est la traînée visqueuse qui est proportionnelle à la vitesse relative entre les phases ; il met en jeu une fonction sans dimension $\beta(\phi)$ qui croît avec la fraction volumique. Notons que dans le cas d'écoulements rapides ou d'un liquide peu visqueux, ce terme de traînée peut être modifié pour tenir compte d'une traînée inertielle ou des termes de masse ajoutée (§2.3). Nous ne considérons ici que la limite visqueuse. Sous ces hypothèses

1. Notons que certains auteurs suggèrent qu'un terme supplémentaire doit être introduit dans la force inter-particules. Ce terme prend la forme de la divergence d'un tenseur (Lhuillier, 2009).

pour la force d'interaction, les équations du mouvement pour les deux phases s'écrivent

$$\rho_p \phi \left(\frac{\partial u_i^p}{\partial t} + u_j^p \frac{\partial u_i^p}{\partial x_j} \right) = \rho_p \phi g_i + \frac{\partial \sigma_{ij}^p}{\partial x_j} + \phi \frac{\partial \sigma_{ij}^f}{\partial x_j} + \beta(\phi) \frac{\eta}{d^2} (u_i^f - u_i^p), \tag{7.10}$$

$$\rho_f (1-\phi) \left(\frac{\partial u_i^f}{\partial t} + u_j^f \frac{\partial u_i^f}{\partial x_j} \right) = \rho_f (1-\Phi) g_i + (1-\phi) \frac{\partial \sigma_{ij}^f}{\partial x_j} - \beta(\phi) \frac{\eta}{d^2} (u_i^f - u_i^p). \tag{7.11}$$

Il reste à proposer les deux dernières relations de fermeture pour le tenseur des contraintes du fluide et des particules. Ce problème est encore loin d'être résolu et motive de nombreuses recherches. Le processus de moyennage effectué par Jackson (2000) permet de mettre en évidence l'origine physique des contraintes. Le tenseur particulaire $\boldsymbol{\sigma}^p$ provient uniquement des contacts entre particules, alors que le tenseur fluide $\boldsymbol{\sigma}^f$ prend en compte les contraintes moyennes dans le fluide mais également les interactions hydrodynamiques grains-fluides. Bien qu'un peu rigoriste, ce formalisme permet d'aborder des problèmes complexes mettant en jeu un couplage entre un milieu granulaire et un fluide comme le transport de sédiments (Ouriemi *et al.*, 2009), que nous développerons dans le chapitre 8, les glissements de terrains (Pittman & Le, 2005 ; Berzi & Jenkins, 2005) et les lits fluidisés (Jackson, 2000 ; Duru *et al.*, 2002). Dans le cadre de ce chapitre nous allons nous contenter de donner quelques applications simples qui illustrent dans quelle mesure les concepts introduits dans le cas des milieux granulaires secs sont modifiés en présence de fluide.

7.1.4 Limite diluée

Dans la limite diluée lorsqu'il n'y a pas de contact entre grains et que les interactions hydrodynamiques entre grains sont faibles – les grains ne se voient pas – les relations de fermeture ont été établies rigoureusement. Le coefficient $\beta(\phi)$ introduit dans l'expression (7.9) s'obtient en remarquant que le dernier terme de l'équation (7.9) est la force par unité de volume subie par les grains, due à l'écoulement relatif de fluide. Elle est égale à la force de traînée de Stokes sur une particule, qui vaut $3\pi\eta d(\mathbf{u}^f - \mathbf{u}^p)$ (§2.3), multipliée par le nombre de particules par unité de volume, égal à $\phi/(\pi d^3/6)$. On trouve ainsi

$$\beta(\phi) = 18\phi\ . \tag{7.12}$$

Les fermetures concernant les tenseurs des contraintes peuvent également être calculées. Premièrement, l'absence de contact implique que le tenseur des contraintes particulaire est nul ($\sigma_{ij}^p = 0$). Les seules contraintes existantes sont donc portées par la phase liquide et s'écrivent sous une forme newtonienne

$$\sigma^f_{ij} = -P^f \delta_{ij} + \alpha(\phi)\, \eta \left(\frac{\partial u^m_i}{\partial x_j} + \frac{\partial u^m_j}{\partial x_i} \right), \tag{7.13}$$

où $\alpha(\phi)$ est une fonction de la fraction volumique qui tend vers 1 à fraction volumique nulle. P^f est la pression du fluide dans le milieu, aussi appelée pression de pore ou pression interstitielle. Il est possible de calculer $\alpha(\phi)$ (Zhang & Prosperetti, 1997 ; Jackson, 1997) sous l'hypothèse que les rotations moyennes du fluide et du solide sont les mêmes. Le calcul repose sur la modification du champ de vitesse engendrée par une sphère suspendue librement, sans force ni couple, dans un écoulement élongationnel. Il donne la relation suivante

$$\alpha(\phi) = 1 + \frac{5}{2}\phi\,. \tag{7.14}$$

Cette loi est connue sous le nom de relation d'Einstein, ce dernier l'ayant dérivée dans la limite iso-dense en 1906.

7.1.5 Limite dense

L'autre limite est celle des milieux très denses, pour lesquels les grains sont au contact. La fonction $\beta(\phi)$ peut alors être reliée à la perméabilité du milieu poreux équivalent, comme nous le verrons dans la section 7.2.2. À partir de formules empiriques de perméabilité que l'on trouve dans la littérature, on peut donc proposer une expression pour $\beta(\phi)$. Par exemple, à partir de la formule de Carman-Kozeni (§7.2.2) qui permet de décrire la perméabilité de milieux poreux formés de sphères, on déduit l'expression suivante pour $\beta(\phi)$

$$\beta(\phi) = \frac{A\phi^2}{1-\phi}, \tag{7.15}$$

où A est une constante qui peut varier entre 150 et 180 selon les modèles (Dullien, 1992 ; Ouriemi *et al.*, 2009). Le raccordement entre cette expression et celle obtenue dans la limite diluée se situe autour de $\phi \simeq 0{,}1$.

Dans la limite dense, les fermetures sur les contraintes sont beaucoup moins évidentes. Ce régime se caractérise par des grains très proches les uns des autres, qui sont soit en contact réel, soit en quasi-contact lubrifié. Quand deux grains se rapprochent, les contraintes dans la couche de lubrification qui sépare les grains sont beaucoup plus grandes que celles dans la cavité avoisinante. La pression devient alors fortement hétérogène à l'échelle du grain. En pratique, on a rarement accès dans les expériences aux deux composantes fluide et solide séparément, mais on mesure la contrainte totale du mélange $\boldsymbol{\sigma}^m = \boldsymbol{\sigma}^f + \boldsymbol{\sigma}^p$. Remonter aux lois de comportement macroscopiques $\boldsymbol{\sigma}^f$ et $\boldsymbol{\sigma}^p$ reste donc un enjeu majeur. Pour la contrainte solide, nous verrons que des propositions ont été faites pour utiliser une loi de friction similaire à celle obtenue pour les milieux granulaires secs. Pour la contrainte fluide $\boldsymbol{\sigma}^f$, faute de calcul plus précis, certaines études (Brinkman, 1947 ; Jackson, 1997 ; Ouriemi, 2009) proposent de continuer à utiliser la formulation (7.13) avec la viscosité d'Einstein (équation 7.15). Dans les configurations granulaires dominées par les contacts entres les grains, la dynamique est essentiellement gouvernée par la friction entre grains, et cette imprécision sur la contrainte fluide ne porte pas à conséquence. On peut même dans la majorité des cas simplifier le problème en ne considérant que la partie isotrope de la contrainte fluide, c'est-à-dire la pression

$$\sigma^f_{ij} = -P^f \delta_{ij}. \tag{7.16}$$

Cette hypothèse, que nous adoptons dans la suite de ce chapitre, revient à considérer que les contraintes visqueuses de la formule (7.14), issues des cisaillements moyens, sont négligeables devant les contraintes frictionnelles de cisaillement de la phase solide issues des contacts entre particules. Nous verrons dans le chapitre suivant, consacré au transport sédimentaire, une situation dans laquelle les contraintes tangentielles du fluide ne peuvent pas être négligées.

7.2 Rôle du fluide sur les empilements statiques

Nous discutons dans cette section du cas extrêmement simple où les grains restent immobiles. Le milieu granulaire se comporte alors comme un milieu poreux dans lequel peut circuler le fluide.

7.2.1 Équilibre statique

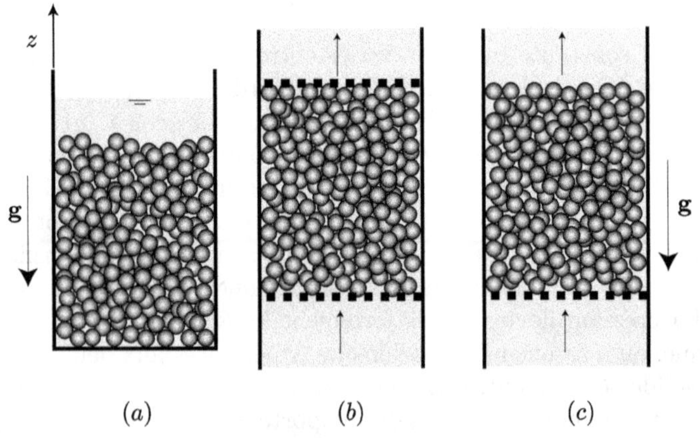

FIG. 7.2 – (*a*) Empilement granulaire immergé. (*b*) Écoulement à travers un milieu granulaire. (*c*) Lit fluidisé.

Considérons tout d'abord la situation simple de l'équilibre statique ($\mathbf{u}^f = \mathbf{u}^p = 0$) d'un sol formé de grains plongés dans un liquide sous gravité (figure 7.2*a*). L'interface entre le fluide clair et le milieu granulaire est plane. Les équations d'équilibre pour le solide (7.10) et le fluide (7.11) s'écrivent alors

$$-\rho_p \phi g + \frac{\partial \sigma^p_{zz}}{\partial z} - \phi \frac{\partial P^f}{\partial z} = 0, \tag{7.17}$$

$$-\rho_f (1-\phi) g - (1-\phi) \frac{\partial P^f}{\partial z} = 0. \tag{7.18}$$

Les équations diphasiques se réduisent donc à celles de l'hydrostatique. La pression de l'eau est donnée par le poids de la colonne d'eau totale, et la contrainte normale granulaire $P^p = -\sigma^p_{zz}$ est donnée par le poids déjaugé des grains

$$P^f = -\rho_f g z + P_0 \,, \tag{7.19}$$

$$P^p = -(\rho_p - \rho_f)\phi g z \,, \tag{7.20}$$

où $z = 0$ correspond à la surface de l'empilement granulaire et P_0 est la pression du liquide à $z = 0$.

7.2.2 Écoulement dans un poreux

Considérons maintenant le problème d'un écoulement de fluide à travers un milieu poreux formé par un empilement granulaire à la fraction volumique ϕ coincé entre deux plaques (figure 7.1*b*). L'écoulement moyen du fluide se fait selon la direction z à la vitesse $\mathbf{u}^f = u^f \mathbf{e}_z$. Le milieu poreux est statique ($\mathbf{u}^p = 0$).

Les équations du mouvement (7.11) se résument donc à l'équilibre entre le gradient de pression et la force de traînée visqueuse

$$\frac{\partial P^f}{\partial z} = -\frac{\beta(\phi)}{(1-\phi)} \frac{\eta}{d^2} u^f \,. \tag{7.21}$$

On retrouve donc une relation du type loi de Darcy pour les écoulements dans un poreux. Traditionnellement la relation de Darcy, qui relie le gradient de pression à la vitesse moyenne dans un poreux, est exprimée en introduisant la perméabilité du milieu k

$$\frac{\partial P^f}{\partial z} = -\frac{\eta}{k} V \,, \tag{7.22}$$

où V est la vitesse moyenne calculée comme le débit volumique à travers le poreux divisé par la section, *i.e.* $V = (1-\phi)u^f$. Les équations diphasiques que nous avons introduites sont donc compatibles avec la loi de Darcy en prenant

$$\beta(\phi) = \frac{(1-\phi)^2 d^2}{k(\phi)} \,. \tag{7.23}$$

Notons que pour un milieu poreux formé par un empilement de sphères, une expression empirique de la perméabilité peut être donnée par la formule de Carman-Kozeni

$$k = \frac{(1-\phi)^3 d^2}{A\phi^2} , \tag{7.24}$$

où A est une constante entre 150 et 180 pour les empilements de sphères. On retrouve dans ce cas pour β la formule (7.15).

7.2.3 Lit fluidisé

Reprenons le même problème d'écoulement dans un poreux formé d'un empilement de grains à une fraction volumique ϕ_0, mais cette fois en présence de gravité. L'écoulement de fluide s'oppose à la gravité et le milieu n'est plus contraint par une plaque au dessus mais repose sous son propre poids sur une plaque poreuse. Cette configuration est celle des lits fluidisés, utilisés dans de nombreux procédés industriels. Lorsque le débit de fluide est suffisant, le milieu peut être mis en suspension, ce qui assure un bon mélange et permet d'optimiser les réactions chimiques entre le fluide et les grains.

Si V est la vitesse débitante du fluide en amont de l'empilement, la vitesse verticale de la phase fluide dans le poreux est, par conservation de la masse, égale à $u^f = V/(1-\phi_0)$. Le gradient de pression fluide s'écrit alors d'après (7.11) et (7.23),

$$\frac{\partial P^f}{\partial z} = -\rho_f g - \frac{\eta}{k(\phi_0)} V . \tag{7.25}$$

Si l'on appelle P^p la contrainte normale dans la phase granulaire, $P^p = -\sigma^p_{zz}$, le gradient de contrainte dans la phase granulaire est donné par la relation suivante

$$\frac{\partial P^p}{\partial z} = -\phi_0(\rho_p - \rho_f)g + \frac{\eta}{k(\phi_0)} V , \tag{7.26}$$

d'où on déduit la répartition de contrainte dans le solide

$$P^p = -\left(\phi_0(\rho_p - \rho_f)g - \frac{\eta}{k(\phi_0)} V\right) z . \tag{7.27}$$

Nous voyons immédiatement que pour une vitesse critique

$$V_c = \phi_0 k(\phi_0)(\rho_p - \rho_f)g/\eta , \tag{7.28}$$

la traînée due à l'écoulement de fluide compense exactement le poids dejaugé des grains. À partir de cette vitesse d'injection la contrainte granulaire P^p s'annule, les grains ne sont plus en contact et le milieu perd toute résistance. Si l'on augmente la vitesse du fluide, le milieu se dilate et passe en régime de suspension. C'est la fraction volumique ϕ qui s'ajuste de telle sorte que[2]

2. Cette relation est valable uniquement à faible nombre de Reynolds, lorsque la traînée provient bien des contraintes visqueuses.

$V = \phi k(\phi)(\rho_p - \rho_f)g/\eta$. La dynamique des lits fluidisés au-delà du seuil de fluidisation est très riche et génère des phénomènes tels que la formation d'ondes de densité et l'apparition de bulles, qui font l'objet de nombreux travaux (Jackson, 2000 ; Duru *et al.*, 2002 ; Sundaresan, 2003). Notons que ces phénomènes peuvent être appréhendés dans le cadre des équations diphasiques.

Encadré 7.1

Rôle de l'air dans les milieux granulaires vibrés

Nous avons vu dans l'encadré 5.4 la richesse de la dynamique observée lorsqu'une couche de grains posée sur une plaque est vibrée verticalement. De nombreux motifs et instabilités peuvent être observés. Si les grains utilisés sont petits, l'air interstitiel peut jouer un rôle non négligeable et contrôler la dynamique du système. Le rôle de l'air dans les milieux vibrés a souvent été source de polémiques dans la littérature.

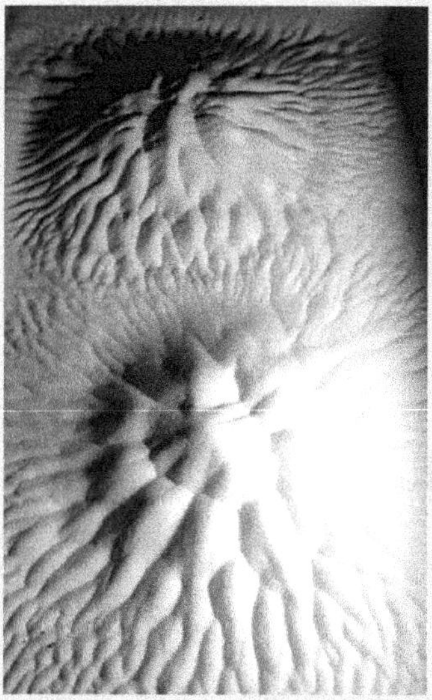

FIG. E7.1 – Exemple de mise en tas spectaculaire obtenue lorsqu'une épaisse couche de poudre de silice est soumise à des vibrations verticales (d'après Duran, 2002).

Une première manifestation du rôle de l'air est la formation des figures de Chladni (1787). Chladni déposa une fine couche de poudre de lycopode sur un violon et observa que, lorsqu'un son est produit, les grains se rassemblent sur les lignes d'amplitude de vibration maximale de la table d'harmonie. Lorsque les grains sont plus gros (du sable par exemple), ils se rassemblent en revanche aux noeuds de vibration. Cette différence est due aux effets de l'air. Dans le cas de gros grains insensibles aux mouvements d'air, les grains sautent sur la surface qui vibre et finissent par se rassembler là où la plaque bouge le moins, c'est-à-dire aux nœuds de vibration. Dans le cas de grains fins, le mécanisme est différent. Les grains sont entraînés par les écoulements d'air induits par le phénomène d'écoulement acoustique (« *acoustic streaming* » en anglais) qui provient d'un forçage par le tenseur de Reynolds associé aux ondes acoustiques. Les grains se rassemblent alors au niveau des maxima.

Un second exemple du rôle de l'air est le phénomène de mise en tas étudié plus récemment (voir la revue Aranson & Tsimring, 2006). Lorsqu'une couche granulaire initialement plate est vibrée verticalement, elle a tendance à se rassembler et finit par former un tas. Si on diminue la pression de l'air ou si on augmente la taille des grains, l'effet disparaît presque totalement (Laroche *et al.*, 1989 ; Pak *et al.*, 1995), ce qui montre qu'il est directement lié à un couplage entre le mouvement des grains et l'air. Des expériences sur des couches épaisses montrent que la mise en tas peut s'accompagner de la formation de motifs complexes (figure E7.1).

La présence d'air est rendue responsable de nombreux autres phénomènes souvent surprenants dans les couches granulaires vibrées, comme la formation de motifs en touches de piano (Matas *et al.*, 2008) ou bien la ségrégation en bandes observée lorsqu'un mélange de poudres de densités différentes est vibrés (Burtally *et al.*, 2002). Toutes ces études montrent qu'il faut toujours garder à l'esprit que le fluide interstitiel, même si c'est de l'air, peut influencer la dynamique des milieux granulaires.

7.3 Rôle du fluide lors de la compaction ou de la dilatation d'un milieu granulaire

Dans l'exemple précédent du lit fluidisé, l'écoulement de fluide est imposé par l'extérieur et induit des contraintes supplémentaires sur le squelette granulaire. Mais le fluide interstitiel peut également être mis en mouvement en l'absence de toute injection extérieure. C'est notamment le cas lorsque, sous l'effet de sollicitations extérieures, le squelette granulaire se déforme et se compacte ou se dilate. En présence d'un liquide incompressible, une compaction ou une dilatation induit des écoulements de fluide qui génèrent des contraintes supplémentaires sur le squelette granulaire. En retour, ces contraintes peuvent modifier la façon dont le milieu se déforme. La dynamique d'un mélange grains-liquide résulte donc d'un couplage non trivial entre les deux phases. Dans cette section, nous illustrons ces idées à travers quelques exemples tels que la consolidation d'un sol, le problème de liquéfaction et le déclenchement de glissements de terrain.

7.3.1 Consolidation d'un sol : un aperçu de la poroélasticité

Considérons un sol granulaire à l'équilibre, saturé en eau, à la surface duquel on impose subitement une contrainte supplémentaire. En pratique, cette contrainte peut provenir par exemple de la construction d'un bâtiment ou de la déposition de nouvelles couches de sédiments. La contrainte supplémentaire induite par la masse a tendance à compacter le sédiment. Mais pour se compacter, l'eau doit être évacuée du milieu, ce qui génère un écoulement de fluide s'opposant à la compaction. La dynamique de déformation du milieu résulte donc d'un couplage entre déformation du squelette granulaire et écoulement du fluide. Dans cette section, nous étudions ce problème pour une configuration simple, unidimensionnelle, un problème initialement étudié par Terzaghi (1943).

La configuration étudiée est celle de la figure 7.3*a*. Un milieu granulaire plongé dans l'eau est initialement précontraint sous une contrainte normale P_0^p. Cette contrainte peut être par exemple appliquée par la grille supérieure sur laquelle une masse M_0 est posée. Initialement le milieu est statique et la fraction volumique vaut ϕ_0. À $t = 0$, la contrainte extérieure est soudainement augmentée à une valeur supérieure $P_{\text{ext}} = P_0^p + \Delta P$, par exemple en ajoutant une petite masse ΔM supplémentaire sur la grille. Nous négligeons les effets inertiels, c'est-à-dire les membres de gauche dans les équations (7.10) et (7.11) ainsi que la gravité supposée faible devant les contraintes mises en jeu. Les vitesses sont dirigées selon l'axe z, $\mathbf{u}^p = u^p\mathbf{e}_z$ et $\mathbf{u}^f = u^f\mathbf{e}_z$. Nous appellons P^p la contrainte normale verticale que subissent les grains : $P^p = -\sigma_{zz}^p$. Avant de résoudre le problème, il nous faut proposer une équation constitutive qui contrôle la déformation du squelette granulaire. Dans cette configuration de compaction unidimensionelle, l'hypothèse proposée est que la contrainte est une fonction croissante de la fraction volumique : $P^p = P^p(\phi)$. Sous l'hypothèse de faibles déformations autour de l'état initial il est possible de linéariser cette relation

$$P^p = P_0^p + B(\phi - \phi_0) \,. \tag{7.29}$$

La constante B peut être considérée comme un module élastique (§3.5). Il est alors possible de prédire l'évolution temporelle de la répartition des contraintes et de la fraction volumique à partir des équations diphasiques. Tout d'abord, en considérant la somme des conservations de la masse (7.1) et (7.2) et le fait que le fond de la cuve est imperméable, on montre que la vitesse du mélange est nulle

$$\phi u^p + (1 - \phi)u^f = 0 \,. \tag{7.30}$$

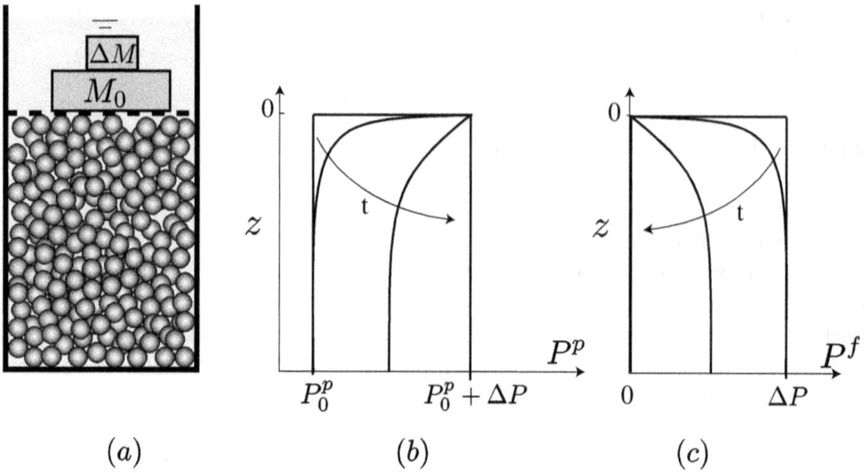

FIG. 7.3 – (*a*) Principe de la consolidation unidirectionnelle ; un surpoids ΔM est ajoutée à $t = 0$. (*b*) Évolution temporelle de la contrainte granulaire. (*c*) Évolution temporelle de la pression interstitielle.

En utilisant cette identité, ainsi que la relation (7.23), l'équation de quantité de mouvement sur le fluide (7.11) se réduit donc à l'expression suivante

$$\frac{\partial P^f}{\partial z} = \frac{\eta}{k(\phi)} u^p \, , \tag{7.31}$$

où $k(\phi)$ est la perméabilité du milieu granulaire. De cette relation on peut exprimer la vitesse de la phase particulaire u^p en fonction du gradient de pression fluide, que l'on peut injecter dans la conservation de la masse de la phase granulaire (7.1), pour trouver

$$\frac{\partial \phi}{\partial t} + \frac{\partial}{\partial z}\left(\frac{\phi k(\phi)}{\eta}\frac{\partial P^f}{\partial z}\right) = 0 \, . \tag{7.32}$$

L'équilibre total du mélange est donné par la somme des équations (7.7) et (7.8) et impose que $\partial P^p/\partial z + \partial P^f/\partial z = 0$. Enfin, sous l'hypothèse de faibles déformations ($\phi - \phi_0 \ll \phi_0$), la relation constitutive (7.29) permet d'écrire l'équation d'évolution pour la contrainte granulaire à partir de l'équation (7.32),

$$\frac{\partial P^p}{\partial t} = \frac{\phi_0 k(\phi_0) B}{\eta}\frac{\partial^2 P^p}{\partial z^2} \, . \tag{7.33}$$

La pression fluide P^f et la fraction volumique ϕ étant reliées linéairement à P^p, elles suivent la même loi d'évolution. La dynamique de consolidation d'un sol est donc contrôlée par un processus de diffusion avec une constante de diffusion $\phi_0 kB/\eta$ liée à la perméabilité k du milieu, la raideur B du squelette granulaire et la viscosité η du liquide. Les évolutions de P^p et P^f au cours du temps sont schématisées sur la figure 7.3*b*,*c*. Dans les instants initiaux, la surcontrainte ΔP imposée sur la plaque supérieure se propage très peu aux autres grains et sert principalement à évacuer le fluide, induisant une hausse de la pression interstitielle. Le liquide s'écoulant, ΔP commence à être repris par le squelette granulaire. P^p augmente, gagne tout l'échantillon et au final, la surpression imposée ΔP est entièrement portée par les grains. La pression de fluide revient alors à son niveau initial. Si H est la hauteur initiale de l'empilement, la consolidation a donc lieu sur un temps caractéristique $\tau \sim H^2\eta/kB$, qui est d'autant plus long que les grains sont petits (faible perméabilité), que l'échantillon est grand, que le milieu est mou (faible B) ou que le fluide est visqueux.

Cet exemple simple de consolidation unidirectionnelle montre l'importance du couplage entre la déformation du milieu granulaire et l'écoulement de fluide. La généralisation à des déformations tridimensionelles, bien que conceptuellement similaire, met en jeu des écritures tensorielles qui peuvent vite rendre le système complexe. L'étude générale de ces couplages entre un poreux élastique et un fluide fait l'objet de la théorie de la poroélasticité et le lecteur est renvoyé à des ouvrages spécialisés pour plus de renseignements (Wang, 2000).

Pour finir ces quelques lignes dédiées à ces phénomènes, notons que ceux-ci ne concernent pas uniquement la consolidation des sols, mais se retrouvent dans plusieurs problèmes mettant en jeu un milieu poreux déformable gorgé de liquide, notamment en biomécanique. La mécanique des os, des cartilages ou le comportement des tissus végétaux sont souvent traités dans ce cadre.

7.3.2 Liquéfaction des sols

Dans l'exemple précédent, le tassement provient de la surcontrainte imposée au milieu, qui déforme des grains. Cependant nous avons vu dans la section 3.1.4 qu'il est possible de compacter un milieu granulaire en imposant des vibrations ou bien des chargements cycliques. L'étude de ce type de sollicitations est cruciale pour la compréhension du comportement des sols lors de tremblements de terre. Certains sols peuvent en effet littéralement se liquéfier lors d'un séisme, comme l'attestent les photos de la figure 7.4 montrant des habitations qui ont coulé dans le sol. Les secousses sismiques ont fait perdre toute résistance au sol. Une fois le tremblement de terre terminé, le sol a retrouvé sa tenue et les bâtiments sont partiellement ensevelis. Un schéma qualitatif du phénomène est présenté sur la figure 7.5.

Un empilement lâche est initialement au repos et peut supporter sans se déformer une contrainte extérieure P_0. Si on perturbe la stabilité de l'empilement par une secousse, le milieu se déstabilise et a tendance à se compacter. Cependant, pour ce faire, le milieu doit évacuer le liquide interstitiel. Pendant

FIG. 7.4 – Exemples de constructions qui se sont affaissées suite à un séisme qui a provoqué la liquéfaction du sol. Photographie de gauche : séisme de Nigata (Japon) 1964 ; photographie de droite : Caracas (Venezuela) 1967.

ce transitoire, un écoulement vertical relatif entre le fluide et les grains est donc créé, qui s'oppose à la compaction et allège une partie, voire toute la contrainte portée initialement par les contacts entre grains. Pendant ce transitoire, les grains peuvent perdre contact et la contrainte granulaire peut s'annuler. Il s'agit d'une situation similaire à celle de la fluidisation présentée à la section 7.2.3, mais dans laquelle l'écoulement de fluide n'est pas imposé pas l'extérieur mais est induit par la compaction du milieu. Le milieu se comporte transitoirement comme une suspension et n'offre alors plus aucune résistance au cisaillement, ce qui permet à un objet lourd de couler, ou à un objet léger initialement enterré de remonter (des citernes de gaz ou des bouches d'égout par exemple, remontent lors d'évènements de liquéfaction). Il est important de noter que ce phénomène est transitoire. À la fin du processus, le surplus de liquide est évacué, le milieu se retrouve dans un état plus compact qu'initialement et la contrainte est de nouveau portée par les contacts entre grains (figure 7.5).

Une analyse précise de ce phénomène dans le cadre des équations diphasiques dépasse largement le cadre de cet ouvrage, et nécessite de coupler des modèles plastiques dilatants avec la mécanique des fluides. Notons toutefois qu'une simplification est souvent faite en mécanique des sols pour étudier la capacité d'un sol à se liquéfier. Sur les grandes distances mises en jeu dans les situations réelles, l'évacuation de l'eau prend un temps assez long. Dans les premiers instants, l'eau n'a donc pas le temps de s'écouler et on peut supposer que les déformations du sol se déroulent à volume constant. Une approche classique consiste donc à étudier comment un milieu granulaire se déforme lorsqu'on le contraint à occuper un volume constant. Pour cela on utilise le test triaxial introduit au chapitre 4 (§4.1.3), mais en condition non drainée. Cela signifie que la vanne de sortie liée à la poche intérieure est fermée (figure 7.6). L'eau piégée dans les grains ne peut être évacuée. Différents types de chargement peuvent ensuite être appliqués. Dans ce type d'essai, une mesure cruciale est la mesure de la pression de l'eau interstitielle qui renseigne sur

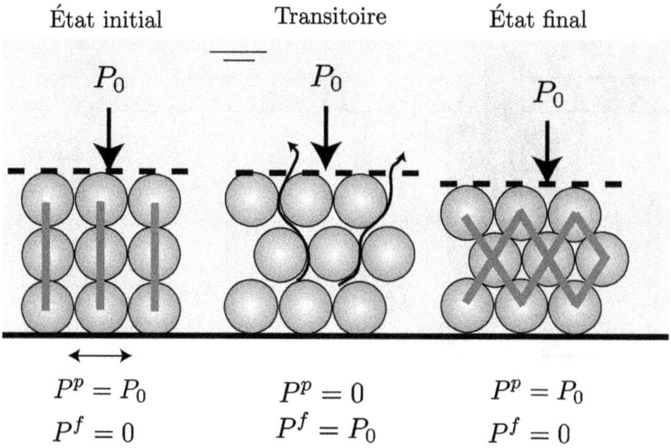

FIG. 7.5 – Principe de la liquéfaction d'un sol. Un état initialement lâche se déstabilise sous l'effet d'une vibration pour finir dans un état plus compact. Les lignes représentent les forces de contact entre grains.

la part des contraintes prises par le squelette granulaire et la part portée par le liquide. Par exemple, si l'on part d'un empilement initialement très lâche et qu'on le déforme, on observe une augmentation progressive de la pression interstitielle qui finit par être égale à la pression de confinement imposée à la membrane. Cela signifie qu'au cours de la déformation, les grains se sont arrangés de telle sorte qu'ils ne sont plus en contact les uns avec les autres : la membrane contenant l'échantillon ne fait qu'appuyer sur l'eau (figure 7.6). Ce type d'échantillon peut donc potentiellement donner lieu au phénomène de liquéfaction.

Pour terminer cette discussion sur l'effet du fluide interstitiel sur des milieux granulaires en vibration, mentionnons le rôle de l'air sur la dynamique des milieux granulaires vibrés (encadré 7.1).

7.3.3 Conséquence pour les glissements de terrain

Une autre conséquence du couplage entre grains et liquide induite par la compaction ou la dilatation du milieu concerne le déclenchement de glissements de terrain. Ce phénomène a été mis en évidence et étudié par Iverson et ses collaborateurs à travers une expérience de grande envergure (Iverson *et al.*, 2000). Ces chercheurs ont préparé sur une même pente un sol dans un état dense et un sol dans un état lâche, qu'ils ont ensuite aspergé d'eau jusqu'à ce que le milieu se mette à s'écouler (figure 7.7). Les modes de déclenchement de ces mini-glissements de terrain provoqués artificiellement sont radicalement différents suivant la préparation initiale du sol. La mise en mouvement du sol lâche est catastrophique, donnant lieu à un mouvement soudain

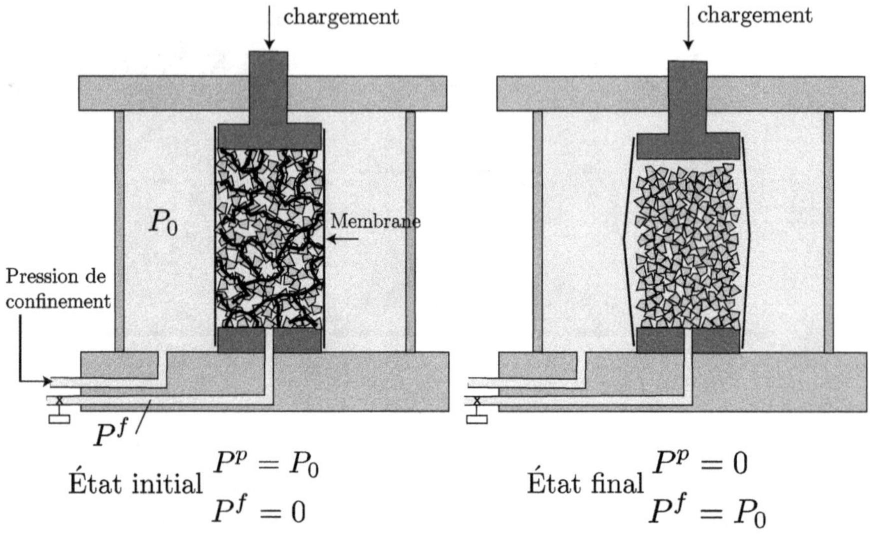

FIG. 7.6 – Essai triaxial non drainé. Le milieu initialement lâche se réarrange au cours de la déformation, de telle sorte que la contrainte de confinement exercée par la membrane extérieure se trouve entièrement portée par l'eau. Les lignes noires schématisent les forces de contact entre les grains.

et très rapide de toute la masse de matériel qui dévale la pente comme un fluide. En comparaison, la mise en mouvement du sol dense est beaucoup plus lente, et s'effectue de façon intermittente par petites avancées.

L'explication qualitative du phénomène repose sur des arguments similaires à ceux présentés précédemment pour la liquéfaction des sols. Elle met en jeu les effets de dilatance et contractance que nous avons décrits en détail dans le chapitre 4 consacré à la plasticité des milieux granulaires. Lorsque le sol lâche commence à se mettre en mouvement, il se compacte en expulsant dans le même temps l'eau interstitielle. Cette eau qui sort de la couche allège les grains, ce qui a pour conséquence de faire diminuer la contrainte, et donc la friction. La mobilité s'en trouve accrue. En revanche dans le cas du sol dense, le mouvement initial induit une dilatation et donc une aspiration d'eau dans le matériau qui presse les grains les uns contre les autres et augmente ainsi la friction, réduisant la mobilité. Pour aborder ces problèmes complexes de glissements de terrain et d'écoulements de débris, des modèles basés sur les équations diphasiques moyennées dans l'épaisseur ont été développés (Pitman & Le, 2005). Les effets de dilatance peuvent y être introduits (Pailha & Pouliquen, 2009), ce qui permet d'expliquer en partie ces phénomènes.

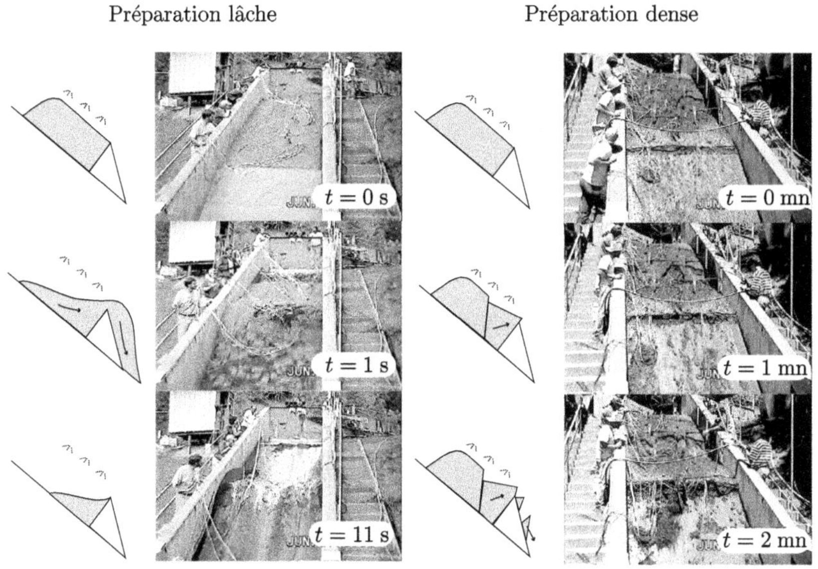

FIG. 7.7 – Différence de dynamique observée pour des mini-glissements de terrain obtenus en faisant pleuvoir artificiellement sur un sol préparé respectivement dans un état lâche et dans un état dense (photographies tirées du film de Iverson *et al.*, 2000).

Encadré 7.2

Les sables mouvants

De nombreux films ont gravé dans l'imaginaire collectif l'image de sables mouvants constitués de sable sec engloutissant tout être vivant ayant le malheur de s'y aventurer. Si ces images font partie du mythe, l'existence de sols sableux très instables dans lesquels on s'enfonce est une réalité. Ces sols sont toutefois toujours plus denses que le corps humain ; cela assure, de par la poussée d'Archimède, que l'on ne peut sombrer entièrement. L'appellation de « sables mouvants » couvre en réalité plusieurs situations qui sont assez différentes par la nature des mécanismes physiques mis en jeu. Dans tous les cas, le fluide interstitiel joue un rôle fondamental et est la source du comportement « mouvant » des sables.

Sables mouvants induits par des écoulements d'eau

Un sable de plage ou de rivière peut devenir très peu solide en présence d'une remontée d'eau locale. Par exemple, lorsqu'une différence de niveau d'eau existe de part et d'autre d'une berge peu perméable (figure E7.2), une résurgence est créée en aval de la barrière. La présence de sources souterraines peut également entraîner ce type de phénomène. On se retrouve alors localement dans la configuration du lit fluidisé présentée à la section 7.2.3, où un milieu granulaire est traversé par un courant ascendant de fluide. L'écoulement vertical du fluide induit une force de traînée sur le sable qui l'allège, diminuant la pression effective du milieu granulaire. La résistance du sol étant proportionnelle à la pression (critère de friction), elle diminue sous l'effet du courant ascendant et peut s'annuler en cas de liquéfaction totale si la résurgeance est suffisament puissante. Ce type de phénomène peut s'observer lors de fortes marées sur les plages, ou dans les rivières au niveau de confluences ou de barres de sable.

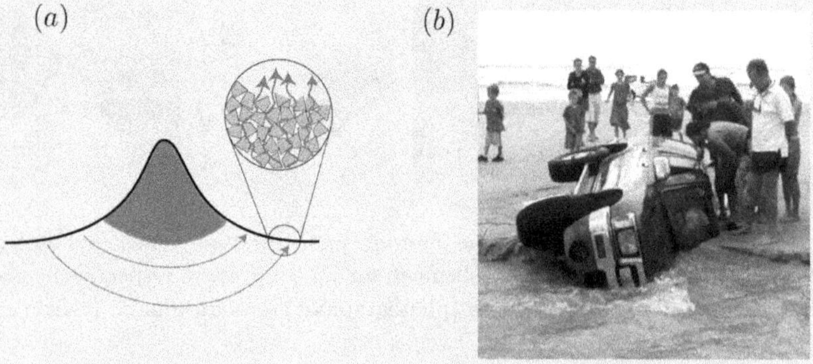

FIG. E7.2 – Sable mouvant induit par un écoulement d'eau dans le sol. (*a*) Mécanisme de fluidisation pouvant vraisemblablement expliquer la photographie (*b*) et les désagréments subis par le 4X4.

Sables mouvants boueux

Ce qu'on nomme le plus souvent sables mouvants est constitué d'un mélange de sable, d'argile et d'eau salée dont la résistance chute brutalement quand on le sollicite. Ces milieux se retrouvent dans les estuaires, sur les berges de lacs. C'est par exemple le cas de la tangue, un dépôt vaseux présent dans la baie du Mont-Saint-Michel dont les sables mouvants sont une attraction touristique (figure E7.3*a*). une étude sur la rhéologie de ces sols spécifiques (Khaldoun *et al.*, 2005) a montré que le caractère « mouvant » de ce « sable » s'explique par sa structure particulière. Le milieu est assez peu chargé en sable, la fraction volumique de grains étant de l'ordre de 40 %. Les grains sont maintenus dans cet état très lâche grâce à l'argile et l'eau salée qui forme un gel et confère de la rigidité à l'ensemble. Lorsqu'une surcharge ou une agitation sont appliquées au milieu, on brise le gel (comme lorsqu'on liquéfie un yaourt en le touillant). Les grains sédimentent alors dans le liquide. On se retrouve alors dans une situation analogue au phénomène de liquéfaction discuté dans la section 7.3.2. Au cours de ce processus transitoire, la viscosité du matériau chute brutalement, comme le montrent les mesures de laboratoire (Khaldoun *et al.*, 2005). Ce système est assez complexe, car il met en jeu un fluide interstitiel au comportement non-newtonien, et une dynamique de compaction du milieu granulaire. À la fin du processus, le sable se dépose au fond dans un empilement dense et le milieu retrouve la forte résistance d'un milieu granulaire immergé dense. Il est donc très difficile de s'extirper du bourbier. Une solution qui a quelquefois été utilisée pour sortir des personnes sérieusement coincées consiste à injecter du fluide dans le milieu (avec une lance à incendie par exemple), ce qui à pour effet de fluidiser de nouveau le sable, permettant la libération de la personne. Ces sables mouvants résultent donc d'une combinaison de deux effets : l'argile permet un sol initial très fragile, tandis que la présence de sable produit un sol final résistant.

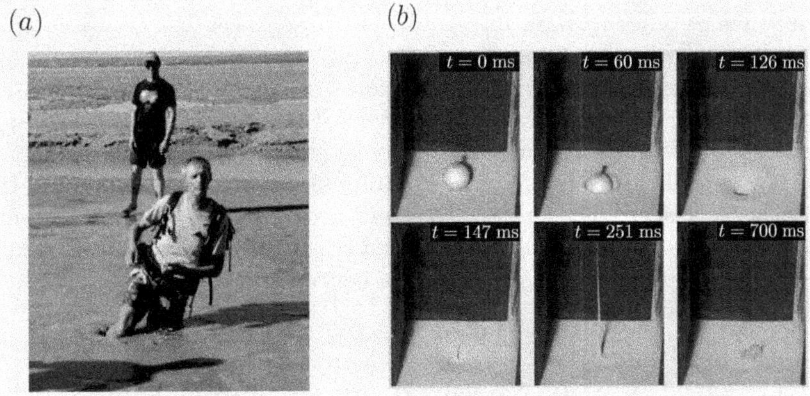

FIG. E7.3 – (*a*) Sables mouvants dans la baie du Mont-Saint-Michel (France) (Photographie de Didier Lavadoux, Guide Naturaliste de la baie du Mont-Saint-Michel). (*b*) Sables mouvants secs en laboratoire. Une boule est déposée sur un milieu granulaire fin ($d = 40$ µm) initialement préparé dans un état très lâche en injectant de l'air par en-dessous. L'injection est coupée lors du lâcher de la boule (photographies issues de Lohse *et al.*, 2004).

Sables mouvants secs ou *fesh fesh*

Un dernier type de sables mouvants se rencontre dans les zones désertiques en l'absence d'eau. Bien connus des motards et pilotes de rallyes, les « *fesh fesh* » désignent des zones très peu denses constituées de sable très fin, ou plus précisément de poussières accumulées par déposition. Ces zones sont instables, et les voitures ou motos passant dessus peuvent s'enfoncer et s'enliser dans cette poussière sèche. L'enfoncement n'est généralement que de quelques dizaines de centimètres mais cela suffit pour immobiliser un véhicule. Il est probable que dans ces systèmes constitués de fines particules, l'air qui est le fluide interstitiel joue un rôle et aide à fluidiser la poudre par des mécanismes similaires à ceux discutés à la section 7.3.2. L'influence de l'air sur le comportement de poudres fines est d'ailleurs observée en laboratoire (Lohse *et al.*, 2004). Une boule posée sur un milieu granulaire fin initialement préparé dans un état très lâche, coule littéralement dans le milieu, formant par ailleurs un superbe jet comme dans un liquide (figure E7.3*b*).

7.4 Rôle du fluide dans les écoulements granulaires

L'écoulement de milieux granulaires en présence d'un fluide interstitiel est un domaine de recherche qui conjugue les difficultés inhérentes aux milieux granulaires et celles relevant du monde des suspensions. Les grains en écoulement dans un liquide subissent à la fois des interactions de contact et des interactions hydrodynamiques. La question d'une rhéologie des milieux granulaires immergés est donc loin d'être résolue. Cette courte section se limite à discuter des difficultés que posent les écoulements de grains dans un liquide, et présente quelques pistes de réflexion proposées dans la littérature. Les travaux sur les suspensions denses s'attachent principalement à comprendre les interactions hydrodynamiques et négligent les contacts. Dans le cadre de ce livre, nous adoptons un point de vue non conventionnel en raisonnant plutôt sur les contacts entre grains.

7.4.1 Milieux granulaires ou suspensions ?

Les écoulements de mélanges de fluides et de grains sont habituellement classés dans la problématique des suspensions. Dans le régime dilué, les grains interagissent uniquement via des interactions hydrodynamiques. Si l'on augmente la concentration en particules, on s'attend intuitivement à ce que des contacts entre grains se créent et commencent à jouer un rôle. Dans la limite d'empilements assez compacts, de forte fraction volumique, les interactions de contact dominent la dynamique. Ce régime granulaire immergé se caractérise par des contraintes portées par les contacts entre grains grandes devant les contraintes visqueuses dans le fluide. Notons que la distinction entre un milieu granulaire immergé et une suspension dense qui serait contrôlée par les interactions hydrodynamiques est loin d'être évidente et la question d'une éventuelle transition entre un régime granulaire et un régime de suspension reste ouverte. Une source de difficulté provient des forces de lubrification entre grains. Nous avons vu au chapitre 2 (§2.3.3) qu'en théorie, des grains parfaitement lisses en présence d'un fluide ne peuvent se rencontrer. La formation de contacts est donc une question non triviale dans laquelle la rugosité des particules joue sans doute un rôle important. Nous ne rentrerons pas ici dans ces débats sur l'existence ou non de contacts, et nous contentons d'observations

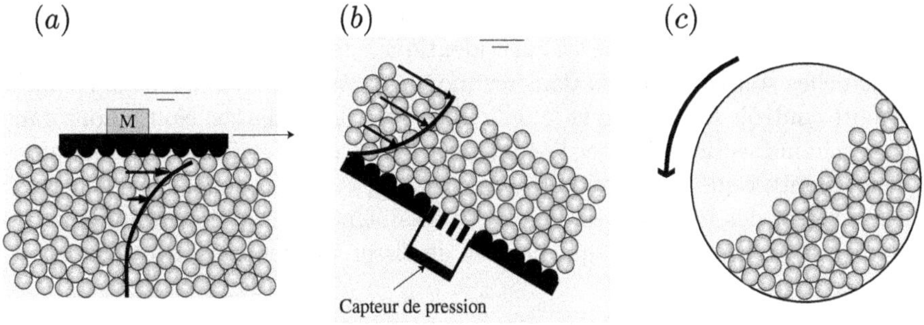

FIG. 7.8 – Exemples d'écoulements granulaires immergés : (*a*) une plaque rugueuse est tirée sur un empilement granulaire immergé ; (*b*) écoulement sur plan incliné immergé ; (*c*) tambour tournant immergé.

phénoménologiques tendant à montrer qu'un régime granulaire immergé existe bien à fortes concentrations.

Considérons par exemple le mouvement d'un radeau rugueux tiré continûment à la surface d'un milieu granulaire immergé dans un bain de liquide (figure 7.8*a*). Dans les régimes de faibles vitesses, le comportement est le même en présence ou non de liquide : le milieu se comporte comme un milieu frottant, et la force nécessaire pour bouger le radeau est proportionnelle à la force normale ; le coefficient de friction est égal à 0,38 pour des billes de verre, ce qui est comparable aux valeurs obtenues dans le cas sec (Divoux & Géminard, 2007). Le second exemple montrant l'existence d'un régime granulaire est celui du plan incliné rugueux sur lequel une couche de grains s'écoule, l'ensemble étant immergé dans un liquide (figure 7.8*b*). Nous ne sommes plus dans un régime quasi-statique, et pourtant, des preuves existent que le système est encore dominé par les contacts entre grains. En effet, il est possible dans cette configuration, de réaliser des mesures de pression interstitielle sous la couche en écoulement (Cassar *et al.*, 2005) en positionnant un capteur de pression sous une grille plus fine que la taille des grains. Les mesures montrent qu'en régime stationnaire, l'écart entre la pression mesurée et la pression hydrostatique ne dépasse jamais 15 % du poids des grains pour les écoulements les plus rapides. Cela signifie que 85 % du poids des grains est porté par la grille à travers le réseau de contacts. D'autres configurations telles que le tambour tournant (figure 7.8*b*) ont été étudiées (Courrech du Pont *et al.*, 2003 ; Jain *et al.*, 2004), montrant que la phénoménologie des angles critiques d'avalanche, d'angle de repos se retrouve dans le cas immergé, bien que les propriétés d'écoulement soient affectées par la présence du fluide interstitiel.

Compte tenu de ces observations, il est tentant d'aborder la rhéologie des milieux granulaires immergés en suivant la même démarche que pour les écoulements granulaires secs (§6.2). Nous avons souligné, dans le cas des écoulements secs, la nécessité de raisonner à pression imposée – et non à fraction volumique imposée – pour interpréter nombre de configurations. Le cas des écoulements immergés est identique, de ce point de vue. Dans les avalanches sous-marines ou dans les mouvements de sédiments sous l'eau, la gravité contrôle la pression et le milieu est libre de se dilater. Nous allons dans la prochaine section discuter la configuration de cisaillement à pression imposée et montrer que, tout comme dans le cas sec, l'analyse dimensionelle permet de proposer des lois simples. Le cas du cisaillement à fraction volumique imposée est ensuite abordé, qui permet de tisser un lien avec les suspensions denses.

7.4.2 Cisaillement à contrainte normale imposée

Considérons la configuration de cisaillement plan à contrainte normale imposée dont nous sommes partis pour étudier les écoulements granulaires denses (§6.2.1). On se propose ici de considérer la même configuration, mais immergée dans un fluide (figure 7.9). Dans ce cas, les grains sont confinés par une contrainte normale P^p imposée grâce à une plaque poreuse rugueuse qui laisse circuler le fluide et est libre de bouger verticalement. Un cisaillement $\dot{\gamma}$ est imposé par le déplacement horizontal de la plaque supérieure. Comme dans le cas sec, on se demande comment varient la fraction volumique ϕ et la contrainte tangentielle τ_p qu'exercent les grains sur la plaque en fonction du cisaillement $\dot{\gamma}$ et de la contrainte de confinement P^p. Notons que nous raisonnons ici uniquement sur les contraintes portées par les contacts entre grains et non sur les contraintes dans le fluide, un point que nous discuterons par la suite.

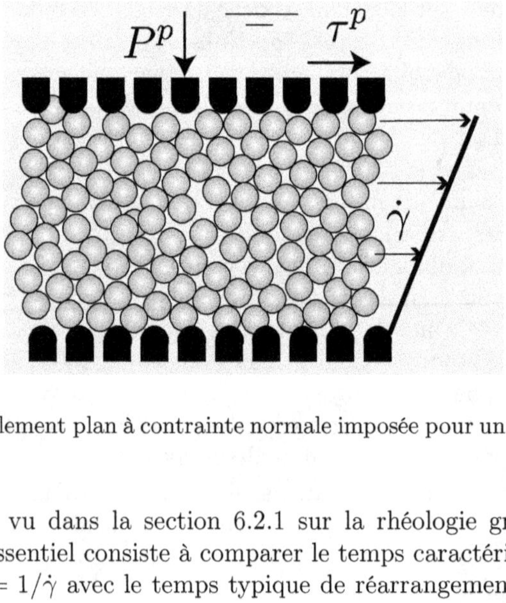

FIG. 7.9 – Cisaillement plan à contrainte normale imposée pour un milieu granulaire immergé.

Nous avons vu dans la section 6.2.1 sur la rhéologie granulaire, qu'un raisonnement essentiel consiste à comparer le temps caractéristique de déformation $t_{\text{macro}} = 1/\dot{\gamma}$ avec le temps typique de réarrangement microscopique

t_{micro}. En effet si la déformation est lente par rapport au temps typique d'une particule qui tombe dans un trou, la déformation peut être considérée comme quasi-statique de sorte que la contrainte ne dépend pas du cisaillement. Cette vision permet une première approche naïve du rôle du fluide : sa présence modifie le temps de chute d'une bille, ce qui contribue à modifier la loi de comportement du milieu.

L'équation qui régit le mouvement vertical d'une particule qui chute sous une pression P^{p} s'écrit

$$m\frac{\mathrm{d}^2 z}{\mathrm{d}t^2} \simeq P^{\text{p}} d^2 - F_{\text{drag}}. \tag{7.34}$$

L'analyse du temps qu'elle met pour chuter de sa propre taille met en évidence trois régimes (Courrech du Pont *et al.*, 2003 ; Cassar *et al.*, 2005) :

- *Régime de chute libre.* Dans ce régime, la traînée induite par le fluide est négligeable durant sa courte chute. La particule suit un mouvement accéléré décrit par les deux premiers termes de l'équation (7.34). C'est le régime des écoulements granulaires secs traité dans la section (§6.2.1). En considérant $z \sim d$ et $t \sim t_{\text{micro}}$ dans le premier terme de (7.34), on obtient $t_{\text{micro}}^{\text{chute}} \sim d/\sqrt{P^{\text{p}}/\rho_p}$.

- *Régime visqueux.* Dans ce régime la bille atteint très rapidement sa vitesse terminale contrôlée par l'équilibre entre la traînée visqueuse et la contrainte appliquée. Le temps de chute sur un diamètre est donc contrôlé par l'équilibre des termes de droite dans (7.34). Sachant que $F_{\text{drag}} \sim \eta\, d\, \mathrm{d}z/\mathrm{d}t$ (§2.3.1), on trouve que $t_{\text{micro}}^{\text{visq}} = \eta/P^{\text{p}}$.

- *Régime turbulent.* Dans ce régime la bille atteint également sa vitesse terminale qui est contrôlée cette fois par la traînée turbulente et la contrainte appliquée. Sachant que $F_{\text{drag}} \sim C_d d^2 \rho_f (\mathrm{d}z/\mathrm{d}t)^2$, où C_d est le coefficient de traînée (§2.3.1), on obtient l'estimation du temps de chute microscopique : $t_{\text{micro}}^{\text{turb}} \sim d/\sqrt{P^{\text{p}}/(\rho_f C_d)}$.

La transition entre ces différents régimes est contrôlée par deux nombres sans dimension : le nombre de Stokes St qui compare le temps de chute libre au temps visqueux, et un nombre r, qui compare le temps de chute libre au temps turbulent :

$$St = \frac{t_{\text{micro}}^{\text{chute}}}{t_{\text{micro}}^{\text{visq}}} = \frac{d\sqrt{P^{\text{p}}\rho_p}}{\eta}, \tag{7.35}$$

$$r = \left(\frac{t_{\text{micro}}^{\text{chute}}}{t_{\text{micro}}^{\text{turb}}}\right)^2 = \frac{\rho_p}{\rho_f C_d}. \tag{7.36}$$

Un diagramme de phase des différents régimes peut donc être tracé dans le plan des deux paramètres (St, r) (figure 7.10). Si le temps le plus long est $t_{\text{micro}}^{\text{chute}}$, à savoir si $St \gg 1$ et $r \gg 1$, on obtient le régime des écoulements

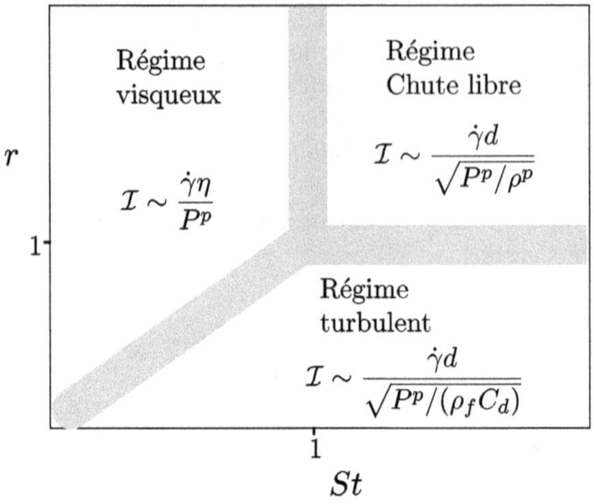

FIG. 7.10 – Diagramme des différents régimes d'écoulement dans le plan (St, r), pour les écoulements granulaires immergés cisaillés à pression granulaire P^p imposée. L'expression du nombre sans dimension $\mathcal{I}$ pertinent dans chacun des régimes est indiquée.

granulaires secs ; le fluide ne joue pas de rôle. Si le temps le plus long est $t_{\text{micro}}^{\text{visq}}$ c'est-à-dire si $St \ll 1$ et $r \gg St$, le régime est contrôlé par la viscosité. Enfin si le temps le plus long est le temps turbulent ($r \ll 1$ et $St \gg r$), le régime est contrôlé par le frottement turbulent.

Si l'on revient au problème du cisaillement plan de la figure 7.9, on peut penser que le nombre sans dimension pertinent est le taux de cisaillement multiplié par le temps de chute microscopique. Nous appellons ce nombre $\mathcal{I}$ par analogie avec le cas sec. Les différentes expressions de $\mathcal{I}$ dans les trois régimes sont indiquées sur la figure 7.10. De cette analyse, on peut alors tirer par analyse dimensionnelle que la rhéologie de la phase granulaire dans chaque régime prend la forme d'une loi de friction et d'une loi de fraction volumique

$$\tau^p = \mu(\mathcal{I})P^p \quad \text{et} \quad \phi = \phi(\mathcal{I}). \tag{7.37}$$

Nous retrouvons la rhéologie des milieux granulaires secs dans le régime de chute libre mais nous obtenons de nouvelles lois d'échelle dans les autres régimes. Il n'existe à l'heure actuelle aucune vérification précise de ce type de diagramme fondé sur l'analyse des échelles de temps caractéristiques, ni de mesures précises et directes des fonctions $\mu(\mathcal{I})$ et $\phi(\mathcal{I})$ qui interviennent dans chaque régime – hormis le cas sec de chute libre.

Néanmoins, des renseignements peuvent être obtenus dans le régime visqueux à partir des écoulements stationnaires uniformes sur plan incliné (figure 7.8*b*). Dans cette configuration et sous réserve de négliger les contraintes visqueuses du fluide, l'angle d'inclinaison donne le coefficient de friction $\tan\theta = \mu$. D'autre part, la mesure de la vitesse de la couche permet d'estimer le paramètre $\mathcal{I} = \eta\dot{\gamma}/P^p$. En faisant varier l'inclinaison on obtient ainsi la relation $\mu(\mathcal{I})$. Il ressort de ces expériences que la loi de friction a une forme similaire à celle obtenue en sec ; elle démarre à une valeur seuil μ_s et croît avec $\mathcal{I}$ ensuite. À faible $\mathcal{I}$, la contrainte tangentielle peut alors s'écrire comme une contribution frictionnelle et la somme d'une contribution visqueuse $\tau^p = \mu(\mathcal{I})P^p \simeq \mu_s P^p + A\eta\dot{\gamma}$. Les expériences montrent que le coefficient A est de l'ordre de 100 (Cassar *et al.*, 2005 ; Pailha & Pouliquen, 2009). Dans le cadre de cette approche, on peut montrer également que le profil de vitesse au sein de la couche doit être parabolique. En effet, la relation $\tan\theta = \mu(\mathcal{I})$ impose que $\mathcal{I}$ est une constante dans toute la couche, d'où on déduit immédiatement que $\dot{\gamma} \propto \phi(\rho_p - \rho_f)g\cos\theta(h-z)/\eta$. Le profil de vitesse en régime stationnaire et uniforme est donc une demi-parabole, $u^p(z) \propto [\phi(\rho_p - \rho_f)g\cos\theta/\eta](h^2 - (h-z)^2)$. La figure 7.11 montre une mesure expérimentale de profil de vitesse obtenue par une méthode de fluide iso-indice (encadré 6.1). Le profil observé est compatible avec un profil de vitesse parabolique.

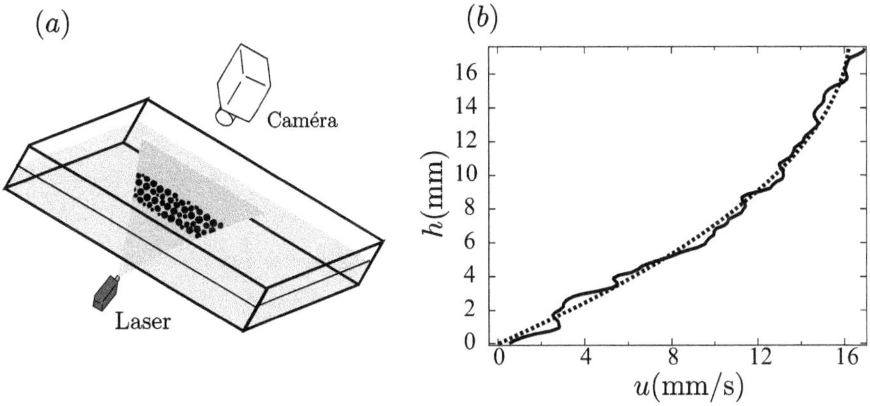

FIG. 7.11 – (*a*) Principe de la technique de visualisation par ajustement d'indice ; l'indice optique du liquide est ajusté pour être égal à celui des billes de verre. En marquant le fluide par un traceur fluorescent et en éclairant par une tranche laser, il est alors possible de suivre les particules au cours de l'écoulement et de mesurer leur vitesse. (*b*) Profil de vitesse d'une couche de grains de diamètre $d = 1$ mm, d'épaisseur $h = 18$ mm sur un plan rugueux incliné à $\theta = 28°$. Le pointillé représente une parabole.

La description des écoulements granulaires immergés en termes de loi de friction est donc une piste intéressante. Elle permet de décrire avec un succès relatif certaines configurations plus complexes que le simple cisaillement plan quand elle est introduite dans les équations diphasiques (Doppler *et al.*, 2007 ; Ouriemi *et al.*, 2009 ; Pailha & Pouliquen, 2009). Cette approche reste cependant encore spéculative et demande à être explorée plus précisément.

En particulier, nous avons fait intervenir le fluide dans la contrainte solide à travers le temps de chute. La compatibilité de cette idée simple avec la séparation entre contrainte fluide et solide proposée dans le formalisme diphasique n'a rien d'évident.

7.4.3 Rhéologie à fraction volumique imposée : lien avec les suspensions denses

Nous avons raisonné précédemment sur un cisaillement à contrainte normale imposée, une configuration pertinente pour les écoulements à surface libre de type avalanches. Cette approche n'est cependant pas conventionnelle en rhéologie des suspensions, qui sont traditionnellement étudiées à fraction volumique imposée, dans le cas isodense $\rho_f = \rho_p$. Dans la boite de cisaillement de la figure 7.9, cela revient à maintenir une distance constante entre le fond et la plaque supérieure. Dans cette configuration, il existe à nouveau plusieurs régimes d'écoulement suivant le taux de cisaillement imposé (Ancey *et al.*, 1999 ; Lemaitre *et al.*, 2009). Nous considérons ici uniquement le régime visqueux qui a fait l'objet de la majeure partie des travaux.

Sous l'hypothèse que l'inertie ne joue aucun rôle, l'analyse dimensionnelle impose que la contrainte de cisaillement τ_p et la contrainte normale P^p induites par les particules sur la plaque sont proportionnelles à $\eta\dot{\gamma}$ (Morris & Boulay, 1999 ; Lemaître *et al.*, 2009)

$$\tau^p = f_1(\phi)\eta\dot{\gamma} \quad \text{et} \quad P^p = f_2(\phi)\eta\dot{\gamma}. \tag{7.38}$$

On s'attend à ce que les fonctions $f_1(\phi)$ et $f_2(\phi)$ divergent au voisinage d'une fraction volumique maximale $\phi_{\max}$. Expérimentalement, on mesure en réalité la totalité de la contrainte s'exerçant sur la plaque, c'est-à-dire la somme des contraintes fluide et particulaire $\tau^n = \tau^f + \tau^p$. Cette contrainte totale s'écrit également sous la forme d'une viscosité effective $\tau^n = \eta_{\text{eff}}(\phi)\eta\dot{\gamma}$. La viscosité effective a été mesurée précisément sur une large gamme de concentrations (Zarraga *et al.*, 2000 ; Huang *et al.*, 2005 ; Ovarlez *et al.*, 2006). Au voisinage de la concentration maximale (figure 7.12), elle est bien représentée par une loi dite de Krieger-Dougherthy $\eta_{\text{eff}}(\phi) = (1 - \phi/\phi_{\max})^{-2}$, mais d'autres formulations empiriques existent dans la littérature. Séparer la contribution du fluide et des particules dans cette divergence de la viscosité effective reste en débat. Mais certaines études suggèrent que dans le régime très dense ($\phi > 0{,}5$), les contraintes particulaires dominent et que $\eta_{\text{eff}}(\phi)$ provient essentiellement de $f_1(\phi)$ (Mills & Snabre, 2009).

La fonctionnelle $f_2(\phi)$ reste encore peu documentée (Zarraga *et al.*, 2000 ; Deboeuf *et al.*, 2009). Une manière astucieuse de la mesurer consiste à mesurer la pression interstitielle du fluide P^f dans une suspension cisaillée (Deboeuf *et al.*, 2009). La pression totale du mélange P^m étant constante, la pression portée par les particules est alors donnée par $P^p = P^m - P^f$. Les mesures montrent que $f_2(\phi)$ semble diverger également au voisinage de $\phi_{\max}$. Notons

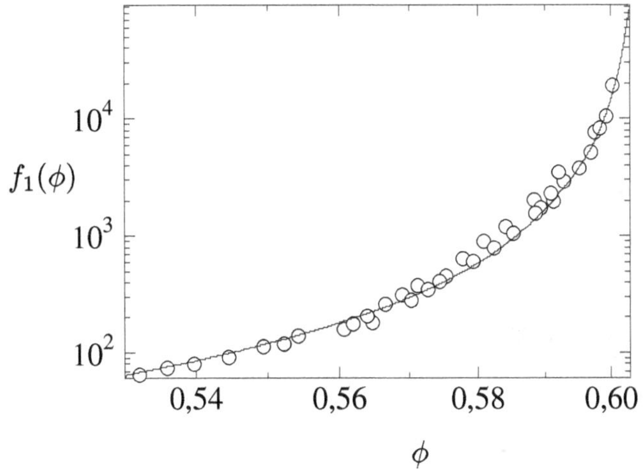

FIG. 7.12 – Mesure de la viscosité effective d'une suspension dense en fonction de la fraction volumique. La ligne continue représente l'ajustement de Krieger-Dougherthy (d'après Ovarlez *et al.*, 2006).

enfin qu'il existe de nombreuses études, tant numériques qu'expérimentales, sur les suspensions visqueuses concentrées, qui concernent la migration de particules ou le développement de différences de contraintes normales – le fait que dans la configuration de la figure 7.9, σ^p_{xx} et σ^p_{yy} soit différent de σ^p_{zz} (Zarraga *et al.*, 2000 ; Morris & Boulay, 1999).

Le point que nous souhaitons souligner est le lien qui pourrait exister entre la description (7.38) issue des suspensions et la description granulaire (7.37). On peut se convaincre que les deux formulations sont formellement identiques si les fonctions $\phi(\mathcal{I})$ et $\mu(\mathcal{I})$ sont reliées aux fonctions $f_1(\phi)$ et $f_2(\phi)$ par les relations : $\phi(\mathcal{I}) = f_2^{-1}(1/\mathcal{I})$ et $\mu(\mathcal{I}) = \mathcal{I} f_1(f_2^{-1}(1/\mathcal{I}))$. Pour que les deux expressions puissent être vraiment compatibles, il faut que la divergence de la fonction $f_2(\phi)$ lorsque ϕ approche $\phi_{\max}$ soit la même que celle de $f_1(\phi)$, afin que le rapport τ^p/P^p tende vers une constante quand ϕ tend vers $\phi_{\max}$, définissant un coefficient de friction statique. Cette correspondance entre les deux descriptions suggère que la rhéologie des milieux granulaires immergés et des suspensions pourrait être décrite dans un même cadre. Il n'en reste pas moins que le rôle respectif des contacts et des interactions hydrodynamiques dans la rhéologie de ces milieux denses, ainsi que l'expression des lois de comportement pertinentes restent des problèmes largements ouverts.

Notons enfin pour conclure que le comportement des suspensions denses au voisinage des fractions volumiques maximales (ou au voisinage du seuil d'écoulement lorsqu'on raisonne à pression granulaire imposée) relèvent comme les milieux granulaires secs des comportements coopératifs et des rhéologies non locales qui ne rentrent pas dans le cadre des descriptions simples que nous avons discutées.

Chapitre 8

Érosion et transport sédimentaire

Nous abordons dans ce chapitre l'étude de l'érosion et du transport de sédiments du point de vue de la physique des milieux granulaires. Les situations mettant en jeu la mise en mouvement, le transport et la redéposition de particules soumises à un écoulement fluide couvrent un vaste champ d'applications, depuis le transport de grains dans des conduites jusqu'au modelage du relief aux échelles géologiques. Nous nous concentrons dans ce chapitre sur l'étude de l'érosion et du transport des sédiments naturels, qui s'effectuent sous l'influence de l'eau (ruissellement, érosion fluviatile, marées, vagues et glaciers) et du vent (dune, ensablement, désertification). De manière sous-jacente, il s'agit aussi de décrire le transport sédimentaire dans la perspective de comprendre les phénomènes géologiques que nous abordons dans le chapitre suivant. L'enjeu consiste à proposer une description de ces phénomènes, leur mise en équation et une compréhension des mécanismes à l'échelle du grain qui les contrôlent. Pour ce faire, nous nous appuierons sur les concepts introduits au fil de cet ouvrage.

Nous commençons par présenter brièvement les caractéristiques des différents modes de transport et les notions les plus importantes, qui permettent de caractériser érosion et transport (§8.1). Nous discutons ensuite de la nature du seuil au-dessus duquel un écoulement peut entraîner des grains (§8.2), avant de présenter le formalisme qui permet de décrire érosion et transport à partir de lois de conservation (§8.3). Une fois introduites les notions de transport saturé et de transitoire de saturation, nous les appliquons aux différents modes de transport : le charriage (§8.4), le transport éolien (saltation et reptation) (§8.5) et la suspension turbulente (§8.6).

8.1 Introduction

L'érosion est indissociable du transport des sédiments et des débris résultant de la destruction du matériel rocheux et de leur déposition. Elle agit à différentes échelles de temps et d'espace, depuis la formation, en quelques minutes, de rides centrimétriques sur le sable du fond des mers, jusqu'au modelage du relief sur des temps géologiques. Ainsi, l'érosion peut, à l'échelle de plusieurs millions d'années, changer la forme du littoral, niveler des massifs montagneux ou creuser des vallées. Les rythmes de l'érosion sont eux aussi variables, des plus réguliers (le transport de sable dans les régions de dunes balayées par les Alizés, par exemple) aux plus intermittents : tempêtes, crues liées aux orages, tsunamis, etc.

Les processus d'érosion et de transport sont également fortement influencés par l'action de l'homme. Les défrichements et les incendies, la monoculture intensive, l'abus d'engrais, l'artificialisation et l'imperméabilisation des surfaces, le surpâturage (au Sahel en particulier), la destruction des mangroves ou l'anthropisation littorale en sont quelques exemples. En retour, l'érosion et le transport peuvent conduire à la formation de terres arables (par exemple par la formation et le transport de lœss, qui sont des limons issus de l'érosion éolienne propices à l'agriculture céréalière de par leur capacité à retenir l'eau) et à leur destruction (perte de fertilité, réduction de la couverture végétale et arborée, arrachement de plantes et de semis, perte de la capacité de rétention en eau des sols). On considère qu'une érosion du sol de l'ordre d'une tonne par hectare et par an (soit environ 50 µm/an) est irréversible pour au moins un demi-siècle. Tandis que l'érosion éolienne contribue à l'épuisement de toutes les marges des zones désertiques, l'érosion hydrique affecte une part croissante des zones tempérées (17 % de la surface du territoire européen soit 26 millions d'hectares).

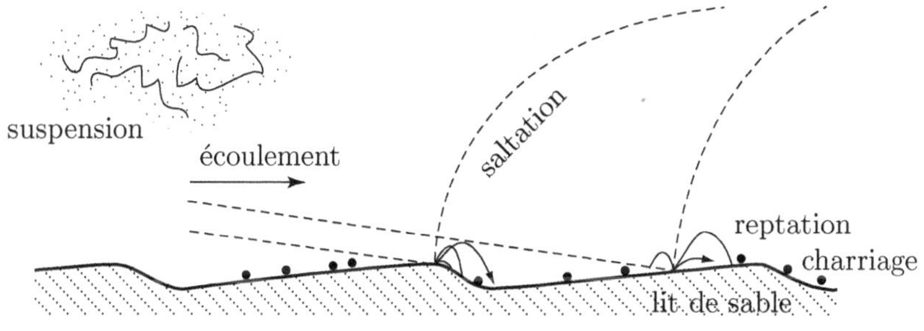

FIG. 8.1 – Schéma présentant les différents modes de transport.

Comme dans la plupart des problèmes que nous avons abordé dans cet ouvrage, l'érosion et le transport granulaires peuvent être abordés à deux niveaux distincts : on peut s'intéresser, d'une part, aux mécanismes dynamiques à l'œuvre à l'échelle du grain, et d'autre part, aux flux moyens de matière. Trois types de forces s'exercent sur les particules : les forces hydrodynamiques, la gravité et les forces de contact interparticulaires. L'usage a conduit à distinguer différents modes de transport sédimentaire selon la nature des forces dominant la dynamique (figure 8.1). Lorsque les forces hydrodynamiques dominent, que le régime d'écoulement soit visqueux ou turbulent, on parle de transport en suspension. C'est généralement le cas du transport des sédiments fins. Lorsque la force de gravité est suffisamment grande pour confiner le transport dans une couche à la surface du lit de grains, on parle de charge de fond. Ce type de transport concerne les sédiments les plus grossiers (sable, galets, blocs rocheux). On distingue alors différents types de trajectoires. Lorsque les grains font des successions de sauts, on parle de saltation. Les forces dominantes sont alors la gravité et les forces hydrodynamiques. Lorsqu'au contraire l'écoulement entraîne les grains en roulement à la surface du lit, avec des contacts de longue durée entre les grains, on parle de charriage ou de tractation[1]. Les trois forces sont alors à l'œuvre simultanément. Enfin, lorsque le choc des grains en saltation sur le lit granulaire est suffisamment énergétique, il s'ensuit un déplacement des particules du lit que l'on nomme reptation (Bagnold, 1941). La reptation est donc un mode de transport dominé par les forces de contact et la gravité.

Pour comprendre les formes naturelles que nous étudierons au prochain chapitre (dunes, rides, rivières), il faut, pour ces différents modes de transport, arriver à une description adéquate du lien entre l'écoulement et les flux de matière solide, qui sont responsables de la modification des reliefs. Se pose alors la question du seuil de transport – à partir de quelle intensité un écoulement est-il capable de transporter des grains ? –, la question de la quantité de matière qu'un écoulement stationnaire est capable de transporter (flux saturé) et les problèmes de transitoires lorsque la topographie ou l'écoulement présentent des variations spatiales et temporelles. Ces questions nécessitent d'établir la connexion entre les processus à l'échelle du grain et les transferts de matière qui en résultent à l'échelle du relief. Nous verrons que, selon le mode de transport et le régime d'écoulement, ce lien est en voie d'être réalisé ou encore très parcellaire.

8.2 Seuil statique de transport

De la même manière qu'un milieu granulaire ne se met en mouvement sous l'effet de contraintes externes qu'au-dessus d'un certain seuil, un écoulement fluide ne commence à éroder un lit granulaire que s'il est suffisamment puissant. Dans cette section, nous commençons par introduire le nombre de Shields, qui est le nombre sans dimension traditionnellement introduit pour décrire le seuil, avant de discuter du seuil de transport en régime visqueux et turbulent. Nous terminons en considérant l'influence d'une pente et de la présence d'adhésion entre grains sur le seuil de transport.

1. Tractation vient du verbe latin *trahere* qui signifie entraîner. *Saxa ingentia fluctus trahunt*, De bello Jugurthino, Sallustius.

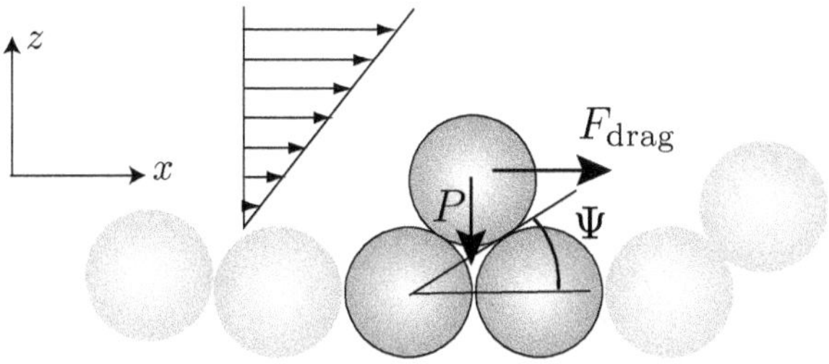

FIG. 8.2 – Origine du seuil de transport à l'échelle du grain.

8.2.1 Nombre de Shields

Considérons un grain sphérique piégé entre deux de ses voisins, fixes, et soumis à un écoulement fluide au-dessus (figure 8.2). Dans un premier temps, nous supposons que les grains interagissent par friction seulement et qu'il n'y a pas de cohésion. En faisant l'analogie avec la figure 4.8 du chapitre 4, on montre facilement que le grain perd l'équilibre lorsque la force d'entraînement, $F_{\rm drag}$, est égale au poids du grain déjaugé de la force de flottaison, $P \sim \pi/6\ (\rho_p - \rho_f)gd^3$, multiplié par le coefficient de friction effectif $\mu = \tan(\delta_p + \psi)$ (figure 8.2)[2]. On obtient donc un critère quantitatif de mise en mouvement fondé sur le rapport $F_{\rm drag}/(\rho_p - \rho_f)gd^3$.

Pour obtenir un critère sur l'écoulement, il faut relier cette force ressentie par la particule aux paramètres de contrôle hydrodynamiques. Dimensionnellement, la force hydrodynamique exercée par le fluide sur une surface plate de la taille d'un grain est proportionnelle à $\tau^f d^2$, où τ^f est la contrainte de cisaillement à l'interface grains/fluide. On en déduit donc que le seuil de mise en mouvement est contrôlé par un nombre sans dimension, le nombre de Shields, défini par

$$\Theta = \frac{\tau^f}{(\rho_p - \rho_f)gd}. \tag{8.1}$$

Cette analyse à l'échelle du grain suggère que le seuil de mise en mouvement est contrôlé par un nombre de Shields seuil proportionnel au coefficient de friction, $\Theta_{\rm th} \propto \mu$, indépendant de la taille du grain, de sa masse volumique et de la nature du fluide environnant[3]. La figure 8.3 présente des mesures du nombre de Shields seuil dans des liquides de différentes viscosités et pour du sable naturel de différentes tailles, en régime laminaire et turbulent. On observe que le nombre de Shields critique est à peu près constant pour les grands diamètres mais croît systématiquement lorsque d diminue. Cette dépendance suggère que la relation entre la force $F_{\rm drag}$ et la contrainte basale τ^f est plus subtile qu'il n'y parait.

2. On peut aisément étendre le calcul en prenant en compte la force de portance exercée par le fluide sur le grain.

3. Ce résultat peut également se retrouver en raisonnant en milieu continu dans le cadre des équations diphasiques, voir encadré 8.1.

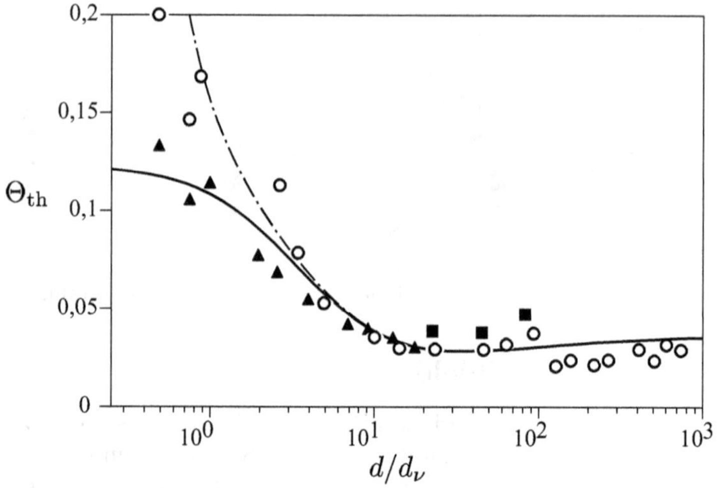

FIG. 8.3 – Nombre de Shields Θ_{th} au-dessus duquel un écoulement de liquide peut arracher des grains d'un lit de sable naturel de taille d. Le diamètre des grains est adimensionné par le diamètre visqueux d_ν (8.2). Les données sont issues de différentes expériences compilées dans le livre de Garcia (2008). La courbe en trait plein correspond à la prédiction du modèle proposé ici. La courbe en pointillés prend en compte la correction due à la cohésion.

On peut tout d'abord résoudre ce problème par analyse dimensionnelle. On suppose dans un premier temps les grains suffisamment gros pour ne pas être influencés par la cohésion. Le rapport de densité entre le fluide et les grains n'apparaît dans le problème que multiplié par la gravité. Dès lors, en utilisant la viscosité cinématique ν du fluide, on ne peut construire qu'une seule longueur caractéristique, le diamètre visqueux

$$d_\nu = \left(\frac{\rho_p}{\rho_f} - 1\right)^{-1/3} \nu^{2/3}\, g^{-1/3}, \tag{8.2}$$

qui correspond à la taille de grain pour laquelle les effets inertiels, gravitaires et visqueux sont du même ordre. Le nombre de Shields seuil ne doit donc dépendre que du rapport d/d_ν. De manière équivalente, d'autres nombres sans dimension peuvent être définis : le nombre de Galilée se définit comme $(d/d_\nu)^3$. Le nombre de Reynolds en sédimentation de Stokes vaut $\frac{1}{18}(d/d_\nu)^3$. D'autres nombres encore, comme le nombre de Reynolds particulaire dans l'écoulement, s'obtiennent comme des combinaisons du nombre de Shields Θ et du diamètre adimensionné d/d_ν. Enfin pour des hauteurs de fluide h de l'ordre ou inférieures à la taille du grain (cas des torrents de montagne), le rapport h/d peut également jouer un rôle. La figure 8.3 montre que, tant que les effets cohésifs sont négligeables, les points expérimentaux se rassemblent le long d'une courbe maîtresse en fonction de d/d_ν, qui semble donc être le paramètre sans dimension pertinent. Nous verrons plus loin que le seuil du transport par un écoulement gazeux (l'air en particulier) est de nature différente, et ne peut se superposer aux points obtenus dans les liquides.

Comment mesurer le seuil de transport ?

Il faut toutefois garder à l'esprit que les mesures expérimentales du nombre de Shields critique sont délicates et se heurtent à deux difficultés importantes : la mesure de la contrainte basale τ^f et la détermination du seuil de transport. Définir et mesurer correctement la contrainte basale n'est pas toujours évident. La situation la plus simple est celle d'un écoulement liquide sur plan incliné de grande largeur[4] (expériences en canal hydraulique ou « flume »). Dans ce cas, lorsque l'écoulement est homogène et stationnaire, la contrainte basale est simplement contrôlée par l'équilibre mécanique $\tau_f = \rho_f g H \sin\theta$. Par une simple mesure de pente et de hauteur d'eau, on a alors une mesure de contrainte basale précise à quelques pourcents. Dans le cas d'un canal hydraulique dans lequel le forçage de l'écoulement se fait par un gradient de pression, ou dans le cas du vent, pour lequel le forçage provient de la contrainte de cisaillement induite par les couches supérieures de l'atmosphère, la mesure de τ_f est plus problématique. Dans le cas d'un fluide visqueux, il est possible de mesurer la pente du profil de vitesse proche du lit de sédiments et, via la viscosité, en déduire τ_f. Dans le cas turbulent, on peut, de la même manière, ajuster le profil de vitesse par une loi logarithmique, mais il faut garder à l'esprit que près du seuil, dans le régime turbulent, le transport présente intrinsèquement un caractère intermittent avec de fortes fluctuations de vitesse à l'échelle du grain.

La deuxième difficulté pour obtenir une courbe comme celle présentée à la figure 8.3, est la définition du seuil de transport. Nombre d'auteurs sont partis de l'idée naïve que le seuil est franchi lorsqu'une fraction significative des grains est mise en mouvement. Il s'agit alors de convenir de ce que l'on entend par « significative ». Autre difficulté, le seuil de transport dépend de la préparation du lit. Un lit peu dense obtenu après sédimentation a un seuil plus bas qu'un lit compacté, et qui évolue de plus au cours du temps (Charru *et al.*, 2004). Pour clarifier ce concept de seuil, il est bon de se souvenir qu'il correspond à une bifurcation entre les régimes stationnaires avec et sans transport. Dans tous les problèmes de ce type (instabilités, transitions de phase du second ordre, points critiques), le seuil ne se mesure avec précision que si l'on extrapole le paramètre d'ordre – ici le flux de grains transportés – à zéro. On lève ainsi une ambiguïté majeure en étant capable de mesurer un seuil de manière reproductible, même s'il persiste une probabilité non nulle

4. Nous verrons par la suite que c'est la vitesse du fluide à l'échelle des grains qui pilote le seuil de transport, et non la contrainte basale à proprement parler. Le seuil de contrainte mesuré dans un écoulement confiné latéralement par des parois peut, dès lors, s'écarter significativement du cas de référence non confiné.

qu'un grain soit entraîné en dessous du seuil, du fait des fluctuations. Ce seuil mesuré en extrapolant à zéro la courbe reliant le flux à la contrainte basale s'appelle le seuil dynamique. Le seuil de transport mesuré lorsqu'on voit pour la première fois des grains bouger en augmentant la vitesse d'écoulement s'appelle le seuil statique. Dans le cas du transport par des liquides, ces deux seuils coïncident, mais pas dans le cas du transport éolien. Dans les deux cas, le seuil utile pour les applications géophysiques est le seuil dynamique.

Encadré 8.1

Détermination du seuil de transport dans une description diphasique continue

La mise en mouvement d'un lit de sédiments peut aussi s'étudier en utilisant les équations diphasiques que nous avons introduites au chapitre 7 (Ouriemi *et al.*, 2009). Dans ce cadre, le fluide et le milieu granulaire sont décrits comme deux milieux continus qui s'interpénètrent. Considérons un fluide qui s'écoule au-dessus d'un lit granulaire fixe. Au niveau de l'interface, l'écoulement pénètre sur une petite distance à l'intérieur du poreux constitué par les grains. Pour établir le seuil de transport, il faut calculer ce profil de vitesse et la contrainte fluide associée, afin de déterminer quand celle-ci est suffisante pour vaincre la friction entre les grains.

On cherche donc une solution des équations diphasiques dans le cas où les grains ne bougent pas ($\mathbf{u}^p = 0$) et pour un écoulement stationnaire et homogène selon x : $\mathbf{u}^f = u^f(z)\mathbf{e_x}$. Les équations de la quantité de mouvement pour chacune des phases dans le cas visqueux s'écrivent (7.7), (7.8)

$$\rho_p \phi \mathbf{g} + \nabla \sigma^p + \phi \nabla \sigma^f + \beta(\phi) \frac{\eta}{d^2} \mathbf{u}^f = \mathbf{0}, \tag{8.3}$$

$$\rho_f (1-\phi) \mathbf{g} + (1-\phi) \nabla \sigma^f - \beta(\phi) \frac{\eta}{d^2} \mathbf{u}^f = \mathbf{0}. \tag{8.4}$$

Selon la direction verticale, on retrouve les équations de la statique

$$P^f = -\rho_f g z + P^f(0) \quad \text{et} \quad P^p = -\sigma^p_{zz} = -(\rho_p - \rho_f)\phi g z. \tag{8.5}$$

Selon la direction horizontale, les équations se mettent sous la forme

$$\frac{\mathrm{d}\sigma^p_{xz}}{\mathrm{d}z} + \phi \frac{\mathrm{d}\sigma^f_{xz}}{\mathrm{d}z} + \beta(\phi) \frac{\eta}{d^2} u^f = 0, \tag{8.6}$$

$$(1-\phi) \frac{\mathrm{d}\sigma^f_{xz}}{\mathrm{d}z} - \beta(\phi) \frac{\eta}{d^2} u^f = 0. \tag{8.7}$$

En utilisant l'expression (7.13) de la contrainte fluide, avec $u_m = (1-\phi)u^f$ (voir §7.1.1), on peut intégrer la seconde équation pour obtenir le champ de vitesse fluide

$$u^f = \frac{\tau^f d}{\eta\alpha(\phi)} f(\phi) \exp\left(\frac{z}{f(\phi)d}\right), \tag{8.8}$$

où τ^f est la contrainte fluide à la surface du lit, $\alpha(\phi) = 1 + (5/2)\phi$ si l'on suppose la relation d'Einstein et $f(\phi) = \sqrt{\alpha(\phi)(1-\phi)^2/\beta(\phi)}$. On remarque que la vitesse du fluide relaxe exponentiellement vers zéro à l'intérieur du poreux que constitue le lit granulaire (Brinkman, 1947). La première équation (8.6) s'intègre pour donner la contrainte granulaire, avec comme condition aux limites, son annulation à l'interface

$$\sigma^p_{xz} = \tau^f \left[1 - \exp\left(\frac{z}{f(\phi)d}\right)\right]. \tag{8.9}$$

Il est intéressant d'estimer la longueur caractéristique sur laquelle la contrainte purement fluide – le flux vertical de quantité de mouvement horizontale – est transférée en totalité en une contrainte purement granulaire. En considérant, l'expression de $\beta(\phi)$ obtenue dans la limite dense (7.15) et en prenant $\phi \simeq 0{,}6$, on obtient

$$f(\phi)\, d \simeq \frac{d}{18}. \tag{8.10}$$

La longueur sur laquelle la contrainte est transmise du fluide au squelette granulaire est donc beaucoup plus petite que la taille du grain d. Cela signifie que, dans la réalité, la contrainte est effectivement transmise intégralement après la première couche de grains.

Dans l'approche diphasique, le seuil de mise en mouvement est atteint lorsque quelque part dans le milieu granulaire le critère de Coulomb est atteint : $\sigma^p_{xz} = \mu\sigma^p_{zz}$, où μ est un coefficient de friction. On montre facilement que le rapport $\sigma^p_{xz}/\sigma^p_{zz}$ est maximal à $z = 0$ et vaut $\tau^f/(\phi f(\phi)(\rho_p - \rho_f)gd)$. Le nombre de Shields seuil est donc

$$\Theta_{\text{th}} = \mu\,\phi\, f(\phi) \simeq 0{,}017, \tag{8.11}$$

en prenant $\mu \sim 0{,}5$.

Le modèle diphasique prédit donc un seuil de transport en termes de nombre de Shields critique. En revanche, la valeur du Shields critique est sous-estimée par rapport au Shields mesuré dans le régime visqueux ($\simeq 0{,}1$). Il est possible d'améliorer l'accord en supposant que le seuil se définit quand la première couche de grains, d'épaisseur d, peut être entraînée, et en lissant la discontinuité de ϕ à l'interface (Ouriemi *et al.*, 2009).

8.2.2 Détermination du seuil de transport à l'échelle du grain

Dans cette section, nous allons raisonner sur la configuration de la figure 8.2 à l'échelle du grain afin d'étudier plus en détail la relation entre la contrainte τ^f et la force $F_{\rm drag}$, et essayer de comprendre l'allure de la courbe du Shields critique en fonction du rapport d/d_ν (figure 8.3).

Seuil en régime visqueux

Dans le cas d'un fluide newtonien à bas nombre de Reynolds, la contrainte de cisaillement visqueuse s'écrit : $\tau^f = \eta \partial u_x / \partial z$. En faisant l'approximation que le profil de vitesse près du lit de sable est linéaire, on a $u_x = (\tau^f/\eta) z$. La vitesse effective de l'écoulement u^f autour des grains peut être approximée par la vitesse du fluide à la hauteur $z = d/2$

$$u^f \sim \frac{\tau^f d}{2\eta}. \tag{8.12}$$

On peut estimer grossièrement que la contrainte visqueuse s'exerce uniquement sur la moitié supérieure du grain. La force d'entraînement hydrodynamique qui en résulte est égale à $F_{\rm drag} \sim (3/2)\pi\eta d u^f$ (2.43), qui s'écrit aussi $F_{\rm drag} \sim (3\pi/4)\tau^f d^2$ d'après (8.12). Au seuil, cette force compense exactement la force de friction

$$\frac{\pi}{6}\mu(\rho_p - \rho_f) g d^3 \sim \frac{3\pi}{4}\tau^f_{\rm th} d^2, \tag{8.13}$$

où $\tau^f_{\rm th}$ est la contrainte au seuil de transport. Cette relation prédit un nombre de Shields seuil constant et égal à

$$\Theta_{\rm th} \sim \frac{2}{9}\mu. \tag{8.14}$$

Cette estimation conduit à un nombre de Shields seuil de l'ordre de 0,09 pour des billes de verre lisses et de 0,14 pour des grains anguleux, ce qui est compatible avec les valeurs mesurées en régime visqueux. Ainsi, le seuil de transport en régime visqueux correspond à des grains sur lesquels la force tangentielle est de l'ordre de deux fois la force $\tau^f d^2$ qui s'exerce sur une paroi plate de surface d^2.

Seuil en régime turbulent

Dans la limite turbulente, on considère que le profil de vitesse près du lit de sable est logarithmique (voir l'encadré 8.2, équation (8.26)) et on suppose toujours la vitesse de l'écoulement autour des grains approximée par celle du fluide en $z = d/2$. Dans ce régime, la force hydrodynamique provient de l'asymétrie du champ de pression autour du grain. Bien qu'il n'y ait eu aucune étude détaillée sur la question, il est probable, étant donnée la configuration géométrique des grains entraînés, que la résultante de ces forces ne soit pas parallèle au lit mais présente une composante de traînée et une composante de portance. L'observation montre qu'un grain ne décolle pas à la verticale, mais glisse et/ou tourne autour du contact avec le grain situé immédiatement à l'aval. Pour simplifier, on ne prend en compte ici que la force de traînée donnée par l'expression (2.46). Le seuil est déterminé par le même équilibre que précédemment, qui s'écrit maintenant

$$\frac{\pi}{6}\mu(\rho_p-\rho_f)gd^3 \sim \frac{\pi}{16}C_\infty\rho_f\left(u^f_{\text{th}}\right)^2 d^2 \sim \frac{\pi C_\infty}{16\kappa^2}\ln^2\left(\frac{d}{2z_0}\right)\tau^f_{\text{th}}d^2, \tag{8.15}$$

où μ est le coefficient de friction effectif et u^f_{th} est la vitesse du fluide au seuil. Le nombre de Shields seuil est donc constant dans le régime turbulent

$$\Theta_{\text{th}} = \frac{8\mu\kappa^2}{3C_\infty \ln^2\left(d/(2z_0)\right)}\,. \tag{8.16}$$

En choisissant comme valeur typique de la rugosité $z_0 \simeq d/30$ et en prenant $C_\infty = 1/2$, on retrouve une valeur de 0,04 qui coïncide avec les valeurs mesurées. Cela signifie que les grains les plus fragiles captent environ 10 fois plus de flux de quantité de mouvement que la moyenne.

Raccordement entre les régimes visqueux et turbulent

Dans la mesure où la plupart des cas pratiques se situent dans le régime intermédiaire entre les limites asymptotiques analysées ci-dessus, il est intéressant d'établir une expression du nombre de Shields seuil valable dans les régimes visqueux et turbulent. On introduit comme précédemment la vitesse u^f de l'écoulement autour du grain ainsi que sa version normalisée,

$$\mathcal{S} = \frac{\rho_f\left(u^f\right)^2}{(\rho_p-\rho_f)gd}. \tag{8.17}$$

La force de traînée autour de la particule à la surface du lit s'écrit $F_{\text{drag}} = (\pi/16)\,C_d\rho_f d^2\,(u^f)^2$, où C_d est un coefficient de traînée qui, dans le régime intermédiaire, s'exprime comme (8.18)

$$C_d = \left(C_\infty^{1/2} + s\left(\frac{\nu}{u^f\,d}\right)^{1/2}\right)^2, \tag{8.18}$$

où s est une constante de l'ordre de 5 (voir (2.49)). De ces expressions, on tire une équation sur le seuil, exprimé en vitesse d'écoulement à l'échelle du grain, $\mathcal{S}_{\text{th}}$,

$$\left(C_\infty\mathcal{S}_{\text{th}}\right)^{1/2} + s\left(\frac{d_\nu}{d}\right)^{3/4}\mathcal{S}_{\text{th}}^{1/4} = \left(\frac{8\mu}{3}\right)^{1/2}, \tag{8.19}$$

qui se résout immédiatement en

$$\mathcal{S}_{\text{th}} = \frac{1}{16C_\infty^2}\left[\left(s^2\left(\frac{d_\nu}{d}\right)^{3/2} + 8\left(\frac{2\mu C_\infty}{3}\right)^{1/2}\right)^{1/2} - s\left(\frac{d_\nu}{d}\right)^{3/4}\right]^4. \quad (8.20)$$

Pour calculer le nombre de Shields critique, il reste à relier la vitesse au seuil à la contrainte fluide. Pour cela, on suppose que la contrainte fluide dans le régime intermédiaire s'écrit comme la somme de contraintes visqueuse et turbulente selon

$$\tau^f = \frac{2\eta}{d}u^f + \frac{\rho_f \kappa^2}{\ln^2(d/(2z_0))}\left(u^f\right)^2. \quad (8.21)$$

On obtient alors le nombre de Shields seuil

$$\Theta_{\text{th}} = 2\left(\frac{d_\nu}{d}\right)^{3/2}\mathcal{S}_{\text{th}}^{1/2} + \frac{\kappa^2}{\ln^2(d/(2z_0))}\mathcal{S}_{\text{th}}. \quad (8.22)$$

La figure 8.3 montre la comparaison du modèle complet avec les mesures expérimentales, les paramètres étant fixés comme précédemment. Rapporté à la simplicité du calcul mis en œuvre, l'accord est bon. Cela montre que cette analyse permet de rendre compte de la différence de seuil entre les régimes visqueux et turbulent, d'un facteur 5 environ. Cette différence provient d'une part du fait que la traînée de pression est plus efficace que la traînée visqueuse de Stokes, et d'autre part du fait que la vitesse à l'échelle du grain est beaucoup plus grande, à contrainte de cisaillement donnée, dans le régime turbulent que dans le régime visqueux. La transition d'un régime à l'autre a lieu pour un diamètre de grain $d \sim s^{4/3}(2\mu C_\infty)^{-1/3} d_\nu \simeq 200$ µm dans l'eau. Cette dernière valeur signifie que les diamètres de grains usuels se situent précisément dans la zone de transition entre régimes visqueux et turbulent.

Encadré 8.2

Couche limite turbulente

Profil de vitesse logarithmique

La compréhension des phénomènes d'érosion et de transport granulaire suppose une familiarité avec les écoulements fluides (d'air, d'eau, de dioxyde de carbone sur d'autres planètes) de couche limite. Nous en donnons ici une vision succincte qui n'a pas prétention à remplacer la lecture et l'étude d'un ouvrage d'hydrodynamique physique (Guyon *et al.*, 2001). Considérons l'écoulement homogène et stationnaire au-dessus d'un lit granulaire plat. On suppose l'écoulement entraîné par les couches supérieures de sorte que les gradients de pression sont négligeables. Les particules fluides n'accélèrent pas et sont donc à l'équilibre des forces (il n'y a aucun effet inertiel)

$$\frac{\partial \tau^f}{\partial x} = 0. \tag{8.23}$$

La contrainte est donc constante. Dans le cas d'un écoulement à bas nombre de Reynolds, les échanges verticaux de quantité de mouvement sont contrôlés par la viscosité : $\tau^f = \eta \partial u_x^f / \partial z$. Le profil de vitesse dans la couche limite près du lit de sable est alors linéaire

$$u_x^f = \frac{\tau^f}{\eta} z. \tag{8.24}$$

Dans le cas turbulent, ce sont les fluctuations de vitesse et non la viscosité qui mélangent la quantité de mouvement. Décomposons le champ de vitesse en une partie moyenne $\langle \mathbf{u^f} \rangle$ et une partie fluctuante $\mathbf{u^f}'$. Cette décomposition s'entend théoriquement comme une moyenne d'ensemble sur des réalisations indépendantes sous les mêmes conditions de forçage. Réécrivant les équations de Navier-Stokes pour la partie moyenne du champ de vitesse, il apparaît une pseudo-force (un effet inertiel) qui se traduit par une contrainte de cisaillement turbulente : $\tau^f = \rho_f \langle u_x^{f'} u_z^{f'} \rangle$. Plus généralement, on introduit le tenseur de Reynolds : $\tau_{ij}^f = \rho_f \langle u_i^{f'} u_j^{f'} \rangle$. L'interprétation physique de ce terme est simple : s'il existe une corrélation entre grande vitesse verticale vers le haut et grande vitesse horizontale vers la droite, cela crée en moyenne un flux vertical de quantité de mouvement horizontale. Dans une couche limite turbulente pleinement développée, la viscosité est complètement inefficace à grande échelle. La seule échelle caractéristique de longueur est donc la distance au sol z. Le seul temps est l'inverse du gradient de vitesse $\partial u_x^f / \partial z$. On en déduit l'expression de la contrainte turbulente due à Prandtl

$$\tau^f = \rho_f \kappa^2 z^2 \left| \frac{\partial u_x^f}{\partial z} \right| \frac{\partial u_x^f}{\partial z}, \tag{8.25}$$

où $\kappa \simeq 0{,}4$ est la constante phénoménologique de Von Kàrmàn. En intégrant cette équation, on montre que le profil de couche limite est logarithmique

$$u_x^f = \frac{u_*}{\kappa} \ln\left(\frac{z}{z_0}\right), \tag{8.26}$$

où z_0 est une constante d'intégration homogène à une longueur, appelée rugosité hydrodynamique. Dans cette équation, u_* est une vitesse caractéristique définie par

$$\tau^f = \rho_f {u_*}^2. \tag{8.27}$$

Rugosité hydrodynamique et couche de surface

La rugosité hydrodynamique est par définition, la hauteur à laquelle la vitesse semble s'annuler, si l'on prolonge au sol le profil logarithmique. Dans le cas où le lit sédimentaire est très lisse, la zone très près du sol, appelée couche de surface, est laminaire tandis que celle loin du sol est turbulente. La transition se fait à un nombre de Reynolds transitionnel : $z\, u_x^f/\nu = \mathcal{R}_t \simeq 125$ et conduit à la relation suivante entre rugosité hydrodynamique et vitesse :

$$z_0 = \sqrt{\mathcal{R}_t} \exp\left(-\kappa\sqrt{\mathcal{R}_t}\right) \frac{\nu}{u_*}. \tag{8.28}$$

Si la rugosité effective due à la sous-couche limite visqueuse est plus petite que la rugosité physique du sol (la taille des grains d pour ce qui nous concerne), alors z_0 est déterminé par cette dernière. Pour un lit de grains statique parfaitement plat, on trouve expérimentalement, $z_0 \simeq d/30$ (Bagnold, 1941). Cela donne typiquement des rugosités hydrodynamiques de l'ordre de la dizaine de µm. Cela signifie qu'entre la vitesse u_x du vent mesurée à 10 m du sol et u_*, il y a un facteur 35 environ : une valeur de u_* de 1 m/s correspond donc à un vent de 125 km/h ! Il convient de s'habituer à cette double idée que la vitesse du vent varie quand on change d'échelle (on pourrait argumenter que pour le physicien, le logarithme est essentiellement une constante) et que la vitesse de cisaillement est beaucoup plus petite que la vitesse du vent usuelle. En présence de rides de sable, z_0 peut être beaucoup plus grand, de l'ordre du mm. À l'échelle kilométrique de la couche limite planétaire, il est probable que les dunes elles-mêmes déterminent la rugosité du sol.

Il existe une grande variété de processus pouvant, au sein de la couche de surface, déterminer la rugosité du sol. Nous avons déjà évoqué la viscosité dans le cas d'un sol lisse. Dans le cas d'un sol rugueux immobile, au-delà du cas des grains, la rugosité hydrodynamique z_0 croît comme le carré de l'amplitude de la corrugation, car il s'agit d'un effet non-linéaire. On peut penser à d'autres systèmes comme un champ de blé, ou les vagues sur la mer pour lesquelles le « sol » bouge sous l'effet du vent, ce qui modifie la couche de surface et par conséquent, la totalité de l'écoulement. Dans le cas d'un transport de sédiments suffisamment intense pour que, l'écoulement accélérant les grains, ceux-ci décélèrent en retour celui-là, la rugosité hydrodynamique devient une fonction de la quantité de grains transportée. Ainsi, en présence de transport par charriage, le lit d'une rivière sableuse présente une rugosité millimétrique et non de l'ordre de la dizaine de microns.

8.2.3 Influence de la pente longitudinale

Considérons le cas d'un lit sableux incliné d'un angle θ selon la direction d'écoulement (figure 8.4a). Si la pente est adverse, la vitesse de l'écoulement doit être plus forte pour entraîner des grains. Si la pente est favorable, le seuil est abaissé (Fernandez Luque & van Beek, 1976 ; Iversen & Rasmussen, 1994 ; Rasmussen *et al.*, 1996). En réécrivant l'équilibre des forces sur un grain, on obtient une force tangentielle modifiée en $F_{\text{drag}} - P\sin\theta$ et une force normale en $P\cos\theta$. Par conséquent, le seuil est atteint lorsque

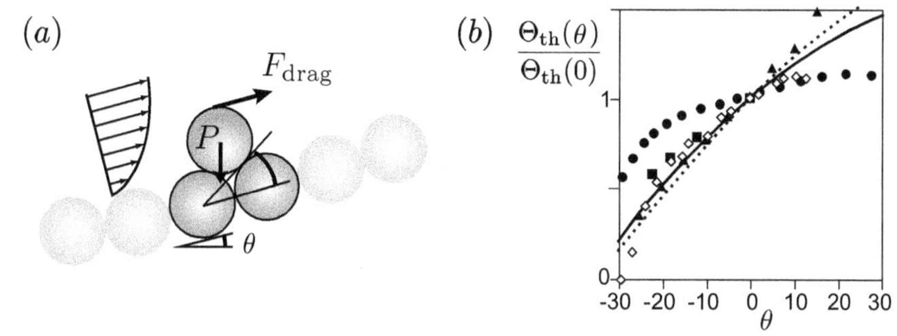

FIG. 8.4 – (*a*) Schéma présentant la dépendance du nombre de Shields seuil Θ_{th} avec l'angle θ d'inclinaison du lit sableux. (*b*) Les symboles noirs correspondent aux mesures effectuées dans l'eau par Fernandez Luque & van Beek (1976) (■) et Dey (2003) (▲) pour des grains de sable naturel, et à celles de Loiseleux *et al.* (2005) pour des billes de verre (•) dans un canal étroit rempli d'un mélange eau-glycérol. Les symboles blancs (◇) correspondent aux mesures effectuées dans l'air par Hardisty & Whitehouse (1988). La courbe en trait plein montre la prédiction du modèle pour des grains de sable naturel, avec $\mu = \tan 35°$. La courbe en pointillés montre le meilleur ajustement.

$F_{\text{drag}} - P \sin\theta = \mu P \cos\theta$. Cela se traduit, en termes de nombre de Shields seuil, par la relation

$$\Theta_{\text{th}}(\theta) = \Theta_{\text{th}}(0) \left(\cos\theta + \frac{\sin\theta}{\mu}\right). \tag{8.29}$$

Les courbes expérimentales obtenues dans l'eau et dans l'air coïncident raisonablement avec cette relation (figure 8.4). Pourtant, la valeur du paramètre μ obtenue par ajustement des données correspond à un angle entre 35° et 40°, légèrement plus grand que l'angle d'avalanche mesuré (autour de 30°). Dans le cas visqueux, pour des billes de verre, le meilleur ajustement donne $\mu \simeq \tan 65°$. Cette valeur très élevée, qui traduit une dépendance très faible vis-à-vis de la pente, n'a pas reçu d'explication à ce jour.

8.2.4 Influence de la cohésion

Considérons maintenant le cas d'un milieu granulaire cohésif constitué de grains suffisamment petits pour que les forces d'adhésion (van der Waals, capillarité) ne soient pas négligeables devant la force de gravité. Dans la configuration des trois billes (figure 8.2), il faut alors rajouter une force attractive F_{adh} au poids P des grains. Le nombre de Shields seuil se modifie alors en $\Theta_{\text{th}}^{\text{adh}} = \mu(1 + (F_{\text{adh}}/P))$. Dimensionnellement, la force d'adhésion peut se mettre sous la forme $F_{\text{adh}} = \pi\gamma_{\text{eff}} d$, où γ_{eff} est une tension de surface effective (voir chapitre 2, §2.2). Le nombre de Shields seuil s'écrit alors

$$\Theta_{\text{th}}^{\text{adh}} = \Theta_{\text{th}} \left(1 + \frac{6\gamma_{\text{eff}}}{(\rho_p - \rho_f)gd^2}\right) = \Theta_{\text{th}} \left(1 + \left(\frac{d_\gamma}{d}\right)^2\right), \tag{8.30}$$

où nous avons fait apparaître une « longueur capillaire » définie par

$$d_\gamma = \sqrt{\frac{6\gamma_{\text{eff}}}{(\rho_p - \rho_f)g}}. \tag{8.31}$$

La longueur capillaire correspond à la taille de grain pour laquelle les effets cohésifs sont du même ordre que les effets de gravité. Si la cohésion provient de ponts capillaires aqueux, on a $\gamma_{\text{eff}} \sim \gamma_{LV}$ et la longueur capillaire est de l'ordre de quelques millimètres (§2.2.3). En l'absence de ponts capillaires, la force d'adhésion provient uniquement des interactions de van der Waals solide-solide. Pour des grains parfaitement lisses, on a alors $\gamma_{\text{eff}} \sim \gamma_S$, où $\gamma_S \simeq 1\ \text{J/m}^2$ est la tension de surface du solide (§2.2.2). Cette relation s'applique aussi à des grains réels (rugueux) ayant séjourné sous très forte pression ou dans un sol constitué de grains dans une gangue d'argile. En revanche, pour des grains sous faible contrainte comme ceux déposés à la surface du lit, la rugosité n'est pas écrasée. Dans ce cas, nous avons vu que la force d'adhésion est diminuée et dépend de la force normale appliquée aux grains P, de la tension de surface γ_S, du module élastique E et de la dureté H du matériau dont ils sont constitués (équation (2.28)). Les grains de la surface du lit sont soumis à une force normale P contrôlée par la gravité. La tension de surface effective suit donc une loi d'échelle de la forme

$$\gamma_{\text{eff}} \sim \gamma_S \left(\frac{E}{H}\right)^{2/3} \left(\frac{(\rho_p - \rho_f)gd^3}{d^2 H}\right)^{1/3}. \tag{8.32}$$

Cette fois, le nombre de Shields seuil se modifie en

$$\Theta_{\text{th}}^{\text{adh}} = \Theta_{\text{th}} \left(1 + \left(\frac{d_\gamma}{d}\right)^{5/3}\right), \tag{8.33}$$

où le diamètre d_γ, auquel les effets de cohésion sont du même ordre de grandeur que la gravité, suit la loi d'échelle

$$d_\gamma \sim \left(\frac{\gamma_S}{H}\right)^{3/5} \left(\frac{E}{(\rho_p - \rho_f)g}\right)^{2/5}. \tag{8.34}$$

Dans le cas où les contacts ne plastifient pas, ce qui est vraisemblablement le cas pour la couche superficielle du lit de sédiments, il convient de remplacer H par E dans cette expression. On obtient alors une taille cohésive d_γ de l'ordre de la centaine de microns dans l'air, ce qui est raisonnable. Plutôt que de tenter de prédire le préfacteur de cette relation, on peut utiliser d_γ comme un paramètre ajustable du modèle de seuil. On obtient alors $\simeq 30$ µm dans le cas du transport éolien (figure 8.13) et $\simeq 10$ µm dans le cas du transport subaquatique (figure 8.3, pointillés).

8.3 Description du transport

Les notions d'érosion et de transport sédimentaires supposent l'existence d'une interface entre deux phases : un lit composé de grains et un fluide en écoulement. Dans ce paragraphe, nous allons introduire les outils et les concepts qui permettent de décrire l'érosion et le transport de manière unifiée. Pour pouvoir effectuer des bilans de masse, nous verrons comment il est possible de définir l'interface qui sépare le lit du fluide, puis quels sont les flux de matière qui décrivent les échanges au travers de l'interface et le long de celle-ci. Dans un second temps, nous allons définir la notion de transport à l'équilibre, et le flux saturé de grains qui lui est associé. Enfin, nous proposons une description simple des transitoires de saturation du transport.

8.3.1 Interface entre le lit sédimentaire et le fluide

Pour définir l'interface entre le lit sédimentaire et le fluide, deux approches sont possibles. La première correspond à une interface $\xi = \xi_s$ qui sépare les grains statiques des grains mobiles (figure 8.5*a*). En première approximation, on peut considérer que la vitesse du fluide s'annule en ξ_s. Cette interface peut se définir soit à partir de champs dynamiques (partition des contraintes en contraintes granulaires et contraintes fluides) ou cinématiques (interface entre grains statiques et grains mobiles). Une seconde définition, moins immédiate, mais utile pour exprimer la conservation de la matière, consiste à définir l'interface fictive ξ qu'aurait le lit de sédiments si tous les grains en mouvement étaient redéposés au fond (figure 8.5*b*). Dans le cas d'une description continue par un champ de concentration ϕ, la position effective de l'interface s'écrit[5]

$$\xi = \int_{-\infty}^{\infty} \frac{\phi}{\phi_\ell} \, \mathrm{d}z, \tag{8.35}$$

où ϕ_l est la fraction volumique du lit. Dans le cas d'un écoulement épais de grains entraînés par un fluide porteur, ξ_s est la position de l'interface entre les phases statique et roulante, et ξ l'interface entre la phase roulante et le fluide.

Dans la plupart des situations intéressantes, l'écart entre l'interface ξ_s et ξ est faible. Par la suite, on supposera par défaut que les deux interfaces définies à la figure 8.5 coïncident et on ne spécifiera de laquelle il est question que lorsque cela importe. On considérera également que le lit de sédiments a une fraction volumique de grains bien définie, ϕ_ℓ.

8.3.2 Flux et conservation de la matière

Pour quantifier le transport, on utilise usuellement deux types de flux intégrés qu'il convient de distinguer. Le premier, noté q^m, quantifie le transport

5. La position de l'interface est en fait déterminée à une constante près, qui traduit l'altitude de référence.

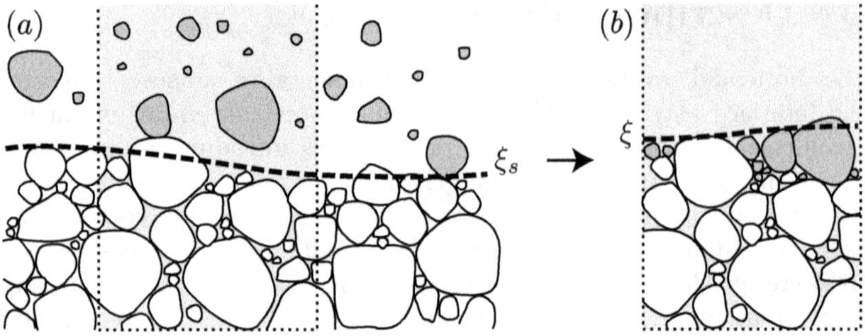

FIG. 8.5 – (*a*) Schéma définissant l'interface entre le lit statique et la phase composée du fluide et des grains en mouvement. (*b*) En ramenant virtuellement les grains transportés en surface, de manière à reconstituer un lit effectif de fraction volumique homogène, on définit l'interface effective ξ.

massique. Il s'agit de la masse traversant par unité de temps une surface de largeur unité transverse à la direction du transport, et qui s'étend verticalement du sol à l'infini (figure 8.6*a*). On définit également un flux volumique qui traduit l'équivalent en volume, à la compacité du lit, des masses transportées

$$\mathbf{q} = \frac{\mathbf{q}^m}{\rho_p \phi_\ell}. \tag{8.36}$$

Dans le cas d'une description continue par un champ de concentration ϕ et un champ de vitesse $\mathbf{u}^p$, les flux massique et volumique s'écrivent

$$\mathbf{q}^m = \int_{-\infty}^{\infty} \rho_p \phi \mathbf{u}^p \, \mathrm{d}z \quad \text{et} \quad \mathbf{q} = \int_{-\infty}^{\infty} \frac{\phi}{\phi_\ell} \mathbf{u}^p \, \mathrm{d}z. \tag{8.37}$$

Le flux q est un volume par unité de largeur et par unité de temps. Il est donc homogène à un coefficient de diffusion (L^2T^{-1}). En utilisant la position effective h du lit de sable, la conservation de la matière, connue en géomorphologie sous le nom d'équation d'Exner, s'écrit

$$\rho_p \phi_\ell \frac{\partial \xi}{\partial t} = -\vec{\nabla} \cdot \mathbf{q}^m \quad \text{et} \quad \frac{\partial \xi}{\partial t} = -\vec{\nabla} \cdot \mathbf{q}. \tag{8.38}$$

On définit également les flux ascendant $\varphi_\uparrow^m(z)$ et descendant $\varphi_\downarrow^m(z)$ comme les masses qui traversent par unité de temps une surface unité, horizontale, à l'altitude z, respectivement du bas vers le haut, et du haut vers le bas (figure 8.6*b*). Dans le cas d'une description continue, on peut exprimer la conservation de la matière au travers de cette interface de contrôle. On utilise pour ce faire la masse par unité de surface située au dessous de l'altitude z

$$\frac{\partial}{\partial t} \int_{-\infty}^{z} \rho_p \phi \, \mathrm{d}z = \varphi_\downarrow^m(z) - \varphi_\uparrow^m(z) = -\rho_p \phi \, \mathbf{u}^\mathbf{p} \cdot \mathbf{e_z} \, . \tag{8.39}$$

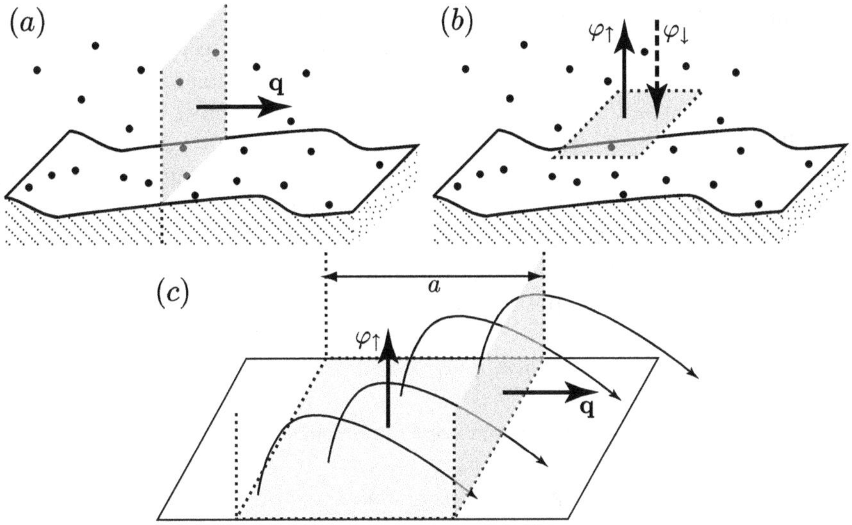

FIG. 8.6 – Schémas définissant (a) le flux horizontal $\mathbf{q}$ et (b) les flux ascendant $\varphi_\uparrow$ et descendant $\varphi_\downarrow$. (c) En régime stationnaire, les flux horizontaux et verticaux sont reliés par la longueur moyenne des trajectoires, a.

On peut appliquer ces définitions à l'interface $z = \xi_s$ entre le lit statique et la phase constituée de fluide et de grains mobiles. $\varphi_\uparrow^m$ devient la masse érodée par unité de surface et par unité de temps et s'appelle le taux massique d'érosion. Le taux massique de déposition $\varphi_\downarrow^m$ est au contraire la masse déposée par unité de surface et par unité de temps. Comme précédemment, on préfère utiliser des flux volumiques, homogènes à des vitesses (LT^{-1})

$$\varphi_\downarrow = \frac{\varphi_\downarrow^m}{\rho_p \phi_\ell} \quad \text{et} \quad \varphi_\uparrow = \frac{\varphi_\uparrow^m}{\rho_p \phi_\ell}. \tag{8.40}$$

Le bilan entre érosion et déposition, qui gouverne l'évolution de la hauteur du lit, s'écrit alors

$$\frac{\partial \xi_s}{\partial t} = \varphi_\downarrow - \varphi_\uparrow. \tag{8.41}$$

On observe que la différence $\varphi_\downarrow - \varphi_\uparrow$ entre le taux d'accrétion et le taux d'érosion est simplement la vitesse de la surface du sable. Elle se mesure simplement à l'aide d'une jauge graduée. Cette vitesse n'est pas matérielle puisque, par définition, la vitesse des grains à la surface du lit statique est nulle.

8.3.3 Flux saturé

Considérons le cas le plus simple, celui d'un lit sédimentaire infini et plat soumis à un écoulement permanent. Il s'établit un équilibre entre le transport de particules et l'écoulement, caractérisé par un flux $q = q_{\text{sat}}$, que l'on appelle flux saturé. Ce flux étant homogène spatialement, il n'y a globalement ni érosion ni accrétion de particules. On peut dire de manière équivalente qu'il y a autant de particules qui se déposent que de particules arrachées au lit : les flux d'érosion et de déposition se compensent, $\varphi = \varphi_\downarrow = \varphi_\uparrow$. À titre d'exemple, considérons la figure 8.5*c* où les grains parcourent une distance a entre le moment où ils quittent le sol et le moment où ils y retournent. La distribution des distances suit une loi $\mathcal{P}(a)$. Les grains qui traversent une surface verticale s'étendant jusqu'à l'infini ont tous démarré leur saut à une distance de celle-ci plus petite que a. On obtient par conséquent l'égalité

$$q = \int a\mathcal{P}(a)\varphi \, \mathrm{d}a = \bar{a}\varphi. \tag{8.42}$$

Les flux horizontaux et verticaux sont donc reliés par la longueur moyenne de saut $\bar{a}$.

L'existence d'un flux saturé nous amène à une première affirmation contre-intuitive : ce n'est pas parce qu'un écoulement est très rapide qu'il y a érosion ; un écoulement induit avant tout un transport de particules. Pour qu'il y ait érosion, il faut que le flux de particules transporté croisse selon la direction du courant. Pour qu'il y ait déposition, il faut au contraire que le flux de particules décroisse spatialement. On voit ainsi que le seuil de transport ne correspond pas à un seuil d'érosion[6]. Il est vrai que, si la vitesse d'écoulement est en dessous du seuil, alors le flux saturé est nul et il y a déposition de particules. Mais à l'inverse, au-dessus du seuil de transport, il peut y avoir érosion ou déposition pour n'importe quelle valeur de la vitesse de l'écoulement. En effet, on a érosion ou déposition selon que la vitesse du fluide augmente ou diminue le long d'une ligne de courant.

Plus l'écoulement est fort, plus, à l'équilibre, il transporte de grains : le flux saturé est donc une fonction croissante de la vitesse de cisaillement u_* et s'annule en dessous d'une vitesse de cisaillement seuil. Ce seuil dynamique se mesure en extrapolant la courbe $q_{\text{sat}}(u_*)$ à zero. Il peut être, selon le mode de transport, égal ou non au seuil statique déterminé plus haut, qui est la vitesse minimale à laquelle un grain peut être arraché de la surface du lit. La calibration expérimentale de la relation entre flux saturé q_{sat} et vitesse u_* est essentielle pour pouvoir comprendre et prédire la morphodynamique sédimentaire. Les mesures les plus propres s'effectuent en soufflerie (Iversen & Rasmussen, 1994 ; Rasmussen *et al.*, 1996) ou en canal hydraulique, soit en intégrant la mesure du flux local, soit en faisant des bilans de masse intégraux.

Le fait que la quantité de grains qu'un écoulement peut transporter ne soit pas infinie mais sature est interprété dans la littérature de deux manières différentes. D'une part, on peut le voir comme un équilibre entre des processus

6. On trouve dans nombre d'ouvrages un diagramme, dit de Hjulström, qui décompose le plan liant la vitesse d'écoulement à la taille des grains en trois zones : érosion, transport, déposition. Ce diagramme correspond à une paramétrisation incorrecte de la réalité physique.

d'érosion et de déposition. Cette approche a été développée par exemple pour décrire le transport en suspension. L'idée sous-jacente est que les particules mettent un certain temps à être arrachées du lit puis se re-déposent après avoir effectué une trajectoire plus ou moins compliquée, selon que les fluctuations de traînée dues à la turbulence sont importantes ou non, comparées à la gravité. Or cette déposition est d'autant plus importante que la quantité de grains transportée l'est. L'équilibre s'établit lorsque le flux est tel que le taux de déposition compense le taux d'érosion. La saturation du flux peut aussi provenir de la réaction du transport sur l'écoulement. En effet, à chaque fois que l'écoulement accélère un grain, celui-ci exerce en retour une force sur l'écoulement. La contrainte fluide s'exerçant sur le lit est donc diminuée par rapport à la contrainte fluide loin du lit, une partie de la quantité de mouvement ayant été cédée aux grains (Owen, 1964). À nouveau, l'équilibre s'établit lorsque le taux d'érosion a suffisamment diminué pour compenser tout juste le taux de déposition.

8.3.4 Longueur de saturation

Considérons maintenant une situation dans laquelle l'écoulement ou le relief ne sont plus homogènes mais varient dans l'espace ou dans le temps, comme sur le dos d'une dune. Le processus de saturation du transport décrit plus haut ne se fait pas instantanément : le flux de grains q se réadapte pour rejoindre le flux saturé q_{sat} correspondant à la valeur locale de la contrainte, mais avec du retard en temps et en espace (Bagnold, 1941 ; Anderson & Haff, 1988, 1991 ; Sauermann *et al.*, 2001 ; Andreotti *et al.*, 2002, 2004 ; Valance & Langlois, 2005 ; Charru, 2006). En linéarisant le problème autour de l'état d'équilibre, on peut rendre compte de ces retards par une simple équation de relaxation. À une dimension, on obtient une équation différentielle linéaire du premier ordre, de la forme

$$T_{\text{sat}}\frac{\partial q}{\partial t} + L_{\text{sat}}\frac{\partial q}{\partial x} = q_{\text{sat}} - q, \tag{8.43}$$

où T_{sat} est le temps et L_{sat} la longueur de saturation du flux.

Pour mesurer ces caractéristiques, il faut considérer séparément deux situations pures. Considérons le cas d'un lit de sable homogène soumis à un écoulement homogène également mais dont on fait croître l'intensité par paliers. Le flux est alors uniforme spatialement mais relaxe exponentiellement en temps vers le flux saturé $q_{\text{sat}}(u_*)$. La seconde configuration fondamentale consiste à avoir un écoulement homogène sur un lit sableux qui ne s'étend que dans le demi-espace $x > 0$. En amont de ce lit ($x < 0$) on considère que le sol ne peut pas être érodé et qu'il possède la même rugosité hydrodynamique que le sable. Le flux de sable q à l'entrée ($x = 0$) du lit sableux est nul ; il croît puis relaxe exponentiellement vers sa valeur à saturation, q_{sat}, sur une longueur caractéristique L_{sat} (figure 8.7).

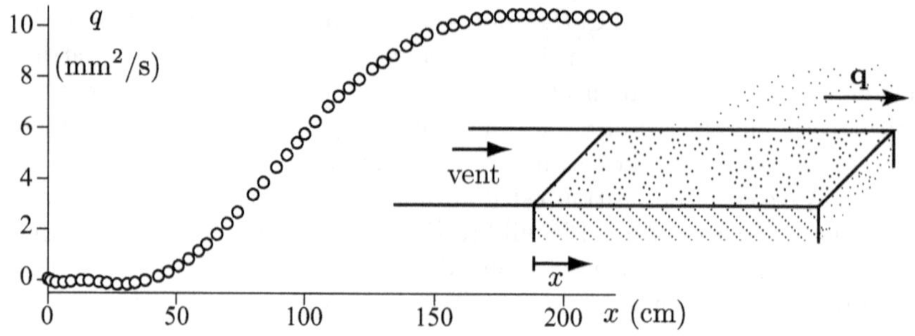

FIG. 8.7 – Mesure du flux de sable en fonction de la position, dans le cas du transport éolien. x correspond à l'axe de l'écoulement.

Le taux de relaxation T_{sat} est en général court devant les temps d'évolution du relief de sorte qu'il peut être négligé. Dès lors, l'hydrodynamique et le transport peuvent être considérés comme stationnaires. Ce formalisme permet de rendre compte du fait que ni le flux q, ni le taux d'érosion ne sont des fonctions de la contrainte de cisaillement τ^f. En effet, lorsque le flux est localement supérieur au flux saturé, il diminue dans l'espace de sorte qu'il y a déposition. Si le flux est localement inférieur au flux saturé, il croît, entraînant une érosion du lit sableux. L'équation de saturation traduit donc bien la possibilité d'une érosion ou d'une déposition pour de très grandes valeurs de la vitesse d'écoulement.

Signalons deux cas limites intéressants. Le premier est celui pour lequel L_{sat} est nulle. Dans ce cas, le flux est partout saturé ($q = q_{\text{sat}}$) et est donc fonction de τ^f. La deuxième limite est celle où la longueur de saturation est grande devant la taille du système. Dans ce cas le flux est toujours très petit devant le flux saturé et, en négligeant T_{sat}, l'équation (8.43) devient $L_{\text{sat}}\partial q/\partial x \simeq q_{\text{sat}}$. En combinant avec l'équation de la masse (8.38), on trouve que c'est le taux d'érosion

$$-\frac{\partial \xi}{\partial t} = \frac{q_{\text{sat}}}{L_{\text{sat}}}, \tag{8.44}$$

qui est cette fois fonction de τ^f. Cette limite décrit l'érosion de matériaux très cohésifs, les roches en particulier, pour lesquelles il n'y a pas de redéposition des sédiments érodés.

Nous avons établi un formalisme permettant de rendre compte du transport sédimentaire au travers de quatre quantités : le seuil de transport, le flux saturé, la longueur et le temps de saturation. Nous allons maintenant discuter, pour chaque mode de transport, de la manière de rendre compte des mécanismes responsables de la saturation et des lois d'échelles qui en résultent. Nous allons systématiquement caractériser l'état d'équilibre, et donc le flux saturé, puis le transitoire de relaxation vers cet équilibre, et donc la longueur de saturation.

8.4 Charriage

8.4.1 Description qualitative

Le charriage, appelé aussi tractation, est le mode de transport privilégié des sables et des galets par les rivières et sur le fond des mers. Il est responsable de la formation de rides, de dunes, de barres, et d'îles dans les cours d'eau. C'est le charriage par les eaux de la Leyre qui, par exemple, alimente en sédiments le bassin d'Arcachon ; c'est le charriage encore qui y produit un déplacement des bancs de sables et des passes, lors des tempêtes ou, plus ordinairement, sous l'effet des courants de marée.

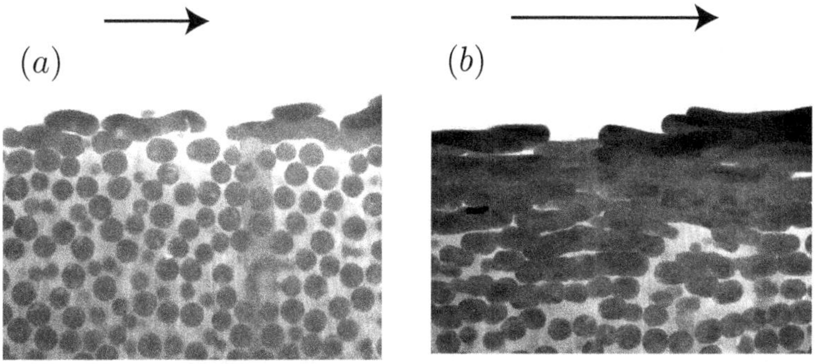

FIG. 8.8 – Charriage en régime laminaire près du seuil de transport (*a*) et loin du seuil (*b*). Les images sont obtenues par une technique iso-indice (voir encadré 6.1). Les grains apparaissent en noir. Le temps de pose permet de voir les grains qui bougent. Crédit : M. Pailha.

De la manière dont nous l'avons défini en préambule, les grains transportés par charriage sont entraînés par l'écoulement et, parce qu'ils présentent des contacts de longue durée avec les grains du lit, frottent sur le fond. Il faut donc prendre en compte simultanément les forces hydrodynamiques, la gravité et les forces de contact. Près du seuil de transport, seule la couche superficielle des grains du lit est mobilisée (figure 8.8*a*). Le mouvement des grains est constitué d'une succession de phases de piégeage et de roulement. Loin du seuil, l'écoulement devient suffisamment puissant pour entraîner tous les grains de la surface (figure 8.8*b*). On a alors un écoulement sur plusieurs couches de grains qui s'apparente à une avalanche sous-marine forcée par la contrainte fluide. Dans ce contexte, différents modèles de charriage ont été proposés. Les premiers supposent que l'écoulement au-dessus du lit n'est pas modifié par les particules en mouvement et écrivent un bilan entre un flux d'érosion, contrôlé par un temps de dé-piégeage, et un flux de déposition contrôlé par une vitesse de chute (Charru *et al.*, 2004)[7]. Les seconds prennent en compte explicitement

7. Il y a bien rétroaction des particules sur l'écoulement, mais uniquement au sein du lit, au-dessous de la couche de grains transportée.

le couplage entre écoulement et transport : lorsque des grains sont arrachés au sol, ils prélèvent de la quantité de mouvement au fluide environnant, ce qui réduit la contrainte exercée sur les grains alentour. L'équilibre du flux saturé provient alors du fait que la contrainte fluide atteint la contrainte seuil en dessous de la couche de transport. Dans ce cadre, on peut raisonner soit à l'échelle du grain, ce qui s'applique plutôt aux situations proches du seuil de transport, soit par une approche type milieu continu, pertinente loin du seuil lorsque plusieurs couches sont mises en mouvement (Ouriemi *et al.*, 2009, voir encadré 8.3). Nous attirons cependant l'attention du lecteur sur le statut de ces modèles, qui ne sauraient constituer la réponse définitive à la description du charriage.

Nous présentons maintenant un modèle simple de charriage à l'échelle du grain basé sur la rétroaction entre écoulement et transport (Bagnold, 1979). Son intérêt est de saisir les principaux mécanismes physiques à l'origine du flux saturé et des transitoires.

8.4.2 Description discrète du charriage

Le modèle discret reprend la modélisation à l'échelle du grain adoptée dans la section 8.2 pour décrire le seuil de transport. Par souci de simplicité, chaque grain transporté en charriage est assimilé à un patin solide glissant avec frottement à la surface du lit. Comme dans le calcul du seuil, on introduit la vitesse effective u^f de l'écoulement au niveau des grains.

Flux saturé en régime visqueux

Le flux saturé est égal à la vitesse moyenne des grains multipliée par le nombre de grains par unité de surface en mouvement et par le volume d'un grain. En régime stationnaire, la vitesse u^p des grains est donnée par l'équilibre entre la force de friction et la force de traînée visqueuse F_{drag}

$$\frac{\pi}{6}\mu(\rho_p - \rho_f)gd^3 \sim \frac{3}{2}\pi\eta d\left(u^f - u^p\right). \tag{8.45}$$

Au seuil, $u^p = 0$, d'où l'on tire immédiatement $u^p = u^f - u_{\text{th}}$, où u_{th} est la vitesse du fluide au seuil. En utilisant la relation (8.12) et la définition du Shields (8.1), on trouve la vitesse des grains

$$u^p \sim \frac{(\rho_p - \rho_f)gd^2}{2\eta}\left(\Theta - \Theta_{\text{th}}\right). \tag{8.46}$$

Le modèle du palet frottant prédit donc que la vitesse s'annule[8] comme l'écart au seuil $\Theta - \Theta_{\text{th}}$.

8. Expérimentalement, il semble que la vitesse des grains soit non nulle dès le seuil de transport (Charru *et al.*, 2004), suggérant que c'est le nombre de grains transportés, et non la vitesse, qui s'annule au seuil. Il est toutefois possible que ces observations proviennent d'une chute vers zéro de la vitesse u^p près du seuil beaucoup plus brutale que dans le simple modèle présenté. Par exemple, si l'on introduit une force hydrodynamique dans le modèle de Tac-Tac qui prend en compte la géométrie bosselée du lit (encadré 6.4), on trouve que la vitesse moyenne s'annule comme $1/\ln\left[\Theta - \Theta_{\text{th}}\right]$. Une transition de ce type s'apparente à une quasi-discontinuité de la vitesse au franchissement du seuil.

Calculons maintenant le nombre n de grains transportés par unité de surface. Pour cela, on écrit que la couche statique sous les grains en mouvement ressent une contrainte fluide τ_b^f égale à la contrainte totale τ^f, diminuée de la quantité de mouvement prélevée par les grains de la première couche, soit

$$\tau_b^f = \tau^f - n\frac{\pi}{6}\mu(\rho_p - \rho_f)gd^3\,. \tag{8.47}$$

L'équilibre est atteint lorsque la couche du dessous est au seuil de transport, c'est-à-dire $\tau_b^f = \tau_{\text{th}}^f$. Sachant que $\Theta_{\text{th}} = (2/9)\mu$ (8.14), on trouve

$$n \sim \frac{4}{3\pi d^2}\left(\frac{\Theta}{\Theta_{\text{th}}} - 1\right). \tag{8.48}$$

Notons que ce modèle n'est auto-cohérent que si nd^2 est plus petit que 1, c'est-à-dire pour $\Theta < 3\Theta_{\text{th}}$. Au-delà, plusieurs couches sont mobilisées.

Le flux saturé s'obtient en multipliant le nombre de grains mobilisés par unité de surface par le volume $\pi/6d^3$ d'un grain et par sa vitesse u^p, soit

$$q_{\text{sat}} \sim \frac{(\rho_p - \rho_f)gd^3\Theta_{\text{th}}}{9\eta}\left(\frac{\Theta}{\Theta_{\text{th}}} - 1\right)^2. \tag{8.49}$$

Ce petit modèle prédit donc l'existence d'un flux saturé provenant de la rétroaction du transport sur l'écoulement. On peut également formellement interpréter ce flux saturé comme résultant d'un équilibre entre un flux d'érosion $\varphi_\uparrow$ et un flux de sédimentation $\varphi_\downarrow = nd^2 u_{\text{chute}}$ (Charru *et al.*, 2004), avec le nombre de grains n donnés par (8.48) et u_{chute} donnée par (2.45). On obtient alors un flux d'érosion de la forme

$$\varphi_\uparrow \sim \frac{4}{3\pi}\left(\frac{\Theta}{\Theta_{\text{th}}} - 1\right)u_{\text{chute}}\,. \tag{8.50}$$

Cette relation de proportionnalité entre le taux d'érosion et l'écart au seuil de la contrainte est connue sous le nom de loi de Partheniades.

Régime turbulent

Le modèle en régime turbulent suit la même démarche. La vitesse des grains est donnée par

$$\frac{\pi}{6}\mu(\rho_p - \rho_f)gd^3 \sim \frac{\pi}{16}C_\infty\rho_f\left(u^f - u^p\right)^2 d^2, \tag{8.51}$$

ce qui donne à nouveau $u^p = u^f - u_{\text{th}}$ [9]. En utilisant pour u^f l'expression de la vitesse (8.26) en $z = d/2$ et la définition du nombre de Shields critique en

9. Comme précédemment, cette prédiction ne coïncide pas avec l'observation que les particules ont une vitesse qui ne semble pas s'annuler au seuil (Fernandez Luque & van Beek, 1976). Notons à nouveau qu'un modèle de Tac-Tac avec force hydrodynamique prédit une bifurcation très raide en $1/\ln\left[\sqrt{\Theta} - \sqrt{\Theta_{\text{th}}}\right]$.

régime turbulent (8.16), on trouve la vitesse des grains

$$u^p \sim \frac{\sqrt{(\rho_p - \rho_f)gd/\rho_f}}{\kappa} \ln\left(d/(2z_0)\right) \left(\sqrt{\Theta} - \sqrt{\Theta_{\text{th}}}\right) . \qquad (8.52)$$

Le calcul de n s'obtient par le même raisonnement qu'en visqueux stipulant que la sous-couche statique est juste au seuil, avec pour expression du nombre de Shields critique la relation (8.16) valable en régime turbulent. On trouve alors

$$n \sim \frac{16\kappa^2}{\pi C_\infty d^2 \ln^2\left(d/(2z_0)\right)} \left(\frac{\Theta}{\Theta_{\text{th}}} - 1\right) . \qquad (8.53)$$

Cette expression reste auto-cohérente tant que $nd^2 < 1$, soit $\Theta < 16\,\Theta_{\text{th}}$, ce qui est une valeur beaucoup plus élevée que dans le cas visqueux. Enfin, le flux saturé est donné par $(\pi/6) n\, d^3\, u^p$, soit

$$q_{\text{sat}} \sim \frac{8\kappa\sqrt{\Theta_{\text{th}}}}{3C_\infty \ln\left(d/(2z_0)\right)}\, d\sqrt{\frac{(\rho_p - \rho_f)gd}{\rho_f}} \left(\sqrt{\frac{\Theta}{\Theta_{\text{th}}}} - 1\right) \left(\frac{\Theta}{\Theta_{\text{th}}} - 1\right) . \qquad (8.54)$$

Comparons les prédictions de ce modèle avec des mesures effectuées en canal hydraulique (figure 8.9). Ces données sont traditionnellement interprétées par une formule empirique due à Meyer-Peter & Müller (1948)

$$q_{\text{sat}} \sim 8\sqrt{\frac{\rho_p - \rho_f}{\rho_p} g d^3}\, \left(\Theta - \Theta_{\text{th}}\right)^{3/2} . \qquad (8.55)$$

Les prédictions du modèle simple retournent donc le même comportement asymptotique (en $\Theta^{3/2}$) que celui de la loi de Meyer-Peter & Müller (1948) observée expérimentalement.

Notons que, comme dans le cas visqueux, il est possible de formuler un flux d'érosion à partir de ce modèle en supposant que celui-ci équilibre un flux de sédimentation

$$\varphi_\uparrow \sim nd^2 u_{\text{chute}} \sim \frac{16\kappa^2}{\pi C_\infty \ln^2\left(d/(2z_0)\right)} \left(\frac{\Theta}{\Theta_{\text{th}}} - 1\right) u_{\text{chute}} . \qquad (8.56)$$

On trouve une loi de Partheniades dont la vitesse caractéristique est déterminée par la vitesse de sédimentation dont l'expression en régime turbulent est u_{chute} donnée par (2.47).

Influence de la pente du lit

Le charriage est sensible à la présence d'une pente du lit, la gravité entraînant les grains dans la direction de celle-ci. Pour rendre compte simplement de cet effet, considérons que les grains frottent sur une surface inclinée $z = Z(x, y)$ (figure 8.10). On introduit la vitesse effective $u^f \mathbf{e}_\parallel$ autour du patin, qui est parallèle au sol. $\mathbf{e}_\parallel$ est le vecteur normé parallèle à l'écoulement,

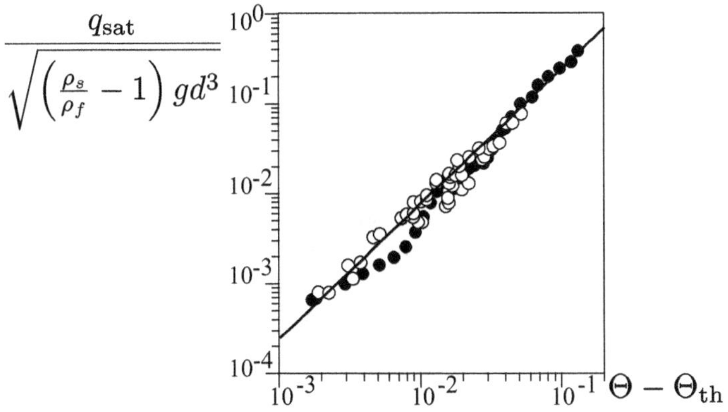

FIG. 8.9 – Mesures du flux saturé dans le cas du transport par charriage dans l'eau. (○) Luque & van Beek (1976), (•) données collectées par Julien (1998).

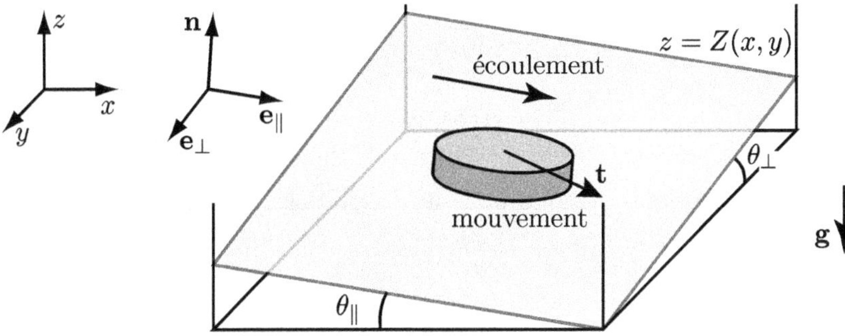

FIG. 8.10 – Schéma montrant le mouvement d'un patin entraîné par un écoulement sur un plan incliné. Les angles $\theta_\parallel$ et $\theta_\perp$ sont dessinés dans le cas d'une pente faible.

et donc à la surface. On définit également le vecteur normé $\mathbf{n}$ normal à la surface et le vecteur normé transverse $\mathbf{e}_\perp$. Par souci de simplicité, nous ne traitons ici que le régime visqueux. Nous laissons le soin au lecteur de suivre le même cheminement pour établir les équations dans le régime turbulent.

En régime stationnaire, le patin va à la vitesse $\mathbf{u^p} = u^p\mathbf{t}$ telle que

$$\frac{3}{2}\pi\eta d\left(u^f\mathbf{e}_\parallel - u^p\mathbf{t}\right) + \frac{\pi}{6}(\rho_p-\rho_f)d^3\left(\mu\mathbf{g}\cdot\mathbf{n}\right)\mathbf{t} + \frac{\pi}{6}(\rho_p-\rho_f)d^3\left[\left(\mathbf{g}\cdot\mathbf{e}_\parallel\right)\mathbf{e}_\parallel + \left(\mathbf{g}\cdot\mathbf{e}_\perp\right)\mathbf{e}_\perp\right] = 0. \tag{8.57}$$

Le premier terme est la force de traînée, le deuxième la force de friction et le troisième la force de gravité projetée dans le plan du sol incliné. En exprimant les composantes de $\mathbf{g}$ sur la base $\mathbf{e}_\parallel$, $\mathbf{e}_\perp$, $\mathbf{n}$ on obtient

$$u^f \mathbf{e}_\parallel - u^p \mathbf{t} = u^0_{\text{th}} \left(\cos\theta_n \, \mathbf{t} + \frac{\sin\theta_\parallel}{\mu} \mathbf{e}_\parallel + \frac{\sin\theta_\perp}{\mu} \mathbf{e}_\perp \right) , \tag{8.58}$$

où $u^0_{\text{th}} = \mu g(\rho_p - \rho_f) d^2/(9\eta)$ est la vitesse seuil pour un lit plat, $\sin\theta_\parallel \equiv \mathbf{e_z} \cdot \mathbf{e}_\parallel$, $\sin\theta_\perp \equiv \mathbf{e_z} \cdot \mathbf{e}_\perp$ et θ_n est l'angle entre la gravité et la normale au lit, qui vérifie $\cos^2\theta_n + \sin^2\theta_\parallel + \sin^2\theta_\perp = 1$. Comme précédemment, la vitesse fluide au seuil s'obtient en considérant la situation limite où la vitesse de la particule s'annule

$$u_{\text{th}} \mathbf{e}_\parallel = u^0_{\text{th}} \left(\cos\theta_n \, \mathbf{t} + \frac{\sin\theta_\parallel}{\mu} \mathbf{e}_\parallel + \frac{\sin\theta_\perp}{\mu} \mathbf{e}_\perp \right) . \tag{8.59}$$

En projetant l'équation selon $\mathbf{e}_\perp$, on obtient $\mathbf{t} \cdot \mathbf{e}_\perp = -\sin\theta_\perp/(\mu\cos\theta_n)$. Comme $\mathbf{t}$ se situe dans le plan $(\mathbf{e}_\parallel, \mathbf{e}_\perp)$, en utilisant la condition de normalisation, on en déduit $\mathbf{t} \cdot \mathbf{e}_\parallel = \sqrt{1 - \sin^2\theta_\perp/(\mu\cos\theta_n)^2}$. Enfin, en projetant l'équilibre (8.59) des forces selon la direction d'écoulement $\mathbf{e}_\parallel$, on obtient la dépendance en pente du seuil

$$\frac{u_{\text{th}}}{u^0_{\text{th}}} = \frac{\Theta_{\text{th}}}{\Theta^0_{\text{th}}} = \sqrt{\cos^2\theta_n - \frac{\sin^2\theta_\perp}{\mu^2}} - \frac{\sin\theta_\parallel}{\mu}, \tag{8.60}$$

où Θ^0_{th} est le Shields critique pour un lit plat. Notons que pour une pente purement longitudinale ($\theta_\perp = 0$, $\theta_n = \theta_\parallel$), on retrouve bien la formule (8.29) du seuil de transport avec $\theta = -\theta_\parallel$. On constate que le seuil s'annule comme attendu lorsque la pente atteint μ dans n'importe quelle direction. Cependant, pour les faibles pentes, le seuil dépend linéairement de la pente longitudinale mais quadratiquement de la pente transverse. Cette dernière dépendance intervient de manière cruciale dans l'équilibre des berges des rivières, que nous discutons dans le chapitre 9.

On effectue un développement perturbatif des équations au premier ordre en pente. L'équation d'équilibre (8.58) se réécrit

$$(u^0_{\text{th}} + u^p)\mathbf{t} \simeq u^f \mathbf{e}_\parallel - u^0_{\text{th}} \frac{\theta_\parallel}{\mu} \mathbf{e}_\parallel - u^0_{\text{th}} \frac{\theta_\perp}{\mu} \mathbf{e}_\perp , \tag{8.61}$$

avec $\theta_\parallel \simeq \partial Z/\partial x$ et $\theta_\perp \simeq \partial Z/\partial y$. En prenant la norme de l'équation, on obtient la norme de la vitesse du patin

$$u^p \simeq u^f - u^0_{\text{th}} \left(1 + \frac{\theta_\parallel}{\mu} \right) \simeq u^f - u_{\text{th}}. \tag{8.62}$$

On peut alors exprimer la direction du mouvement du patin à l'ordre linéaire

$$\mathbf{t} \simeq \mathbf{e}_\parallel - \frac{u^0_{\text{th}}}{u^f} \frac{\theta_\perp}{\mu} \mathbf{e}_\perp . \tag{8.63}$$

La vitesse des grains s'écrit donc

$$\mathbf{u}^p \sim \frac{(\rho_p - \rho_f) g d^2 \Theta_{\rm th}}{2\eta} \left(\frac{\Theta}{\Theta_{\rm th}} - 1 \right) \left(\mathbf{e}_\| - \frac{\Theta_{\rm th}}{\Theta} \frac{\theta_\perp}{\mu} \mathbf{e}_\perp \right), \tag{8.64}$$

que l'on peut comparer avec la formule sur lit plat (8.46).

Comme dans le cas du lit plat, la contrainte basale résiduelle s'écrit simplement

$$\boldsymbol{\tau}_b^f = \tau^f \mathbf{e}_\| - n \frac{\pi}{6} \mu (\rho_p - \rho_f) g d^3 \mathbf{t} \tag{8.65}$$

où n est le nombre de grains en mouvement. À l'équilibre, la contrainte résiduelle est égale, en norme, à la contrainte seuil modifiée par la pente : $\tau_b^f = \Theta_{\rm th}(\rho_p - \rho_f) g d$. On montre alors que l'équation (8.48) donnant n demeure valable à l'ordre le plus bas, mais en utilisant le Shields critique $\Theta_{\rm th}$ modifié par la pente (équation (8.60)). Le flux saturé devient donc

$$\mathbf{q}_{\rm sat} = \frac{\pi}{6} d^3 n\, \mathbf{u}^p \sim \frac{(\rho_p - \rho_f) g d^3 \Theta_{\rm th}}{9\eta} \left(\frac{\Theta}{\Theta_{\rm th}} - 1 \right)^2 \left(\mathbf{e}_\| - \frac{\Theta_{\rm th}}{\Theta} \frac{\theta_\perp}{\mu} \mathbf{e}_\perp \right). \tag{8.66}$$

L'effet de la pente sur le transport intervient dans de nombreux problèmes de géomorphologie. Pour les rides ou les dunes, qui sont transverses à l'écoulement, la modification du flux par l'effet de pente provient uniquement de la variation du seuil. Pour les rivières ou les barres, qui ont une structure transverse, il apparaît un transfert de matière selon la direction perpendiculaire à l'écoulement, sur lequel nous reviendrons dans le dernier chapitre.

Longueur de saturation

La longueur de saturation dans un liquide porteur a été beaucoup moins étudiée que celle du transport éolien (voir ci-dessous), notamment du fait qu'elle est beaucoup plus petite, de l'ordre de quelques tailles de grains. Il y a donc peu de résultats expérimentaux à ce sujet. Notre objectif est ici de montrer comment on peut décrire les transitoires de relaxation dans un modèle donné – le modèle des patins frottants, en l'occurence. Nous ne traitons ici que du régime turbulent. Nous laissons le soin au lecteur de dériver les formules équivalentes dans le cas visqueux.

Considérons le mouvement horizontal d'un grain à la surface du lit entraîné et accéléré par le fluide

$$\frac{\pi}{6} \rho_p d^3 \frac{\mathrm{d}u^p}{\mathrm{d}t} = \frac{\pi}{16} C_\infty \rho_f \left(u^f - u^p \right)^2 d^2 - \frac{\pi}{6} \mu (\rho_p - \rho_f) g d^3. \tag{8.67}$$

Cette équation se réécrit sous la forme

$$\frac{\mathrm{d}u^p}{\mathrm{d}t} = \frac{3C_\infty}{8d} \frac{\rho_f}{\rho_p} \left[\left(u^f - u^p \right)^2 - u_{\rm th}^2 \right], \tag{8.68}$$

où comme précédemment $u^f \propto \sqrt{\Theta}$ est la vitesse du fluide et $u_{\mathrm{th}} \propto \sqrt{\Theta_{\mathrm{th}}}$ la vitesse du fluide au seuil de transport, toutes deux prises en $z = d/2$. L'état stationnaire est donné par $u^p = u^f - u_{\mathrm{th}}$. Considérons une petite perturbation de vitesse $u_1^p = u^p - u^f + u_{\mathrm{th}}$ autour de cet état asymptotique. On obtient, en linéarisant l'équation précédente,

$$\frac{\mathrm{d}u_1^p}{\mathrm{d}t} \simeq -\frac{3C_\infty}{4d}\frac{\rho_f}{\rho_p}u_{\mathrm{th}}u_1^p\,. \tag{8.69}$$

La vitesse relaxe donc avec un temps caractéristique donné par

$$T_{\mathrm{sat}} = \frac{4}{3C_\infty u_{\mathrm{th}}}\,\frac{\rho_p}{\rho_f}d\,. \tag{8.70}$$

Pendant le temps T_{sat}, le grain parcourt une distance $u^p T_{\mathrm{sat}} = (u^f - u_{\mathrm{th}})T_{\mathrm{sat}}$ égale à la longueur de saturation

$$L_{\mathrm{sat}} = \frac{4}{3C_\infty u_{\mathrm{th}}}\,\frac{\rho_p}{\rho_f}d\left(u^f - u_{\mathrm{th}}\right) = \frac{4}{3C_\infty}\,\frac{\rho_p}{\rho_f}d\left(\sqrt{\frac{\Theta}{\Theta_{\mathrm{th}}}} - 1\right). \tag{8.71}$$

Cette longueur se compose d'un facteur dimensionnant $(\rho_p/\rho_f)d$ que multiplie une fonction de la vitesse de l'écoulement qui s'annule au seuil. Elle correspond à la longueur que met un grain pour atteindre sa vitesse d'équilibre avec le fluide. Elle contrôle donc la longueur de saturation du flux.

Notons qu'il est également possible de faire apparaître une longueur de saturation en raisonnant sur les flux d'érosion et de déposition. Supposons que la déposition de particules se fasse à la vitesse u_{chute}. L'équation de bilan entre érosion et déposition s'écrit

$$d^3\frac{\mathrm{d}n}{\mathrm{d}t} = \varphi_\uparrow - nd^2u_{\mathrm{chute}}, \tag{8.72}$$

où la vitesse d'érosion $\varphi_\uparrow$ ne dépend, par hypothèse, que de la contrainte basale. Cette équation étant d'ores et déjà linéaire en n, on tire directement le temps de relaxation du nombre de grains transportés

$$T_{\mathrm{sat}} = \frac{d}{u_{\mathrm{chute}}}, \tag{8.73}$$

où u_{chute} est donnée par (2.47). La longueur de relaxation associée à ce mode de relaxation vaut donc, en utilisant l'expression (8.52) de u^p,

$$L_{\mathrm{sat}} = \frac{u^p}{u_{\mathrm{chute}}}\,d = \frac{\sqrt{3C_\infty}}{2\kappa}\ln\left(d/(2z_0)\right)\left(\sqrt{\Theta} - \sqrt{\Theta_{\mathrm{th}}}\right)d. \tag{8.74}$$

Cette longueur est proportionnelle à la taille du grain d et dépend comme précédemment du nombre de Shields. Elle correspond à l'ajustement du nombre de grains n à la contrainte fluide. Contrairement à la longueur de saturation calculée dans le modèle du patin et qui correspondait à l'ajustement de la vitesse u^p, celle-ci ne met pas en jeu l'inertie relative des grains et du fluide.

Le flux étant le produit du nombre de grains transporté par la vitesse des grains, on peut s'attendre à ce que la longueur de saturation L_{sat} soit donnée, en première approximation, par la plus grande des longueurs de relaxation. Nous verrons dans le chapitre 9 que la longueur de saturation détermine la taille à laquelle se forment les rides au fond de l'eau. Interprétées à rebours, les mesures de longueur d'onde initiale des rides permettent de déterminer la longueur de saturation L_{sat} dans l'eau. Elle est de l'ordre de $6d$ au seuil de transport et croît avec la vitesse de l'écoulement.

Encadré 8.3

Charriage dans une description continue

Lorsque l'écoulement devient suffisamment puissant, ce ne sont plus une mais plusieurs couches de grains qui sont entraînées (figure E8.1). Le transport s'apparente alors à un écoulement dense de grains induit par la contrainte de surface. Nous développons dans cet encadré une version simplifiée du modèle proposé par Ouriemi *et al.* (2009) et fondée sur l'approche diphasique continue (§7.1). On considère un fluide entraînant dans un régime visqueux un milieu granulaire qui occupe le demi-espace $z < 0$. Reprenons le calcul de l'encadré 8.3 du seuil de transport en considérant cette fois une vitesse des grains $\mathbf{u}^p$ non nulle. Les équations d'équilibre pour les deux phases s'écrivent alors comme (8.6) et (8.7) en remplaçant simplement u^f par $u^f - u^p$. L'intégration de (8.7) implique alors que la différence de vitesse $u^f - u^p$ tend exponentiellement vers zéro lorsque l'on s'enfonce dans le milieu suivant la loi (8.8). Cela signifie que, passé la première couche, les grains sont quasiment transportés à la vitesse du fluide $u_p \simeq u_f \simeq u_m$, où u_m est la vitesse du mélange. Il suffit donc de raisonner sur le milieu effectif. La conservation de la quantité de mouvement du mélange – la somme de (8.6) et (8.7) – implique alors que la contrainte tangentielle $\tau^m = \tau^f + \tau^p$ est constante au travers de la couche, égale à la contrainte τ_0^f qu'impose le fluide à l'interface.

Pour résoudre l'écoulement dans la couche, il faut expliciter la rhéologie du milieu et exprimer la contrainte τ^m en fonction du taux de cisaillement $\dot\gamma = \partial u_m/\partial z$. Pour cette configuration où le milieu granulaire est confiné par la gravité et non contraint à une fraction volumique constante (§7.4), une possibilité est d'écrire la contrainte comme la somme d'un terme de friction et d'un terme visqueux

$$\tau^m = \mu_s P^p + A'\eta\dot\gamma, \qquad (8.75)$$

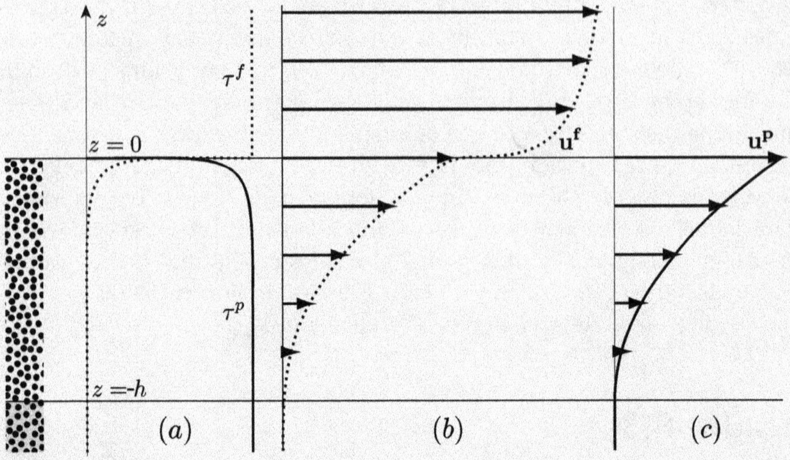

FIG. E8.1 – Modèle de charriage basé sur la description continue. (a) Profil des contraintes fluide τ^f et solide τ^p. Le transfert se fait sur la première couche de grains en surface. (b) Profil de vitesse dans le fluide. (c) Profil de vitesse des grains. Il n'y a plus de mouvement en dessous de la position $z = -h_c$, indiquée par un trait horizontal.

où le coefficient de friction μ_s et A' sont des constantes. Notons que dans A' peuvent se cacher une contribution venant du fluide et une contribution venant de la phase granulaire.

Cette loi constitutive nous permet de prédire l'écoulement. En effet, sachant que la pression granulaire vérifie

$$P^p = -(\rho_p - \rho_f)\phi g z, \tag{8.76}$$

on en déduit tout d'abord l'épaisseur critique h en dessous de laquelle le milieu ne bouge pas, c'est-à-dire la profondeur où la contrainte atteint juste le seuil $\tau_0^f = \mu_s P^p(h_c)$. On trouve

$$h = d\frac{\tau_0^f}{\mu_s(\rho_p - \rho_f)\phi g d} = \frac{\Theta}{\Theta_{\text{th}}}d, \tag{8.77}$$

où nous avons défini un nombre de Shields critique $\Theta_{\text{th}} = \mu_s\phi$ qui correspond à la valeur critique pour faire couler une couche de grains. Pour $z > -h$, on en déduit ensuite le taux de cisaillement

$$\dot{\gamma}(z) = \frac{(\rho_p - \rho_f)g\phi}{A'\eta}\,(\Theta + \Theta_{\text{th}}z), \tag{8.78}$$

ainsi que le profil de vitesse en intégrant avec la condition aux limites $u^m = 0$ en $z = -h_c$

$$u^m(z) = \frac{(\rho_p - \rho_f)g\phi}{2A'\eta}\,\Theta_{\text{th}}\,(h + z)^2. \tag{8.79}$$

Le profil prédit est une parabole. Le flux de sédiments transportés s'obtient en multipliant par ϕ et en intégrant une seconde fois entre $-h$ et $-d$:

$$q_{\text{sat}} = \frac{(\rho_p - \rho_f)\phi g\, d^3}{6A'\eta}\,\Theta_{\text{th}} \left[\left(\frac{\Theta}{\Theta_{\text{th}}} \right)^3 - 1 \right]. \qquad (8.80)$$

Cette équation est à comparer à l'équation (8.49) obtenue avec l'approche discrète. On peut remarquer que le facteur dimensionnant est le même mais que cette formule prédit un comportement asymptotique en Θ^3 contre Θ^2 précédemment. Notons que le transitoire de saturation n'a pas encore été étudié dans ce modèle diphasique.

8.4.3 Exemple de l'ensablement de l'estuaire de la Loire

Les navires qui fréquentent les terminaux portuaires du port de Nantes/Saint-Nazaire, à l'estuaire de la Loire, empruntent un chenal de navigation de 70 km de long. Ce chenal a été creusé par rapport au lit naturel en fonction des tirants d'eau nécessaires à la desserte des installations portuaires. Cette brutale augmentation de la profondeur entraîne une chute de l'intensité du fleuve : le chenal piège alors tous les sédiments transportés, qui s'y déposent. Estimons grossièrement le volume de sédiments transportés par la Loire et qui se déposent dans le chenal de navigation. Nous avons vu que l'ordre du grandeur du flux de charriage est simplement donné par $\sqrt{gd^3}$ (8.54). Pour des grains de sable millimétriques, on obtient un flux par unité de largeur de l'ordre de 3000 m^2/an. La largeur de la Loire avant Saint-Nazaire est de l'ordre du kilomètre, ce qui conduit à un flux total de charriage autour de 3.10^6 m^3/an.

Le dragage des chenaux s'effectue soit par transfert des berges, où ils se déposent, vers le centre du chenal où ils sont évacués (refoulement), soit par clapage (déversement en mer des produits de dragage), soit par remise en suspension de sédiments (la technique moderne consiste à déconsolider la couche supérieure de sédiments avec de l'eau à haute pression). Incidemment, notons que le dragage transfère les polluants stockés dans les sédiments vers la zone de rejet, et qu'il asphyxie ce milieu marin. La moyenne du volume dragué par an dans l'estuaire de la Loire est de l'ordre de 10^7 m^3/an. Le calcul précédent donne donc le bon ordre de grandeur. Il faut noter qu'une grande partie des sédiments qui se déposent sont des boues transportées en suspension, dont le flux est du même ordre de grandeur[10] que le flux de charriage.

Concluons sur une note économique. Le coût de dragage de l'estuaire de la Loire est de l'ordre de 2 euros par m^3, ce qui représente un quart des recettes du port. Le coût d'un dragage de dépollution s'élève à 100 euros par m^3 environ.

10. Les débits solides, aussi bien en suspension qu'en charriage sont très difficiles à mesurer. Le rapport entre flux suspendu et flux de charriage n'est connu qu'à un facteur 10 près.

8.5 Transport éolien : saltation et reptation

De la formation des dunes de sable dans l'air (ainsi que dans le diazote, sur Titan, et dans le dioxyde de carbone sur Mars et Venus) à l'ensablement de maisons, de voies de communication et d'ouvrages d'art dans les déserts sableux, nombre de processus résultent du transport du sable par le vent.

8.5.1 Description qualitative

Le transport éolien met en jeu des mécanismes spécifiques que l'on ne trouve pas dans les phénomènes de transport par des liquides[11]. Lorsqu'un grain est arraché du lit par le vent, il commence par accélérer en rebondissant sur le lit et effectue des sauts de plus en plus haut. Cette amplification peut sembler de prime abord étonnante. En effet, une particule sphérique atteint, après un rebond sur une surface plate, une hauteur plus faible que celle dont elle est partie. La hauteur des sauts des grains devrait donc progressivement diminuer, jusqu'au piégeage par le lit. En réalité, du fait des irrégularités de la surface, une partie de la quantité de mouvement horizontale des grains peut être redirigée vers le haut lors des rebonds[12]. À chaque collision avec le lit, le grain éjecte de nouveaux grains, qui à leur tour peuvent être accélérés par le vent. Pour mieux comprendre ce processus de collision, de nombreux auteurs ont étudié expérimentalement ou numériquement la collision d'un grain unique avec un lit granulaire (figure 8.11*a*). On mesure alors ce que l'on appelle la fonction « splash » (Werner, 1988 ; Anderson & Haff, 1988, 1991 ; McEwan *et al.*, 1992 ; Rioual *et al.*, 2000), qui est la densité de probabilité d'observer des grains éjectés avec un certain vecteur vitesse, en fonction de la vitesse d'impact du grain incident. L'application de cette fonction « splash » au transport éolien pose cependant certains problèmes. Premièrement, elle est établie sans vent, alors que l'air exerce sur la couche de grains superficielle une contrainte rendant les grains du lit beaucoup plus faciles à déloger. Deuxièmement, raisonner sur un seul grain incident n'est pas forcément représentatif de ce qui se passe en présence d'un flux incident de particules.

Le processus d'amplification du nombre de grains transportés ne persiste pas indéfiniment mais sature en raison de la rétroaction du transport sur l'écoulement. Plus le nombre de grains transportés est élevé et plus la vitesse du vent dans la couche de transport diminue. On atteint l'état d'équilibre lorsque la vitesse du vent a tellement faibli que chaque grain n'expulse plus, en moyenne, qu'un seul grain. Dans cet état saturé, le transport éolien se caractérise par une couche diffuse au-dessus du lit comme illustré à

11. Certains auteurs emploient tout de même le terme de saltation pour qualifier le transport de grains qui, dans l'eau, effectuent de grands sauts. Cependant, dans le cas du transport aqueux, les collisions sont très amorties par le fluide interstitiel et il n'y a que peu ou pas de rebond contrairement au cas éolien.

12. On pourra songer aux ballons de rugby, qui ont la propriété de pouvoir remonter dans les airs après avoir roulé.

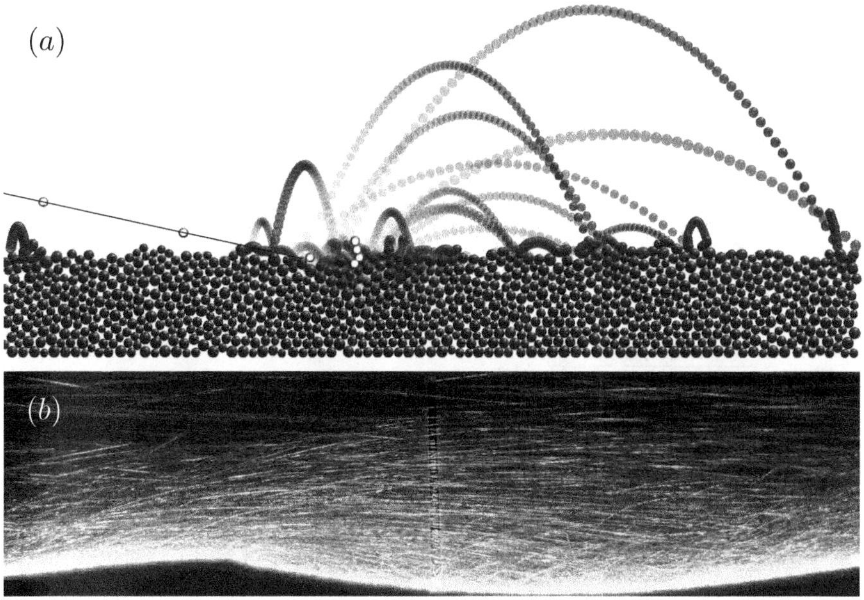

FIG. 8.11 – (*a*) Simulation numérique de la collision d'un grain (marqué d'un point central blanc) sur un lit de grains identiques. Simulation : O. Duran. (*b*) Visualisation des trajectoires de grains en saltation au dessus d'une ride éolienne.

la figure 8.11*b*, qui montre les trajectoires typiques de particules au-dessus d'une ride éolienne. Quantitativement, la répartition des grains dans cette couche a été mesurée pour différentes intensités du vent (figure 8.12). Les profils verticaux de la fraction volumique $\phi(z)$ décroissent exponentiellement avec l'altitude. Cela signifie que la probabilité de présence d'une particule varie comme $\exp(-\beta mgz)$, où m est la masse des grains, g la gravité, et β l'inverse d'une énergie caractéristique. En négligeant le freinage vertical hydrodynamique, la hauteur z des trajectoires varie comme le carré de la vitesse d'éjection v_z. Le profil exponentiel $\phi(z)$ traduit donc le fait que les vitesses verticales v_z au sortir du lit sont distribuées selon une maxwellienne de la forme $\exp(-\beta\frac{1}{2}mv_z^2)$ (Creyssels *et al.*, 2009).

L'ensemble de ce processus, dans lequel les grains rebondissent, sont accélérés par le vent et éjectent d'autres grains par collision, est appelé la saltation, et les grains associés sont nommés saltons. C'est le mode principal de transport de matière par le vent. Il existe cependant un second mode de transport, appelé reptation, qui provient du mouvement du sol sous l'effet des collisions des saltons. Ce mode, qui participe modestement au transport global, est responsable de la formation des rides éoliennes, ce motif périodique que l'on peut observer sur la plage[13] et qui recouvre les dunes (voir §9.2.5).

13. On ne les confondra pas avec les rides du fond de l'eau, en bord de plage.

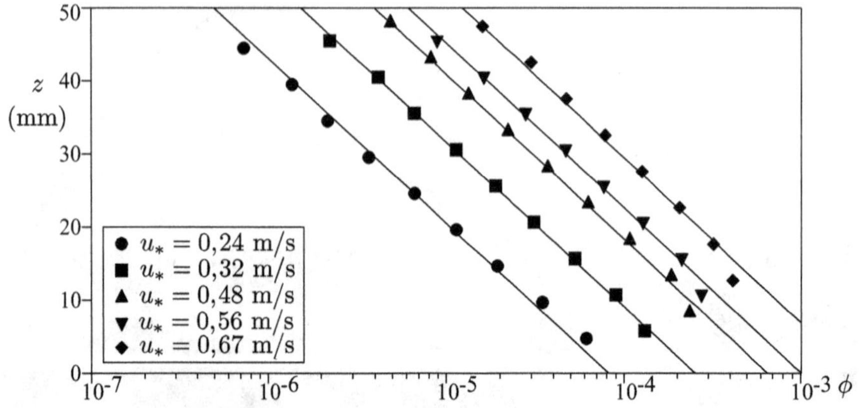

FIG. 8.12 – Profils verticaux de la fraction volumique $\phi(z)$ de grains transportés en saltation pour différentes vitesses de vent u_*. Sur la gamme de vitesses explorée, la fraction volumique décroît exponentiellement avec l'altitude avec une longueur caractéristique de l'ordre de 10 mm, indépendante de la vitesse de cisaillement u_* (Creyssels *et al.*, 2009).

8.5.2 Seuil dynamique de transport

Dans la section 8.2, nous avons étudié dans le détail le seuil de transport statique, c'est-à-dire la vitesse d'écoulement minimale pour vaincre le piégeage des grains par la gravité. Dans le cas du transport éolien en saltation, il existe un autre mécanisme que la traînée hydrodynamique pour mettre en mouvement les grains : les collisions par les grains en saltation eux-mêmes. Le seuil de transport présente donc une hystérésis : une fois le processus de saltation enclenché, le transport peut être maintenu pour des vitesses de vent inférieures au seuil statique. Pour estimer ce seuil de transport dynamique, il faut connaître la vitesse d'impact minimale permettant d'éjecter un grain. Un grain est éjecté de son piège si sa vitesse verticale est de l'ordre de $\sqrt{gd}$. Donc, dimensionnellement, la vitesse d'impact minimale doit être elle aussi de l'ordre de $\sqrt{gd}$. En régime turbulent, cette vitesse d'impact est proportionnelle, en première approximation, à la vitesse de cisaillement u_*, donc à $\sqrt{\tau^f/\rho^f}$. La contrainte seuil dynamique τ^f_{dyn} est donc proportionnelle à gd de sorte que le nombre de Shields Θ_{dyn} au seuil dynamique s'écrit

$$\Theta_{\mathrm{dyn}} \propto \frac{\rho_f}{\rho_p - \rho_f}. \tag{8.81}$$

Ce seuil dynamique présente les mêmes corrections de pente et de cohésion que le seuil statique. Pour obtenir une détermination plus précise du seuil, il faut calculer la trajectoire des saltons, ce qui demande une formulation précise, stochastique ou non, des lois de rebond des grains. On doit alors recourir à l'intégration numérique des équations du mouvement. Nous renvoyons à Andreotti (2004) et Claudin & Andreotti (2006) pour les calculs détaillés.

La figure 8.13 présente la relation entre le seuil dynamique et la taille des grains dans le cas du transport en saltation dans l'air. Le seuil statique déterminé à la section 8.2.2 est significativement plus haut que les points expérimentaux. La remontée de la courbe pour les petites grains est due aux effets cohésifs.

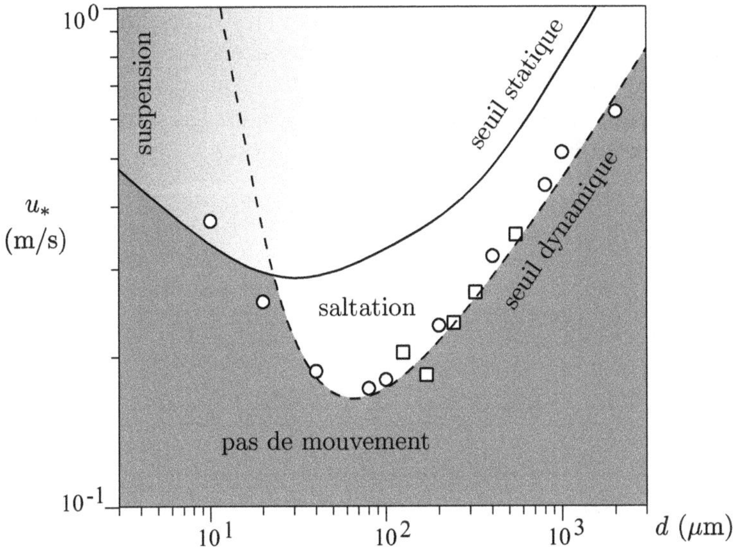

FIG. 8.13 – Nombre de Shields dynamique Θ_{dyn} au-dessus duquel un écoulement d'air peut maintenir un transport de grains d'un lit de sable naturel de taille d. Les symboles correspondent aux mesures effectuées par Chepil (1945) (○) et par Rasmussen (1996) (□). La courbe en traits pointillés montre la prédiction du modèle proposé par Claudin & Andreotti (2006).

8.5.3 Flux saturé

Flux de saltation

Laissons dans un premier temps de côté le caractère erratique des rebonds et des éjections de grains qui les accompagnent, pour ne considérer que la trajectoire moyenne des grains. Les saltons quittent le sol avec une vitesse horizontale moyenne $u_\uparrow^p$ et, après avoir fait un saut de taille $\bar{a}_s$ et avoir été accélérés par l'écoulement, entrent en collision avec le sol avec une vitesse horizontale $u_\downarrow^p$. Comme dans la section 8.3, on note q le flux horizontal et φ^m le flux massique vertical de grains (figure 8.6). Ces grandeurs sont liées par $\varphi^m = \rho_p \phi q / \bar{a}_s$. En écrivant l'équilibre mécanique d'une tranche comprise entre deux surfaces unitaires, l'une située juste au-dessus du lit et l'autre loin du lit (figure 8.14), on montre que

$$\tau^f = \rho_f u_*^2 = \tau_b^f + \varphi^m \left(u_\downarrow^p - u_\uparrow^p\right) = \tau_b^f + \rho_p \phi \frac{(u_\downarrow^p - u_\uparrow^p)}{\bar{a}_s} q. \qquad (8.82)$$

Le terme de droite τ^f est la contrainte qui s'applique sur la couche loin du lit, c'est-à-dire la contrainte fluide non perturbée. Il est égal à la somme de la contrainte du fluide qui s'exerce à la base du lit τ_b^f et des flux de quantité de mouvement horizontale dus aux mouvements ascendants et descendants des grains en saltation. Le flux saturé est atteint lorsque τ_b^f a décru à la valeur seuil τ_{dyn}^f. Chaque grain éjecte alors, en moyenne, un seul grain lors d'un impact. Le flux saturé s'exprime donc sous la forme

$$q_{\text{sat}} = \frac{\left(\tau^f - \tau_{\text{dyn}}^f\right) \bar{a}_s}{\rho_p \phi (u_\downarrow^p - u_\uparrow^p)}. \qquad (8.83)$$

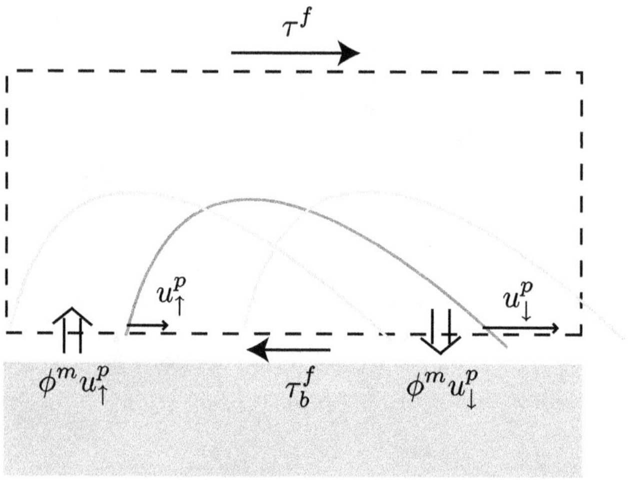

FIG. 8.14 – Bilan de quantité de mouvement permettant de calculer la rétroaction du transport de saltation sur l'écoulement.

Pour trouver la loi d'échelle sur q_{sat}, il reste encore à expliciter la longueur de saut moyenne $\bar{a}_s$ et les deux vitesses $u_\downarrow^p$ et $u_\uparrow^p$. Le point important est qu'à saturation, la vitesse du vent dans la couche de transport est réduite à la valeur qu'elle a au seuil de transport, quelque soit la force du vent au-dessus de cette couche. En conséquence, les trajectoires des grains en saltation sont indépendantes de la vitesse du vent. En particulier, dans la formule précédente, $\bar{a}_s$, $u_\downarrow^p$ et $u_\uparrow^p$ sont indépendantes de τ^f. Dimensionnellement, on a donc

$u^p_\downarrow - u^p_\uparrow \propto \sqrt{gd}$ et $\bar{a}_s \propto d$. On trouve alors

$$q_{\text{sat}} \sim \frac{\rho_p - \rho_f}{\rho_p} \sqrt{gd^3} \left(\Theta - \Theta_{\text{dyn}}\right). \tag{8.84}$$

Le flux saturé est donc proportionnel à l'écart au seuil de la contrainte basale (Ungar & Haff, 1987 ; Andreotti, 2004) comme observé dans les mesures effectuées en soufflerie (voir figure 8.15 ; Iversen & Rasmussen, 1999 ; Creyssels *et al.*, 2009). Empiriquement, les mesures sont décrites par une loi du type

$$q_{\text{sat}} \sim 30\, g^{3/4}\, d^{9/4}\, \nu^{-1/2} \left(\Theta - \Theta_{\text{th}}\right), \tag{8.85}$$

où $\{\nu\}$ est la mucosité cinétique. Cette formule est très proche de la prédiction du modèle, la correction visqueuse variant peu en pratique.

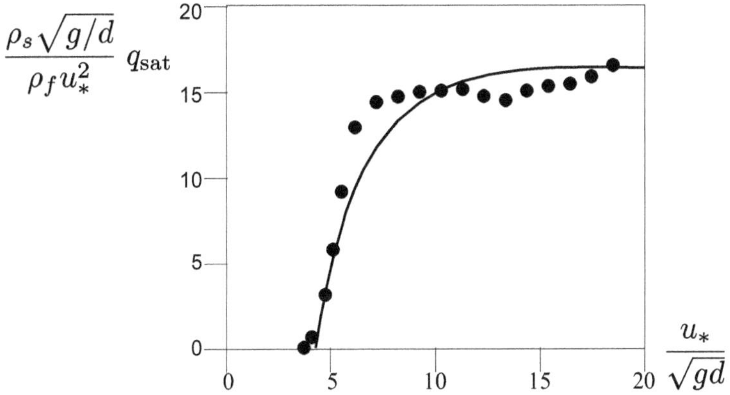

FIG. 8.15 – Mesures de flux saturé dans le cas du transport éolien (Iversen & Rasmussen, 1999) pour $d = 242$ μm. Le flux est normalisé par u_*^2 pour mettre en évidence le comportement asymptotique.

Notons pour conclure que nous n'avons fait ici qu'obtenir la loi d'échelle suivie par le flux saturé. Pour aller au-delà, il s'agit de résoudre plus rigoureusement l'équation d'équilibre hydrodynamique, l'équation traduisant l'équilibre entre érosion et déposition, et les trajectoires des particules. Ce travail ne peut se faire que numériquement, et conduit à de nombreuses variantes, selon les ingrédients pris en compte – dans la fonction splash en particulier. La discussion de ces détails dépasse le cadre de cet ouvrage.

Point focal des profils de vitesse

Comme nous venons de le voir, la saturation du transport éolien provient de la rétroaction du transport sur l'écoulement, le nombre de particules transportées s'ajustant pour garantir que la contrainte basale reste égale à la contrainte seuil τ^f_{dyn}. En première approximation, le profil de vitesse dans la couche de saltation (figure 8.16a) reste de la forme

$$u^f = \frac{u^f_{\text{dyn}}}{\kappa} \ln\left(\frac{z}{z_0}\right) \quad \text{avec} \quad \tau^f_{\text{dyn}} = \rho_f {u^f_{\text{dyn}}}^2. \tag{8.86}$$

Ce profil de vitesse étant indépendant de la vitesse de cisaillement u_*, il en va de même de la trajectoire typique des grains. La hauteur de la couche de transport, notée H_f est donc indépendante de u_*. Les courbes de la figure 8.12 constituent une preuve expérimentale directe de cette prédiction, et donc des mécanismes qui contrôlent la saturation du flux.

Au-dessus de la couche de transport, on retrouve un écoulement contrôlé par la vitesse de cisaillement u_*

$$u^f = \frac{u_*}{\kappa} \ln\left(\frac{z}{z_s}\right), \tag{8.87}$$

où z_s est la rugosité aérodynamique engendrée par la couche de transport. À la limite supérieure de la couche de transport, en $z = H_f$, on doit retrouver la même vitesse $u^f = U_f$, quelque soit la valeur de u_*. Les profils de vitesse obtenus pour différents vents convergent donc en un même « point focal » (figure 8.16a), ce qui est observé expérimentalement. La mesure de la rugosité aérodynamique z_s permet d'obtenir quantitativement les caractéristiques de

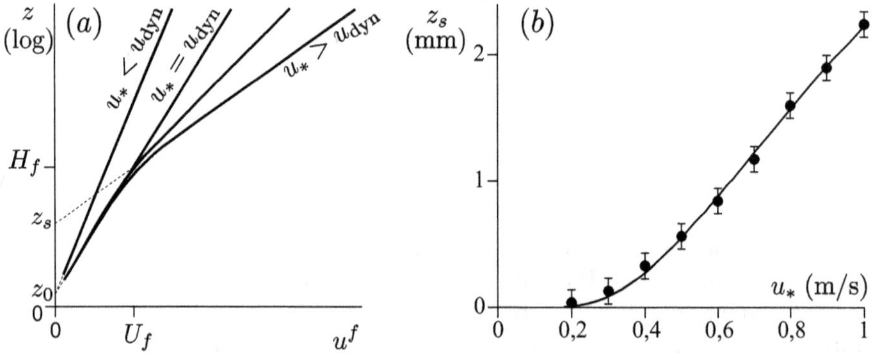

FIG. 8.16 – (a) Représentation schématique du profil de vitesse au travers d'une couche de saltation. Dans cette représentation semi-logarithmique, une droite représente un profil de vitesse logarithmique. Tous les profils au-dessus du seuil de transport convergent en un même « point focal » à la hauteur H_f et la vitesse U_f. (b) Mesure de la rugosité aérodynamique z_s vue depuis le dessus de la couche de transport (Iversen & Rasmussen, 1999) pour $d = 242$ μm. La courbe en trait plein correspond à la rugosité obtenue s'il existe un point focal (équation (8.89)). L'ajustement donne $H_f = 9$ mm et $U_f = 3{,}5$ m s^{-1}.

ce point focal, définies par

$$U_f = \frac{u^f_{\rm dyn}}{\kappa} \ln\left(\frac{H_f}{z_0}\right) = \frac{u_*}{\kappa} \ln\left(\frac{H_f}{z_s}\right). \tag{8.88}$$

En inversant la relation, on obtient

$$z_s = H_f \exp\left(-\frac{\kappa U_f}{u_*}\right). \tag{8.89}$$

La figure 8.16*b* montre que z_s est une fonction croissante de u_* et donc du flux sableux. Cette courbe est une manifestation convaincante de l'existence de la rétroaction du transport sur l'écoulement.

Flux de reptation

La description la plus simple du flux de reptation fait intervenir la distribution des sauts $\mathcal{P}(a_r)$, telle que $\mathcal{P}(a_r)\mathrm{d}a_r$ donne la probabilité qu'un repton mis en mouvement se déplace de a_r. Les flux d'érosion $\varphi^r_\uparrow$ et de déposition $\varphi^r_\downarrow$ associés à la reptation sont reliés par

$$\varphi^r_\downarrow(x) = \int_{-\infty}^{\infty} \mathrm{d}a_r\, \mathcal{P}(a_r)\varphi^r_\uparrow(x - a_r). \tag{8.90}$$

Le flux d'érosion $\varphi^r_\uparrow$ est proportionnel au flux de grains transportés en saltation et au nombre moyen de grains mis en mouvement par grain entrant en collision avec le lit de sable. On observe expérimentalement et numériquement que ce nombre d'éjecta est nul en dessous d'un seuil en vitesse d'impact puis croît linéairement avec celle-ci, en première approximation.

À saturation, on a $\varphi^r_\uparrow = \varphi^r_\downarrow = \varphi^r$, de sorte que le flux de reptation q_r s'écrit (8.42)

$$q_r = \bar{a}_r\, \varphi^r \quad \text{avec} \quad \bar{a}_r = \int_{-\infty}^{\infty} \mathcal{P}(a_r)\, a_r\, da_r. \tag{8.91}$$

La vitesse d'impact des grains en saltation étant indépendante de τ^f, on peut penser que c'est le cas également de la longueur moyenne de saut $\bar{a}_r$ des grains en reptation ainsi que de leur nombre. Dès lors, on prédit que le flux de grains en reptation est proportionnel au flux de grains en saltation. Expérimentalement, on estime que la part de la reptation se situe entre 1/6 et 1/3 du transport éolien total.

8.5.4 Longueur de saturation

Longueur de saturation de la saltation

Pour comprendre l'origine de la longueur de saturation du transport éolien, on peut remarquer que le flux s'écrit comme le produit d'une densité de grains par une vitesse. Dès lors, deux mécanismes peuvent limiter ce processus. D'une part, il faut que les grains soient accélérés à la vitesse de l'écoulement. D'autre part, il faut que l'érosion du lit conduise à ce que le nombre de grains transportés tende vers sa valeur saturée. Pour décrire le premier mécanisme, considérons simplement le mouvement horizontal d'un grain entraîné par le vent en écrivant que l'accélération est égale à la force de trainée turbulente

$$\frac{\pi}{6}\rho_p d^3 \frac{\mathrm{d}u^p}{\mathrm{d}t} = \frac{\pi}{8} C_d \rho_f (u^f - u^p)^2 d^2, \tag{8.92}$$

où u^p est la vitesse du grain et u^f la vitesse du vent. Notons que, contrairement au cas du charriage, les saltons ne touchent pas le sol et ne sont donc soumis aux forces de contact dissipatives du lit que pendant les collisions. Cette équation peut se récrire

$$\frac{\mathrm{d}(u^f - u^p)}{\mathrm{d}t} = -\frac{3}{4}\frac{C_d \rho_f}{\rho_p d}(u^f - u^p)^2. \tag{8.93}$$

Cette équation peut s'intégrer et on montre que la relaxation de la vitesse de la particule vers la vitesse du fluide s'effectue sur une distance de saturation qui varie comme

$$L_{\mathrm{sat}} \sim \frac{\rho_p}{C_d \rho_f} d, \tag{8.94}$$

avec un pré-facteur de l'ordre de 2 (Andreotti *et al.*, 2002, 2004).

Étudions maintenant le second mécanisme de transitoire lié à la saturation du nombre de grains. On suppose alors que les grains volent sans retard à la vitesse du vent. Considérons par exemple le cas de la figure 8.7, où le lit de sable commence à $x = 0$. Un premier grain est arraché qui vole, entre en collision avec le sol et en éjecte d'autres. Ceux-ci sont accélérés par le vent, entrent en collision avec le sol et produisent d'autres saltons encore. Ce processus correspond à une augmentation exponentielle du flux, comme on peut l'observer sur la figure 8.7. Pour décrire cette amplification, il faut introduire la capacité de remplacement $N_{\mathcal{C}}$ qui donne le nombre moyen de saltons émis lors d'une collision entre un grain et le lit. $N_{\mathcal{C}}$ est une fonction de la vitesse moyenne d'impact des saltons, qui est elle-même fonction, via les trajectoires, de la vitesse du vent dans la couche de transport. Par un raccourci, on peut écrire que $N_{\mathcal{C}}$ est une fonction de la contrainte basale résiduelle τ_b^f. Dans la phase initiale d'amplification, il y a peu de grains en mouvement de sorte que la contrainte basale τ_b^f est simplement égale à τ^f. Ainsi à chaque saut, de longueur $\bar{a}_s$, le nombre de grains transportés est multiplié par $N_{\mathcal{C}}(\tau^f)$: $q(x + \bar{a}_s) = q(x) N_{\mathcal{C}}$. En passant à la limite continue, on obtient l'approximation

$$\bar{a}_s \frac{dq}{dx} = (N_{\mathcal{C}}(\tau^f) - 1)q. \tag{8.95}$$

La longueur caractéristique de la phase de croissance exponentielle vaut donc $\bar{a}_s/(N_{\mathcal{C}}(\tau^f) - 1)$.

Considérons maintenant la phase finale du transitoire de saturation, lorsque le flux a presque atteint sa valeur saturée. Les grains volent alors dans un écoulement dont la vitesse est réduite et où la contrainte basale est proche de la contrainte seuil $(\tau_b^f/\tau_{\text{dyn}} - 1) \ll 1$. On peut de nouveau écrire l'évolution du flux qui est gouvernée par l'équation

$$\bar{a}_s \frac{dq}{dx} = (N_{\mathcal{C}}(\tau_b^f) - 1)q \simeq q_{\text{sat}} \left.\frac{dN_{\mathcal{C}}}{d\tau^f}\right|_{\tau_{\text{dyn}}} (\tau_b^f - \tau_{\text{dyn}}). \tag{8.96}$$

En utilisant les équation (8.82) et (8.83), on peut exprimer τ_b^f en fonction de q, qui au premier ordre en perturbation donne

$$\frac{\tau_b^f - \tau_{\text{dyn}}}{\tau^f - \tau_{\text{dyn}}} = \frac{q_{\text{sat}} - q}{q_{\text{sat}}}. \tag{8.97}$$

Après remplacement dans l'équation (8.96), on obtient la longueur de relaxation du nombre de grains transportés, au voisinage de l'état saturé

$$L_{\text{sat}} \sim \frac{\bar{a}}{\left.\frac{dN_{\mathcal{C}}}{d\tau_f}\right|_{\tau_{\text{dyn}}} (\tau^f - \tau_{\text{dyn}})}, \tag{8.98}$$

qui diverge au seuil de transport et tend rapidement vers 0 à grand vent (Sauermann *et al.*, 2001).

La longueur de saturation est donnée, en première approximation, par la plus grande des deux longueurs de relaxation que nous venons de calculer. La relaxation est donc limitée par l'érosion immédiatement au-dessus du seuil, puis très vite par l'inertie des grains. On peut retenir que dès que l'on sort de l'immédiate proximité du seuil, la longueur de saturation devient proportionnelle au rapport de densité entre les grains et le fluide environnant fois le diamètre des grains. Nous verrons dans le dernier chapitre que cette longueur contrôle la taille à laquelle se forment les dunes éoliennes.

Longueur de saturation de la reptation

Traitons maintenant de la relaxation vers l'équilibre du transport en reptation. Pour cela, on considère un lit de sable qui, comme celui schématisé sur la figure 8.7, n'occupe que le demi-espace $x > 0$. Supposons qu'une pluie homogène de grains en saltation vienne impacter cette zone. Le flux à la position x peut s'écrire alors comme le flux que l'on aurait si toute la surface était érodable et qui est égal à $\bar{a}_r \varphi^r$, auquel il faut retrancher le flux de grains qui proviendraient de la zone $x' < 0$. Les grains éjectés de la zone $x' < 0$ qui parviendraient à dépasser la position x auraient des longueurs de saut $a_r > x$

et proviendraient de la zone $x - a_r < x' < 0$. Ce raisonnement conduit à écrire

$$q_r(x) = \bar{a}_r \varphi^r - \int_x^\infty (a_r - x)\varphi_r \, \mathcal{P}(a_r)\, da_r \,. \tag{8.99}$$

Pour une distribution exponentielle de longueur de saut $\mathcal{P}(a_r) = (1/\bar{a}_r)\exp(-a_r/\bar{a}_r)$, l'intégrale de l'équation (8.99) s'intègre et on trouve que la relaxation du flux est exponentielle

$$q_r(x) = \bar{a}_r \, \varphi^r \left(1 - \exp\left(-\frac{x}{\bar{a}_r}\right)\right). \tag{8.100}$$

Dans ce cas, la description par une équation de relaxation est exacte et conduit à une longueur de saturation égale au pas moyen des reptons $L_{\text{sat}} = \bar{a}_r$. Cette longueur étant petite devant la longueur de saturation associée au transport en saltation, c'est cette dernière qui contrôle, en dernier ressort, la relaxation du transport éolien.

8.5.5 Influence d'un gradient de vent transverse

Lorsque l'écoulement n'est plus homogène selon la direction transverse au vent moyen, un flux de saltation transverse peut apparaître. En effet, en régime turbulent, la trajectoire des grains est erratique, du fait des fluctuations turbulentes du vent : entre deux chocs avec le lit, les grains sont défléchis aléatoirement dans la direction transverse avec un angle moyen β d'une vingtaine de degrés autour de la direction moyenne $\mathbf{e_x}$ du vent. Selon la direction transverse, les grains font donc une marche aléatoire de libre parcours moyen $\ell \sim \beta \bar{a}_s$. Considérons un écoulement avec une vitesse $u^f(y)\mathbf{e}_x$ qui dépend de la direction transverse y. Par un raisonnement similaire à celui vu dans le chapitre sur la théorie cinétique (§5.2.2), le flux transverse net q_y est alors proportionnel à $q_x(y - \ell/2) - q_x(y + \ell/2)$. Cette analyse conduit à une loi d'échelle reliant q_y à q_x ainsi qu'à la longueur moyenne de saut $\bar{a}_s$,

$$q_y = -\beta \bar{a}_s \frac{\partial q_x}{\partial y}. \tag{8.101}$$

L'équation de conservation de la matière dans le cas d'un écoulement quasi-parallèle, mais hétérogène transversalement, s'écrit alors

$$\frac{\partial \xi}{\partial t} + \frac{\partial q_x}{\partial x} = \beta \bar{a}_s \frac{\partial^2 q_x}{\partial y^2}. \tag{8.102}$$

8.5.6 Exemple de l'ensablement d'une route saharienne

Pour illustrer le transport de sable en saltation, considérons le problème de l'ensablement de l'axe routier qui relie Laayoune à El Mersa au Sahara Atlantique en traversant 7 km de dunes. On peut déduire de l'orientation des dunes sur la figure 8.17 que la route a été construite perpendiculairement à la

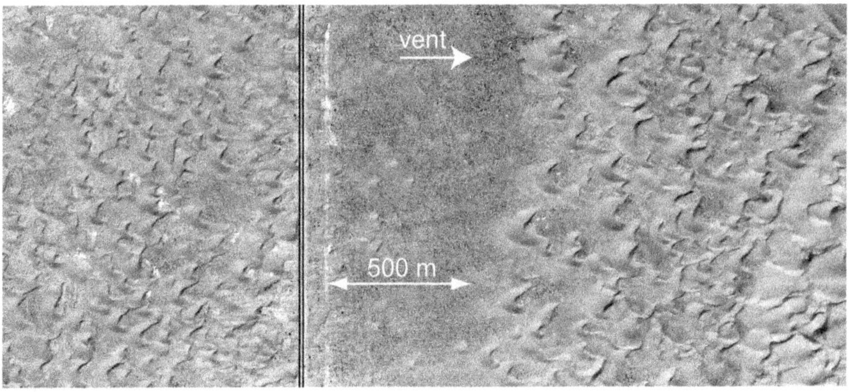

FIG. 8.17 – Route (double trait noir vertical) traversant le champ de dunes barkhanes de Laayoune (Sahara Atlantique). La photographie aérienne a été prise quatre ans après que des résidus bitumineux ont été déversés en amont de la route sur une largeur de 750 m. Les dunes ont recouvert cette zone et l'on peut observer une bande sans dunes en aval de la route.

direction du vent qui, dans cette région balayée par les Alizés, est idéalement unidirectionnel. À partir de l'expression obtenue ci-dessus, calculons l'ordre de grandeur du flux de sable qui traverse la route. Le facteur dimensionnant du flux est de l'ordre de $\sqrt{gd^3}$. Pour des grains de taille $d = 200$ µm, il vaut 9.10^{-6} m^2/s soit encore 300 m^2/an. Ce flux correspond à un volume (en m^3) par unité de longueur de route (en m) et par unité de temps (en années). Il se trouve que le préfacteur de la loi d'échelle (8.84) compense le facteur en nombre de Shields, de sorte que le flux obtenu est réaliste pour la région considérée. Cumulé sur 7 km, ce flux correspond à 6000 m^3 de sable par jour.

En pratique, ce sont des tractopelles qui font passer ce sable d'un coté à l'autre de la route. L'ordre de grandeur obtenu coïncide bien avec la masse journalière de sable mesurée par l'organisme chargé des travaux publics. Le long de cette route, trois tentatives ont été faites, pour arrêter l'ensablement : la fixation par des plantes des dunes à proximité de la route, la construction d'un immense convergent en béton pour accélérer le vent au niveau de la route et la fixation mécanique, par épandage de résidus pétroliers. Dans la mesure où le champ de dunes s'étend 100 km en amont de la route, il y avait peu de chances d'empêcher le flux sableux de la traverser. La figure 8.17 montre la situation, quatre ans après le déversement de résidus pétroliers sur une bande de 750 m en amont de la route. Les dunes sont de l'ordre de 100 m de long, ce qui, étant donné le rapport d'aspect d'une dune (voir chapitre 9), correspond grossièrement à une hauteur moyenne H de sable de l'ordre de 2 m. Étant donné le flux de sable caractéristique, on peut prédire que la bande bituminée a été recouverte à la vitesse de $q_{\text{sat}}/H \simeq 150$ m/an, ce qui donne une durée, étant donnée la largeur, de cinq ans. On peut observer qu'en effet, les dunes s'y sont réinstallées après quatre ans. L'accélérateur de vent semble, de prime abord, une meilleure idée physique. En augmentant graduellement la vitesse du vent, on augmente le flux saturé et on érode donc le lit de sable. On peut espérer alors faire traverser la route au sable en saltation, et non sous forme de dunes. En réalité, l'ouvrage est ensablé et doit, pour sembler fonctionner, attendre le ballet des bulldozers.

8.6 Suspension turbulente

8.6.1 Description qualitative

Le transport en suspension est extrêmement courant dans les phénomènes naturels (figure 8.18), aussi bien dans le cas d'un liquide que d'un gaz. La turbidité des rivières en crue provient par exemple des particules de boue et d'argile en suspension. Ces particules, lorsqu'elles se redéposent dans les plaines agricoles, contribuent à reconstituer le sol agraire. Dans la zone de déferlement des vagues, le long des côtes océaniques, l'énergie cinétique moyenne est très efficacement transférée sous forme de fluctuations turbulentes. Ce sont les particules de sable qui sont alors mises en suspension. Dans le cas éolien, les tempêtes de sable proviennent de vents violents, souvent associés à des mouvements rares des anticyclones tropicaux (figure 8.18*c*,*d*). Elles soulèvent les poussières rougeâtres des milieux désertiques et peuvent les entraîner par-delà les océans jusqu'à les déposer sur les pare-brises des véhicules des climats tempérés. Leurs noms ont une forte charge poétique : l'Harmattan qui souffle en provenance du Sahara dans le golfe de Guinée ; le Sirocco, qui remonte du grand Maghreb vers l'Andalousie, les îles Baléares et la Sicile, et qui se charge parfois de criquets pèlerins aux menées ravageuses ; le Haboob ; le Chergui ; le Ghibli. Les écoulements pyroclastiques (figure 8.18*a*,*b*) et les avalanches de neige en aérosol (encadré 6.6) constituent un autre type de transport en suspension, dans lequel l'écoulement est dû au mouvement gravitaire des grains eux-mêmes. On parle alors de courant de densité ou courant de gravité.

Le transport en suspension se caractérise par le fait que les fluctuations du champ de vitesse hydrodynamique conduisent à des fluctuations de forces beaucoup plus grandes que la gravité. Dans ce cas, le transport des sédiments suspendus résulte d'un équilibre entre le mélange par les fluctuations turbulentes et la chute sous l'effet de la gravité. Dans la plupart des modèles, ceci est réalisé en négligeant l'effet des particules sur la turbulence. Il n'y a donc pas de rétroaction du transport sur l'écoulement, une différence essentielle avec les modèles de transport éolien et de charriage détaillés ci-dessus.

La description d'une suspension turbulente nécessite de plus de comprendre comment les fluctuations turbulentes érodent le lit statique pour alimenter la suspension. Ces mécanismes dépendent du sol considéré. Dans le cas de grains non cohésifs, une couche de charriage est présente sur le fond, dans laquelle les fluctuations de l'écoulement viennent arracher des grains.

FIG. 8.18 – (*a*) Transport en suspension lors de l'écoulement pyroclastique associé à l'éruption de 1991 du Mont Unzen (Japon). (*b*) Nuage de poussière en suspension à la suite des attentats du 11 septembre (Manhattan). (*c*) Suspension lors d'un vent de sable (Soudan). (*d*) Transport de poussières sahariennes au-dessus de l'Atlantique lors d'une remontée vers l'Europe de l'anticyclone des Açores.

Le flux d'érosion s'entend alors comme le flux lié aux fluctuations turbulentes au travers d'une surface située juste au-dessus de la couche de charriage. Dans le cas d'un sol consolidé – un grès par exemple – l'érosion est déterminée par la dissolution des ponts qui cimentent les grains. Le rôle de l'écoulement est alors d'évacuer le soluté, en favorisant ainsi la réaction de dissolution et donc la libération des grains. Dans le cas des argiles, l'érosion devient un processus physico-chimique et résulte du gonflement qui se produit lorsque la concentration ionique à l'intérieur du sol est plus grande que celle du liquide qui érode. Les feuillets constituant les particules d'argile se séparent alors progressivement et les forces de cohésion diminuent. Cela aboutit à la défloculation des feuillets et à la transformation du matériau en une suspension colloïdale de fines particules dispersées dans l'eau. Enfin, dans le cas d'un sable argileux, il faut pour libérer un grain que la matrice d'argile qui l'entoure soit érodée par de petits canaux par lesquels l'eau pénètre entre les grains.

La modélisation physico-chimique de ces processus, et les lois d'échelles qui en découlent (notamment celle du temps caractéristique d'arrachement d'un grain), restent à l'heure actuelle des problèmes ouverts. Il faut donc

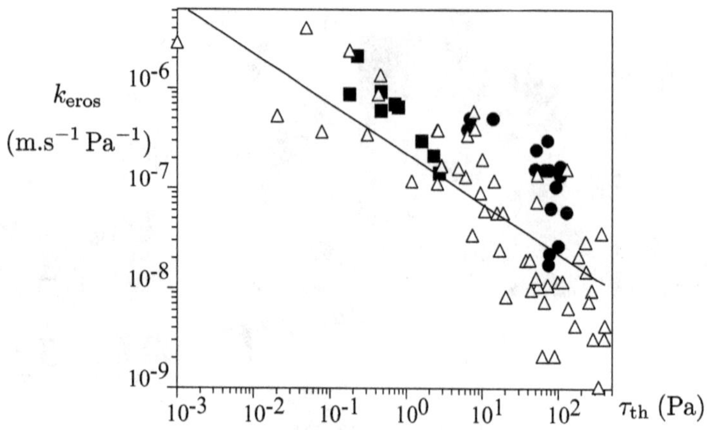

FIG. 8.19 – Mesures expérimentales montrant la corrélation entre coefficient d'érosion $k_{\rm eros}$ et contrainte seuil $\tau_{\rm th}$. Données issues de Hanson & Simon (2001) ($\triangle$), de Briaud *et al.* (2001) ($\blacksquare$) et de Bonelli *et al.* (2007) ($\bullet$).

considérer la loi d'érosion comme une loi phénoménologique à laquelle on accède par l'expérience.

8.6.2 Flux saturé

Dans le cas d'un sol cohésif, Shields (1936) a été le premier à introduire une loi d'érosion phénoménologique de la forme

$$\varphi_{\uparrow}^{b} = k_{\rm eros}\,(\tau - \tau_{\rm th})\ , \tag{8.103}$$

où $\tau_{\rm th}$ est la contrainte seuil et $k_{\rm eros}$ un coefficient d'érosion. Cette relation est aussi connue sous le nom de loi de Partheniades (1965) en sédimentologie. Sa linéarité s'entend comme un développement limité au voisinage du seuil, et ne doit donc pas être interprétée comme un comportement établi pour des valeurs de la contrainte basale arbitrairement grande. Par ailleurs, nous avons vu dans le paragraphe sur le charriage que cette loi peut être justifiée dans le cas d'un sable non cohésif.

La figure 8.19 montre des valeurs de $\tau_{\rm th}$ et $k_{\rm eros}$ tirées de mesures expérimentales du taux d'érosion, effectuées dans différentes géométries. Bien que dispersées sur environ un ordre de grandeur, elles font apparaître une corrélation entre le coefficient d'érosion et la contrainte seuil. Plus la contrainte seuil est élevée et moins le sol s'érode vite, ce qui est somme toute logique. Du point de vue dimensionnel, le coefficient d'érosion est une vitesse d'érosion par unité de contrainte (Hanson & Simon, 2001) et l'on peut écrire

$$k_{\rm eros} = \frac{\alpha_{\rm eros}}{\sqrt{\rho_f\,\tau_{\rm th}}} \quad \text{et} \quad \varphi_{\uparrow}^{b} = \alpha_{\rm eros}\,\frac{\tau - \tau_{\rm th}}{\sqrt{\rho_f\,\tau_{\rm th}}}\ . \tag{8.104}$$

Les données de la figure 8.19 sont compatibles avec l'exposant $-1/2$. Le meilleur ajustement donne alors un nombre sans dimension α_{eros} de l'ordre de 7.10^{-6}. Ce nombre est extrêmement petit, ce qui pointe vers des paramètres cachés. Cela signifie que τ_{th} n'est pas une caractérisation suffisante du sol, et qu'il faudrait établir, au cas par cas, une modélisation détaillée des mécanismes à l'échelle des particules. Dans le cas d'un lit de grains non cohésifs, nous avons vu que l'ordre de grandeur du taux d'érosion est donné par la vitesse de sédimentation u_{chute}. Pour des particules de 10 µm, on obtient dans ce cas une valeur de α_{eros} de l'ordre de 10^{-3}.

Plaçons nous maintenant au sein de la suspension loin du lit à une altitude z où la fraction volumique de la suspension est égale à $\phi(z)$. Lorsque le flux est saturé, on a équilibre entre un flux de sédimentation

$$\varphi_{\downarrow}(z) = u_{\text{chute}}\,\phi(z) \tag{8.105}$$

et un flux ascendant induit par les fluctuations turbulentes, que l'on modélise par une loi de diffusion

$$\varphi_{\uparrow}(z) = -D\frac{\partial \phi}{\partial z} \quad \text{avec} \quad D = \frac{\kappa^2}{\text{Sc}}\, z^2 \left|\frac{\partial u_x}{\partial z}\right| = \frac{\kappa}{\text{Sc}}\, z\, u_* \,. \tag{8.106}$$

u_* donne l'échelle des fluctuations turbulentes de vitesse. La distance au sol donne l'échelle spatiale de ces fluctuations. Le produit $z\,u_*$ donne la dimension du coefficient de diffusion des grains (Van Rijn, 1984). Le nombre de Schmidt Sc est un nombre sans dimension qui compare le coefficient de diffusion de la quantité de mouvement à celui d'un scalaire passif. Les mesures donnent des valeurs de Sc entre 0,5 et 1.

À l'équilibre, $\varphi_{\downarrow} = \varphi_{\uparrow}$ et le profil de concentration décroît comme une loi de puissance de la distance au sol z

$$\phi(z) \sim \phi_\ell \left(\frac{z}{d}\right)^{-\alpha} \quad \text{avec} \quad \alpha = \frac{\text{Sc}\, u_{\text{chute}}}{\kappa u_*}, \tag{8.107}$$

où ϕ_ℓ est la fraction volumique du lit. Le préfacteur numérique est fixé, soit par un raccordement avec la fraction volumique dans la couche de charriage, soit par un raccordement au flux d'érosion, en écrivant que $\varphi_{\uparrow}(d)$ est donné par l'expression (8.104). La masse totale en suspension par unité de surface se déduit par intégration du profil entre d et $+\infty$. Cette intégrale n'est définie que pour $\alpha > 1$ et vaut $\sim \phi_\ell d/(1-\alpha)$. Ce cas correspond à des vitesses de cisaillement u_* petites, pour lesquelles la masse reste localisée près du sol. Or, pour être en régime de suspension turbulente, il faut précisément que les fluctuations de vitesse, dont l'écart-type vaut u_*, soient plus grandes que la vitesse de sédimentation u_{chute}. Dès lors, cette description n'est auto-cohérente que pour $\alpha < 1$, lorsque la masse suspendue par unité de surface diverge. Le flux saturé est alors infini.

Dans une rivière, c'est le confinement de l'écoulement par la surface libre qui conduit à une saturation du flux de sédiments suspendus. La figure 8.20*a*

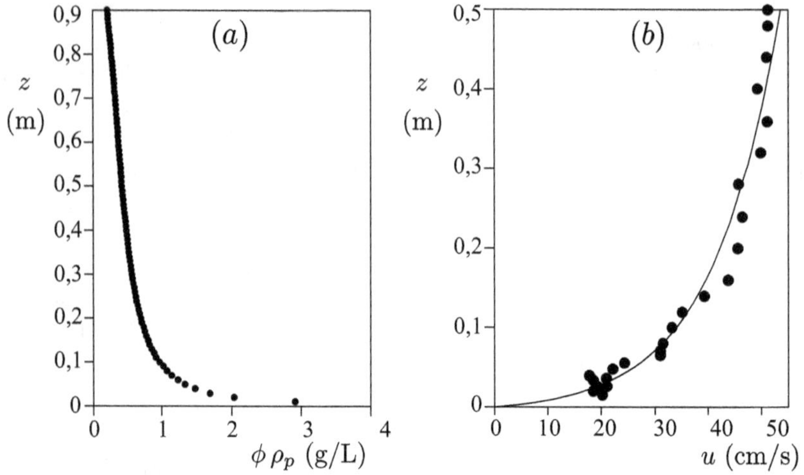

FIG. 8.20 – (*a*) Profil vertical de concentration $\rho_p\phi(z)$ mesuré dans l'estuaire de la rivière Taw par rétro-diffusion d'ultrasons (Rose et Thorne, 2001). (*b*) Profil de vitesse $u_x(z)$ mesuré dans la rivière Leyre (Fourrière *et al.*, 2009).

montre un profil expérimental de la concentration en sédiments. Elle est extrêmement piquée au voisinage du lit, mais présente une lente décroissance avec l'altitude z. Le profil de vitesse en rivière (figure 8.20*b*) est très proche du profil logarithmique discuté dans l'encadré 8.2 : la vitesse est donc faible là où la concentration est la plus forte et réciproquement.

Considérons pour simplifier que le profil de vitesse u_x est uniforme en z ($u_x \sim \lambda u_*$) et que le coefficient de diffusion D peut être approximé par $D \sim (\kappa/\mathrm{Sc})u_* H$. Cette fois, le profil de concentration à l'équilibre s'écrit

$$\phi = \phi_\ell \frac{\varphi_\uparrow^b}{u_{\mathrm{chute}}} \exp\left(-\alpha \frac{z}{H}\right) . \tag{8.108}$$

En supposant que les particules transportées suivent l'écoulement ($u^p = u_*$), le flux total donné par (8.37) s'écrit

$$q_{\mathrm{sat}} = \int_0^H \frac{\phi}{\phi_\ell} u_x \mathrm{d}z = \frac{\lambda \kappa {u_*}^2}{\mathrm{Sc}\, u_{\mathrm{chute}}^2} \left(1 - e^{-\alpha}\right) H \varphi_\uparrow^b . \tag{8.109}$$

En utilisant la loi de Partheniades, on obtient une loi de la forme

$$q_{\mathrm{sat}} = \frac{\lambda \kappa \alpha_{\mathrm{eros}}}{\mathrm{Sc}} \left(1 - e^{-\alpha}\right) \frac{\Theta}{\Theta_{\mathrm{th}}} \left(\frac{\Theta}{\Theta_{\mathrm{th}}} - 1\right) \frac{(\tau_{\mathrm{th}}/\rho_f)^{3/2}}{u_{\mathrm{chute}}^2} H . \tag{8.110}$$

8.6.3 Longueur de saturation

Comme nous l'avons vu, la saturation du transport en suspension est reliée à l'existence d'une épaisseur fluide H finie (pour $\alpha < 1$). Le transitoire de saturation du transport est déterminé par le mode le plus lent, qui est associé au mélange des particules sur une échelle H. La loi d'échelle suivie par le temps de relaxation s'obtient en considérant la sédimentation d'un grain sur une hauteur H

$$T_{\mathrm{sat}} \propto \frac{H}{u_{\mathrm{chute}}}. \tag{8.111}$$

La longueur de saturation correspond à la longueur parcourue pendant le temps T_{sat}

$$L_{\mathrm{sat}} \propto \frac{u_* H}{u_{\mathrm{chute}}}. \tag{8.112}$$

En conclusion, la longueur de saturation pour le transport en suspension est commensurable avec la hauteur d'eau. Si, dans le cas du charriage, la longueur de saturation est de l'ordre du millimètre, on transite dans le régime de transport en suspension vers une longueur de saturation de l'ordre de la dizaine de mètres. Nous verrons au chapitre 9 que cette longueur contrôle la taille à laquelle les structures se forment au fond des rivières. On peut donc s'attendre à ce que la transition entre charriage et suspension conduise à des changements morphologiques profonds dans les rivières.

8.6.4 Exemple de la rupture d'une digue par élargissement d'un renard

Pour illustrer ce régime de suspension turbulente, considérons la rupture d'une digue de largeur L composée de grains consolidés (figure 8.21). Supposons qu'il apparaisse un renard hydraulique, c'est-à-dire une galerie qui traverse cette digue, à une hauteur H au dessous du niveau de l'eau. On souhaite décrire qualitativement l'évolution de ce renard. Pour plus de détails, le lecteur intéressé pourra se reporter aux travaux de Bonelli *et al.* (2006, 2007).

Si la longueur de la galerie est grande devant la longueur de saturation, il s'établit un transport homogène de particules dans celle-ci. L'alimentation provient d'une zone d'érosion localisée près de l'embouchure, qui s'agrandit et s'allonge au cours du temps. Si au contraire, la longueur L de la galerie est petite devant la longueur de saturation, c'est le taux d'érosion qui est homogène dans la galerie, de sorte que son diamètre a s'élargit uniformément. Les digues étant constituées de matériaux cohésifs, c'est dans ce second cas que l'on se situe. En régime turbulent, le gradient de pression le long de la galerie est compensé par le gradient transverse de la contrainte de cisaillement τ. Par analyse dimensionnelle, l'équilibre hydrodynamique s'écrit donc

$$\tau \sim \frac{\rho_f g H a}{L}. \tag{8.113}$$

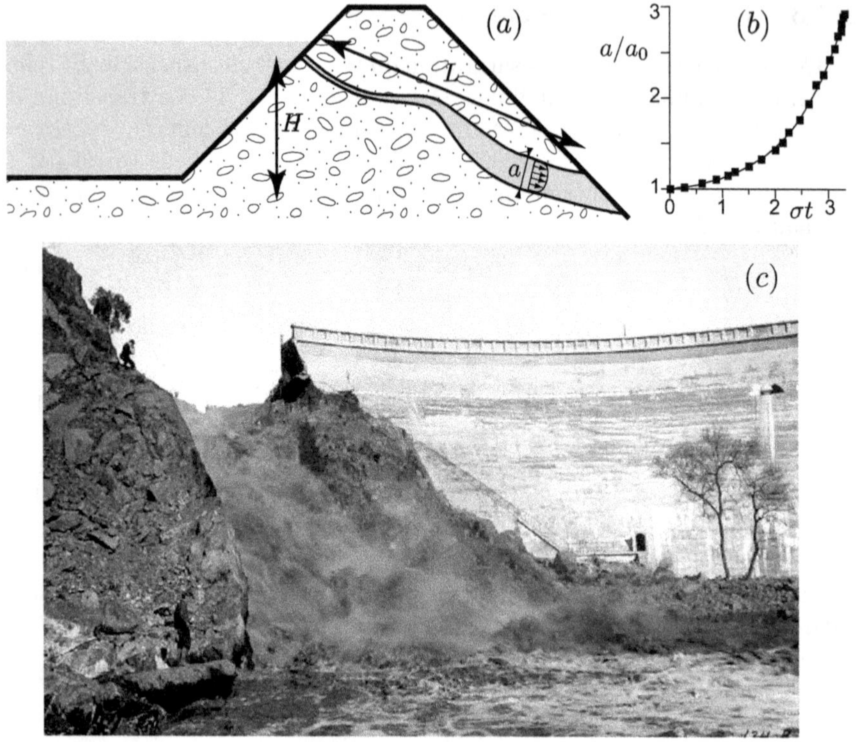

FIG. 8.21 – (*a*) Schéma d'un renard dans un barrage. (*b*) Courbe expérimentale montrant l'évolution temporelle du diamètre a d'un trou dans un matériau cohésif, sous l'effet d'un écoulement (d'après Bonelli *et al.*, 2007). Le diamètre est adimensionné par le diamètre initial a_0 et le temps par le taux de croissance σ. La ligne montre le meilleur ajustement par une exponentielle. (*c*) Rupture du barrage Sweetwater de San Diego par élargissement d'un renard, lors des crues de janvier 1916. 110 des 112 ponts de la ville furent emportés par les flots.

Considérons la loi d'érosion phénoménologique introduite plus haut (8.104) ;

$$\frac{\mathrm{d}a}{\mathrm{d}t} = \alpha_{\mathrm{eros}} \frac{\tau - \tau_{\mathrm{th}}}{\sqrt{\rho_f\,\tau_{\mathrm{th}}}} = \alpha_{\mathrm{eros}} \sqrt{\frac{\tau_{\mathrm{th}}}{\rho_f}} \left(\frac{a}{a_{\mathrm{th}}} - 1\right) \quad \text{avec} \quad a_{\mathrm{th}} \sim \frac{L\tau_{\mathrm{th}}}{\rho_f g H}. \tag{8.114}$$

Dès qu'une fracture dans l'ouvrage atteint le diamètre seuil a_{th}, elle conduit à l'apparition d'un renard qui croît exponentiellement avec un taux de croissance σ donné par

$$\sigma = \frac{\alpha_{\mathrm{eros}}}{a_{\mathrm{th}}} \sqrt{\frac{\tau_{\mathrm{th}}}{\rho_f}} \sim \frac{gH\,\alpha_{\mathrm{eros}}}{L} \sqrt{\frac{\rho_f}{\tau_{\mathrm{th}}}} = \frac{\rho_f g H\, k_{\mathrm{eros}}}{L}. \tag{8.115}$$

On peut faire l'application numérique dans le cas du barrage du Téton, un barrage en remblai (lœss) de l'Idaho qui s'effondra lors de sa mise en eau, le

5 juin 1976, en emportant 11 personnes et 13 000 têtes de bétail. Ce barrage faisait $L \simeq 100$ m de large et présentait un dénivelé $H \simeq 30$ m. Le seuil fut mesuré *a posteriori*, $\tau_{\mathrm{th}} \simeq 20$ Pa. La taille critique a_{th} est alors de l'ordre de 7 mm et le temps caractéristique de l'ordre de deux heures. Ce jour-là, l'alerte a été donnée à 9h30, une fuite de l'ordre du m^3/s s'étant déclarée. À 11h20, les deux bulldozers qui tentaient de colmater le conduit y sont tombés et à 11h55, un effondrement a mué le renard en brèche (comme sur la figure 8.21*c*). On comprend donc l'importance du seuil pour ce type d'ouvrages, puisqu'il agit directement sur le temps disponible en cas de fuite.

Chapitre 9

Géomorphologie sédimentaire

Dunes de sable, éboulis rocheux, deltas sédimentaires... Une grande partie des structures géologiques à la surface de la terre mettent en jeu des matériaux granulaires. Ce dernier chapitre propose une application des propriétés des milieux granulaires développées tout au long de cet ouvrage à la géomorphologie, c'est-à-dire à l'étude des formes géologiques. D'une part, nous proposons des descriptions naturalistes des éléments constituant le paysage. D'autre part, il s'agit d'analyser différentes structures sédimentaires en termes de mécanismes physiques. Lorsque c'est possible, nous allons détailler les lois d'échelle qui en résultent, et qui permettent la reproduction contrôlée, à petite échelle, des phénomènes géophysiques. En particulier, nous avons établi dans le chapitre précédent une description de l'érosion et du transport sédimentaire dans un écoulement homogène. Nous allons maintenant utiliser ces résultats en considérant le couplage entre relief et transport. Nous accorderons une attention particulière aux instabilités linéaires, qui permettent d'expliquer l'émergence et l'organisation d'objets géologiques. Nous aborderons successivement les écoulements gravitaires (§9.1), les rides et les dunes (§9.2), les instabilités côtières (§9.3) et enfin les rivières (§9.4).

9.1 Processus de pentes et écoulements gravitaires

Le premier type de processus déplaçant les sédiments à la surface de la planète est tout simplement le transport par la gravité le long des pentes. Dans cette section, nous décrivons les principaux types d'écoulements gravitaires (écoulement de débris, glissement de terrain, reptation du sol), avant de discuter de la prédiction des morphologies de dépôt (longueur de « *run-out* »).

9.1.1 Typologie

Les paysages de surface sont modelés par l'érosion et le transport mais aussi par le simple effet de la gravité en présence de pentes. Les différents modes de transport induits par la gravité se distinguent par leurs échelles de temps ou de vitesse, que l'on peut classer des plus rapides aux plus lents :

- Les écoulements de débris sont des écoulements relativement rapides formés d'un mélange de grains et de fluide. Le milieu granulaire est souvent très hétérogène et polydisperse, incluant des particules fines, de gros blocs de rochers, des débris végétaux, etc. Leur vitesse dépend fortement de la présence ou non de fluide interstitiel et, si oui, de la nature de ce fluide. Les avalanches rocheuses sont des écoulements granulaires secs qui coulent typiquement à des vitesses de l'ordre du mètre par seconde (figure 9.1*a*). Dans d'autres cas, le fluide lubrifie l'écoulement rocheux, comme dans les laves torrenticlles (mélange d'eau et de sédiments), les Lahars (laves torrentielles provenant de débris volcaniques), les coulées de boue ou les avalanches sous-marines. Les vitesses sont alors de l'ordre de 10 m/s. Enfin, dans certains cas, le fluide ralentit le mouvement. Par exemple, les glaciers de roches, constitués de roche et de glace, coulent de quelques centimètres par an.

- On parle de glissement de terrain lorsque de grandes masses de rochers ou de sédiments descendent le long de la plus grande pente de manière cohérente. On a dans ce cas une localisation du cisaillement en une ou

FIG. 9.1 – (*a*) Glissement de terrain suivi d'une avalanche rocheuse à Franck (Rocheuses, Canada) le 29 avril 1903. Soixante-quatorze millions de tonnes (30 millions de mètres cubes, soit 650 mètres de haut par 900 m de large par 150 m d'épaisseur) de calcaire se sont détachés de la montagne, recouvrant 3 km^2 de vallée. (*b*) Glissement de terrain de La Conchita. La cohérence du bloc argileux, marquée par la route et la végétation, reste remarquable. Crédits : U.S. Geological Survey, R. L. Schuster.

plusieurs bandes. Contrairement aux écoulements de débris, la masse déplacée reste reconnaissable après le glissement de terrain (figure 9.1*b*). Sauf franchissement brusque du seuil, les vitesses des glissements de terrain sont de l'ordre de 10 mètres par an.

- La reptation du sol correspond à un écoulement moyen à une vitesse de l'ordre du millimètre par an. Elle provient des cycles de dilatation et de contraction de la couche de sol superficielle sous l'effet de l'alternance entre saisons sèches et humides, et de l'alternance entre gels et dégels (voir l'encadré 9.1 sur les mouvements des particules dans un sol gelé). Ce mouvement est accentué par le brassage du sol par la végétation et la faune. Lorsqu'une couche de boue et de roche dégèle en surface et coule sur un substrat gelé et donc imperméable, on parle de solifluction. Ces mouvements étant lubrifiés par l'eau, ils peuvent atteindre la dizaine de centimètres par jour.

Plusieurs facteurs favorisent la nucléation d'écoulements gravitaires de grande taille. Dans un grand nombre de cas, c'est la présence d'eau interstitielle qui explique le déclenchement. En particulier, l'accumulation d'eau au niveau des couches imperméables peut produire une liquéfaction des couches argileuses. Cela conduit à la formation d'une surface de rupture qui permet la rotation d'une « lentille » de sol ou la translation d'un bloc. L'absence de végétation, liée en particulier à la déforestation, favorise les catastrophes gravitaires par un effet remarquablement simple : la baisse du seuil de mise en mouvement des matériaux. Enfin, les séismes peuvent jouer un rôle de perturbation d'amplitude finie conduisant à la nucléation d'avalanches.

FIG. 9.2 – Photographies du mont Saint-Helens la veille (*a*) et le jour (*b*) de son éruption catastrophique, le 18 mai 1980. Un énorme glissement de terrain fit passer l'altitude du volcan de 2950 à 2549 m, déplaçant un volume de 2,3 km^3 de débris. On peut remarquer que le sommet a été remplacé par un cratère en forme de fer à cheval d'une largeur de 1,5 km. L'énorme coulée pyroclastique qui s'ensuivit a recouvert la végétation et les habitations sur 600 km^2. Crédits : U.S. Geological Survey, Harry Glicken.

Dans la mesure où les écoulements gravitaires transportent la masse le long des pentes, ils érodent les reliefs pour combler les zones dépressionnaires. S'il n'en résulte pas aux temps géologiques une surface relativement plane, c'est que trois mécanismes conduisent à restaurer le relief. Le plus important est le processus de soulèvement associé à la tectonique des plaques. Le soulèvement dit orogénique est le résultat de la collision des plaques tectoniques et aboutit à des chaînes de montagne ou à une élévation plus modeste d'une large région. Le soulèvement dit isostatique traduit une élévation progressive qui compense l'érosion d'une chaîne de montagnes : suite à son allégement par transfert de matière vers les plaines, le sol remonte grâce à la poussée d'Archimède. Bien que, globalement, l'érosion et le transport fluviatiles conduisent à un transfert de masse le long des pentes, ces effets créent également du relief. Lors de l'incision d'une rivière dans un sol cohésif, des berges se créent, dont la pente transverse conduit à du transport gravitaire. Enfin, les volcans (figure 9.2) sont des reliefs formés par l'éjection et l'empilement de matériaux issus de remontées magmatiques en provenance du manteau. Leur forme conique traduit une régulation de la pente à sa valeur seuil.

Encadré 9.1

Migration de grains dans un sol gelé ou « Comment se forment les cercles de cailloux ? »

Les sols gelés des contrées septentrionales sont le siège d'auto-organisations granulaires surprenantes. On y observe parfois des cercles ou des tas de cailloux formant des motifs très réguliers à la surface du sol, dont la taille caractéristique est de l'ordre de quelques mètres (figure E9.1). Ces structures sont liées au soulèvement gélival, c'est-à-dire au soulèvement de la surface du sol qui se produit quand un sol saturé en eau et composé de grains très fins gèle. Le soulèvement gélival n'est pas dû, comme on pourrait le croire de prime abord, à la simple expansion volumique de la glace (~10 %) par rapport à l'eau liquide (Taber, 1930). Il provient en réalité d'un couplage subtil entre les gradients de température dans le sol et les interactions moléculaires à l'interface des grains et est lié de manière ultime à une force d'origine thermomoléculaire (Rempel *et al.*, 2001 ; Dash *et al.*, 2006 ; Wettlaufer & Worster, 2006). Nous allons dans un premier temps analyser cette force à l'échelle du grain, avant de faire le lien avec le soulèvement gélival et la formation des cercles de cailloux.

FIG. E9.1 – Structures formées par le soulèvement gélival (Kvadehuksletta, île de Spitzberg). (*a*) Cercles de cailloux. Crédit : M. A. Kessler. (*b*) Polygones de cailloux ségrégés. Crédit : Ó. Ingólfsson. Dans les deux cas, la taille caractéristique des motifs est de l'ordre de quelques mètres, ce qui correspond à la profondeur de pénétration du gel.

Considérons un grain plongé dans la glace. Nous allons montrer qu'en présence d'un gradient de température externe ∇T, le grain migre vers les hautes températures (figure E9.2). L'origine de ce phénomène réside dans l'existence d'un mince film d'eau entre le grain et la glace, qui apparaît à des températures inférieures à la température de fusion T_f dès lors que $\Delta\gamma = -\gamma_{SL} - \gamma_{L\text{grain}} + \gamma_{S\text{grain}} > 0$, où γ_{SL}, $\gamma_{L\text{grain}}$ et $\gamma_{S\text{grain}}$ sont respectivement les tensions de surface eau/glace, eau/grain et glace/grain. Il est alors énergétiquement plus favorable d'avoir un film liquide entre la glace et le grain plutôt que les deux solides directement en contact.

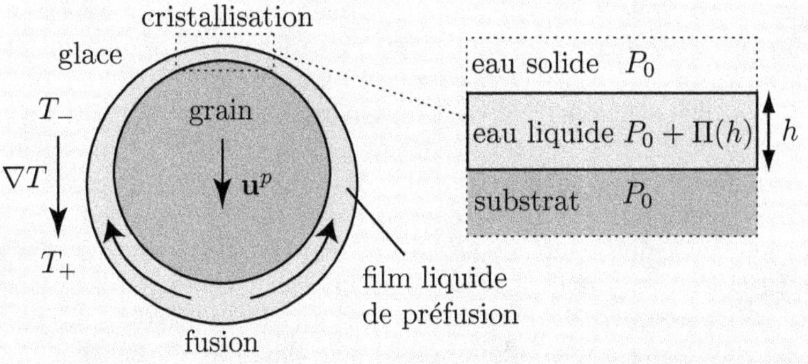

FIG. E9.2 – Schéma d'un grain séparé de la glace par un film de préfusion et entraîné vers les hautes températures par la force thermo-moléculaire.

Physiquement, on peut comprendre l'existence de ce film liquide comme résultant d'une répulsion entre la glace et le grain, due aux forces intermoléculaires. À l'équilibre mécanique, cette répulsion donne naissance dans le liquide à une dépression – appelée *pression de disjonction* – qui peut se calculer à partir des interactions de van der Waals par (Israelachvili, 1992)

$$\Pi(h) = \frac{\mathcal{A}}{6\pi h^3} \sim -\frac{4\,\Delta\gamma\, a_0^2}{h^3}, \tag{9.1}$$

où $\mathcal{A}$ est la constante de Hamaker entre les deux solides à travers le liquide et a_0 une taille moléculaire (chapitre 2, §2.2.2). L'équilibre thermodynamique impose quant à lui l'égalité des potentiels chimiques du film liquide et de la glace : $\mu_L(T, P_0 + \Pi) = \mu_S(T, P_0)$, où P_0 est la pression extérieure et T la température locale. Un développement limité en température (on suppose T proche de T_f) et en pression autour de P_0 permet d'écrire

$$\mu_L(T_f, P_0) - s_L(T - T_f) + v_L\Pi \simeq \mu_S(T_f, P_0) - s_S(T - T_f), \tag{9.2}$$

où $s_{L,S} = -(\partial\mu_{S,L}/\partial T)_P$ est l'entropie par molécule et $v_L = \partial(\mu_{S,L}/\partial P)_T$ est le volume occupé par une molécule de liquide (Callen, 1985). Or $\mu_L(T_f, P_0) = \mu_S(T_f, P_0)$ par définition de la température de fusion et $(s_L - s_S)/v_L = \rho_L q_f / T_f$, où q_f est la chaleur latente par unité de masse molécule et ρ_L la densité du liquide (relation de Clapeyron). On trouve donc

$$\Pi(h) \sim -\rho_L q_f\, \frac{T_f - T}{T_f}. \tag{9.3}$$

Notons que dans ce calcul nous avons négligé la pression de Laplace liée à la courbure des interfaces car le film est très mince comparé à la taille des grains. En identifiant (9.1) et (9.3), on trouve que l'épaisseur du film liquide de préfusion entre le grain et la glace vaut

$$h \sim \left(\frac{4\,\Delta\gamma\, a_0^2\, T_f}{\rho_L q_f\,(T_f - T)}\right)^{1/3}. \tag{9.4}$$

L'épaisseur est donc d'autant plus mince que la température est éloignée de la température de fusion. Typiquement, pour des écarts de quelques kelvin, on a des films de préfusion de l'ordre de 10 nm.

Ces expressions permettent de comprendre la migration du grain quand il existe un gradient de température. D'après (9.3) et (9.4), l'épaisseur du film de préfusion et la pression dans le liquide $P = P_0 + \Pi$ sont alors plus élevées au pôle chaud qu'au pôle froid (figure E9.2). Ce gradient de pression dans le film induit donc un écoulement vers les basses températures comme dessiné sur la figure E9.2. Pour garder les épaisseurs à leurs valeurs thermodynamiques, il y a alors nécessairement fusion au pôle chaud et recristallisation au pôle froid. Globalement, le grain migre donc vers le pôle chaud. Il est possible d'estimer cette vitesse de migration en écrivant que le gradient de pression dans le liquide est compensé par la contrainte visqueuse selon l'équation de Stokes : $\nabla P \sim \eta \Delta u^f$, où η est la viscosité du liquide et u^f la vitesse du liquide. D'après l'expression de la pression de disjonction (9.3), on a $\nabla P \sim (\rho_L q_f / T_f) \nabla T$, tandis que $\eta \Delta u^f \sim \eta u^f / h^2$, où h est l'épaisseur moyenne du film donnée par (9.4). Enfin, la conservation de la masse impose que le flux de liquide autour du grain est égale au volume de liquide déplacé par le grain par unité de temps, soit : $\pi d h u^f \sim (\pi/2) d^2 u^p$, où u^p est la vitesse de migration du grain. En combinant ces expressions, on trouve que la vitesse de migration du grain vaut

$$\mathbf{u^p} \sim \frac{\Delta\gamma a_0^2}{\eta d} \frac{\nabla T}{T_f - T}. \tag{9.5}$$

La vitesse est donc proportionnelle au gradient de température et d'autant plus grande que les particules sont petites. Pour une particule d'argile micrométrique, séparée de la glace par un film de préfusion de 10 nm, et soumise à un gradient thermique de 1 K m^{-1}, la vitesse de migration est de l'ordre de 10 µm par jour.

Soulignons que le moteur de ce mouvement est bien la répulsion moléculaire qu'exerce la glace sur l'interface du grain et qui est d'autant plus forte que le film est mince. Le grain étant à l'équilibre mécanique, la résultante $\mathbf{F_T}$ de cette répulsion est exactement l'opposée de la force hydrodynamique provenant de l'intégrale de la pression $P_0 + \Pi$ sur la surface du grain. La force thermo-moléculaire s'exprime donc comme

$$\mathbf{F_T} = \int_S (P_0 + \Pi)\, \mathrm{d}\mathbf{S} \sim \int_S \left(-\rho_L q_f \frac{T_f - T}{T_f} \right) \mathrm{d}\mathbf{S}\,. \tag{9.6}$$

Elle peut se mettre sous la forme d'une intégrale de volume selon

$$\mathbf{F_T} \sim \int_{\mathcal{V}} \rho_L \frac{q_f}{T_f} \nabla T \, \mathrm{d}V. \tag{9.7}$$

La force thermo-moléculaire est donc proportionnelle au gradient de température, au volume de la particule $\mathcal{V}$, et à la masse volumique de la glace.

On peut artificiellement mettre cette force sous la forme d'une force de flottaison $\rho_L \mathcal{V} \mathbf{G}$, l'accélération thermo-moléculaire étant

$$\mathbf{G} = \frac{q_f}{T_f} \nabla T. \tag{9.8}$$

Même avec un très faible gradient de température de 0,025 K m^{-1}, G est déjà trois fois plus important que l'accélération de la pesanteur ($q_f \simeq 330\,\mathrm{kJ\,kg^{-1}}$, $T_f \simeq 270\,\mathrm{K}$).

Nous sommes maintenant en mesure de comprendre le soulèvement gélival et la ségrégation de cailloux vers la surface lors des cycles gel/dégel. Lorsque la surface du sol gèle, la glace formée a tendance à expulser les très petites particules vers le bas au niveau du front de solidification en raison de la force thermo-moléculaire (9.7). Dans le même temps, l'eau située en profondeur est drainée vers le front de solidification sous l'effet de la répulsion entre la glace et les fines particules (pression de disjonction négative). Il en résulte la formation de lentilles de glace parallèlement aux isothermes, qui sont dépourvues de fines particules et qui provoquent une dilatation du sol. Ces lentilles entraînent avec elles les cailloux du sol qui sont trop gros pour subir une migration thermo-moléculaire significative (la vitesse de migration (9.5) est inversement proportionnelle à la taille des grains). Lors du dégel, la glace fond et libère en surface les gros cailloux. Ce mécanisme de cryoreptation est à l'origine des motifs très spectaculaires montrés à la figure E9.2. Le modèle numérique établi par Kessler & Werner (2003) met en jeu la dépendance de la capacité thermique du sol avec la teneur en cailloux. Ainsi, les isothermes plongent sous les zones d'accumulation de pierres. Par effet de pointe, cela engendre une migration des cailloux du sol en direction de cette zone d'accumulation, et donc une instabilité. Toutefois, l'analyse de stabilité linéaire précise du phénomène n'a pas encore été clairement menée. De plus, le phénomène n'a encore jamais été reproduit à petite échelle, en laboratoire.

9.1.2 Longueur de « *run-out* »

Prédire la forme des dépôts d'une avalanche de débris, étant données la topographie et la géométrie initiale des blocs rocheux, est un enjeu important pour la prévention des risques naturels. En particulier, nombre de tentatives ont visé à déterminer la longueur L sur laquelle l'avalanche s'est propagée en fonction du dénivelé H parcouru. Le rapport H/L est habituellement interprété comme étant une estimation du coefficient de friction effectif. En effet, si l'on assimile l'éboulement à un patin frottant sur la pente avec un coefficient de friction μ, on peut écrire que l'énergie potentielle MgH a été dissipée par le travail des forces de friction μMgL, ce qui nous donne l'égalité $H/L = \mu$. Le graphe de la figure 9.3a montre le rapport de la longueur de propagation L à la hauteur de départ H de l'écoulement en fonction du volume V

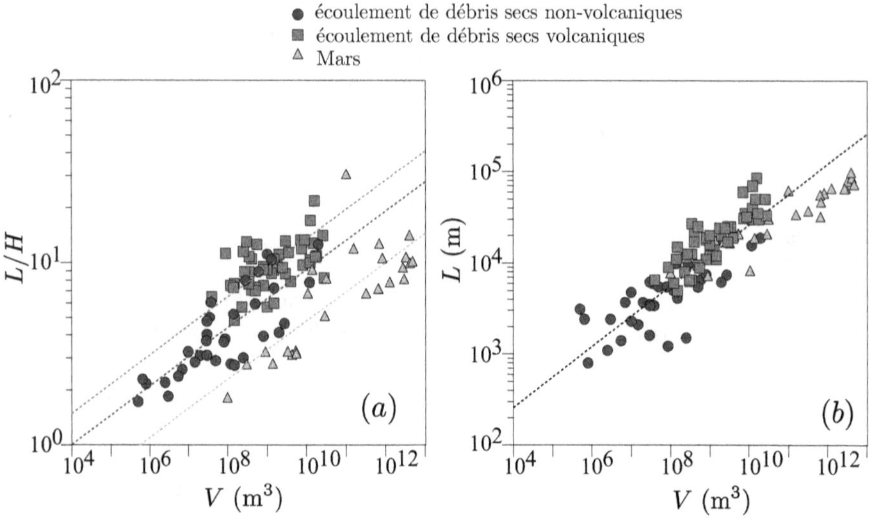

FIG. 9.3 – Données sur les distances parcourues par des écoulements de débris naturels, ou longueur de « *run-out* » (d'après Lajeunesse *et al.*, 2006 et Staron & Lajeunesse, 2009). (*a*) Coefficient de mobilité, défini comme le rapport entre les distances parcourues verticalement et horizontalement par les avalanches en fonction du volume. Plus les avalanches sont grosses et plus, statistiquement, elles vont loin à dénivelé égal. (*b*) Longueur de « *run-out* » en fonction du volume de débris déplacés. Les pointillés montrent, en guise de référence, une loi d'échelle en $L \sim V^{1/3}$.

de l'événement. Le coefficient de mobilité L/H croît avec V pour atteindre des valeurs de l'ordre de 10 pour les plus grandes coulées. Cela signifie que la pente moyenne entre le départ et l'arrivée est de l'ordre de 6°. La pente de la surface libre de la coulée est également très faible. Si l'on s'en tient au modèle simple du patin frottant sur une pente, cela correspond donc à un coefficient de friction effectif beaucoup plus faible que ceux usuels pour un milieu granulaire, de l'ordre de 30° pour des grains irréguliers.

De nombreuses recherches visent actuellement à comprendre cette anomalie de mobilité (Campbell *et al.*, 1995 ; Dade & Huppert, 1998 ; Lajeunesse *et al.*, 2006 ; Staron & Lajeunesse, 2009). Une des pistes majeures revient à invoquer la complexité des matériaux mobilisés dans les événements géophysiques (polydispersité, présence de fluide, etc.). En particulier, des mécanismes de lubrification entre l'avalanche et le substrat ont été proposés (fluidisation par vibrations, fluidisation par le gaz interstitiel, fusion des roches). Il faut toutefois garder en mémoire que ces données de terrain sont à interpréter avec beaucoup de précautions. En particulier, l'interprétation en termes de mobilité d'un patin frottant n'a de sens que si la distance L et la hauteur H se rapportent au déplacement du *centre de gravité* de la masse. Or la plupart des données s'intéressent – et c'est bien naturel du point de vue de la gestion des risques – au déplacement de l'extrémité de l'avalanche. Dans ce cas, la longueur L prend en compte, non seulement la propagation du centre de masse de l'avalanche, mais également l'étalement de la masse granulaire. Ainsi, si l'on reprend les données du graphe de la figure 9.3*a* en traçant, non pas un coefficient de mobilité, mais simplement la longueur de « *run-out* » L en fonction du volume V, on constate un regroupement bien meilleur des données selon

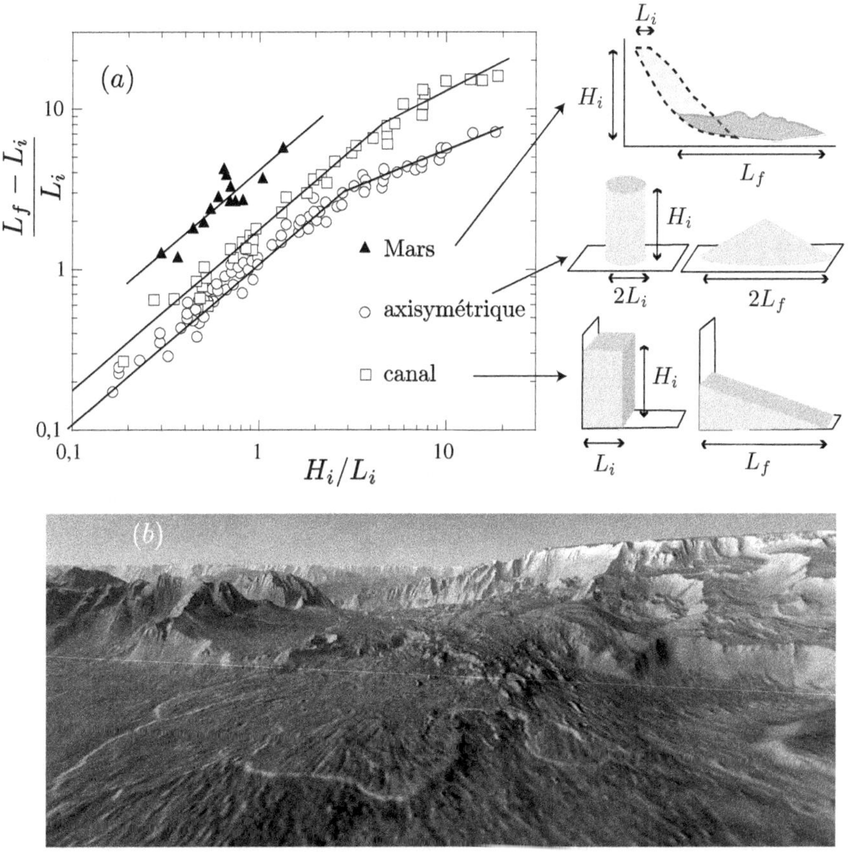

FIG. 9.4 – (*a*) Longueur de « *run-out* » L_f renormalisée par la largeur initiale du lâcher L_i, en fonction du rapport d'aspect initial H_i/L_i (d'après Lajounesse *et al.*, 2006). Le graphe compare des mesures effectuées sur les avalanches martiennes à des mesures de laboratoire effectuées en géométrie 2D (canal) et axisymétrique (tas). (*b*) Vue de synthèse du dépôt, sur plusieurs centaines de kilomètres, d'une avalanche de débris géante de plusieurs billions de tonnes. La hauteur H_i des parois du canyon martien Valles Marineris, où a eu lieu le glissement de terrain, est de l'ordre de 5 km. Crédits : NASA/JPL/Arizona State University.

une loi purement géométrique en $L \sim V^{1/3}$ (figure 9.3*b*). Cette loi d'échelle traduit la prédominance de l'effet d'étalement et de la géométrie initiale.

Cet effet de l'étalement sur la longueur de « *run-out* » a été mis en évidence sur des expériences de laboratoire de lâchers de colonne de grains sur un plan. Dans ce cas, l'avancée du front provient uniquement de l'étalement de la masse. La figure 9.4 montre que la longueur d'étalement L_f normalisée par la taille initiale du tas L_i ne dépend que du rapport d'aspect initial H_i/L_i et pas du volume, les mesures ayant été faites en variant systématiquement le volume de billes de verre. Ce résultat s'explique simplement à partir d'une analyse dimensionnelle, si l'on néglige la taille du grain. Sur cette figure sont reportées également des données sur Mars. Là aussi, le volume n'influe pas sur les résultats lorsque ceux-ci sont correctement adimensionnés. Le seul paramètre pertinent est le rapport d'aspect initial de la masse : plus le rapport d'aspect est grand, et plus la longueur de « *run-out* » adimensionnée est grande. Il reste que l'étalement relatif semble plus élevé sur Mars qu'en laboratoire.

Au final, la prédiction quantitative de la morphologie des dépôts reste un problème réellement ouvert. Dans cette quête, un cadre pertinent que nous avons développé au chapitre 6 est celui des équations de Saint-Venant, valable pour des couches minces (§6.3). Ces modèles permettent de décrire à la fois l'étalement de la masse initiale et son écoulement sur des topographies complexes. Plusieurs difficultés achoppent encore. D'une part, la loi de friction basale, souvent choisie comme une simple loi de Coulomb, reste inconnue pour les milieux naturels. D'autre part, les équations de Saint-Venant ne rendent fidèlement compte ni de la phase initiale de chute verticale, ni des effets d'érosion/déposition (§6.3). Les conditions initiales des coulées pyroclastiques et des avalanches de débris sont également en général mal connues et sont donc, *de facto*, des paramètres sur lesquels il convient de jouer dans les simulations numériques visant au réalisme. Enfin, dans de nombreuses situations de type glissements de terrain, l'eau interstitielle joue un rôle important ce qui nécessite le développement de modèles de Saint-Venant diphasiques (Pitman & Lee, 2005).

Encadré 9.2

Origine naturelle des milieux granulaires

Une large partie des sédiments provient de la dégradation et de l'altération des roches par action physique, chimique et biologique. L'altération physique provient essentiellement de la formation de fractures par dilatation induite par les variations de température ou simplement par relaxation des pré-contraintes sous lesquelles les roches se sont formées (décompression). En climat humide, l'alternance entre gel et dégel élargit les fractures du fait du changement de volume de l'eau. Les racines des plantes peuvent jouer le même rôle. À ces effets s'ajoute l'érosion directe par l'eau ou la glace, ou encore par les chocs des grains transportés par le vent. L'altération chimique agit principalement en présence d'eau et d'air. Certains minéraux (halite, calcite) se dissolvent totalement et leurs ions sont évacués en solution. D'autres minéraux, comme les micas ou les feldspaths sont transformés en d'autres espèces minérales, souvent de granulométrie plus fine (argiles) et plus facilement mobilisables par l'érosion. Ces réactions peuvent être accélérées par l'action biologique. La fermentation et la respiration induisent une oxydation de la matière organique produisant de l'eau et du dioxyde de carbone, ce dernier étant fondamental pour les réactions de mise en solution (de la calcite notamment). Par ailleurs, les micro-organismes sont capables de dissoudre des minéraux par attaque acide, libérant des ions (métalliques en particulier).

Outre l'altération, des sédiments peuvent être produits par l'activité volcanique, notamment les cendres, les laves et les débris plus grossiers rejetés par les volcans lors d'éruptions. Ces processus donnent naissance à des sols et des débris rocheux.

TAB. 9.1 – Classification granulométrique de Wentworth (1922) utilisée en géologie.

Noms		Noms Anglais	Taille (mm)
Blocs		Boulders	≥ 256
Gros cailloux		Cobbles	64–256
Graviers		Gravels	32–64
Petits cailloux		Pebbles	4–32
Granules		Granules	2–4
Sable	très grossier	Very coarse Sand	1–2
	grossier	Coarse sand	0,5–1
	moyen	Medium sand	0,25–0,5
	fin	Fine sand	0,125–0,25
	très fin	Very fine sand	0,0625–0,125
Limon	grossier	Coarse silt	0,0312–0,0625
	moyen	Medium silt	0,0156–0,0312
	fin	Fine silt	0,0078–0,0156
	très fin	Very fine silt	0,00390625–0,0078
Argile		Clay	0,0001–0,00390625
Colloïde		Colloid	< 0,0001

Les géologues utilisent une terminologie différente pour des grains de granulométries différentes (voir tableau 9.1). Cette classification est plus détaillée que la classification physique que nous avons introduite dans le chapitre 1, et reflète le grand degré de polydispersité des sédiments naturels. Cette polydispersité dépend de l'existence ou non d'un processus de tri lors du transport des sédiments entre les zones d'altération active et les bassins de sédimentation où ils se déposent. Les moraines glaciaires constituées de sédiments érodés et transportés par un glacier sont extrêmement polydisperses. Les dépôts fluviatiles de galets, de sable et de limon sont par comparaison un peu mieux triés et les dépôts lacustres et marins un peu mieux encore. Enfin, les dépôts éoliens et en particulier les dunes sont constitués de sable pratiquement monodisperse.

La forme des grains dépend également de leur origine. Les grains de dépôts glaciaires et fluviatiles sont très anguleux et brillants. Au cours du transport, il apparaît des traces d'impact en croissant asymétrique (« coup d'ongle »). Les grains des dépots sableux éoliens sont arrondis, dépolis et mats. Ils présentent les traces de l'abrasion induite par les collisions lors de la saltation sur le sol.

La couleur des grains de sable peut s'acquérir pendant la diagénèse. Des réactions avec les oxydes de fer apportent une coloration rouge. Pendant la phase d'expulsion des fluides, la présence de matière organique appauvrit le milieu en oxygène et amène des ions Fe^{++} de couleur verte. Les grains de quartz des dépôts éoliens peuvent être enduits de pigment hématitique rouge. Les impacts des grains érodant cette pellicule de rouille, une dune est d'autant plus rouge qu'elle est statique, et d'autant plus blanche qu'elle est mobile.

9.2 Rides et dunes

Nous avons établi dans le chapitre 8 les fondements de la description de l'érosion et du transport sédimentaire. Ces résultats trouvent une application directe dans la formation des rides et des dunes, problème qui couple le relief, l'écoulement hydrodynamique autour de celui-ci, et le transport. Dans cette section, nous commençons par une description qualitative des différentes rides et dunes observées dans la nature. La plupart de ces formes naissent de la déstabilisation d'un lit sédimentaire. Après l'étude de l'instabilité linéaire d'un lit plat soumis à un écoulement unidirectionnel, nous discutons des effets non linéaires qui contrôlent la forme finale des structures. Nous terminons par la description des rides éoliennes, qui sont issues d'un mécanisme d'instabilité spécifique lié à la reptation et à la saltation.

9.2.1 Classifications naturaliste et physique

L'approche naturaliste des objets naturels conduit à effectuer un travail de classification par ressemblance. C'est ainsi que les formes naissant de la déstabilisation d'un lit sédimentaire (rides, dunes, bancs de sables et dunes géantes) ont été classées selon deux critères : leur taille caractéristique (leur longueur d'onde) et leur forme. La classification physique de ces formes se fait, elle, en fonction des mécanismes physiques à l'œuvre. Bien évidemment, et ce n'est pas la moindre des difficultés du sujet, ces deux classifications sont incompatibles entre elles. Commençons par le cas des écoulements unidirectionnels permanents. En rivière, on distingue les rides aquatiques qui sont de l'ordre du centimètre (de la centaine de diamètres de grain) et les dunes aquatiques qui sont de l'ordre du mètre (de la hauteur d'eau) (figure 9.5). Les formations éoliennes, c'est-à-dire formées par le vent, présentent trois tailles distinctes : les rides éoliennes, de l'ordre de la dizaine de centimètres, les dunes élémentaires, de l'ordre de quelques dizaines de mètres, et finalement les dunes géantes de l'ordre du kilomètre. Il existe aussi des dunes géantes kilométriques sur Titan (Lorenz *et al.*, 2006) et sur Mars (Savijärvi *et al.*, 2004).

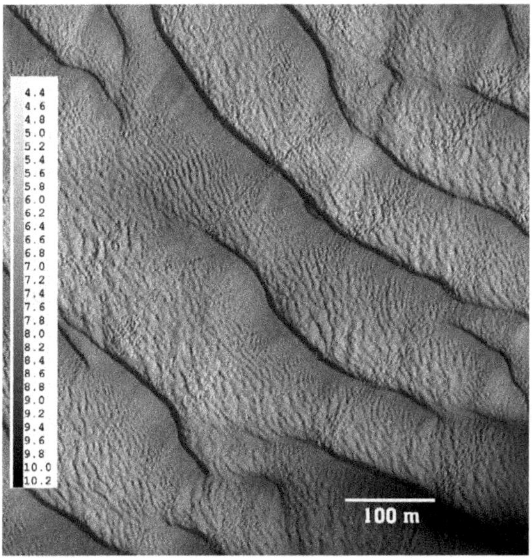

FIG. 9.5 – Représentation en niveaux de gris de la profondeur d'eau dans un tronçon du rio Paraná ($H \simeq 8$ m, $d \simeq 300\,\mu$m, nombre de Froude $\mathcal{F} = 0{,}16$) mesurée par sonar (Parsons *et al.*, 2005). On observe des dunes géantes, de longueur d'onde $\lambda \simeq 125$ m $\simeq 15H$, comportant sur leur dos des dunes de longueur d'onde $\lambda \simeq 6$ m et probablement des rides, qui ne sont pas résolues par l'instrument.

Quand on se penche sur le mécanisme d'instabilité à l'origine de ces structures, on constate que la classification par taille n'est pas forcément pertinente. En effet, sont de la même nature physique, les rides aquatiques, les dunes éoliennes et les dunes géantes martiennes. Elles se forment par une seule et même instabilité linéaire mettant en jeu l'interaction entre le relief et le transport de sédiments. Leur taille ne se distingue que par la densité du fluide qui les entoure. Les rides éoliennes sont d'une autre nature et n'ont pas d'homologue dans l'eau : elles se forment par une instabilité d'écrantage liée au bombardement du sol par des grains volants ; leurs homologues sur Mars sont de l'ordre du mètre. Finalement, les dunes en rivière résultent de l'interaction avec la surface libre de la rivière : il existe donc un mécanisme supplémentaire, totalement négligeable dans le cas des rides aquatiques. Bien que l'analogie ne soit pas stricte, les dunes géantes éoliennes résultent également d'un effet de taille finie. Il s'agit cette fois d'une modulation hydrodynamique sur la hauteur de la couche limite atmosphérique. Les structures kilométriques sur Titan sont bien des dunes géantes et il existe vraisemblablement des dunes métriques sur ce satellite de Saturne.

Le second critère de classification est la directionnalité de l'écoulement (Fryberger & Dean, 1979 ; Pye & Tsoar, 1990 ; Werner, 1995). Raisonnons d'abord dans le cas éolien, où l'on parle plutôt de régime de vent ou de rose des vents. Lorsqu'il existe une seule direction de vent dominante tout au long de l'année (vents Alizés principalement), les dunes forment des rangs perpendiculaires au vent : on parle de dunes transverses (figure 9.6*a*). Ces dunes se caractérisent par une face d'avalanche très marquée, de l'ordre de la hauteur de la dune. Dans le cas aquatique, les rides formées par la présence des vagues (dans ce cas l'écoulement est périodique en temps) ou les dunes créées par la marée (figure 9.5) sont aussi perpendiculaires à l'écoulement. Un second type de dune qui se forme sous l'effet d'un vent de direction fixe est la barkhane, qui a joué un rôle important dans la compréhension de la physique à l'œuvre (figure 9.6*a*, figure 9.12). Il s'agit de dunes ayant une forme caractéristique de croissant et se propageant, les cornes en avant, sur la roche mère non recouverte de sable. La différence entre barkhanes et dunes transverses provient du mode d'alimentation en sable. Les dunes transverses se forment à partir de dépôt sableux lacustres ou fluviaux remodelés par le vent. Il y a donc une couverture sableuse complète de la surface rocheuse. Dans le cas des barkhanes, une source de sable localisée (par exemple une plage sur laquelle le sable se dépose) engendre les dunes sur un sol non érodable qui n'est pas recouvert de sable. Lorsqu'il existe deux directions de vent principales relativement proches l'une de l'autre, il apparaît des dunes appelées longitudinales (figure 9.6*c*). Ces dunes sont caractérisées par une face d'avalanche petite par rapport à leur hauteur, avec une ligne de crête parfois alignée avec la direction « moyenne » du vent (Tsoar, 1983 ; Bristow *et al.*, 2000). Lorsqu'enfin le vent est multidirectionnel, se forment des dunes étoiles (figure 9.6*d*) reconnaissables à leur multiples bras (Lancaster, 1989). La caractéristique morphologique des dunes étoiles est la présence de points de jonction entre trois lignes de crête. Notons que cette typologie s'applique aussi bien aux dunes géantes (figure 9.6*a*–*d*) qu'aux dunes élémentaires de petite taille (figure 9.6*e*–*h*).

Signalons pour finir le cas spécial des dunes végétées, statiques, dont la physique est dominée par l'interaction entre dunes et plantes : ces dernières écrantent le vent et accumulent des grains ; le transport tend à détruire mécaniquement la végétation ; enfin, les plantes, en compétition pour les nutriments, doivent croître assez vite pour ne pas être ensevelies.

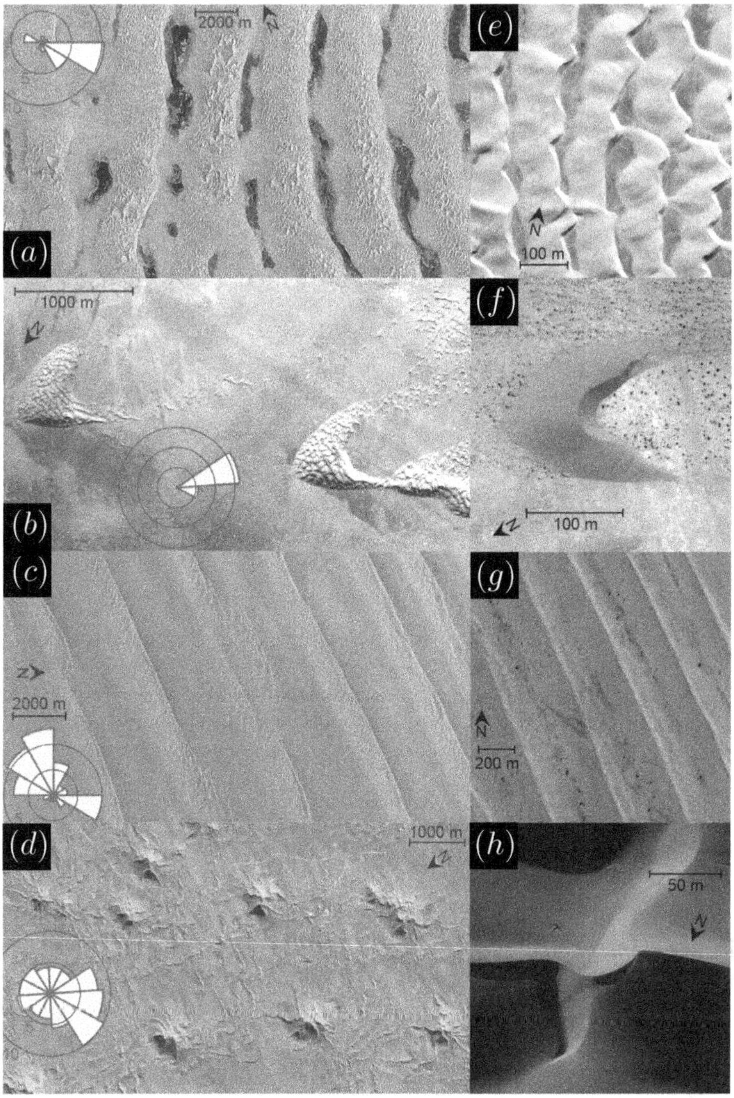

FIG. 9.6 – Relation entre le régime de vent et la forme des dunes géantes (*a*)–(*d*) et des dunes élémentaires (*e*)–(*h*). (*a*) Dunes transverses, Badain Jaran (Chine, 38°38'N/104°59'E). (*b*) Barkhane, Sahara Atlantique (Maroc, 28°02'N/12°11'W). (*c*) Dunes longitudinales, Rub Al Khali (Arabie Saoudite, 18°11'N/47°21'E). (*d*) Dunes étoiles, Grand Erg Oriental (Algérie, 31°27'N/07°45'E). (*e*) White Sands (USA, 32°49'N/106°16'W). (f) Sahara Atlantique (Maroc, 27°11'N/13°13'W). (g) Australie (23°51'S/136°33'E). (*h*) Mauritanie (18°09'N/15°29'W). Les régimes de vent sont indiqués par les roses de flux sableux (1999–2007).

9.2.2 Instabilité d'un lit sédimentaire : dunes éoliennes et rides aquatiques

Un lit de sable plat soumis à un écoulement dont la vitesse est au-dessus du seuil de transport se déstabilise pour former des rangées périodiques de dunes transverses. Cette instabilité linéaire est à l'origine de la formation des rides et dunes observées dans la nature, qu'elles soient aquatiques ou éoliennes (sauf les rides éoliennes que nous étudions dans la section 9.2.5). Un bel exemple est présenté à la figure 9.7, où des ondulations apparaissent sur le flanc d'une grande barkhane qui joue ici le rôle du lit plat. Qualitativement, cette instabilité peut se comprendre comme suit. Considérons un lit sinusoïdal de faible amplitude $\xi = \hat{\xi} \exp ikx$, où k est le nombre d'onde. Au premier ordre, l'effet du relief est d'augmenter la vitesse et la contrainte au niveau des bosses et de la diminuer dans les creux, par pincement des lignes de courants. Le flux de transport q augmente donc le long de la face amont, ce qui donne lieu à une érosion, et diminue le long de la face aval, ce qui donne lieu à une déposition (voir l'équation de conservation de la masse 8.38). Il en résulte une propagation de la déformation dans la direction de l'écoulement. Pour expliquer une amplification, il faut tenir compte d'effets inertiels dans l'écoulement de fluide. Dans ce cas, il existe un déphasage entre la perturbation du relief et la contrainte basale, le maximum de contrainte se retrouvant en amont du sommet de la bosse. Ce déphasage conduit alors à une accumulation de sable au sommet et donc à une amplification (Kennedy, 1963).

Ce mécanisme déstabilisant est à l'origine de la formation des dunes aussi bien dans les écoulements turbulents (Engelund, 1970 ; Richards, 1980 ; Andreotti *et al.*, 2002) que laminaires (Charru & Hinch, 2000 ; Lagrée, 2003 ; Valance & Langlois, 2005 ; Charru & Hinch, 2006). Il existe deux mécanismes stabilisants de natures différentes. D'une part, l'effet de pente induit par la gravité tend à ramener les grains du sommet vers les creux et conduit donc à un transport diffusif stabilisant. Ce mécanisme n'est associé à aucune échelle de longueur intrinsèque. D'autre part, comme nous l'avons vu à la section 8.3.4, le flux de grains s'ajuste à la contrainte avec un retard. Ce second mécanisme stabilisant fait apparaître une échelle de longueur, la longueur de saturation L_{sat}. Ce n'est cependant pas la seule donnée du problème ; l'hydrodynamique et la géométrie peuvent en faire apparaître d'autres, qui contrôlent l'amplitude relative de l'effet hydrodynamique déstabilisant aux différentes longueurs d'onde. Citons par exemple l'épaisseur de la sous-couche limite visqueuse (Sumer & Bakioglu, 1984), la taille géométrique des parois rigides assurant le confinement de l'écoulement (Ouriemi *et al.*, 2009) ou la profondeur d'eau dans le cas d'un écoulement à surface libre (Fourrière *et al.*, 2010). Nous présentons ci-après l'analyse de stabilité linéaire effectuée pour un écoulement turbulent en milieu semi-infini.

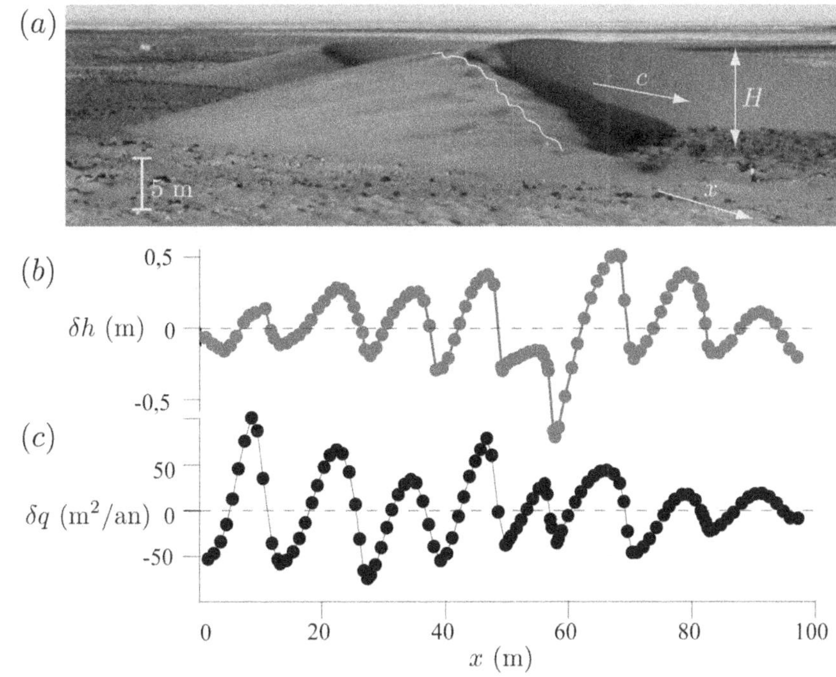

FIG. 9.7 – (*a*) Instabilité linéaire sur les flancs d'une barkhane de grande taille. Coupe montrant la perturbation du relief (*b*) et du flux (*c*).

Analyse de stabilité linéaire

Considérons de petites perturbations autour d'un lit de sédiments plat soumis à un écoulement unidirectionnel caractérisé par une contrainte loin du lit τ_0^f. L'évolution du lit sédimentaire est contrôlée par l'équation de conservation de la masse, ou équation d'Exner (8.38),

$$\frac{\partial \xi}{\partial t} = -\frac{\partial q}{\partial x}. \tag{9.9}$$

Tout le problème réside dans la détermination du flux de sédiments q. L'approche classique consiste à proposer des lois phénoménologiques reliant q à la contrainte hydrodynamique τ^f s'exerçant sur le lit. Les lois les plus simples supposent que le flux q s'ajuste localement à sa valeur de saturation $q_{\text{sat}}(\tau^f)$. Nous avons vu cependant qu'il existe en général un retard entre le flux et sa valeur saturée qui peut être décrit par l'équation de relaxation (8.43) :

$$L_{\text{sat}} \frac{\partial q}{\partial x} = q_{\text{sat}} - q, \tag{9.10}$$

où L_{sat} est la longueur de saturation du flux (le temps de relaxation T_{sat}, en général court devant les temps d'évolution du relief, a été négligé). Il faut ensuite considérer une loi entre flux de sédiments saturé et contrainte fluide, que l'on choisit de la forme

$$q_{\text{sat}} = \chi(\tau^f - \tau^f_{\text{th}})^\gamma, \tag{9.11}$$

où τ^f_{th} est la contrainte seuil. Comme nous l'avons vu au chapitre 8, le cas éolien est bien décrit par $\gamma = 1$ et le cas aqueux par $\gamma = 3/2$. Nous avons également vu dans ce chapitre que le seuil de transport en contrainte dépend de la pente locale θ du lit ($\tan\theta = \partial\xi/\partial x$) selon

$$\tau^f_{\text{th}}(\theta) \simeq \tau^f_{\text{th}}(0)\left(\cos\theta + \frac{\sin\theta}{\mu}\right), \tag{9.12}$$

où $\tau^f_{\text{th}}(0)$ est la contrainte seuil sur un lit plat et μ un coefficient de friction (voir équation 8.29). La dernière relation de fermeture dont nous avons besoin est l'expression de la contrainte τ^f qu'exerce l'écoulement sur le lit déformé. Dans la mesure où l'évolution du lit est très lente, on suppose généralement que l'écoulement du fluide peut être déterminé en considérant le fond comme stationnaire. Sous cette hypothèse, l'analyse dimensionnelle nous permet, dans le cas de petites perturbations sinusoïdales, d'écrire la contrainte sous la forme générique

$$\tau^f = \tau^f_0 + \tau^f_0\,(A + iB)\,k\xi, \tag{9.13}$$

où A désigne la composante de la contrainte en phase avec le relief et B la composante en quadrature. Les expressions exactes de A et B dépendent du régime d'écoulement considéré. En régime laminaire, un calcul montre que A et B sont des fonctions du produit kl_v, où $l_v = (\eta^2/\rho^f k\tau^f_0)^{1/3}$ est une longueur de pénétration qui fait intervenir la viscosité η du fluide et sa densité ρ^f (Benjamin, 1959 ; Charru & Hinch, 2000). En régime turbulent, on montre que A et B ne dépendent que très faiblement (logarithmiquement) de la rugosité hydrodynamique via kz_0 et peuvent être considérés comme constants en pratique (figure 9.8). Dans tous les cas, A et B sont positifs. Cela signifie que la contrainte au-dessus d'une bosse est plus grande qu'en son absence ($A > 0$), et que le maximum de contraintes est situé en amont de la bosse ($B > 0$).

L'étape suivante consiste à perturber le système autour de l'état de base selon des modes de Fourier : $(\xi, \tau^f, q, q_{\text{sat}}, \tau^f_{\text{th}}) = (0, \tau^f_0, q_0, q_0, \tau^f_{\text{th}}(0)) + (\hat{\xi}, \hat{\tau}^f, \hat{q}, \hat{q}_{\text{sat}}, \hat{\tau}^f_{\text{th}}) \exp(\sigma t + ik(x - ct))$, où $q_0 = \chi(\tau^f_0 - \tau^f_{\text{th}}(0))^\gamma$ est le flux saturé au-dessus du lit non perturbé, k le nombre d'onde, c la vitesse de phase et σ le taux de croissance. En introduisant ces expressions dans les équations

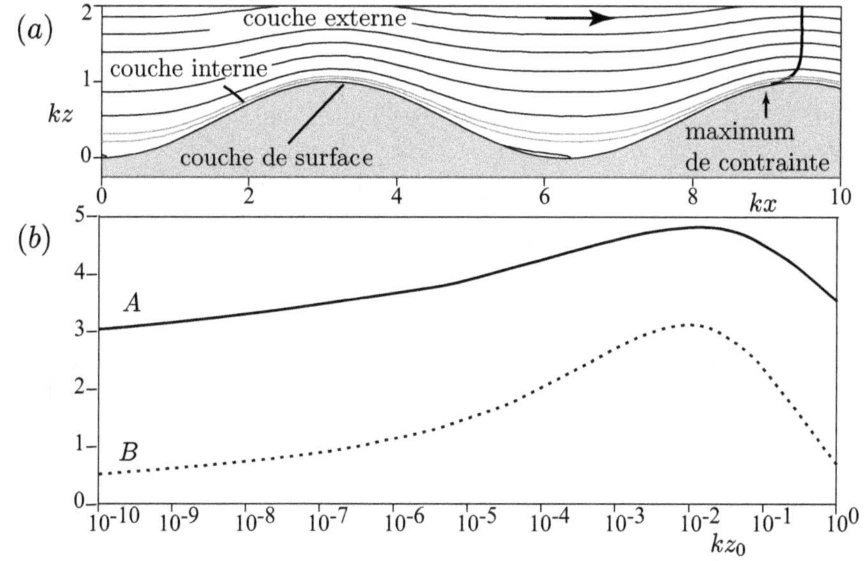

FIG. 9.8 – (*a*) Lignes de courant associées à l'écoulement moyen au-dessus d'un relief sinusoïdal, telles qu'elles peuvent être calculées à partir d'une équation de fermeture turbulente (Jackson & Hunt, 1975 ; Hunt *et al.*, 1988 ; Andreotti *et al.*, 2002 ; Kroy *et al.*, 2002 ; Fourrière *et al.*, 2010). Elles peuvent se décomposer en trois couches superposées qui diffèrent par les mécanismes hydrodynamiques mis en jeu. (*b*) Dépendance théorique de A et B vis-à-vis de kz_0, le nombre d'onde adimensionné par la rugosité, en régime turbulent (d'après Fourrière *et al.*, 2010).

(9.9)–(9.13) et en les linéarisant, celles-ci deviennent

$$(\sigma - ikc)\bar{\xi} = -ik\hat{q}, \tag{9.14}$$

$$ikL_{\text{sat}}\hat{q} = \hat{q}_{\text{sat}} - \hat{q}, \tag{9.15}$$

$$\hat{q}_{\text{sat}} - \frac{\partial q_{\text{sat}}}{\partial \tau^f}\hat{\tau}^f + \frac{\partial q_{\text{sat}}}{\partial \tau^f_{\text{th}}}\hat{\tau}^f_{\text{th}} = \frac{Q}{\tau^f_0}\left(\hat{\tau}^f - \hat{\tau}_{\text{th}}\right), \tag{9.16}$$

$$\hat{\tau}_{\text{th}} = \frac{\tau^f_{\text{th}}(0)}{\mu}ik\hat{\xi}, \tag{9.17}$$

$$\hat{\tau}^f = \tau^f_0(A + iB)k\hat{\xi}, \tag{9.18}$$

où $Q = \tau^f_0\gamma\chi(\tau^f_0 - \tau^f_{\text{th}}(0))^{\gamma-1}$ a la dimension d'un flux. On remarque que le flux saturé provient, à l'ordre linéaire, de la modulation du vent par le relief et de l'effet stabilisant de la pente selon $\hat{q}_{\text{sat}} = \left[(A+iB)k\hat{\xi} - \frac{\tau^f_{\text{th}}(0)}{\mu\tau^f_0}ik\hat{\xi}\right]$. Lorsque la contrainte de l'écoulement de base est asymptotiquement grande ($\tau^f_0 \gg \tau^f_{\text{th}}(0)$), les effets de pente sont négligeables de sorte que l'équation se réduit simplement à $\hat{q}_{\text{sat}} = Q\ (A+iB)k\hat{\xi}$. Dans le cas général, on peut

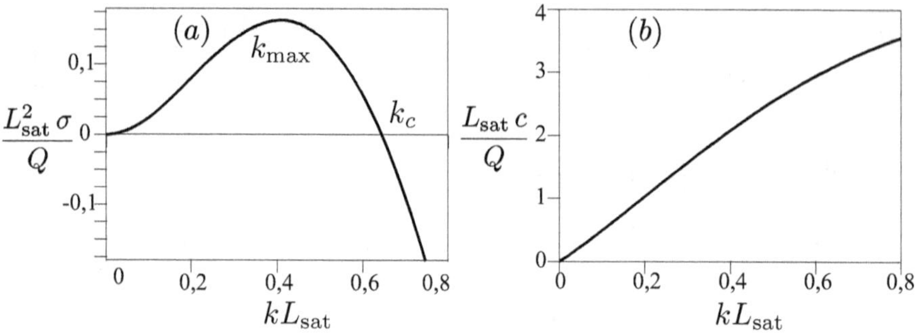

FIG. 9.9 – Relation de dispersion typique pour le modèle de formation des dunes éoliennes et des rides aquatiques. (*a*) Taux de croissance adimensionné. (*b*) Vitesse de phase adimensionnée.

incorporer l'effet de pente dans la composante du flux saturé en quadrature avec le relief en posant $B_\mu = B - (\tau_{\text{th}}^f(0)/\mu\tau_0^f)$.

Il est facile de montrer que le système linéaire (9.14)–(9.18) a des solutions d'amplitudes non nulles seulement si le nombre d'onde k, la célérité c et le taux de croissance σ sont reliés par la relation de dispersion

$$\sigma - ikc = -\frac{iQ(A + iB_\mu)k^2}{1 + ikL_{\text{sat}}}, \tag{9.19}$$

soit

$$\sigma(k) = \frac{Q}{L_{\text{sat}}^2}\,\frac{(kL_{\text{sat}})^2(B_\mu - AkL_{\text{sat}})}{1 + (kL_{\text{sat}})^2}, \tag{9.20}$$

$$c(k) = \frac{Q}{L_{\text{sat}}}\,\frac{(kL_{\text{sat}})(A + B_\mu kL_{\text{sat}})}{1 + (kL_{\text{sat}})^2}. \tag{9.21}$$

On remarque que la longueur de saturation L_{sat} apparaît comme la longueur caractéristique du problème, le temps caractéristique étant le rapport L_{sat}^2/Q.

Pour étudier cette relation de dispersion, nous allons temporairement supposer que A et B_μ sont indépendants du nombre d'onde k. Nous avons vu que cette approximation est raisonnable dans le cas d'un écoulement turbulent (figure 9.8*b*). Le lit plat est instable quand le taux de croissance σ est positif pour au moins un nombre d'onde k, c'est-à-dire pour $B_\mu > 0$. Près du seuil de transport, pour $\tau_0^f \simeq \tau_{\text{th}}^f(0)$, B_μ tend vers $B - \mu^{-1}$. Si μB est plus petit que 1, alors B_μ est négatif et il n'y a donc pas d'instabilité. En d'autres termes, il existe alors un seuil d'instabilité distinct du seuil de transport. Au-dessus du seuil de stabilité, il existe un nombre d'onde de coupure $k_c = B_\mu/A$ au-delà duquel les perturbations sont stables, comme le montre la figure 9.9*a*. On a affaire à une instabilité à grande longueur d'onde. Cette stabilisation

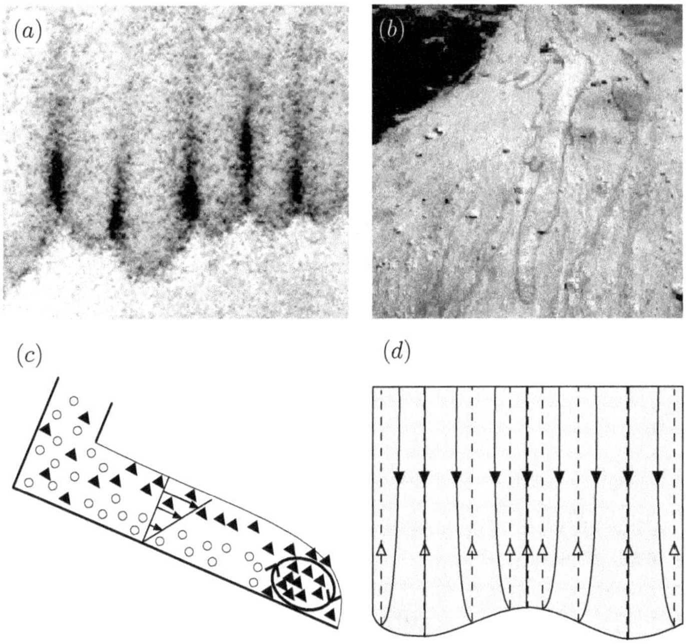

FIG. 6.28 – Figures de digitation observées au front d'un écoulement contenant des grosses particles. (*a*) En laboratoire : les gros grains rugueux sont en noir ; (*b*) sur le terrain. (*c*), (*d*) Mécanisme d'instabilité. D'après Pouliquen *et al.* (1997).

6.4.2 Ségrégation sur tas et en tambour tournant

La ségrégation en écoulement s'observe également quand le fond n'est pas fixe mais érodable, comme lors des écoulements sur tas ou en tambour tournant. Ainsi, lorsque l'on fabrique un tas en versant lentement à partir d'un entonnoir un mélange bidisperse de petits et de gros grains sur un plateau, on observe que les grosses particules se retrouvent en périphérie et à la base du tas, tandis que les petites particules se rassemblent au centre et au sommet du tas (figure 6.30*a*). Cette structure provient simplement du fait que lors de l'écoulement à la surface du tas, les grosses particules remontent par ségrégation et dévalent le long de la pente plus facilement que les petits grains. Dans le cas où les grosses particules sont plus rugueuses que les petites, le phénomène de dévalement des grosses particules n'a pas lieu. On observe alors une stratification du tas, sous forme de bandes alternées de petites et de grosses particules qui se forment à chaque avalanche (figure 6.30*b*). Plusieurs des petites longueurs d'onde s'interprète simplement en termes de déphasage. Le maximum de contrainte hydrodynamique est situé à une distance $B/(kA)$ en amont du sommet de la sinusoïde considérée (9.13). En incluant les effets de pente, on obtient la position du maximum de flux saturé, situé également en amont du sommet, à une distance $B_\mu/(kA)$. Le flux réel répond avec du retard aux variations de contraintes. Le maximum de flux est donc lui situé à une distance $B_\mu/(kA) - L_{\text{sat}}$ du sommet. Or ce maximum sépare la zone d'érosion, en amont, de la zone de déposition, en aval. Sachant qu'une perturbation croît seulement si son sommet se situe dans la zone de déposition, on en déduit qu'il y a amplification uniquement pour les nombres d'onde vérifiant $B_\mu/(kA) > L_{\text{sat}}$. On peut calculer également à partir de (9.20) le mode le plus instable, $k_{\max}$, qui vérifie

$$k_{\max} L_{\text{sat}} \simeq X^{-1/3} - X^{1/3} \quad \text{avec} \quad X = -\frac{B_\mu}{A} + \sqrt{1 + \left(\frac{B_\mu}{A}\right)^2}. \tag{9.22}$$

Comparaison avec les observations

Le principal résultat du modèle que nous avons développé est que, au-dessus du seuil de stabilité ($\tau_0^f \simeq \tau_{\text{th}}^f(0)$ donné), la longueur d'onde la plus instable du lit est proportionnelle à la longueur de saturation L_{sat}. Nous avons vu au chapitre 8 que pour la saltation, la longueur de saturation provient de l'inertie des grains (équation (8.94)). En supposant $B_\mu \ll A$, on trouve que la longueur d'onde sélectionnée vérifie, en première approximation, la loi d'échelle

$$\lambda_{\max} \sim \frac{A}{B_\mu} \frac{\rho_p}{\rho_f} d. \tag{9.23}$$

Cette loi traduit l'essence de l'instabilité : le mécanisme déstabilisant (associé au terme B_μ/A) est d'origine hydrodynamique et le terme stabilisant (associé au terme $(\rho_p/\rho_f)d$) provient du transport de grains. Comment cette prédiction se compare-t-elle aux observations ? La figure 9.10 présente des mesures effectuées dans des environnements très différents, avec des grains de différentes tailles (Claudin & Andreotti, 2006). Les longueurs d'ondes en situations naturelles ont été mesurées sur des zones de dunes transverses naissantes, reconnaissables à leur morphologie. La longueur d'onde s'entend comme la distance moyenne de crête à crête, ce qui n'exclut pas une distribution relativement large. On constate que la loi d'échelle (9.23) s'applique sur une grande gamme de longueur et d'environnements. Les dunes du Sahara Atlantique se forment avec une taille de l'ordre de 20 m, pour une taille de grain d de l'ordre de 180 µm (Elbelrhiti *et al.*, 2005). Les dunes de neige se forment lorsqu'une tempête de poudreuse dépose des flocons de l'ordre du cm (Fahnestock *et al.*, 2000 ; Frezzotti *et al.*, 2002), mais très peu denses, sur le sol gelé (Antarctique et mer Baltique). La longueur d'onde est alors de l'ordre de la dizaine de mètres, ce qui s'explique par le fait que le produit $\rho_p d$ est sensiblement

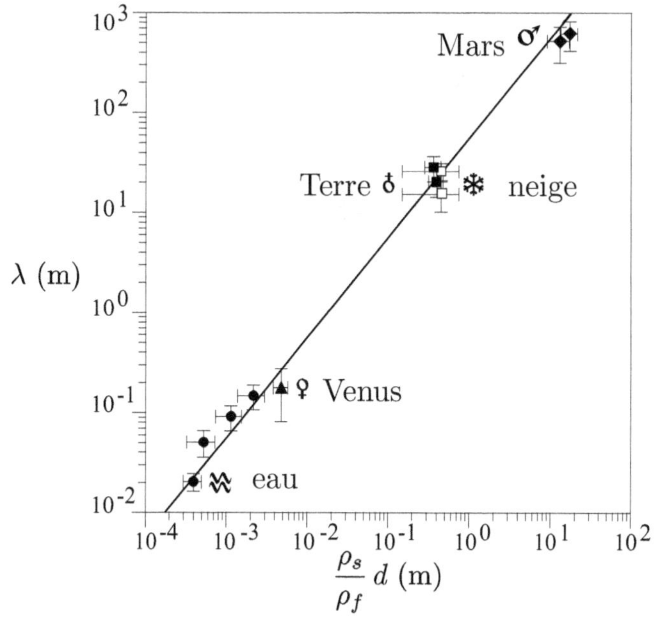

FIG. 9.10 – Mesures de la longueur d'onde des dunes élémentaires, formées par instabilité linéaire, en fonction du rapport de densité entre les grains et le fluide environnant, multiplié par la taille des grains.

le même que pour le sable. Les dunes Martiennes se forment dans une atmosphère de CO_2 très diluée, avec des grains légèrement plus petits que sur Terre. Il s'ensuit que les dunes élémentaires sont beaucoup plus grandes, de l'ordre de 600 m. Des expériences dans le CO_2 près du point critique ont été menées pour reproduire les conditions à la surface de Vénus. Dans cette atmosphère 100 fois plus dense que l'air, les dunes élémentaires se forment avec une longueur d'onde de l'ordre de la dizaine de centimètres. Enfin, dans l'eau, en régime turbulent, nombre d'expériences ont été conduites qui montrent des longueurs d'ondes centimétriques.

Soulignons que cette loi d'échelle ne prétend rendre compte que du facteur dominant et non des détails de l'instabilité. En particulier, les effets de pente se traduisent par la dépendance du coefficient B_μ vis-à-vis de la vitesse d'écoulement. Cet effet étant stabilisant, la longueur d'onde sélectionnée croît lorsqu'on se rapproche du seuil de transport. Par ailleurs, les coefficients hydrodynamiques A et B dépendent du nombre d'onde k adimensionné par la rugosité z_0 (figure 9.8*b*), la rugosité étant elle-même fonction de la vitesse du vent, dans le cas éolien.

Notons en conclusion que l'analyse de stabilité linéaire permet non seulement d'identifier la longueur caractéristique du problème, mais aussi le temps caractéristique, basé sur le flux saturé sur terrain plat. Ainsi, la figure 9.11 montre que l'on peut superposer la relation entre vitesse et hauteur obtenues dans des environnements différents, en faisant apparaître ce temps.

Évolution non linéaire d'un lit sédimentaire

L'analyse précédente décrit l'amplification initiale de petites perturbations. Lorsque l'amplitude des bosses augmente, des effets non linéaires interviennent qui contrôlent la forme et la dynamique des dunes matures. Un premier effet lorsque le rapport d'aspect $\hat{\xi}/\lambda$ augmente est de déplacer le maximum de contrainte vers le sommet de la bosse, ce qui est un effet stabilisant. À des rapports d'aspect plus grands, deux nouveaux mécanismes contribuent à façonner la forme finale de la dune. D'une part, lorsque la pente devient localement plus grande que le coefficient de friction statique, une avalanche se déclenche qui répartit le sable le long de la face d'avalanche. D'autre part, la couche limite se sépare de la dune et il se forme une bulle de recirculation.

Les effets non linéaires induisent également des interactions entre les dunes, donnant lieu à une dynamique spatio-temporelle riche. Un champ de dunes initialement désordonné est le siège de réarrangements permanents (Andersen *et al.*, 2001 ; Raudkivi, 2006 ; Elbelrhiti *et al.*, 2008 ; Fourrière *et al.*, 2010). On peut identifier deux processus simples. Tout d'abord, la relation de dispersion linéaire (9.21) prédit que la vitesse de phase augmente avec le nombre d'onde (figure 9.9*b*). Cela signifie que les petites dunes sont plus rapides que les grandes. Elles rattrapent donc celles-ci, provoquant une fusion partielle et donc la formation d'une dune encore plus grande. Ce processus d'absorption conduit donc logiquement à une croissance perpétuelle de la taille des dunes (hauteur et longueur). En outre, le dos d'une grande dune ressemble à un lit plat et est donc instable vis-à-vis de la formation de nouvelles structures à la taille élémentaire (figure 9.7). Il y a donc régénérescence permanente de dunes à l'échelle élémentaire (Elbelrhiti *et al.*, 2005).

Une dernière non-linéarité intervient dans le cas d'une fine couche de sable reposant sur un substrat solide (rocheux). Lorsque l'amplitude de la déformation devient comparable à la l'épaisseur de la couche de sable, le substrat est mis à nu et les corrugations dues à l'instabilité primaire donnent naissance à des dunes isolées. C'est notamment le cas des barkhanes que nous présentons ci-dessous.

9.2.3 Dunes barkhanes

Les barkhanes sont des dunes ayant une forme caractéristique de croissant se propageant, les cornes en avant, sur un sol rigide non recouvert de sable. Leur forme bien définie et leur robustesse ont longtemps intrigué les scientifiques. Les études récentes sur ces objets naturels ont permis de comprendre les mécanismes physiques qui contrôlent leur vitesse de propagation, leur forme et leur évolution.

Propagation des barkhanes

Une dune dans un écoulement permanent se propage dans la direction du vent. Qualitativement, la propagation s'explique comme suit. Comme le montre la figure 9.8, la présence de la dune induit un pincement des lignes de courant, ce qui correspond à une augmentation de la vitesse de l'écoulement le long du dos (Jackson & Hunt, 1975 ; Wiggs *et al.*, 1996 ; Lancaster *et al.*, 1996 ; Wiggs, 2001). Par conséquent, le flux de grains transportés croît également ce qui se traduit par une érosion du dos de la dune. Les grains arrachés se déposent au sommet de la face d'avalanche, où ils forment une congère. Lorsque la pente devient localement plus grande que le coefficient de friction statique, une avalanche nuclée spontanément et se propage le long de la pente, maintenant cette dernière en permanence autour du coefficient de friction dynamique. Ce déplacement de grains se traduit par une propagation globale de la dune. Il convient de réaliser qu'il ne s'agit pas d'un déplacement en bloc : le transport a seulement lieu à la surface de la dune. De ce fait, la « vie » d'un grain est extrêmement intermittente. Lorsqu'il apparaît à la surface de la dune, il se met en mouvement et, après quelques sauts et une avalanche, se retrouve quelque part au milieu de la face d'avalanche. Là, il reste immobile le temps que la dune ait avancé au point où il est à nouveau libéré en surface. Et ainsi de suite.

Un argument simple dû à Bagnold permet d'estimer la vitesse d'une dune isolée à partir de la conservation de la masse (Bagnold, 1941). Considérons une dune de hauteur H se déplaçant à la vitesse c sans changement de forme. Le raisonnement s'effectue à deux dimensions, ce qui en toute rigueur correspond à des dunes transverses plutôt qu'à des barkhanes. En raisonnant dans le référentiel de la dune, on peut écrire que le flux volumique total de grains traversant un plan vertical passant par le sommet est nul. Ce flux se décompose en deux contributions. Les grains piégés dans la dune se déplacent à la vitesse $-c$ dans le référentiel lié à la dune, ce qui apporte une contribution. cH au flux. L'autre partie provient du transport éolien au sommet de la dune qui, dans la limite où la vitesse des grains est grande devant la vitesse de propagation de la dune, est donné par le flux volumique q au sommet de la dune. On trouve donc la relation de Bagnold

$$c = \frac{q}{H}. \tag{9.24}$$

En effet, le flux q est, en première approximation, indépendant de la taille de la dune. Comme nous l'avons déjà évoqué, un écoulement turbulent ne possède pas d'échelle propre – en particulier, la viscosité est totalement inefficace à grande échelle pour dissiper l'énergie de l'écoulement ; l'écoulement autour d'un relief de forme donnée est donc invariant d'échelle. Cela signifie que la vitesse du vent au sommet d'une dune est indépendante de la taille de la dune : elle ne dépend que de sa forme. Chacun a pu constater que le vent est plus fort au sommet d'une montagne ; il n'est cependant pas dix fois plus fort qu'au sommet d'une colline dix fois plus petite[1]. Or, sur le terrain, les barkhanes suffisamment grandes pour présenter une face d'avalanche ont des morphologies assez similaires. En particulier, la largeur des dunes est de l'ordre de 15 H et leur longueur de l'ordre de 12 H. La vitesse du vent à la crête et par conséquent le flux de sable q à la crête ne dépendent donc pas de la taille H de la dune. D'après (9.24), la vitesse c est donc inversement proportionnelle à la taille de la dune. Considérons le cas des barkhanes du Sahara Atlantique pour lesquelles, en moyenne, le flux à la crête vaut 300 m^2/an. Cela signifie qu'une petite dune de hauteur $H = 1$ m parcourt 300 m/an, une grande dune de hauteur $H = 10$ m parcourt 30 m/an et une méga-barkhane de hauteur $H = 50$ m parcourt 6 m/an. Le temps de résidence moyen des grains dans ces trois dunes, c'est-à-dire le temps qu'un grain enterré par une avalanche ressorte à la queue de celle ci, vaut respectivement 1 mois, 8 ans et 2 siècles. La figure 9.11 montre des mesures de vitesses effectuées sur des barkhanes centimétriques produites dans l'eau (voir la section suivante), en laboratoire, et sur les barkhanes éoliennes du Sahara Atlantique. On peut observer un accord relativement bon avec la relation de Bagnold.

Morphologie des barkhanes

La relation entre vitesse et hauteur de dune que nous venons d'établir permet d'expliquer simplement la forme de croissant et le fonctionnement des barkhanes. Il est bon, pour commencer, de rappeler que le vent souffle depuis la partie en pente douce de la dune, appelée le dos, vers la partie à l'angle d'avalanche. Les barkhanes se propagent donc les cornes en avant, sur un sol dur. Considérons d'abord l'idée simpliste selon laquelle chaque tranche longitudinale de dune se comporte comme une dune transverse (Kroy *et al.*, 2002) et qu'il n'y a pas de flux transverse à l'axe longitudinal de la barkhane. Considérons une condition initiale constituée d'un tas axisymétrique. Les parties latérales du tas étant plus basses que sa partie centrale, elles se propagent plus vite d'après (9.24). Rapidement, donc, le tas prend une forme de croissant qui se déforme de plus en plus. En réalité, il existe trois sources de couplage entre les différentes tranches de dunes : le vent est légèrement défléchi latéralement pour contourner l'obstacle ; de plus, il existe une composante transverse du flux, due à la fois au mouvement de reptation le long de la plus grande pente et aux fluctuations de la direction du vent (voir chapitre 8). Ces mécanismes induisent un transfert de flux sableux entre les parties centrales et les parties latérales, qui ramènent les secondes à la vitesse des premières. La barkhane se propage alors sans se déformer. Les mesures effectuées sur le terrain, dans l'air, et en laboratoire, dans l'eau (figure 9.12), montrent que la hauteur des barkhanes est, en première approximation, proportionnelle à leur largeur (Andreotti *et al.*, 2002). Les barkhanes constituent des systèmes ouverts du

1. À proprement parler, l'invariance d'échelle n'est pas stricte puisque la rugosité du sol z_0 introduit une échelle de longueur. Cependant celle-ci ne joue qu'au travers de corrections logarithmiques en $\ln(\lambda/z_0)$.

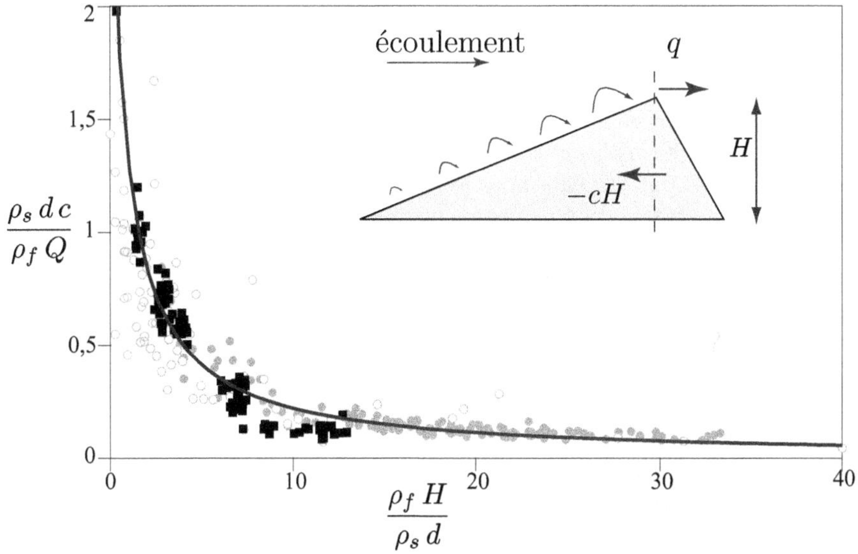

FIG. 9.11 – Relation entre la vitesse c des dunes et leur hauteur H mesurées sur des barkhanes centimétriques dans l'eau (■), sur les barkhanes éoliennes du Sahara Atlantique (•) et sur les ondes (○) qui naissent à la surface de ces barkhanes (voir figure 9.7). Les données sont normalisées par la longueur d'entraînement hydrodynamique $(\rho_p/\rho_f)d$ et par le flux de sable sur terrain plat Q. La ligne continue correspond à la relation de Bagnold entre vitesse et hauteur.

point de vue du flux sableux. En effet, la face d'avalanche ne couvre pas toute la largeur de la dune de sorte que les cornes perdent en permanence du sable. Ce flux de sortie est compensé par un flux de sable réparti sur toute la largeur de la dune, en provenance des cornes des dunes en amont de celle considérée (Elbelrhiti *et al.*, 2008).

Ayant compris l'origine de la forme des barkhanes, on peut s'interroger sur leur taille. Sur le terrain, des barkhanes de tailles très variées sont observées allant de la dizaine de mètres à des tailles kilométriques pour les méga-barkhanes. L'existence d'une taille minimale au-dessous de laquelle il n'existe pas de barkhane ($\simeq$ 10 m de long au Sahara Atlantique) interpelle, car elle implique une brisure de l'invariance d'échelle et donc la présence d'une échelle de longueur. Or la turbulence étant invariante d'échelle, aux effets logarithmiques près, cette longueur ne peut provenir de l'écoulement d'air. Elle est donc liée au transport de particules. Nous avons vu dans la section précédente (§9.2.2) que la seule longueur caractéristique qui intervient dans la description de l'instabilité d'un lit plat et qui gouverne la longueur d'onde la plus instable est la longueur de saturation L_{sat} du flux de sédiments. Il est donc naturel de penser que cette longueur contrôle la taille minimale des barkhanes (Bagnold, 1941).

Cette observation de l'existence d'une seule taille caractéristique est à l'origine d'expériences de laboratoire permettant de reproduire des barkhanes à petite échelle, en utilisant l'eau plutôt que l'air comme fluide environnant (Hersen *et al.*, 2002). En effet nous avons vu que la longueur de saturation est en première approximation inversement proportionnelle à la densité du fluide $L_{\text{sat}} \sim (\rho_p/\rho_f)d$. Changer l'air en eau permet donc de passer de l'échelle de la dizaine de mètres à l'échelle du centimètre, en gardant des grains de tailles identiques. Les modes de transport sont bien évidemment différents dans les deux cas, mais la morphologie et la dynamique des barkhanes dépendent assez peu des détails du transport. La figure 9.12 montre des photographies de barkhanes à l'équilibre, dans l'air et dans l'eau, montrant la pertinence de cette approche analogique. Ces expériences en laboratoire ont permis d'étudier dans des conditions contrôlées les processus de propagation, de collision et de changement de direction de l'écoulement (Hersen, 2005).

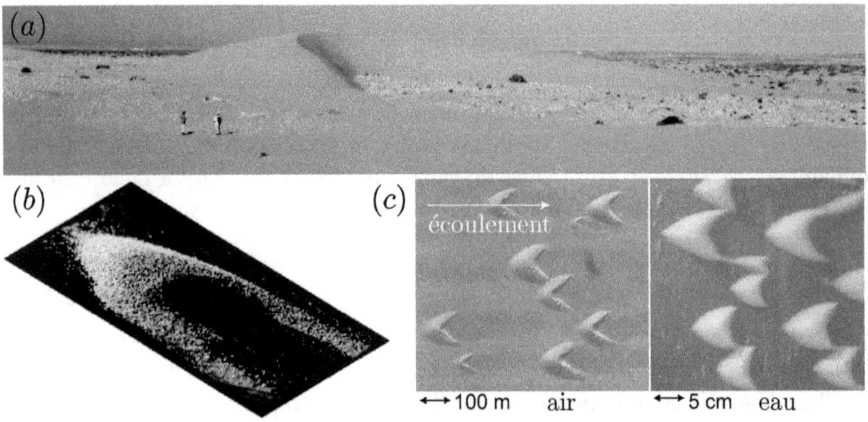

FIG. 9.12 – Comparaison de la morphologie des dunes barkhanes dans l'air et dans l'eau. (*a*) Barkhane éolienne du Sahara Atlantique. (*b*) Barkhane sous-marine. (*c*) Comparaison de champs de barkhanes éoliennes et sous-marines.

9.2.4 Méga-dunes et effets de taille finie

Nous avons discuté à la section précédente la taille minimale des barkhanes. On peut également s'interroger sur la taille maximale que peuvent avoir les dunes, et quel mécanisme physique la contrôle. Dans la plupart des déserts terrestres, les mega-dunes atteignent une longueur kilométrique. Pour comprendre la limitation en taille, il faut considérer la hauteur de la couche limite atmosphérique. On conçoit aisément que l'écoulement du vent autour

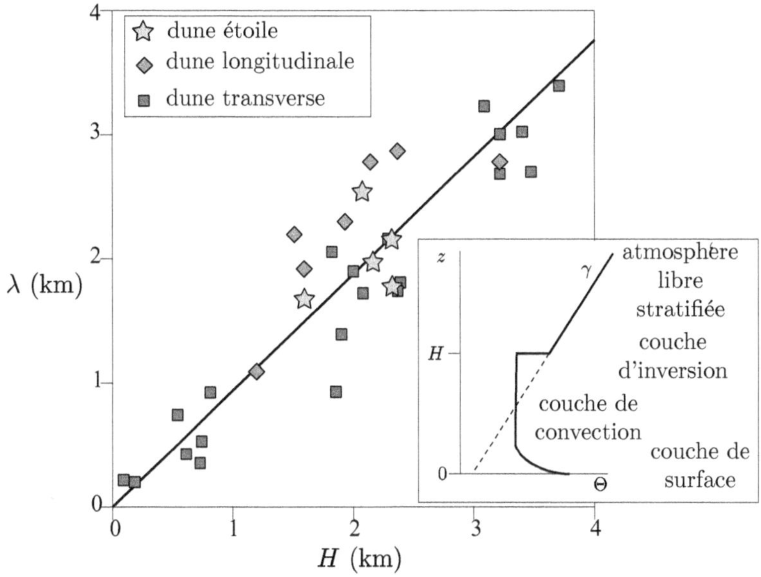

FIG. 9.13 – Longueur d'onde moyenne des dunes géantes de tous les déserts du monde en fonction de la hauteur moyenne H de la couche d'inversion. Encart : représentation schématique du profil vertical de température virtuelle potentielle dans les régions désertiques.

de ces mega-dunes commence à mettre en jeu la structure verticale de l'atmosphère. Dans les zones désertiques, cette structure est particulièrement simple (Stull, 1988 ; Garrat, 1994). Par définition, un désert est une zone où il ne pleut pas, ce qui se traduit par une structure primaire d'atmosphère extrêmement stable. La densité décroît avec l'altitude (figure 9.13). La variable thermodynamique adaptée est la température virtuelle potentielle Θ, déjaugée des effets adiabatiques et des effets de teneur en humidité (Stull, 1988 ; Garrat, 1994). Bien entendu, les régions désertiques sont aussi des régions où le sol peut être fortement chauffé. Cette forte température au sol induit des mouvements convectifs qui mélangent la partie basse de l'atmosphère. Le profil de température virtuelle est donc constant là où il y a mélange et retrouve une variation linéaire dans la haute atmosphère stratifiée. Entre les deux, il existe une fine couche, appelée couche d'inversion, au sein de laquelle la température croît fortement (figure 9.13). C'est sur cette couche que viennent rebondir les plumes thermiques émises par le sol, dont les extrémités sont marquées par des nuages de type cumulus. La couche d'inversion étant très fine par rapport à la longueur d'onde des dunes, elle se comporte comme une interface où la densité subit une discontinuité. Du point de vue de l'écoulement autour de la dune, tout se passe alors comme si l'atmosphère avait une épaisseur finie de la taille de la couche de convection. Cette situation s'apparente à la formation de dunes en rivière (voir §9.4), la couche d'inversion jouant le rôle de la surface de l'eau. Une analyse détaillée de l'écoulement hydrodynamique turbulent au-dessus d'un fond ondulé en présence d'une surface libre a permis de montrer que la taille finie de l'écoulement arrête la croissance des dunes géantes éoliennes par fusion, et sélectionne une longueur d'onde finale (figure 9.13) de l'ordre de la hauteur moyenne de la couche d'inversion (Andreotti *et al.*, 2009).

9.2.5 Rides éoliennes

Nous terminons cette section par les rides éoliennes. Ces rides de longueur d'onde allant du centimètre à quelques dizaines de centimètres apparaissent à la surface d'un lit sableux soumis à un fort vent. Le mécanisme d'apparition de ces structures est complètement différent de celui donnant naissance aux dunes éoliennes et aux rides aquatiques que nous avons vu à la section 9.2.2. Il est spécifique au transport éolien et est lié au bombardement du sol par les grains en saltation. Les rides éoliennes peuvent s'étudier en laboratoire dans une soufflerie (Anderson, 1990 ; Andreotti *et al.*, 2006, figure 9.14*a*). On constate qu'au-delà d'un vent critique correspondant au seuil de transport, il apparaît une ondulation du lit avec une longueur d'onde initiale moyenne λ – il existe une plage de longueurs d'onde instables. λ croît linéairement avec la vitesse du vent, de quelques tailles de grain d près du seuil de transport à quelques 1000 d par fort vent (figure 9.14*b*). Très rapidement, l'amplitude des rides devient suffisamment grande pour qu'il y ait un phénomène d'écrantage : les rides fusionnent progressivement en formant un motif de plus en plus régulier dont la longueur d'onde devient de plus en plus grande. Enfin, la longueur d'onde sature et le système atteint un état stationnaire (tout au moins en un sens statistique). La longueur d'onde finale croît également avec la vitesse du vent (figure 9.14*b*). Le rapport d'aspect des rides « matures » est une constante ($A_\infty/\lambda_\infty \sim 0{,}05$) qui ne dépend ni de la taille des grains, ni de la force du vent (figure 9.14*c*). Dernière propriété, la vitesse de propagation des rides « matures » croît avec la vitesse du vent (figure 9.14*d*). Notons que dans tous les cas, le transport induit par le déplacement des rides est négligeable par rapport au transport en saltation et en reptation au-dessus du lit. Cela signifie que les faces sous le vent des rides ne constituent pas des pièges pour les grains : les rides ne font que moduler le transport. Pour clore cette phénoménologie, signalons qu'il existe également des rides éoliennes sur Mars qui présentent des longueurs d'onde de l'ordre du mètre, bien que les vents soient rarement suffisamment intenses pour y arracher des grains. Cela s'explique par le fait que le seuil de transport dynamique y est très inférieur au seuil statique (Claudin & Andreotti, 2006).

Bien qu'il existe un certain nombre de descriptions phénoménologiques de l'évolution des rides éoliennes, la compréhension des mécanismes d'instabilité reste parcellaire. Nous développons ici un modèle incomplet (Anderson,

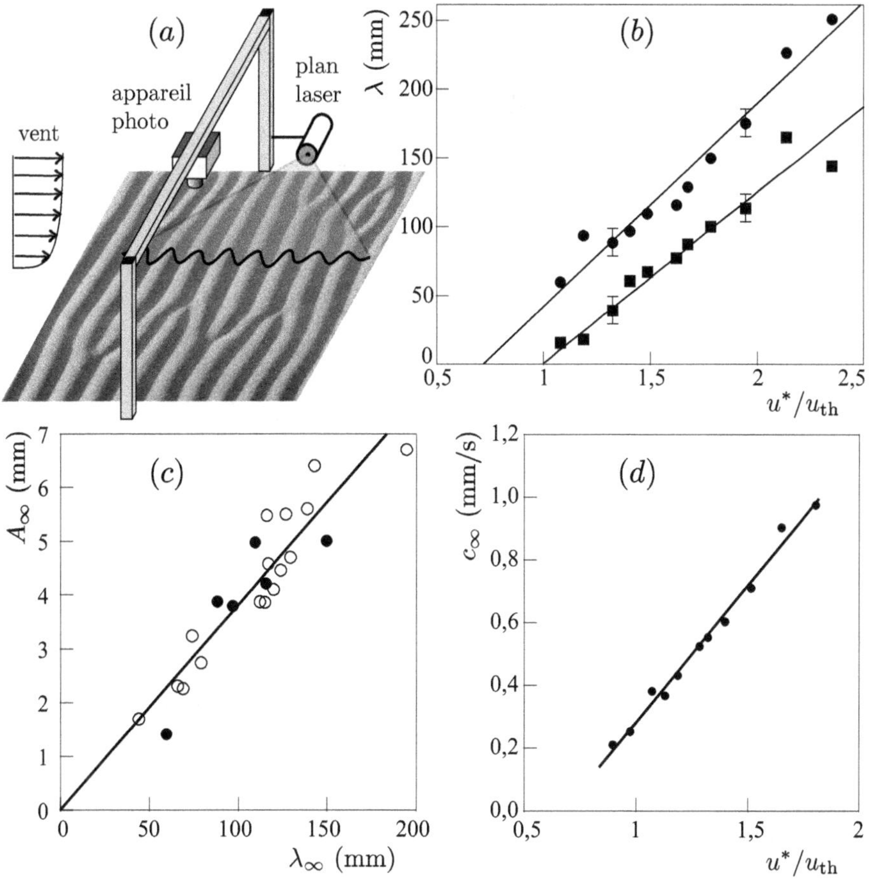

FIG. 9.14 – Dépendances des caractéristiques des rides éoliennes vis-à-vis de la vitesse du vent. (*a*) Schéma de principe de l'expérience. (*b*) Longueurs d'onde initiale et finale en fonction de u^*/u_{th}. (*c*) Relation de proportionnalité entre amplitude et longueur d'onde. (*d*) Vitesse de propagation des rides mures en fonction de u^*/u_{th}. (Données issues de Andreotti *et al.*, 2006.)

1987, 1990), dont le mérite est d'identifier le mécanisme vraisemblablement responsable de l'instabilité. Considérons un lit granulaire plat soumis à une pluie homogène de grains en saltation qui tombe avec un angle α sur l'horizontale (figure 9.15*a*). Lorsque le lit présente un relief $\xi(x,t)$, les parties au vent reçoivent plus d'impacts que les parties sous le vent. Notons φ_0 le flux volumique de grains en saltation arrivant sur le lit horizontal non perturbé. Par conservation de la masse, le flux volumique de saltation φ_{sal} qui arrive sur une pente inclinée d'un angle θ par rapport à l'horizontale vérifie $\varphi_{\text{sal}} L = \varphi_0 L_0$, où les longueurs L et L_0 sont définies à la figure 9.15*a*. Par un

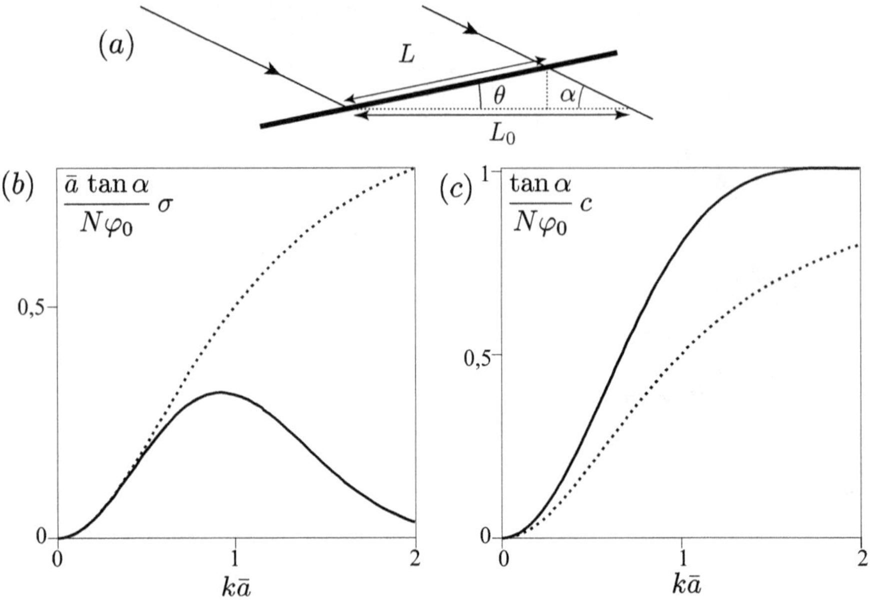

FIG. 9.15 – Modèle d'Anderson pour les rides éoliennes. Trait plein : distribution gaussienne de longueur de reptation ; trait pointillé : distribution exponentielle de longueur de reptation. (*a*) Relation entre le flux de grains en saltation impactant le sol avec un angle α et la pente de ce dernier, $\tan\theta = \frac{\partial \xi}{\partial x}$. (*b*) Taux de croissance adimensionné $\frac{\bar{a}\,\tan\alpha}{N\varphi_0}\,\sigma$ en fonction du nombre d'onde k normalisé par la longueur de reptation moyenne $\bar{a}$. (*c*) Vitesse de propagation adimensionnée $\frac{\tan\alpha}{N\varphi_0}\,c$ en fonction du nombre d'onde $k\bar{a}$.

simple bilan géométrique, $L_0 = L\ (\cos\theta + (\sin\theta/\tan\alpha))$, et en remarquant que $\tan\theta = \partial\xi/\partial x$, on en déduit que le flux de saltation s'exprime comme

$$\varphi_{\rm sal} = \frac{\varphi_0}{\sqrt{1+\left(\frac{\partial \xi}{\partial x}\right)^2}}\left(1+\frac{1}{\tan\alpha}\frac{\partial \xi}{\partial x}\right). \qquad (9.25)$$

Considérons que chaque grain en saltation éjecte $N_{\mathcal{R}}$ grains en reptation, dont les longueurs de saut sont distribuées selon une loi $\mathcal{P}(a)$ (§8.5.1). Le flux de reptation qui part du lit $\varphi^r_\uparrow$ et le flux qui se redépose $\varphi^r_\downarrow$ sont donnés par

$$\varphi^r_\uparrow = N_{\mathcal{R}}\frac{\varphi_0}{\sqrt{1+\left(\frac{\partial \xi}{\partial x}\right)^2}}\left(1+\frac{1}{\tan\alpha}\frac{\partial \xi}{\partial x}\right), \qquad (9.26)$$

$$\varphi^r_\downarrow(x) = \int_{-\infty}^{+\infty} \varphi^r_\uparrow(x-a)\mathcal{P}(a)\mathrm{d}a. \qquad (9.27)$$

Enfin, l'évolution du lit est régie par l'équilibre entre déposition et érosion (8.41)

$$\frac{\partial \xi}{\partial t} = \varphi_{\downarrow}^{r} - \varphi_{\uparrow}^{r}. \tag{9.28}$$

Dans cette équation, le flux de saltation n'intervient pas explicitement car les grains en saltation rebondissent ($\varphi_{\mathrm{sal}\downarrow} = \varphi_{\mathrm{sal}\uparrow}$). Pour étudier la stabilité du lit, on s'intéresse à des petites perturbations en mode de Fourier $\xi = \hat{\xi}\exp(\sigma t + ik(x - ct))$, où σ est le taux de croissance du mode de nombre d'onde k et c sa vitesse de phase (la solution de base étant homogène en espace et en temps : $\xi = 0$ et $\varphi_{\uparrow}^{r}$ constant). En injectant cette solution dans les équations (9.27), (9.28) à l'ordre linéaire en $\hat{\xi}$, on trouve la relation de dispersion suivante

$$\sigma - ikc = -ik\frac{N\varphi_0}{\tan\alpha}\left(1 - \int_{-\infty}^{+\infty} \mathrm{d}a\mathcal{P}(a)\exp(-ika)\right). \tag{9.29}$$

Pour aller plus loin, il faut se donner une fonction « splash » $\mathcal{P}(a)$. Considérons par exemple une distribution exponentielle de moyenne $\bar{a}$: $\mathcal{P}(a) = (1/\bar{a})e^{-a/\bar{a}}$ pour $a > 0$ et $\mathcal{P}(a) = 0$ pour $a < 0$ (les particules sautent uniquement dans le sens du vent), on obtient alors

$$\sigma - ikc = \frac{N\varphi_0 k^2\bar{a}}{\tan\alpha\,(1 + ik\bar{a})}, \tag{9.30}$$

soit

$$\sigma = \frac{N\varphi_0}{\bar{a}\,\tan\alpha}\,\frac{(k\bar{a})^2}{1 + (k\bar{a})^2}, \tag{9.31}$$

$$c = \frac{N\varphi_0}{\tan\alpha}\,\frac{(k\bar{a})^2}{1 + (k\bar{a})^2}. \tag{9.32}$$

On constate que le taux de croissance est positif, quel que soit le flux de saltation φ_0, la distance moyenne de reptation $\bar{a}$ et le nombre d'onde k. Le maximum de taux de croissance est atteint pour un nombre d'onde infini (figure 9.15*b*, trait pointillé). Cette amplification s'accompagne de la propagation des rides à une vitesse de phase qui augmente avec le nombre d'onde (figure 9.15*c*). Si l'on considère maintenant une distribution gaussienne de moyenne $\bar{a}$ et d'écart type s : $\mathcal{P}(a) = (1/\sqrt{2\pi s^2})e^{-(a-\bar{a})^2/2s^2}$, on obtient alors

$$\sigma - ikc = -i\frac{N\varphi_0 k}{\tan\alpha}\left(1 - \exp\left(-ik\bar{a} - \frac{s^2k^2}{2}\right)\right), \tag{9.33}$$

soit

$$\sigma = \frac{N\varphi_0}{\bar{a}\,\tan\alpha}\,k\bar{a}\,\sin(k\bar{a})\exp\left(-\frac{s^2k^2}{2}\right), \tag{9.34}$$

$$c = \frac{N\varphi_0}{\tan\alpha}\left[1 - \cos(k\bar{a})\exp\left(-\frac{s^2k^2}{2}\right)\right]. \tag{9.35}$$

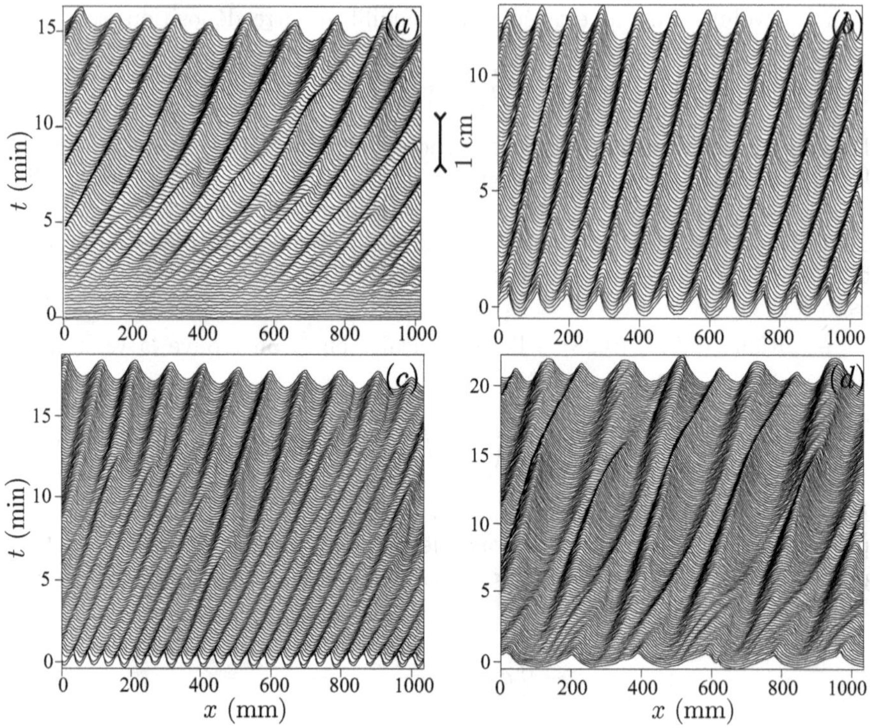

FIG. 9.16 – Diagrammes spatio-temporels montrant l'évolution de rides éoliennes, pour une même vitesse de vent, mais différentes conditions initiales obtenues en gravant des motifs périodiques (Andreotti *et al.*, 2006). (*a*) Démarrage avec un lit de sable plat. (*b*) Démarrage avec un motif périodique gravé à une longueur d'onde dans la bande stable. (*c*) Démarrage avec un motif périodique de petite longueur d'onde. (*d*) Démarrage avec un motif périodique de grande longueur d'onde.

Cette fois, le modèle prédit non seulement une instabilité mais aussi un nombre d'onde de coupure et donc un taux de croissance maximal pour une longueur d'onde finie (figure 9.15*b*, trait plein). Dans le modèle d'Anderson, cette longueur d'onde est proportionnelle à la longueur de reptation moyenne $\bar{a}$. Nous avons vu au chapitre 8 (§8.5.4) que la longueur de reptation est, au plus, de l'ordre de quelques tailles de grain d et indépendante de la vitesse du vent. Cette prédiction du modèle d'Anderson semble donc incompatible avec les données expérimentales, qui montrent des longueurs d'onde croissant linéairement avec la vitesse du vent. Personne n'a, à ce jour, identifié le mécanisme stabilisant permettant de compléter ce modèle et d'expliquer les observations.

L'évolution non linéaire des rides éoliennes est, elle aussi, assez mal comprise. De nombreux modèles ont été développés souvent basées sur le formalisme des équations d'amplitude (Hoyle & Mehta, 1999 ; Csahók *et al.*, 2000 ;

Yizhaq *et al.*, 2004 ; Manukyan & Prigozhin, 2009). Si ces approches permettent de décrire les dynamiques de fusion et coalescence observées lors du mûrissement des rides, elle ne rendent pas compte de la possibilité d'obtenir un motif qui n'évolue plus aux temps longs. Or l'existence de rides non linéaires stables a été mise en évidence dans des expériences réalisées à vent constant mais en gravant initialement des motifs de rides de différentes tailles (Andreotti *et al.*, 2006). Si la longueur d'onde du motif gravé est voisine de la longueur d'onde naturelle observée au temps long partant d'un lit plat (figure 9.16*a*), le motif reste stable et n'évolue pas (figure 9.16*b*). Toutefois, si la longueur d'onde est trop petite, le processus de mûrissement par fusion se manifeste (figure 9.16*c*). Si la longueur d'onde initiale est trop grande, les rides se comportent localement comme un lit plat de sorte qu'elles se redéstabilisent linéairement à la longueur d'onde initiale (figure 9.16*d*). Au final, il existe donc une plage d'états non linéaires stables de différentes longueurs d'onde dont la prédiction reste encore un problème ouvert. Ce comportement est proche d'une instabilité d'Eckhaus (Tuckerman & Barkley, 1990). Il s'en distingue par la manière dont s'opèrent les réarrangements et par le fait que la longueur d'onde initiale n'est pas dans la plage de solutions non linéaires stables.

9.3 Processus côtiers

Tout comme dans le problème des rides et des dunes, l'évolution des côtes sédimentaires repose sur l'interaction entre la forme du littoral, l'hydrodynamique et le transport qui en résulte. Nous nous concentrons ici sur le transport et l'érosion induits par les vagues dans la zone côtière. Nous commençons par donner quelques notions sur l'hydrodynamique des vagues qui sont au coeur des processus côtiers. Nous abordons ensuite la description du couplage entre les courant côtiers générés par les vagues et la morphologie des côtes sableuses, avant de nous intéresser aux rides de bord de mer issues du mouvement périodique de l'eau sur les fonds sableux.

9.3.1 Faire des vagues

Depuis le clapot centimétrique à la surface d'une flaque jusqu'au tsunami[2], en passant par les déferlantes sur la plage, les vagues sont des ondes de gravité interfaciales (le lecteur intéressé par les processus de surface dans les océans pourra consulter l'ouvrage de référence de Phillips, 1977). Elles sont en général excitées par le vent. En dessous d'une valeur seuil de la vitesse du vent,

2. Un tsunami est un train d'onde de l'ordre de cinq vagues ayant une longueur d'onde autour de la centaine de kilomètres. Il se forme lorsque le niveau du plancher océanique le long d'une faille change brutalement ou lors d'un glissement de terrain côtier ou sous-marin. La profondeur des océans ne dépassant guère 10 km, leur propagation est celle d'une vague en eau peu profonde.

de l'ordre du mètre par seconde[3], la surface de l'eau reste plate (mer d'huile). Au-delà de cette vitesse, le clapot se forme sous l'action du champ de pression associé à l'écoulement rapide et turbulent du vent au voisinage de l'eau. Lorsqu'une perturbation de pression dans l'air est advectée à la vitesse U à la surface de l'eau, les ondes dont la longueur d'onde est telle que leur vitesse de propagation c est égale à U sont amplifiées. L'énergie de ces vagues résonantes croît alors linéairement dans le temps (Phillips, 1957).

Considérons une plage dont la topographie est uniforme selon la direction y parallèle à la côte et ne varie que selon la direction normale x (figure 9.17). Lorsque les vagues s'approchent du rivage, leur longueur d'onde $\lambda = 2\pi/k$ devient comparable à – ou plus grande que – la hauteur d'eau h, de sorte que leur vitesse décroît (voir l'encadré 9.3 sur l'hydrodynamique des vagues). En même temps qu'elles ralentissent, leur amplitude augmente. Cette amplification peut se comprendre par des arguments énergétiques. Les rayons, perpendiculaires aux crêtes des vagues, sont des lignes de courant pour l'énergie de l'onde (voir encadré 9.3, équation (9.46)). Si l'on considère deux rayons du même train d'onde monochromatique espacés de $\delta\ell$, le flux d'énergie entre les deux rayons $c_g E\,\delta\ell$ est conservé le long de ce tube, où c_g est la vitesse de groupe des vagues (9.49). Par conséquent, la densité spatiale d'énergie E s'ajuste aux changements de la vitesse c_g pour que le flux $c_g E$ reste constant. Près de la côte, la vitesse de groupe varie comme $c_g \sim (gh)^{1/2}$ (9.41), (9.49). La densité d'énergie varie donc comme $h^{-1/2}$. Or la hauteur moyenne des vagues a est reliée à l'énergie par $a = 4(E/\rho g)^{1/2}$. Il s'ensuit que la hauteur des vagues augmente comme $h^{-1/4}$. Évidemment, cette hauteur ne devient pas infinie pour $h = 0$ car, auparavant, les vagues déferlent. Cette modification de la hauteur des vagues par changement de la vitesse de groupe est appelée levage (« *shoaling* » en anglais, de « *shoal* » qui veut dire « haut fond »).

La diminution de la profondeur d'eau près des côtes a une autre conséquence importante dans le cas de vagues s'approchant du rivage avec un angle α entre le nombre d'onde et l'axe x (figure 9.17). Les parties du front d'onde loin du rivage se propageant plus vite que les parties près de celui-ci (la vitesse des vagues diminuant avec la profondeur), les vagues se réorientent progressivement parallèlement au trait de côte. Cette réfraction peut se décrire par analogie avec l'optique en appliquant la loi de Snell-Descartes, $n \sin\alpha =$ constante, où l'indice optique n est inversement proportionnel à la célérité c, $n \propto 1/c$. Dans le cas des vagues, $c \propto h$, on en déduit donc que l'angle α diminue lorsque la vague se rapproche du bord.

Par analogie avec l'optique, la réfraction conduit à ce qu'une bosse sur le fond agisse comme une lentille convergente, tandis qu'un creux se comporte comme une lentille divergente vis-à-vis des vagues. Pour le cas d'un haut fond, les rayons convergent et $\delta\ell$ diminue, ce qui augmente d'autant plus la hauteur des vagues. Si les rayons se croisent, on obtient une « caustique » et la hauteur devient infinie. En pratique, l'amplification des vagues est finie car

3. L'instabilité de Kelvin-Helmoltz ne se développe qu'au-delà de 6,5 $\mathrm{m\,s^{-1}}$.

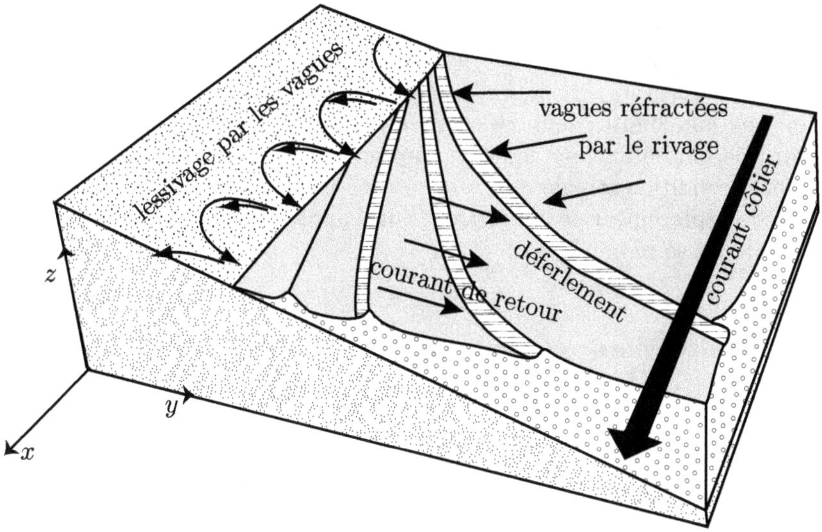

FIG. 9.17 – Schéma montrant le comportement des vagues et des courants au bord de la mer, dans une zone où la pente sous-marine est douce.

les rayons ont des positions différentes pour des fréquences différentes : les caustiques des différentes composantes du spectre ne sont pas localisées au même endroit. Pour des vagues monochromatiques cependant, la hauteur des vagues est, *in fine*, limitée par le déferlement ou par la diffraction. C'est par cet effet de levage que les vagues convergent sur les caps, en augmentant en amplitude. Dans la mesure où l'érosion rocheuse croît avec le flux d'énergie incident, cela signifie que l'effet des vagues tend à lisser la forme des côtes rocheuses. Les contours déchiquetés de ces côtes ne sont pas dus à une instabilité, mais sont hérités du relief terrestre modelé par la tectonique et l'érosion.

Encadré 9.3

Hydrodynamique des vagues

Nous donnons ici succinctement les principaux résultats concernant l'hydrodynamique des vagues (Phillips, 1977 ; Ardhuin, 2006). On considère un liquide incompressible de hauteur au repos h et une perturbation de la surface libre $\zeta(x,t) = a\cos(kx - \omega t)$, où ω est la pulsation et k le nombre d'onde. On suppose l'amplitude a petite devant la longueur d'onde λ et devant h. L'écoulement de fluide associé aux vagues est supposé parfait et potentiel : la vitesse du fluide s'écrit $\nabla\phi$. La relation de conservation de la matière donne $\Delta\phi = 0$. Dans le régime linéaire, on cherche des solutions de la forme $\phi(x, z, t) = f(z)\sin(kx - \omega t)$. La fonction f vérifie $f" = k^2 f$. Deux conditions aux limites sont nécessaires pour résoudre cette équation. Tout d'abord, le fond étant une ligne de courant, on a $\partial\phi/\partial z = 0$ en $z = -h$. La deuxième condition stipule que la vitesse du fluide à l'interface est égale à la vitesse de déplacement de l'interface. Dans l'approximation des faibles pentes, cette relation se réduit à

$$\frac{\partial\zeta}{\partial t} = \frac{\partial\phi}{\partial z}(z = 0). \tag{9.36}$$

Le potentiel des vitesses ϕ s'écrit donc

$$\phi = \frac{a\omega}{k}\frac{\text{ch}(k(z + h))}{\text{sh}(kh)}\sin(kx - \omega t). \tag{9.37}$$

On écrit ensuite la relation de Bernoulli linéarisée en régime instationnaire, à la surface libre (on néglige la tension de surface)

$$\frac{\partial\phi}{\partial t} + g\zeta + \frac{P_0}{\rho} = 0. \tag{9.38}$$

En dérivant par rapport au temps cette expression et en y injectant l'expression pour ζ et ϕ, on trouve la relation de dispersion

$$\omega^2 = gk\tanh(kh). \tag{9.39}$$

La vitesse à laquelle la crête des vagues progresse est appelée vitesse de phase et est donnée par le rapport $c = \omega/k$, soit

$$c = \sqrt{\frac{g}{k}\tanh(kh)}. \tag{9.40}$$

La propagation des vagues est donc dispersive. Dans la limite des h grands, on a $c = \sqrt{g/k}$. Dans la limite des eaux peu profondes, on obtient une vitesse qui ne dépend plus que de la hauteur d'eau

$$c = \sqrt{gh}. \tag{9.41}$$

S'il existe un courant moyen U, la vitesse de propagation des ondes devient

$$c = \sqrt{\frac{g}{k}\tanh(kh)} + \frac{\mathbf{k}\cdot\mathbf{U}}{k}. \tag{9.42}$$

La trajectoire des particules en surface est elliptique et devient circulaire en eau profonde, lorsque l'épaisseur d'eau h est grande devant la longueur d'onde $\lambda = 2\pi/k$.

À l'ordre non-linéaire, les trajectoires des particules ne sont plus fermées : la vitesse moyenne des particules pointe dans la direction de propagation des vagues. Cette vitesse de dérive $\bar{\mathbf{u}}$, appelée dérive de Stokes, vaut en moyenne

$$\bar{\mathbf{u}} = \frac{1}{2}\omega\, a^2 \,\frac{\mathrm{ch}\,(2kz + 2kh)}{\mathrm{sh}^2\,(k\,h)}\,\mathbf{k}. \tag{9.43}$$

Loin des côtes, en eau profonde, la vitesse de dérive de Stokes se réduit à : $\bar{\mathbf{u}} \simeq \omega\, a^2\, \exp(2kz)\,\mathbf{k}$. À l'approche des côtes, en eau peu profonde, on obtient : $\bar{\mathbf{u}} \simeq \frac{1}{2}\,(a/h)^2\,\mathbf{c}$.

L'énergie mécanique des vagues est constamment échangée entre énergie potentielle E_p et énergie cinétique E_c. Intégrée sur la verticale et moyennée sur une période, elle s'exprime

$$E_p = \left\langle \int_0^{\zeta} \rho_f g z dz \right\rangle = \frac{1}{4}\rho_f g a^2, \tag{9.44}$$

$$E_c = \left\langle \int_{-h}^{\zeta} \frac{1}{2}\rho_f (u_x^2 + u_z^2) dz \right\rangle = \frac{1}{4}\rho_f g a^2, \tag{9.45}$$

où a est l'amplitude de l'onde (les énergies sont exprimées par unité de surface dans le plan Oxy). L'énergie totale par unité de surface E vaut donc

$$E = E_p + E_c = \frac{1}{2}\rho_f g a^2. \tag{9.46}$$

Le flux de masse (par unité de longueur) associé à la dérive de Stokes s'écrit

$$\bar{q} = \int_{-h}^{0} \rho_f \bar{u} \mathrm{d}z = \frac{\rho_f g a^2}{2c} = \frac{E}{c}. \tag{9.47}$$

Ce flux s'interprète aussi comme la quantité de mouvement associée à l'onde.

La propagation des vagues est associée à un flux d'énergie. En effet, les vitesses et pressions sont en phase, si bien qu'une colonne d'eau applique un travail sur sa voisine située dans la direction de propagation, qui est par définition le flux d'énergie $\mathcal{P}$

$$\mathcal{P} = \left\langle \int_{-h}^{\zeta} P\, u\, dz \right\rangle = c_g E, \tag{9.48}$$

où c_g est la vitesse de groupe, c'est-à-dire la vitesse à laquelle l'enveloppe d'un paquet d'onde se propage

$$c_g = \frac{\partial \omega}{\partial k} = \frac{\omega}{k}\left(\frac{1}{2} + \frac{kh}{\mathrm{sh}(2kh)}\right). \tag{9.49}$$

On voit ici que c_g est aussi la vitesse moyenne de propagation de l'énergie.

La propagation des vagues est également associée à un flux de quantité de mouvement, appelé le tenseur des contraintes radiatives S_{ij}. Par définition, $S_{ij}\mathbf{n}_j$ est le flux de la composante i de la quantité de mouvement au travers d'une surface orientée par le vecteur directeur $\mathbf{n}$

$$\begin{aligned} S_{ij} &= \left\langle \int_{-h}^{\zeta} \rho_f u_i u_j dz \right\rangle + \delta_{ij} \left[\left\langle \int_{-h}^{\zeta} P dz \right\rangle - \int_{-h}^{0} P_0 dz \right] \\ &= E \left[\left(\frac{1}{2} + \frac{kh}{\mathrm{sh}(2kh)} \right) \frac{k_i k_j}{k^2} + \frac{kh}{\mathrm{sh}(2kh)} \delta_{ij} \right]. \end{aligned} \qquad (9.50)$$

9.3.2 Transport et instabilité côtière

L'essentiel du transport moyen de sédiments au fond de l'océan provient des courants marins. Les plus importants pour la dynamique du littoral sont les courants côtiers engendrés par les vagues, qui sont elles-mêmes générées et entretenues par le vent (Komar, 1998 ; Ardhuin, 2006). Comme nous l'avons vu, la propagation de la houle s'accompagne d'un transport de quantité de mouvement (encadré 9.3). Lorsque les vagues arrivent dans la zone de déferlement, elles cèdent une partie de la composante de cette quantité de mouvement parallèle à la côte, induisant ainsi un courant marin et un transport sédimentaire de bord de littoral. Le flux de sédiments transporté dépend donc non seulement de l'amplitude des vagues mais aussi de leur direction. Lorsque le vent est perpendiculaire à la côte, la houle arrive également perpendiculairement à la côte. Par symétrie, il n'y a aucun courant côtier de créé. Si au contraire le vent pousse les vagues parallèlement à la côte, il n'y a aucun transfert de quantité de mouvement entre les vagues au large et la zone côtière, puisque les vagues n'y entrent pas. Pour une houle arrivant avec un angle α, le tenseur des contraintes radiatives (voir encadré 9.3) a une composante S_{xy} qui traduit le flux en direction de la plage de la composante de la quantité de mouvement parallèle à celle-ci (figure 9.18). D'après les relations (9.49), (9.50), on a

$$S_{xy} = E \frac{c_g}{c} \sin\alpha \cos\alpha. \qquad (9.51)$$

La loi de Snell-Descartes pour la réfraction stipule que $\sin\alpha/c$ est une quantité conservée. Par ailleurs, tant que la zone de déferlement n'est pas atteinte, le flux d'énergie en direction de la plage, $E\, c_g \cos\alpha$ est également conservé. La contrainte radiative de cisaillement S_{xy} est donc constante loin de la plage et n'induit pas de transfert de quantité de mouvement sur le fond. En revanche, à la traversée de la zone de déferlement, l'énergie n'est plus conservée à cause de la dissipation et S_{xy} diminue. On peut alors écrire un bilan de quantité de mouvement pour le coin situé entre la zone de déferlement et le trait de côte (figure 9.18). Ce coin de largeur L a une hauteur H_d au niveau du déferlement. En régime stationnaire, le flux entrant de quantité de mouvement parallèle à

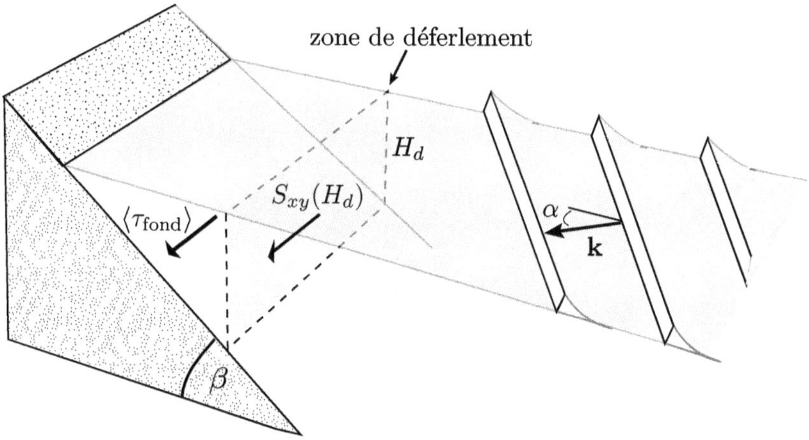

FIG. 9.18 – Origine du courant littoral généré par les vagues dans la zone de déferlement.

la côte $S_{xy}(H_d)L$ est équilibré par une force $\langle\tau_{\text{fond}}\rangle LH_d/\beta$ qui s'exprime en fonction de la contrainte moyenne $\langle\tau_{\text{fond}}\rangle$ qui s'exerce au fond – on suppose la pente du fond β petite. En supposant que la hauteur des vagues au déferlement est de l'ordre de la profondeur d'eau H_d, en utilisant la formule (9.46) pour l'énergie E et en utilisant l'approximation $c_g \sim c$ valable en eau peu profonde, on obtient pour la contrainte de cisaillement moyenne sur le fond marin

$$\langle\tau_{\text{fond}}\rangle \sim \frac{1}{2}\rho_f g H_d \,\beta \,\sin\alpha\,\cos\alpha. \tag{9.52}$$

Cette contrainte de fond est associée à un courant moyen parallèle à la côte $\langle u_{\text{fond}}\rangle$ qui se superpose au mouvement oscillant des vagues $u(t) \sim \sqrt{gH_d}\cos\omega t$. En introduisant une loi de frottement turbulente reliant la contrainte et la vitesse instantanées du type

$$\tau_{\text{fond}}(t) = \rho_f C(\langle u_{\text{fond}}\rangle + u(t))|\langle u_{\text{fond}}\rangle + u(t)|, \tag{9.53}$$

où C est un coefficient de Chezy (voir §9.4.3), et en moyennant dans le temps, on trouve : $\langle\tau_{\text{fond}}\rangle = \rho_f C\langle u_{\text{fond}}\rangle\langle|u(t)|\rangle$ – nous avons utilisé le fait que $\langle u_{\text{fond}}\rangle \ll u$. En utilisant (9.52), on trouve finalement

$$u_{\text{fond}} \sim \frac{\pi\,\beta}{2C}\sqrt{gH_d}\,\sin\alpha\,\cos\alpha. \tag{9.54}$$

Ce courant littoral peut être intense, de l'ordre de 1 $\text{m}\,\text{s}^{-1}$.

L'existence d'un courant moyen près des côtes induit un transport de sédiments moyen le long de la côte, qui se superpose au mouvement oscillant des grains dû aux vagues. Nous ne rentrerons pas dans les détails du calcul

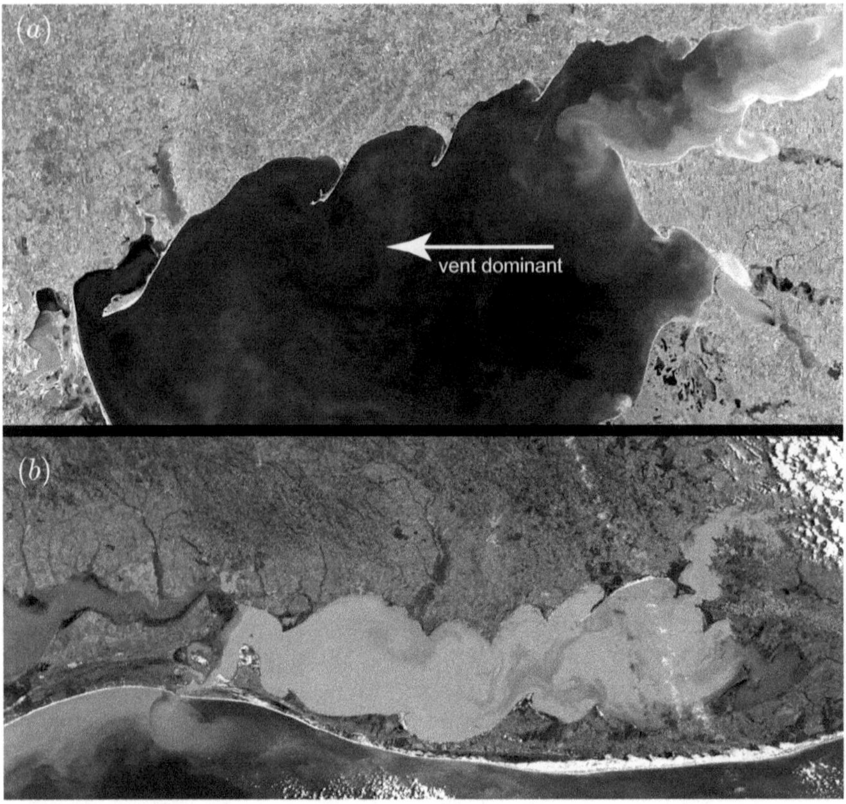

FIG. 9.19 – Instabilité de côtes sédimentaires. Haut : côte Nord de la mer d'Azov. Bas : lagoa dos Patos (Brésil).

de ce flux, présentés par Wolinski (2009). On peut se convaincre à partir de la relation (9.52) que le flux moyen de sédiments $\langle q(\alpha)\rangle$ est maximal autour d'un angle critique voisin de 45°, qui correspond au maximum de $\langle\tau_{\text{fond}}\rangle$ (figure 9.20a). Cette variation du transport avec l'inclinaison des vagues est à l'origine de la croissance des caps que l'on observe parfois sur les côtes sédimentaires (figure 9.19). Pour comprendre l'origine de cette instabilité, considérons un train d'ondes de vagues arrivant avec un angle α_0 par rapport à la côte (figure 9.20). Si la côte présente une petite perturbation $\xi(x,t)$, l'angle local $\alpha \simeq \alpha_0 - \partial\xi/\partial x$ est diminué du coté face aux vagues et augmenté de l'autre. Le flux sédimentaire $\langle q(\alpha)\rangle$ est donc modulé et la perturbation de la côte évolue selon la conservation de la masse

$$\frac{\partial\xi}{\partial t} = -\frac{\partial\langle q(\alpha)\rangle}{\partial x} = q'(\alpha)\frac{\partial^2\xi}{\partial x^2}, \qquad (9.55)$$

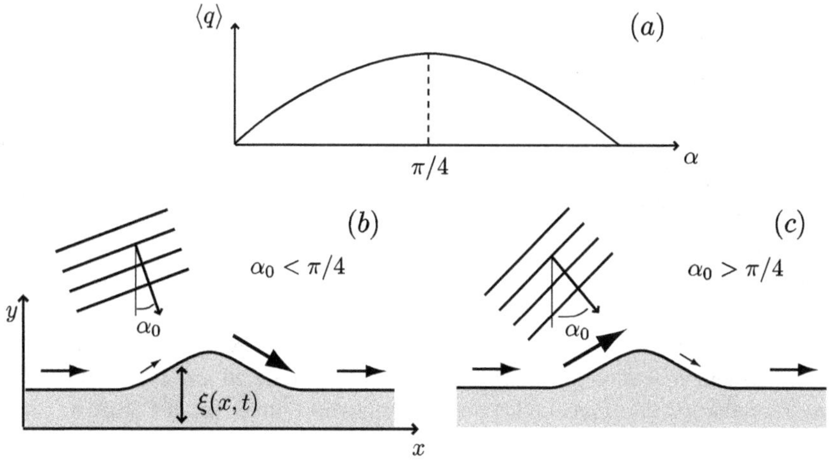

FIG. 9.20 – Principe de l'instabilité des côtes sableuses. (*a*) Lorsque l'angle α_0 entre les vagues au large et la côte est faible, le courant côtier (flèches) est stabilisant. (*b*) Lorsque ce même angle est grand, le courant côtier devient déstabilisant.

où $q'(\alpha) = \mathrm{d}\langle q(\alpha)\rangle/\mathrm{d}\alpha$. À l'ordre linéaire, l'évolution de la côte est donc régie par une loi de diffusion de coefficient de diffusion $q'(\alpha)$. Dans le cas où le vent souffle avec un angle α_0 plus petit que l'angle critique, on a $q'(\alpha) > 0$ soit un coefficient de diffusion positif : la perturbation décroît et la côte est stable (9.20*b*). Si au contraire le vent souffle avec un angle α_0 plus grand que l'angle critique, le résultat est inversé : le flux de sédiments décroît avec l'angle α (9.20*c*). Il s'ensuit une dynamique anti-diffusive (une diffusion avec un coefficient de diffusion $q'(\alpha)$ négatif) et donc une instabilité linéaire. Cette instabilité ne présente pas d'échelle d'espace caractéristique, si l'on excepte la longueur d'onde des vagues qui joue le rôle d'échelle de coupure. Lorsqu'un cap pousse par instabilité, il se met à écranter l'action des vagues et donc à croître en absorbant les perturbations plus petites. Cette croissance se poursuit indéfiniment et conduit à des structures à l'échelle de la centaine de kilomètres respectant les symétries du régime de vent (Ashton *et al.*, 2001). Lorsque le régime de vent présente une direction dominante presque parallèle à la côte (Mer d'Azov ; figure 9.19*a*), il se forme des langues sédimentaires allongées créant des anses dans lesquelles la houle ne peut pénétrer. Lorsque le régime de vent est symétrique par rapport à la normale à la côte, il se forme des caps faisant des pointes aiguës (*outer banks* de Caroline du Nord, *lagoa dos Patos* ; figure 9.19*b*).

9.3.3 Instabilité de plage

Les plages qui bordent l'océan présentent, dans leur partie qu'atteignent quotidiennement les vagues, des bosses et des creux à l'échelle de quelques

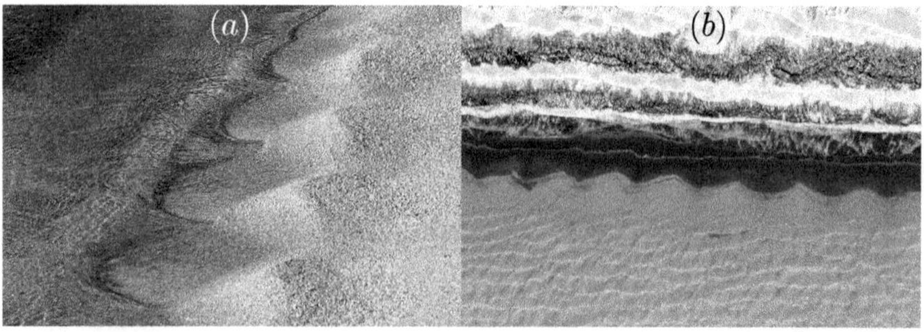

FIG. 9.21 – Instabilités de plage induites par le léchage des vagues. (*a*) Clapot sur un lac. La longueur d'onde sélectionnée est de l'ordre de 20 cm. (*b*) Houle sur une plage du Sahara Atlantique. La longueur d'onde sélectionnée est de l'ordre de 180 m. On remarque également la formation de dunes transverses.

dizaines de mètres. Vu du dessus, il s'ensuit une modulation de la position moyenne de l'interface entre l'eau et le sable (figure 9.21). Le relief correspond à un motif répété de croissants dont les cornes (les points de rebroussement) sont couvertes de grains grossiers tandis que les anses sont recouvertes de grains plus fins. Cette instabilité provient de l'érosion et de la déposition de sable induites par les langues d'eau montant et descendant la plage lorsque les vagues déferlent (Werner & Fink, 1993 ; Coco *et al.*, 1999). La vitesse initiale de l'eau est de l'ordre de la vitesse dans la zone de déferlement $\sim \sqrt{gH_d}$. La longueur envahie par les vagues est inversement proportionnelle à la pente $\tan\beta$ de la plage – elle varie comme $H_d/\tan\beta$. Lorsque les particules d'eau montent sur la plage, leur vitesse décroît et il y a donc déposition de sédiments ; lorsqu'elles redescendent, leur vitesse croît de sorte qu'il y a érosion. Considérons une modulation du relief de la plage. Les trajectoires des vagues sont alors défléchies latéralement par la pente transverse, proportionnelle à l'amplitude du relief et au nombre d'onde. Cette trajectoire conduit à ce que la zone d'érosion ne coïncide pas avec la zone de déposition sédimentaire : il apparaît un flux de grains net proportionnel à la pente (anti-diffusion), qui amplifie les bosses et érode les parties en creux. Comme pour l'instabilité côtière décrite précédemment, la sélection de longueur d'onde n'apparaît que si des détails plus fins sont pris en compte (largeur finie des langues d'eau, distribution angulaire des vitesses initiales). Pour autant, les seules longueurs pertinentes sont la longueur d'onde des vagues λ et la longueur de plage léchée par les vagues ($\sim H_d/\tan\beta$), qui sont souvent du même ordre de grandeur.

Les photographies de la figure 9.22 viennent clore ce paragraphe consacré à la physique à la plage. Les chevrons (figure 9.22*a*) sont des structures qui naissent par instabilité primaire lorsque la hauteur d'eau devient très faible (Daerr *et al.*, 2003 ; Devauchelle *et al.*, 2010). Lorsque la longueur d'onde

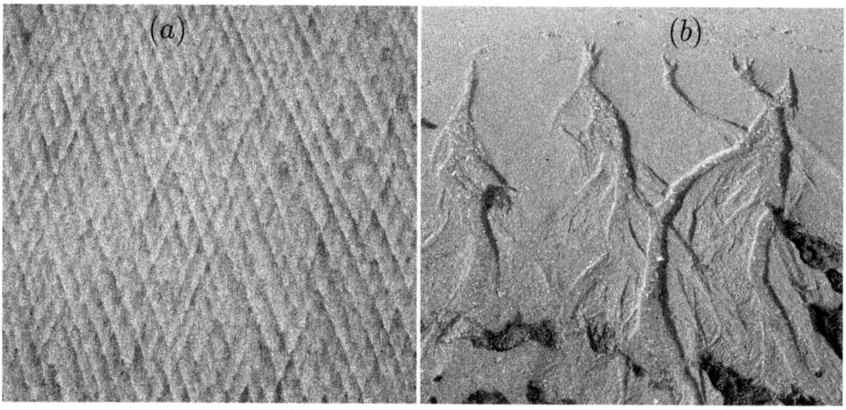

FIG. 9.22 – (a) Chevrons sur la plage. (b) Instabilité de résurgence.

(quelques centaines de tailles de grains) à laquelle poussent les rides sous-marines dans le cas semi-infini devient de l'ordre de la hauteur d'eau, la surface libre restabilise les modes transverses. Les modes les plus instables sont alors inclinés par rapport à la plus grande pente, ce qui produit des motifs en chevrons. Nous verrons dans la section suivante que les barres qui se forment en rivière sont très proches des chevrons. L'instabilité de résurgence (figure 9.22*b*) se produit lorsque, la marée descendant, l'eau stockée dans le milieu poreux que constitue le sable de la plage sourd (Lobkovsky *et al.*, 2007). Lorsque la ligne de source recule localement, il se produit un effet de pointe dans le poreux qui draine l'eau environnante. L'érosion s'accroît, ce qui fait reculer la ligne de source, et ainsi de suite. Nous verrons qu'il s'agit de l'un des mécanismes pour l'incision de vallées à grande échelle.

9.3.4 Rides de bord de mer

Les rides que l'on peut observer sur le sable au fond de l'eau, au bord de la mer, procèdent de la même instabilité que les rides aquatiques des rivières ou les dunes éoliennes que nous avons vues à la section 9.2.2, si ce n'est que l'écoulement est alterné. La houle ou le clapot créent un écoulement quasi-sinusoidal sur le fond, dont l'amplitude A décroît exponentiellement avec le rapport de la hauteur d'eau sur la longueur d'onde des vagues (voir l'encadré 9.3 sur les vagues)

$$A = \frac{a}{\sinh(kh)}. \tag{9.56}$$

Au laboratoire, une situation analogue peut être produite de manière contrôlée en faisant osciller le lit sableux par rapport au liquide utilisé ; il est possible

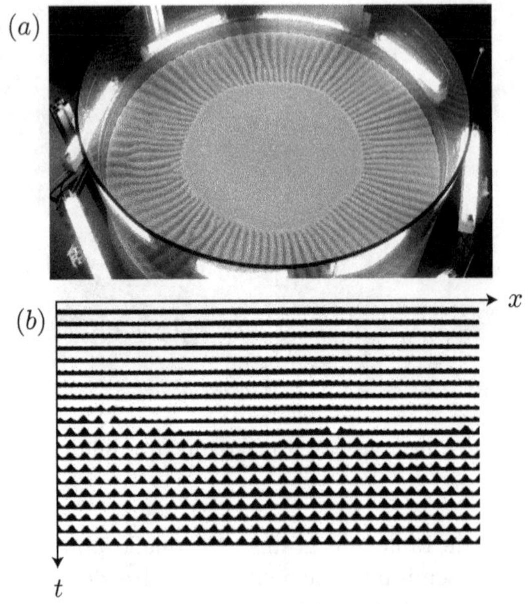

FIG. 9.23 – (a) Rides obtenues en faisant osciller une cuve remplie d'eau. Crédit : Marc Fermigier. (b) Diagramme spatio-temporel obtenu en représentant une photographie des rides au fond d'une cellule annulaire en fonction du temps. L'axe vertical a été dilaté pour les besoins de la visualisation. Crédit : Joachim Kruithof.

de travailler soit dans une géométrie linéaire (plateau oscillant), soit dans une géométrie circulaire, en conditions aux limites périodiques (figure 9.23a)[4].

Par rapport au cas d'un écoulement continu étudié à la section 9.2.2, l'instabilité du lit met en jeu un nouveau temps caractéristique, la pulsation ω des oscillations (Blondeaux, 1990 ; Charru & Hinch, 2006). Dans la limite où ω est faible (par exemple le forçage par les ondes de marée dans les baies sédimentaires), le taux de croissance des rides oscillantes se calcule comme une moyenne pondérée des taux de croissance obtenus dans le cas unidirectionnel pour différents u_*. Lorsque la période $2\pi/\omega$ devient comparable au temps de saturation du flux T_{sat} ou au temps de parcours d'une longueur d'onde hydrodynamique $\lambda/A\omega$, un nouveau régime apparaît dont l'analyse de stabilité linéaire complète n'a jamais été menée à ce jour. Expérimentalement, il existe une longueur d'onde initiale bien identifiée qui, comme dans le cas des rides sous écoulement unidirectionnel, est de l'ordre de 100 diamètres de grain.

4. Il existe toutefois une différence importante entre le forçage par les vagues et le forçage par un plateau oscillant. Dans le cas des vagues, le forçage se fait par un gradient de pression au-dessus du lit sableux. Dans le cas d'un plateau oscillant, le mouvement relatif entre l'eau et les grains provient d'un effet inertiel : une couche limite se développe, qui raccorde la vitesse du lit sédimentaire à la vitesse nulle du fluide loin du fond.

Elle dépend également de la pulsation ω selon une loi non triviale (Rousseaux, 2004).

Le motif ne reste pas à la longueur d'onde initiale mais se modifie au cours du temps. Le diagramme de la figure 9.23*b* montre l'évolution temporelle typique du motif ainsi formé. Pendant une première phase, le motif conserve la longueur d'onde initiale. Puis, une fusion de rides s'opère par nucléation hétérogène, qui induit par propagation une transition vers le motif périodique final, dont la longueur d'onde est proportionnelle à l'amplitude d'oscillation A

$$\lambda_{t\to\infty} \sim \frac{4}{3}A. \tag{9.57}$$

Ainsi, la longueur d'onde finale des rides au fond de la mer est petite soit lorsque la longueur d'onde des vagues et leur amplitude sont faibles (clapot), soit lorsque l'eau est profonde. Dans le cas d'une houle de grande amplitude et de grande longueur d'onde en eau peu profonde, la longueur d'onde des rides oscillantes peut atteindre la dizaine de mètres. On parle alors plutôt de trou d'eau, bien que l'origine soit la même.

Comme dans le cas des dunes éoliennes, les longueurs d'onde sélectionnées lors de l'instabilité linéaire et lors de la saturation non-linéaire du motif procèdent de mécanismes différents. On peut, dans le cas des rides oscillantes, comprendre le processus de mûrissement non-linéaire du motif à l'aide d'un modèle simple. On considère les rides comme des objets numérotés par un indice i, interagissant uniquement avec leur plus proche voisin. Les rides sont supposées auto-similaires de sorte qu'elles peuvent être caractérisées par leur extension horizontale ℓ_i. Dans le régime non linéaire, l'écoulement présente de violentes recirculations dans l'espace qui sépare deux rides. Considérons la demi-période d'oscillation pendant laquelle l'écoulement va vers les i croissants. La taille du tourbillon de recirculation entre les rides i et $i+1$ ne dépend, en première approximation, que de la taille de la ride i qui induit la séparation de la couche limite (Andersen, 2002). Le transfert de masse lors d'une demi-période d'oscillation se fait dans une seule direction, depuis la ride $i+1$ vers la ride i, du fait du courant de retour au ras du lit. Il ne dépend, en première approximation, que de la taille du tourbillon de recirculation, et donc de ℓ_i. Au cours de cette première demi-période, la ride i reçoit donc une quantité de masse $f(\ell_i)$ de la ride $i+1$ et en perd une quantité $f(\ell_{i-1})$ en faveur de la ride $i-1$. On suppose que la fonction $f(\ell)$ croît jusqu'à un maximum atteint lorsque la taille ℓ est de l'ordre de l'amplitude d'oscillation A, et décroît ensuite. Lors de la demi-période suivante, l'écoulement va vers les i décroissants et la ride i reçoit donc une quantité de masse $f(\ell_i)$ de la ride $i-1$ et en perd une quantité $f(\ell_{i+1})$ en faveur de la ride $i+1$. Il en résulte une loi d'évolution pour la taille des rides, de la forme

$$\frac{\mathrm{d}\ell_i}{\mathrm{d}t} = -f(\ell_{i-1}) + 2f(\ell_i) - f(\ell_{i+1}). \tag{9.58}$$

Une situation stationnaire est atteinte lorsque les tailles des rides sont toutes égales, c'est-à-dire lorsque le motif est périodique. Il existe donc des solutions stationnaires pour toutes les longueurs d'onde λ. Analysons la stabilité d'un tel motif. On considère l'évolution d'une perturbation dans une de ces situations périodiques : $\epsilon_i = \ell_i - \lambda$. Après linéarisation, on obtient

$$\frac{\mathrm{d}\epsilon_i}{\mathrm{d}t} = -f'(\lambda)\,(\epsilon_{i-1} + 2\epsilon_i - \epsilon_{i+1}). \qquad (9.59)$$

Il s'agit de l'équation de diffusion discrétisée, de coefficient de diffusion $-f'(\lambda)$. Dès lors, toute longueur d'onde en deçà du maximum de $f(\ell)$ est instable vis-à-vis de la fusion de rides, le coefficient de diffusion étant négatif. Au-delà de ce maximum, toute longueur d'onde est stable. En partant d'une situation désordonnée issue de la phase d'instabilité linéaire, la longueur d'onde finale qui est sélectionnée est légèrement au-delà du maximum de la fonction de transfert $f(\ell)$. Elle est donc, comme observé, proportionnelle à A (Andersen, 2002).

9.4 Rivières

Nous refermons ce chapitre et cet ouvrage par la morphogénèse des rivières. Tout comme dans le problème des dunes et dans le problème de l'érosion côtière, leur évolution est régie par l'interaction entre relief, hydrodynamique et transport. Cependant, elles posent de multiples difficultés qui leur sont spécifiques. D'une part, les rivières présentent une multiplicité d'échelles entre la taille du grain ∼0,1 mm, la tailles de rides ∼10 mm, la profondeur de l'eau ∼1 m, la largeur de la rivière ∼10 m, la longueur d'onde des méandres ∼100 m et la taille du bassin versant ∼1 km. D'autre part, leur évolution est régie par le couplage entre le lit central et les berges, où se situe la ligne de contact entre l'eau, le lit et le sol sec. Du point de vue de la physique des milieux granulaires, les rivières présentent deux propriétés spécifiques : la cohésion du sol, d'une part, et le confinement transverse, d'autre part, ont des rôles dynamiques très importants. Nous aborderons deux questions majeures. D'une part, comment expliquer l'existence même des rivières, ainsi que leur organisation en réseau hiérarchisé, plutôt qu'un écoulement superficiel uniforme ou une pénétration de l'eau dans les nappes sous-terraines ? D'autre part, comment expliquer les différentes formes de lit observées ? De manière ultime, l'un des enjeux des recherches actuelles sur la physique des rivières serait de parvenir à une description imbriquée de toutes les échelles du problème.

9.4.1 Auto-organisation des bassins versants

Définition d'un bassin versant

Un bassin versant est par définition une surface élémentaire hydrologiquement close, c'est-à-dire qu'aucun écoulement n'y pénètre de l'extérieur et que toutes les eaux de précipitation s'évaporent ou s'écoulent par une seule section à l'exutoire (figure 9.24*a*). Le bassin versant associé à une section droite d'un cours d'eau, est défini comme la totalité de la surface topographique drainée par ce cours d'eau et ses affluents à l'amont de cette section. Il est entièrement caractérisé par son exutoire, à partir duquel nous pouvons tracer les points de départ et d'arrivée de la ligne de partage des eaux qui le délimite. Sauf fuite souterraine, la ligne de partage des eaux correspond à la ligne de crête. En première approximation, le débit liquide dans une section de rivière provient de la collecte des eaux de pluies sur son bassin versant et est donc proportionnel à la surface projetée de celui-ci. Si l'on regarde plus en détail, il existe un retard entre le moment où une goutte d'eau de pluie arrive sur le sol et le moment où cette eau passe dans la section de contrôle. De plus, du fait de l'infiltration vers les nappes sous-terraines, le débit de surface ne se conserve pas strictement.

En première approximation, l'aire d'un bassin versant varie comme le carré de la longueur du cours d'eau considéré. Une grandeur plus fine consiste à mesurer le rapport de cette longueur sur la racine carrée de l'aire du bassin versant. Des grandes valeurs indiquent un bassin versant oblong (figure 9.24*b*), des petites valeurs indiquent un bassin versant très large (figure 9.24*c*). La loi de Hack consiste à ajuster une loi de puissance sur la relation entre la longueur du cours d'eau et l'aire du bassin versant. Le petit écart entre l'exposant apparent mesuré (entre 0,56 et 0,6) et celui (1/2) donné par l'analyse dimensionnelle reflète la relative anisotropie des petits bassins versants, comparés aux grands.

Auto-organisation : propriétés d'auto-similarité

Pour décrire la topologie du réseau hydrographique associé à un bassin versant, on utilise couramment la classification de Strahler (1957) qui, par un système de numérotation des tronçons de cours d'eau (rivière principale et affluents), reflète la ramification du cours d'eau. Cette classification, illustrée à la figure 9.24*a*, est sans ambiguïté et se base sur les règles suivantes : (i) tout cours d'eau source est d'ordre 1 ; (ii) le cours d'eau formé par la confluence de deux cours d'eau d'ordres différents prend l'ordre du plus élevé des deux ; (iii) le cours d'eau formé par la confluence de deux cours d'eau du même ordre est augmenté de 1. L'ordre d'un bassin versant est celui du plus élevé de ses cours d'eau, soit l'ordre du cours d'eau principal à l'exutoire. La plupart des bassins versants présentent, en première approximation, des propriétés d'auto-similarité. Ce caractère fractal des bassins versants est illustré de manière frappante à la figure 9.25, qui compare un paysage réel avec un paysage virtuel généré par une équation de réaction de diffusion non-linéaire stochastique (Pelletier, 2007). Quantitativement, on constate que le nombre de cours d'eau d'ordre i, la longueur moyenne de ces cours d'eau et la surface moyenne des bassins versants associés à ces cours d'eau dépendent exponentiellement de l'ordre i (figure 9.24*d*,*e*). Nous renvoyons le lecteur intéressé par les détails de

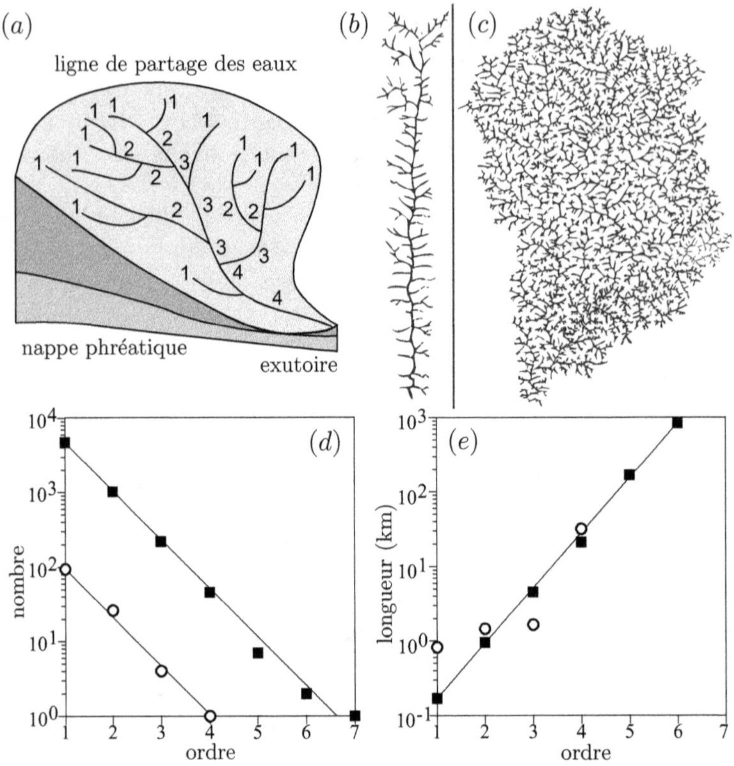

FIG. 9.24 – (*a*) Classification des tronçons d'un bassin de drainage (Strahler, 1957). (*b*) Bassin de drainage de la Beaver Creek (USA). (*c*) Bassin de drainage de la Laurel Fork (USA). (*d*) Nombre de sections de cours d'eau en fonction de l'ordre, pour le bassin versant de la Beaver Creek (■) et de la Laurel Fork (○). Dans les deux cas, le rapport de confluence vaut $4{,}5 \pm 0{,}5$. (*e*) Longueur moyenne des sections en fonction de l'ordre. La différence entre les deux jeux de données est à mettre en relation avec l'allure des bassins versants (*b*) et (*c*).

l'analyse fractale des bassins versants au livre de Rodriguez-Iturbe & Rinaldo (1997).

Notons qu'il existe deux échelles de coupure dans un réseau hydraulique. La grande échelle est fixée par la tectonique des plaques, responsable du soulèvement des massifs montagneux. La petite échelle, en dessous de laquelle il n'y a plus de cours d'eau, n'est pas bien comprise. Elle suggère l'existence d'une distance caractéristique pour transiter d'un transport diffusif de matière sur les sommets à un transport canalisé dans les cours d'eau (Parker *et al.*, 2001).

Ces propriétés d'auto-organisation n'ont encore reçu aucune explication scientifique fondée sur une compréhension des mécanismes à l'œuvre aux échelles plus petites. En particulier, nombre d'analyses de cette question l'envisagent sous l'angle de l'existence d'une quantité qui serait extrémalisée lors de l'évolution du paysage – par exemple la dissipation totale d'énergie ou la distance moyenne de tout point du bassin versant à un cours d'eau, etc. Aucun mécanisme dynamique ne permet à ce jour d'étayer l'hypothèse qu'une telle quantité existe. L'auto-similarité suggère que les rivières présentent elles-mêmes, individuellement, des relations de similitude (Dodds & Rothman, 2000) traduisant une invariance d'échelle des processus. Nous montrerons par la suite qu'en réalité, à l'échelle des cours d'eau, apparaît une complexité dont ne peut rendre compte l'approche fractale.

Instabilité d'incision

Une approche alternative consiste à essayer de comprendre comment le caractère désordonné du paysage peut émerger de lois d'évolution déterministes. Le problème élémentaire consiste à étudier à l'échelle locale, en partant de l'hydrodynamique et des mécanismes d'érosion et de transport, la raison pour laquelle des rivières se forment plutôt que rien. L'instabilité d'incision est un mécanisme clé dans ce processus.

Considérons dans un premier temps le cas modèle d'un écoulement homogène sur une pente constante constituée de sédiments cohésifs. On suppose que l'érosion est contrôlée par la contrainte basale ou, autrement dit, que la longueur de saturation est grande devant la longueur du système considéré. On montre alors que cette situation est instable vis-à-vis de toute perturbation sinusoïdale constituant une striation longitudinale. En effet, la hauteur d'eau dans les creux est plus grande que sur les bosses (figure 9.26*a*). Par conséquent, la contrainte basale, qui équilibre le poids de l'eau, est plus grande dans les creux et donc le taux d'érosion également : toute perturbation s'amplifie. Cette analyse de stabilité peut se conduire dans le cadre des équations de

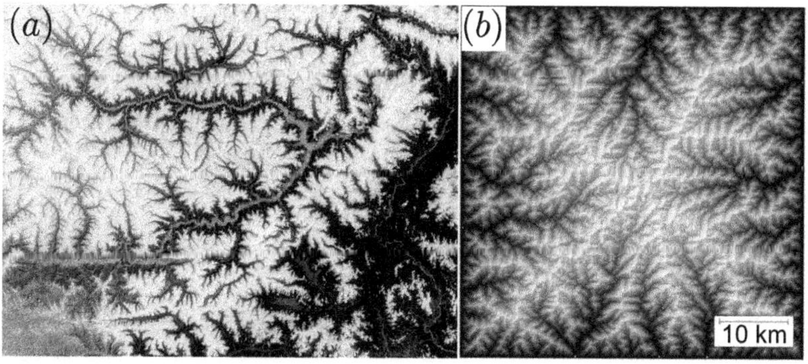

FIG. 9.25 – Comparaison entre (*a*) un paysage réel et (*b*) un paysage fractal généré par l'équation KPZ (Kardar *et al.*, 1986). D'après Pelletier (2007).

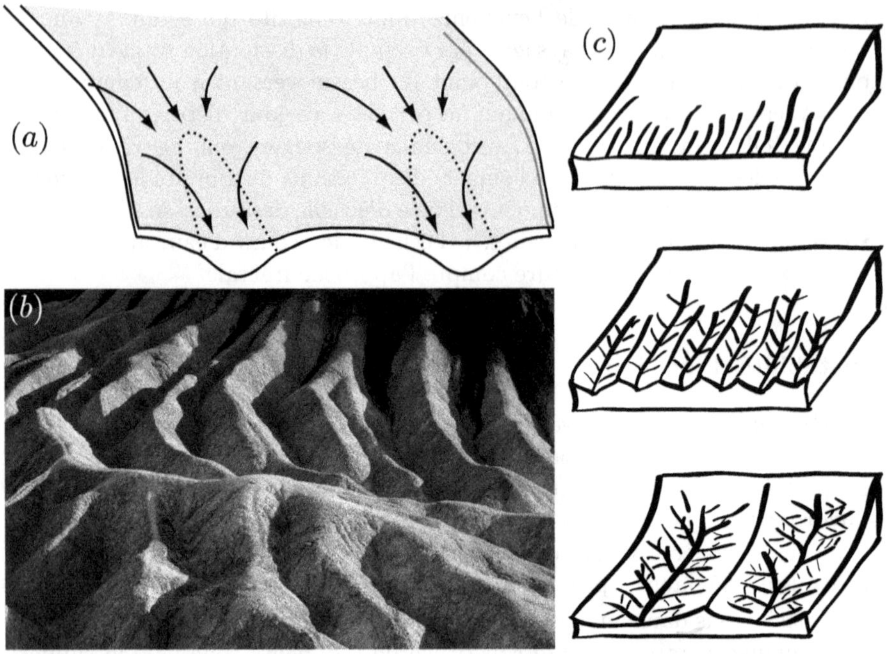

FIG. 9.26 – (*a*) Schéma du mécanisme de l'instabilité d'incision d'un massif cohésif. (*b*) Photographie des « *badlands* » de Zabiriskie point (Death Valley). (*c*) Représentation schématique du scénario d'auto-organisation par « cascade » d'incision (d'après Izumi & Parker, 1995).

Saint-Venant (Izumi & Parker, 1995, 2000) et prédit la formation de chenaux invariants le long de la pente.

Pour aller plus loin, et prédire la localisation dans l'espace et la hiérarchie des chenaux (figure 9.26*b*), on doit inclure d'autres ingrédients dans la modélisation. On peut considérer des situations inhomogènes, par exemple un changement de pente comme illustré sur la figure 9.26*a*. Dans cette situation, les chenaux incisés collectent les eaux environnantes, de sorte qu'ils se propagent vers l'amont et se creusent encore plus. D'autres conditions aux limites ont été considérées, comme le franchissement du seuil de transport (Izumi & Parker, 1995) ou de la transition entre régimes fluvial et torrentiel (Izumi & Parker, 2000). Enfin, on obtient également une sélection de mode dans la situation homogène, si la longueur de saturation est grande devant la hauteur d'eau mais finie. Dans tous ces cas, la longueur d'onde la plus instable est proportionnelle à la hauteur d'eau et inversement proportionnelle au coefficient de Chezy que nous allons définir ci-après. Au final, de multiples aspects de l'instabilité d'incision, en particulier expérimentaux, restent encore à étudier.

L'intérêt majeur de ce type d'approche est de palier aux déficiences des modèles stochastiques et d'offrir un scénario clair de formation du paysage (figure 9.26*c*) à partir de deux mécanismes dominants : le transport le long de la plus grande pente, qui tend à lisser le paysage, et l'incision, qui tend à chenaliser les écoulements. On peut alors expliquer la formation de vallées à des échelles de plus en plus grandes, par mûrissement du fait du transport, tout en régénérant l'échelle la plus petite par instabilité primaire d'incision, due à l'érosion.

9.4.2 Morphologie des rivières

Si l'auto-organisation des bassins versants constitue la grande question physique lorsqu'on aborde le problème des rivières par en haut, la sélection de la morphologie des cours d'eau constitue le problème majeur, vu d'en bas. Nous décrivons d'abord la phénoménologie touchant aux formes du lit, avant d'aborder les mécanismes physiques à l'œuvre.

Le lit

Le lit d'une rivière est façonné par l'érosion et le transport aqueux. Par définition, un lit est dit actif quand il est en interaction avec les sédiments transportés par le cours d'eau. C'est le cas des rivières sableuses (figure 9.27a, b). La géométrie du lit s'ajuste alors aux apports de sédiments, à leur taille et au régime hydrologique (débit d'eau). Un lit est dit passif quand le fond du lit est fixe et que le transit sédimentaire se produit sans interaction avec le lit. Il s'agit en général d'un affleurement du substratum rocheux ou d'un lit de galets ou de roches apportés soit par des éboulements, soit lors de phases climatiques antérieures (glaciation par exemple) (figure 9.27c, d).

On définit non pas un seul mais plusieurs lits (figure 9.28). Le lit mineur, dit aussi lit ordinaire ou lit permanent est constitué d'un ou plusieurs chenaux bien marqués et est occupé par l'écoulement d'eau hors des périodes de crues exceptionnelles. Il est constitué de matériaux transportés par l'eau et est peu masqué par la végétation et l'implantation humaine. Dans les plaines ou les fonds de larges vallées le lit mineur peut ne pas être homogène et présenter du relief, des chenaux, des bras secondaires abandonnés ou des îles. Le lit d'étiage est celui dans lequel se fait l'écoulement pendant les périodes de basses eaux. Le lit majeur est l'espace que les eaux peuvent recouvrir de manière exceptionnelle, en apportant des alluvions fines. Il est généralement occupé par de la végétation. Il sert essentiellement de zone de stockage de l'eau pendant les crues et ne contribue que peu à l'écoulement de celle-ci. Lorsque le cours d'eau incise son propre dépôt d'alluvions, la rivière s'encaisse de sorte que le lit majeur forme une terrasse suspendue au-dessus du cours d'eau. On peut ainsi former des séries de terrasses emboîtées les unes dans les autres.

Le lit d'une rivière est génériquement polydisperse. La taille des grains qui le composent peut s'étaler sur plusieurs ordres de grandeur. Il n'est ainsi

FIG. 9.27 – (a), (b) Rivière sableuse. (a) Confluence de l'Allier et de la Loire au Bec d'Allier (crédit : Office de Tourisme de Nevers et sa région). (b) Érosion et dépôt dans un méandre actif de la Loire (crédit : J. Saillard/CEPA). (c), (d) Rivières rocheuses. (c) Mistaya Canyon : rivière creusée dans la roche calcaire (Banff National Park, Canadian Rockies, Alberta, Canada). (d) Rivière à fond rocheux à l'étiage (crédit : F. Métivier).

pas rare de trouver des mélanges d'argile, de sable, de graviers voire même de blocs rocheux. Du fait des modes de déposition différents, la granulométrie dépend de la position transverse dans la plaine alluviale. Enfin, la taille des grains décroît de manière cohérente le long d'un cours d'eau. En substance, les

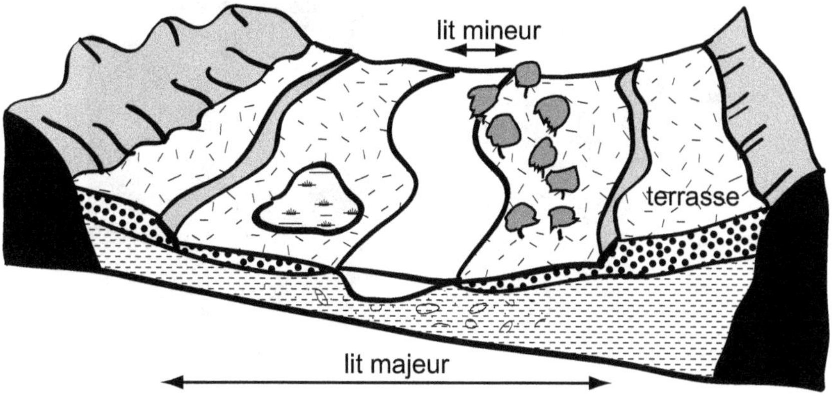

FIG. 9.28 – Schémas des lits d'une rivière.

torrents de montagne présentent une majorité de cailloux décimétriques et de graviers centimétriques. Dans la mesure où il y a peu de végétation, le contenu argileux est faible. Les rivières des plaines alluviales ont au contraire un lit sableux, souvent rendu cohésif par la présence d'argile produite et stabilisée par les plantes. L'augmentation de la fraction argileuse se traduit par une rivière plus encaissée. Par ailleurs, la pente et le débit varient continûment au fil du cours d'eau : les torrents de montagne ont peu de débit et sont très pentus (de l'ordre du pourcent). Les rivières des plaines alluviales ont un fort débit et sont très plates (jusqu'à 10^{-5} pour les fleuves les plus grands).

Les formes du lit

Les torrents de forte pente s'écoulent généralement sur un fond de graviers et de galets. Lorsqu'ils restent confinés, ils forment des alternances de cascades et de piscines (figure 9.29). Les marches qui conduisent aux écoulements supercritiques en cascade sont créées par des gros blocs dont les interstices sont bouchés par des grains fins. Ces blocs ne peuvent bouger que lors des crues majeures. Les piscines sont au contraire des zones où l'écoulement est sous-critique et où les grains sont plus fins.

Les rivières graveleuses, de forte pente et dont la hauteur est faible devant la largeur (absence de cohésion) forment des tresses. Il s'agit de multiples îlots mobiles qui séparent l'écoulement en plusieurs chenaux (figure 9.30*a*). Les grandes vallées glaciaires sont propices à cette morphologie de rivière. Du point de vue topologique, les chenaux de ces rivières forment une structure qui n'est pas branchée, comme sur la figure 9.24, mais bouclée. En cela, il existe une ressemblance entre les rivières en tresses et la morphologie des deltas (figure 9.30*b*). Dans ce dernier cas, l'embouchure d'un fleuve est occupée par un cône de déjection en forme de Δ, ce qui conduit à une séparation du cours d'eau principal en de multiples chenaux.

FIG. 9.29 – Alternance entre cascades et piscines dans un torrent.

Les rivières peu pentues et relativement encaissées, du fait de la cohésion des berges, ne comportent en général qu'un chenal. C'est dans ces circonstances que l'on observe des cours d'eau qui présentent des méandres. Les méandres d'une rivière sont en général mobiles, du fait de l'érosion de la berge externe et le dépôt de sédiments sur la partie intérieure (figure 9.31).

Les grandes rivières sableuses, qu'elles soient endiguées ou non, présentent des instabilités non plus des berges mais du fond (figure 9.32). Les motifs transverses à l'écoulement s'appellent des rides, lorsque la longueur d'onde est petite devant la hauteur d'eau, et des dunes lorsque la longueur d'onde est entre une et dix fois la hauteur d'eau. Les motifs dont la longueur est grande devant la largeur, et qui peuvent devenir des îles hors de l'eau s'appellent des barres. Lorsque la rivière n'est pas trop large, il y a formation de barres alternées qui provoque une canalisation de la rivière selon un parcours méandreux. On voit donc par là que la formation de méandres ne résulte pas forcément du mouvement des berges, mais peut provenir d'une instabilité du fond. Lorsque la rivière est suffisamment large (par rapport à sa profondeur), elle se met à former des barres multiples et la rivière devient une rivière en tresses.

Paramètres de contrôle des formes du lit

L'existence de différentes formes de lits pose immédiatement plusieurs questions. Quels sont les mécanismes dynamiques responsables de la forme d'une rivière – alternance cascade-piscine, tresses et méandres ? Quels sont les nombres sans dimension qui contrôlent les transitions entre ces formes ?

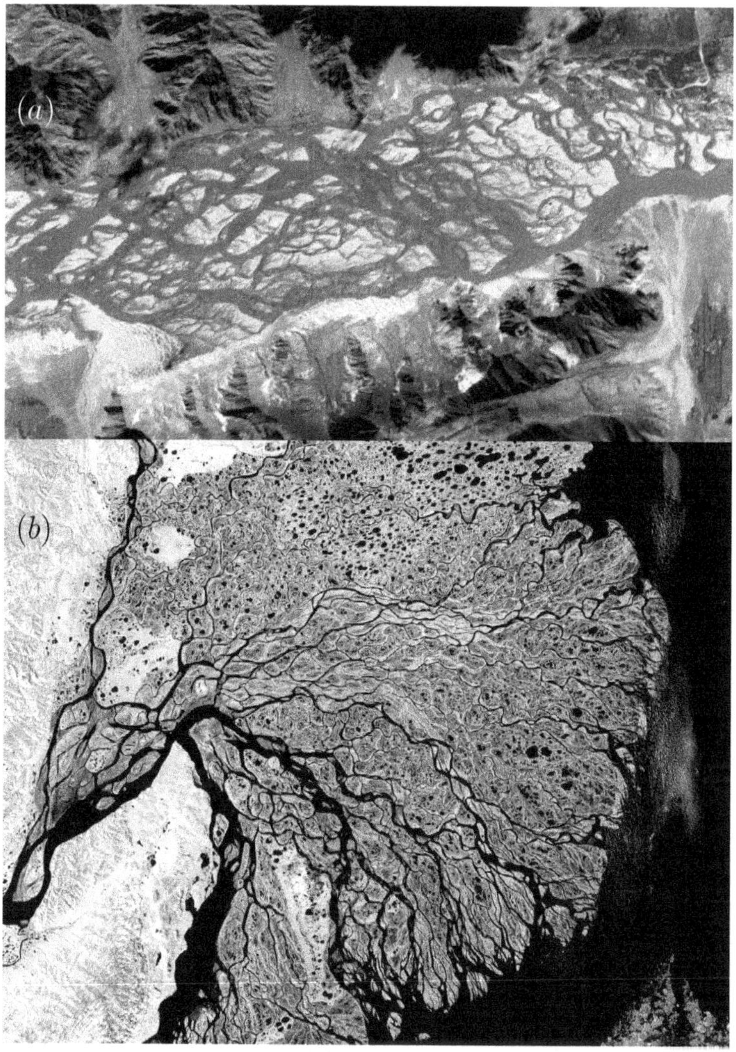

FIG. 9.30 – (*a*) Tresses de la rivière Brahmaputra, qui coule entre le plateau tibétain et la chaîne himalayaienne. Crédits : NASA/JPL/Space Science Institute. (*b*) Delta de la Lena (Taimyr, Fédération de Russie). Crédits : USGS/EROS.

Comment la morphodynamique à l'échelle du cours d'eau se connecte-t elle avec la morphodynamique à l'échelle du bassin versant ?

Ces deux derniers problèmes sont intriqués, ce qui fait leur profonde difficulté. La dynamique d'un petit tronçon de rivière dépend de quatre paramètres de contrôle : la taille des grains d, le degré de cohésion (ou la contrainte seuil τ_{th}), le débit liquide Q et la pente du lit θ. Dans le cas de micro-rivières

FIG. 9.31 – (*a*) Méandres de la rivière Alatna (Arctic National Park, Alaska, USA), qui coule dans une vallée montagneuse. (*b*) Méandres de la Pecatonica River (Wisconsin, USA). Credits : Knox, James C. (*c*) Méandres de rivières formées par la marée dans une plate-forme de boue (Khnifis, Sahara Atlantique).

de laboratoire, ces paramètres peuvent être choisis indépendamment. Dans le cas naturel, ces quatre paramètres sont couplés par l'auto-organisation à l'échelle des bassins versants. Lorsque l'on suit le fil de l'eau des montagnes vers les plaines, θ diminue ainsi que la taille moyenne des grains d ; la cohésion augmente ainsi que le débit Q. À titre d'exemple, la figure 9.33*a* montre la relation entre la pente de rivières naturelles et leur débit. Bien que les points s'étalent sur près d'une décade, la tendance est manifeste : les grands fleuves ont une pente entre 10^{-5} et 10^{-4} tandis que les torrents de montagne ont une pente de quelques dizaines de pour cents. En conséquence, seule une faible partie de l'espace des paramètres est accessible aux études de terrain. Il n'est donc pas possible de déterminer les nombres sans dimension qui pilotent les différentes instabilités uniquement sur la base des mesures *in situ*.

Pour illustrer les possibles erreurs d'interprétation liés à cette variation conjointe des paramètres de contrôle dans la nature, considérons la figure 9.33*c*, *d*, qui montre les dépendances du rapport d'aspect W/H des rivières vis-à-vis de la largeur W et de la fraction argileuse des berges. La première courbe suggère que c'est la taille des rivières – et donc potentiellement les effets inertiels – qui détermine W/H et la seconde que c'est la cohésion. En réalité, le rapport d'aspect des rivières est indifféremment corrélé à n'importe lequel des quatre paramètres de contrôle, ainsi qu'à n'importe quelle combinaison de ces paramètres, puisque ceux-ci sont liés.

Dans cet esprit, considérons la question de la sélection de forme du lit selon une section transverse. La figure 9.33*b* montre la relation entre la largeur et

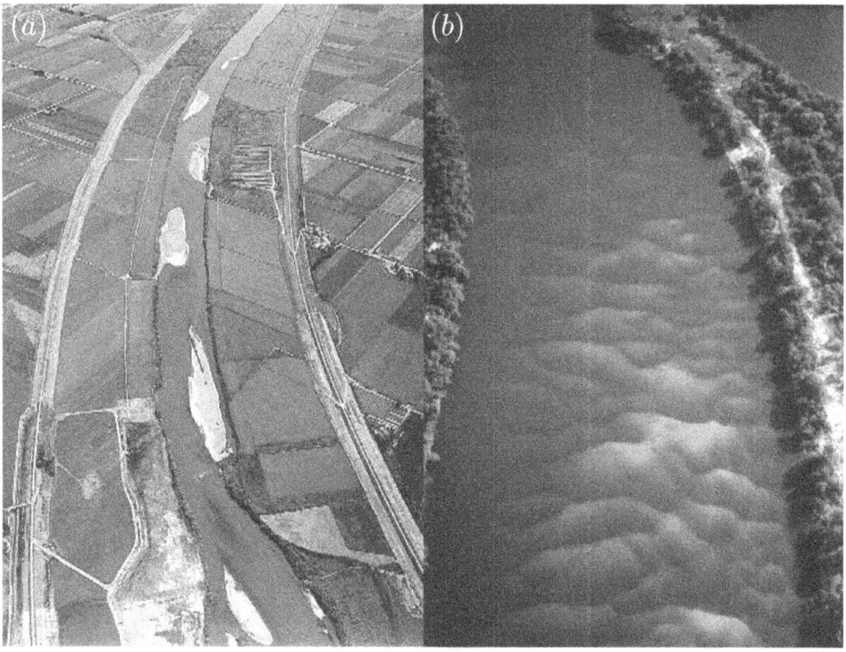

FIG. 9.32 – (*a*) Barres alternées dans la rivière Tokachi (Japon). (*b*) Dunes dans le Rhin (Pays-Bas).

le débit, toutes deux adimensionnées par la taille des grains. Il apparaît une loi d'échelle de la forme

$$\frac{W}{d} \sim \left(\frac{Q}{g^{1/2}d^{5/2}}\right)^{0,45}, \tag{9.60}$$

qui semble extrêmement bien vérifiée. Cette relation cache en réalité des relations à différentes échelles. La sélection de la largeur dépend localement de la pente, de la taille des grains et du débit. Mais la pente, la taille des grains et le débit sont eux-mêmes des variables couplées par l'organisation à grande échelle du bassin versant. Il faut donc partir des mécanismes physiques pour décomposer une telle relation, ce que nous allons faire dans la section suivante.

9.4.3 Profil d'équilibre d'une rivière

Relation de Chezy

Considérons une rivière de pente θ caractérisée par une profondeur d'eau H, une largeur W et un débit liquide Q (figure 9.34*a*). En première

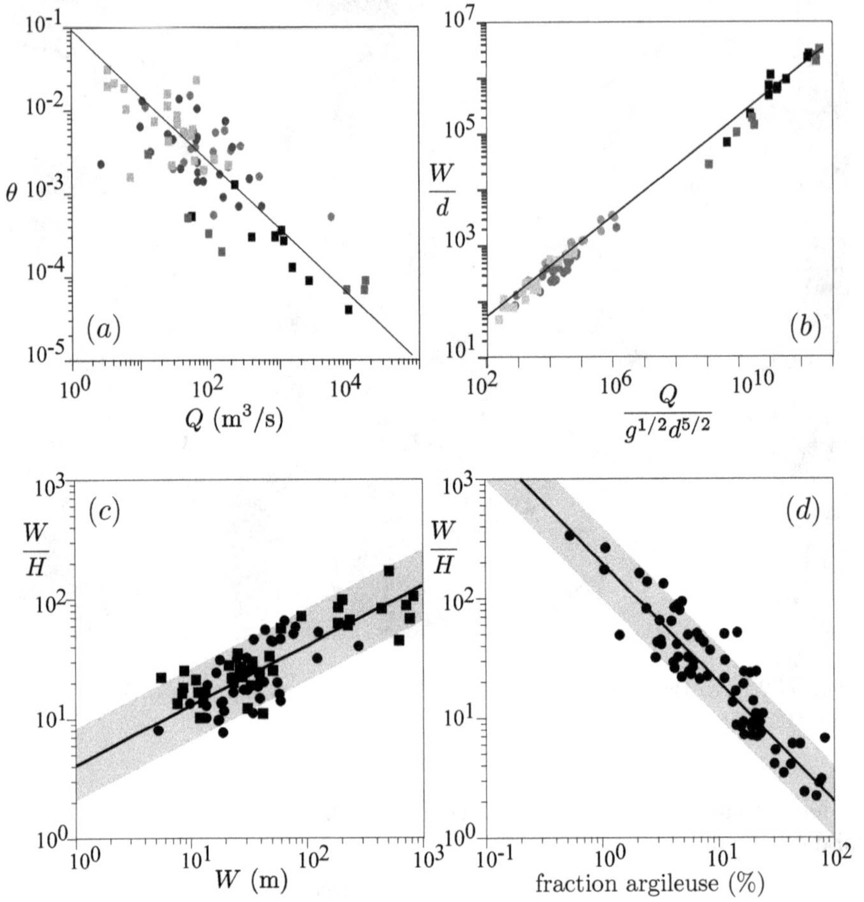

FIG. 9.33 – (*a*) Pente de rivières naturelles en fonction du débit liquide Q en situation de crue. (*b*) Largeur W des rivières en fonction du débit liquide Q, tous deux mesurés en situation de crue et adimensionnés par la taille moyenne des grains. (*c*) Rapport d'aspect W/H des rivières naturelles en fonction de leur largeur W, (*d*) en fonction de la fraction d'argile dans le fond de la rivière. Dans les deux cas, la zone grisée met en valeur la dispersion d'une octave de part et d'autre du meilleur ajustement en loi de puissance. Données compilées par G. Parker, accessible en ligne : `http://vtchl.uiuc.edu/people/parkerg/morphodynamics_e-book.htm`.

approximation, la vitesse moyenne U de l'écoulement s'écrit

$$U \simeq \frac{Q}{HW}. \tag{9.61}$$

Dans le cas d'un canal homogène et stationnaire, l'équilibre entre gravité et friction basale impose $\tau_b = \rho_f g H \sin\theta$. Pour un écoulement turbulent, la

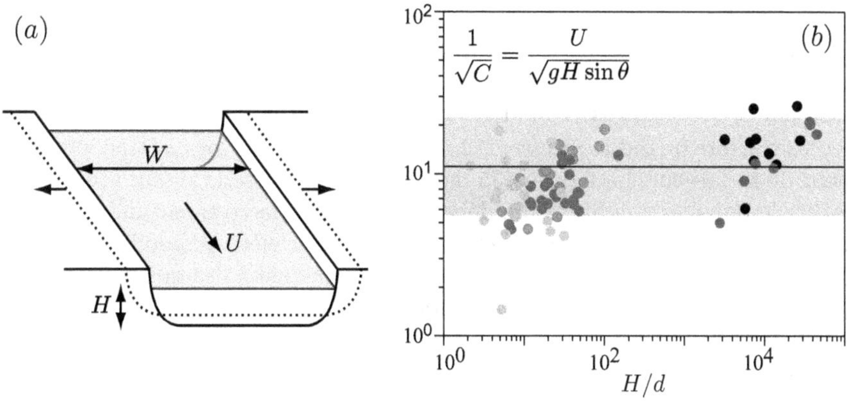

FIG. 9.34 – (*a*) Notation pour les rivières et schéma montrant la dynamique d'élargissement du lit par érosion des berges. (*b*) Test de la loi de frottement turbulente (équation 9.62) sur un ensemble de rivières naturelles. U désigne le rapport Q/HW et d la taille des grains composant le lit. La bande grisée correspond à une dispersion d'une octave de part et d'autre de la moyenne. Données compilées par G. Parker.

contrainte basale s'écrit dimensionellement sous la forme $\tau_b = \rho_f C U^2$, où C s'appelle coefficient de Chezy. La vitesse et l'épaisseur sont alors données par

$$H = \left(\frac{CQ^2}{g\sin\theta W^2}\right)^{1/3} \quad \text{et} \quad U = \sqrt{\frac{gH\sin\theta}{C}}. \tag{9.62}$$

La figure 9.34*b* présente un test de cette loi de frottement dans les rivières naturelles : le coefficient de Chezy est indépendant de la taille de la rivière et est de l'ordre de 0,04.

Dynamique d'élargissement et d'incision

Les expressions précédentes donnent H et U si l'on connaît le débit Q et la largeur W de la rivière. Or la largeur de la rivière est elle-même un paramètre qui s'auto-ajuste. Il manque donc une équation qui traduise la sélection de la largeur du cours d'eau. On peut isoler deux processus élémentaires, qui jouent un rôle important : l'élargissement des rivières par érosion des berges et la ré-incision d'un chenal étroit dans les sédiments du lit de la rivière, avec abandon d'une terrasse (figure 9.28).

Considérons d'abord le cas d'une rivière étroite, localement homogène dans la direction de la pente, et dans laquelle un débit liquide Q est imposé (figure 9.34*a*). Tant que la contrainte sur les berges est supérieure à sa valeur seuil, il y a transport à la surface de celles-ci. Dans la mesure où les berges sont pentues, il existe une composante du transport vers le bas de la pente, induite par la gravité. En conséquence, les berges sont érodées : la rivière s'élargit et le fond de la rivière remonte. Ce processus s'arrête lorsque la contrainte sur les berges a atteint sa valeur seuil τ_{th}. La rivière atteint alors son profil d'équilibre avec le débit Q. Si l'on suppose que la contrainte typique exercée par l'eau sur le sédiment est de l'ordre de $\rho_f U^2$, alors le processus d'érosion des berges s'arrête quand la vitesse de la rivière vaut $U \sim \sqrt{\tau_{\text{th}}/\rho_f}$, indépendamment de sa largeur. La figure 9.35 montre que la vitesse U mesurée en rivière naturelle dans les conditions de débordement est effectivement indépendante de la largeur de la rivière, validant le concept de rivière à l'équilibre. Notons que sur cette figure les différents points correspondent à des tailles de grains d différentes. La contrainte seuil varie donc peu avec d, suggérant une origine cohésive.

Dans cet état d'équilibre, il reste malgré tout du transport de sédiments sur le fond de la rivière. Cela se comprend aisément quand les berges sont plus cohésives que le fond (argile et stabilisation par les plantes), la contrainte seuil étant alors beaucoup plus grande sur les berges que sur le fond. Dans le cas où les berges sont de la même nature que le fond, l'existence d'un transport de fond sans érosion des berges est plus subtil. En effet, la contrainte seuil étant plus faible sur les pentes des berges que sur le fond du fait de la gravité, les berges sont *a priori* plus facilement érodables que le fond. Pour comprendre la structure d'une rivière à l'équilibre, il est en fait très important de prendre en compte explicitement les variations transverses de vitesse près des berges. La structure théorique d'une rivière à l'équilibre se décompose alors en deux zones (Parker, 1978) : au centre de la rivière, une zone parfaitement plate dans laquelle le transport est localisé ; sur les bords, une zone où la contrainte est égale partout à la contrainte seuil. Au raccord entre les deux zones, la pente transverse est nulle et la contrainte égale à la contrainte seuil.

À première vue, si l'on considère uniquement ce processus d'érosion de berge, une rivière ne peut que s'élargir. Il existe cependant plusieurs modalités de rétrécissement d'un cours d'eau. D'une part, il peut y avoir un apport de sédiments extérieurs par les pentes latérales ; d'autre part, les plantes poussent sur toute zone abandonnée par l'eau et accumulent les sédiments en suspension lors des crues, ce qui produit un rétrécissement de la rivière. Enfin, l'instabilité linéaire d'incision peut conduire, dans une situation légèrement hétérogène, à une ré-incision du cours d'eau.

9.4.4 Rides, dunes, anti-dunes, barres et méandres

Dans le paragraphe précédent, nous avons vu que la conservation de la matière, la conservation du débit, et l'équilibre érosif des berges conditionnent la forme transverse d'une rivière, à paramètres de contrôle fixés (d, Q, θ et τ_{th}). On considère maintenant la forme longitudinale des cours d'eau. Notons dès à présent que la sélection (mécanismes et nombres sans dimension) de la morphologie des rivières (alternance cascade-piscine, tresses, méandres) est une question ouverte. Nous discutons ici des instabilités du fond du lit, qui

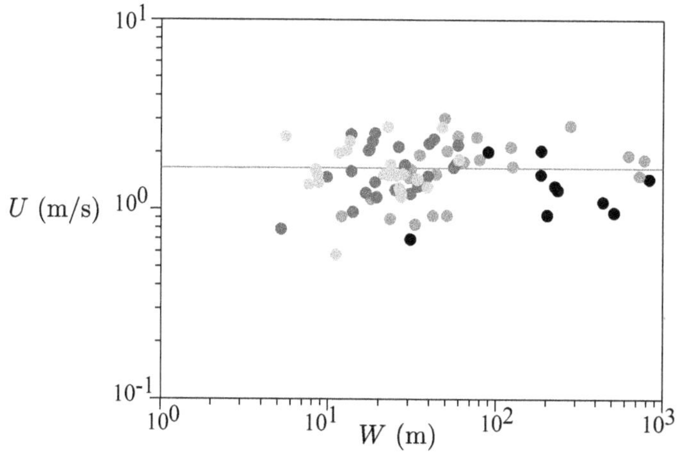

FIG. 9.35 – Vitesse moyenne U mesurée dans différentes rivières en fonction de leur largeur W. Données compilées par G. Parker.

conditionnent en partie les instabilités des berges. Dans ce paragraphe, nous abordons la formation de motifs réguliers transverses à l'écoulement : les rides, les anti-dunes et les dunes. Nous verrons ensuite les motifs qui ne sont pas orthogonaux au courant, appelés des barres.

Influence de la surface libre

Reprenons l'instabilité linéaire d'un lit plat développée dans la section 9.2.2, dans le cas d'une rivière turbulente dont la hauteur d'eau H est finie. Si la longueur de saturation du transport L_{sat} est très petite devant H, on montre que la longueur d'onde la plus instable est fixée par L_{sat} et ne dépend pas de la hauteur d'eau (Fourrière *et al.*, 2010). On a donc formation de rides. Ces rides coalescent et forment progressivement des longueurs d'onde de plus en plus grandes. Notons qu'il s'agit de la situation générique dans les rivières sableuses, dès que la profondeur d'eau atteint quelques centimètres. Dans le cas de rivières boueuses, le transport en suspension est, lui, associé à des longueurs de saturation plus grandes que la profondeur d'eau (voir chapitre 8). L'instabilité linéaire est alors fortement modifiée par la surface libre.

Pour déterminer l'influence de la surface libre sur les motifs transverses au courant, nous allons utiliser les équations de Saint-Venant, qui donnent une approximation raisonnable dans la limite des longueurs d'onde λ grandes devant la hauteur d'eau. On se reportera au chapitre 6 pour la dérivation de ces équations, identique au cas granulaire (pour une rivière, on prend $\alpha = 1$ – le profil de vitesse est bouchon, et $K = 1$ – la pression est isotrope). La relation de Chezy permet d'écrire la fermeture pour la contrainte basale

$\tau^f = \rho_f C|\mathbf{u^f}|\,\mathbf{u^f}$ et l'on obtient

$$\frac{\partial h}{\partial t} + \nabla \cdot (h\mathbf{U}^f) = 0, \tag{9.63}$$

$$\frac{\partial \mathbf{U}^f}{\partial t} + \mathbf{U}^f \cdot \nabla \mathbf{U}^f = -g\nabla(\xi + h) - C\,\frac{|\mathbf{U}^f|\,\mathbf{U}^f}{h}, \tag{9.64}$$

où h est la hauteur d'eau, $\mathbf{U}^f$ la vitesse moyenne intégrée dans l'épaisseur et ξ la hauteur du fond. Notons que la hauteur du fond ξ est mesurée par rapport à l'horizontale, ce qui correspond à $\theta_r = 0$ sur la figure 6.26 du chapitre 6. De plus, la conservation de la masse s'applique à la hauteur d'eau h uniquement, ce qui explique l'absence de ξ dans l'équation (9.63) par rapport au cas granulaire sur fond érodable. Dans la mesure où les temps caractéristiques d'évolution du fond sont longs, on peut en général supposer que l'écoulement est stationnaire. Les équations de Saint-Venant sont complétées par l'équation d'Exner (8.38), qui régit l'évolution de la forme du lit

$$\frac{\partial \xi}{\partial t} + \nabla \cdot \mathbf{q} = 0, \tag{9.65}$$

où $\mathbf{q}$ est le flux de sédiment. Considérons un écoulement homogène ($u_0^f = U$ et $h_0 = H$) sur un plan incliné d'angle θ petit ($\xi_0 = -\theta x$). À l'équilibre, la contrainte basale s'écrit $\tau_0^f = \rho^f C U^2 = \rho^f g H \theta$. L'amplitude relative des effets d'inertie et de gravité permet de construire le nombre de Froude de l'écoulement

$$\mathcal{F} = \frac{U}{\sqrt{gH}}. \tag{9.66}$$

Calculons dans ce cadre la réponse d'un écoulement à un lit sinusoïdal de faible amplitude $\xi = \xi_0 + \hat{\xi} \exp ikx$, où $k = 2\pi/\lambda$. Après un calcul que nous laissons aux bons soins du lecteur, on obtient en linéarisant les équations (9.63, 9.64) la modulation de contrainte $\hat{\tau}^f = \tau_0^f (A + iB)k\hat{\xi}$ et de surface libre $\hat{h} = -(1/2)H(A + iB)k\hat{\xi}$, avec

$$A + iB = \frac{2\left(1 - \mathcal{F}^2\right) kH - i\,6C\mathcal{F}^2}{\left(3C\mathcal{F}^2\right)^2 + \left((1 - \mathcal{F}^2)kH\right)^2}. \tag{9.67}$$

Le confinement de l'écoulement par la surface libre est contrôlé par le nombre de Froude et le nombre d'onde adimensionné kH. La composante B de la contrainte en quadrature avec le fond est toujours négative dans le cadre des équations de Saint-Venant, ce qui correspond à l'approximation de grandes longueurs d'onde ($kH \ll 1$). Or nous avons vu à la section 9.2.2 qu'en l'absence de surface libre, c'est-à-dire pour $kH \gg 1$, cette composante était toujours positive. La présence de la surface libre peut donc conduire à un changement de signe de B. Le calcul complet d'un écoulement turbulent sur un fond sinusoïdal montre que le changement de signe intervient lorsque la couche interne (figure 9.8), responsable du déphasage entre contrainte et relief, devient d'une taille comparable à la hauteur d'eau H (Fourrière *et al.*, 2010).

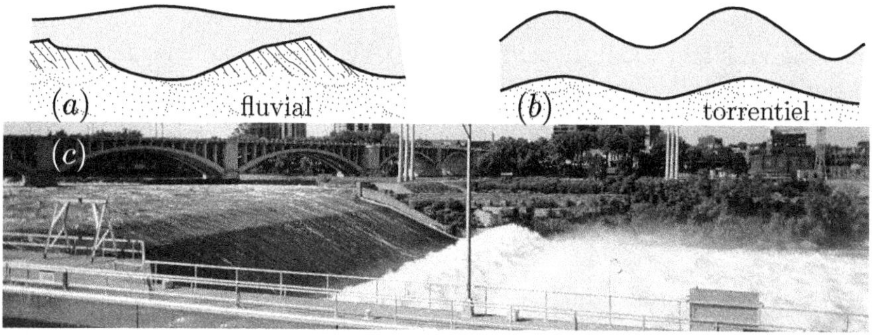

FIG. 9.36 – (*a*) Déformation de la surface libre en régime fluvial (dunes). (*b*) Déformation de la surface libre en régime torrentiel (anti-dunes). (*c*) Ressaut hydraulique au pied des Saint Anthony Falls (rivière Mississippi, USA).

L'équation (9.67) prédit également que la composante A de la contrainte en phase avec le fond change de signe à nombre de Froude égal à 1. Qui plus est, dans la limite où la dissipation turbulente est négligeable ($C \ll kH \ll 1$), A diverge comme $(1 - \mathcal{F})^{-1}$. Cette condition résonante $\mathcal{F} = 1$ délimite deux régimes. Le régime d'écoulement à forte épaisseur et faible vitesse ($\mathcal{F} < 1$) est appelé régime fluvial et est dominé par l'énergie potentielle de gravité. Dans ce régime, une bosse du fond correspond à un creux de la surface libre (figure 9.36*a*). Le régime d'écoulement à faible épaisseur et forte vitesse ($\mathcal{F} > 1$) est appelé régime torrentiel et est dominé par l'énergie cinétique. Dans ce régime, une bosse du fond correspond à une bosse de la surface libre (figure 9.36*b*). Le nombre de Froude s'interprète comme le rapport entre la vitesse de l'écoulement à la surface libre et la vitesse des ondes de surfaces de grandes longueurs d'ondes, $\sqrt{gH}$. Comme l'eau se déplace, la vitesse des ondes par rapport au fond est la somme de la vitesse des ondes par rapport à l'eau et de la vitesse de l'eau par rapport au fond. Dans le régime torrentiel, à $\mathcal{F} < 1$, les ondes sont assez lentes et ne peuvent donc pas remonter le courant. Les ondes sont emportées vers l'aval. On parle aussi de régime supercritique. À $\mathcal{F} > 1$, dans le régime sous-critique, les ondes peuvent descendre et remonter le courant. À $\mathcal{F} = 1$, la vitesse des ondes par rapport au fond s'annule de sorte que l'énergie s'accumule, exactement comme dans le mur du son. On a alors une résonance entre le fond et les ondes qui se traduit par un maximum d'amplitude de déformation de la surface libre. En rivière, il se produit un ressaut hydraulique, similaire à celui que l'on peut observer au fond d'un évier : le jet d'eau qui tombe du robinet se change après l'impact en une nappe d'eau circulaire, d'abord mince puis, après un ressaut brutal, plus épaisse ; près du centre, l'écoulement du liquide est supercritique et devient sous-critique au-delà du ressaut (figure 9.36*c*).

Le fait que le relief au fond de la rivière génère des ondes stationnaires en surface est valable non seulement pour les grandes longueurs d'onde λ mais aussi pour les plus petites. Pour étudier la réponse d'une surface libre dans le cas général, il faut sortir du cadre de Saint-Venant et considérer la relation de dispersion complète des ondes de surface (voir l'encadré 9.3 sur les vagues). La condition de résonance lorsque l'on néglige la friction au fond correspond à $U = c$, avec c donnée par (9.40), ce qui s'exprime en termes de Froude par

$$\mathcal{F} = \sqrt{\frac{\tanh(kH)}{kH}}, \quad \text{avec} \quad k = 2\pi/\lambda. \tag{9.68}$$

À chaque nombre de Froude ($\mathcal{F} < 1$) est donc associé une longueur d'onde résonante $\lambda_c(\mathcal{F})$. Pour $\lambda < \lambda_c$, le régime est super-critique ; pour $\lambda > \lambda_c$, il est sous-critique.

Dunes

Considérons à nouveau l'instabilité d'un lit plat que nous avons étudiée à la section 9.2.2, mais cette fois en présence d'une surface libre. On se place dans le régime fluvial. Un calcul complet[5] montre que l'allure de la relation de dispersion est donnée par la figure 9.37, que l'on peut comparer avec la relation de dispersion pour un milieu semi-infini (équation (9.20)) (courbe en pointillés). On constate tout d'abord que le mode le plus instable, qui correspond aux rides et qui est fixé par la longueur de saturation, n'est pas modifié par la présence de la surface libre (tant que $L_{\text{sat}} \ll H$). En revanche, comme nous l'avons vu, la présence de la surface libre entraîne une stabilisation des grandes longueurs d'onde ($kH \ll 1$), ce qui provient du changement de signe de B (voir 9.67). De plus, au voisinage de la condition de résonance $k = 1/\lambda_c \simeq 1/H\mathcal{F}^2$ (voir 9.68), B devient à nouveau négatif de sorte que l'instabilité est encore inhibée. On peut tirer deux conclusions de cette étude. D'une part, il n'y a pas de mécanisme déstabilisant associé à la présence de la surface libre. D'autre part, le mode associé aux rides a toujours un taux de croissance beaucoup plus grand que les modes de longueurs d'onde comparables à la hauteur d'eau. En conséquence, comme pour les méga-dunes éoliennes, les dunes des rivières sableuses, dont la taille est de l'épaisseur de l'eau, ne se forment pas par une instabilité primaire mais par mûrissement progressif à partir des rides, la profondeur d'eau finie H limitant la croissance des motifs.

La figure 9.38 montre des mesures de la longueur d'onde des structures du lit obtenues à temps long sur des rivières naturelles (*a*) et en laboratoire (*b*). Les mesures effectuées en rivière naturelle sont localisées à bas nombre de Froude $\mathcal{F}$ et apparaissent dispersées sur presque deux décades en kH. Les points en laboratoire, extrêmement dispersés, se situent dans une bande qui longe la courbe de résonance. Hormis le fait que les longueurs d'ondes de ces structures sont dans la zone instable prédite par l'analyse linéaire complète

5. Notons que les équations de Saint-Venant ne peuvent rendre compte de l'instabilité de la formation des rides, puisqu'elles ne décrivent pas la structure en couches de l'écoulement au-dessus d'un motif de petite longueur d'onde.

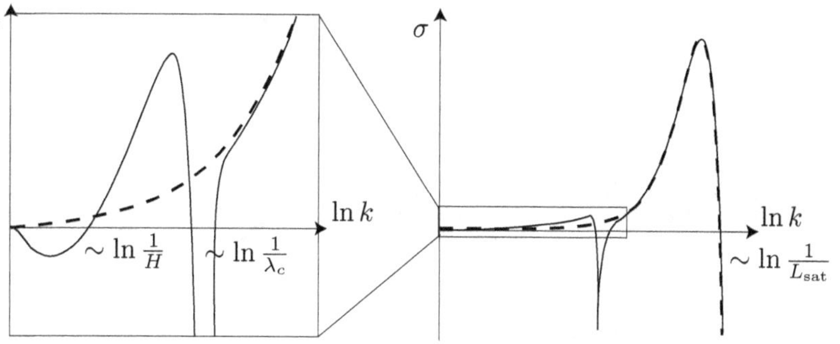

FIG. 9.37 – Allure de la relation de dispersion de l'instabilité linéaire d'un lit plat en présence de surface libre, obtenue à partir d'une relation de fermeture turbulente (dessin inspiré de Fourrière *et al.*, 2010).

(Fourrière *et al.*, 2010), la sélection non-linéaire de la longueur d'onde des dunes n'est pas expliquée à ce jour.

Anti-dunes

Comme nous venons de le voir, les structures transverses, à bas Froude, sont stabilisées par la présence de la surface libre. Il existe pourtant deux

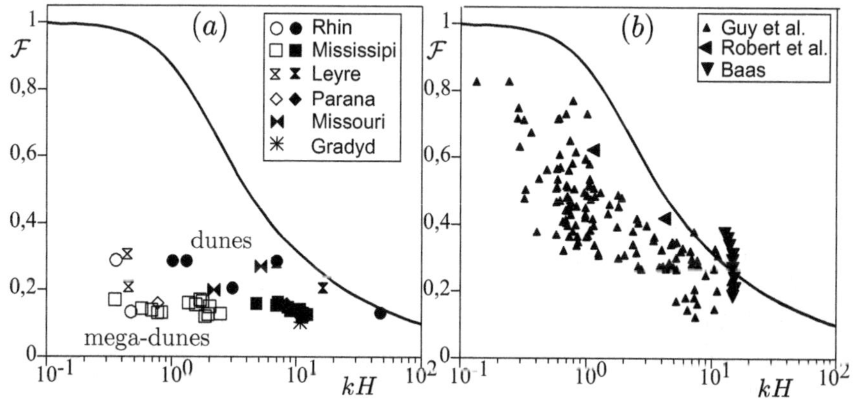

FIG. 9.38 – Nombre de Froude $\mathcal{F}$ en fonction du nombre d'onde adimensionné par la hauteur d'eau, kH, pour (a) les dunes (symboles noirs) et méga-dunes (symboles blancs) en rivières naturelles (Annambhotla *et al.*, 1972 ; Carling *et al.*, 2000, 2005 ; Fourrière *et al.*, 2010 ; Parsons *et al.*, 2005), (b) les expériences en canal hydraulique (Baas, 1994, 1999 ; Guy *et al.*, 1966). La courbe en trait plein montre les conditions résonantes pour les ondes de surfaces stationnaires qui séparent le régime supercritique (à droite) du régime sous-critique (à gauche).

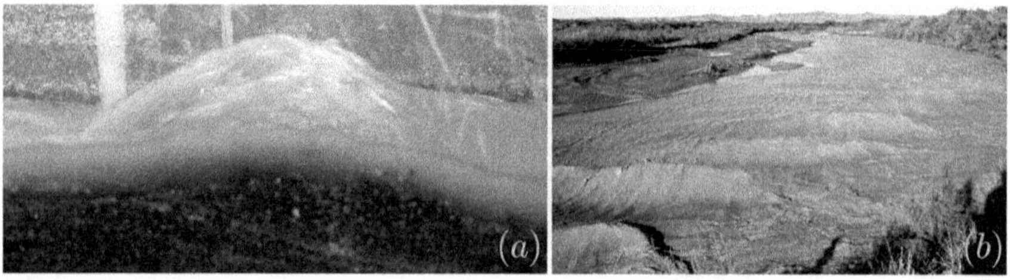

FIG. 9.39 – Photographies d'anti-dunes dans un canal hydraulique (a) et dans une rivière naturelle (b). Crédit : P. A. Carling.

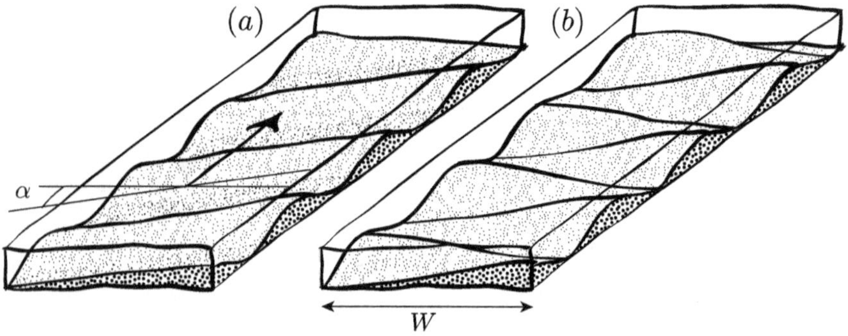

FIG. 9.40 – (a) Schéma de motifs périodiques faisant un angle α avec le courant. (b) Mode de barres alternées dans une rivière de largeur W, obtenu en superposant des ondes planes d'angle α et $-\alpha$.

types de motifs pour lesquels l'instabilité de fond est liée à la surface libre : les anti-dunes et les barres. En régime torrentiel ($\mathcal{F} > 1$), la présence de la surface libre a, cette fois, un effet déstabilisant associé au changement de signe de A. Cet effet ne vaut que dans la limite où la longueur de saturation est comparable ou plus grande que la hauteur d'eau. En pratique, ceci est réalisé pour les cours d'eau boueux, dans lesquels le transport s'effectue en suspension turbulente, et dans la limite purement érosive de rivières rocheuses. Il se forme alors des anti-dunes qui se propagent lentement vers l'amont du cours d'eau (Kennedy, 1969 ; Parker, 1975). Elles se caractérisent par de très grandes déformations de la surface libre (figure 9.39). Notons en conclusion que l'alternance entre cascades et piscines peut s'interpréter comme une phase non-linéaire de l'instabilité d'anti-dunes (Parker & Izumi, 2000). Il y a alors un passage par les conditions critiques à chaque marche, et donc une série périodique de ressauts hydrauliques.

Barres

En régime fluvial ($\mathcal{F} < 1$), il existe également un effet déstabilisant associé à la surface libre, mais pour des motifs inclinés par rapport à l'axe du courant – des barres – et pour des longueurs d'onde plus grandes encore que la plus longue des méga-dunes ($20H$). Comme pour les anti-dunes, l'hydrodynamique au-dessus des barres peut être décrite correctement par les équations de Saint-Venant. Dans la limite des faibles nombres de Froude, l'énergie potentielle de gravité domine de sorte que la surface libre reste plate. La composante de la vitesse selon la direction perpendiculaire aux lignes de crêtes est alors contrôlée par la modulation de l'épaisseur d'eau locale h : elle est maximale en haut des barres et minimale dans les creux (figure 9.40). La composante de la vitesse parallèle aux lignes de crêtes résulte, elle, de l'équilibre entre l'inertie et le frottement turbulent. C'est de l'action conjointe de ces deux effets sous-dominants que provient la phase de la contrainte par rapport aux barres, et donc l'effet déstabilisant. Il s'agit donc du même mécanisme que dans le cas des rides aquatiques, mais dans un régime hydrodynamique contrôlé par la surface libre. Dès lors, les barres ne peuvent apparaître par instabilité linéaire que si la longueur de saturation est comparable à la hauteur d'eau ou plus grande. Ceci se produit dans deux cas : lorsque la hauteur d'eau au-dessus d'un lit sableux est de l'ordre de la taille des grains (cas des chevrons sur la plage ; figure 9.22) et lorsque le transport est dominé par la suspension turbulente (cas des rivières boueuses).

Dans le cas d'un écoulement confiné latéralement, le nombre d'onde transverse est déterminé par la largeur W : on obtient alors des modes guidés par les bords par superposition de deux ondes planes (figure 9.40*b*). Le mode de nombre d'onde transverse le plus bas correspond à une largeur d'une demi-longueur d'onde : on parle alors de barres alternées. La figure 9.32*a* montre un tel mode dans une rivière rectifiée. L'instabilité peut également se développer vis-à-vis de modes de nombre d'onde transverse plus élevé. On a alors plusieurs longueurs d'onde dans la largeur du cours d'eau. Si ce n'est leur faible amplitude, ces solutions ressemblent alors à des rivières en tresses (figure 9.30).

Instabilité de méandrage

Une idée très répandue consiste à imaginer que les méandres sont dus aux écoulements secondaires de rotation autour de l'axe longitudinal présent dans les méandres. L'image est alors que les grains érodés sur la berge externe se déposent sur l'intérieur du même virage. En réalité, l'écoulement secondaire est beaucoup trop faible pour être le moteur de cette instabilité. Les grains érodés suivent essentiellement les lignes de courant et se déposent le cas échéant sur l'intérieur du virage suivant (figure 9.31). Une autre idée erronée consiste à penser que c'est la surpression associée à la pseudo-force centrifuge qui est directement responsable de l'érosion. En réalité, l'érosion provient de la contrainte de cisaillement. Une troisième piste, souvent évoquée, serait une origine des méandres comme réponse à l'hétérogénité des conditions de sol : les rivières iraient connecter les zones les plus facilement érodables. Cependant, le fait que les méandres bougent invalide cette hypothèse.

Bien que personne n'ait jusqu'à présent réussi à formaliser un calcul hydrodynamique montrant cela, la formation de méandres procède très probablement d'une instabilité linéaire. Dans les rivières naturelles, si l'on compare l'écoulement avec ou sans virage, la vitesse est plus grande le long de la berge externe et plus petite le long de la berge interne. Il apparaît donc une modulation de la contrainte le long de chaque ligne de courant, qui vient renforcer la perturbation. Il s'agit là, très précisément, de l'instabilité de barres que nous venons d'évoquer, hormis le fait qu'il faille prendre en compte le couplage entre le mouvement des berges et l'instabilité du fond. On peut observer sur la figure 9.40*b* que l'écoulement au-dessus de barres suit en effet un parcours méandriforme. Cette hypothèse est en partie confirmée par la présence de barres alternées dans certaines rivières à méandres (figure 9.31*a*). Notons en conclusion que le développement non-linéaire de l'instabilité nécessite une re-formation de berges, pour laquelle les plantes jouent un rôle important.

Bibliographie

Chapitre 1 – Introduction

Allen T. *Particle size measurement. Volume 1 : Powder sampling and particle size measurement.* Springer (1996).

Bagnold R. A. *The Physics of Blown Sand and Desert Dunes.* Chapman & Hall, London (1941).

Bates L. The need for industrial education in bulk technology. Bulk Solids Handl. 26 (2006) 464-473.

Berthier L. & Biroli G. Glasses and aging : A statistical mechanics perspective, *Encyclopedia of Complexity and Systems Science.* R. A. Meyer, Ed. Springer (2009).

Brown R. L. & Richards J. C. *Principles of powder mechanics.* Pergamon Press, Oxford (1970).

Coulomb C. A. Sur une application des règles de maximis et minimis à quelques problèmes de Statique, relatif à l'Architecture, dans *Théorie des Machine simples.* Édité par Bachelier libraire, Paris (1821).

Coussot P. & Ancey C. *Rhéophysique des pâtes et des suspensions.* EDP Sciences, Les Ulis (1999).

Duran J. *Sables, poudres et grains.* Eyrolles Sciences, Paris (1997).

Golvin J.-C. & Goyon J.-C. *Les bâtisseurs de Karnak.* Presses du CNRS (1987).

Guyon E. & Troadec J.-P. *Du sac de bille au tas de sable.* Odile Jacob, Sept (1994).

Jackson R. *The Dynamics of Fluidized particles.* Cambridge University Press, Cambridge (2000).

Jaeger H. M., Nagel S. R. & Behringer R. P. Granular solids, liquids and gases. Rev. Mod. Phys. 68 (1996) 1259-1273.

Larson R. G. *The Structure and Rheology of Complex Fluids.* Oxford University Press, Oxford (1999).

Liu A. J. & Nagel S. R. Jamming is not just cool any more. Nature 396 (1998) 21.

Nedderman R. M. *Statics and Kinematics of Granular Materials.* Cambridge University Press, Cambridge (1992).

Rao K. K. & Nott P. R. *An introduction to granular flow.* Cambridge University Press, Cambridge (2008).

Russel W. B., Saville D. A. & Schowalter W. R. *Colloidal Dispersion.* Cambridge University Press, Cambridge (1989).

Chapitre 2 – Interactions à l'échelle du grain

Achenbach E. Experiments on the flow past spheres at very high Reynolds number. J. Fluid Mech. 54 (1972) 565-575.

Achenbach E. Vortex shielding from spheres. J. Fluid Mech. 62 (1974) 209-221.

Baumberger T. Dynamique de glissement d'une interface multicontacts. Habilitation à diriger les recherches de l'Université Paris VII (1997).

Baumberger T. & Caroli C. Solid friction from stick-slip down to pinning and aging. Adv. Phys. 55 (2006) 279-348.

Baumberger T., Heslot F. & Perrin B. Crossover from creep to inertial motion in friction dynamics. Nature 367 (1994) 544-548.

Bernache-Assollant D. *Chimie-Physique du frittage.* Hermès, Paris (1993).

Bocquet L., Charlaix E. & Restagno F. Physics of humid granular media. C. R. Phys. 3 (2002) 207-215.

Bouvard D. *Métallurgie des poudres.* Lavoisier, Paris (2002).

Bowden F. P. & Tabor D. *The Friction and Lubrication of Solids I.* Clarendon Press, Oxford (1950).

Bradley R. S. The cohesive force between solid surfaces and the surface energy of solids. Phil. Mag. 13 (1932) 853-862.

Branly E. Variations de conductibilité sous diverses influences électriques. C. R. Acad. Sci. Paris 111 (1890) 785-787.

Brennen C. E., A review of added mass and fluid inertial forces, technical report, CR 82.010. Naval civil engineering laboratory (1982).

Brenner H. The slow motion of a sphere through a viscous fluid towards a plane surface. Chem. Eng. Sci. 16 (1961) 242-251.

Bureau L. Élasticité et rhéologie d'une interface macroscopique : du piégeage au frottement solide. Thèse de l'Université Paris VII (2002).

Cundall P. A. & Strack O. D. L. A discrete numerical model for granular assemblies. Géotechnique 29 (1979) 47-65.

De Gennes P.-G., Brochard-Wyart F. & Quéré D. *Gouttes, bulles, perles et ondes.* Belin, Paris (2002).

Derjaguin B. V., Muller V. M. & Toporov Y. P. Effect of contact deformations on the adhesion of particles. J. Colloid Interface Sci. 53 (1975) 314-326.

Dieterich J. & Kilgore B. Direct observation of frictional contacts : new insights for state-dependent properties. Pure Appl. Geophys. 143 (1994) 283-302.

Dubois F. & Jean M. Logiciel LMGC90 sous licence libre CECILL, `http://www.lmgc.univ-montp2.fr/ dubois/LMGC90/`.

Falcon E. Comportements dynamiques associés au contact de Hertz. Thèse de l'ENS Lyon (1997).

Falcon E., Castaing B. & Creyssels M. Nonlinear electrical conductivity in a 1D granular medium. Eur. Phys. J. B 38 (2004a) 475-483.

Falcon E., Castaing B. & Laroche C. "Turbulent" electrical transport in copper powders. Europhys. Lett. 65 (2004b) 186-192.

Gondret P., Hallouin E., Lance M. & Petit L. Experiments on the motion of a solid sphere toward a wall : From viscous dissipation to elastohydrodynamic bouncing. Phys. Fluids 11 (1999) 643-652.

Gondret P., Lance M. & Petit L. Bouncing motion of spherical particles in fluids. Phys. Fluids 14 (2002) 2803-2805.

Greenwood J. A. Adhesion of elastic sphere. Proc. R. Soc. Lond. A 453 (1997) 1277-1297.

Greenwood J. A. & Williamson J. B. P. Contact of nominally flat surface. Proc. R. Soc. Lond. A 295 (1966) 300-319.

Guazzelli E. & Morris J. *A physical introduction to suspension dynamics*, à paraître chez Cambridge University Press (2010).

Guyon E., Hulin J-P. & Petit L. *Hydrodynamique physique*, 2éme édition. EDP Sciences & CNRS Editions, collection Savoirs Actuels (2001).

Halsey T. C. & Levine A. J. How sandcastles fall. Phys. Rev. Lett. 80 (1998) 3141-3144.

Hamaker H. C. The London–van der Waals attraction between spherical particles. Physica 4 (1937) 1058-1072.

Hermann H. J. & Luding S. Modeling granular media on the computer. Continuum Mech. Thermodyn. 10 (1998) 189-231.

Hertz H. On the contact of elastic solids, in *Miscellaneous Papers*, Chap. 5, 146-183. Macmillan, London (1896).

Holm R. *Electric Contacts*, 4th edn. Springer Verlag, Berlin (2000).

Israelachvili J. N. *Intermolecular and Surface Forces*, 2nd edn. Academic Press, London (1992).

Jean M. The non-smooth contact dynamics method. Comput. Meth. Appl. Mech. Eng. 177 (1999) 235-257.

Johnson K. L. *Contact Mechanics.* Cambridge University Press, Cambridge (1985).

Johnson K. L. & Greenwood J. A. An adhesion map for the contact of elastic spheres. J. Colloid. Interface Sci. 192 (1997) 326-333.

Johnson K. L., Kendall K. & Roberts A. D. Surface energy and the contact of elastic solids. Proc. R. Soc. Lond. A 324 (1971) 301-313.

Kim S. & Karilla S. *Microhydrodynamics : Principles and Selected Applications.* Butterworth Series of Chemical Engineering, Butterworths, London (1991).

Landau L. & Lifchitz E. *Théorie de l'élasticité.* Mir, Moscou (1990).

Lecoq N., Anthore R., Cichocki B., Szymczak P. & Feuillebois F. Drag force on a sphere moving towards a corrugated wall. J. Fluid Mech. 513 (2004) 247-264.

Lifchitz E. M. Sov. Phys. JETP 2 (1956) 73-83 (traduction anglaise).

Matas J. P., Morris J. F. & Guazzelli E. Lateral forces on a sphere. Oil Gas Sci. Technol. 59 (2004) 59-70.

Mordant N. & Pinton J.-F. Velocity measurement of a settling sphere. Eur. Phys. J. B 18 (2000) 343-352 .

Moreau J.-J. & Jean M. Uniterality and dry friction in the dynamics of rigid body collections, in Proceedings of Contact Mechanics International Symposium. Curnier A., Ed. (1992) 31-48.

Nataf H.-C. & Sommeria J. *La physique et la Terre.* Belin & CNRS Éditions, Paris (2000).

Orr F. M., Scriven L. E. & Rivas A. P. Pendular rings between solids : meniscus properties and capillary force. J. Fluid Mech. 67 (1975) 723-742.

Persson B. N. J. *Sliding Friction : Physical Principles and Applications (Nanoscience and Technology).* Springer, Berlin (2000).

Radjai F. & Dubois F. Modélisation numérique discrète des matériaux granulaires. Ouvrage collectif en cours d'édition. Hermès-Lavoisier (2010).

Radjai F. & Richefeu V. Contact dynamics as a nonsmooth discrete element method. Mech. Mater. 41 (2009) 715-728.

Rao K. K. & Nott P. R. *An introduction to granular flow.* Cambridge University Press, Cambridge (2008).

Restagno F., Crassou J., Cottin-Bizonne C. & Charlaix E. Adhesion beetwen weak rough beads. Phys. Rev. E 65 (2002) 042301.

Roux J.-N. & Chevoir F. Discrete numerical simulation and the mechanical behavior of granular materials. Bulletin des laboratoires des Ponts et chaussées 254 (2005) 109-138.

Rubinows I. & Keller J. B. The transverse force on a spinning sphere moving in a viscous fluid. J. Fluid Mech. 11 (1961) 447-459.

Saffman P. G. The lift on a small sphere in a slow shear flow. J. Fluid Mech. 22 (1965) 385-400.

Staron L. Études numériques des mécanismes de déstabilisation des pentes granulaires. Thèse de l'Institut de Physique du Globe de Paris (2002).

Tabor D. Surface forces and surface interactions. J. Colloid Interface Sci. 58 (1977) 2-13.

Werlé H. Transition et décollement : visualisations au tunnel hydrodynamique de l'ONERA. Rech. Aérosp. 5 (1980) 35-40.

Yao H., Ciavarella M. & Gao H. Adhesion maps of spheres corrected for strength limit. J. Colloid Interface Sci. 315 (2007) 786-790.

Chapitre 3 – Le solide granulaire : statique et élasticité

Agnolin I. & Roux J.-N. Internal states of model isotropic granular packings. iii. Elastic properties. Phys. Rev. E 76 (2007) 061304.

Agnolin I. & Roux J.-N. On the elastic moduli of three-dimensional assemblies of spheres : Characterization and modeling of fluctuations in the particle displacement and rotation. Int. J. Solid. Struct. 45 (2008) 1101-1123.

Andreotti B. The song of dunes as a wave-particle mode locking. Phys. Rev. Lett. 93 (2004) 238001.

Andreotti B. & Bonneau L. The booming dune instability. Phys. Rev. Lett. (2009).

Atman A. P. F., Brunet P., Geng J., Reydellet G., Claudin P., Behringer R. P. & Clément E. From the stress response function (back) to the sand pile "dip". Eur. Phys. J. E 17 (2005) 93-100.

Bernal J. D. The Bakerian Lecture, 1962. The Structure of Liquids. Proc. R. Soc. Lond. A, Vol. 280, 1382 (1964) 299-322.

Bertho Y., Giorgiutti-Dauphiné F. & Hulin J.-P. Intermittent dry granular flow in a vertical pipe. Phys. Fluids 15 (2003) 3358-3369.

Beverloo W. A., Leniger H. A. & van de Velde J. The flow of granular solids through orifices. Chem. Eng. Sci. 15 (1961) 260-269.

Bonneau L., Andreotti B. & Clement E. Surface elastic waves in granular media under gravity and their relation to booming avalanches. Phys. Rev. E 75 (2007) 016602.

Bonneau L., Andreotti B. & Clement E. Evidence of Rayleigh-Hertz surface waves and shear stiffness anomaly in granular media. Phys. Rev. Lett. 101 (2008) 118001.

Bonneau L., Catelin-Jullien T. & Andreotti B. Friction induced amplification of acoustic waves in a low Mach number granular flow. Phys. Rev. Lett. (2009).

Boussinesq M. J. Essai théorique sur l'équilibre d'élasticité des massifs pulvérulents et sur la poussée des terres sans cohésion. Comptes rendus hebdomadaires des séances de l'Académie des Sciences, LXXVII (1873) 1521-1525.

Boutreux T. & de Gennes P.-G. Compaction of granular mixtures : a free volume model. Physica A 244 (1997) 59-67.

Bräuer K., Pfitzner M., Krimer D. O., Mayer M., Jiang Y. & Liu M. Granular elasticity : Stress distributions in silos and under point loads. Phys. Rev. E 74 (2006) 061311.

Brunet T., Jia X. & Mills P. Mechanisms for acoustic absorption in dry and weakly wet granular media. Phys. Rev. Lett. 101 (2008) 138001.

Caroli C. & Velicki B. Anomalous acoustic reflection on a sliding interface or a shear band. Phys. Rev. E 67 (2003) 061301.

Caglioti E., Loreto V., Hermann H. J. & Nicodemi M. A "Tetris-like" model for the compaction of dry granular media. Phys. Rev. Lett. 79 (1997) 1575-1578.

Cate M. E., Wittmer J. P., Bouchaud J. P. & Claudin P. Jamming and static stress transmission in granular materials. Chaos 9 (1999) 511-522.

Cipra B. packing challenge mastered at last. Science 281 (1998) 1267.

Claudin P. Static properties of granular materials, in *Granular physics*, Mehta A., Ed. Cambridge University Press, Cambridge (2007).

Coppersmith S. N., Liu C. H., Majumdar S., Narayan O. & Witten T. A. Model for force fluctuations in bead packs. Phys. Rev. E 53 (1996) 4673-4685.

Cumberland D. J. & Crawford R. J. *Packing of Particles.* Handbook of Powder Technology, Vol. 6. Elsevier, Amsterdam (1987).

Dantu P. Étude statistique des forces intergranulaires dans un milieu pulvérulent. Géotechnique 18 (1968) 50-55.

Denny P. J. Compaction equations : a comparison of the Heckel and Kawakita equations. Powder Technology 127 (2002) 162-172.

Douady S., Manning A., Hersen P., Elbelrhiti H., Protière S., Daerr A. & Kabbachi B. Song of the dunes as a self-synchronized instrument. Phys. Rev. Lett. 97 (2006) 018002.

Duffy J. & Mindlin R. D. Stress-strain relations and vibrations of a granular medium. J. Appl. Mech. 24 (1957) 585-593.

Dyakowski T., Jeanmeure L. F. C. & Jaworski A. J. Applications of electrical tomography for gas-solids and liquid-solids flows-a review. Powder Technol. 112 (2000) 174-192.

Furukawa A. & Tanaka H. Violation of the incompressibility of liquid by simple shear flow. Nature 443 (2006) 434-438.

Gilles B. & Coste C. Low-frequency behavior of beads constrained on a lattice. Phys. Rev. Lett. 90 (2003) 174302.

Glasser B. J. & Goldhirsch I. Scale dependence, correlations, and fluctuations of stresses in rapid granular flows. Phys. Fluids 13 (2001) 407-420.

Goddard J. D. Nonlinear elasticity and pressure-dependent wave speeds in granular media. Proc. R. Soc. 430 (1990) 105-131.

Goldhirsch I. & Goldenberg C. On the microscopic foundations of elasticity. Eur. Phys. J. E 9 (2002) 245-251.

Goldenberg C. & Goldhirsch I. Force chains, microelasticity, and macroelasticity. Phys. Rev. Lett. 83 (2002) 084302.

Goldenberg C., Atman A. P. F., Claudin P., Combe G. & Goldhirsch I. Scale separation in granular packings : stress plateau and fluctuations. Phys. Rev. Lett. 96 (2006) 168001.

Goldenberg C., Tanguy A. & Barrat J.-L. Particle displacements in the elastic deformation of amorphous materials : Local fluctuations vs. non-affine field. Europhys. Lett. 80 (2007) 16003.

Gusev V. E., Aleshin V. & Tournat V. Acoustic waves in an elastic channel near the free surface of granular media. Phys. Rev. Lett. 96 (2006) 214301.

Guyon E., Hulin J. P. & Petit L. *Hydrodynamique physique*, 2ème édition. EDP Sciences & CNRS Editions, collection Savoirs Actuels (2001).

Haff P. K. Booming dunes. American Scientist, 74 (1986) 376-381.

Hales T. C. A proof of the Kepler conjecture. Ann. Math. 162 (2005) 1065-1185.

Hu H., Strybulevych A., Page J. H., Skipetrov S. E. & van Tiggelen B. A. Localization of ultrasound in a three-dimensional elastic network. Nature Phys. 4 (2008) 945-948.

Jerkins M., Schroter M., Swinney H. L., Senden T. J., Saadatfar M. & Aste T. Onset of mechanical stability in random packings of frictional spheres. Phys. Rev. Lett. 101 (2008) 018301.

Jia X., Caroli C. & Velicky B. Ultrasound propagation in externally stressed granular media. Phys. Rev. Lett. 82 (1999) 1863-1866.

Jiang Y. & Liu M. Granular elasticity without the coulomb condition. Phys. Rev. Lett. 91 (2003) 144301.

Jiang Y. & Liu M. Energetic instability unjams sand and suspension. Phys. Rev. Lett. 93 (2004) 148001.

Job S., Melo F., Sokolow A. & Sen S. How Hertzian solitary waves interact with boundaries in a 1D granular medium. Phys. Rev. Lett. 94 (2005) 178002.

Johnson D. L. & Norris A. N. Nonlinear elasticity of granular media. J. Appl. Mech. 64 (1997) 39-49.

Klevan I., Nordström J., Bauer-Brandl A. & Alderborn G. On the physical interpretation of the initial bending of a Shapiro–Konopicky–Heckel compression profile. Eur. J. Pharm. Biopharm. 71 (2009) 395-401.

Knight J. B., Fandrich C. G., Lau C. N., Jaeger H. M. & Nagel S. R. Density relaxation in a vibrated granular material. Phys. Rev. E 51 (1995) 3957-3963.

Landau L. & Lifchitz E. *Théorie de l'élasticité.* Mir, Moscou (1990).

Liu A. J. & Nagel S. R. (Eds.). *Jamming and Rheology : Constrained Dynamics on Microscopic and Macroscopic Scales.* Taylor and Francis, London (2001).

Liu C.-H., Nagel S. R., Schecter D. A., Coppersmith S. N., Majumdar S., Narayan O. & Witten T. A. Force fluctuations in bead packs. Science 269 (1995) 513-515.

Lovoll G., Maloy K. J. & Flekkoy E. G. Force measurements on static granular materials. Phys. Rev. E 60 (1999) 5872-5878.

Luding S. From DEM simulations towards a continuum theory of granular matter. Powder and Grains (2001) 141-148.

Magnanimo V., La Ragione L., Jenkins J. T., Wang P. & Makse H. A. Characterizing the shear and bulk moduli of an idealized granular material. Europhys. Lett. 81 (2008) 34006.

Majmudar T. S. & Behringer R. P. Contact force measurements and stress-induced anisotropy in granular materials. Nature 435 (2005) 1079-1082.

Majmudar T. S., Sperl M., Luding S. & Behringer R. P. Jamming transition in granular systems. Phys. Rev. Lett. 98 (2007) 058001.

Makse H. A., Gland N., Johnson D. L. & Schwartz L. Granular packings : Nonlinear elasticity, sound propagation, and collective relaxation dynamics. Phys. Rev. E 70 (2004) 061302.

Mankoc C., Janda A., Arévalo R., Pastor J. M., Zuriguel I. & Garcimartin A. The flow rate of granular materials through an orifice. Granular Matter 9 (2007) 407-414.

Mohan L. S., Nott P. R. & Rao K. K. A frictional Cosserrat model for the flow of granular materials through a vertical channel. Acta Mechanica 138 (1999) 75-96.

Moukarzel C. F. Isostatic phase transition and instability in stiff granular materials. Phys. Rev. Lett. 81 (1998) 1634-1637.

Mueth D. M., Jaeger H. M. & Nagel S. R. Force distribution in a granular medium. Phys. Rev. E 57 (1999) 3164-3169.

Mueggenburg N. W., Jaeger H. M. & Nagel S. R. Stress transmission through three-dimensional ordered granular arrays. Phys. Rev. E 66 (2002) 031304.

Muite B. K., Quinn S. F., Sundaresan S. & Rao K. K. Silo music and silo quake : granular flow induced vibration. Powder Technol. 145 (2004) 190-202.

Nicolas M., Duru P. & Pouliquen O. compaction of a granular material under cyclic shear. Eur. Phys. J. E 3 (2000) 309-314.

Nosonovsky M. & Adams G. G. Interaction of elastic dilatational and shear waves with a frictional sliding interface. Journal of Vibration and Acoustics 124 (2002) 33-39.

O'Hern C. S., Silbert L. E., Liu A. J. & Nagel S. R. Jamming at zero temperature and zero applied stress : The epitome of disorder. Phys. Rev. E 68 (2003) 011306.

Onoda G. Y. & Liniger E. G. Random loose packings of uniform spheres and the dilatancy onset. Phys. Rev. Lett. 64 (1990) 2727.

Ovarlez G. & Clément E. Elastic medium confined in a column versus the Janssen experiment. Eur. Phys. J. E 16 (2005) 421-438.

Ovarlez G., Fond C. & Clément E. Overshoot effect in the Janssen granular column : A crucial test for granular mechanics. Phys. Rev. E 67 (2003) 060302.

Peyneau P. E. & Roux J.-N. Frictionless bead packs have macroscopic friction, but no dilatancy. Phys. Rev. E 78 (2008) 011307.

Philippe P. & Bideau D. Compaction dynamics of a granular medium under vertical tapping. Europhys. Lett. 60 (2002) 677-683.

Pouliquen O., Nicolas M. & Weidman P. D. Crystallization of non-Brownian spheres under horizontal shaking. Phys. Rev. Lett. 19 (1997) 3640-3643.

Radjai F., Wolf D. E., Jean M. & Moreau J. J. Bimodal character of stress transmission in granular packings. Phys. Rev. Lett. 80 (1998) 61-64.

Radjai F., Roux S. & Moreau J. J. Contact forces in a granular packing. Chaos 9 (1999) 544-550.

Radjai F., Troadec H. & Roux S. Micro-statistical features of cohesionless granular media. Italian Geotechnical Journal 3 (2003) 39.

Raynaud J. S., Moucheront P., Baudez J. C., Betrand F., Guilbaud J. P. & Coussot P. Direct determination by nuclear magnetic resonance of the thixotropic and yielding behavior of suspension. J. Rheol. 46 (2002) 709-732.

Reydellet G. Mesure expérimentale de la fonction réponse d'un matériau granulaire. Thèse de l'Université Paris 6 (2002).

Reydellet G. & Clément E. Green's function probe of a static granular piling. Phys. Rev. Lett. 86 (2001) 3308-3311.

Richard P., Philippe P., Barbe F., Bourlés S., Thibault X. & Bideau D. Analysis by X-ray microtomography of a granular packing undergoing compaction. Phys. Rev. E 68 (2003) 020301.

Richard P., Nicodemi M., Delannay R., Ribière P. & Bideau D. Slow relaxation and compaction of granular systems. Nature Materials 4 (2005) 121-128.

Roux J.-N. Geometric origin of mechanical properties of granular materials. Phys. Rev. E 61 (2000) 6802-6836.

Shundyak K., van Hecke M. & van Saarloos W. Force mobilization and generalized isostaticity in jammed packings of frictional grains. Phys. Rev. E 75 (2007) 010301.

Sloane N. J. A. The packing of spheres. Sci. Am. 250 (1984) 116-125.

Scott G. D. Packing of spheres : Packing of equal spheres. Nature 188 (1960) 908-909.

Scott G. D. & Kilgour D. M. The density of random close packing of spheres. Brit. J. Appl. Phys. Ser. 2, 2 (1969) 863-866.

Smid J. & Novosad J. Pressure distribution under heaped bulk solids, in Proc. Powtech. Conference. Int. Chem. Eng. Symp. 63 (1981) 1-12.

Somfai E., Roux J.-N., Snoeijer J. H., van Hecke M. & van Saarloos W. Elastic wave propagation in confined granular systems. Phys. Rev. E 72 (2005) 021301.

Sperl M. Experiments on corn pressure in silo cells – translation and comment of Janssen's paper from 1895. Granular Matter 8 (2006) 59-65.

Talbot J., Tarjus G. & Viot P. Adsorption-desoprtion model and its application to vibrated granular materials. Phys. Rev. E 61 (2000) 5429-5438.

Tighe B. P. & Sperl M. Pressure and motion of dry sand : translation of Hagen's paper from 1852. Granular Matter 9 (2007) 141-144.

Van Eerd A. R. T., Ellenbroek W. G., van Hecke M., Snoeijer J. H. & Vlugt T. J. H. Tail of the contact force distribution in static granular materials. Phys. Rev. E 75 (2007) 060302.

Voivret C., Radjai F., Delenne J.-Y. & El Youssoufi M. S. Space-filling properties of polydisperse granular media. Phys. Rev. E 76 (2007) 021301.

Vriend N. M., Hunt M. L., Clayton R. W., Brennen C. E., Brantley K. S. & Ruiz-Angulo A. Solving the mystery of booming sand dunes. Geophys. Res. Lett. 34 (2007) L16306.

Walton K. The effective elastic moduli of a random packing of spheres. Journal of the Mechanics and Physics of Solids 35 (1987) 213-226.

Wyart M. On the rigidity of amorphous solids. Ann. Phys. Fr. 30 (2005) 1-96.

Wyart M., Nagel S. R. & Witten T. A. Geometric origin of excess low-frequency vibrational modes in weakly connected amorphous solids. Europhys. Lett. 72 (2005) 486-492.

Wyart M., Silbert L. E., Nagel S. R. & Witten T. A.. Effects of compression on the vibrational modes of marginally jammed solids. Phys. Rev. E 72 (2005) 051306.

Xu N., Wyart M., Liu A. J. & Nagel S. R. Excess vibrational modes and the boson peak in model glasses. Phys. Rev. Lett. 98 (2007) 175502.

Chapitre 4 – Le solide granulaire : plasticité

Bardet J. P. & Proubet J. A numerical investigation of the structure of persistent shear bands in granular media. Géotechnique 41 (1991) 599-613.

Bocquet L., Charlaix E. & Restagno F. Physics of humid granular media. C. R. Physique 3 (2002) 207-215.

Brown R. L. & Richards J. C. *Principles of powder mechanics.* Pergamon Press, Oxford (1970).

Ciarlet P. C. & Lions J. L. *Handbook of Numerical Analysis : Finite Element Methods (Part 1), Numerical Methods for Solids (Part 2).* North Holland (1995).

da Cruz F., Emam S., Prochnow M., Roux J.-N. & Chevoir F. Rheophysics of dense granular materials : Discrete simulation of plane shear flows. Phys. Rev. E 72 (2005) 021309.

Darve F. The expression of rheological laws in incremental form and the main classes of constitutive equations. in *Geomaterials : Constitutive Equations and Modelling*, Darve E., Ed. Elsevier, Amsterdam (1990) pp. 123-148.

Desrues J. Localisation de la déformation plastique dans les matériaux granulaires. Thèse d'état, Université de Grenoble (1984).

Depken M., Lechman J. B., van Hecke M., van Saarloos W. & Grest G. S. Stresses in smooth flows of dense granular media. Europhys. Lett. 78 (2007) 58001.

Fraysse N., Thomé H. & Petit L. Humidity effects on the stability of a sandpile. Eur. Phys. J. B 11 (1999) 615-619.

Hill R. The mathematical theory of plasticity. Oxford University Press, Oxford (1950).

Kabla A. & Debrégeas G. Local stress relaxation and shear banding in a dry foam under shear. Phys. Rev. Lett. 90 (2003) 258303.

Lade, P. V. Elasto-plastic stress-strain theory for cohesionless soil with curved yield surfaces. Int J. Solids Struct. 13 (1977) 1019-1035.

Maloney C. E. & Lemaître A. Amorphous systems in athermal, quasistatic shear. Phys. Rev. E 74 (2006) 016118.

Modaressi A., Boufellouh S. & Evesque P. Modeling of stress distribution in granular piles : comparison with centrifuge experiments. Chaos 9 (1999) 523-543.

Mohan L. S., Rao K. K. & Nott P. R. A frictional Cosserat model for the slow shearing of granular materials. J. Fluid Mech. 457 (2002) 377-409.

Mohkam M. Contribution à l'étude expérimentale et théorique du comportement des sables sous chargements cycliques. PhD Thesis, Université Scientifique et Médicale et Institut Polytechnique de Grenoble, 1983.

Mühlhaus H. B. & Vardoulakis I. The thickness of shear bands in granular materials. Géotechnique 37 (1987) 271-283.

Nowak S., Samadani A. & Kudrolli A. Maximum angle of stability of a wet granular pile. Nature Phys. 1 (2005) 50-52.

O'Reilly M. P. & Brown S. F. Cycling loading of soils : from theory to design. Blackie and Son Ltd., London (1991).

Pailha M. & Pouliquen O. A two-phase flow description of the initiation of underwater granular avalanches. J. Fluid Mech. 633 (2009) 115-135

Peyneau P. E. & Roux J. N. Frictionless bead packs have macroscopic friction, but no dilatancy. Phys. Rev. E 78 (2008) 011307.

Radjai F. & Roux S. Turbulent-like fluctuations in quasistatic flow of granular media. Phys. Rev. lett. 89 (2002) 064302.

Radjai F. & Roux S. Contact dynamics study of 2D granular media : Critical states and relevant internal variables, in *The Physics of granular media*, Hinrichsen H. & Wolf D. E., Eds. Wiley, Berlin (2004).

Restagno F., Ursini C., Gayvallet H. & Charlaix E. Aging in humid granular media. Phys. Rev. E 66 (2002) 021304.

Rice J. R. The localization of plastic deformation, in Proc 14th IUTAM Congr., W. T. Koiter, Ed. (1976) pp. 207-220.

Richefeu V., El Youssoufi M. S. & Radjaï F. Shear strength properties of wet granular materials. Phys. Rev. E 73 (2006) 051304.

Roux S. & Radjai F. Texture-dependent rigid plastic behavior, Summer school Physics of Dry Granular Media, September 1997, Cargèse, France, in Proceedings : Physics of Dry Granular Media, H. J. Herrmann et al. Eds., Kluwer, Dordrecht (1998) pp. 305-311.

Reynolds O. On the dilatancy of media composed of rigid particles in contact. Phil. Mag. Ser. 5, 20 (1885) 469-481.

Rudnicki J. W. & Rice J. R. Conditions for the localization of deformation in pressure sensitive dilatant materials. Journal of the Mechanics and Physics of Solids 23 (1975) 371-394.

Savage S. B. & Hutter K. The motion of a finite mass of granular material down a rough incline. J. Fluid Mech. 199 (1989) 177-215.

Schaeffer D. G. Instability in the evolution equations describing incompressible granular flow. J. Differential Equations 66 (1987) 19-50.

Schaeffer D. G. Instability and ill-posedness in the deformation of granular materials. Int. J. Numer. Anal. Meth. Geomech. 14 (1990) 253-278.

Schofield A. & Wroth P. Critical state soil mechanics. McGraw-Hill, London (1968).

Tamagnini C., Calvetti F. & Viggiani G. An assessment of plasticity theories for modeling the incrementally nonlinear behavior of granular soils. J. Eng. Math. 52 (2005) 265-291.

Taylor D. W. Fundamentals of soil mechanics. John Willey, New York (1948).

Viggiani G., Lenoir N., Bésuelle P., Di M., Desrues J. & Kretzschmer M. X-ray micro tomography for studying localized deformation in fine-grained geomaterials under triaxial compression. Comptes Rendus Mécanique, Académie des Sciences 332 (2004) 819-826

Wood D. M. Soil behaviour and critical state soil mechanics. Cambridge University Press, Cambridge (1990).

Wroth C. P. Soil behaviour during shear – Existence of critical voids ratios. Engineering 186 (1958) 409-413.

Chapitre 5 – Gaz granulaires

Alam M. & Nott P. R. Stability of plane Couette flow of a granular material. J. Fluid. Mech. 377 (1998) 99-136.

Aranson I. S. & Tsimring L. S. Patterns and collective behavior in granular media : Theoretical concepts. Rev. Mod. Phys. 78 (2006) 641-692.

Aumaître S., Fauve S., McNamara S. & Poggi P. Power injected in dissipative systems and the fluctuation theorem. Eur. Phys. J. B 19 (2001) 449-460.

Azanza E. *Écoulements granulaires bidimensionnels sur un plan incliné (thèse de l'Ecole Nationale des Ponts et Chaussées)*, volume SI5. Collection Études et Recherches des Laboratoires des Ponts et Chaussées, Paris (1998).

Azanza E., Chevoir F. & Moucheron P. Experimental study of collisional granular flows down an inclined plane. J. Fluid. Mech. 400 (1999) 199-227.

Bagnold R. A. Experiments on a gravity-free dispersion of large solid spheres in a newtonian fluid under shear. Proc. R. Soc. Lond. A 225 (1954) 49-63.

Bernu B. & Mazighi R. One dimensional bounce of inelastically colliding marbles on a wall. J. Phys. A : Math. Gen. 23 (1990) 5745-5754.

Bocquet L., Losert W., Schalk D., Lubensky T. C. & Gollub J. P. Granular shear flow dynamics and forces : experiments and continuum theory. Phys. Rev. E 65 (2001) 011307.

Brey J. J., Ruiz-Monterro M. J. & Cubero D. Origin of density clustering in freely evolving granular gas. Phys. Rev. E 60 (1999) 3150-3157.

Brey J. J., Moreno F., Garcìa-Rojo R. & Ruiz-Montero M. J. Hydrodynamic Maxwell demon in granular systems. Phys. Rev. E 65 (2001) 011305.

Brilliantov N. V. & Pöschel T. *Kinetic theory of granular gases.* Oxford University Press, Oxford (2004).

Campbell C. S. Rapid granular flows. Ann. Rev. Fluid Mech. 22 (1990) 57-92.

Chapman S. & Cowling T. G. *The mathematical theory of non-uniform gases.* Cambridge University Press, Cambridge (1970).

Chevoir F. Écoulements granulaires. Laboratoire Central des Ponts et Chaussées, Paris (2008).

Clément E., Luding S., Blumen A., Rajchenbach J. & Duran J. Fluidization, condensation and clusterization of a vibrating column of beads. Int. J. Mod. Phys. 7 (1993) 1807-1827.

da Cruz F., Emam S., Prochnow M., Roux J-N. & Chevoir F. Rheophysics of dense granular materials : discrete simulation of plane shear flows. Phys. Rev. E 72 (2005) 021309.

Douady S., Fauve S. & Laroche C. Subharmonic instabilities and defects in a granular layer under vertical vibrations. Europhys. Lett. 8 (1989) 621-627.

Dufty J. W. Hydrodynamics and Kinetic theory for rapid flow granular matter – A perspective, in *Recent Research Developments in Statistical Mechanics*, 2 Pandalai S. G., Ed. Transworld Research Network, Trivandrum, Inde (2002).

Eggers J. Sand as Maxwell's demon. Phys. Rev. Lett. 83 (1999) 5522-5525.

Essipov S. E. & Pöschel T. The granular phase diagram. J. Stat. Phys. 86 (1997) 1385-1395.

Evesque P. & Rajchenbach J. Instability in a sand heap. Phys. Rev. Lett. 62 (1989) 44-46.

Falcon E., Laroche C., Fauve S. & Coste C. Behavior of one inelastic ball bouncing repeatedly off the ground. Eur. Phys. J. B 3 (1998) 45-57.

Falcon E. Fauve S. & Laroche C. Cluster formation, pressure and density measurements in a granular medium fluidized by vibrations. Eur. Phys. J. B 9 (1999) 183-186.

Faraday M. On a peculiar class of acoustical figures ; and on certain forms assumed by groups of particles upon vibrating elastic surfaces. Phil. Trans. R. Soc. Lond. 121 (1831) 299-340.

Forterre Y. & Pouliquen O. Longitudinal vortices in granular flows. Phys. Rev. Lett. 86 (2001) 5886-5889.

Forterre Y. & Pouliquen O. Stability analysis of rapid granular chute flows : formation of longitudinal vortices. J. Fluid. Mech. 467 (2002) 361-387.

Garzó V. & Dufty J. W. Dense fluid transport for inelastic hard spheres. Phys. Rev. E 59 (1999) 5895-5911.

Goldhirsch I. Scales and kinetics of granular flows. Chaos 9 (1999) 659-672.

Goldhirsch I. Rapid granular flows. Ann. Rev. Fluid Mech. 35 (2003) 267-293.

Goldhirsch I. & Zanetti G. Clustering instability in dissipative gases. Phys. Rev. Lett. 70 (1993) 1619-1622.

Goldreich P. & Tremaine S. The velocity dispersion in Saturn's rings. Icarus 34 (1978) 227-239.

Haff P. K. Grain flow as a fluid mechanical phenomenon. J. Fluid Mech. 134 (1983) 401-430.

Hopkins M. A. & Louge M. Y. Inelastic microstructure in rapid granular flows of smooth disks. Phys. Fluids A 3 (1991) 47-57.

Hui K., Haff P. K., Ungar J. E. & Jackson R. Boundary conditions for high-shear grain flows. J. Fluid Mech. 145 (1984) 223-233.

Huang K. *Statistical Mechanics.* 2nd edn. John Wiley and Sons. New-Jersey (1987).

Isert N., Maaß C. C. & Aegerter C. M. Influence of gravity on a granular Maxwell's demon experiment. Eur. Phys. J. E 28 (2009) 205-210.

Jenkins J. T. Dense shearing flows of inelastic disks. Phys. Fluids 18 (2006) 103307.

Jenkins J. T. & Mancini F. Kinetic theory for binary mixtures of smooth, nearly elastic spheres. Phys. Fluids A 1 (1989) 2050-2057.

Jenkins J. T. & Richman M. W. Grad's 13-moment system for a dense gas of inelastic spheres. Arch. Rational. Mech. Anal. 87 (1985) 355-377.

Jenkins J. T. & Richman M. W. Boundary conditions for plane flows of smooth, nearly elastic, circular disks. J. Fluid Mech. 171 (1986) 53-69.

Jenkins J. T. & Savage S. B. A theory for the rapid flow of identical smooth nearly elastic spherical particles. J. Fluid Mech. 130 (1983) 187-202.

Johnson P. C. & Jackson R. Frictionnal-collisionnal constitutive relations for granular materials, with application to plane shearing. J. Fluid Mech. 176 (1987) 67-93.

Kumaran V. The constitutive relation for the granular flow of rough particles, and its application to the flow down an inclined plane. J. Fluid. Mech. 561 (2006) 1-42.

Lois G., Lemaitre A. & Carlson J. M. Emergence of multi-contact interactions in contact dynamics simulations of granular shear flows. Europhys. Lett. 76 (2006) 318–324.

Losert W., Cooper D. G. W., Dulour J., Kudrolli A. & Gollub J. P. Velocity statistics in granular media. Chaos 9 (1999) 682-690.

Louge M. Y. Model for dense granular flows down bumpy inclines. Phys. Rev. E 67 (2003) 061303.

Lun C. K. K. & Bent A. A. Numerical simulation of inelastic spheres in simple shear flow. J. Fluid. Mech. 258 (1996) 335-353.

Lun C. K. K. & Savage S. B. The effects of an impact velocity dependent coeffcient of restitution on stresses developed by sheared granular materials. Acta Mechanica 63 (1986) 15-44.

Lun C. K. K., Savage S. B., Jeffrey D. J. & Chepurniy N. Kinetic theory for granular flow: inelastic particles in Couette flow and slightly inelastic particles in a general flowflield. J. Fluid Mech. 140 (1984) 223-256.

Matas J.-P., Uehara J. & Behringer R. P. Gas-driven subharmonic waves in a vibrated two-phase granular material. Eur. Phys. J. E 25 (2008) 431-438.

Maxwell J. C. On the stability of the motion of Saturn's rings (Cambridge, 1859), in *The scientific papers of J. C. Maxwell.* Vol. I, 288-376, Hermann (1927).

McNamara S. & Falcon E. Simulations of vibrated granular medium with impact-velocity-dependent restitution coefficient. Phys. Rev. E 71 (2005) 031302.

McNamara S. & Young W. R. Inelastic collapse and clumping on a one dimensional granular medium. Phys. Fluids A 4 (1991) 496-504.

McNamara S. & Young W. R. Dynamics of a freely evolving, two-dimensional granular medium. Phys. Rev. E 53 (1996) 5089-5100.

Melo F., Umbanhowar P. B. & Swinney H. Hexagons, kinks and disorder in oscillated granular layers. Phys. Rev. Lett. 75 (1995) 3838-3841.

Mehta A. & Luck J. M. Novel temporal behavior of a nonlinear dynamical system : the completely inelastic bouncing ball. Phys. Rev. Lett. 65 (1990) 393-396.

Ogawa S. Multitemperature theory of granular materials. Proc. US-Jpn Semin. Contin. Mech. and Stat. Appl. Mech. Granular Mat. Tokyo (1978) 208-217.

Pak H. K., van Doorn E. & Behringer R. P. Effects of ambiant gases on granular materials under vertical vibration. Phys. Rev. Lett. 74 (1995) 4643-4646.

Pöschel T. & Luding S. (Eds.). *Granular gases.* Springer, New-York (2000).

Rao K. K. & Nott P. R. *An introduction to granular flow.* Cambridge University Press, Cambridge (2008).

Reif F. *Fundamentals of Statistical and Thermal Physics.* McGraw-Hill, New-York (1965).

Reis P. M., Ingale R. A. & Shattuck M. D. Crystallization of a quasi-two-dimensional granular fluid. Phys. Rev. Lett. 96 (2006) 258001.

Reis P. M., Ingale R. A. & Shattuck M. D. Forcing independent velocity distributions in an experimental granular fluid. Phys. Rev. E 75 (2007) 051311.

Résibois P. & de Leener M. *Classical Kinetic Theory of Fluids.* John Wiley and Sons, New-Jersey (1977).

Rouyer F. & Menon N. Velocity fluctuations in a homogeneous 2D granular gas in steady state. Phys. Rev. Lett. 85 (2000) 3676-3679.

Santos A., Montanero J. M., Dufty J. W. & Brey J. J. Kinetic model for the hard-sphere fluid and solid. Phys. Rev. E 57 (1998) 1644-1660.

Santos A., Garzò V. & Dufty J. W. Inherent rheology of a granular fluid in uniform shear flow. Phys. Rev. E 69 (2004) 061303.

Savage S. B. Granular flows down rough inclines – Review and extension, in *Mechanics of Granular Materials : New Models and Constitutive Relations.* Jenkins J. T. and Satake M., Eds. Elsevier, Amsterdam (1983).

Savage S. B. & Jeffrey D. J. The stress tensor in a granular flow at high shear rates. J. Fluid Mech. 110 (1981) 255-272.

Savage S. B. & Sayed M. Stresses developped by dry cohesionless granular materials sheared in an annular shear cell. J. Fluid Mech. 142 (1984) 391-430.

Schlichting H. J. & Nordmeier V. Strukturen im Sand. Kollektives Verhalten und Selbstorganisation bei Granulaten. Mathematisch Naturwissenschaftlicher Unterricht 49 (1996) 323-332.

Schmit U. & Tscharnuter W. M. A fluid dynamical treatment of the common action of self-gravitation, collisions and rotation in Saturn's B-ring. Icarus 115 (1995) 304-319.

Sela N. & Goldhisch I. Hydrodynamics equations for rapid flows of smooth inelastic spheres. J. Fluid. Mech. 361 (1998) 41-74.

Silbert L. E., Grest G. S., Brewster R & Levine A. J. Rheology and contact lifetimes in dense granular flows. Phys. Rev. Lett. 99 (2007) 068002.

Spahn F. & Schmidt J. Hydrodynamic description of planetary rings. GAMM-Mitt. 29 (2006) 115-140.

Umbanhowar P. B., Melo F. & Swinney H. Localized excitations in a vertically vibrated granular layer. Nature 382 (1996) 793-796.

Van Noije T. P. C. & Ernst. M. H. Velocity distribution in homogeneous granular fluid : the free and the heated state. Granular Matter 1 (1998) 57-64.

Van der Meer D., Reimann P., van der Weele K. & Lohse D. Spontaneous Ratchet effect in a granular gas. Phys. Rev. Lett. 92 (2004) 184301.

Van der Weele K., van der Meer D., Versluis M. & Lohse D. Hysteretic clustering in granular gas. Europhys. Lett. 53 (2001) 328-334.

Wildman R. D., Huntley J. M. & Parker D. J. Granular temperature profiles in three-dimensional vibrofluidized granular beds. Phys. Rev. E 63 (2001) 0611311.

Wildman R. D., Huntley J. M. & Parker D. J. Convection in highly fluidized three-dimensional granular beds. Phys. Rev. Lett. 86 (2001) 3304-3307.

Chapitre 6 – Le liquide granulaire

Ancey C., Coussot P., & Evesque P. A theoretical framework for granular suspension in a steady simple shear flow. J. Rheol. 43 (1999) 1673-1699.

Andreotti B. A mean field model for the rheology and the dynamical phase transitions in the flow of granular matter. Europhys. Lett. 70 (2007) 34001.

Aradian A., Raphaël E. & de Gennes P.-G. Surface flows of granular materials : a short introduction to some recent models. C. R. Phys. 3 (2002) 187-196.

Aranson I. S. & Tsimring L. S. Continuum theory of partially fluidized granular flows. Phys. Rev. Lett. 65 (2002) 061303.

Aranson I. S. & Tsimring L. S. Patterns and collective behavior in granular media : Theoretical concepts. Rev. Mod. Phys. 78 (2006) 641-692.

Aumaître S., Kruelle C. A. & Rehberg I. Segregation in granular matter under horizontal swirling excitation. Phys. Rev. E 64 (2001) 041305.

Balmforth N. J. & Kerswell R. R. Granular collapse in two dimensions. J. Fluid Mech. 538 (2005) 399-428.

Balmforth N. J. & Liu J. J. Roll waves in mud. J. Fluid Mech. 519 (2004) 33-54.

Baran O., Ertas D., Halsey T. C., Grest G. S. & Lechman J. B. Velocity correlations in dense gravity-driven granular chute flow. Phys. Rev. E 74 (2006) 05130200.

Barenblatt G. I., *Scaling, self-similarity, and intermediate asymptotics.* Cambridge University Press, Cambridge (1996).

Bocquet L., Losert W., Schalk D., Lubensky T. C. & Gollub J. P. Granular shear flow dynamics and forces : experiments and continuum theory. Phys. Rev. E 65 (2001) 011307.

Bocquet L., Colin A. & Ajdari A. Kinetic theory of plastic flow in soft glassy materials. Phys. Rev. Lett. 103 (2009) 036001.

Bonamy D., Daviaud F., Laurent L., Bonetti M. & Bouchaud J.-P. Multi-scale clustering in granular surface flows. Phys. Rev. Lett. 89 (2002) 034301.

Bonn D., Eggers J., Indekeu J., Meunier J. & Rolley E. Wetting and spreading. Rev. Mod. Phys. 81 (2009) 739.

Börzsönyi T. & Ecke R. E. Rapid granular flows on a rough incline : Phase diagram, gas transition, and effects of air drag. Phys. Rev. E 74 (2006) 061301.

Bouchaud J. P., Cates M. E., Prakash M. E. & S. Edwards F. A model for the dynamics of sandpile surface. J. Phys. Paris I 4 (1994) 1383-1410.

Boudet J. F., Amarouchene Y., Bonnier B. & Kellay H. The granular jump. J. Fluid Mech. 572 (2007) 413-431.

Boutreux T., Raphael E. & de Gennes P.-G. Surface flows of granular materials : a modified picture for thick avalanches. Phys. Rev. E 58 (1998) 4692-4700.

Boutreux T., Makse H. A. & de Gennes P.-G. Surface flows of granular mixtures. III. Canonical model. Eur. Phys. J. B 9 (1999) 105-115.

Bridgwater J. Fundamental powder mixing mechanisms. Powder Technol. 15 (1976) 215-236.

Callaghan P. T. Rheo-NMR : nuclear magnetic resonance and the rheology of complex fluids. Rep. Prog. Phys. 62 (1999) 5999-6670.

Cantelaube F. & Bideau D. Radial segregation in a 2D drum : an experimental analysis. Europhys. Lett. 30 (1995) 133-138.

Charru F. *Instabilités hydrodynamiques.* EDP Sciences & CNRS Editions, Les Ulis (2007).

Chevoir F. *Écoulements granulaires.* Laboratoire Central des Ponts et Chaussées, Paris (2008).

da Cruz F., Emam S., Prochnow M., Roux J.-N. & Chevoir F. Rheophysics of dense granular materials : Discrete simulation of plane shear flows. Phys. Rev. E 72 (2005) 021309.

Daerr A. & Douady S. Sensitivity of granular surface flows to preparation. Europhys. Lett. 47 (1999a) 324-330.

Daerr A. & Douady S. Two types of avalanche behaviour in granular media. Nature 399 (1999b) 241-243.

Deboeuf S., Lajeunesse E., Dauchot O. & Andreotti B. Flow rule, self-channelization and levees in unconfined granular flows. Phys. Rev. Lett. 97 (2006) 158303.

Debregeas G., Tabuteau H. & di Meglio J. M. Deformation and flow of a two-dimensional foam under continuous shear. Phys. Rev. Lett. 87 (2001) 178305.

Denlinger R. P. & Iverson R. M. Flow of variably fluidized granular masses across three-dimensional terrain : 2. Numerical predictions and experimental tests. J. Geophys. Res. 106 (2001) 553-566.

Depken M., Lechman J. B., van Hecke M., van Saarloos W. & Grest G. S. Stresses in smooth flows of dense granular media. Europhys. Lett. 78 (2007) 58001.

Dolgunin V. N., Kudy A. N. & Ukolov A. A. Development of the model of segregation of particles undergoing granular flow down an inclined chute. Powder Technol. 96 (1998) 211-218.

Douady S., Andreotti B. & Daerr A. On granular surface flow equations. Eur. Phys. J. B 11 (1999) 131-142.

Douady S., Andreotti B., Cladé P. & Daerr A. The four avalanche fronts : a test case for granular surface flow modeling. Adv. Compl. Syst. 4 (2001) 509-522.

Ehrhardt G. C. M. A., Stephenson A. & Reis P. M. Segregation mechanisms in a numerical model of a binary mixture. Phys. Rev. E 71 (2005) 041301.

Felix G. & Thomas N. Relation betwen dry granular flow regimes and morphology of deposits : formation of levées in pyroclastic deposits. Earth Planet. Sci. Lett. 221 (2004a) 197-213.

Felix G. & Thomas N. Evidence of two effects in the size segregation process in dry granular media. Phys. Rev. E 70 (2004b) 051307.

Fenistein D. & van Hecke M. Wide shear zones in granular bulk flow. Nature 425 (2003) 256.

Forterre Y., Kapiza waves as a test for three-dimensional granular flow rheology. J. Fluid Mech. 563 (2006) 123-132.

Forterre Y. & Pouliquen O. Long-surface-wave instability in dense granular flows. J. Fluid Mech. 486 (2003) 21-50.

Forterre Y. & Pouliquen O. Flows of dense granular media. Ann. Rev. Fluid. Mech. 40 (2008) 1-24.

Fukushima E. Nuclear magnetic resonance as a tool to study flow. Ann. Rev. Fluid Mech. 31 (1999) 95-123.

Garzo V., Dufty J. & Hrenya C. Enskog theory for polydisperse granular fluids. I. Navier Stokes order transport. Phys. Rev. E. 76 (2007) 031303.

GDR MiDi, On dense granular flows. Eur. Phys. J. E 14 (2004) 341-365.

Goujon C. Écoulements granulaires bidisperses sur plan inclinés rugueux. Thèse de l'Université de Provence (2004).

Goujon C., Dalloz-Dubrujeaud B. & Thomas N. Bidisperse granular avalanches on inclined planes : a rich variety of behaviors. Eur. Phys. J. E (2007) 199-215.

Goyon J., Colin A., Ovarlez G., Ajdari A. & Bocquet L. Spatial cooperativity in soft glassy flows. Nature 454 (2008) 84.

Grasselli Y. & Hermann H. J. Experimental study of granular stratification. Granular Matter 1 (1998) 43-47.

Gray J. M. N. T. & Ancey C. Segregation, recirculation and deposition of coarse particles near two-dimensionnal avalanche fronts. J. Fluid Mech. 629 (2009) 387-423.

Gray J. M. N. T. & Thornton A. R. A theory for particle size segregation in shallow granular free-surface flows. Proc. R. Soc. Lond. A 461 (2005) 1447-1473.

Gray J. M. N. T., Wieland M. & Hutter, K. Gravity-driven free surface flow of granular avalanches over complex basal topography. Proc. R. Soc. Lond. A 455 (1999) 1841-1874.

Gray J. M. N. T., Tai Y. C. & Noelle S. Shock waves, dead zones and particle-free regions in rapid granular free-surface flows. J. Fluid Mech. 491 (2003) 161-181.

de Haro M. L., Cohen E. G. D. & Kincaid J. M. The Enskog theory for multicomponent mixture. I. Linear transport theory. J. Chem. Phys. 78 (1983) 2746-2759.

Heinrich Ph., Boudon G., Komorowski J. C., Sparks R. S. J., Herd R. & Voight B. Numerical simulation of the December 1997 Debris Avalanche in Montserrat, Lesser Antilles. Geophys. Res. Lett. 28 (2001) 2529-2532.

Hill K. M., Caprihan A. & Kakalios J. Axial segregation of granular media rotated in a drum mixer : pattern evolution. Phys. Rev. E 56 (1997) 4386-4393.

Howell D., Behringer R. P. & Veje C. Stress fluctuations in a 2D granular couette experiment : a continuous transition. Phys. Rev. Lett. 82 (1999) 5241-5244.

Huerre P. & Rossi M. In *Hydrodynamics and nonlinear instabilities*, Godrèche C. & Manneville P., Eds. Collection Aléa/Saclay. Cambridge University Press, Cambridge (1998).

Iordanoff I. & Khonsari M. M. Granular lubrication : toward an understanding between kinetic and dense regime. ASME J. Tribol. 126 (2004) 137-145.

Isa L., Besseling R. & Poon W. C. K. Shear zones and wall slip in the capillary flow of concentrated colloidal suspensions. Phys. Rev. Lett. 98 (2007) 198305.

Jenkins J. T. & Mancini F. Kinetic theory for binary mixtures of smooth, nearly elastic spheres. Phys. Fluids A 1 (1989) 2050-2057.

Jop P. Hydrodynamics modeling of granular flows in a modified Couette cell. Phys. Rev. E 77 (2008) 032301.

Jop P., Forterre Y. & Pouliquen O. Crucial role of sidewalls in granular surface flows : consequences for the rheology. J. Fluid Mech. 541 (2005) 167-192.

Jop P., Forterre Y. & Pouliquen O. A constitutive law for dense granular flows. Nature 441 (2006) 727-730.

Jullien R., Meakin P. & Pavlovitch A. Three dimensional model for particle size segregation by shaking. Phys. Rev. Lett. 69 (1992) 640-643.

Kamrin K. & Bazant M. Z. A stochastic flow rule for granular materials. Phys. Rev. E 75 (2007) 041301.

Katgert G., Möbius M. E. & van Hecke M. Rate dependence and role of disorder in linearly sheared two-dimensional foams. Phys. Rev. Lett. 101 (2008) 058301.

Khakhar D. V., McCarthy J. J. & Ottino J. M. Mixing and segregation of granular materials in chute flows. Chaos 9 (1999) 594-610.

Khakhar D. V., Orpe A. V., Andresen P. & Ottino J. M. Surface flow of granular materials : model and experiments in heap formation. J. Fluid. Mech. 441 (2001) 255-263.

Knight J. B., Jaeger H. M. & Nagel S. R. Vibration induced size separation in granular media, the convection connection. Phy. Rev. Lett. 70 (1993) 3728-3731.

Komatsu T. S., Inagaki S., Nakagawa N. & Nasumo S. Creep motion in a granular pile exhibiting steady surface flow. Phys. Rev. Lett. 86 (2001) 1757-1760.

Lacaze L. & Kerswell R. R. Axisymmetric granular collapse : a transient 3D flow test of viscoplasticity. Phys. Rev. Lett. 102 (2009) 108305.

Lajeunesse E., Mangeney-Castelnau A. & Vilotte J.-P. Spreading of a granular mass on a horizontal plane. Phys. Fluids 16 (2004) 2371-2381.

Lauridsen J., Twardos M. & Dennin M. Shear-induced stress relaxation in a two-dimensional wet foam. Phys. Rev. Lett. 89 (2002) 098303.

Lemaitre A. Origin of a repose angle : kinetics of rearrangement for granular materials. Phys. Rev. Lett. 89 (2002) 064303.

Lemaitre A. & Caroli C. Rate-dependent avalanche size in athermally sheared amorphous solids. Phys. Rev. Lett. 103 (2009) 065501.

Lemieux P.-A. & Durian D. J. From avalanches to fluid flow : a continuous picture of grain dynamics down a heap. Phys. Rev. Lett. 85 (2000) 4273-4276.

Levine D. Axial segregation of granular materials. Chaos 9 (1999) 573-579.

Linares-Guerrero E., Goujon C. & Zenit R. Increased mobility of bidisperse granular avalanches. J. Fluid Mech. 593 (2007) 475-504.

Louge M., Valance A., Taberlet N., Richard P. & Delannay R. Volume fraction profile in channeled granular flows down an erodible incline. Proc. Powders Grains, Stuttgart, Ger. Balkema Publ., Leiden (2005).

Lube G., Huppert H., Sparks S. & Hallworth M. Axisymmetric collapse of granular columns. J. Fluid Mech. 508 (2004) 175-199.

Makse H. A., Havlin S., King P. R. & Stanley H. E. Spontaneous stratification in granular mixture. Nature 386 (1997) 379-382.

Mangeney-Castelnau A., Vilotte J.-P., Bristeau M. O., Perthame B., Bouchut F., Simeoni C. & Yernini S. Numerical modelling of debris avalanche based on Saint-Venant equations using a kinetic scheme. J. Geophys. Res. 108 (B11) (2003) 1-18.

Mangeney-Castelnau A., Bouchut F., Vilotte J-P., Lajeunesse E., Aubertin A. & Pirulli M. On the use of Saint-Venant equations to simulate the spreading of a granular mass. J. Geophys. Res. 110 (2005) B09103.

Mohan L. S., Rao K. K. & Nott P. R. A frictional Cosserat model for the slow shearing of granular materials. J. Fluid Mech. 457 (2002) 377-409.

Montanero J. M., Garzo V., Alam M. & Luding S. Rheology of granular mixtures under uniform shear flow: Enskog kinetic theory versus molecuar dynamics simulation. Granular Matter 8 (2006) 103-115.

Naaim M., Vial S. & Couture R. St Venant approach for rock avalanches modelling in Multiple sacle analyses and coupled physical systems. St Venant symposium. Presse de l'École Nationale des Ponts et Chaussées, Paris (1997).

Ottino J. M. & Khakhar D. V. Mixing and segregation of granular materials. Ann. Rev. Fluid Mech. 32 (2000) 55-91.

Oyama Y. Studies on mixing of solids. Bull. Inst. Phys. Chem. Res. Jpn, Report No 5.18 (1939) 600-639 (in japanese).

Pirulli M. & Mangeney A. Result of back-analysis of the propagation of rock avalanches as a function of the assumed rheology. Rock Mech. Rock Engng. 41 (2008) 59-84.

Pouliquen O. Scaling laws in granular flows down rough inclined planes. Phys. Fluids 11 (1999a) 542-548.

Pouliquen O. On the shape of granular fronts down rough inclined planes. Phys. Fluids 11 (1999b) 1956-1958.

Pouliquen O. Velocity correlations in dense granular flows. Phys. Rev. Lett. 93 (2004) 248001.

Pouliquen O. & Forterre Y. Friction law for dense granular flows : application to the motion of a mass down a rough inclined plane. J. Fluid Mech. 453 (2002) 133-151.

Pouliquen O. & Forterre Y. A non-local rheology for dense granular flows. Phil. Trans. R. Soc. A 367 (2009) 5091-5107.

Pouliquen O. & Vallance J. W. Segregation induced instabilities of granular fronts. Chaos 9 (1999) 621-629.

Pouliquen O., Delour J. & Savage S. B. Fingering in granular flows. Nature 386 (1997) 816-818.

Pouliquen O., Forterre Y. & Ledizes S. Slow dense granular flows as a self-induced process. Adv. Complex Syst. 4 (2001) 441-450.

Pouliquen O., Cassar C., Jop P., Forterre Y. & Nicolas M. Flow of dense granular material : towards simple constitutive laws. J. Stat. Mech. (2006) P07020.

Quartier L., Andreotti B., Daerr A. & Douady S. Dynamics of a grain on a sandpile model. Phys. Rev. E 62 (2000) 8299-8307.

Radjai F. & Roux S. Turbulent-like behavior in quasi-static flow of granular media. Phys. Rev. Lett. 89 (2003) 064302.

Reis P. M. & Mullin T. Granular segregation as a critical phenomenon. Phys. Rev. Lett. 89 (2002) 244301.

Ries A., Wolf D. E. & Unger T. Shear zone in granular media : three-dimensional contact dynamics simulation. Phys. Rev. E 76 (2007) 051301.

Rognon, P. G. Rhéologie des matériaux granulaires cohésifs. Application aux avalanches de neige denses. Thèse de l'Ecole Nationale des Ponts et Chaussées (2006).

Rognon P. G., Roux J.-N., Naaïm M. & Chevoir F. Dense flows of bidisperse assemblies of disks down an inclined plane. Phys. Fluids 19 (2007) 058101.

Rosato A., Strandburg K. J., Prinz F. & Swendsen R. H. Why the Brazil nuts are on top : size segregation of particulate matter by shaking. Phys. Rev. Lett. 58 (1987) 1038-1040.

Roux J.-N. & Combes G. Quasistatic rheology and the origin of strain. C. R. Phys. 3 (2002) 131-140.

Ruyer-Quil C. & Manneville P. Improved modeling of flows down inclined planes. Eur. Phys. J. B 15 (2000) 357-369.

de Saint-Venant A. J. C. Théorie du mouvement non-permanent des eaux, avec application aux crues des rivières et à l'introduction des marées dans leur lit. C. R. Acad. Sci. Paris 73 (1871) 147-154.

Savage S. B. The mechanics of rapid granular flows. Adv. Appl. Mech. 24 (1984) 289-366.

Savage S. B. In *Theoretical and applied mechanics* (Germain, Piau, Caillerie, Eds.) pp. 241-266. Elsevier, Amsterdam (1989).

Savage S. B. In *Desorder and Granular Media* (Bideau, Hansen, Eds.) pp. 241-266. North Holland, Amsterdam (1993).

Savage S. B. & Hutter K. The motion of a finite mass of granular material down a rough incline. J. Fluid Mech. 199 (1989) 177-215.

Savage S. B. & Lun C. K. K. Particle size segregation in inclined chute flow of dry cohesionless granular solids. J. Fluid Mech. 189 (1988) 311-335.

Savage S. B. & Sayed M. Stresses developed by dry cohesionless granular materials sheared in an annular shear cell. J. Fluid Mech. 142 (1984) 391-430.

Shinbrot T. & Muzzio F. J. Reverse buoyancy in shaken granular beds. Phys. Rev. Lett. 81 (1998) 4365-4368.

Silbert L. E., Ertas D., Grest G. S., Halsey T. C., Levine D. & Plimpton S. J. Granular flow down an inclined plane : Bagnold scaling and rheology. Phys. Rev. E 64 (2001) 051302.

Silbert L. E., Landry J. W. & Grest G. S. Granular flow down a rough inclined plane : transition between thin and thick piles. Phys. Fluids 15 (2003) 1-10.

Taberlet N., Richard P., Valance A., Delannay R., Losert W., Pasini J. M., Jenkins J. T. & Delaunay R. Super stable granular heap in a thin channel. Phys. Rev. Lett. 91 (2003) 264301.

Taberlet N., Richard P., Henry E. & Delannay R. The growth of a Super Stable Heap : An experimental and numerical study. Europhys. Lett. 68 (2004) 515-521.

Thomas N. Reverse and intermediate segregation of large beads in dry granular media. Phys. Rev. E 62 (2000) 961-974.

Tocquer L., Lavergne S., Descantes Y. & Chevoir F. Influence of angularity on dense granular flows, in *Powders and Grains*, Garcia-Rojo R., Herrmann H. J. & McNamara S., Eds. Leiden (2005) pp. 1345-1348.

Williams J. C. The mixing of dry powders. Powder Technol. 2 (1968) 13-20.

Witham G. B. *Linear and nonlinear waves.* Wiley Interscience, New York (1974).

Wyart M., On the dependence of the avalanche angle on the granular layer thickness. Europhys. Lett. 85 (2009) 24003.

Zik O., Levine D., Lipson S. G., Shtrikman S. & Stavans J. Rotationally induced segregation of granular materials. Phys. Rev. Lett. 73 (1994) 644-647.

Chapitre 7 – Milieux granulaires immergés

Aranson I. S. & Tsimring L. S. Patterns and collective behavior in granular media: Theoretical concepts. Rev. Mod. Phys. 78 (2006) 641-692.

Brinkman H. C. A calculation of the viscous force exerted by a flowing fluid on a dense swarm of particles. Appl. Sci. Res. A 1 (1947) 27-34.

Burtally N., King P. J. & Swift M. R. Spontaneous air-driven separation in vertically vibrated fine granular mixtures. Science 295 (2002) 1877-1879.

Cassar C., Nicolas M. & Pouliquen O. Submarine granular flows down inclined plane. Phys. Fluids 17 (2005) 103301.

Chladni E. F. F. Entdeckungen ber die Theorie des Klanges. Bey Weidmanns erben und Reich, Leipzig (1787).

Courrech du Pont S., Gondret P., Perrin B. & Rabaud M. Granular avalanches in fluids. Phys. Rev. Lett. 90 (2003) 044301.

Deboeuf A., Gauthier G., Martin J., Yurkovetsky, Y. & Morris J. F. Particle pressure in a sheared suspension : A bridge from osmosis to granular dilatancy. Phys. Rev. Lett. 102 (2009) 108301.

Divoux T. & Géminard J.-C. Friction and dilatancy in immersed granular matter. Phys. Rev. Lett. 99 (2007) 258301.

Doppler D., Gondret P., Loiseleux T., Meyer S. & Rabaud M. Relaxation dynamics of water-immersed granular avalanches. J. Fluid Mech. 577 (2007) 161-181.

Dullien F. A. L. *Porous Media: Fluid Transport and Pore Structure*, 2nd edn. Academic Press (1992).

Duran J. The physics of fine powders: plugging and surface instabilities. C. R. Phys. 3 (2002) 217-227.

Duru P., Nicolas M., Hinch E. J. & Guazzelli É. Constitutive laws in liquid-fluidized beds. J. Fluid Mech. 452 (2002) 371-404.

Einstein A. Eine neue bestimmung der molekul-dimensionen. Ann. Phys. 19 (1906) 289-306.

Huang N., Ovarlez G., Bertran F., Rodts S., Coussot P. & Bonn D. Flow of wet granular materials. Phys. Rev. Lett. 94 (2005) 028301.

Iverson R. M., Reid M. E., Iverson N. R., Lahusen R. G., Logan M., Mann J. E. & Brien D. L. Acute sensitivity of landslide rates to initial porosity. Science 290 (2000) 513-516.

Jackson R. Locally averaged equations of motion for a mixture of identical spherical particles and a Newtonian fluid. Chem. Eng. Sci. 52 (1997) 2457-2469.

Jackson R. *The Dynamics of Fluidized Particles*. Cambridge University Press, Cambridge (2000).

Jain N., Ottino J. M. & Lueptow R. M. Effect of interstitial fluid on a granular flow layer. J. Fluid Mech. 508 (2004) 23-44.

Khaldoun A., Eiser E. & Wegdam G. H. Liquefaction of quicksand under stress. Nature 437 (2005) 635.

Laroche C., Douady S. & Fauve S. Convective flow of granular masses under vertical vibrations. J. Phys. France 50 (1989) 699-706.

Lemaître A., Roux J.-N. & Chevoir F. What do dry granular flows tell us about dense non-Brownian suspension rheology ? Rheologica Acta 48 (2009) 925-942.

Lhuillier D. Migration of rigid particles in non-Brownian viscous suspensions. Phys. Fluids 21 (2009) 023302.

Lohse D., Rauhé R., Bergmann R. & van der Meer D. Granular physics : Creating a dry variety of quicksand. Nature 432 (2004) 689-690.

Matas J. P., Uehara J. & Behringer R. P. Gas-driven subharmonic waves in a vibrated two-phase granular material. Eur. Phys. J. E 25 (2008) 431-438.

Mills P. & Snabre P. Apparent viscosity and particle pressure of a concentrated suspension of non-Brownian hard spheres near the jamming transition. Eur. Phys. J. E 30 (2009) 309-316.

Morris J. F. & Boulay F. Curvilinear flows of noncolloidal suspensions : the role of normal stresses. J. Rheol. 43 (1999) 1213-1237.

Ouriemi M., Aussillous P. & Guazzelli E. Sediment dynamics. Part 1. Bed-load transport by laminar shearing flows. J. Fluid Mech. 636 (2009) 295-319.

Ovarlez G., Bertrand F., Rodts S. Local determination of the constitutive law of a dense suspension of noncolloidal particles through MRI. J. Rheol. 50 (2006) 259-292.

Pailha M. & Pouliquen O. A two-phase flow description of the initiation of underwater granular avalanches. J. Fluid Mech. 633 (2009) 115-135.

Pitman E. B. & Le L. A two-fluid model for avalanches and debris flows. Phil. Trans. R. Soc. A 363 (2005) 1573-1601.

Sundaresan S. Instabilities in fluidized beds. Ann. Rev. Fluid Mech. 35 (2003) 63-88.

Terzaghi K. *Theoretical Soil Mechanics.* John Wiley, New York (1943).

Wang H. F. Theory of linear poroelasticity with applications to geomechanics and hydrogeology. Princeton University (2000).

Zarraga I. E., Hill D. A. & Leighton D. T. The characterization of the total stress of concentrated suspensions of noncolloidal spheres in Newtonian fluids. J. Rheol. 44 (2000) 185-220.

Zhang D. Z. & Prosperetti A. Momentum and energy equations for disperse two-phase flows and their closure for dilute suspensions. Int. J. Multiphase Flow 23 (1997) 425-453.

Chapitre 8 – Érosion et transport sédimentaire

Abbott J. E. & Francis J. R. D. Saltation and suspension trajectories of solid grains in a water stream. Phil. Trans. R. Soc. London 284 (1977) 225-254.

Allen J. R. L. *Principles of Physical Sedimentology.* The Blackburn Press, Caldwell USA (1985).

Anderson R. S. & Haff P. K., Simulation of aeolian saltation. Science 241 (1988) 820-823.

Anderson R. S. & Haff P. K. Wind modification and bed response during saltation of sand in air. Acta Mechanica (Suppl) 1 (1991) 21-51.

Andreotti B. A two species model of aeolian sand transport. J. Fluid Mech. 510 (2004) 47-50.

Andreotti B., Claudin P. & Douady S. Selection of dune shapes and velocities – Part 1 : Dynamics of sand, wind and barchans. Eur. Phys. J. B 28 (2002) 321.

Andreotti, B., Claudin P. & Douady S. Selection of dune shapes and velocities. Part 2 : A two-dimensional modelling. Eur. Phys. J. B 28 (2002) 341-352.

Bagnold R. A. *The physics of blown sand and desert dunes.* Chapman and Hall, London (1941).

Bagnold R. A. Sediment transport by wind and water. Nordic Hydrology 10 (1979) 309-322.

Bonelli S., Brivois O., Borghi R. & Benahmed N. On the modelling of piping erosion. C. R. Mécanique 8–9 (2006) 555-559.

Bonelli S., Brivois O. & Benahmed N. Modélisation du renard hydraulique et interprétation de l'essai d'érosion de trou. Revue Française de Géotechnique 118 (2007) 13-22.

Briaud J. L., Ting F. C. K., Chen H. C., Cao Y., Han S. W., & Kwak K. W. Erosion function apparatus for scour rate predictions. J. Geotech. Geoenviron. Eng. 127 (2001) 105-113.

Brinkman H. C. A calculation of the viscous force exerted by a flowing fluid on a dense swarm of particles. Appl. Sci. Res. A 1 (1947) 27-34.

Charru F. Selection of the ripple length on a granular bed. Phys. Fluids 18 (2006) 121508.

Charru F., Mouilleron-Arnould H. & Eiff O. Erosion and deposition of particles on a bed sheared by a viscous flow. J. Fluid Mech. 519 (2004) 55-80.

Charru F., Larrieu E., Dupont J.-B. & Zenith R. Motion of a particle near a rough wall in a viscous shear flow. J. Fluid Mech. 570 (2008) 431-453.

Chepil W. S. Dynamics of wind erosion : II. Initiation of soil movement. Soil Sci. 60 (1945) 397.

Claudin P. & Andreotti B. A scaling law for aeolian dunes on Mars, Venus, Earth, and for sub-aqueous ripples. Earth Planet. Sci. Lett. 252 (2006) 30-44.

Creyssels M., Dupont P., Ould El Moctar A., Valance A., Cantat I., Jenkins J. T., Pasini J. M., Rasmussen K. R. Saltating particles in a turbulent boundary layer : experiment and theory. J. Fluid Mech. 625 (2009) 47-74.

Dey S. Threshold of sediment motion on combined transverse and longitudinal sloping beds. J. Hydraul. Res. 41 (2003) 405-415.

Einstein H. A. The bed-load function for sediment transportation in open channel flows. United States Department of Agriculture Technical Bulletin 1026 (1950).

Fernandez Luque R. & van Beek R. Erosion and transport of bed-load sediment. J. Hydraul. Res. 14 (1976) 127-144.

Garcia M. H. (ed.) *Sedimentation engineering: processes, management, modeling, and practice.* ASCE, USA (2008).

Greeley R. , Blumberg D. G. & Williams S. H. Field measurement of the flux and speed of wind blown sand. Sedimentology 43 (1996) 41-52.

Guyon E., Hulin J. P. & Petit L. Hydrodynamique physique, 2e édn., collection Savoirs Actuels (2001), EDP Sciences & CNRS Éditions.

Hanson G. J. & Simon A. Erodibility of cohesive streambeds in the loess area of the midwestern USA. Hydrol. Process. 15 (2001) 23-38.

Howard A. D. Effect of slope on the threshold of motion and its application to orientation of wind ripples. Bull. Geol. Soc. Amer. 88 (1977) 853-856.

Hunt J. C. R., Leibovich S. & Richards K. J. Turbulent shear flows over low hills. Q. J. R. Meteorol. Soc. 114 (1988) 1435-1470.

Iversen J. D. & Rasmussen K. R. The effect of surface slope on saltation threshold. Sedimentology 41 (1994) 721-728.

Iversen J. D. & Rasmussen K. R. The effect of wind speed and bed slope on sand transport. Sedimentology 46 (1999) 723-731.

Jackson P. S. & Hunt J. C. R. Turbulent wind flow over a low hill. Q. J. R. Meteorol. Soc. 101 (1975) 929-955.

Julien P. Y. *Erosion and sedimentation.* Cambridge University Press (1998).

Loiseleux T., Gondret P., Rabaud M. & Doppler D. Onset of erosion and avalanche for an inclined granular bed sheared by a continuous laminar flow. Phys. Fluids 17 (2005) 103304.

McEwan J. K., Willetts B. B. & Rice M. A. The grain/bed collision in sand transport by wind. Sedimentology 39 (1992) 971-981.

Meyer-Peter E. & Müller R. Formulas for bed load transport. Report on the 2nd meeting international association (1948) 39-64.

Nalpanis P., Hunt J. C. R. & Barrett C. F. Saltating particles over flat beds, J. Fluid Mech. 251 (1993) 661-685.

Ouriemi M., Aussillous P. & Guazzelli E. Sediment dynamics. Part 1. Bed-load transport by laminar shearing flows. J. Fluid Mech (2009).

Owen P. R. Saltation of uniform grains in air. J. Fluid. Mech. 20 (1964) 225-242.

Rasmussen K. R., Iversen J. D. & Rautaheimo P. Saltation and wind flow interaction in a variable slope wind tunnel. Geomorphology 17 (1996) 19-28.

Rioual F., Valance A. & Bideau D. Experimental study of the collision process of a grain on a two-dimensional granular bed. Phys. Rev. E 62 (2000) 2450-2459.

Rose C. P. & Thorne P. D. Measurements of suspended sediment transport parameters in a tidal estuary. Continental Shelf Research 21 (2001) 1551-1575.

Sauermann G., Kroy K. & Herrmann H. J. Continuum saltation model for sand dunes. Phys. Rev. E 64 (2001) 031305.

Sørensen M. An analytic model of wind-blown sand transport. Acta Mechanica (Suppl) 1 (1991) 67-81.

Taylor P. A., Mason P. J. & Bradley E. F. Boundary-layer flow over low hills. Boundary-Layer Met. 39 (1987) 107-132.

Ungar J. E. & Haff P. K. Steady state saltation in air. Sedimentology 34 (1987) 289-299.

Valance A. & Langlois V. Ripple formation over a sand bed submitted to a laminar shear flow. Eur. Phys. J. B 43 (2005) 283-294.

Van Rijn L. C. Sediment transport, Part II : suspended sediment load transport. J. Hydraulic Eng. ASCE 110 (1984) 1613-1641.

Werner B. T. The impact process in eolian saltation : two dimensional simulations. Sedimentology 35 (1988).

White B. R. Soil transport by winds on Mars. J. Geophys. Res. 84 (1979) 4643-4651.

Willetts B. B., McEwan J. K. & Rice M. A. Initiation of motion of quartz sand grains. Acta Mechanica (Suppl) 1 (1991) 123-134.

Williams G. Some aspects of aeolian saltation load. Sedimentology 3 (1964) 257-287.

Yalin M. S. & Karahan E. J. Inception of sediment transport. J. Hydraul. Div. 105 (1979) 1433-1443.

Chapitre 9 – Géomorphologie sédimentaire

Abrams D. M., Lobkovsky A. E., Petroff A. P., Straub K. M., McElroy B., Mohrig D. C., Kudrolli A. & Rothman D. H. Growth laws for channel networks incised by groundwater flow. Nature Geoscience 2 (2009) 193-196.

Andersen K. H., Chabanol M.-L. & van Hecke M. Dynamical models for sand ripples beneath surface waves. Phys. Rev. E 63 (2001) 066308.

Anderson R. A theoretical model for aeolian impact ripples. Sedimentology 34 (1987) 943-956.

Anderson R. Eolian ripples as examples of self-organization in geomorphological systems. Earth-Science Rev. 29 (1990) 77-96.

Andreotti B., Claudin P. & Douady S. Selection of dune shapes and velocities – Part 1 : Dynamics of sand, wind and barchans. Part 2 : A two-dimensional modelling. Eur. Phys. J. B 28 (2002) 321-352.

Andreotti B., Claudin P. & Pouliquen O. Aeolian sand ripples : experimental evidence of coarsening and saturation. Phys. Rev. Lett. 96 (2006) 028001.

Andreotti B., Fourrière A., Ould-Kaddour F., Murray B. & Claudin P. Giant aeolian dune size determined by the average depth of the atmospheric boundary layer. Nature 457 (2009) 1120-1123.

Annambhotla V. S. S., Sayre W. W. & Livesey R. H. Statistical properties of Missouri River bed forms. J. Waterways Harbors Coastal Eng. Div. 98 (1972) 489-510.

Ardhuin F. Vagues : hydrodynamique et télédétection. Cours de Master de PMMC, UBO, Brest (2006).

Ashley G. M. Classification of large scale subaqueous bedforms : a new look at an old problem. J. Sedim. Res. 60 (1990) 161-172.

Ashton A., Murray A. B. & Arnoult O. Formation of shoreline features by large-scale instabilities induced by high-angle waves. Nature 414 (2001) 296-300.

Baas J. H. A flume study on the development and equilibrium morphology of current ripples in very fine sand. Sedimentology 41 (1994) 185-209.

Baas J. H. An empirical model for the development and the equilibrium morphology of current ripples in fine sand. Sedimentology 46 (1999) 123-138.

Baddock M. C., Livingstone I. & Wiggs G. F. S. The geomorphological significance of airflow patterns in transverse dune interdunes. Geomorphology 87 (2007) 322-336.

Bagnold R. A. *The physics of blown sand and desert dunes.* Methuen, London (1941).

Best J. The fluid dynamics of river dunes : a review and some future research directions. J. Geophys. Res. 110 (2005) F04S02.

Blondeaux P. Sand ripples under sea waves. Part 1. Ripple formation. J. Fluid Mech. 218 (1990) 1-17.

Bristow C. S., Bailey S. D. & Lancaster N. The sedimentary structure of linear sand dunes. Nature 406 (2000) 56.

Bristow C. S., Duller G. A. T. & Lancaster N. Age and dynamics of linear dunes in the Namib desert. Geology 35 (2007) 555.

Callen H. B. *Thermodynamics and an introduction to thermostatistics.* John Wiley & Sons (1985).

Campbell C., Cleary P. & Hopkins M. Large-scale landslide simulations : Global deformation, velocities and basal friction. J. Geophys. Res. 100 (1995) 8267-8283.

Carling P. A., Gölz E., Orr H. G. & Radecki-Pawlik A. The morphodynamics of fluvial sand dunes in the River Rhine, near Mainz, Germany. I. Sedimentology and morphology. Sedimentology 47 (2000) 227-252.

Carling P. A. Richardson K. & Ikeda H. A flume experiment on the development of subaqueous fine-gravel dunes from a lower-stage plane bed. J. Geophys. Res. 110 (2005) F04S05.

Carrier G. F. & Greenspan H. P. Water waves of finite amplitude on a sloping beach. J. Fluid Mech. 4 (1958) 97-109.

Charru F. Selection of the ripple length on a granular bed. Phys. Fluids 18 (2006) 121508.

Charru F. & Hinch E. J. 'Phase diagram' of interfacial instabilities in a two-layer Couette flow and mechanism for the long-wave instability. J. Fluid Mech. 414 (2000) 195-223.

Charru F. & Hinch E. J. Ripple formation on a particle bed sheared by a viscous liquid. J. Part 1. Steady flow. Part 2. Oscillating flow. J. Fluid Mech. 550 (2006) 111-137.

Claudin P. & Andreotti B. A scaling law for aeolian dunes on Mars, Venus, Earth, and for sub-aqueous ripples. Earth Planet. Sci. Lett. 252 (2006) 30-44.

Coco G., O'Hare T. J. & Huntley D. A. Beach cusps : A comparison of data and theories for their formation. J. Coastal Res. 15 (1999) 741-749.

Coleman S. E. & Fenton J. D. Potential-flow instability theory and alluvial stream bed forms. J. Fluid Mech. 418 (2000) 101-117.

Coleman S. E. & Melville B. W. Initiation of bed forms on a flat sand bed. J. Hydraul. Eng. 122 (1996) 301-310.

Coleman S. E., Nikora V. I., McLean S. R., Clunie T. M., Schlicke T. & Melville B. W. Equilibrium hydrodynamics concept for developing dunes. Phys. Fluids 18 (2006) 105104.

Csahók Z., Misbah C., Rioual F. & Valance A. Dynamics of aeolian sand ripples. Eur. Phys. J. E 3 (2000) 71-86.

Dade W. & Huppert H. Long-runout rockfalls. Geology 26 (1998) 803-806.

Daerr A., Lee P., Lanuza J. & Clément E. Erosion patterns in a sediment layer. Phys. Rev. E 67 (2003) 065201(R).

Dash J. G., Rempel A. W. & Wettlaufer J. S. The physics of premelted ice and its geophysical consequences. Rev. Mod. Phys. 78 (2006) 695-741.

Devauchelle O., Malverti L., Lajeunesse E., Lagrée P.-Y., Josserand C. & Nguyen Thu-Lam K. D. Stability of bedforms in laminar flows with free-surface : from bars to ripples. J. Fluid Mech. 642 (2010) 329-348.

Devauchelle O., Malverti L., Lajeunesse E., Josserand C., Lagrée P.-Y. & Métivier F. Rhomboid beach pattern : a benchmark for shallow water geomorphology. J. Geophys. Res. (2010).

Dodds P. S. & Rothman D. H. Scaling, universality and geomorphology. Annu. Rev. Earth Planet. Sci 28 (2000) 571-610.

Einstein H. A. The bed load function for sedimentation in open channel flows. Technical Report 1026 (1950) 1-69.

Elbelrhiti H., Claudin C. & Andreotti B. Field evidence for surface wave induced instability of sand dunes. Nature 437 (2005) 720-723.

Elbelrhiti H. Andreotti B. & Claudin C. Barchan dune corridors : field characterization and investigation of control parameters. J. Geophys. Res. 113 (2008) F02S15.

Engelud F. Instability of erodible beds. J. Fluid Mech. 42 (1970) 225-224.

Ewing R. C., Kocurek G. & Lake L. W. Pattern analysis of dune-field parameters. Earth Surf. Proc. Landforms 31 (2006) 1176.

Fahnestock M. A., Scambos T. A., Shuman C. A., Arthern R. J., Winebrenner D. P. & Kwok R. Snow megadune fields on the east antarctic plateau : extreme atmosphere-ice interaction. Geophys. Res. Lett. 27 (2000) 3719.

Fourrière A., Claudin P. & Andreotti B. Bedforms in a turbulent stream : formation of ripples by primary linear instability and of dunes by non-linear pattern coarsening. J. Fluid Mech. (2010).

Frezzotti M., Gandolfi S. & Urbini S. Snow megadunes in Antarctica : Sedimentary structure and genesis. J. Geophys. Res. 107 (2002) 4344.

Fryberger S. G. & Dean G. In *A Study of Global Sand Seas*, Geological Survey Professional Paper 1052 (1979) 137-169.

Garrat J. R. The atmospheric boundary layer, Cambridge University Press (1994).

Guy H., Simons D. & Richardson E. Summary of alluvial channel data from flume experiments, 1956-1661. U.S. Geological Survey Professional Paper 462-I (1966) 1-96.

Hersen P. Flow effects on the morphology and dynamics of aeolian and subaqueous barchan dunes. J. Geophys. Res. 110 (2005) F04S07.

Hersen P., Douady S. & Andreotti B. Relevant lengthscale of barchan dunes. Phys. Rev. Lett. 89 (2002) 264301.

Horton R. E. Erosional development of streams and their drainage basins : hydrophysical approach to quantitative morphology. Bull. Amer. Geol. Soc. 56 (1945) 275-370.

Hoyle R. B. & Mehta A. Two-species continuum model for aeolian sand ripples. Phys. Rev. Lett. 83 (1999) 5170-5173.

Hunt J. C. R., Richards K. J. & Brighton P. W. M. Stably stratified shear flow over low hills. Quart. J. R. Met. Soc. 114 (1988) 859.

Israelachvili J. N. *Intermolecular and Surface Forces.* 2nd edn. Academic Press, London (1992).

Izumi N. & Parker G. Inception of channelization and drainage basin formation : upstream driven theory. J. Fluid Mech. 283 (1995) 341-363.

Izumi N. & Parker G. Linear stability analysis of channel inception : downstream-driven theory. J. Fluid Mech. 419 (2000) 239-262.

Jensen N.-O. & Zeman O. In International workshop on the physics of blown sand, O. E. Barndor-Nielsen, K. Moller, K. R. Rasmussen & B. B. Willets I. Eds. University of Aarhus (1985) 351-368.

Kardar M., Parisi G. & Zhang Y.-C. Dynamic scaling of growing interfaces. Phys. Rev. Lett. 56 (1986) 889-892.

Kennedy J. F. The mechanics of dunes and antidunes in erodible bed channels. J. Fluid Mech. 16 (1963) 521-544.

Kessler M. A. & Werner B. T. Self-organization of sorted patterned ground. Science 299 (2003) 380-383.

Kocureck G., Havholm K. G., Deynoux M. & Blakey R. C. Amalgamated accumulations resulting from climatic and eustatic changes, Akchar Erg, Mauritania. Sedimentology 38 (1991) 751.

Komar P. D. *Beach processes and sedimentation*, second edn. Prentice-Hall (1998).

Kroy K., Sauermann G. & Herrmann H. J. Minimal model for aeolian sand dunes. Phys. Rev. E 66 (2002) 031302.

Lagrée P.-Y. A triple deck model of ripple formation and evolution. Phys. Fluids 15 (2003) 2355-2368.

Lajeunesse E., Quantin C., Allemand P. & Delacourt C. New insights on the runout of large landslides in the Valles-Marineris canyons, Mars. Geophys. Res. Lett. 33 (2006) L04403.

Lancaster N. The development of large aeolian bedforms. Sedim. Geol. 55 (1988) 69.

Lancaster N. The dynamics of star dunes : an example from Gran Desierto, Mexico. Sedimentology 36 (1989) 273.

Lancaster N., Nickling W. G., McKenna-Neuman C. K. & Wyatt V. E. Sediment flux and airflow on the stoss slope of a barchan dune. Geomorphol. 17 (1996) 55-62.

Langlois V. & Valance A. Initiation and evolution of current ripples on a flat sand bed under turbulent water flow. Eur. Phys. J. E 22 (2007) 201-208.

Lobkovsky A. E., Smith B., Kudrolli A., Mohrig D. C. & Rothman D. H. Dynamics of channel incision in a granular bed driven by subsurface water flow. J. Geophys. Res. 112 (2007) F03S12.

Lorenz *et al.* The sand seas of Titan : Cassini RADAR observations of longitudinal dunes. Science 312 (2006) 724.

Manukyan E. & Prigozhin L. Formation of aeolian ripples and sand sorting. Phys. Rev. E 79 (2009) 031303.

Ouriemi M., Aussillous P. & Guazzelli E. Sediment dynamics. Part 2. Dune formation in pipe flow. J. Fluid Mech. 636 (2009) 321-336.

Parker G. Sediment inertia as cause of river antidunes. J. Hydraul. Div. 101 (1975) 211-221.

Parker G. Self-formed straight rivers with equilibrium banks and mobile bed. J. Fluid Mech. 89 (1978) 109-146.

Parker G. & Izumi N. Purely erosional cyclic and solitary steps created by flow over a cohesive bed. J. Fluid Mech. 419 (2000) 203-238.

Parker G., Haff P. K. & Murray A. B. A Kolmogorov-type scaling for the structure of drainage basins. Trans. Amer. Geophys. Union 82 (2001) H41-D08.

Parsons D. R., Best J. L., Orfeo O., Hardy R. J., Kostaschuk R. & Lane S. N. Morphology and flow fields of three-dimensional dunes, Rio Paraná, Argentina : Results from simultaneous multibeam echo sounding and acoustic Doppler current profiling. J. Geophys. Res. 110 (2005) F04S03.

Phillips O. M., On the generation of waves by turbulent wind. J. Fluid Mech. 2 (1957) 415-417.

Phillips O. M. *The dynamics of the upper ocean.* Cambridge University Press, London (1977).

Pitman E. B. & Lee L. A two-fluid model for avalanches and debris flows. Phil. Trans. R. Soc. A 363 (2005) 1573-1601.

Pye K. & Tsoar H. *Aeolian sand and sand dunes.* Unwin Hyman, London (1990).

Raudkivi A. J. Transition from ripples to dunes. J. Hydraul. Eng. 132 (2006) 1316-1320.

Rempel A. W., Wettlaufr J. S. & Worster M. G. Interfacial premelting and the thermomolecular force : Thermodynamic buoyancy. Phys. Rev. Lett. 87 (2001) 088501.

Richards K. J. The formation of ripples and dunes on an erodible bed. J. Fluid Mech. 99 (1980) 597-618.

Rodriguez-Iturbe I., Rinaldo A. *Fractal River Networks : Chance and Self-Organization.* Cambridge University Press, New York (1997).

Rousseaux G., Stegner A. & Wesfreid J. E. Wavelength selection of rolling-grain ripples in the laboratory. Phys. Rev. E 69 (2004) 031307.

Savijärvi H., Määttänen A., Kauhanen J. & Harri A. M. Mars pathfinder : New data and new model simulations. Quart. J. R. Met. Soc. 130 (2004) 669.

Staron L. & Lajeunesse E. Understanding how volume affects the mobility of dry debris flows. Geophys. Res. Lett. 36 (2009) L12402.

Stokes G. G. On the theory of oscillatory waves. Trans. Cambridge Phil. Soc. 8 (1847) 441-455

Stull R. B. *An introduction to boundary layer meteorology.* Kluwer Academic Publishers (1988).

Sumer B. M. & Bakioglu M. On the formation of ripples on an erodible bed. J. Fluid Mech. 144 (1984) 177-190.

Taber S. The mechanics of frost heaving. J. Geol. 38 (1930) 303-317.

Tuckerman L. S. & Barkley D. Bifurcation analysis of the Eckhaus instability. Physica D 46 (1990) 57-86.

Tsoar H. Dynamic processes acting on a longitudinal (seif) sand dune. Sedimentology 30 (1983) 567.

Valance A. & Langlois V. Ripple formation over a sand bed submitted to a laminar shear flow. Eur. Phys. J. B 43 (2005) 283-294.

Venditti J. G. Turbulent flow and drag over fixed two- and three-dimensional dunes. J. Geophys. Res. 112 (2007) F04008.

Weng W. S., Hunt J. C. R., Carruthers D. J., Warren A., Wiggs G. F. S., Linvingstone I. & Castro I. Air flow and sand transport over sand dunes. Acta Mechanica 2 (1991) 1-22.

Weng W., Chan L., Taylor P. A. & Xu D. Modelling stably stratified boundary-layer flow over low hills. Quart. J. R. Met. Soc. 123 (1997) 1841.

Werner B. T. Eolian dunes ; computer simulations and attractor interpretation. Geology 23 (1995) 1107.

Werner B. T. & Fink T. M. Beach cusps as self-organized patterns. Science 260 (1993) 968.

Wettlaufer J. S. & Worster M. G. Premelting dynamics. Ann. Rev. Fluid Mech. 38 (2006) 427-452.

Wiberg P. L. & Nelson J. M. Unidirectional flow over asymmetric and symmetric ripples. J. Geophys. Res. 97 (1992) 12745-12761.

Wiggs G. F. S. Desert dune processes and dynamics. Progr. Phys. Geogr. 25 (2001) 53-79.

Wiggs G. F. S., Livingstone I. & Warren A. The role of streamline curvature in sand dune dynamics : evidence from field and wind tunnel measurements. Geomorphol. 17 (1996) 29-46.

Wilson I. G. Aeolian bedforms – their development and origins. Sedimentology 19 (1972) 173.

Wolinski M. A unifying framework for shoreline migration. J. Geophys. Res. 114 (2009) F01008.

Wurtele M. G., Sharman R. D. & Datta A. Atmospheric lce waves. Ann. Rev. Fluid. Mech. 28 (1996) 429-476.

Yizhaq H., Balmforth N. J. & Provenzale A. Blown by wind : nonlinear dynamics of aeolian sand ripples. Physica D 195 (2004) 207-228.

Index

Q

R

S

T

V

www.ingramcontent.com/pod-product-compliance
Lightning Source LLC
Chambersburg PA
CBHW060422220326
41598CB00021BA/2261